# 计算机科学与技术专业核心教材体系建设——建议使用时间

| 课程系列 | 基础系列 | 电类系列 | 程序系列 | 系统系列 | 应用系列 | 选修系列 |
|---|---|---|---|---|---|---|
| 一年级上 | 大学计算机基础 | | | | | |
| 一年级下 | 离散数学(上)<br>信息安全导论 | 电子技术基础 | 计算机程序设计 | | | |
| 二年级上 | 离散数学(下) | 数字逻辑设计<br>数字逻辑设计实验 | 面向对象程序设计<br>程序设计实践 | 计算机原理 | | |
| 二年级下 | | | 数据结构 | 操作系统 | | |
| 三年级上 | | | 算法设计与分析 | 计算机系统综合实践 | | |
| 三年级下 | | | 软件工程<br>编译原理 | 计算机网络 | 人工智能导论<br>数据库原理与技术<br>嵌入式系统 | |
| 四年级上 | | | 软件工程综合实践 | 计算机体系结构 | 计算机图形学 | 机器学习导论<br>物联网导论<br>大数据分析技术<br>数字图像技术 |
| 四年级下 | | | | | | |

面向新工科专业建设计算机系列教材

# 轻量级 Java EE Web 框架技术

Spring MVC+Spring+MyBatis+Spring Boot

李冬海　靳宗信◎主编　姜　维　党婉誉◎副主编

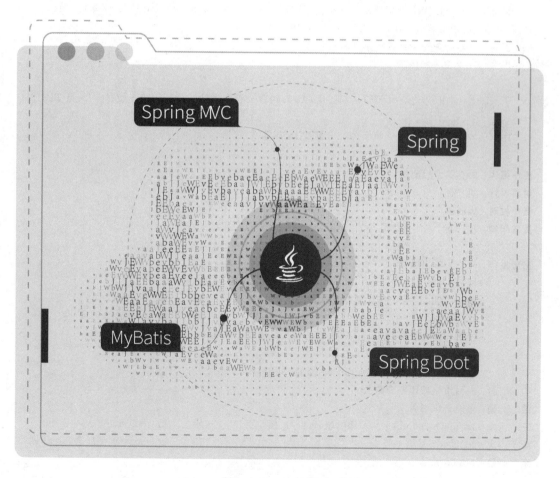

清华大学出版社
北京

## 内 容 简 介

本书介绍Java EE领域的Spring MVC、MyBatis、Spring和Spring Boot这4种主流框架和技术。本书分为5篇。第1篇介绍Java的构建工具javac、Ant和Maven；第2篇介绍构建Web应用的Spring MVC框架；第3篇介绍MyBatis ORM框架；第4篇介绍Spring容器；第5篇介绍Spring Boot。本书重要内容配有界面截图，关键内容还配以示意图，使复杂的技术更容易理解。书中还融入了学习方法介绍，以使读者触类旁通，更轻松地学习和理解其他框架。

本书便于教学与自学，注重理论与应用结合，是与主流技术接轨的教材，可供高校计算机类专业和培训机构教学以及个人自学使用。

本书封面贴有清华大学出版社防伪标签，无标签者不得销售。
版权所有，侵权必究。举报：010-62782989，beiqinquan@tup.tsinghua.edu.cn。

图书在版编目(CIP)数据

轻量级Java EE Web框架技术：Spring MVC＋Spring＋MyBatis＋Spring Boot/李冬海，靳宗信主编.—北京：清华大学出版社，2022.7(2024.1重印)
面向新工科专业建设计算机系列教材
ISBN 978-7-302-60197-5

Ⅰ.①轻… Ⅱ.①李… ②靳… Ⅲ.①JAVA语言—程序设计—高等学校—教材 Ⅳ.①TP312.8

中国版本图书馆CIP数据核字(2022)第031420号

责任编辑：白立军 战晓雷
封面设计：刘 乾
责任校对：焦丽丽
责任印制：沈 露

出版发行：清华大学出版社
网　　址：https://www.tup.com.cn, https://www.wqxuetang.com
地　　址：北京清华大学学研大厦A座　　邮　　编：100084
社 总 机：010-83470000　　邮　　购：010-62786544
投稿与读者服务：010-62776969，c-service@tup.tsinghua.edu.cn
质量反馈：010-62772015，zhiliang@tup.tsinghua.edu.cn
课件下载：https://www.tup.com.cn, 010-83470236

印 装 者：三河市铭诚印务有限公司
经　　销：全国新华书店
开　　本：185mm×260mm　　印　张：41　　插　页：1　　字　数：949千字
版　　次：2022年7月第1版　　印　次：2024年1月第2次印刷
定　　价：118.00元

产品编号：090963-01

# 出版说明

## 一、系列教材背景

人类已经进入智能时代，云计算、大数据、物联网、人工智能、机器人、量子计算等是这个时代最重要的技术热点。为了适应和满足时代发展对人才培养的需要，2017年2月以来，教育部积极推进新工科建设，先后形成了"复旦共识""天大行动"和"北京指南"，并发布了《教育部高等教育司关于开展新工科研究与实践的通知》《教育部办公厅关于推荐新工科研究与实践项目的通知》，全力探索形成领跑全球工程教育的中国模式、中国经验，助力高等教育强国建设。新工科有两个内涵：一是新的工科专业；二是传统工科专业的新需求。新工科建设将促进一批新专业的发展，这批新专业有的是依托于现有计算机类专业派生、扩展而成的，有的是多个专业有机整合而成的。由计算机类专业派生、扩展形成的新工科专业有计算机科学与技术、软件工程、网络工程、物联网工程、信息管理与信息系统、数据科学与大数据技术等。由计算机类学科交叉融合形成的新工科专业有网络空间安全、人工智能、机器人工程、数字媒体技术、智能科学与技术等。

在新工科建设的"九个一批"中，明确提出"建设一批体现产业和技术最新发展的新课程""建设一批产业急需的新兴工科专业"。新课程和新专业的持续建设，都需要以适应新工科教育的教材作为支撑。由于各个专业之间的课程相互交叉，但是又不能相互包含，所以在选题方向上，既考虑由计算机类专业派生、扩展形成的新工科专业的选题，又考虑由计算机类专业交叉融合形成的新工科专业的选题，特别是网络空间安全专业、智能科学与技术专业的选题。基于此，清华大学出版社计划出版"面向新工科专业建设计算机系列教材"。

## 二、教材定位

教材使用对象为"211工程"高校或同等水平及以上高校计算机类专业及相关专业学生。

## 三、教材编写原则

（1）借鉴 Computer Science Curricula 2013（以下简称 CS2013）。CS2013 的核心知识领域包括算法与复杂度、体系结构与组织、计算科学、离散结构、图形学与可视化、人机交互、信息保障与安全、信息管理、智能系统、网络与通信、操作系统、基于平台的开发、并行与分布式计算、程序设计语言、软件开发基础、软件工程、系统基础、社会问题与专业实践等内容。

（2）处理好理论与技能培养的关系，注重理论与实践相结合，加强对学生思维方式的训练和计算思维的培养。计算机专业学生能力的培养特别强调理论学习、计算思维培养和实践训练。本系列教材以"重视理论，加强计算思维培养，突出案例和实践应用"为主要目标。

（3）为便于教学，在纸质教材的基础上，融合多种形式的教学辅助材料。每本教材可以有主教材、教师用书、习题解答、实验指导等。特别是在数字资源建设方面，可以结合当前出版融合的趋势，做好立体化教材建设，可考虑加上微课、微视频、二维码、MOOC 等扩展资源。

## 四、教材特点

### 1. 满足新工科专业建设的需要

系列教材涵盖计算机科学与技术、软件工程、物联网工程、数据科学与大数据技术、网络空间安全、人工智能等专业的课程。

### 2. 案例体现传统工科专业的新需求

编写时，以案例驱动，任务引导，特别是有一些新应用场景的案例。

### 3. 循序渐进，内容全面

讲解基础知识和实用案例时，由简单到复杂，循序渐进，系统讲解。

### 4. 资源丰富，立体化建设

除了教学课件外，还可以提供教学大纲、教学计划、微视频等扩展资源，以方便教学。

## 五、优先出版

### 1. 精品课程配套教材

主要包括国家级或省级的精品课程和精品资源共享课的配套教材。

### 2. 传统优秀改版教材

对于已经出版、得到市场认可的优秀教材，由于新技术的发展，计划给图书配上新的教学形式、教学资源的改版教材。

### 3. 前沿技术与热点教材

反映计算机前沿和当前热点的相关教材,例如云计算、大数据、人工智能、物联网、网络空间安全等方面的教材。

## 六、联系方式

联系人:白立军

联系电话:010-83470179

联系和投稿邮箱:bailj@tup.tsinghua.edu.cn

面向新工科专业建设计算机系列教材编委会

2019 年 6 月

# 面向新工科专业建设计算机系列教材编委会

**主　任：**
　　张尧学　清华大学计算机科学与技术系教授　中国工程院院士/教育部高等
　　　　　　学校软件工程专业教学指导委员会主任委员

**副主任：**
　　陈　刚　浙江大学计算机科学与技术学院　　　　　　　　院长/教授
　　卢先和　清华大学出版社　　　　　　　　　　　　　　　常务副总编辑、
　　　　　　　　　　　　　　　　　　　　　　　　　　　　副社长/编审

**委　员：**
　　毕　胜　大连海事大学信息科学技术学院　　　　　　　　院长/教授
　　蔡伯根　北京交通大学计算机与信息技术学院　　　　　　院长/教授
　　陈　兵　南京航空航天大学计算机科学与技术学院　　　　院长/教授
　　成秀珍　山东大学计算机科学与技术学院　　　　　　　　院长/教授
　　丁志军　同济大学计算机科学与技术系　　　　　　　　　系主任/教授
　　董军宇　中国海洋大学信息科学与工程学院　　　　　　　副院长/教授
　　冯　丹　华中科技大学计算机学院　　　　　　　　　　　院长/教授
　　冯立功　战略支援部队信息工程大学网络空间安全学院　　院长/教授
　　高　英　华南理工大学计算机科学与工程学院　　　　　　副院长/教授
　　桂小林　西安交通大学计算机科学与技术学院　　　　　　教授
　　郭卫斌　华东理工大学信息科学与工程学院　　　　　　　副院长/教授
　　郭文忠　福州大学数学与计算机科学学院　　　　　　　　院长/教授
　　郭毅可　上海大学计算机工程与科学学院　　　　　　　　院长/教授
　　过敏意　上海交通大学计算机科学与工程系　　　　　　　教授
　　胡瑞敏　西安电子科技大学网络与信息安全学院　　　　　院长/教授
　　黄河燕　北京理工大学计算机学院　　　　　　　　　　　院长/教授
　　雷蕴奇　厦门大学计算机科学系　　　　　　　　　　　　教授
　　李凡长　苏州大学计算机科学与技术学院　　　　　　　　院长/教授
　　李克秋　天津大学计算机科学与技术学院　　　　　　　　院长/教授
　　李肯立　湖南大学　　　　　　　　　　　　　　　　　　校长助理/教授
　　李向阳　中国科学技术大学计算机科学与技术学院　　　　执行院长/教授
　　梁荣华　浙江工业大学计算机科学与技术学院　　　　　　执行院长/教授
　　刘延飞　火箭军工程大学基础部　　　　　　　　　　　　副主任/教授
　　陆建峰　南京理工大学计算机科学与工程学院　　　　　　副院长/教授
　　罗军舟　东南大学计算机科学与工程学院　　　　　　　　教授
　　吕建成　四川大学计算机学院(软件学院)　　　　　　　　院长/教授
　　吕卫锋　北京航空航天大学　　　　　　　　　　　　　　副校长/教授

| 马志新 | 兰州大学信息科学与工程学院 | 副院长/教授 |
| --- | --- | --- |
| 毛晓光 | 国防科技大学计算机学院 | 副院长/教授 |
| 明　仲 | 深圳大学计算机与软件学院 | 院长/教授 |
| 彭进业 | 西北大学信息科学与技术学院 | 院长/教授 |
| 钱德沛 | 北京航空航天大学计算机学院 | 教授 |
| 申恒涛 | 电子科技大学计算机科学与工程学院 | 院长/教授 |
| 苏　森 | 北京邮电大学计算机学院 | 执行院长/教授 |
| 汪　萌 | 合肥工业大学计算机与信息学院 | 院长/教授 |
| 王长波 | 华东师范大学计算机科学与软件工程学院 | 常务副院长/教授 |
| 王劲松 | 天津理工大学计算机科学与工程学院 | 院长/教授 |
| 王良民 | 江苏大学计算机科学与通信工程学院 | 院长/教授 |
| 王　泉 | 西安电子科技大学 | 副校长/教授 |
| 王晓阳 | 复旦大学计算机科学技术学院 | 院长/教授 |
| 王　义 | 东北大学计算机科学与工程学院 | 院长/教授 |
| 魏晓辉 | 吉林大学计算机科学与技术学院 | 院长/教授 |
| 文继荣 | 中国人民大学信息学院 | 院长/教授 |
| 翁　健 | 暨南大学 | 副校长/教授 |
| 吴　迪 | 中山大学计算机学院 | 副院长/教授 |
| 吴　卿 | 杭州电子科技大学 | 教授 |
| 武永卫 | 清华大学计算机科学与技术系 | 副主任/教授 |
| 肖国强 | 西南大学计算机与信息科学学院 | 院长/教授 |
| 熊盛武 | 武汉理工大学计算机科学与技术学院 | 院长/教授 |
| 徐　伟 | 陆军工程大学指挥控制工程学院 | 院长/副教授 |
| 杨　鉴 | 云南大学信息学院 | 教授 |
| 杨　燕 | 西南交通大学信息科学与技术学院 | 副院长/教授 |
| 杨　震 | 北京工业大学信息学部 | 副主任/教授 |
| 姚　力 | 北京师范大学人工智能学院 | 执行院长/教授 |
| 叶保留 | 河海大学计算机与信息学院 | 院长/教授 |
| 印桂生 | 哈尔滨工程大学计算机科学与技术学院 | 院长/教授 |
| 袁晓洁 | 南开大学计算机学院 | 院长/教授 |
| 张春元 | 国防科技大学计算机学院 | 教授 |
| 张　强 | 大连理工大学计算机科学与技术学院 | 院长/教授 |
| 张清华 | 重庆邮电大学计算机科学与技术学院 | 执行院长/教授 |
| 张艳宁 | 西北工业大学 | 校长助理/教授 |
| 赵建平 | 长春理工大学计算机科学技术学院 | 院长/教授 |
| 郑新奇 | 中国地质大学(北京)信息工程学院 | 院长/教授 |
| 仲　红 | 安徽大学计算机科学与技术学院 | 院长/教授 |
| 周　勇 | 中国矿业大学计算机科学与技术学院 | 院长/教授 |
| 周志华 | 南京大学计算机科学与技术系 | 系主任/教授 |
| 邹北骥 | 中南大学计算机学院 | 教授 |

秘书长：

| 白立军 | 清华大学出版社 | 副编审 |
| --- | --- | --- |

# FOREWORD

# 前言

本书的目标有3个：作为高校计算机类专业Java EE Web框架技术的教材，作为培训机构的培训教材，作为普通程序员进阶为高级程序员的自学教材。根据以上目的，本书在编写过程中深入剖析各种概念，究其根本。

本书最重要的主线就是解耦，无论是Spring MVC、Spring，还是MyBatis框架，都是用来解耦的。

Spring MVC的作用是实现M(Model，模型)与V(View，视图)之间的解耦。它不仅实现了M、V解耦，还实现了URL请求与C(Controller，控制器)、C与V的解耦。循序渐进地讲解了利用Spring MVC解耦的过程：从传统的Servlet中M与V的耦合，到JSP中V与M的耦合，再到Servlet＋JSP＋JavaBean实现了M与V的解耦，最后到Spring MVC不仅实现了M与V的解耦，而且实现了C与V的解耦、URL请求与C的解耦。

ORM提供了实现持久化层的另一种模式，它采用映射元数据描述对象(O)与关系数据库(R)的映射，使得ORM中间件能在任何一个应用的业务逻辑层和数据库层之间充当桥梁，使得O与R解耦。这里的O可广义地理解为业务逻辑层，R可广义地理解为数据库。这种解耦使得业务逻辑层不必关心数据库操作的细节，同时省去了手工调用JDBC的细节，提高了编程效率。

MyBatis ORM属于半自动ORM，需要编写部分SQL语句，这样带来了一定的灵活性，但自动生成的SQL语句可能不是最佳的。MyBatis有个专门的XML文件放SQL语句，便于维护管理，不用再在Java代码中查找这些语句。MyBatis还可以动态生成SQL语句，能根据条件生成对应的SQL语句。解除SQL语句与程序代码的耦合，通过提供DAO层将业务逻辑和数据访问逻辑分离，使系统的设计更清晰，更易于维护，更易于进行单元测试。SQL语句和代码的分离提高了可维护性。

在介绍MyBatis ORM框架时，对比了传统的JDBC访问数据库的方式。在JDBC方式中O与R是耦合的，代码中包含了SQL语句，不利于移植和维护。但JDBC设计中也处处体现了解耦思想。

Spring的根本作用是解耦，即实现对象的创建者与对象的使用者之间的解耦。循序渐进地讲解了利用Spring解耦的过程：从传统的组件内实例化对象，然后使用；到工厂模式的工厂负责实例化对象，然后组件从工厂获取对象；再到 Spring 容器实例化对象，并送给（注入）组件使用，组件无须获取对象，彻底实现了对象的创建者与使用者之间的解耦。

本书的另一主线是框架的学习思路。框架和函数的学习思路是一致的，都是调用与传参，一个大的程序就是把很多函数通过调用与传参联系起来，一个框架也是通过调用与传参把解耦的内容再"耦合"（联系）起来。

Spring MVC 的主要学习思路是理解以下关键 Web 请求是如何调用控制器并传递参数给控制器的，控制器是如何调用视图并传参给视图的，视图是如何得到参数的。

在 MyBatis ORM 框架的内容中主要以函数的思路讨论映射配置文件。命令标签 id 相当于函数名，其属性有输入、输出参数类型，命令标签体相当于函数体（SQL 语句）。那么，命令标签就相当于执行数据库操作的函数，有要执行的 SQL 语句，有输入参数类型，有输出参数类型。

在具体讨论查询标签时，重点介绍了业务逻辑层如何调用映射配置文件中的查询命令，业务逻辑层如何定义返回数据类型，以及如何配置返回各种的数据类型。结果映射配置，其实是对如何把数据库返回的数据转化为业务逻辑层数据的配置。讨论 MyBatis DAO 层时，重点介绍了业务逻辑层如何调用映射配置文件中的命令，如何传递各种类型的参数，映射配置文件中如何配置接收传入的参数。总的学习思路就是如何调用、如何传参、如何取参、如何返回数据。

构建工具是高级开发人员必须掌握的技术，然而大部分教材没有深入、全面介绍构建工具。本书在介绍构建工具时，首先从根本入手，也就是从 JDK 提供的构建工具——javac、jar、java 命令讲起。然后从构建要素角度讲解构建工具，因为所有构建工具的要素都是一样的。无论用 javac、Ant、Maven 还是 Eclipse 编译，最终都是调用 javac 来编译。编译要素一样，只需要知道编译的源文件是什么，编译依赖类在哪里，编译输出到什么地方，这样就可以通过对比理解各种构建工具。

Spring Boot 可以非常方便、快速地搭建项目，不用担心框架之间的兼容性、适用版本等问题，在想使用任何东西时，仅仅添加一个配置就可以。例如，构建 Web 应用，仅仅添加 Spring Boot 启动 Web 的依赖库就可以。Spring Boot 致力于在蓬勃发展的快速应用开发领域成为领先技术，因此 Spring Boot 也是本书的重要组成部分。

本书本着有图就有真相的原则，关键部分配以丰富的图来辅助理解概念，以使复杂的技术更容易看懂。本书的编写本着让读者不仅知其然而且知其所以然的宗旨，让读者不仅会用，而且明白这样用的道理。本书在相关知识中融入了学习方法的介绍，以使读者触类旁通地理解其他框架。

编者的目标是使读者从根本上理解各种框架的本质。

本书由黄河科技学院的李冬海老师和靳宗信老师担任主编，黄河科技学院姜维老师、驻马店职业技术学院党婉誉老师担任副主编。本书得到河南省民办高等学校品牌专业建设项目——计算机科学与技术（编号：ZLG201903；批文号：教政法〔2019〕527 号）的资助。

编　者

2022 年 6 月

# CONTENTS 目录

## 第 1 篇 构 建 工 具

### 第 1 章 初识构建工具 ········· 3

1.1 安装和配置 JDK ········· 3
    1.1.1 下载 JDK ········· 3
    1.1.2 安装 JDK ········· 3
    1.1.3 配置环境变量 ········· 4
    1.1.4 测试安装 ········· 4

1.2 初识构建工具 ········· 6
    1.2.1 编写 Hello 类 ········· 6
    1.2.2 编译 ········· 6
    1.2.3 运行 ········· 7
    1.2.4 打包 ········· 7
    1.2.5 运行打包文件 ········· 8

### 第 2 章 深入构建工具 ········· 9

2.1 构建项目 ········· 9
    2.1.1 创建目录 ········· 9
    2.1.2 依赖库文件 ········· 9
    2.1.3 编写应用类 ········· 9

2.2 编译 ········· 11
    2.2.1 javac 编译选项 ········· 11
    2.2.2 javac 编译命令要素 ········· 11
    2.2.3 查找依赖类 ········· 12
    2.2.4 手工编译源文件 ········· 13
    2.2.5 手工编译整个项目 ········· 15
    2.2.6 乱码问题 ········· 15

2.3 打包 ·································································································· 16
　　2.3.1　jar 包结构 ················································································ 16
　　2.3.2　jar 打包命令详解 ········································································ 16
　　2.3.3　打包应用 ··················································································· 17
　　2.3.4　创建可执行的 jar 包 ···································································· 18
　　2.3.5　手工打包整个项目 ······································································ 19
2.4 运行 ·································································································· 20
　　2.4.1　java 命令详解 ············································································ 20
　　2.4.2　java 命令的运行方式 ··································································· 21
　　2.4.3　Java 运行要素 ············································································ 22
　　2.4.4　依赖库加载方案 ········································································· 22
　　2.4.5　引导类加载方案 ········································································· 23
　　2.4.6　扩展类加载方案 ········································································· 23
　　2.4.7　用户类加载方案 ········································································· 23
　　2.4.8　ClassLoader 方案 ······································································· 25

## 第 3 章　Ant 构建工具 ··············································································· 26

3.1 Ant 的特点 ························································································· 26
3.2 下载、安装和测试 Ant ······································································· 26
　　3.2.1　下载 Ant ···················································································· 26
　　3.2.2　安装 Ant ···················································································· 26
　　3.2.3　测试 Ant ···················································································· 27
3.3 初识 Ant ····························································································· 27
　　3.3.1　build.xml 文件 ············································································ 27
　　3.3.2　创建目录 ··················································································· 28
　　3.3.3　编译任务 ··················································································· 29
　　3.3.4　打包任务 ··················································································· 30
　　3.3.5　运行任务 ··················································································· 30
　　3.3.6　清除任务 ··················································································· 31
　　3.3.7　重新运行任务 ············································································ 31
　　3.3.8　生成清单文件 ············································································ 32
3.4 Ant 文件命令 ······················································································ 32
　　3.4.1　创建目录命令 ············································································ 32
　　3.4.2　复制命令 ··················································································· 33
　　3.4.3　删除命令 ··················································································· 33
　　3.4.4　移动命令 ··················································································· 34
3.5 其他命令 ···························································································· 35
　　3.5.1　时间戳命令 ················································································ 35

3.5.2　执行 SQL 语句 ································································· 36
3.6　深入 Ant ··········································································· 36
　　　3.6.1　创建目录 ······································································ 37
　　　3.6.2　清除项目 ······································································ 37
　　　3.6.3　编译项目 ······································································ 37
　　　3.6.4　classpath 构建 ······························································ 39
　　　3.6.5　打包项目 ······································································ 40
　　　3.6.6　运行项目 ······································································ 41
　　　3.6.7　打包可执行的 jar(依赖外部) ·········································· 42
　　　3.6.8　打包可执行的 jar(独立运行) ·········································· 44

# 第4章　Maven 构建工具 ································································ 46

4.1　Maven 的安装与配置 ·························································· 46
　　　4.1.1　下载 ············································································· 46
　　　4.1.2　设置系统环境变量 ······················································· 46
　　　4.1.3　检测安装 ······································································ 47
4.2　Maven 的基本概念 ······························································ 48
　　　4.2.1　库文件管理 ··································································· 48
　　　4.2.2　配置文件的作用 ···························································· 48
　　　4.2.3　Maven 项目坐标 ·························································· 49
　　　4.2.4　配置项目依赖库 ···························································· 50
　　　4.2.5　项目构建配置信息 ························································ 50
　　　4.2.6　Maven 项目目录结构 ··················································· 51
　　　4.2.7　Maven 与 Ant 的对比 ·················································· 51
4.3　Maven 仓库 ········································································ 52
　　　4.3.1　仓库管理 ······································································ 52
　　　4.3.2　本地仓库 ······································································ 52
　　　4.3.3　远程仓库 ······································································ 53
　　　4.3.4　Maven 坐标与仓库路径的约定 ······································ 53
　　　4.3.5　Maven 依赖库的作用域 ················································ 54
4.4　创建项目 ············································································· 55
　　　4.4.1　生成项目骨架插件 ························································ 55
　　　4.4.2　Maven 创建项目的命令 ················································ 56
　　　4.4.3　可用项目骨架 ······························································· 56
4.5　创建 Java 项目 ·································································· 58
　　　4.5.1　创建命令 ······································································ 58
　　　4.5.2　下载的库文件 ······························································· 59
　　　4.5.3　Maven 自动创建的目录结构 ········································· 59

4.5.4 Maven 自动创建的 pom.xml 文件 ………………………………………………… 60
4.5.5 Maven 自动创建的 Java 类 App.java ………………………………………… 60
4.5.6 Maven 自动创建的测试类 AppTest.java …………………………………… 61
4.6 编译项目 …………………………………………………………………………………… 62
4.6.1 编译命令 …………………………………………………………………………… 62
4.6.2 编译生成 class 文件 ……………………………………………………………… 62
4.7 打包项目 …………………………………………………………………………………… 63
4.7.1 打包命令 …………………………………………………………………………… 63
4.7.2 生成 jar 包文件 …………………………………………………………………… 64
4.7.3 运行项目 …………………………………………………………………………… 64
4.8 清除编译结果 ……………………………………………………………………………… 64
4.9 安装项目 …………………………………………………………………………………… 65
4.10 镜像仓库配置 …………………………………………………………………………… 66
4.10.1 全局配置 ………………………………………………………………………… 66
4.10.2 单个项目依赖库镜像配置 ……………………………………………………… 67
4.10.3 单个项目插件库镜像配置 ……………………………………………………… 68

## 第 5 章 深入 Maven 构建工具 ……………………………………………………………… 71

5.1 Maven 生命周期 …………………………………………………………………………… 71
5.1.1 项目构建过程与 Maven 生命周期 ……………………………………………… 71
5.1.2 Clean 生命周期 …………………………………………………………………… 72
5.1.3 Default 生命周期 ………………………………………………………………… 72
5.1.4 Site 生命周期 ……………………………………………………………………… 73
5.1.5 生命周期内各阶段和生命周期之间的关系 …………………………………… 74
5.1.6 Maven 常用命令 …………………………………………………………………… 74
5.2 Maven 插件 ………………………………………………………………………………… 74
5.2.1 Maven 插件框架 …………………………………………………………………… 74
5.2.2 与生命周期有关的插件 ………………………………………………………… 74
5.2.3 插件调用方式 …………………………………………………………………… 76
5.2.4 插件调用方式的差异 …………………………………………………………… 76
5.2.5 插件的配置 ……………………………………………………………………… 79
5.2.6 绑定生命周期与插件目标 ……………………………………………………… 79
5.3 Maven 构建配置 …………………………………………………………………………… 80
5.3.1 <build>标签 ……………………………………………………………………… 80
5.3.2 基本元素配置标签 ……………………………………………………………… 81
5.3.3 <resources>标签 ………………………………………………………………… 81
5.3.4 <plugins>标签 …………………………………………………………………… 82
5.3.5 <pluginManagement>标签 ……………………………………………………… 83

5.4 编译插件 ·················································································· 84
5.5 打包插件 ·················································································· 84
  5.5.1 增加 helloapp 功能 ······················································· 84
  5.5.2 常用的打包插件 ······························································ 85
5.6 用 jar 与 dependency 插件打包与运行 ···································· 86
  5.6.1 创建可运行的 jar ····························································· 86
  5.6.2 设置启动类 ········································································ 87
  5.6.3 设置库路径 ········································································ 87
  5.6.4 利用 maven-dependency-plugin 复制 jar 包 ················ 87
  5.6.5 打包安装 ············································································ 88
  5.6.6 运行包 ················································································ 89
5.7 用 maven-assembly-plugin 插件打包与运行 ······················· 89
  5.7.1 配置 maven-assembly-plugin 插件 ····························· 89
  5.7.2 创建可执行的 jar 包 ························································ 90
  5.7.3 绑定到 default 生命周期打包阶段 ································ 90
  5.7.4 jar 包命名 ·········································································· 91
  5.7.5 打包安装 ············································································ 91
  5.7.6 运行包 ················································································ 92
  5.7.7 jar 包文件分析 ·································································· 92
5.8 利用 maven-jar-plugin 与 maven-assembly-plugin 插件打包与运行 ········ 93
  5.8.1 maven-assembly-plugin 插件配置 ································ 93
  5.8.2 deployment.xml 文件配置 ·············································· 93
  5.8.3 打包安装 ············································································ 94
  5.8.4 运行包 ················································································ 95

## 第 6 章 构建工具 Eclipse ················································································ 96

6.1 Eclipse 下载、安装和运行 ···················································· 96
  6.1.1 Eclipse 下载 ······································································ 96
  6.1.2 Eclipse 安装和运行 ························································· 96
6.2 Java 项目的编译 ··································································· 98
  6.2.1 编译 Java 项目需要的条件 ············································· 98
  6.2.2 javac 命令 ········································································· 98
  6.2.3 在 Maven 中编译 ······························································ 98
  6.2.4 在 Eclipse 中编译 ···························································· 98
6.3 在 Eclipse 中编译、打包和运行 ············································ 99
  6.3.1 创建应用 ············································································ 99
  6.3.2 在开发环境下运行 Java 程序 ········································· 99
  6.3.3 配置构建路径 ···································································· 99

|  |  |  |
|---|---|---|
| 6.3.4 | 编译项目 | 100 |
| 6.3.5 | 打包项目 | 101 |
| 6.3.6 | 运行 jar 包 | 104 |

## 第 7 章 在 Eclipse 中使用 Maven … 106

### 7.1 在 Eclipse 中集成 Maven … 106
- 7.1.1 在 Eclipse 中安装 Maven … 106
- 7.1.2 在 Eclipse 中设置 Maven … 106
- 7.1.3 在 Eclipse 中设置 Maven 配置文件 … 106
- 7.1.4 更改 Java 环境为 JDK … 108

### 7.2 在 Eclipse 中管理 Maven 项目 … 109
- 7.2.1 打开 Maven 创建的项目 … 109
- 7.2.2 恢复项目依赖库 … 110
- 7.2.3 一般项目与 Maven 项目的互相转换 … 112
- 7.2.4 创建 Maven 项目 helloapp1 … 112
- 7.2.5 使用 Maven 打包 … 114

### 7.3 管理 pom.xml 文件 … 115
- 7.3.1 总览 pom.xml … 115
- 7.3.2 依赖管理 … 116
- 7.3.3 查看依赖关系层次结构 … 117
- 7.3.4 全面查看 pom.xml … 117
- 7.3.5 文本编辑页面 … 118

**本篇参考文献** … 119

# 第 2 篇　Spring MVC

## 第 8 章 构建 Web 应用程序 … 123

### 8.1 Tomcat 的下载、安装和启停 … 123
- 8.1.1 下载 Tomcat … 123
- 8.1.2 安装 Tomcat … 123
- 8.1.3 启动和停止 Tomcat 服务 … 126

### 8.2 在 Eclipse 中管理 Tomcat … 126
- 8.2.1 添加 Tomcat 服务器 … 126
- 8.2.2 配置 Tomcat 服务器 … 128
- 8.2.3 管理 Tomcat 服务器 … 130

### 8.3 建立动态 Web 工程 … 130
- 8.3.1 建立动态 Web 工程 WebHello … 130

|  |  | 8.3.2 | 库文件路径 | 130 |
|  |  | 8.3.3 | 创建类 TestMath.java | 132 |
|  |  | 8.3.4 | 创建 hello.jsp | 133 |
|  |  | 8.3.5 | 目录结构 | 134 |
|  | 8.4 | 编译 | | 134 |
|  |  | 8.4.1 | 设置编译的输出路径 | 134 |
|  |  | 8.4.2 | 编译项目 | 135 |
|  | 8.5 | 部署 | | 137 |
|  |  | 8.5.1 | 配置部署路径 | 137 |
|  |  | 8.5.2 | 部署项目 | 138 |
|  |  | 8.5.3 | 重新部署 | 141 |
|  | 8.6 | 发布测试 | | 141 |

## 第 9 章 用 Maven 构建 Web 应用程序 ............ 143

| | | | |
|---|---|---|---|
| 9.1 | 在 Eclipse 中创建 Maven Web 项目 | | 143 |
| 9.2 | 完善项目 | | 145 |
|  | 9.2.1 | 修改 JDK 版本 | 146 |
|  | 9.2.2 | 完善项目目录 | 147 |
|  | 9.2.3 | 修改编译版本 | 147 |
|  | 9.2.4 | 修改 Project Facets 的 Java 版本 | 147 |
|  | 9.2.5 | 添加 Tomcat 库文件 | 148 |
|  | 9.2.6 | 修改 Project Facets 的 Runtimes | 150 |
|  | 9.2.7 | 修改 Project Facets 的 Dynamic Web Module 版本 | 152 |
| 9.3 | 库文件管理 | | 153 |
|  | 9.3.1 | 添加 Maven 依赖库 | 153 |
|  | 9.3.2 | Eclipse 中的 Maven 库 | 153 |
| 9.4 | 编写程序 | | 154 |
|  | 9.4.1 | 创建类 TestMath.java | 154 |
|  | 9.4.2 | 创建 hello.jsp | 154 |
|  | 9.4.3 | 目录结构 | 155 |
| 9.5 | 用 Eclipse 编译 Maven 项目 | | 156 |
| 9.6 | 在 Eclipse 中部署 Maven 项目 | | 157 |
| 9.7 | 用 Maven 管理项目 | | 158 |
|  | 9.7.1 | 设置 Maven 中的 JDK 版本 | 158 |
|  | 9.7.2 | 编译项目 | 158 |
|  | 9.7.3 | 打包项目 | 159 |
|  | 9.7.4 | 自定义打包 | 160 |
| 9.8 | Maven 依赖的添加 | | 161 |

9.8.1 进入 Maven 网站 ································································· 161
9.8.2 查找依赖的 jar 包 ····························································· 161
9.8.3 选择版本 ········································································ 161
9.8.4 复制依赖 xml 文件内容 ······················································ 163
9.8.5 修改 pom.xml ································································· 163
9.8.6 自动下载库 ····································································· 164
9.9 动态 Web 工程与 Maven Web 项目的区别 ········································ 164

第 10 章 MVC 框架 ······································································ 166

10.1 MVC 概述 ··········································································· 166
10.1.1 模型 ············································································ 166
10.1.2 视图 ············································································ 166
10.1.3 控制器 ········································································· 166
10.2 MVC 框架的产生 ··································································· 167
10.2.1 静态网页 ······································································ 167
10.2.2 动态网页 ······································································ 168
10.2.3 JSP 技术 ······································································ 170
10.2.4 Servlet＋JSP＋JavaBean 开发模式 ······································ 172
10.2.5 MVC 框架实现彻底解耦 ·················································· 173
10.3 Spring MVC 的第一个示例 ······················································· 174
10.3.1 创建动态 Web 项目 ························································ 174
10.3.2 复制 Spring MVC 库文件 ················································· 174
10.3.3 配置 web.xml 接管 Web 请求 ············································ 174
10.3.4 Spring MVC 配置文件的框架 ············································ 176
10.3.5 配置扫描注解 ································································ 177
10.3.6 配置视图页面 ································································ 177
10.3.7 编写 Controller 类 ·························································· 177
10.3.8 编写视图 ······································································ 178
10.3.9 运行项目 ······································································ 178
10.4 Web 应用与 MVC ·································································· 179
10.4.1 Web 应用模型 ································································ 179
10.4.2 Web 应用中的 MVC ························································ 179
10.4.3 解耦原理 ······································································ 180
10.4.4 Spring MVC 处理请求的过程 ············································ 181
10.5 学习 MVC 框架的思路 ···························································· 182
10.5.1 函数描述与调用 ····························································· 182
10.5.2 Web 请求 ······································································ 182
10.5.3 对 MVC 框架的理解 ······················································· 182

## 第 11 章 Spring MVC 中的 URL 请求调用控制器的方法 ... 183

- 11.1 概述 ... 183
- 11.2 创建动态 Web 项目 ... 183
  - 11.2.1 编写控制器类 ... 183
  - 11.2.2 编写显示日期的视图 ... 184
  - 11.2.3 编写显示结果说明的视图 ... 184
- 11.3 配置 web.xml 拦截 URL 请求 ... 185
  - 11.3.1 拦截带扩展名的请求 ... 185
  - 11.3.2 拦截所有请求 ... 185
  - 11.3.3 对静态资源文件放行 ... 186
- 11.4 使用@Controller 定义控制器 ... 186
  - 11.4.1 控制器的定义 ... 186
  - 11.4.2 Spring MVC 对控制器组件的管理 ... 186
- 11.5 使用@RequestMapping 建立映射关系 ... 187
  - 11.5.1 @RequestMapping 注解 ... 187
  - 11.5.2 处理多个 URL ... 188
  - 11.5.3 使用 URL 模板 ... 189
  - 11.5.4 用 params 属性处理特定请求参数 ... 191
  - 11.5.5 用 method 属性处理 HTTP 的方法 ... 192
  - 11.5.6 @RequestMapping 的组合注解 ... 194
  - 11.5.7 @RequestMapping 默认的处理方法 ... 194
- 11.6 URL 请求传递参数到控制器 ... 195
  - 11.6.1 概述 ... 195
  - 11.6.2 方法支持的参数类型 ... 195
  - 11.6.3 直接将请求参数名作为控制器类方法的形参 ... 196
  - 11.6.4 使用@RequestParam 绑定 URL 请求参数 ... 196
  - 11.6.5 使用 URL 请求中的占位符参数接收参数 ... 197
  - 11.6.6 使用 Pojo 对象接收参数 ... 198
  - 11.6.7 使用@CookieValue 获取 cookie 值 ... 199
  - 11.6.8 使用@RequestHeader 获取报文头 ... 200
  - 11.6.9 使用 HttpServletRequest、HttpSession 获取参数 ... 201
- 11.7 URL 请求传递 JSON 数据 ... 201
  - 11.7.1 概述 ... 201
  - 11.7.2 测试客户端 ... 202
  - 11.7.3 使用@RequestBody 接收报文体 ... 204
  - 11.7.4 使用@ResponseBody 返回报文体 ... 204
  - 11.7.5 使用 Pojo 对象接收 JSON 数据 ... 204

11.7.6 使用 Map 方式接收 JSON 数据 …… 205
11.7.7 使用 List 方式接收 JSON 数据 …… 205
11.7.8 使用字符串方式接收 JSON 数据 …… 205

# 第 12 章 使用 Spring MVC 中的控制器调用视图 …… 207

## 12.1 控制器调用视图 …… 207
### 12.1.1 概述 …… 207
### 12.1.2 控制器支持的返回类型 …… 207
### 12.1.3 返回 String 类型的视图名称 …… 208
### 12.1.4 返回 ModelAndView 对象 …… 209
### 12.1.5 返回 void …… 209
### 12.1.6 返回 Map 对象 …… 210
### 12.1.7 Spring MVC 的转发与重定向 …… 211

## 12.2 控制器返回数据 …… 213
### 12.2.1 使用@ResponseBody 返回报文体 …… 213
### 12.2.2 使用@RequestMapping 的 produces 属性描述报文体 …… 215
### 12.2.3 使用响应文本流 Writer 输出文本 …… 215
### 12.2.4 使用 HttpServletResponse 输出文本 …… 216

## 12.3 返回 JSON 数据 …… 217
### 12.3.1 创建 Controller 类 …… 217
### 12.3.2 返回实体对象 …… 217
### 12.3.3 返回 List 对象 …… 218
### 12.3.4 返回 Map 对象 …… 218
### 12.3.5 返回字符串 …… 219
### 12.3.6 使用@RestController 生成 RESTful API …… 219

## 12.4 @ResponseStatus 注解 …… 220
### 12.4.1 改变响应状态码 …… 220
### 12.4.2 用@RequestMapping 自定义异常应用 …… 221

## 12.5 返回 ResponseEntity 类型 …… 223
### 12.5.1 返回 JSON 字符串 …… 223
### 12.5.2 返回字符串 …… 224
### 12.5.3 设置 Content-Type 响应头 …… 224
### 12.5.4 添加任意响应头信息 …… 225
### 12.5.5 返回指定状态码 …… 225
### 12.5.6 通过静态方法获得响应实体对象 …… 226
### 12.5.7 ResponseEntity 的替代方法 …… 227

## 12.6 控制器传递数据到视图 …… 229
### 12.6.1 概述 …… 229

|  |  | 12.6.2 创建控制器类 ········· 229 |
|---|---|---|
|  |  | 12.6.3 通过 Model 对象传递数据 ········· 230 |
|  |  | 12.6.4 通过 Map 对象传递数据 ········· 230 |
|  |  | 12.6.5 以 Map 对象作为返回参数传递数据 ········· 231 |
|  |  | 12.6.6 通过 ModelAndView 对象传递数据 ········· 231 |
|  |  | 12.6.7 使用@ModelAttribute 传递和保存数据 ········· 231 |
|  |  | 12.6.8 使用@SessionAttributes 传递和保存数据 ········· 233 |
| 12.7 | 用视图获取参数值 ········· 236 |
|  | 12.7.1 实例 ········· 236 |
|  | 12.7.2 EL 表达式取值 ········· 237 |

## 第 13 章 Spring MVC 高级应用 ········· 238

- 13.1 Spring MVC 拦截器简介 ········· 238
- 13.2 实现 Spring MVC 拦截器 ········· 238
  - 13.2.1 实现拦截器的方法 ········· 238
  - 13.2.2 实现 HandlerInterceptor 接口 ········· 239
  - 13.2.3 实现 WebRequestInterceptor 接口 ········· 241
- 13.3 登录权限验证 ········· 243
  - 13.3.1 编写登录权限验证拦截器 ········· 243
  - 13.3.2 编写登录控制器 ········· 244
  - 13.3.3 配置拦截器 ········· 247
  - 13.3.4 编写登录页面 ········· 248
  - 13.3.5 编写主页面 ········· 248
  - 13.3.6 编写查看图书页面 ········· 249
  - 13.3.7 运行结果 ········· 249
- 13.4 文件上传 ········· 250
  - 13.4.1 Spring MVC MultipartFile ········· 250
  - 13.4.2 装配 MultipartResolver 处理上传 ········· 251
  - 13.4.3 复制库文件 ········· 251
  - 13.4.4 创建上传页面 ········· 251
  - 13.4.5 创建上传成功页面 ········· 252
  - 13.4.6 编写上传控制器类 ········· 253
  - 13.4.7 运行结果 ········· 254
- 13.5 文件下载 ········· 255
  - 13.5.1 通过 ResponseEntity 下载文件 ········· 255
  - 13.5.2 通过@ResponseBody 返回字节数组 ········· 257
  - 13.5.3 通过原生的 HttpServletResponse 对象下载文件 ········· 260
- 13.6 Spring MVC 的表单标签库 ········· 262

- 13.6.1 引入表单标签库 ······ 262
- 13.6.2 表单标签库中的标签 ······ 262
- 13.6.3 表单标签的用法 ······ 262
- 13.6.4 表单元素标签的用法 ······ 263

13.7 Spring MVC 表单标签实例 ······ 266
- 13.7.1 编写用户类 ······ 266
- 13.7.2 编写添加用户页面 ······ 267
- 13.7.3 编写显示用户信息页面 ······ 269
- 13.7.4 创建 UserController 控制器类 ······ 270
- 13.7.5 解决乱码问题 ······ 271
- 13.7.6 运行结果 ······ 272

13.8 Spring MVC 国际化 ······ 273
- 13.8.1 软件国际化概述 ······ 273
- 13.8.2 国际化方案 ······ 273
- 13.8.3 存储国际化信息 ······ 273
- 13.8.4 取出国际化信息 ······ 274

13.9 基于浏览器的国际化 ······ 274
- 13.9.1 建立资源文件 ······ 275
- 13.9.2 在 login.jsp 页面输出国际化信息 ······ 275
- 13.9.3 在 welcome.jsp 页面输出国际化信息 ······ 276
- 13.9.4 在 Spring MVC 配置文件中配置国际化支持 ······ 277
- 13.9.5 编写用户类 ······ 277
- 13.9.6 在程序中获取国际化信息 ······ 278
- 13.9.7 运行结果 ······ 279

13.10 基于会话的国际化 ······ 282
- 13.10.1 配置支持基于会话的国际化 ······ 282
- 13.10.2 处理语言设置 ······ 282
- 13.10.3 创建可以选择语言的登录页面 ······ 283
- 13.10.4 运行结果 ······ 284

13.11 基于会话的国际化(语言设置自动处理) ······ 285
- 13.11.1 配置语言设置处理 ······ 285
- 13.11.2 创建登录页面 ······ 286
- 13.11.3 运行结果 ······ 287

本篇参考文献 ······ 288

# 第 3 篇　MyBatis ORM 框架

## 第 14 章　MyBatis 中的 ORM ·············· 291

### 14.1　ORM 的概念 ·············· 291
- 14.1.1　对象和关系数据库 ·············· 291
- 14.1.2　ORM 的概念 ·············· 291

### 14.2　JDBC 持久化 ·············· 293
- 14.2.1　JDBC 持久化的特点 ·············· 293
- 14.2.2　JDBC 的体系结构 ·············· 293
- 14.2.3　JDBC 的执行流程 ·············· 293
- 14.2.4　DriverManager 中的解耦 ·············· 295

### 14.3　JDBC 中的对象和关系数据库 ·············· 296
- 14.3.1　配置库文件 ·············· 297
- 14.3.2　获取数据库连接 ·············· 297
- 14.3.3　关闭数据库连接 ·············· 298
- 14.3.4　定义对象 ·············· 299
- 14.3.5　定义关系 ·············· 300
- 14.3.6　写数据库 ·············· 301
- 14.3.7　读数据库 ·············· 302
- 14.3.8　测试 ·············· 303

### 14.4　ORM 框架持久化 ·············· 303
- 14.4.1　ORM 框架简介 ·············· 303
- 14.4.2　MyBatis 简介 ·············· 304

### 14.5　MyBatis 的用法 ·············· 305
- 14.5.1　配置库文件 ·············· 305
- 14.5.2　映射信息 ·············· 305
- 14.5.3　映射文件 ·············· 306
- 14.5.4　MyBatis 配置文件 ·············· 307
- 14.5.5　调用映射文件中的命令 id ·············· 309
- 14.5.6　约定表字段名与对象属性名的映射关系 ·············· 312
- 14.5.7　约定表字段的 SQL 别名与对象属性名的映射关系 ·············· 313
- 14.5.8　通过 resultMap 配置嵌套映射关系 ·············· 314
- 14.5.9　MyBatis 小结 ·············· 315

## 第 15 章　MyBatis 读取数据库 ·············· 316

### 15.1　<select>标签 ·············· 316

### 15.1.1 输入参数类型 ……316
### 15.1.2 输出参数类型 ……317
### 15.1.3 标签体中的 SQL 语句 ……317
### 15.1.4 创建映射配置文件 ……317
### 15.1.5 创建测试类 ……318
## 15.2 <select>标签返回数据 ……318
### 15.2.1 返回实体对象 ……318
### 15.2.2 通过 resultMap 标示返回返回结果的类型 ……319
### 15.2.3 返回实体对象集合 ……320
### 15.2.4 返回 HashMap ……321
### 15.2.5 返回 HashMap 集合 ……322
### 15.2.6 返回 Map 型实体集合 ……322
### 15.2.7 返回 Map 型 Map 集合 ……323
## 15.3 resultMap ……324
### 15.3.1 resultMap 简介 ……324
### 15.3.2 表名与类名映射 ……325
### 15.3.3 表字段与对象属性映射 ……325
### 15.3.4 表主键字段映射 ……326
## 15.4 多表关联查询 ……327
### 15.4.1 创建账户表 account ……327
### 15.4.2 创建账户类 Account ……327
### 15.4.3 创建账户映射配置文件 accountMapper.xml ……328
### 15.4.4 创建学生账户类 StudentAccount ……329
### 15.4.5 创建学生账户映射配置文件 StudentAccountMapper.xml ……329
### 15.4.6 创建课程表 course ……330
### 15.4.7 创建学生课程表 student_course ……330
### 15.4.8 创建课程类 Course ……330
### 15.4.9 创建学生课程类 StudentCourse ……331
### 15.4.10 创建学生课程映射配置文件 StudentCourseMapper.xml ……332
### 15.4.11 映射要素 ……332
## 15.5 一对一关联映射查询 ……332
### 15.5.1 用级联属性配置映射 ……332
### 15.5.2 关联子配置嵌套映射 ……334
### 15.5.3 关联 resultMap 配置嵌套映射 ……336
### 15.5.4 关联查询配置嵌套映射 ……337
## 15.6 一对多关联映射查询 ……339
### 15.6.1 集合元素配置嵌套映射 ……339
### 15.6.2 集合 resultMap 配置嵌套映射 ……342

  15.6.3 集合查询配置嵌套映射 …… 343
 15.7 多对多关联映射查询 …… 345
  15.7.1 返回多条记录 …… 345
  15.7.2 集合配置嵌套映射 …… 346
  15.7.3 双向多对多输出 …… 348

## 第 16 章 MyBatis 写数据库 …… 350

 16.1 简介 …… 350
  16.1.1 MyBatis 中的 DAO 框架 …… 350
  16.1.2 DAO 模式 …… 351
 16.2 创建用户表及用户类 …… 351
  16.2.1 创建用户表 user …… 351
  16.2.2 编写实体类 User …… 351
 16.3 在 Mapper 文件中定义命令 …… 353
  16.3.1 增加标签 …… 353
  16.3.2 删除标签 …… 354
  16.3.3 修改标签 …… 354
  16.3.4 查询标签 …… 354
 16.4 DAO 层调用 Mapper 映射文件中的命令 …… 355
  16.4.1 MyBatis 的构建流程 …… 355
  16.4.2 MyBatis 的执行流程 …… 356
  16.4.3 构建 SqlSessionFactory …… 357
  16.4.4 从 SqlSessionFactory 中获取 SqlSession …… 358
  16.4.5 通过 SqlSession 执行命令 …… 359
 16.5 调用 Mapper 命令示例 …… 359
  16.5.1 增加用户 …… 359
  16.5.2 删除用户 …… 360
  16.5.3 修改用户信息 …… 360
  16.5.4 查询用户信息 …… 361
  16.5.5 运行结果 …… 362
 16.6 原始 DAO 层开发 …… 362
  16.6.1 Mapper 配置文件 namespace 属性 …… 362
  16.6.2 Mapper 配置文件的加载 …… 363
  16.6.3 定义访问接口 …… 363
  16.6.4 编写访问接口的实现 …… 363
  16.6.5 测试代码 …… 365
  16.6.6 运行结果 …… 366
 16.7 Mapper 动态代理方式 DAO 层开发 …… 366

   16.7.1 Mapper 配置文件中的 namespace 属性 …………………………………… 366
   16.7.2 Mapper 接口 …………………………………………………………………… 367
   16.7.3 通过动态代理获取 DAO 对象 ………………………………………………… 368
   16.7.4 运行结果 ………………………………………………………………………… 369
  16.8 Mapper 配置文件的加载 ……………………………………………………………… 370
   16.8.1 Mapper 接口类方式 …………………………………………………………… 370
   16.8.2 包路径方式 ……………………………………………………………………… 370
   16.8.3 资源文件方式 …………………………………………………………………… 370
  16.9 DAO 中的参数传递 …………………………………………………………………… 371
   16.9.1 创建 Mapper 接口 ……………………………………………………………… 371
   16.9.2 创建 Mapper 配置文件 ………………………………………………………… 371
   16.9.3 创建测试类 ……………………………………………………………………… 372
   16.9.4 使用实体传参 …………………………………………………………………… 372
   16.9.5 使用 Map 对象传参 …………………………………………………………… 373
   16.9.6 使用顺序号传参 ………………………………………………………………… 374
   16.9.7 使用@Param 注解传参 ……………………………………………………… 375
   16.9.8 使用@Param 注解定义的实体参数名传参 ………………………………… 376
   16.9.9 使用 List 传参 ………………………………………………………………… 377
   16.9.10 使用 ${…}传参 ………………………………………………………………… 379

第 17 章 MyBatis 高级应用 ……………………………………………………………… 381

  17.1 MyBatis 的动态 SQL ………………………………………………………………… 381
   17.1.1 MyBatis 动态标签 ……………………………………………………………… 381
   17.1.2 创建 Mapper 接口 ……………………………………………………………… 381
   17.1.3 创建测试类 ……………………………………………………………………… 382
  17.2 动态 SQL 条件判断 …………………………………………………………………… 382
   17.2.1 语句说明 ………………………………………………………………………… 382
   17.2.2 根据查询条件实现动态查询 …………………………………………………… 384
   17.2.3 使用<choose>标签实现动态查询 …………………………………………… 385
   17.2.4 根据参数值动态更新某些字段 ………………………………………………… 387
  17.3 动态 SQL 内容处理 …………………………………………………………………… 388
   17.3.1 where 语句处理 ………………………………………………………………… 388
   17.3.2 用<trim>标签处理 where 语句 ……………………………………………… 390
   17.3.3 set 语句 ………………………………………………………………………… 391
   17.3.4 bind 元素定义参数 …………………………………………………………… 393
   17.3.5 <selectKey>标签 ……………………………………………………………… 394
   17.3.6 多数据库厂商支持 ……………………………………………………………… 395
  17.4 直接执行 SQL 语句 …………………………………………………………………… 396

17.4.1 创建 Mapper 接口 ...... 396
17.4.2 创建映射文件 ...... 396
17.4.3 创建测试类 ...... 397
17.4.4 查询单个记录 ...... 397
17.4.5 查询多个记录 ...... 398
17.4.6 修改记录 ...... 399
17.4.7 增加记录 ...... 399
17.4.8 删除记录 ...... 400
17.4.9 完整代码 ...... 401
17.5 SQL 语句构建器 ...... 402
17.5.1 问题 ...... 402
17.5.2 解决方法 ...... 402
17.5.3 构建器命令详解 ...... 403
17.6 构建器应用 ...... 404
17.6.1 查询单个记录 ...... 404
17.6.2 查询多个记录 ...... 405
17.6.3 删除记录 ...... 405
17.6.4 增加记录 ...... 406
17.6.5 修改记录 ...... 406
17.7 MyBatis 注解 ...... 407
17.7.1 简介 ...... 407
17.7.2 注解命令 ...... 407
17.7.3 注解接口 ...... 410
17.7.4 测试类 ...... 411
17.8 注解 SQL 的 Provider 方式 ...... 412
17.8.1 创建 Mapper 接口 ...... 412
17.8.2 创建 SQL 提供类 ...... 413
17.8.3 创建测试类 ...... 413
17.8.4 @SelectProvider 注解 ...... 413
17.8.5 @InsertProvider 注解 ...... 415
17.8.6 @UpdateProvider 注解 ...... 416
17.8.7 @DeleteProvider 注解 ...... 418

本篇参考文献 ...... 420

# 第 4 篇　Spring 与 Spring 容器

## 第 18 章　Spring 概述 ...... 423

18.1 传统对象的创建 ...... 423

18.1.1 对象创建者与使用者的关系 ………… 423
18.1.2 创建 Maven 项目 ………… 423
18.1.3 创建 Food 类 ………… 423
18.1.4 创建 Person1 类 ………… 424
18.1.5 测试与小结 ………… 424

18.2 使用工厂创建对象 ………… 425
18.2.1 对象创建者与使用者的关系 ………… 425
18.2.2 创建工厂 FoodFactory 类 ………… 425
18.2.3 创建 Person2 类 ………… 426
18.2.4 测试与小结 ………… 426

18.3 使用 Spring 创建对象 ………… 427
18.3.1 对象创建者与使用者的关系 ………… 427
18.3.2 添加 Spring 的 Maven 依赖 ………… 427
18.3.3 创建 Person3 类 ………… 427
18.3.4 Spring Bean 配置 ………… 428
18.3.5 测试与小结 ………… 429

### 第 19 章 Spring 容器 ………… 431

19.1 控制反转 ………… 431
19.2 依赖查找 ………… 432
19.2.1 依赖查找的概念 ………… 432
19.2.2 用 JDBC 获取数据库连接 ………… 432
19.2.3 用 JNDI 获取数据源 ………… 433
19.3 依赖注入 ………… 435
19.3.1 依赖注入的概念 ………… 435
19.3.2 构造子注入 ………… 436
19.3.3 设置注入 ………… 437
19.3.4 接口注入 ………… 439
19.3.5 小结 ………… 441
19.4 Bean 的单例与多例模式 ………… 442
19.4.1 Bean 的作用域 ………… 442
19.4.2 饿汉模式和懒汉模式 ………… 442
19.4.3 单例与多例的应用场景 ………… 442
19.4.4 单例测试 ………… 443
19.4.5 多例测试 ………… 444
19.5 Bean 的实例化 ………… 445
19.5.1 构造方法 ………… 445
19.5.2 静态工厂方法 ………… 446

  19.5.3 实例化工厂方法 ········· 446
  19.5.4 测试 ················ 447
 19.6 自动装配 ················ 447
  19.6.1 指定装配 ············· 448
  19.6.2 按类型装配 ··········· 448
  19.6.3 按名称装配 ··········· 448
  19.6.4 按构造方法参数类型装配 ···· 448
  19.6.5 全局自动装配 ·········· 449
 19.7 容器的生命周期 ············ 450
  19.7.1 容器的生命周期概述 ······ 450
  19.7.2 容器的启动 ··········· 450
  19.7.3 创建 Bean ············ 452
  19.7.4 获取 Bean ············ 452
  19.7.5 容器的关闭 ··········· 453
 19.8 Bean 的生命周期 ··········· 453
  19.8.1 Bean 生命周期概述 ······ 453
  19.8.2 感知接口 ············· 454
  19.8.3 Bean 获取自己的名称 ···· 455
  19.8.4 在 Bean 中获取 Bean 工厂 ··· 455
  19.8.5 Bean 的初始化与销毁前事件 ·· 455
  19.8.6 配置实现 Bean 初始化方法 ·· 455
  19.8.7 接口实现 Bean 初始化方法 ·· 456
  19.8.8 配置实现 Bean 销毁前方法 ·· 456
  19.8.9 接口实现 Bean 销毁前方法 ·· 456
  19.8.10 Bean 生命周期测试 ····· 457

第 20 章 Spring 注解配置 ············ 459

 20.1 配置 Bean 的方式 ·········· 459
  20.1.1 Spring Bean 的 3 种配置方式 ·· 459
  20.1.2 XML 配置方式 ········· 459
 20.2 Spring 注解配置 ··········· 460
  20.2.1 注解的特点 ··········· 460
  20.2.2 注解与 XML 配置的区别 ··· 461
  20.2.3 配置要扫描的包 ········ 461
  20.2.4 注解 Spring 组件 ······· 462
  20.2.5 Bean 的作用域 ········· 463
 20.3 注解自动装配 ············· 463
  20.3.1 基本类型属性注入 ······· 463

  20.3.2 按类型装配(@Autowired) ……………………………………… 464
  20.3.3 按名称装配(@Autowired 与 @Qualifier) ……………………… 464
  20.3.4 @Autowired 的 required 属性 …………………………………… 464
  20.3.5 按类型装配(@Resource) ………………………………………… 464
  20.3.6 按名称装配(@esource(name="xxx")) ………………………… 465
20.4 注解 Bean 的生命周期 ………………………………………………………… 465
  20.4.1 Bean 初始化 ……………………………………………………… 465
  20.4.2 Bean 销毁前 ……………………………………………………… 465
20.5 基于 JavaConfig 类的 Bean 配置 ……………………………………………… 465
  20.5.1 JavaConfig 类 …………………………………………………… 465
  20.5.2 加载 JavaConfig 类启动容器 …………………………………… 466
20.6 使用 JavaConfig 类手动装配 ………………………………………………… 467
  20.6.1 调用创建 Bean 的方法装配 Bean ……………………………… 467
  20.6.2 通过创建 Bean 的方法的参数装配 Bean ……………………… 467
  20.6.3 在创建 Bean 的方法中直接实例化 Bean ……………………… 468
20.7 使用 JavaConfig 类自动装配 ………………………………………………… 468
  20.7.1 按类型装配 Bean ………………………………………………… 468
  20.7.2 按名称装配 Bean ………………………………………………… 468
20.8 JavaConfig 配置生命周期 …………………………………………………… 469
  20.8.1 Bean 初始化 ……………………………………………………… 469
  20.8.2 Bean 销毁前 ……………………………………………………… 469
20.9 JavaConfig 类实例模式配置 ………………………………………………… 469
  20.9.1 单例模式 ………………………………………………………… 469
  20.9.2 多例模式 ………………………………………………………… 470
20.10 JavaConfig 类中的组件扫描 ………………………………………………… 470
  20.10.1 默认扫描包 ……………………………………………………… 470
  20.10.2 指定扫描包 ……………………………………………………… 471
  20.10.3 排除扫描特定类 ………………………………………………… 471
  20.10.4 扫描特定类 ……………………………………………………… 471

## 第 21 章　Spring 扩展 ……………………………………………………………… 473

21.1 概述 …………………………………………………………………………… 473
21.2 多个配置文件 ………………………………………………………………… 473
  21.2.1 ＜import＞标签 ………………………………………………… 473
  21.2.2 @Import 注解 …………………………………………………… 474
  21.2.3 @Import ImportSelector ………………………………………… 474
21.3 动态创建 Bean ……………………………………………………………… 475
  21.3.1 概述 ……………………………………………………………… 475

|  |  | 21.3.2 | FactoryBean 接口 | 476 |
|---|---|---|---|---|
|  |  | 21.3.3 | FactoryBean 示例 | 476 |
|  |  | 21.3.4 | Spring 与 MyBatis 整合中的 FactoryBean 示例 | 477 |
|  | 21.4 | 动态注册 Bean 定义：BeanDefinitionRegistryPostProcessor | | 478 |
|  |  | 21.4.1 | 概述 | 478 |
|  |  | 21.4.2 | BeanDefinitionRegistryPostProcessor 接口 | 478 |
|  |  | 21.4.3 | BeanDefinitionRegistryPostProcessor 示例 | 479 |
|  |  | 21.4.4 | 配置类后处理器 | 480 |
|  |  | 21.4.5 | 配置类后处理器的处理机制 | 481 |
|  | 21.5 | 动态注册 Bean 定义：ImportBeanDefintionRegistrar | | 482 |
|  |  | 21.5.1 | ImportBeanDefintionRegistrar 接口 | 482 |
|  |  | 21.5.2 | 处理机制 | 482 |
|  |  | 21.5.3 | ImportBeanDefintionRegistrar 示例 | 483 |
|  | 21.6 | 动态修改 Bean 定义：BeanFactoryPostProcessor | | 485 |
|  |  | 21.6.1 | BeanFactoryPostProcessor 概述 | 485 |
|  |  | 21.6.2 | BeanFactoryPostProcessor 示例 | 485 |
|  | 21.7 | 动态修改 Bean：BeanPostProcessor | | 487 |
|  |  | 21.7.1 | BeanPostProcessor 概述 | 487 |
|  |  | 21.7.2 | BeanPostProcessor 示例 | 488 |
|  |  | 21.7.3 | 自定义注解的实现 | 489 |

## 第 22 章 Spring 与 MyBatis 整合 ......495

|  | 22.1 | 创建 Maven 项目 SpringMyBatis | | 495 |
|---|---|---|---|---|
|  | 22.2 | Spring 配置文件 | | 496 |
|  | 22.3 | 数据源 Bean 的管理和配置 | | 497 |
|  |  | 22.3.1 | 数据源依赖包 | 497 |
|  |  | 22.3.2 | 数据库信息配置 | 498 |
|  |  | 22.3.3 | 引入属性文件 | 498 |
|  |  | 22.3.4 | 数据源 Bean 的配置 | 498 |
|  | 22.4 | 会话工厂 Bean 的管理和配置 | | 499 |
|  |  | 22.4.1 | 会话工厂依赖包 | 499 |
|  |  | 22.4.2 | 会话工厂 Bean 的配置 | 499 |
|  |  | 22.4.3 | 配置扫描 Mapper 文件的路径 | 500 |
|  |  | 22.4.4 | 配置实体类所在的包 | 500 |
|  |  | 22.4.5 | 指定 MyBatis 配置文件的位置 | 501 |
|  | 22.5 | DAO Bean 配置管理 | | 501 |
|  |  | 22.5.1 | 单个 Mapper DAO Bean | 501 |
|  |  | 22.5.2 | 批量 Mapper DAO Bean | 502 |

22.5.3　获取 DAO Bean ……………………………………………………… 504
22.6　扫描全部 Bean 管理配置 ………………………………………………………… 504
22.7　事务管理 Bean …………………………………………………………………… 504
22.7.1　事务管理依赖配置 …………………………………………………… 504
22.7.2　事务管理 Bean 配置 ………………………………………………… 505
22.8　AspectJ 支持自动代理实现 AOP 功能 ………………………………………… 505
22.9　编写应用 ………………………………………………………………………… 505
22.9.1　编写服务类 …………………………………………………………… 505
22.9.2　编写测试类 …………………………………………………………… 506
22.10　Spring 使用的注解 ……………………………………………………………… 507

第 23 章　SSM 整合 ………………………………………………………………………… 511

23.1　创建 Maven 项目 SSMApp ……………………………………………………… 511
23.2　引入依赖 …………………………………………………………………………… 512
23.2.1　引入 Spring MVC 依赖 ……………………………………………… 512
23.2.2　设置打包插件 ………………………………………………………… 512
23.3　SSM 中的 Spring 整合 …………………………………………………………… 513
23.3.1　启动 Spring …………………………………………………………… 513
23.3.2　Spring 与 Spring MVC 框架的整合 ………………………………… 514
23.4　编写控制器 ………………………………………………………………………… 514
23.4.1　编写 StudentController ……………………………………………… 514
23.4.2　添加登录方法 ………………………………………………………… 515
23.4.3　添加登录判断方法 …………………………………………………… 515
23.4.4　添加主页面映射 ……………………………………………………… 515
23.4.5　添加查看图书映射 …………………………………………………… 516
23.4.6　添加退出方法 ………………………………………………………… 516
23.5　登录验证拦截器 …………………………………………………………………… 516
23.5.1　拦截器定义 …………………………………………………………… 516
23.5.2　拦截器配置 …………………………………………………………… 517
23.6　在 Eclipse 中部署测试 …………………………………………………………… 517
23.7　用 Maven 打包 …………………………………………………………………… 518
23.7.1　设置打包方式 ………………………………………………………… 518
23.7.2　设置编译时依赖 ……………………………………………………… 518
23.7.3　打包 …………………………………………………………………… 519

本篇参考文献 ………………………………………………………………………………… 520

## 第 5 篇 Spring Boot

### 第 24 章 Spring Boot 入门 ………………………………………………………… 523

- 24.1 Spring Boot 概述 …………………………………………………………… 523
  - 24.1.1 什么是 Spring Boot ……………………………………………………… 523
  - 24.1.2 使用 Spring Boot 的好处 ………………………………………………… 523
- 24.2 第一个 Spring Boot 程序 …………………………………………………… 524
  - 24.2.1 用 Maven 构建项目 ……………………………………………………… 524
  - 24.2.2 设置 maven-jar-plugin 版本 …………………………………………… 525
  - 24.2.3 更新 Maven 项目 ………………………………………………………… 526
  - 24.2.4 项目结构 ………………………………………………………………… 527
  - 24.2.5 引入父模块 ……………………………………………………………… 528
  - 23.2.6 引入 Web 模块 …………………………………………………………… 528
  - 23.2.7 创建 Controller 类 ……………………………………………………… 528
  - 24.2.8 创建主程序 ……………………………………………………………… 529
  - 24.2.9 启动主程序 ……………………………………………………………… 529
  - 24.2.10 总结 …………………………………………………………………… 530
  - 24.2.11 Spring Boot 的核心特性 ……………………………………………… 530
- 24.3 Spring Boot 主程序分析 …………………………………………………… 530
  - 24.3.1 @SpringBootApplication 注解 ………………………………………… 531
  - 24.3.2 组件定义 ………………………………………………………………… 532
  - 24.3.3 组件配置 ………………………………………………………………… 532
  - 24.3.4 组件扫描 ………………………………………………………………… 533
  - 24.3.5 自定义组件扫描 ………………………………………………………… 533
  - 24.3.6 生成容器启动扫描 ……………………………………………………… 533
  - 24.3.7 从容器中获取 Bean …………………………………………………… 534

### 第 25 章 Spring Boot 自动装配 …………………………………………………… 536

- 25.1 自动装配机制 ……………………………………………………………… 536
  - 25.1.1 SPI 机制 ………………………………………………………………… 536
  - 25.1.2 JDBC 中的 SPI 机制 …………………………………………………… 536
  - 25.1.3 Spring Boot 中的类 SPI 扩展机制 …………………………………… 539
- 25.2 自动配置包管理 …………………………………………………………… 540
  - 25.2.1 引入机制 ………………………………………………………………… 540
  - 25.2.2 注册机制 ………………………………………………………………… 540
  - 25.2.3 注册逻辑 ………………………………………………………………… 541

25.3 自动装配引入器 541
    25.3.1 自动装配引入器配置 541
    25.3.2 引入机制 542
    25.3.3 执行机制 542
25.4 获得所有自动装配类的配置 543
    25.4.1 自动装配类的配置 543
    25.4.2 执行机制 544
    25.4.3 自动装配类的获取 544
25.5 获得自动装配类的过滤条件 546
    25.5.1 过滤条件配置 546
    25.5.2 执行机制 546
    25.5.3 过滤条件获取 547

## 第 26 章 有条件装配 Bean 548

26.1 概述 548
    26.1.1 Bean 的配置方法 548
    26.1.2 Bean 的有条件注册 548
26.2 无条件创建 Bean 548
    26.2.1 创建 Spring Boot 项目 549
    26.2.2 创建 Bean 549
    26.2.3 使用 Bean 550
26.3 条件注解@Conditional 551
    26.3.1 Condition 接口与实现 552
    26.3.2 设置环境变量 552
    26.3.3 有条件注册 Bean 553
26.4 简化条件注解 554
    26.4.1 概述 554
    26.4.2 属性条件注解 555
26.5 将条件注解到类上 557
    26.5.1 类条件注解 557
    26.5.2 示例 558
26.6 条件自动配置 558
    26.6.1 条件自动配置简介 558
    26.6.2 创建自动配置类 559
    26.6.3 创建自动配置文件 spring.factories 559
    26.6.4 自动配置条件文件 560
    26.6.5 条件成立测试 560
    26.6.6 条件不成立测试 561

## 第 27 章　Spring Boot 属性配置和使用 ········································ 562

- 27.1　默认配置 ·················································································· 562
  - 27.1.1　在类中设置初始值 ····························································· 562
  - 27.1.2　在自动配置类中设置初始值 ················································ 562
- 27.2　配置文件 ·················································································· 563
  - 27.2.1　配置文件简介 ···································································· 563
  - 27.2.2　yml 格式配置文件 ······························································ 563
  - 27.2.3　多环境配置文件 ································································· 565
  - 27.2.4　配置文件优先级 ································································· 565
- 27.3　注入配置值 ··············································································· 566
- 27.4　配置属性注解 ············································································ 567
  - 27.4.1　定义属性配置类 ································································· 567
  - 27.4.2　配置 Bean 的使用 ······························································ 567
- 27.5　扫描配置 Bean 及 @ConfigurationProperties ····································· 569
  - 27.5.1　扫描入口 ··········································································· 569
  - 27.5.2　@ComponentScan＋@Component ········································ 569
  - 27.5.3　@Configuration＋@Import ·················································· 570
  - 27.5.4　@Configuration＋@Bean ···················································· 571
  - 27.5.5　@Configuration＋@Bean＋@import ····································· 573
  - 27.5.6　@Configuration＋@EnableConfigurationProperties ················ 575
  - 27.5.7　@EnableAutoConfiguration ················································· 576

## 第 28 章　自定义 Spring Boot Starter ········································ 578

- 28.1　Spring Boot 起步依赖概述 ·························································· 578
  - 28.1.1　起步依赖机制 ···································································· 578
  - 28.1.2　为什么要自定义起步依赖 ···················································· 578
- 28.2　创建第三方应用 ········································································· 579
  - 28.2.1　建立 Maven 项目 ······························································· 579
  - 28.2.2　建立 Food 类 ···································································· 579
  - 28.2.3　编译、打包和安装 ····························································· 580
- 28.3　创建自动配置项目 ······································································ 580
  - 28.3.1　建立 food-springboot-starter-autoconfigure 项目 ···················· 580
  - 28.3.2　添加 spring-boot-autoconfigure 依赖 ······································ 581
  - 28.3.3　添加第三方依赖 ································································· 581
  - 28.3.4　建立属性配置类 ································································· 582
  - 28.3.5　建立工厂类 ······································································· 582
  - 28.3.6　配置自动配置类 ································································· 583

## 28.3.7 配置自动配置类启动条件 … 583
## 28.3.8 编译、打包和安装 … 583
## 28.4 创建启动项目 … 584
### 28.4.1 启动模块概述 … 584
### 28.4.2 建立 food-springboot-starter 项目 … 584
### 28.4.3 添加 Spring 基本起步依赖 … 585
### 28.4.4 添加自动配置模块依赖 … 585
### 28.4.5 添加第三方应用依赖 … 585
### 28.4.6 编译、打包和安装 … 586
## 28.5 创建应用项目 … 586
### 28.5.1 建立 foodApp 项目 … 586
### 28.5.2 添加起步依赖模块 … 587
### 28.5.3 建立 Person 类 … 587
### 28.5.4 配置属性文件 … 587
### 28.5.5 建立启动类 … 588
### 28.5.6 测试运行 … 588
### 28.5.7 依赖启动关系 … 588

# 第 29 章 Spring Boot 集成 SSM … 589
## 29.1 Spring Boot 应用启动器 … 589
## 29.2 初始化工程 … 591
### 29.2.1 建立 Spring Boot 项目 SpringBootSSM … 591
### 29.2.2 多环境配置 … 591
## 29.3 集成 Spring MVC 和 Tomcat … 592
### 29.3.1 引入 spring-boot-starter-web 启动依赖 … 592
### 29.3.2 配置信息 … 592
### 29.3.3 配置信息详解 … 593
### 29.3.4 编写控制器类 … 595
### 29.3.5 扫描组件 … 595
### 29.3.6 测试 Web 应用 … 595
## 29.4 集成数据源 … 596
### 29.4.1 引入 spring-boot-starter-jdbc 起步依赖 … 596
### 29.4.2 引入数据库驱动依赖 … 596
### 29.4.3 引入数据源依赖 … 596
### 29.4.4 配置属性 … 597
### 29.4.5 测试数据源 … 597
## 29.5 集成 MyBatis … 598
### 29.5.1 引入 mybatis-spring-boot-starter 起步依赖 … 598

|         |          |                              |     |
|---------|----------|------------------------------|-----|
|         | 29.5.2   | 配置映射文件属性              | 599 |
|         | 29.5.3   | 注解扫描 Mapper 接口类       | 599 |
|         | 29.5.4   | 创建学生类                    | 600 |
|         | 29.5.5   | 创建学生映射文件              | 601 |
|         | 29.5.6   | 创建学生映射接口              | 603 |
|         | 29.5.7   | 测试 MyBatis                 | 603 |
| 29.6    | 支持 JSP |                              | 604 |
|         | 29.6.1   | 外置容器对 JSP 的处理        | 604 |
|         | 29.6.2   | 引入依赖                      | 605 |
|         | 29.6.3   | 内置容器对 JSP 的处理        | 605 |
|         | 29.6.4   | 配置属性                      | 606 |
|         | 29.6.5   | 创建 JSP 文件目录            | 606 |
|         | 29.6.6   | 访问 JSP 文件                | 607 |
|         | 29.6.7   | 创建控制器                    | 607 |
|         | 29.6.8   | JSP 页面热部署                | 608 |
| 29.7    | Spring 拦截器 |                         | 608 |
|         | 29.7.1   | 定义 Spring 拦截器           | 608 |
|         | 29.7.2   | 注册 Spring 拦截器           | 609 |
|         | 29.7.3   | 测试                          | 610 |
| 29.8    | 热部署    |                              | 610 |
|         | 29.8.1   | 添加依赖                      | 610 |
|         | 29.8.2   | 热部署启动测试                | 611 |
| 29.9    | 项目打包 |                              | 611 |
|         | 29.9.1   | 打包插件                      | 611 |
|         | 29.9.2   | 打包                          | 612 |
|         | 29.9.3   | 运行                          | 612 |
| 29.10   | 打包资源文件 |                          | 613 |
|         | 29.10.1  | 配置资源文件                  | 613 |
|         | 29.10.2  | 打包并运行                    | 614 |
| 29.11   | JSP 项目打包 war |                      | 614 |
|         | 29.11.1  | 打包为 war 格式               | 614 |
|         | 29.11.2  | 修改依赖                      | 615 |
|         | 29.11.3  | 注册 webapp 资源目录         | 615 |
|         | 29.11.4  | 打包                          | 616 |
|         | 29.11.5  | 独立运行                      | 616 |

# 第1篇 构建工具

构建工具是把源代码生成为可执行应用程序的过程自动化程序。构建包括编译、打包、测试、部署、依赖库管理等环节。Java常见的构建工具有Ant、Maven、Gradle等。目前应用得最多的是Maven。Gradle的发展势头很猛。

主流的构建工具如下:
(1) Ant:提供编译、测试、打包功能。
(2) Maven:在Ant的基础上提供了依赖库管理和发布的功能。
(3) Gradle:在Maven的基础上使用Groovy管理构建脚本,不再使用XML管理。
(4) IDE:各种IDE也具有构建工具的功能,可以完成编译、打包、部署等。

所有的构建工具底层仍然调用Java本身的功能,例如编译最终都调用javac命令,运行最终都调用java命令,打包最终都调用jar命令。因此,要了解构建工具,就要首先了解最基本的命令,万变不离其宗。

# 第 1 章 初识构建工具

## 1.1 安装和配置 JDK

### 1.1.1 下载 JDK

首先到 Oracle 官网下载 JDK,网址如下:

```
https://www.oracle.com/cn/java/technologies/javase/javase-jdk8-
   downloads.html
```

根据操作系统及版本选择不同的 JDK。本书用 Windows x64 版本,因此选择 jdk-8u201-windows-x64.exe。下载需要 Oracle 账号。

也可以在华为云上下载,网址如下:

```
https://repo.huaweicloud.com/java/jdk/
```

### 1.1.2 安装 JDK

双击下载的 JDK 文件进行安装,采用默认的安装路径,单击"下一步"按钮开始安装,如图 1.1 所示。

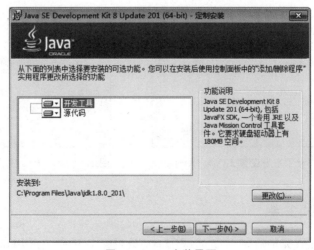

图 1.1　JDK 安装界面

### 1.1.3 配置环境变量

把JDK的bin目录添加到环境变量Path中,以便在任何目录下都可以搜索到Java命令。右击计算机图标,在弹出的快捷菜单中选择"属性"命令,再选择"高级系统设置"命令,弹出"系统属性"对话框,选择"高级"选项卡,单击"环境变量"按钮,进行环境变量设置,如图1.2所示。

图1.2 环境变量设置

首先建立Java根路径变量JAVA_HOME。单击"新建"按钮,新建系统变量,输入变量名JAVA_HOME,变量值为JDK的安装目录C:\Program Files\Java\jdk1.8.0_201,如图1.3所示。

然后加入Java路径到系统变量Path中。编辑系统变量Path,在变量值的最前面加入"%JAVA_HOME%\bin;",如图1.4所示。

图1.3 设置系统变量JAVA_HOME

图1.4 加入Java路径到系统变量Path中

### 1.1.4 测试安装

安装和配置完毕后进行测试,看Java是否安装正确。可用命令行方式(cmd)运行java -version命令查询JDK版本及是否安装成功。

命令行方式可以用两种方法打开。

一种方法是，单击 Windows"开始"菜单，选择"所有程序"→"附件"→"命令提示符"命令，如图 1.5 所示，打开命令行方式。

另一种方法是，单击 Windows 界面的"开始"菜单，选择"运行"命令，在"运行"对话框的"打开"文本框中输入 cmd，如图 1.6 所示，打开命令行方式。

图 1.5　Windows 界面的"开始"菜单

图 1.6　"运行"对话框

在命令提示符后输入 java -version 查看 Java 的版本，如果返回版本号，说明安装成功，如图 1.7 所示。

图 1.7　查看 Java 的版本

## 1.2 初识构建工具

本节以最简单的 Hello 程序为例,介绍构建工具 javac、jar、java 的基本使用方法。

### 1.2.1 编写 Hello 类

用文本编辑器编写 Hello 类,类中只有 main 方法,输出"Hello World!",代码如图 1.8 所示。

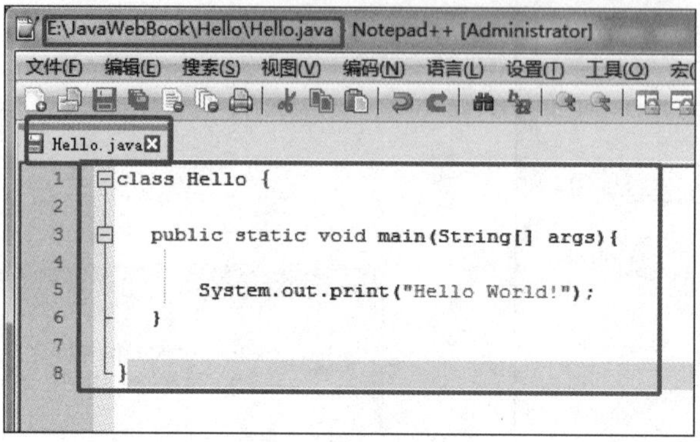

图 1.8 用文本编辑器编写 Hello 类

### 1.2.2 编译

在 Java 中用 javac 命令编译类,编译后生成 class 文件。

进入 Hello.java 文件所在目录 E:\JavaWebBook\Hello,执行 javac Hello.java 命令对代码进行编译。执行 dir 命令可以列出当前目录中的文件。可以看到,编译后多了一个 Hello.class 文件,如图 1.9 所示。

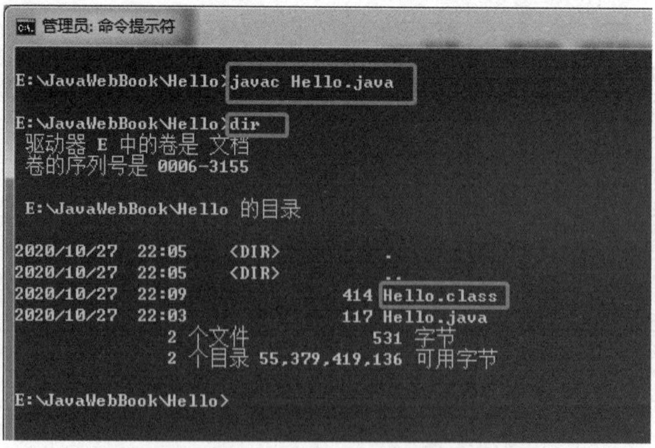

图 1.9 编译 Hello 程序并查看结果文件

### 1.2.3 运行

在 Java 中用 java 命令运行 Java 程序。

在命令提示符后输入 java Hello 命令运行 Hello 程序,如图 1.10 所示,运行后输出"Hello World!"。

图 1.10 运行 Hello 程序

### 1.2.4 打包

在 Java 中用 jar 命令将程序打包成 jar 格式文件。

在命令提示符后输入 jar cvf Hello.jar Hello.class 命令对程序进行打包,Hello.jar 为打包文件。cvf 选项含义如下:
- c:创建新的打包文件。
- v:在标准输出中生成详细信息。
- f:指定打包文件名。

执行 dir 命令列出当前目录中的文件,可以看到打包后多了一个 Hello.jar 文件,如图 1.11 所示。

图 1.11 打包并查看结果文件

## 1.2.5 运行打包文件

可以运行打包文件,命令仍然是 java。

在命令提示符后输入 java -classpath Hello.jar Hello 命令运行打包文件中的 Hello 程序,-classpath 选项为运行需要的包。程序运行后输出"Hello World!",如图 1.12 所示。

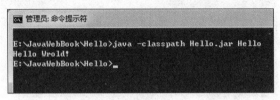

图 1.12 运行打包文件

# 第 2 章 深入构建工具

第 1 章以 Hello 程序为例介绍了构建工具。本章以获取阴历日期为应用背景，深入讨论 Java 的构建命令 javac、jar 和 java。

## ◆ 2.1 构建项目

### 2.1.1 创建目录

第 1 章中所有的文件都在一个目录下，不利于管理，对于大型项目需要分类管理，不同类型文件放到不同目录下。这里建立日历应用目录 CalendarApp，在 CalendarApp 目录下进行如下操作：

(1) 创建 lib 子目录，存放依赖库。
(2) 创建 src 子目录，存放 Java 源程序。
(3) 创建 target 子目录，存放编译和打包内容。
(4) 创建 target/classes 子目录，存放编译后的 class 文件。

CalendarApp 目录结构如图 2.1 所示。这里设置的目录不见得是最合理的，只是作为利用目录结构管理项目的参考示例。

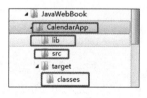

图 2.1 CalendarApp 目录结构

### 2.1.2 依赖库文件

本章的应用是获取阴历日期，需要借助于第三方库。关于阴历的库比较多，这里选择 com.github.heqiao2010 的阴历工具 jar 包，下载网址为 https://github.com/heqiao2010/LunarCalendar/releases/tag/1.2。将下载的 jar 包复制到 lib 目录下（E:\JavaWebBook\CalendarApp\lib\lunar-1.2.jar）。

### 2.1.3 编写应用类

在 src 目录下创建 LunarApp.java 文件（E:\JavaWebBook\CalendarApp\src\LunarApp.java），用文本编辑器编写 LunarApp 类的代码，该类中只有 main 方法，输出当前日期的阳历与阴历，代码如图 2.2 所示。

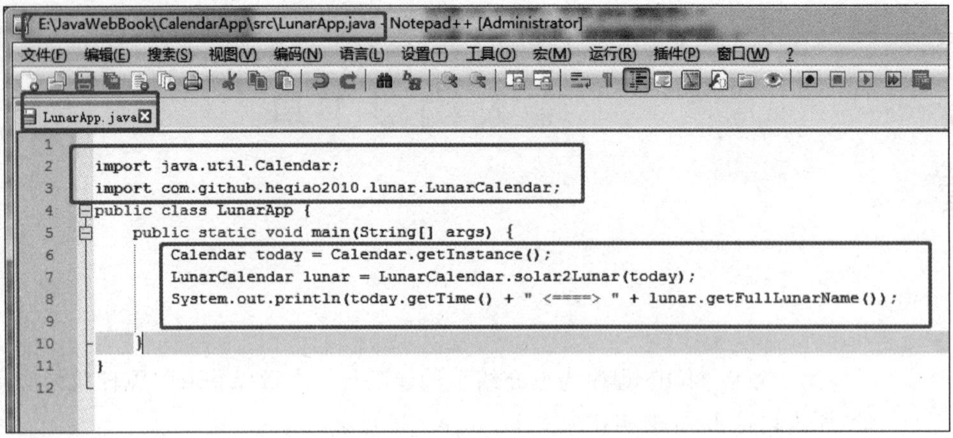

图 2.2 用文本编辑器编写 LunarApp.java 类的代码

LunarApp.java 类代码如下:

```
import java.util.Calendar;
import com.github.heqiao2010.lunar.LunarCalendar;
public class LunarApp {
    public static void main(String[] args) {
        Calendar today = Calendar.getInstance();
        LunarCalendar lunar = LunarCalendar.solar2Lunar(today);
        System.out.println(today.getTime() + " <====> " + lunar.getFullLunarName());

    }
}
```

为了展示编译时类之间的依赖关系,再创建 ATest 类,该类中只有 main 方法,调用 LunarApp 类的 main 方法,代码如下:

```
public class ATest {
    public static void main(String[] args) {
        System.out.println("调用 LunarApp,Atest");
        LunarApp.main(null);
    }
}
```

再创建 Test 类,该类中只有 main 方法,调用 ATest 的 main 方法,代码如下:

```
public class Test {
    public static void main(String[] args) {
        System.out.println("调用 ATest,Test");
        ATest.main(null);
    }
}
```

## 2.2 编 译

### 2.2.1 javac 编译选项

在用 javac 编译 Hello 类时,没有加任何选项,即采用了默认选项。那么 javac 如何编译程序?这是个很基础的问题,但是因为基本上都是用现有的 IDE 工具开发 Java 程序,所以很少有人注意到这一点。其实 javac 有很多编译选项。直接运行 javac 会给出帮助信息,如图 2.3 所示。

图 2.3 javac 编译选项

### 2.2.2 javac 编译命令要素

本节以编译命令要素为主线,介绍编译命令。编译时需要知道编译的源文件是什么,编译依赖类在哪,编译输出到什么地方。javac 编译命令要素如图 2.4 所示。javac 基本命令格式如下:

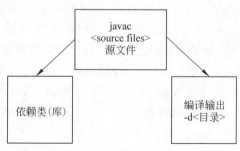

图 2.4 javac 编译命令要素

```
javac <options> <source files>
```
至少要指定一个要编译的java源文件。

＜source files＞传给javac命令有两种方式：

（1）使用文件路径名列表的方式。文件路径名（可以是绝对路径名，也可以是相对路径名）之间用空格分隔，路径名中有空格时需要用双引号把路径名引起来。这种方式适合编译文件较少的情况。

（2）使用@file方式。file是一个文本文件的路径名，这个文件中存放要编译的文件的文件路径名列表，其中的文件路径名之间用空格或者换行符分隔。这种方式适合多个文件的编译。

可以用-d＜目录＞指定放置生成的class文件的位置。

如果不指定-d＜目录＞选项，javac把生成的class文件放到对应的Java源文件的目录下。

### 2.2.3 查找依赖类

javac编译依赖类的查找顺序如图2.5所示。

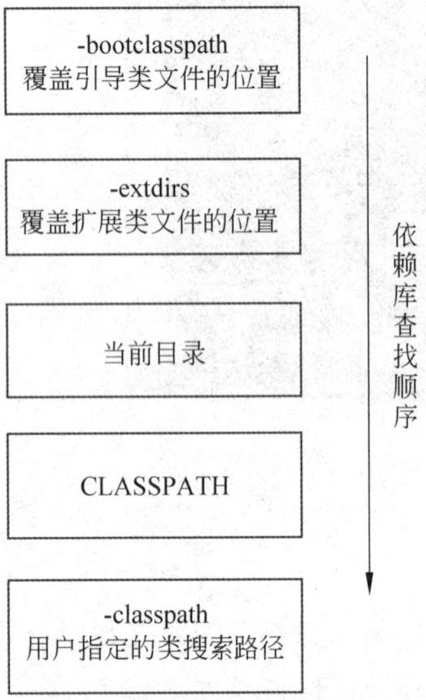

JDK在编译一个Java源文件时，搜索依赖类的方式和顺序如下：

（1）引导类是JDK自带的jar文件或zip文件，包括jre\lib下的rt.jar等文件。JDK首先搜索这些文件，可以通过-bootclasspath覆盖默认引导类文件的位置，文件之间用分号（;）分隔。

（2）扩展类是位于JRE的lib\ext目录下的jar文件。JDK在搜索完引导类后就搜索该目录下的jar文件。可以通过-extdirs覆盖扩展类文件的位置，文件之间用分号分隔。

（3）用户类的搜索顺序为当前目录、环境变量CLASSPATH和用户指定的类搜索路径-classpath。

-cp是-classpath的缩写形式，用于指定JDK搜索的目录名、jar文件名、zip文件名，文件名之间用分号分隔。

图2.5 javac编译依赖类的查找顺序

-classpath指定的路径会覆盖所有在CLASSPATH里面的设定。使用-classpath后，JDK将不再使用CLASSPATH中的类搜索路径，如果-classpath和CLASSPATH都没有设置，则JDK使用当前路径（.）作为类搜索路径。如果需要某个类库（例如jar文件）的支持，那么就不能只包含路径，而应该还包含路径和文件名。

可以用-sourcepath设定要编译的Java文件的搜索路径，可以是目录、jar文件、zip文件（里面都是Java文件）。与类搜索路径一样，Java文件的搜索路径项之间用分号分隔。默认情况下-sourcepath和-classpath的路径一样。

Java 源码文件的具体查找顺序如下：

（1）在编译的过程中，若需要相关的 Java 类，首先在＜source files＞列出的 Java 源码文件中查找。

（2）如果没找到，就在-sourcepath 指定的路径中查找 Java 源码文件，这时无论是否找到，都会继续在类路径-classpath 中查找。

（3）如果在-sourcepath 中找到了 Java 源码文件，但是在-classpath 中没有找到相关的类，或找的类位于包文件（jar 或 zip）中，或源码文件比类文件新，这时会对源码文件进行编译，而且编译生成的类文件将会和要进行编译的 Java 源码文件位于同一目录下。

### 2.2.4 手工编译源文件

**1. 编译单个文件**

当直接编译 ATest.java 时，命令如下（依赖类路径为 lunar-1.2.jar）：

```
javac -classpath E:\JavaWebBook\CalendarApp\lib\lunar-1.2.jar;E:\JavaWebBook\CalendarApp\target\classes -d E:\JavaWebBook\CalendarApp\target\classes E:\JavaWebBook\CalendarApp\src\ATest.java
```

编译时会出错，因为从设置的-classpath 中找不到依赖的 LunarApp 类，如图 2.6 所示。

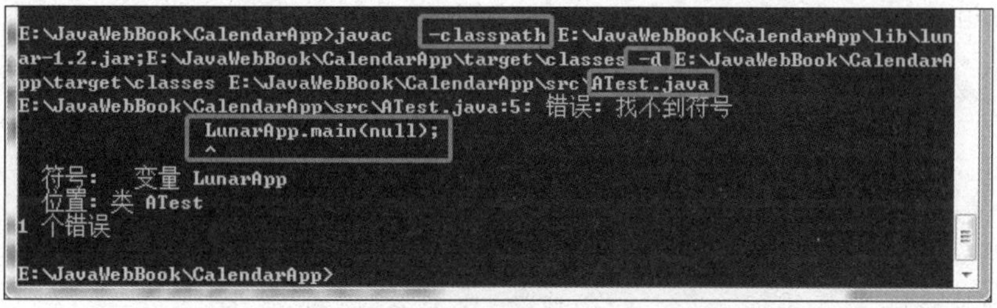

图 2.6　编译时找不到依赖的 LunarApp 类

**2. 编译文件及其依赖文件**

这里可以采用两种方法。一种方法是同时编译 ATest.java 及其依赖的 LunarApp.java，编译命令如下：

```
javac -classpath E:\JavaWebBook\CalendarApp\lib\lunar-1.2.jar;E:\JavaWebBook\CalendarApp\target\classes -d E:\JavaWebBook\CalendarApp\target\classes E:\JavaWebBook\CalendarApp\src\ATest.java E:\JavaWebBook\CalendarApp\src\LunarApp.java
```

编译正确，如图 2.7 所示。

**3. 编译文件时设置依赖的源文件**

另一种方法是用-sourcepath 设置编译依赖的源文件，找到后再进行编译，编译命令

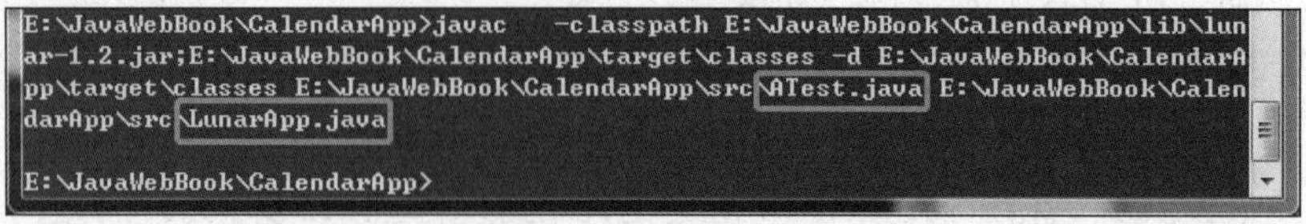


图 2.7 同时编译源码文件及其依赖类

如下：

```
javac -classpath E:\JavaWebBook\CalendarApp\lib\lunar-1.2.jar;E:\JavaWebBook
\CalendarApp\target\classes -sourcepath E:\JavaWebBook\CalendarApp\src -d E:\
JavaWebBook \ CalendarApp \ target \ classes E: \ JavaWebBook \ CalendarApp \ src \
ATest.java
```

编译的类及依赖的类都得到了编译，编译正确，如图 2.8 所示。

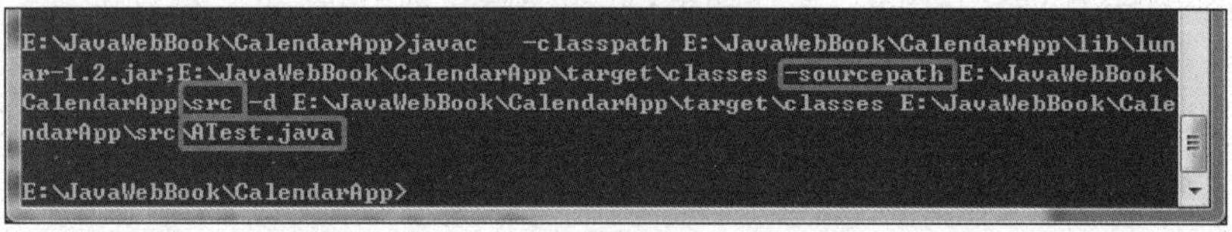


图 2.8 编译时设置依赖的源文件

### 4. 批量编译

javac 支持批量编译，可以用通配符进行批量编译，命令如下：

```
javac -classpath E:\JavaWebBook\CalendarApp\lib\lunar-1.2.jar;E:\JavaWebBook
\CalendarApp\target\classes -d E:\JavaWebBook\CalendarApp\target\classes E:\
JavaWebBook\CalendarApp\src\* .java
```

src 目录下的 Java 文件都得到了编译，编译正确，如图 2.9 所示。

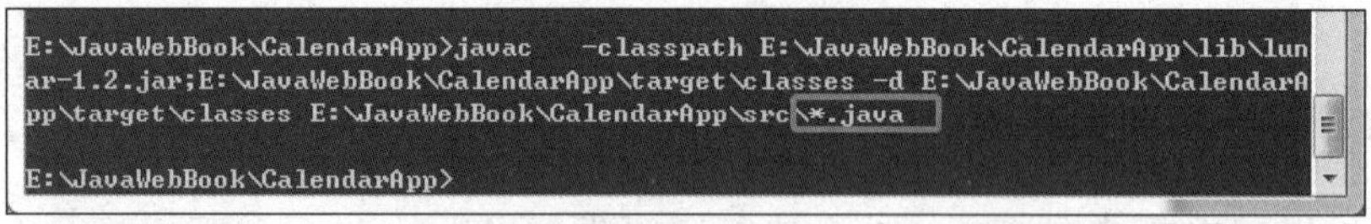


图 2.9 批量编译

### 5. 编译时指定 jar 包

-classpath 不支持 jar 包目录，需要包含路径及 jar 包名。例如，编译命令如下：

```
javac -classpath E:\JavaWebBook\CalendarApp\lib;E:\JavaWebBook\CalendarApp\
target\classes -d E:\JavaWebBook\CalendarApp\target\classes E:\JavaWebBook\
CalendarApp\src\* .java
```

编译错误，如图 2.10 所示。

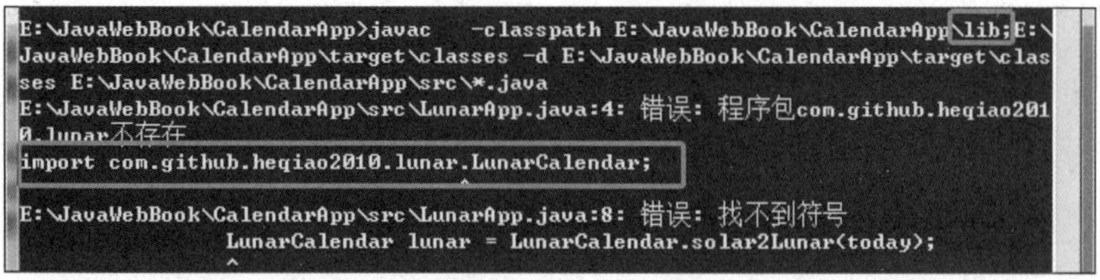

图 2.10 不支持 jar 包目录

这里依赖 jar 包只给出了目录，依赖类文件也只给出了目录（classes），因此编译出错。在编译命令中需要包含 jar 包全路径。

class 文件支持路径。

### 2.2.5 手工编译整个项目

整个项目也可以手工编译。当项目文件比较多时，把项目中的文件名编辑到一个文件中，使用 @file 方式进行编译。

在项目目录 E:\JavaWebBook\CalendarApp 中创建源程序清单文件 source.list，文件内容如下。这里使用了相对路径，以利于移植。文件之间用空格或者换行符分隔都可以。

```
.\src\ATest.java
.\src\Test.java
.\src\LunarApp.java
```

在命令行方式下，进入项目目录 E:\JavaWebBook\CalendarApp，运行编译命令，这里使用相对路径，以 @source.list 方式编译，命令如下：

```
javac -classpath .\lib\lunar-1.2.jar;.\target\classes -d .\target\classes
    @source.list
```

整个项目得到了编译，编译结果如图 2.11 所示。

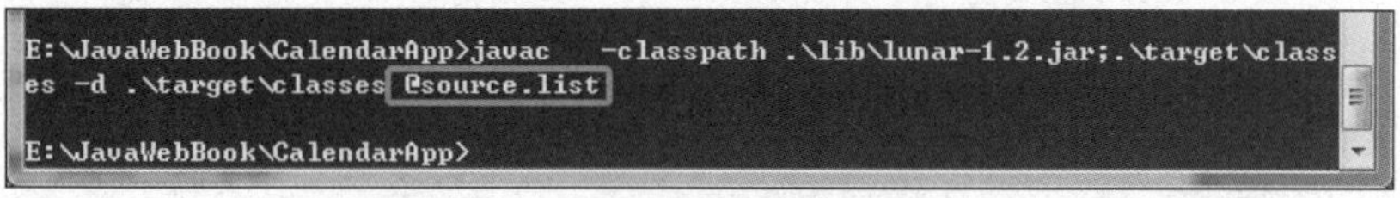

图 2.11 编译整个项目

也就是说，脱离工具，手工也可以编译整个项目，只是效率较低。

### 2.2.6 乱码问题

Java 源程序采用 UTF-8 编码，编译时需要指定相同的编码，否则运行会出现乱码。通过 -encoding <编码> 指定源文件使用的字符编码。

完整地编译一个项目的命令如下：

```
javac -encoding utf-8 -classpath .\lib\lunar-1.2.jar;.\target\classes -d .
    .\target\classes @source.list
```

## 2.3 打　　包

### 2.3.1　jar 包结构

jar 包是压缩文件，内部主要包含两部分：类（包括库）及 jar 包的元信息。元信息放在 META-INF 目录下。用工具打开 Hello.jar，其目录结构如图 2.12 所示。

在 META-INF 目录下有清单文件 MANIFEST.MF，该文件中包含 jar 包的元信息，如 jar 包的编译版本。其内容格式为键值对（key：value）。MANIFEST.MF 文件内容如下：

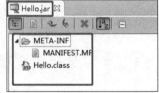

图 2.12　Hello.jar 的目录结构

```
Manifest-Version: 1.0
Created-By: 1.8.0_201 (Oracle Corporation)
```

MANIFEST.MF 的编写一定要注意以下细节：

(1) 不能有多余的空行和空格。第一行不可以是空行，行与行之间不能有空行，行首和行尾不可以有空格。

(2) 最后一行必须是空行（在输入完内容后加一个换行符即可）。

(3) "key：value"在冒号(:)后面一定要有一个空格。

### 2.3.2　jar 打包命令详解

jar 是标准的 java 打包命令，位于 JAVA_HOME/bin/ 目录下。它的主要功能是将多个文件打包成一个单独的 jar 文件。jar 打包命令用法如下：

```
jar {ctxui}[vfmn0PMe] [jar file] [manifest file] [entry point] [-C dir
    inputfiles… [-Joption]
```

其中 c、t、x、u 这 4 个选项必选其一。[vfmn0PMe]是可选选项。jar 不仅可以打包，也可以执行更新包、解压包、显示包结构等操作。jar 命令参数用法如下：

(1) jarfile：被创建、更新、解压或者显示的目标 jar 文件，和 f 选项一起使用。

(2) inputfiles：文件或者目录，多个文件或者目录用空格分开，表示需要被打包的文件或者目录、待解压的 jar 包中的文件或者目录、待显示的 jar 包中的文件或者目录。如果是目录，将按照递归的方式处理。文件以 ZIP 方式被压缩，除非添加 0 选项。

(3) manifest file：指定 manifest 文件，和 m 选项一起使用。

(4) entrypoint：指定类名作为应用的入口，和 e 选项一起使用。特别说明，f、m、e 参数对应的 jarfile、manifest、entrypoint 顺序要相同。

(5) -C dir：处理 inputfiles 时，指定 inputfiles 的目录。可以有多个-C dir inputfiles。

(6) -Joption：指定 JRE 的参数，-J 和 option 之间不能有空格。

(7) 选项：

- c：创建新档案。
- t：列出档案目录。
- x：从档案中提取指定的（或所有）文件。
- u：更新现有档案。
- v：在标准输出中生成详细信息。
- f：指定档案文件名。
- m：包含指定清单文件中的清单信息。
- n：创建新档案后执行 Pack200 规范化。
- e：为捆绑到可执行 jar 文件的独立应用程序指定应用启动类点。
- 0：仅存储，不使用任何 ZIP 压缩。
- P：保留文件名中的前导"/"（绝对路径）和".."（父目录）组件。
- M：不创建条目的清单文件。
- i：为指定的 jar 文件生成索引信息。
- -C：更改为指定的目录并包含该目录下的文件。

### 2.3.3 打包应用

常见的打包示例如下：

(1) 创建 jar 包：

jar cf Hello.jar Hello.class

(2) 创建并显示打包过程：

jar cvf Hello.jar Hello.class

(3) 显示 jar 包（查看 hello.jar 包的内容）：

jar tvf Hello.jar

(4) 解压 jar 包：

jar xvf Hello.jar

(5) 向 jar 包中添加文件：

jar uf Hello.jar Hello.java

将 Hello.java 添加到 Hello.jar 包中。

(6) 创建不压缩内容的 jar 包：

jar cvf0 Hello.jar *.class

利用当前目录中的所有 class 文件生成一个不压缩的 jar 包。

(7) 创建带 MANIFEST.MF 文件的 jar 包：

```
jar cvfm Hello.jar MANIFEST.MF Hello.class
```

创建的 jar 包中多了 META-INF 目录，在该录下多了 MANIFEST.MF 文件。

(8) 忽略 MANIFEST.MF 文件：

```
jar cvfM Hello.jar hello.class
```

生成的 jar 包中不包括 META-INF 目录及 MANIFEST.MF 文件。

(9) 加-C 打包：

```
jar cvf Hello.jar -C ..
```

打包当前目录下的所有文件。

(10) 为 jar 文件生成索引列表：

```
jar i Hello.jar
```

执行完这条命令后，会在 Hello.jar 包的 META-INF 文件夹下生成名为 INDEX.LIST 的索引文件，它会生成一个列表，最上面为 jar 包名。

(11) 导出解压列表：

```
jar tvf Hello.jar >hello.txt
```

如果想查看解压一个 jar 包的详细信息，而这个 jar 包又很大，屏幕信息会一闪而过，这时可以把列表输出到一个文件中。

(12) 打包目录：

```
jar -cvf Hello.jar .
```

注意：用户可以任指定 MANIFEST.MF 的文件名，但 jar 命令只使用 MANIFEST.MF，它会对用户指定的文件名进行相应的转换，这不需用户担心。

### 2.3.4 创建可执行的 jar 包

**1. 可执行 jar 包的机理**

jar 包在运行时需要知道 jar 包中的主类。在 Java 规范中，在 jar 包的清单文件 MANIFEST.MF 中加入 Main-Class 关键字对应的值，指定主类。

**2. 在外部创建清单文件**

MANIFEST.MF 文件可以在外部创建、编辑，在打包时加入。创建 MANIFEST.MF 文件，加入 Main-Class：Hello，指定运行 jar 包时先运行 Hello 类。MANIFEST.MF 文件的内容如下：

```
Manifest-Version: 1.0
Created-By: 1.8.0_201 (Oracle Corporation)
```

```
Main-Class: Hello
```

运行 jar 命令，加入 m 选项，指定清单文件，打包命令如下：

```
jar cvfm Hello.jar .\META-INF\MANIFEST.MF Hello.class
```

执行结果如图 2.13 所示，打包正确。

图 2.13  jar 打包时加入清单文件

要运行可执行的 jar 包，在 java 命令中加 -jar 选项，命令如下：

```
java -jar Hello.jar
```

执行结果如图 2.14 所示，输出了"Hello World!"。

图 2.14  运行可执行的 jar 包

### 3. jar 自动创建清单文件

MANIFEST.MF 文件也可以由 jar 命令创建，打包时加入 e 选项，指明 jar 包中运行的启动类，这样打包时 jar 自动产生 MANIFEST.MF 文件，并在清单文件中加入 Main-Class 关键字及对应的值。

打包 Hello.class，并指明启动类 Hello，命令如下：

```
jar cvfe hello.jar Hello Hello.class
```

打包结果如图 2.15 所示，这个 jar 包也是可执行的 jar 包。

图 2.15  jar 命令的 e 选项指明启动类

## 2.3.5  手工打包整个项目

编译整个项目时，需要编译的文件清单。由于可以打包整个目录，编译时都输出到一个目录下，那么直接打包这个目录就可以。

另外，打包存在打包源路径与包内目的路径问题。jar 命令中用 -C dir inputfiles 处理。-C dir 指定打包源路径，同时用 inputfile 指定 jar 包中目的路径。jar 打包源路径与

jar 包中目的路径如图 2.16 所示。

图 2.16  jar 打包源路径与 jar 包中目的路径

打包命令如下：

jar cvfe CalendarApp.jar ATest -C target/classes .

这里，e 选项创建了可执行的 jar 包；-C 参数设定打包源路径为 target/classes，打包整个目录；目的路径"."是 jar 包中的根路径，也就是把 target/classes 中的类打包到 jar 包的根路径下。

执行结果如图 2.17 所示，可以看出，classes 目录下的 3 个类文件都被打入 jar 包中。

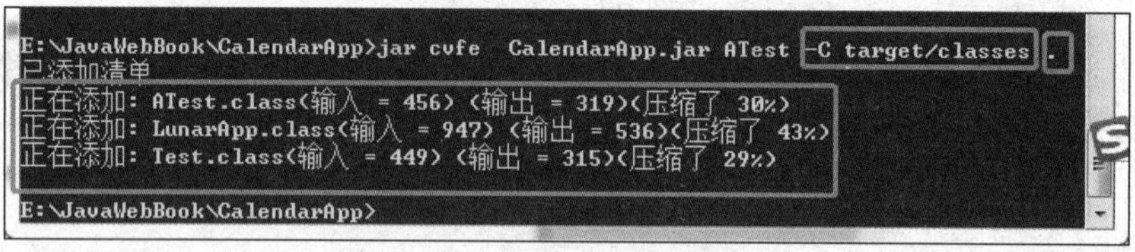

图 2.17  jar 打包整个项目

## 2.4 运 行

### 2.4.1 java 命令详解

Java 运行命令是 java，用法如下：

java [-options] class [args…]  （执行类）
java [-options] -jar jarfile [args…]  （执行 jar 包）

其中选项 -options 包括：

- -d32：使用 32 位数据模型（如果可用）。
- -d64：使用 64 位数据模型（如果可用）。
- -server：默认 JVM 是服务器。
- -cp ＜目录和 zip/jar 文件的类搜索路径＞。
- -classpath ＜目录和 zip/jar 文件的类搜索路径＞：用分号分隔目录、jar 文件和 zip 文件列表，用于搜索类文件。
- -D＜名称＞＝＜值＞：设置系统属性。
- -verbose：[class|gc|jni]：启用详细输出。
- -version：输出产品版本并退出。

- -showversion：输出产品版本并继续。
- -? 或 -help：输出帮助信息。
- -X：输出非标准选项的帮助。
- -ea[:<packagename>…|:<classname>]：开启断言。
- -enableassertions[:<packagename>…|:<classname>]：按指定的粒度启用断言。
- -da[:<packagename>…|:<classname>]：关闭断言。
- -disableassertions[:<packagename>…|:<classname>]：禁用具有指定粒度的断言。
- -esa | -enablesystemassertions：启用系统断言。
- -dsa | -disablesystemassertions：禁用系统断言。
- -agentlib：<libname>[=<选项>]：加载本机代理库<libname>，例如 -agentlib：hprof，另请参阅-agentlib：jdwp=help 和-agentlib：hprof=help。
- -agentpath：<pathname>[=<选项>]：按完整路径名加载本机代理库。
- -javaagent：<jarpath>[=<选项>]：加载 Java 编程语言代理，请参阅 java.lang.instrument。
- -splash：<imagepath>：使用指定的图像显示启动屏幕。

## 2.4.2 java 命令的运行方式

java 命令有两种运行方式，分别针对类和 jar 包。

**1. 运行类**

```
java -classpath MainClassName
```

-classpath 用于搜索类文件，在其后目录和 zip/jar 文件的类搜索路径。

一般通过 java -classpath xxx.jar;xxx2.jar com.test.TestMain 运行类，com.test.TestMain 为带 main 方法的主类。

这里运行 ATest 主类，类路径为第三方依赖包及编译输出的 classes 路径两部分，运行命令如下：

```
java -classpath .\lib\lunar-1.2.jar;.\target\classes ATest
```

运行结果如图 2.18 所示。

图 2.18 运行类

**2. 运行包：**

```
java -jar jar包名
```

这种方式就是运行可执行的 jar 包，在 2.3.4 节中已经运行了 Hello.jar，这里运行 CalendarApp.jar，运行时需要第三方库。

当用 java -classpath .\lib\lunar-1.2.jar -jar CalendarApp.jar 运行一个经过打包的应用程序时，有时候无论如何设置-classpath 参数，应用程序都找不到相应的第三方库，报出 ClassNotFound 错误，如图 2.19 所示。

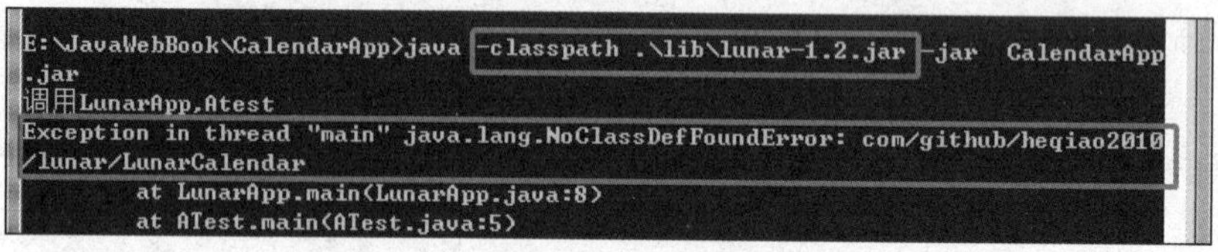

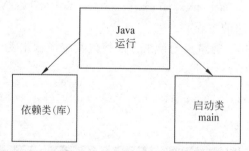

图 2.19 运行包时-classpath 参数无效

实际上这是由于当使用-jar 参数运行时，JVM 会屏蔽所有的外部类路径，而只以 CalendarApp.jar 的内部类（在 jar 包内部的 MAINFEST.MF 文件中配置类路径）作为类的寻找范围。

运行可执行 jar 包，输入正确的命令 java -jar CalendarApp.jar，但找不到第三方依赖库。为解决这个问题，需要加载第三方依赖库。关于第三方依赖库的加载在 2.4.4 节中介绍。

### 2.4.3 Java 运行要素

Java 运行的要素主要有两个：依赖类（库）和启动类（main）。无论运行类还是运行 jar 包，都存在如何加载依赖库的问题。Java 运行两个要素如图 2.20 所示。

图 2.20 Java 运行的两个要素

依赖库的加载有多种方案。在 2.4.4 节中讨论。

### 2.4.4 依赖库加载方案

Java 运行时，对依赖库的加载有 4 个方案：引导类加载展方案、扩展类加载方案、用户类加载方案、ClassLoader 方案，如图 2.21 所示，这和编译时对依赖库的查找相似。

详细加载方式分别在 2.4.5 节至 2.4.8 节说明。

### 2.4.5 引导类加载方案

java 命令提供了加载引导的简单方法。其参数 -Xbootclasspath 说明如下：

- -Xbootclasspath：完全取代 Java 核心类搜索路径，不常用，否则要重写所有 Java 核心类。
- -Xbootclasspath/a：后缀在 Java 核心类搜索路径后面，常用。
- -Xbootclasspath/p：前缀在 Java 核心类搜索路径前面，不常用，容易引起不必要的冲突。

利用 Xbootclasspath/a 加载依赖库 lunar-1.2.jar，运行 CalendarApp.jar，命令如下：

```
java -Xbootclasspath/a:.\lib\lunar-1.2.jar -jar CalendarApp.jar
```

图 2.21 依赖库加载方案

运行结果如图 2.22 所示，第三方库正确加载，运行正确。

图 2.22 引导类加载方案运行结果

### 2.4.6 扩展类加载方案

Java 扩展类存放在 {Java_home}\jre\lib\ext 目录下。当调用 Java 时，对扩展类路径的搜索是自动的。这样，加载依赖库的方案就很简单了，将所有要使用的第三方 jar 包都复制到这个目录下。

把第三方依赖库 lunar-1.2.jar 复制到 C:\Program Files\Java\jdk1.8.0_201\jre\lib\ext 目录下，如图 2.23 所示。

然后运行 java -jar CalendarApp.jar，结果如图 2.24 所示，程序正确运行。

### 2.4.7 用户类加载方案

**1. 运行类时的用户类扩展方案**

运行类时，用 -classpath 参数指定加载的依赖类或者依赖库。这在 2.4.2 节中已经介绍了。

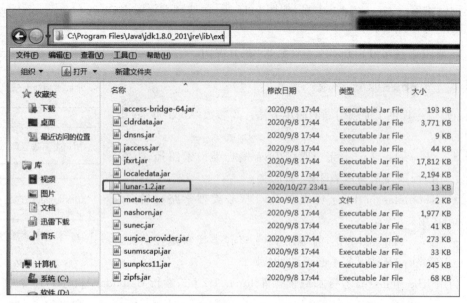

图 2.23 依赖库的扩展类加载方案

图 2.24 扩展类加载方案的运行结果

**2. 运行包时的用户类扩展方案**

当使用 -jar 参数执行可执行 jar 包时，如果使用第三方 jar 包，利用 jar 包的 MANIFEST 扩展机制，在清单文件 MANIFEST 中添加 Class-Path 属性，指定第三方依赖库。Class-Path 当前路径是 jar 包所在的目录。

步骤如下：

(1) 修改 MANIFEST 文件。

在 E:\JavaWebBook\CalendarApp\META-INF\MANIFEST1.MF 文件中加入 Class-Path 配置，Class-Path：./lib/lunar-1.2.jar，多个 jar 包可以使用空格分隔。MANIFEST1.MF 文件内容如图 2.25 所示，这里约定把 jar 包放入 lib 子目录。

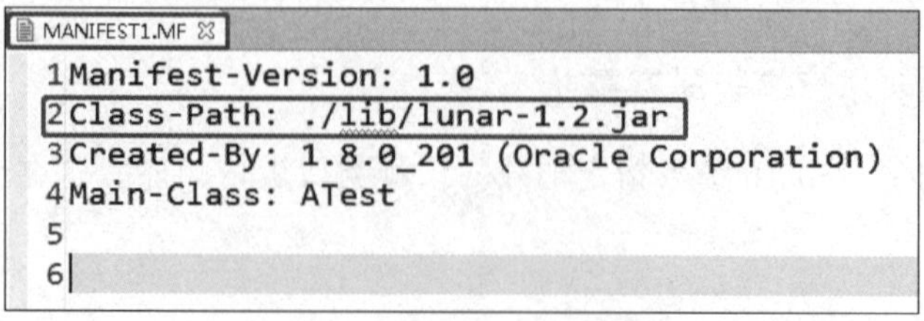

图 2.25 在 MANIFEST1.MF 中加入 Class-Path 配置

（2）用 jar 打包。用 f 选项指定打包文件为 CalendarApp1.jar，用 m 选项指定清单文件 MANIFEST1.MF，打包 target/classes 类文件到 jar 包中的根目录，命令如下：

jar cvfm CalendarApp1.jar ./META-INF/MANIFEST1.MF -C target/classes .

打包运行结果如图 2.26 所示，清单文件与依赖库都打入 jar 包中。

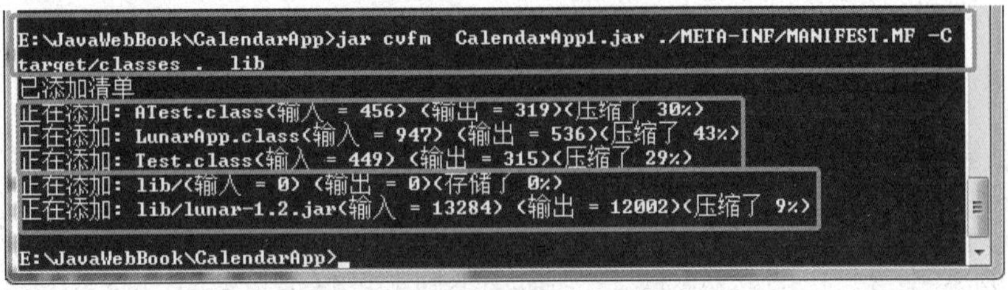

图 2.26 打包清单文件及依赖库

打包后 CalendarApp1.jar 的目录结构如图 2.27 所示。

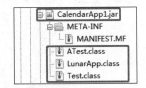

图 2.27 CalendarApp1.jar 的目录结构

（3）把依赖库复制到 jar 包所在目录的 lib 子目录下。
在清单文件 Class-Path 配置中，约定把 jar 包放入 lib 子目录。
（4）运行测试。运行 java -jar CalendarApp1.jar，结果如图 2.24 所示，程序正确运行。

图 2.28 用户类加载方案的运行结果

## 2.4.8 ClassLoader 方案

设置 ClassLoader 加载 jar 包中的依赖类，属于高级方式，一般 Apache 的 Java 项目多使用此方式定制自己的类加载路径，例如在 Tomcat 中加载 web-inf/lib 目录中的 jar 包。ClassLoader 方案属于自定义加载方式。

# 第 3 章 Ant 构建工具

Ant 是构建工具，构建命令定义在 build.xml 中，有利于重复执行。Ant 在 JDK 本身提供的 javac、jar、java 命令基础上进行了扩展，使得构建项目更简单，而且提供了更丰富的功能（文件操作、数据库读写、发送邮件等）。

## ◆ 3.1 Ant 的特点

**1. Ant 的优点**

Ant 有以下优点：
（1）跨平台：因为 Ant 是使用 Java 实现的，所以它可以跨平台。
（2）使用简单：Ant 比 make 更简单。
（3）语法清晰：Ant 比 make 语法更清晰。
（4）功能强大：Ant 可以做的事情很多。当开发 Ant 插件时，会发现它更多的功能。

**2. Ant 与 make 的比较**

Ant 所做的很多事情，以往大部分是由 make 做的，不过对象不同，make 更多应用于 C/C++，Ant 更多应用于 Java。当然这不是一定的，但大部分人习惯如此。

## ◆ 3.2 下载、安装和测试 Ant

### 3.2.1 下载 Ant

从 Apache 官方网站 http://ant.apache.org/ 可下载 Ant。
不同版本要求提供支持的 JDK 版本不一样，这里需要 Java 8 支持的版本，相应的安装包为 apache-ant-1.10.9-bin.zip。

### 3.2.2 安装 Ant

Ant 属于绿色软件，直接解压就可以。具体安装步骤如下：

(1) 将安装包解压到 D:\apache-ant-1.10.9 目录。
(2) 添加系统环境变量：ANT_HOME 为 D:\apache-ant-1.10.9。
(3) 将 bin 路径添加到环境变量 Path 中：%ANT_HOME%\bin。

### 3.2.3 测试 Ant

在命令行中输入 ant -version 命令查看 Ant 版本信息，测试安装是否成功，如图 3.1 所示。

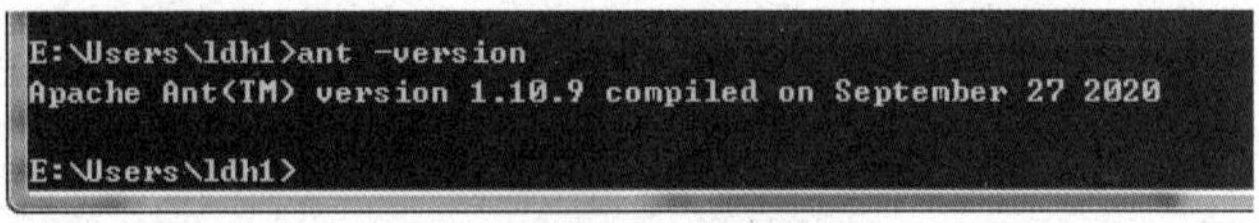

图 3.1 查看 Ant 版本信息

## 3.3 初识 Ant

在没有工具时，用 javac 编译，再用 jar 打包，最后用 java 运行，非常不方便。这里展示如何用 Ant 创建目录以及编译、打包和运行项目。Ant 默认的配置文件是 build.xml，它可以视为 Ant 的程序。

### 3.3.1 build.xml 文件

Ant 通过解析 build.xml 文件来运行。build.xml 文件根标签为＜project＞，示例如下：

```
<project name="HelloWorld" default="run" basedir=".">
</project>
```

Ant 的所有内容必须包含在＜project＞标签中，name 是程序的名字，basedir 是工作的根目录，"."代表当前目录。default 代表默认要做的事情。

＜property＞标签类似程序中定义的变量，以便全局使用。使用时的格式为 ${xxx}。＜property＞标签示例如下：

```
<property name="src" value="src"/>
```

把做的每一件事情写成一个＜target＞标签，示例如下：

```
<target name="compile" depends="init">
<javac srcdir="${src}" destdir="${dest}"/>
</target>
```

compile 是它的名字，depends 是它依赖的 target。例如，在执行 compile 之前，Ant 会先检查 init 是否曾经被执行过。如果执行过，则直接执行 compile；否则会先执行它依赖的 target，例如这里的 init，然后再执行这个 target。

Ant 中的每一个任务都可以这样调用：ant target＝"xxx"。

本例中 build.xml 的详细定义如下：

```xml
<?xml version="1.0" encoding="utf-8" ?>
<project name="HelloWorld" default="run" basedir=".">
    <property name="src" value="src" />
    <property name="dest" value="classes" />
    <property name="hello_jar" value="hello1.jar" />
    <target name="init">
        <mkdir dir="${dest}" />
        <mkdir dir="${src}" />
    </target>
    <target name="compile" depends="init">
        <javac srcdir="${src}" destdir="${dest}" includeantruntime="on" />
    </target>
    <target name="build" depends="compile">
        <jar jarfile="${hello_jar}" basedir="${dest}" />
    </target>
    <target name="run" depends="build">
        <java classname="Hello" classpath="${hello_jar}" />
    </target>
    <target name="clean">
        <delete dir="${dest}" />
        <delete file="${hello_jar}" />
    </target>
    <target name="rerun" depends="clean,run">
        <ant target="clean" />
        <ant target="run" />
    </target>
    <target name="rerun1" depends="clean,run">
    </target>
    <target name="rerun2">
        <ant target="clean" />
        <ant target="run" />
    </target>
</project>
```

### 3.3.2 创建目录

在创建项目时，要规划项目的目录结构，例如，src 放源程序，classes 放编译的类。以前没有工具时，需要手工创建目录。这里利用 Ant 的＜mkdir＞创建目录标签，可以自动、重复建立，非常方便。首先定义源程序目录和编译的类目录，以便后面重复使用。目录定义用＜property＞标签，配置如下：

```xml
<property name="src" value="src" />
<property name="dest" value="classes" />
```

定义一个任务,任务名称为 init,任务内容为创建目录,配置如下:

```xml
<target name="init">
    <mkdir dir="${dest}" />
    <mkdir dir="${src}" />
</target>
```

运行 ant init 命令,创建目录,然后运行 dir 命令列出目录,如图 3.2 所示,可以看出创建了两个目录。

图 3.2　创建目录并列出目录

### 3.3.3　编译任务

编译不用手工输入 javac 命令完成,定义编译任务,然后运行编译任务即可。可以利用<javac>标签编译 Java 原代码,srcdir 属性表示源程序目录,destdir 属性表示编译输出目录,定义的编译任务如下:

```xml
<target name="compile" depends="init">
    <javac srcdir="${src}" destdir="${dest}" includeantruntime="on" />
</target>
```

这里定义编译任务依赖 init 任务,也就是说,要运行编译任务,首先要运行 init 任务。

利用 ant compile 命令运行编译任务,编译项目,并把编译的类存放到 classes 目录下,然后运行 dir 命令列出目录,如图 3.3 所示。

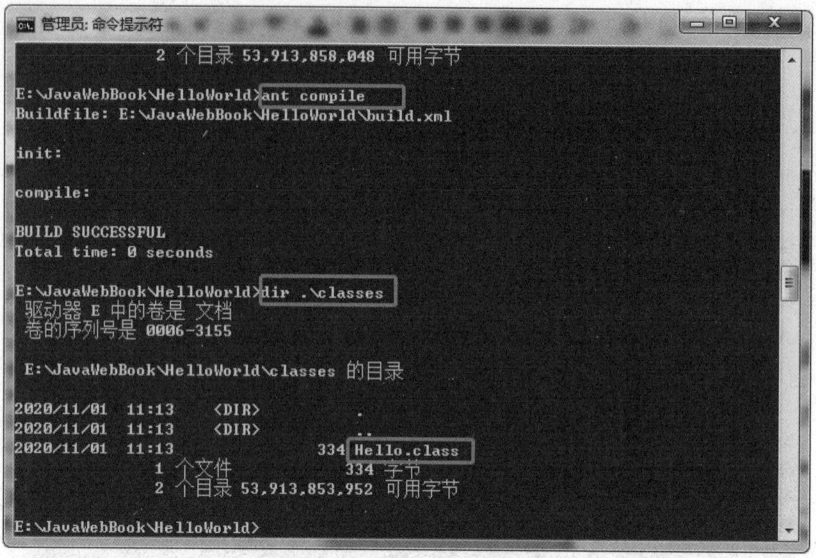

图3.3 编译项目并列出目录

### 3.3.4 打包任务

同样,打包也不用手工输入 jar 命令,定义打包任务,然后运行打包任务即可。<jar>标签是打包命令,jarfile 属性为要打包成的 jar 文件,basedir 为被打包的目录,定义的打包任务如下:

```
<target name="build" depends="compile">
    <jar jarfile="${hello_jar}" basedir="${dest}" />
</target>
```

这里定义打包任务依赖 compile 任务。

利用 ant build 命令运行打包任务,打包项目,然后运行 dir 命令列出目录,如图 3.4 所示。

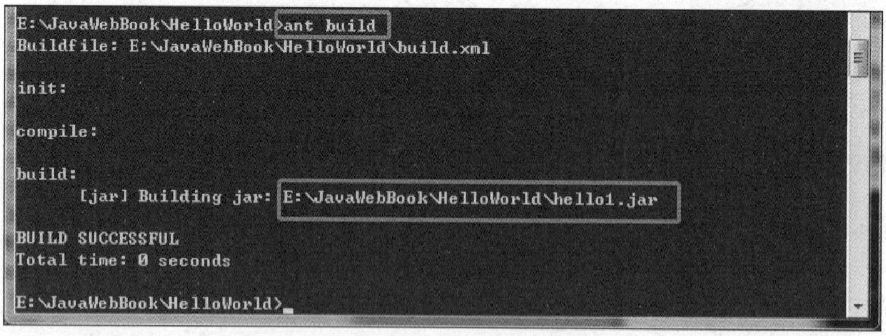

图3.4 打包项目并列出目录

### 3.3.5 运行任务

也可以通过 Ant 运行 java 命令。<java>标签是运行命令,classname 属性为运行的主类，classpath 为运行的库，定义运行任务如下：

```
<target name="run" depends="build">
    <java classname="Hello" classpath="${hello_jar}" />
</target>
```

利用 ant run 命令运行 Hello 程序，结果如图 3.5 所示。运行输出了"Hello World！"。另外也可以看出运行整个生命周期包括 init、compile、build 和 run。

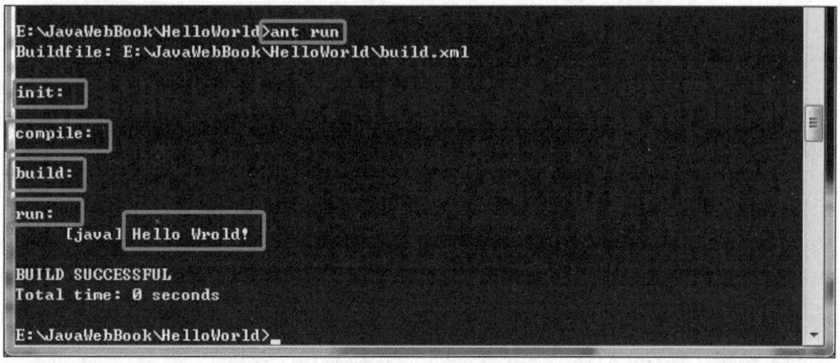

图 3.5　运行项目

### 3.3.6　清除任务

清除任务就是清除编译和打包的结果，便于下一次编译和打包。<delete>标签可以删除目录及文件，定义如下：

```
<target name="clean">
    <delete dir="${dest}" />
    <delete file="${hello_jar}" />
</target>
```

### 3.3.7　重新运行任务

重新运行任务就是先运行清除任务，再运行一次任务。重新运行任务定义如下：

```
<target name="rerun" depends="clean,run">
    <ant target="clean" />
    <ant target="run" />
</target>
```

这里示例了如何在任务中调用任务。上述定义会执行两遍，可以定义如下两种形式，只执行一遍。

（1）将任务添加到依赖中，如下：

```
<target name="rerun1" depends="clean,run">
</target>
```

(2) 将任务添加到标签<ant>中,如下:

```
<target name="rerun2">
    <ant target="clean" />
    <ant target="run" />
</target>
```

### 3.3.8 生成清单文件

<manifest>是 Ant 内置任务,用于创建清单文件,或者替换、更新已有清单文件。清单文件由一组属性和组组成。<manifest>根据 Java 文件规范进行处理。

(1) file:要创建或更新的清单文件。

(2) mode:模式,update 或 replace,默认为 replace。

(3) encoding:更新时读取已有清单文件使用的编码,写清单文件时总是为 utf-8,默认为 utf-8。

(4) mergeClassPathAttributes:从 Ant 1.8 起,如果是 update 模式,还要确定是否合并在不同清单文件中找到的 class-path 属性。如果为 false,则只保留最新清单的属性;如果为 true,还需要将 flattenAttributes 属性设置为 true,否则可能会导致包含多个 class-path 属性而违反 Java 文件规范。默认为 false。

(5) flattenAttributes:从 Ant 1.8 起,要确定是否合并同一节中多次出现的 class-path 属性到单个属性中,默认为 false。

<manifest>标签支持以下嵌套元素:

(1) attribute:清单文件的一个属性,不会嵌套到其他的节中,即嵌套到主节中。它有以下属性:

- name:属性的名称,必须与"[A-Za-z0-9][A-Za-z0-9-_]*"模式匹配。
- value:属性的值。

(2) section:节,可以将属性嵌套到节中。在其 name 属性中设置节的名字。如果不设置,默认为主节。

示例如下:

```
<!-- 生成清单文件 -->
<manifest file="${meta.dir}/MANIFEST.BAK" mode="replace">
    <attribute name="Built-By" value="${user.name}" />
    <attribute name="Built-Date" value="${TODAY}" />
    <attribute name="Main-Class" value="${main-class}" />
    <attribute name="Class-Path" value="${quote.classpath}" />
</manifest>
```

## 3.4 Ant 文件命令

### 3.4.1 创建目录命令

mkdir 命令用于创建一个目录,如果其父目录不存在,会被同时创建。例如:

```
<mkdir dir="build/classes"/>
```

说明：如果 build 不存在，会被同时创建。

### 3.4.2　复制命令

copy 命令用于复制一个或一组文件、目录。以下是一些例子。

（1）复制一个文件：

```
<copy file="myfile.txt" tofile="mycopy.txt"/>
```

（2）复制一个文件到指定目录下：

```
<copy file="myfile.txt" todir="../some/other/dir"/>
```

（3）复制一个目录到另一个目录下：

```
<copy todir="../new/dir">
<fileset dir="src_dir"/>
</copy>
```

（4）复制一组文件到指定目录下：

```
<copy todir="../dest/dir">
<fileset dir="src_dir">
<exclude name="**/*.java"/>
</fileset>
</copy>
<copy todir="../dest/dir">
<fileset dir="src_dir" excludes="**/*.java"/>
</copy>
```

（5）复制一组文件到指定目录下，文件名后增加".bak"后缀：

```
<copy todir="../backup/dir">
<fileset dir="src_dir"/>
<mapper type="glob" from="*" to="*.bak"/>
</copy>
```

（6）复制一组文件到指定目录下，替换其中的标签内容：

```
<copy todir="../backup/dir">
<fileset dir="src_dir"/>
<filterset>
<filter token="TITLE" value="Foo Bar"/>
</filterset>
</copy>
```

### 3.4.3　删除命令

delete 命令用于删除一个或一组文件、目录。以下是一些例子。

(1) 删除一个文件：

```
<delete file="/lib/ant.jar"/>
```

(2) 删除指定目录及其子目录：

```
<delete dir="lib"/>
```

(3) 删除指定一组文件：

```
<delete>
<fileset dir="." includes="**/*.bak"/>
</delete>
```

(4) 删除指定目录及其子目录，包括空目录：

```
<delete includeEmptyDirs="true">
<fileset dir="build"/>
</delete>
```

### 3.4.4 移动命令

move命令用于移动或重命名一个或一组文件、目录。以下是一些例子。

(1) 移动或重命名一个文件：

```
<move file="file.orig" tofile="file.moved"/>
```

(2) 移动或重命名一个文件到另一个目录下：

```
<move file="file.orig" todir="dir/to/move/to"/>
```

(3) 将一个目录移到另一个目录下：

```
<move todir="new/dir/to/move/to">
<fileset dir="src/dir"/>
</move>
```

(4) 将一组文件移动到另一个目录下：

```
<move todir="some/new/dir">
<fileset dir="my/src/dir">
<include name="**/*.jar"/>
<exclude name="**/ant.jar"/>
</fileset>
</move>
```

(5) 在移动文件的过程中增加".bak"后缀：

```
<move todir="my/src/dir">
<fileset dir="my/src/dir">
<exclude name="**/*.bak"/>
```

```
</fileset>
<mapper type="glob" from="*" to="*.bak"/>
</move>
```

## 3.5 其他命令

### 3.5.1 时间戳命令

tstamp 是 Ant 内置任务，用于在当前项目中设置 DSTAMP、TSTAMP 和 TODAY 属性。默认情况下，DSTAMP 属性的格式为 yyyyMMdd，TSTAMP 属性的格式为 hhmm，TODAY 属性的格式为 MMMM dd yyyy。可以嵌套 format 元素创建新的日期属性。

可以用 prefix 设置属性的前缀，以避免属性命名冲突。默认无前缀。

tstamp 支持 format、property、pattern、timezone、offset、unit、locale 嵌套元素。

(1) format：将属性值设置为指定格式的当前日期和时间。还可以将偏移量应用于时间，以生成不同的时间值。

(2) property：定义属性名称，接收以指定格式生成的时间/日期字符串。

(3) pattern：使用的时间/日期格式，时间/日期格式定义在 java.text.SimpleDateFormat 类中。

(4) timezone：显示时间使用的时区，时区定义在 java.util.TimeZone 类中。

(5) offset：当前时间的偏移数量。

(6) unit：偏移量单位，可选值为 millisecond、second、minute、hour、day、week、month、year。

(7) locale：用于创建时间/日期字符串的区域设置。通常格式为"language,country,variant"，variant 或者 variant 和 country 可以省略。具体可参考 java.util.Locale 类。

例如，下面生成一个新的日期属性 age，并显示 DSTAMP、TSTAMP、TODAY、ago 4 个日期属性。

```
<tstamp prefix="time">
    <format property="ago" pattern="MM/dd/yyyy hh:mm " offset="-1" unit=
        "hour" />
</tstamp>
<echo message="time.DSTAMP=${time.DSTAMP},
        time.TSTAMP=${time.TSTAMP},
        time.TODAY=${time.TODAY},
        time.ago=${time.ago}" />
```

运行结果如图 3.6 所示。

[echo] time.DSTAMP=20201102,time.TSTAMP=2111,time.TODAY=November 2 2020,time.ago=11/02/2020 08:11

图 3.6　tstamp 任务生成日期属性

### 3.5.2 执行 SQL 语句

部署数据库时往往需要更新数据库，Ant 支持对数据库的操作，通过 JDBC 执行 SQL 语句。

Ant 使用<sql>标签执行 SQL 语句或 sql 文件，在这个标签中必须有的属性如下：

(1) driver：数据库驱动程序名，MySQL 的数据库驱动程序名是"com.mysql.jdbc.Driver"，Oracle 的数据库驱动程序名是"oracle.jdbc.driver.OracleDriver"。

(2) url：数据库 URL，MySQL 的数据库 URL 是"jdbc：mysql：//IP/数据库名"，Oracle 的数据库 URL 是"jdbc:oracle:thin:@IP:port:SID"。

(3) userid：数据库用户

(4) password：数据库用户密码。

(5) classpath：数据库连接的 jar 包，MySQL 的 jar 包是"mysql-connector-java-版本号-bin.jar"，Oracle 的 jar 包是"ojdbc6-版本号.jar"。

print 属性如果置为 true，则会打印执行 SQL 语句的详细输出信息。

要执行的 SQL 语句(可以多个)可直接放在<sql>标签中，也可放在一个 sql 文件中，然后将文件名赋值给<sql>的子标签<transaction>的 src 属性。

下面定义一个 SQL 任务 sqlselect，获取学生表信息并输出到 a.txt 文件中。

```
<target name="sqlselect">
    <sql driver="com.mysql.jdbc.Driver" url="jdbc:mysql://127.0.0.1:3306/
        test?characterEncoding=utf-8"
        userid="root" password="888"
        output="a.txt" print="true" encoding="utf-8">
        select * from student_inf;
    </sql>
</target>
```

运行 ant sqlselect 命令，可以在 a.txt 中查看到获取的信息，如图 3.7 所示。

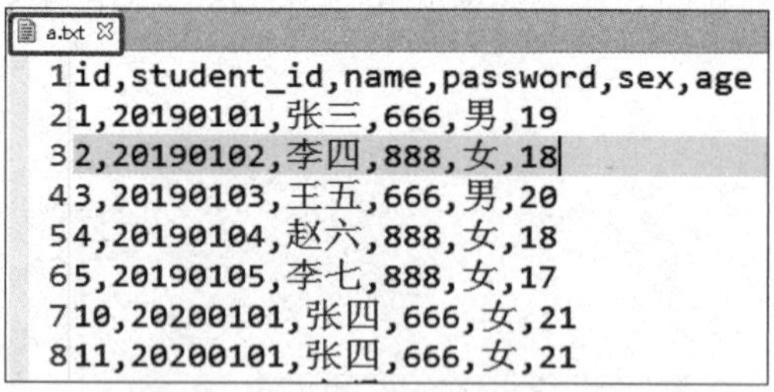

图 3.7 执行 SQL 语句后获取的信息

## ◆ 3.6 深入 Ant

在第 2 章中，用手工方法构建项目，这里用 Ant 工具重构项目，以帮助读者加深对 Ant 的理解。

### 3.6.1 创建目录

用 Ant 的＜mkdir＞标签创建项目目录,创建步骤如下:
(1) 定义目录结构名称:

```
<property name="src" value="src" />
<property name="dest" value="target/classes" />
<property name="lib" value="lib" />
<property name="meta-inf" value="META-INF" />
```

(2) 定义创建目录任务 init:

```
<target name="init">
    <mkdir dir="${dest}" />
    <mkdir dir="${src}" />
    <mkdir dir="${lib}" />
    <mkdir dir="${meta-inf}" />
</target>
```

(3) 在命令行运行 ant init 命令,创建项目目录。

### 3.6.2 清除项目

为了能够反复编译,这里先定义清除任务,清除编译目标目录。利用 Ant 的＜delete＞标签清除编译的 jar 包,任务定义如下:

```
<target name="clean">
    <delete dir="${dest}" />
    <delete file="${appjar}" />
</target>
```

### 3.6.3 编译项目

编译项目操作步骤如下:
(1) 编译项目需要第三方依赖库,这里先定义 classpath 属性:

```
<property name="classpath" value="lib/lunar-1.2.jar" />
```

(2) 定义编译任务:

```
<target name="compile" depends="init">
    <javac srcdir="${src}" destdir="${dest}" includeantruntime="on" classpath=
        "${classpath}">
    </javac>
</target>
```

(3) 在命令行运行 ant compile 命令,编译项目。这比手工编译效率提高很多,直接用 javac 编译时,需要编译源文件清单,这里只需要源文件目录。

(4) 加上 -verbose 和 -debug 选项运行，显示执行细节，执行命令如下：

ant -verbose -debug clean compile

先执行 clean 清除，然后执行 compile 重新编译，如图 3.8 所示。

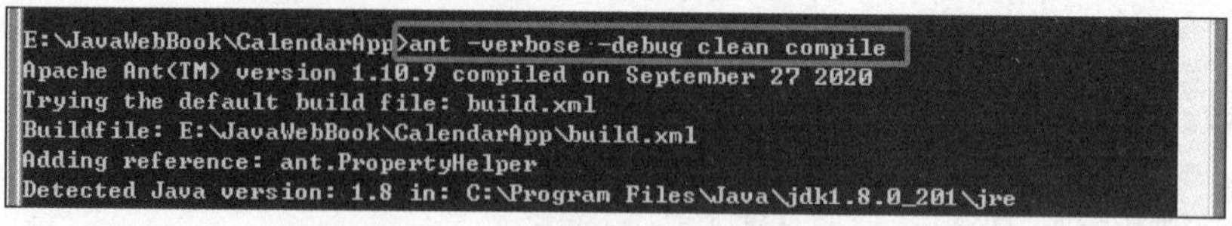

图 3.8　在命令行执行编译命令

(5) 命令执行分析。

编译命令执行的细节如图 3.9 所示。可以看出，Ant 首先扫描源目录 src 的 Java 源文件，把要编译的源文件找出来（ATest.java、LunarApp.java、Test.java）。javac 不能编译一个目录，这样 Ant 间接实现了编译一个目录。

图 3.9　编译命令执行细节

图 3.9 中显示了编译参数，可以看出，这些编译参数正是 javac 的编译参数（-d、-classpath、-sourcepath、-encodeing），也就是说 Ant 编译时就是调用 javac，它封装了 javac，使编译更方便。

-d 指定编译输出目录,参数如下:

[javac] '-d'
[javac] 'E:\JavaWebBook\CalendarApp\target\classes'

- classpath 指定编译的类路径,参数如下:

[javac] '-classpath'
[javac] 'E:\JavaWebBook\CalendarApp\target\classes;E:\JavaWebBook\CalendarApp\lib\lunar-1.2.jar;D:\apache-ant-1.10.9\lib\ant-launcher.jar…

类路径包括编译输出目录 E:\JavaWebBook\CalendarApp\target\classes 和第三方依赖库 E:\JavaWebBook\CalendarApp\lib\lunar-1.2.jar,还包括 Ant 的依赖库。

(6) includeantruntime 属性分析。

其实编译不需要 Ant 依赖库,编译命令有个参数用于设置是否包括 Ant 依赖库,即 includeantruntime。在上面将其设置为 on,因此,把 Ant 依赖库也加入了 classpath。新增编译任务 compile1,把 includeantruntime 设置为 off,定义如下:

```
<target name="compile1" depends="init">
    <javac srcdir="${src}" destdir="${dest}" encoding="utf-8"
        includeantruntime="off" classpath="${classpath}">
    </javac>
</target>
```

在命令行运行 compile1 任务,命令如下:

ant -verbose -debug clean compile1

结果如图 3.10 所示,可以看出 classpath 中已经不包括 Ant 依赖库了。

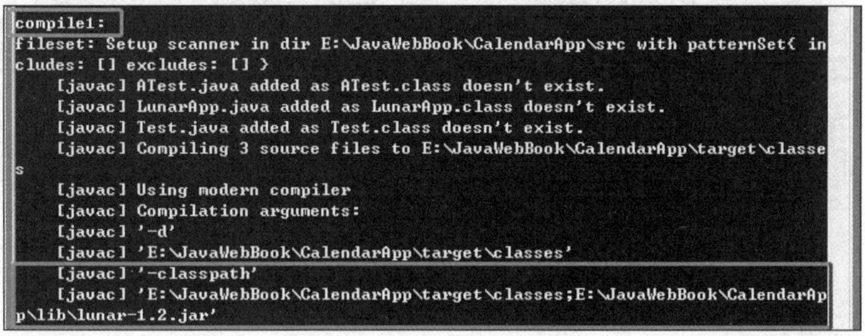

图 3.10　includeantruntime="off"时的 classpath

## 3.6.4　classpath 构建

用 javac 编译项目,在指定 classpath 时,需要一个一个地指定依赖库,不能指定一个目录,当库多时,比较麻烦。Ant 可以自动生成 classpath 需要的依赖库列表。

定义<path>标签,通过<fileset>元素指定路径,获得该路径下的多个文件。下面的<path>定义将把 lib 目录中的 jar 包构造为一个文件名字符串,文件名之间的分隔符为分号。

```
<path id="classpathid">
    <fileset dir="${lib}">
        <include name="**/*.jar" />
    </fileset>
</path>
```

定义新的编译任务 compile2,利用上面定义的 path(refid="classpathid"),任务定义如下:

```
<target name="compile2" depends="init">
    <javac srcdir="${src}" destdir="${dest}" encoding="utf-8"
            includeantruntime="off">
        <classpath refid="classpathid" />
    </javac>
</target>
```

为了演示多个库文件,在 lib 目录下再复制一个 fastjson-1.2.18.jar,这个库没有用处,只是用于演示。在命令行运行 ant -verbose -debug clean compile2 命令,编译项目,这样在编译时就不用一个一个指定 jar 包。编译结果如图 3.11 所示,可以看出 classpath 自动加了 lib 目录下两个 jar 包。

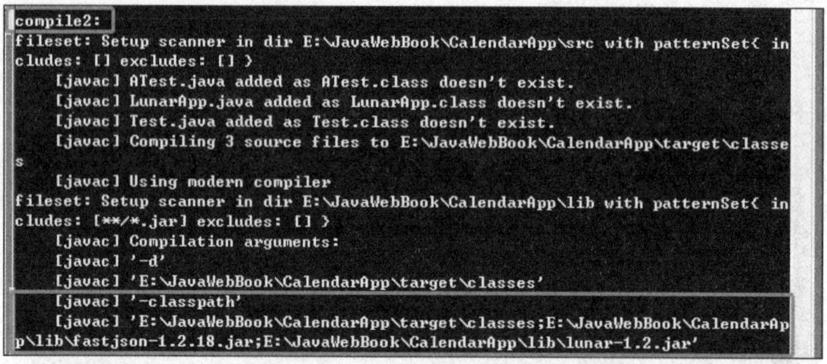

图 3.11 用<path>构建 classpath 的编译结果

### 3.6.5 打包项目

用 JDK 自带的 jar 命令打包可以实现整个目录打包,但不具备对目录中的文件进行筛选的能力,打包不够灵活。Ant 打包更加灵活,可以有 includes excludes 等过滤参数。这里只打包 classes 目录,任务定义如下:

```
<target name="build" depends="compile2">
    <jar jarfile="${appjar}" basedir="${dest}" />
</target>
```

在命令行中用调试方法运行打包任务 build,命令如下:

```
ant -verbose -debug clean build
```

打包结果如图 3.12 所示。可以看出,打包时扫描打包目录并且进行筛选(includes 和 excludes),从而获取打包的文件集合。另外 Ant 打包并没有调用 JDK 的 jar 命令,而是自身实现的打包功能,jar 文件格式以流行的 zip 文件格式为基础,Ant 就是利用 ZIP 工具进行打包的。

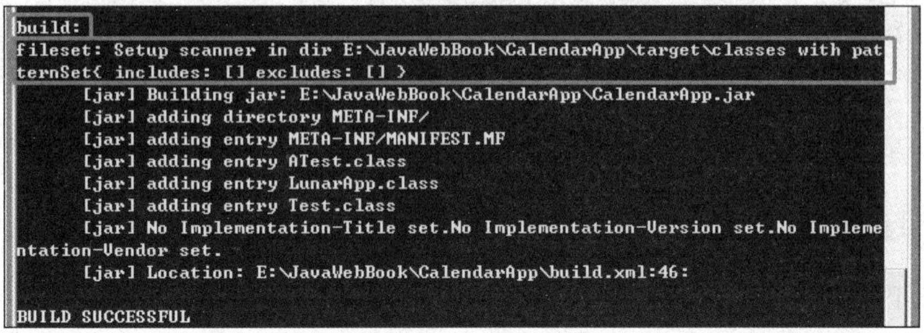

图 3.12 打包结果

### 3.6.6 运行项目

打包文件 CalendarApp.jar 不能单独运行,它运行时需要依赖库。在<java>标签中配置 classpath,通过设置<pathelement location="${appjar}"添加生成的 jar 包,还通过<fileset dir="${lib}">添加 lib 中的第三方依赖库。运行需要指明主类,通过 classname="${main-class}"指定。创建一个新的进程运行 fork='true'。具体 run 任务配置如下:

```
<target name="run" depends="build">
    <java classname="${main-class}" fork='true'>
        <classpath>
            <pathelement location="${appjar}" />
            <fileset dir="${lib}">
                <include name="**/*.jar" />
            </fileset>
        </classpath>
    </java>
</target>
```

在命令行的调试方式下运行 ant -debug -verbose clean run 命令,运行结果如图 3.13 所示,可以看出,run 任务就是调用 JDK 的 java 命令运行的,结果中给出了参数:

```
[java] '-classpath'
[java] 'E:\JavaWebBook\CalendarApp\CalendarApp.jar;E:\JavaWebBook\CalendarA
pp\lib\fastjson-1.2.18.jar;E:\JavaWebBook\CalendarApp\lib\lunar-1.2.jar'
[java] 'ATest'
```

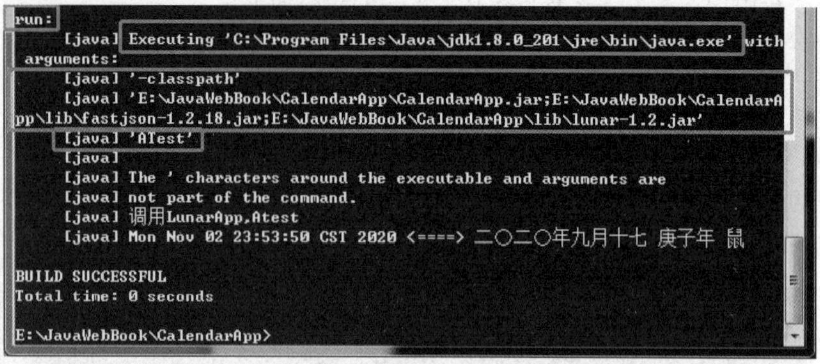

图 3.13　项目运行结果

### 3.6.7　打包可执行的 jar（依赖外部）

对于可执行的 jar 包，设置清单文件的 Class-Path 属性，指定外部的依赖库。这里希望自动添加库文件名，利用 pathconvert 路径转换，把前面生成的路径 classpathid 中的文件都去掉路径名称，然后都加上前缀./lib，变成相对路径，库文件名用空格分隔（pathsep=" "）。

（1）路径转换命令如下：

```
<pathconvert property="quote.classpath" pathsep=" ">
    <mapper>
        <chainedmapper>
            <!-- jar 包文件只保留文件名,去掉目录信息 -->
            <flattenmapper />
            <!-- add lib/ prefix -->
            <globmapper from="*" to="./lib/*" />
        </chainedmapper>
    </mapper>
    <path refid="classpathid" />
</pathconvert>
```

这样就得到符合要求的 Class-Path 值，把这个值添加到清单文件中：

```
<attribute name="Class-Path" value="${quote.classpath}" />
```

（2）定义打包任务 build1，任务定义如下：

```
<target name="build1" depends="compile2">
    <!-- 指定时间戳可以调用 TODAY -->
    <tstamp>
        <format property="TODAY" pattern="yyyy-MM-dd HH:mm:ss" />
    </tstamp>
    <pathconvert property="quote.classpath" pathsep=" ">
        <mapper>
            <chainedmapper>
```

```xml
            <!-- jar 包文件只保留文件名,去掉目录信息 -->
            <flattenmapper />
            <!-- add lib/ prefix -->
            <globmapper from="*" to="./lib/*" />
          </chainedmapper>
        </mapper>
        <path refid="classpathid" />
    </pathconvert>
    <!-- 生成清单文件 -->
    <manifest file="${meta.dir}/MANIFEST.BAK" mode="replace">
        <attribute name="Built-By" value="${user.name}" />
        <attribute name="Built-Date" value="${TODAY}" />
        <attribute name="Main-Class" value="${main-class}" />
        <attribute name="Class-Path" value="${quote.classpath}" />
    </manifest>
    <jar jarfile="${appjar1}" basedir="${dest}" manifest="${meta.dir}/
        MANIFEST.BAK">
    </jar>
</target>
```

(3) 定义运行任务 run1,运行 CalendarApp1.jar 包,任务定义如下:

```xml
<target name="run1" depends="build1">
    <java jar="${appjar1}" fork='true'>

    </java>
</target>
```

运行 ant clean run1 命令,运行结果如图 3.14 所示,run1 任务能够正确运行。CalendarApp1.jar 包的结构如图 3.15 所示。

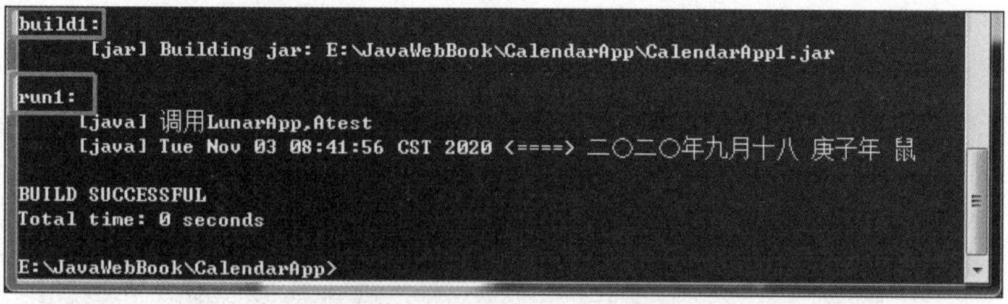

图 3.14 运行 run1 任务的结果

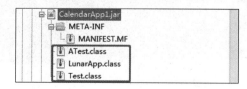

图 3.15 CalendarApp1.jar 包的结构

### 3.6.8 打包可执行的jar(独立运行)

依赖包可以用<zipfileset>解压方式打入 jar 包,这样可执行的 jar 包就不再需要外部依赖库。这种方式需要在清单文件中添加主类。打包之前先生成清单文件,在清单文件中设置 Main-Class。

(1) 定义打包任务 build2,任务定义如下:

```
<target name="build2" depends="compile2">
    <!-- 指定时间戳可以调用 TODAY -->
    <tstamp>
        <format property="TODAY" pattern="yyyy-MM-dd HH:mm:ss" />
    </tstamp>
    <!-- 生成清单文件 -->
    <manifest file="${meta.dir}/MANIFEST.BAK" mode="replace">
        <attribute name="Built-By" value="${user.name}" />
        <attribute name="Built-Date" value="${TODAY}" />
        <attribute name="Main-Class" value="${main-class}" />
    </manifest>
    <jar jarfile="${appjar2}" basedir="${dest}" manifest="${meta.dir}/
        MANIFEST.BAK">
        <zipfileset src="${lib}/lunar-1.2.jar">
        </zipfileset>
    </jar>
</target>
```

(2) 定义任务 run2,执行 CalendarApp2.jar 包,任务定义如下:

```
<target name="run2" depends="build2">
    <java jar="${appjar2}" fork='true'>
    </java>
</target>
```

在命令行方式下运行 ant clean run2 命令,结果如图 3.16 所示,说明 build2 打包正确。CalendarApp2.jar 包的结构如图 3.17 所示,jar 包中打入的第三方依赖库已经解压。

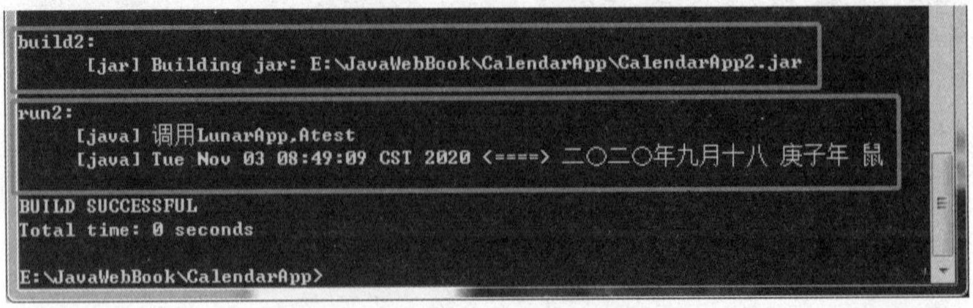

图 3.16 运行 run2 任务的结果

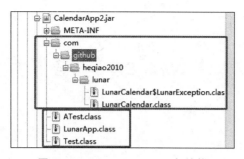

图 3.17　CalendarApp2.jar 包结构

# 第 4 章 Maven 构建工具

Maven 除了可以像 Ant 一样可以创建、编译、打包、部署项目外，另一个重要功能是对依赖库的管理，大大提高了开发效率。

Maven 是跨平台的项目管理工具，主要服务基于 Java 平台的项目构建、依赖管理、项目信息管理。它是 Apache 下的一个开源项目，包含项目对象模型（Project Object Model）、标准集合、项目生命周期（Project Lifecycle）、依赖管理系统（Dependency Management System）和用来运行定义在生命周期阶段的插件目标的逻辑。

## ◆ 4.1 Maven 的安装与配置

### 4.1.1 下载

下载 Maven，这里下载 3.6.1 版本。下载链接：https://maven.apache.org/download.cgi。下载后解压到无中文和空格的路径下，此处解压到 E:\mvn\apache-maven-3.6.1。

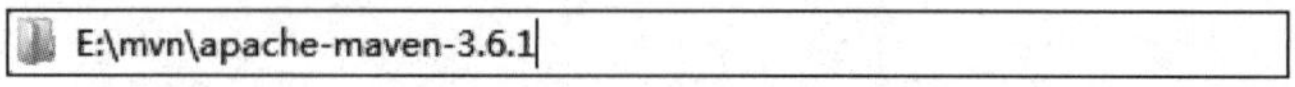

Maven 解压后的文件目录如图 4.1 所示。

图 4.1 Maven 解压后的文件目录

### 4.1.2 设置系统环境变量

（1）新建系统变量 MAVEN_HOME，将变量值设置为 E:\mvn\apache-maven-3.6.1,如图 4.2 所示。

图 4.2　新建系统变量 MAVEN_HOME

（2）编辑系统变量 Path,将%MAVEN_HOME%\bin 加入 Path 中,如图 4.3 所示。

图 4.3　将%MAVEN_HOME%\bin 加入 Path 中

### 4.1.3　检测安装

在命令行方式下输入 mvn -version 命令,检测 maven 安装是否成功,如图 4.4 所示。如果输出图 4.4 中的内容,则证明 Maven 安装成功。

图 4.4 检测 Maven 安装是否成功

## 4.2 Maven 的基本概念

### 4.2.1 库文件管理

在工作中会同时创建很多项目，每个项目可能都会引用一些公用的 jar 包。一种做法是在每个项目里都复制一份 jar 包，这样显然会占用大量的空间，而且这些依赖的 jar 包的版本也不太好管理。例如，某个公用的 jar 包从 2.0 升级到 2.1，如果所有引用这个 jar 包的项目都需要更新，必须一个一个地修改项目。

Maven 的仓库则很好地解决了这些问题，它在每台计算机上创建一个本机仓库，把本机上所有 Maven 项目依赖的 jar 包统一管理起来，而且这些 jar 包用坐标来唯一标识，这样所有 Maven 项目就不需要再像以前那样把 jar 包复制到 lib 目录中，整个 Maven 项目看起来十分清爽。

### 4.2.2 配置文件的作用

库文件管理就是依据 pom.xml 中依赖库的配置进行管理。

pom.xml 是 Maven 工程的核心配置文件。项目本身的描述、项目依赖的库、项目构建配置等与构建过程相关的一切设置都在这个文件中进行配置。

pom 的意思是项目对象模型（project object model）。pom.xml 示例如下：

```
<project xmlns="http://maven.apache.org/POM/4.0.0"
    xmlns:xsi="http://www.w3.org/2001/XMLSchema-instance"
    xsi:schemaLocation="http://maven.apache.org/POM/4.0.0
                        http://maven.apache.org/maven-v4_0_0.xsd">
    <modelVersion>4.0.0</modelVersion>
    <groupId>com.mycompany.app</groupId>
    <artifactId>helloapp</artifactId>
    <packaging>jar</packaging>
```

```xml
        <version>1.0-SNAPSHOT</version>
        <name>helloapp</name>
        <url>http://maven.apache.org</url>
        <dependencies>
            <dependency>
                <groupId>junit</groupId>
                <artifactId>junit</artifactId>
                <version>3.8.1</version>
                <scope>test</scope>
            </dependency>
        </dependencies>
  <build>
    <plugins>
      <plugin>
<groupId>org.apache.maven.plugins</groupId>
<artifactId>maven-compiler-plugin</artifactId>
<!-- since 2.0 -->
<version>3.7.0</version>
<configuration>
<!-- use the Java 8 language features -->
<source>1.8</source>
<!-- want the compiled classes to be compatible with JVM 1.8 -->
<target>1.8</target>
<!-- The encoding argument for the Java compiler -->
<encoding>UTF-8</encoding>
</configuration>
</plugin>
    </plugins>
  </build>
</project>
```

### 4.2.3　Maven 项目坐标

坐标是描述 Maven 项目的参数，也是描述 Maven 项目在仓库中的唯一定位的参数。在 pom.xml 中，使用表 4.1 所示的 3 个参数在仓库中唯一定位一个 Maven 项目。

表 4.1　唯一定位 Maven 项目的 3 个坐标参数

| 参数 | 说　明 | 样　例 |
|---|---|---|
| groupId | 公司或者组织的域名倒序＋项目名（包名） | \<groupId\>com.mycompany.app\</groupId\> |
| artifactId | 模块名 | \<artifactId\>helloapp\</artifactId\> |
| version | 版本 | \<version\>0.0.1-SNAPSHOT\</version\> |

用坐标描述一个项目，groupId 描述项目的公司或者组织 id（以倒序排列各项，如

com.mycompany.app），artifactId 描述模块名（如 helloapp），packaging 描述打包方式，version 描述版本号。示例如下：

```
<groupId>com.mycompany.app</groupId>
<artifactId>helloapp</artifactId>
<version>1.0-SNAPSHOT</version>
<packaging>jar</packaging>
<name>helloapp</name>
```

在上面的坐标中，除了描述项目在仓库中唯一定位的 3 个参数 groupId、artifactId、version 外，还有 packaging 等描述项目的参数。

packaging 定义 Maven 项目打包的方式。如没有 packaging，则默认为 jar 包。上例中最终的文件名为 helloapp-1.0-SNAPSHOT.jar。也可以打包成 war 包等。

### 4.2.4 配置项目依赖库

依赖库的描述和项目的描述是一样的，都是用坐标参数描述，因为项目打包安装到仓库中也成为其他项目的依赖库。

配置依赖库的就是配置依赖库的坐标 groupId、artifactId、version 等信息。Maven 依据依赖库的坐标下载和管理依赖库，不需要用户进行下载依赖库、复制依赖库等操作，非常方便。依赖库配置标签为＜dependency＞，所有的依赖库＜dependency＞配置标签都放在＜dependencies＞标签内。配置示例如下：

```
<dependencies>
    <dependency>
        <groupId>junit</groupId>
        <artifactId>junit</artifactId>
        <version>3.8.1</version>
        <scope>test</scope>
    </dependency>
</dependencies>
```

### 4.2.5 项目构建配置信息

项目构建配置信息就是项目编译、打包、部署等配置信息，配置标签为＜build＞，构建步骤由各种插件完成，因此在构建标签＜build＞内配置插件＜plugins＞＜plugin＞…＜/plugin＞＜/plugins＞标签。Maven 根据项目构建配置信息打包、编译、部署项目。配置示例如下：

```
<build>
    <plugins>
        <plugin>
            <groupId>org.apache.maven.plugins</groupId>
            <artifactId>maven-compiler-plugin</artifactId>
```

```
          <!-- since 2.0 -->
          <version>3.7.0</version>
          <configuration>
            <!-- use the Java 8 language features -->
            <source>1.8</source>
            <!-- want the compiled classes to be compatible with JVM 1.8 -->
            <target>1.8</target>
            <!-- The encoding argument for the Java compiler -->
            <encoding>UTF-8</encoding>
          </configuration>
        </plugin>
    </plugins>
</build>
```

### 4.2.6 Maven 项目目录结构

Maven 项目有约定的目录结构，每个目录都有自己的含义。Maven 通过约定减少配置信息，从而简化项目构建。例如，Maven 约定了源程序目录 src、编译输出目录 target 等，在第 5 章中，也规划了一些项目目录结构。Maven 约定的目录结构比较合理，目录结构如下：

### 4.2.7 Maven 与 Ant 的对比

Maven 与 Ant 都是基于 Java 的构建工具。Maven 是软件项目管理和构建工具，Ant 是软件构建工具。首先从 Maven 与 Ant 的对比中了解 Maven 的特点。

（1）Ant 没有一个约定的目录结构；Maven 有约定的目录结构，源代码放到约定的目录下。

（2）Ant 是程序式的，构建过程需要自定义，必须明确告诉 Ant 做什么、什么时候做，然后用 builder.xml 编译、打包；Maven 是声明式的，只需要定义 pom.xml，Maven 帮用户处理其他事情。

（3）Ant 没有生命周期，必须定义目标及其实现的任务序列；Maven 有生命周期，例如执行 mvn install 命令就可自动执行编译、测试、打包等构建过程。

（4）Ant 没有集成依赖管理；Maven 内置依赖管理和 Repository 以实现依赖库的管

理和统一存储。

（5）Maven 配置比较简单，有很多的约定、规范、标准，可以用较少的代码做更多的事；而 Ant 配置比较麻烦，需要配置整个构建过程（但 Ant 配置灵活）。

Maven 是采用纯 Java 编写的开源项目管理工具，它采用了项目对象模型的概念管理项目，所有的项目配置信息都被定义在 pom.xml 的文件中。

## 4.3 Maven 仓库

### 4.3.1 仓库管理

Maven 内置依赖管理和 Repository 以实现依赖库的管理和统一存储。Maven 在第一次安装时会把 pom.xml 配置的依赖 jar 包和构件从远程仓库（又叫中央仓库，http://repol.maven.org/maven2，统一存储依赖库）下载到本地仓库（在使用依赖库时先从本地仓库找）。Maven 还可以管理传递依赖。

首次运行 mvn -version 后，Maven 会在用户目录下创建.m2 目录（例如 C:\Users\当前用户名\.m2\respository），这个目录是 Maven 的本地仓库，如图 4.5 所示。仓库是 Maven 中一个很重要的概念。

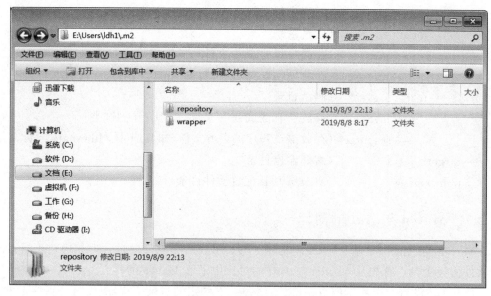

图 4.5　本地仓库目录

### 4.3.2 本地仓库

每个用户只有一个本地仓库。本地仓库中保存的内容有 Maven 自身需要的插件、第三方框架或者工具 jar 以及用户开发的 Maven 项目。

默认情况下，不管 Linux 还是 Windows，每个用户在自己的用户目录下都有一个名为.m2\respository 的本地仓库目录，如图 4.5 所示。

Maven 本地仓库默认被创建在％USER_HOME％目录下。要修改默认位置,在 Maven 的安装目录％MAVEN_HOME％\conf 下的 Maven 配置文件 settings.xml 中定义新的路径。

setting.xml 配置文件在 Maven 安装目录的 conf 子目录下,如图 4.6 所示。

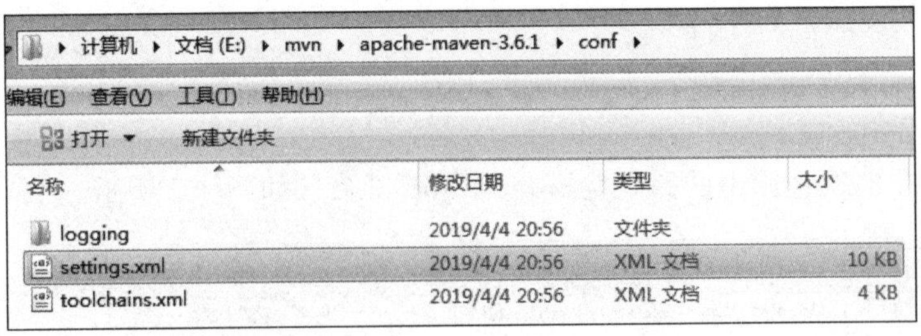

图 4.6  Maven 配置文件所在的目录

setting.xml 内容如下:

```
<settings xmlns="http://maven.apache.org/SETTINGS/1.0.0"
    xmlns:xsi="http://www.w3.org/2001/XMLSchema-instance"
    xsi:schemaLocation="http://maven.apache.org/SETTINGS/1.0.0
                        http://maven.apache.org/xsd/settings-1.0.0.xsd">
<!-- localRepository
    | The path to the local repository maven will use to store artifacts
    | Default: ${user.home}/.m2/repository
<localRepository>自己仓库的位置</localRepository>
-->
</settings>
```

### 4.3.3  远程仓库

以下是 Maven 远程仓库的几个概念:
- 中央仓库:Maven 默认的远程仓库。
- 镜像:用来代替中央仓库,速度比中央仓库快。
- 私服:架设在局域网内的特殊的远程仓库,类似于缓存。

Maven 远程仓库默认在国外,国内使用的运行速度比较慢,可以更换为阿里云镜像仓库。

### 4.3.4  Maven 坐标与仓库路径的约定

Maven 的 jar 包在仓库中的路径由 jar 包的坐标组成,格式如下:

```
groupId+"\"+artifactId+"\" +version+"\" + artifactId+"-" + version+".jar"
```

当 groupId 中存在"."时,替换为"/"。

正是基于这样的约定,Maven 才能根据 pom.xml 的配置找到对应的 jar 包。

例如,pom.xml 中的依赖库 junit 如下:

```
<dependencies>
    <dependency>
        <groupId>junit</groupId>
        <artifactId>junit</artifactId>
        <version>3.8.1</version>
        <scope>test</scope>
    </dependency>
</dependencies>
```

JUnit 库在本地仓库中的路径为\junit\junit\3.8.1,如图 4.7 所示。

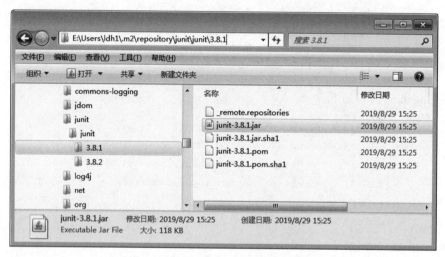

图 4.7　JUnit 库在本地仓库中的路径

从图 4.7 中可以看出,库存放路径由 groupId＋"\"＋artifactId＋"\"＋version 组成(junit\junit\3.8.1),库文件名由 artifactId ＋"-" ＋ version ＋ ".jar"组成(junit-3.8.1.jar)。

### 4.3.5　Maven 依赖库的作用域

依赖库是 Maven 项目引用的资源 jar 包,依赖范围就是这些资源 jar 包在 Maven 项目中的作用范围;反过来说,Maven 项目通过依赖范围控制何时引用资源 jar 包。Maven 项目的默认生命周期有编译、测试、打包、安装和部署(在 5.1 节详细介绍 Maven 项目生命周期)。Maven 的依赖范围用 scope 关键字表示,恰好也是 5 种,虽然不是和 Maven 项目生命周期的 5 个阶段完全对应,但这是基于 Maven 项目生命周期划分的。

表 4.2 给出了依赖范围。

表 4.2　依赖范围

| 依赖范围<br>&lt;scope&gt;…&lt;/scope&gt; | 对编译执行环境是否有效 | 对测试执行环境是否有效 | 对运行时执行环境是否有效 | 例　　子 |
| :---: | :---: | :---: | :---: | :--- |
| compile | √ | √ | √ | spring-core(无论编译、测试、运行环境都需要 spring-core 库) |

续表

| 依赖范围 &lt;scope&gt;…&lt;/scope&gt; | 对编译执行环境是否有效 | 对测试执行环境是否有效 | 对运行时执行环境是否有效 | 例　子 |
|---|---|---|---|---|
| test | × | √ | × | JUnit(只在测试时起作用) |
| provided | √ | √ | × | servlet-api(编译与测试环境需要,但运行环境不需要,因为在运行的 Tomcat 中已经有此库) |
| runtime | × | √ | √ | JDBC 驱动程序(在编译时不需要,但在测试与运行时需要) |
| system | √ | √ | × | Maven 仓库之外的本地类库 |

这 5 种依赖范围说明如下：

(1) compile：依赖范围默认值是 compile，这是最常用的。如果 Maven 项目中引入一个依赖，没有添加依赖范围，那么默认的依赖范围就是 compile，表示 Maven 项目在编译、测试、运行阶段都需要引用该依赖包。

(2) test：表示该依赖包只和测试相关，测试代码的编译和运行会引用该依赖包。

(3) provided：表示 Maven 项目只在编译和测试时引用该依赖包。如果将项目打包运行，则不会引入该依赖包。例如 servlet-api 是 Web 项目常用的 jar 包，在项目编译和测试时都要用到该 jar 包。如果项目需要运行，则要将项目部署到 Tomcat 或其他 Web 服务器上。但是 Tomcat 中自带了 servlet-api，如果 Maven 项目中引入了 servlet-api，就会和 Tomcat 中的 servlet-api 产生冲突，所以可以使用 provided 限定 servlet-api 的依赖范围，让 Maven 项目在打包时不再引入 servlet-api。

(4) runtime：是不常用的。runtime 表示在测试和运行阶段需要引入该依赖包，在编译阶段不引入该依赖包，如 JDBC 的驱动程序包。因为 JDBC 驱动程序是通过反射机制加载的，所以不参与项目编译过程。

(5) system：其作用域和 provided 类似，表示引用 Maven 仓库之外的依赖包，需要通过 systemPath 指定本地依赖包的路径，除了特殊情况以外基本不使用。

## ◆ 4.4　创建项目

### 4.4.1　生成项目骨架插件

Archetype 是 Maven 内置的一个插件。generate 任务可以创建一个 Java 项目骨架。Archtype 指项目的骨架(就是项目的目录结构和一些基本文件)，Maven 初学者最开始执行的 Maven 命令可能就是 mvn archetype:generate，这实际上就是让 maven-archetype-plugin 生成一个很简单的项目骨架，构建约定的项目目录结构，帮助开发者快速上手。

## 4.4.2 Maven创建项目的命令

利用 Maven 内置插件 Archetype 的 generate 任务可以创建一个 Java 项目骨架。命令如下：

```
mvn archetype:generate -DgroupId={project-packaging} -DartifactId={project-name} -DarchetypeArtifactId=maven-archetype-quickstart -DinteractiveMode=false
```

使用说明：

-DgroupId：组织标识（包名）。

-DartifactId：项目名称。

-DarchetypeArtifactId：指定 ArchetypeId，即骨架类型。maven-archetype-quickstart 指定创建一个 Java Project，其名称为 maven-archetype-webapp，是一个 Web 项目。

-DinteractiveMode：是否使用交互模式。

archetype 是插件名，generate 是插件的一个任务，一个插件可以有很多任务，这里仅仅是产生骨架任务。

## 4.4.3 可用项目骨架

目前可用的项目骨架如下：

（1）appfuse-basic-jsf（创建基于 Hibernate、Spring 和 JSF 的 Web 应用程序的原型）。

（2）appfuse-basic-spring（创建基于 Hibernate、Spring 和 Spring MVC 的 Web 应用程序的原型）。

（3）appfuse-basic-struts（创建基于 Hibernate、Spring 和 Struts 2 的 Web 应用程序的原型）。

（4）appfuse-basic-tapestry（创建基于 Hibernate、Spring 和 Tapestry 4 的 Web 应用程序的原型）。

（5）appfuse-core（创建基于 Hibernate、Spring 和 XFire 的 jar 应用程序的原型）。

（6）appfuse-modular-jsf（创建基于 Hibernate、Spring 和 JSF 的模块化应用原型）。

（7）appfuse-modular-spring（创建基于 Hibernate、Spring 和 Spring MVC 的模块化应用原型）。

（8）appfuse-modular-struts（创建基于 Hibernate、Spring 和 Struts 2 的模块化应用原型）。

（9）appfuse-modular-tapestry（创建基于 Hibernate、Spring 和 Tapestry 4 的模块化应用原型）。

（10）maven-archetype-j2ee-simple（简单的 J2EE 应用程序）。

（11）maven-archetype-marmalade-mojo（Maven 的插件开发项目）。

（12）12.maven-archetype-mojo（Maven 的 Java 插件开发项目）。

（13）maven-archetype-portlet（简单的 portlet 应用程序）。

(14) maven-archetype-profiles。

(15) maven-archetype-quickstart（简单的 Java 应用程序）。

(16) maven-archetype-site-simple（简单的网站生成项目）。

(17) maven-archetype-site（更复杂的网站项目）。

(18) maven-archetype-webapp（简单的 Java Web 应用程序）。

(19) jini-service-archetype（Jini 服务项目）。

(20) softeu-archetype-seam（JSF＋Facelets＋Seam 原型）。

(21) softeu-archetype-seam-simple（JSF＋Facelets＋Seam 无残留原型）。

(22) softeu-archetype-jsf（JSF＋Facelets 原型）。

(23) jpa-maven-archetype（JPA 应用程序）。

(24) spring-osgi-bundle-archetype（Spring-OSGi 原型）。

(25) confluence-plugin-archetype（Atlassian 聚合插件原型）。

(26) jira-plugin-archetype（Atlassian JIRA 插件原型）。

(27) maven-archetype-har（Hibernate 存档）。

(28) maven-archetype-sar（JBoss 服务存档）。

(29) wicket-archetype-quickstart（简单的 Apache Wicket 的项目）。

(30) scala-archetype-simple（简单的 scala 项目）。

(31) lift-archetype-blank（blank/empty liftweb 项目）。

(32) lift-archetype-basic（基本 liftweb 项目）。

(33) cocoon-22-archetype-block-plain（下载网址为 http://cocoapacorg2/maven-plugins/）。

(34) cocoon-22-archetype-block（下载网址为 http://cocoapacorg2/maven-plugins/）。

(35) cocoon-22-archetype-webapp（下载网址为 http://cocoapacorg2/maven-plugins/）。

(36) myfaces-archetype-helloworld（使用 MyFaces 的简单原型）。

(37) myfaces-archetype-helloworld-facelets（使用 MyFaces 和 Facelets 的简单原型）。

(38) myfaces-archetype-trinidad（使用 MyFaces 和 Trinidad 的简单原型）。

(39) myfaces-archetype-jsfcomponents（使用 MyFaces 创建定制 JSF 组件的简单原型）。

(40) gmaven-archetype-basic（Groovy 的基本原型）。

(41) gmaven-archetype-mojo（Groovy mojo 原型）。

每一个骨架都会创建相应的目录结构和一些通用文件，最常用的是 maven-archetype-quickstart 和 maven-archetype-webapp 骨架。maven-archetype-quickstart 骨架用来创建 Java 项目，而 maven-archetype-webapp 骨架则用来创建 Java Web 项目。

mvn archetype:create 和 mvn archetype:generate

从 Maven 3.0.5 版本开始舍弃了 create，使用 generate 生成项目。generate 使用交互的方式提示用户输入必要的信息以创建项目，体验更好。

## 4.5 创建 Java 项目

利用 Maven 的 archetype:generate 命令可以创建一个项目，包括构建项目的目录结构、创建 pom.xml 文件、自动下载依赖库和创建一个类，这些都是项目的初始化工作。

### 4.5.1 创建命令

利用 Maven 的 archetype 插件创建一个 Java 项目。项目名称为 helloapp（项目目录名），项目的包为 com.mycompany.app。archetype:generate 的参数是描述项目的坐标参数，还有一个参数 DarchetypeArtifactId 描述要创建的项目类型，这里创建的是 Java 一般项目。创建命令如下：

```
mvn archetype:generate -DgroupId=com.mycompany.app -DartifactId=helloapp -DarchetypeArtifactId=maven-archetype-quickstart -DinteractiveMode=false
```

在命令行输入以上命令，如图 4.8 所示。

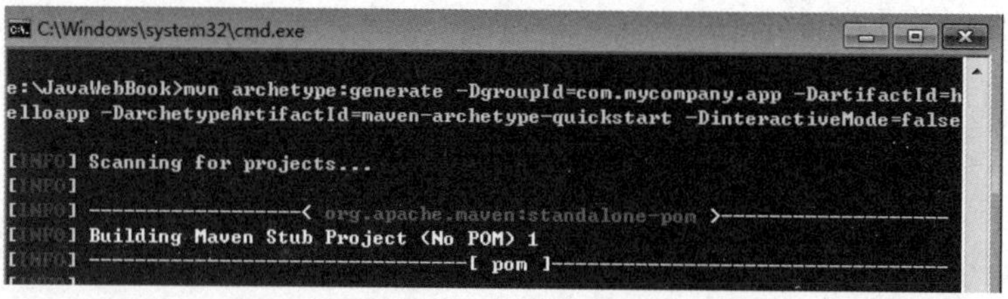

图 4.8 用 mvn archetype 创建 Java 项目

这个命令告诉 Maven 使用 maven-archetype-quickstart 模板创建 Java 项目。在执行命令的过程中，由于要下载 Maven 需要的插件 jar 包，时间可能比较久。执行结果如图 4.9 所示。第二次创建项目时就不需要下载这些插件库了。

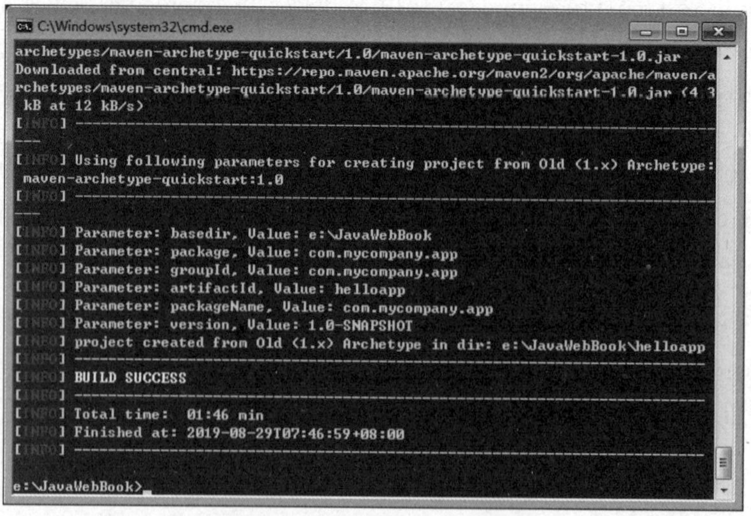

图 4.9 用 mvn archetype 创建 Java 项目的执行结果

## 4.5.2 下载的库文件

Maven 在创建项目的过程中下载自身需要的插件到本地仓库,如图 4.10 所示。

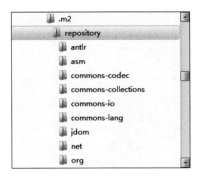

图 4.10 下载到本地仓库的插件

Maven 同时也下载了项目的依赖库,默认创建的 pom.xml 中有测试依赖库 JUnit。因此,Maven 自动下载依赖库 JUnit,如图 4.11 所示。

图 4.11 下载到本地仓库的 JUnit 依赖库

## 4.5.3 Maven 自动创建的目录结构

Maven 自动创建项目的目录结构,如图 4.12 所示。从目录结构可以看出,项目目录

（即项目名称）为 helloapp，有一个子目录 src。src 下有两个子目录：一个是 main 子目录，它的 java 子目录存放 Java 源程序；另一个是 test 子目录，它的 Java 子目录存放测试源程序，包名为 com.mycompany.app。这正是 Maven 项目约定的目录结构。

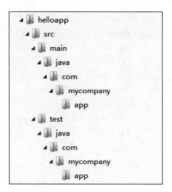

图 4.12　Maven 自动创建的项目的目录结构

### 4.5.4　Maven 自动创建的 pom.xml 文件

Maven 自动在 helloapp 子目录下创建 pom.xml 文件。项目的 groupId 为 com.mycompany.app，artifactId 为 helloapp。依赖库为 JUnit。pom.xml 文件内容如下：

```
<project xmlns=http://maven.apache.org/POM/4.0.0
       xmlns:xsi="http://www.w3.org/2001/XMLSchema-instance"
       xsi:schemaLocation="http://maven.apache.org/POM/4.0.0
                         http://maven.apache.org/maven-v4_0_0.xsd">
    <modelVersion>4.0.0</modelVersion>
    <groupId>com.mycompany.app</groupId>
    <artifactId>helloapp</artifactId>
    <packaging>jar</packaging>
    <version>1.0-SNAPSHOT</version>
    <name>helloapp</name>
    <url>http://maven.apache.org</url>
    <dependencies>
      <dependency>
        <groupId>junit</groupId>
        <artifactId>junit</artifactId>
        <version>3.8.1</version>
        <scope>test</scope>
      </dependency>
    </dependencies>
</project>
```

### 4.5.5　Maven 自动创建的 Java 类 App.java

Maven 自动创建 Java 类 App.java。它有一个静态的入口方法 main，该方法输出

"Hello World!"。代码如下：

```java
package com.mycompany.app;
/**
 * Hello world!
 *
 */
public class App
{
    public static void main(String[] args)
    {
        System.out.println("Hello World!");
    }
}
```

### 4.5.6　Maven 自动创建的测试类 AppTest.java

Maven 自动创建测试类 AppTest，代码如下：

```java
package com.mycompany.app;
import junit.framework.Test;
import junit.framework.TestCase;
import junit.framework.TestSuite;

/**
 * Unit test for simple App
 */
public class AppTest
    extends TestCase
{
    /**
     * Create the test case
     *
     * @param testName name of the test case
     */
    public AppTest(String testName)
    {
        super(testName);
    }
    /**
     * @return the suite of tests being tested
     */
    public static Test suite()
    {
        return new TestSuite(AppTest.class);
```

```
    }
    /**
     * Rigourous Test :-)
     */
    public void testApp()
    {
        assertTrue(true);
    }
}
```

## 4.6 编译项目

### 4.6.1 编译命令

在命令行方式下,输入 mvn compile 命令编译程序,Maven 根据约定的源程序位置、约定的 classes 目录的位置和编译需要的依赖库进行编译。本项目的 App.java 类需要编译,如图 4.13 所示。

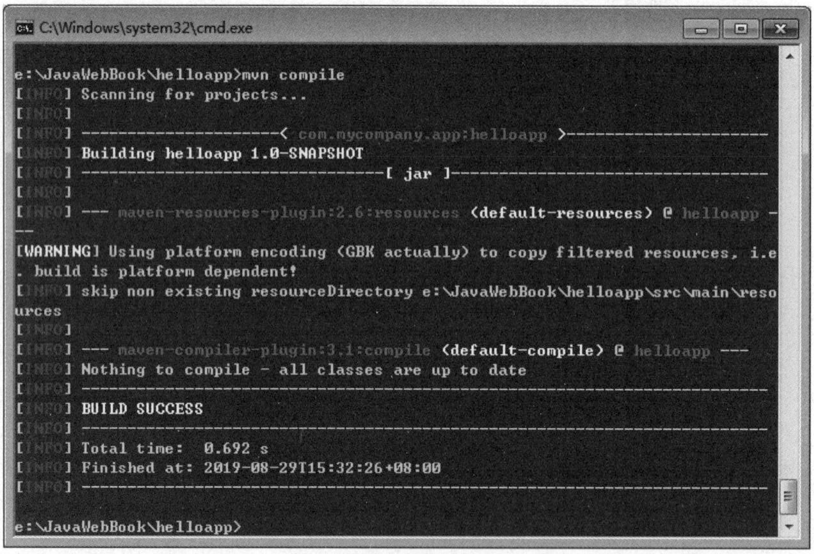

图 4.13 编译程序

### 4.6.2 编译生成 class 文件

mvn compile 命令编译程序时,根据 pom.xml 中定义的依赖下载相关依赖库,并且将编译生成的 class 文件(App.class)输出到项目目录下的 \target\classes 目录,如图 4.14 所示。

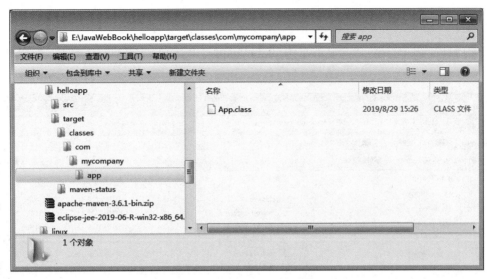

图 4.14　编译生成的 class 文件

## 4.7　打包项目

### 4.7.1　打包命令

在命令行方式下输入 mvn package 命令打包项目，打包时只要知道 classes 目录的位置就可以，Maven 根据约定的 classes 目录的位置进行打包，打包的包名就是约定的项目名，包的输出位置也是约定的 target 子目录，如图 4.15 所示。复杂的打包可以通过自定义构建配置完成。

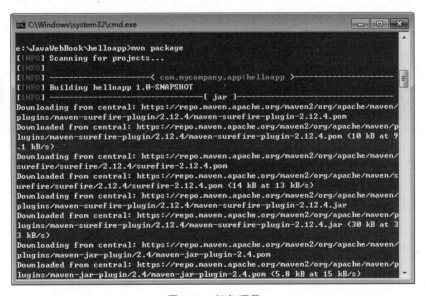

图 4.15　打包项目

### 4.7.2 生成 jar 包文件

打包后，在 target 子目录下就有了 helloapp-1.0-SNAPSHOT.jar 文件，如图 4.16 所示。

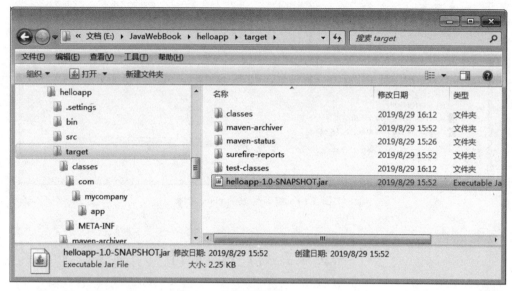

图 4.16 打包生成的 jar 包文件

### 4.7.3 运行项目

这里的示例对应 Maven 的第一个"Hello World!"程序。采用默认的打包方式，没有打包为可执行 jar 包，因此要运行主类。命令如下：

```
Java -classpath ./target/helloapp-1.0-SNAPSHOT.jar com.mycompany.app.App
```

运行结果如图 4.17 所示。

图 4.17 helloapp-1.0-SNAPSHOT.jar 运行结果

## 4.8 清除编译结果

运行 mvn clean 命令，清除编译生成的结果，删除 target 目录，如图 4.18 所示。

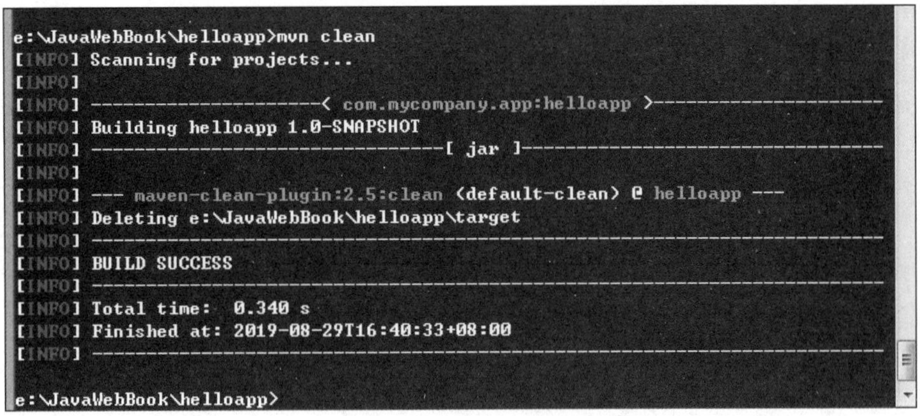

```
e:\JavaWebBook\helloapp>mvn clean
[INFO] Scanning for projects...
[INFO]
[INFO] ---------------------< com.mycompany.app:helloapp >---------------------
[INFO] Building helloapp 1.0-SNAPSHOT
[INFO] --------------------------------[ jar ]---------------------------------
[INFO]
[INFO] --- maven-clean-plugin:2.5:clean (default-clean) @ helloapp ---
[INFO] Deleting e:\JavaWebBook\helloapp\target
[INFO] ------------------------------------------------------------------------
[INFO] BUILD SUCCESS
[INFO] ------------------------------------------------------------------------
[INFO] Total time:  0.340 s
[INFO] Finished at: 2019-08-29T16:40:33+08:00
[INFO] ------------------------------------------------------------------------

e:\JavaWebBook\helloapp>
```

图 4.18　清除编译结果

## 4.9　安装项目

将项目安装到仓库中，就是把打包生成的 jar 包安装到本地仓库中，以提供给其他项目使用。运行 mvn install 命令安装项目，如图 4.19 所示。

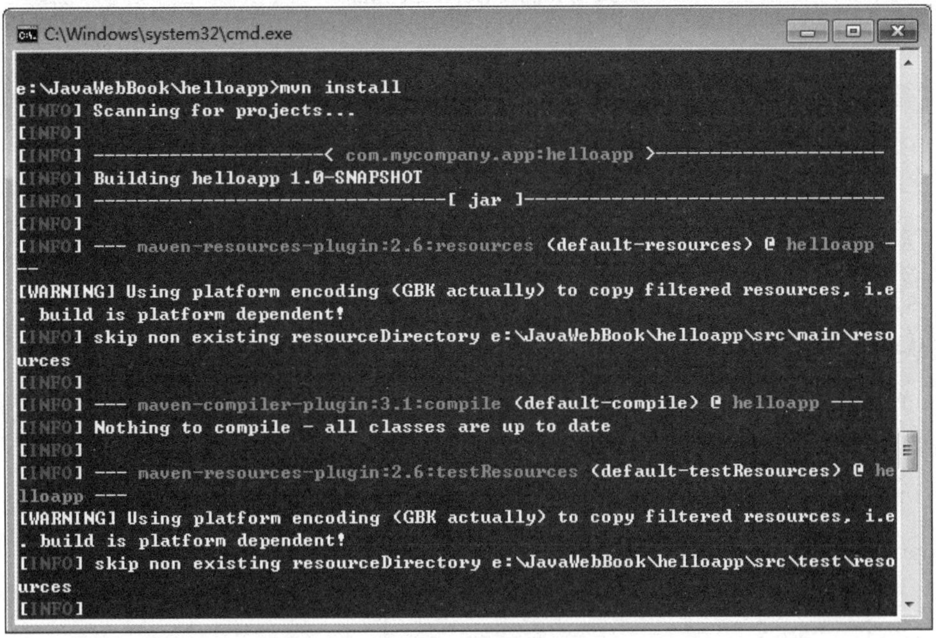

```
C:\Windows\system32\cmd.exe

e:\JavaWebBook\helloapp>mvn install
[INFO] Scanning for projects...
[INFO]
[INFO] ---------------------< com.mycompany.app:helloapp >---------------------
[INFO] Building helloapp 1.0-SNAPSHOT
[INFO] --------------------------------[ jar ]---------------------------------
[INFO]
[INFO] --- maven-resources-plugin:2.6:resources (default-resources) @ helloapp -
--
[WARNING] Using platform encoding (GBK actually) to copy filtered resources, i.e
. build is platform dependent!
[INFO] skip non existing resourceDirectory e:\JavaWebBook\helloapp\src\main\reso
urces
[INFO]
[INFO] --- maven-compiler-plugin:3.1:compile (default-compile) @ helloapp ---
[INFO] Nothing to compile - all classes are up to date
[INFO]
[INFO] --- maven-resources-plugin:2.6:testResources (default-testResources) @ he
lloapp ---
[WARNING] Using platform encoding (GBK actually) to copy filtered resources, i.e
. build is platform dependent!
[INFO] skip non existing resourceDirectory e:\JavaWebBook\helloapp\src\test\reso
urces
[INFO]
```

图 4.19　安装项目

安装项目之后，可以在本地仓库中看到项目的 jar 包，如图 4.20 所示。

图 4.20　项目的 jar 包在本地仓库中

## 4.10　镜像仓库配置

镜像仓库配置可以是全局的,这样每个项目就不用配置了。也可以每个项目单独配置镜像。

### 4.10.1　全局配置

可以添加阿里云的镜像到 Maven 的 setting.xml 文件中,这样就不需要每次在 pom.xml 中配置了。

在 setting.xml 中添加镜像仓库配置,在 mirrors 节点下面添加 mirror 子节点:

```
<mirror>
    <id>nexus-aliyun</id>
    <mirrorOf>central</mirrorOf>
    <name>Nexus aliyun</name>
    <url>http://maven.aliyun.com/nexus/content/groups/public</url>
</mirror>
```

＜mirrorOf＞可以设置为以哪个中央仓库为镜像。以名为 central 的中央仓库为镜像,写为＜mirrorOf＞central＜/mirrorOf＞;以所有中央仓库为镜像,写为＜mirrorOf＞

*</mirrorOf>。Maven 默认中央仓库的 id 为 central。中央仓库的 id 是唯一的。

注意：除非有把握，否则不建议使用<mirrorOf> * </mirrorOf>的方式。

添加镜像仓库配置后的 setting.xml 如图 4.21 所示。

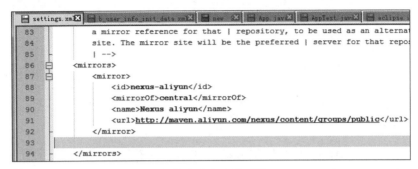

图 4.21　添加镜像仓库配置后的 setting.xml

删除本地仓库文件，再次运行 mvn install 安装项目，输出信息如图 4.22 所示。从输出信息可以看出，在完成镜像仓库配置后，文件是从阿里云网址下载的（Downloaded from nexus-aliyun：…）。

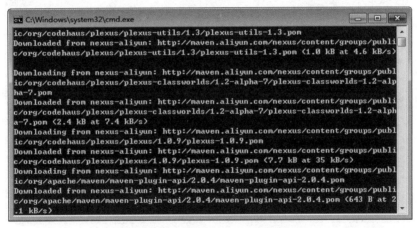

图 4.22　再次安装项目的输出信息

### 4.10.2　单个项目依赖库镜像配置

单个项目配置依赖库镜像时，需要修改 pom.xml 文件，在＜project＞标签的＜repositories＞子标签中配置镜像仓库。

修改项目的 pom.xml 文件：

```
<repositories>
    <repository>
        <id>aliyun-nexus</id>
        <name>aliyun</name>
        <url>http://maven.aliyun.com/nexus/content/groups/public/</url>
```

```xml
            <layout>default</layout>
            <!-- 是否开启发布版构件下载 -->
            <releases>
                <enabled>true</enabled>
            </releases>
            <!-- 是否开启快照版构件下载 -->
            <snapshots>
                <enabled>false</enabled>
            </snapshots>
        </repository>
    </repositories>
```

删除 Maven 的 setting.xml 中的镜像仓库配置，删除本地仓库文件，配置完成单个项目镜像仓库配置。再次运行 mvn install 安装项目，输出信息图 4.23 所示。从输出信息可以看出，在完成单个项目的镜像仓库配置后，文件并未从阿里云网址下载（Downloaded from central：…）。这是因为 Maven 第一次运行需要下载 Maven 插件库，没有设置 Maven 插件镜像，所以 Maven 插件及依赖库仍然从默认中央仓库下载。

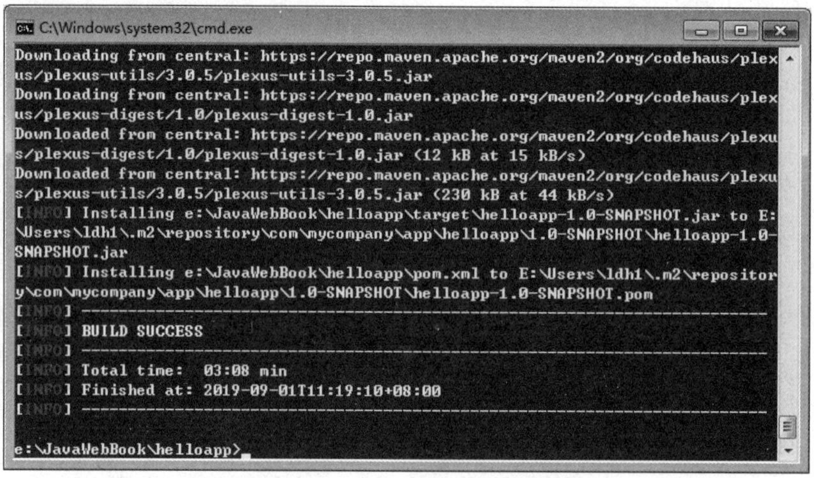

图 4.23　单个项目镜像仓库配置后再次安装项目的输出信息

删除 Maven 的 setting.xml 中的镜像仓库配置，而且只把项目依赖库 JUnit 从本地仓库中删除，这时再运行 mvn install，发现 JUnit 库是从阿里云镜像库中下载的（Downloading from aliyun-nexus：…），而其他依赖库和插件库仍然从默认中央库下载（Downloaded from central：…），如图 4.24 所示。

### 4.10.3　单个项目插件库镜像配置

上面配置单个项目镜像库时出现的问题是因为插件库的下载需要单独设置镜像。因此，要实现单个项目镜像仓库配置，还需要加入 Maven 插件库镜像配置，使用的标签是 <pluginRepositories>，设置如下：

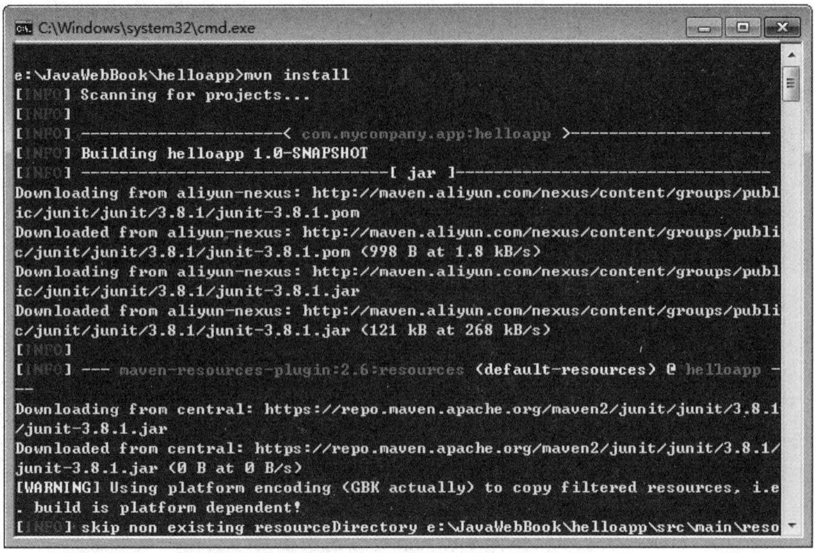

图 4.24　只有 JUnit 库从阿里云镜像库中下载

```xml
<repositories>
    <repository>
        <id>aliyun-nexus</id>
        <name>aliyun</name>
        <url>http://maven.aliyun.com/nexus/content/groups/public/</url>
        <layout>default</layout>
        <!-- 是否开启发布版构件下载 -->
        <releases>
            <enabled>true</enabled>
        </releases>
        <!-- 是否开启快照版构件下载 -->
        <snapshots>
            <enabled>false</enabled>
        </snapshots>
    </repository>
</repositories>
<pluginRepositories>
    <pluginRepository>
        <id>aliyun-nexus</id>
        <name>aliyun</name>
        <url>http://maven.aliyun.com/nexus/content/groups/public/</url>
    </pluginRepository>
</pluginRepositories>
```

删除 Maven 的 setting.xml 中的镜像仓库配置，删除本地仓库文件，完成项目插件库镜像配置。再次运行 mvn install 安装项目，输出信息图 4.25 所示。从输出信息可以看出,在完成插件库镜像配置后,文件是从阿里云网址下载的(Downloaded from aliyun-nexus:…),整个用时为1min19s),用了镜像仓库后速度快了很多。

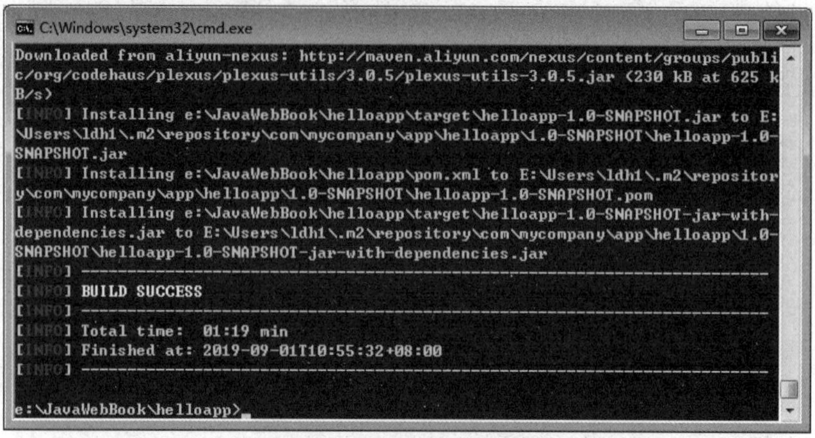

图 4.25　单个项目插件库镜像配置后再次安装项目的输出信息

# 第 5 章 深入 Maven 构建工具

## 5.1 Maven 生命周期

Maven 有 3 种生命周期：Clean 生命周期、Default 生命周期和 Site 生命周期，Default 生命周期是 Manen 的主要生命周期。

### 5.1.1 项目构建过程与 Maven 生命周期

Maven 用于项目构建和管理。Maven 把项目构建和管理过程定义为生命周期。

一个典型的 Maven 生命周期是由 7 个阶段组成的，如图 5.1、表 5.1 所示。

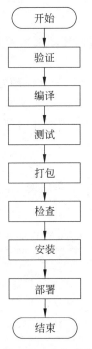

图 5.1 Maven 生命周期

表 5.1 Maven 生命周期

| 阶　　段 | 描　　述 |
|---|---|
| 验证（validate） | 验证项目是否正确且所有必需信息是可用的 |
| 编译（compile） | 源代码编译在此阶段完成 |
| 测试（test） | 使用适当的单元测试框架（例如 JUnit）进行测试 |
| 打包（package） | 创建 jar/war 包，如在 pom.xml 中定义的包 |
| 检查（verify） | 对集成测试的结果进行检查，以保证项目质量达标 |
| 安装（install） | 安装打包的项目到本地仓库，以供其他项目使用 |
| 部署（deploy） | 复制最终的项目包到远程仓库中，以共享给其他开发人员和项目 |

　　为了完成 Default 生命周期，这些阶段（包括其他未列出的生命周期阶段）将按顺序执行。

　　Maven 的 3 种生命周期相互独立的，这 3 种生命周期不能看成一个整体。每个生命周期的各个环节都是由各种插件完成的。

　　有些项目的管理不在 Maven 的生命周期中，例如项目骨架的创建不在 Maven 的生命周期中。

### 5.1.2　Clean 生命周期

　　Clean 生命周期是在进行真正的构建之前需要进行的清理工作。Clean 生命周期包含 3 个阶段：

　　（1）清理前（pre-clean）：执行一些需要在清理之前完成的工作。

　　（2）清理（clean）：移除所有上一次构建生成的文件。

　　（3）清理后（post-clean）：执行一些需要在清理之后立刻完成的工作。

### 5.1.3　Default 生命周期

　　Default 生命周期是 Maven 的主要生命周期，用于构建应用，包括 23 个阶段，如表 5.2 所示。

表 5.2　Maven 的 Default 生命周期

| 阶　　段 | 描　　述 |
|---|---|
| 校验（validate） | 校验项目是否正确并且所有必要的信息可以完成项目的构建过程 |
| 初始化（initialize） | 初始化构建状态，例如设置属性值 |
| 生成源代码（generate-sources） | 生成包含在编译阶段中的任何源代码 |
| 处理源代码（process-sources） | 处理源代码，例如过滤任意值 |

续表

| 阶　　段 | 描　　述 |
|---|---|
| 生成资源文件（generate-resources） | 生成将包含在项目包中的资源文件 |
| 处理资源文件（process-resources） | 处理资源并复制到目标目录，为打包阶段做好准备 |
| 编译（compile） | 编译项目的源代码 |
| 处理类文件（process-classes） | 处理编译生成的文件，例如对 Java class 文件进行字节码改善优化 |
| 生成测试源代码（generate-test-sources） | 生成包含在编译阶段中的任何测试源代码 |
| 处理测试源代码（process-test-sources） | 处理测试源代码，例如过滤任意值 |
| 生成测试资源文件（generate-test-resources） | 为测试创建资源文件 |
| 处理测试资源文件（process-test-resources） | 处理测试资源并复制到目标目录 |
| 编译测试源代码（test-compile） | 编译测试源代码到测试目标目录 |
| 处理测试类文件（process-test-classes） | 处理测试源代码编译生成的文件 |
| 测试（test） | 使用合适的单元测试框架运行测试（JUint 是其中之一） |
| 准备打包（prepare-package） | 在实际打包之前，执行必要的操作，为打包做准备 |
| 打包（package） | 将编译后的代码打包成可分发格式的文件，例如 jar、war 或者 ear 文件 |
| 集成测试前（pre-integration-test） | 在执行集成测试前进行必要的操作。例如搭建需要的环境 |
| 集成测试（integration-test） | 处理和部署项目到可以执行集成测试的环境中 |
| 集成测试后（post-integration-test） | 在执行集成测试完成后进行必要的操作，例如清理集成测试环境 |
| 验证（verify） | 进行必要的检查，验证项目包有效且达到质量标准 |
| 安装（install） | 安装项目包到本地仓库，这样项目包可以用作其他本地项目的依赖包 |
| 部署（deploy） | 将最终的项目包复制到远程仓库中，与其他开发者和项目共享 |

### 5.1.4　Site 生命周期

Site 生命周期生成和部署项目的站点。Site 生命周期包括 4 个阶段：

（1）生成站点前（pre-site）：执行一些需要在生成站点之前完成的工作。

（2）生成站点（site）：生成项目的站点。

（3）生成站点后（post-site）：执行一些需要在生成站点之后完成的工作，并且为站点部署做准备。

（4）站点部署（site-deploy）：将生成的站点部署到特定的服务器上。

### 5.1.5 生命周期内各阶段和生命周期之间的关系

在一种生命周期内，前后阶段是相互依赖的，如果运行一个阶段的命令，则在该阶段之前的阶段都会被执行。例如，在 Clean 生命周期内，有 3 个阶段：清理前、清理和清理后，如果执行 mvn post-clean 命令，则在此之前的阶段都会被执行。这样大大简化了 Maven 命令的输入。

这 3 种生命周期相互独立。当用户调用 clean 命令时，清理前和清理阶段会顺序执行，但不会影响 Default 生命周期的任何阶段。

### 5.1.6 Maven 常用命令

Maven 常用命令简要介绍如下。

mvn archetype:generate：创建 Maven 项目。

mvn clean：清除项目目录中的生成结果。

mvn compile：编译项目源代码。

mvn package：将项目打包。

mvn install：将项目的 jar 包安装在本地仓库中。

mvn deploy：发布项目。

mvn test-compile：编译测试源代码。

mvn test：运行应用程序中的单元测试。

mvn site：生成项目相关信息的站点。

mvn eclipse：生成 Eclipse 项目文件。

mvn jetty：启动 Jetty 服务。

mvn tomcat：启动 Tomcat 服务。

## 5.2 Maven 插件

### 5.2.1 Maven 插件框架

Maven 本质上是一个插件框架，它的核心并不执行任何具体的构建任务，所有任务都交给插件完成。Maven 本地插件库如图 5.2 所示。

例如，编译源代码是由 maven-compiler-plugin 插件完成的。

进一步说，每个任务对应一个插件目标(goal)，每个插件会有一个或者多个目标。

例如，maven-compiler-plugin 插件的 compile 目标用来编译位于 src\main\java 目录下的主源代码，testCompile 目标用来编译位于 src\test\java 目录下的测试源代码。

### 5.2.2 与生命周期有关的插件

Maven 内置与生命周期有关的插件。3 种生命周期各阶段与插件目标的绑定关系如表 5.3 至表 5.5 所示。

第 5 章　深入 Maven 构建工具

图 5.2　Maven 本地插件库

表 5.3　Clean 生命周期各阶段与插件目标的绑定关系

| 阶　　段 | 插　件　目　标 |
|---|---|
| 清理前 |  |
| 清理 | maven-clean-plugin:clean |
| 清理后 |  |

表 5.4　Default 生命周期各阶段与插件目标的绑定关系及任务

| 阶　　段 | 插　件　目　标 | 任　　务 |
|---|---|---|
| 处理资源文件 | maven-resources-plugin:resources | 复制主资源文件至主输出目录 |
| 编译 | maven-compile-plugin:compile | 编译主源代码至主输出目录 |
| 处理测试资源文件 | maven-resources-plugin:testRresources | 复制测试资源文件至测试输出目录 |
| 编译测试源代码 | maven-compiler-plugin:testCompile | 编译测试源代码至测试输出目录 |
| 测试 | maven-surefire-plugin:test | 执行测试用例 |
| 打包 | maven-jar-plugin:jar | 创建项目 jar 包 |
| 安装 | maven-install-plugin:install | 将项目输出构件安装到本地仓库 |
| 部署 | maven-deploy-plugin:deploy | 将项目输出构件部署到远程仓库 |

表 5.5　Site 生命周期各阶段与插件目标的绑定关系

| 阶　　段 | 插件目标 |
| --- | --- |
| 生成站点前 | |
| 生成站点 | maven-site-plugin:site |
| 生成站点后 | |
| 站点部署 | maven-site-plugin:deploy |

### 5.2.3　插件调用方式

用户可以通过两种方式调用 Maven 插件目标。

（1）直接在命令行指定要执行的插件及插件目标。

例如，mvn archetype:generate 就表示调用 maven-archetype-plugin 插件的 generate 目标，这种带冒号的调用方式与生命周期无关。在 4.2 节中就是用 mvn archetype: generate 创建 Java 项目骨架：

```
mvn archetype:generate -DgroupId=com.mycompany.app -DartifactId=helloapp -
    DarchetypeArtifactId=maven-archetype-quickstart -DinteractiveMode=false
```

（2）将插件目标与生命周期中的阶段绑定。这样，用户在命令行只需要输入生命周期阶段即可。

例如，Maven 默认将 maven-compiler-plugin 插件的 compile 目标与 Default 生命周期的编译阶段绑定。因此，命令 mvn compile 实际上是先定位到 Default 生命周期的编译阶段，然后再根据绑定关系调用 maven-compiler-plugin 插件的 compile 目标。

在 4.6 节中编译 Java 项目就是在命令行只输入生命周期的阶段来调用插件的：

```
mvn compile
```

### 5.2.4　插件调用方式的差异

生命周期的具体阶段绑定的插件调用（例如 mvn package）与直接执行插件及插件目标（例如 mvn jar:jar package 绑定 maven-jar-plugin:jar）效果是不一样的。

mvn jar 只执行打包这一步。

mvn package 不仅执行 maven-jar-plugin:jar 打包这一步，而且执行 Default 生命周期中打包阶段之前的所有阶段。

**1. 直接调用插件打包**

用 maven-jar-plugin:2.4:jar 插件（命令为 mvn jar:jar）进行打包，输出结果如图 5.3 所示。

从图 5.3 可以看出，mvn jar:jar 仅仅执行了 maven-jar-plugin:2.4:jar（default-cli）@ helloapp 打包插件进行打包。

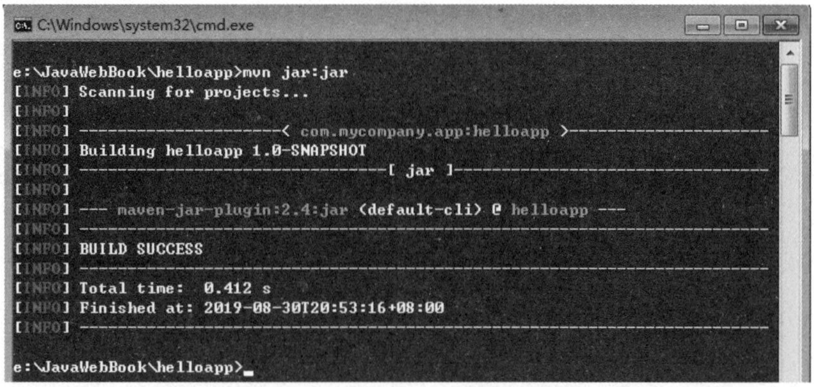

图 5.3　直接调用插件打包的输出结果

### 2. 用生命周期方式调用插件

用生命周期方式调用插件进行打包使用 mvn package 命令,输出结果如图 5.4 所示。

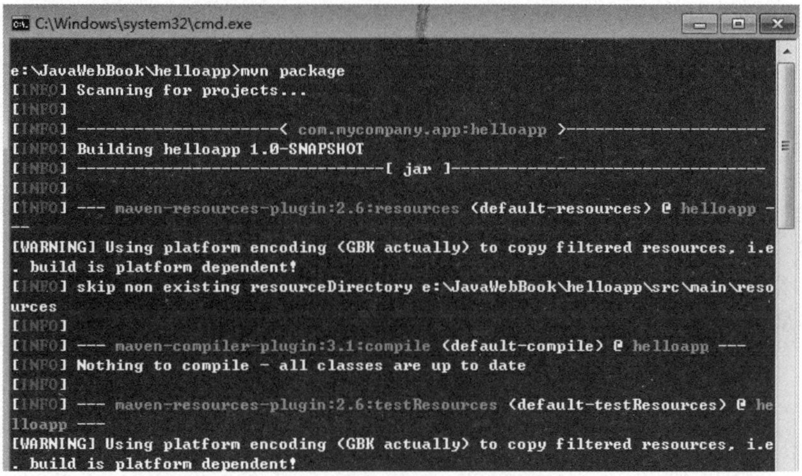

图 5.4　用生命周期方式调用插件打包的输出结果

输出的完整信息如下:

[INFO] Scanning for projects...
[INFO] ----------------< com.mycompany.app:helloapp >----------------
[INFO] Building helloapp 1.0-SNAPSHOT
[INFO] --------------------------------[ jar ]--------------------------------
[INFO] --- maven-resources-plugin:2.6:resources (default-resources) @ helloapp -
[WARNING] Using platform encoding (GBK actually) to copy filtered resources, i.e. build is platform dependent!
[INFO] skip non existing resourceDirectory e:\JavaWebBook\helloapp\src\main\resources

```
[INFO]
[INFO] --- maven-compiler-plugin:3.1:compile (default-compile) @ helloapp ---
[INFO] Nothing to compile - all classes are up to date
[INFO]
[INFO] --- maven-resources-plugin:2.6:testResources (default-testResources) @ helloapp ---
[WARNING] Using platform encoding (GBK actually) to copy filtered resources, i.e. build is platform dependent!
[INFO] skip non existing resourceDirectory e:\JavaWebBook\helloapp\src\test\resources
[INFO]
[INFO] --- maven-compiler-plugin:3.1:testCompile (default-testCompile) @ helloapp ---
[INFO] Nothing to compile - all classes are up to date
[INFO]
[INFO] --- maven-surefire-plugin:2.12.4:test (default-test) @ helloapp ---
[INFO] Surefire report directory: e:\JavaWebBook\helloapp\target\surefire-reports

-------------------------------------------------------
 T E S T S
-------------------------------------------------------
Running com.mycompany.app.AppTest
Tests run: 1, Failures: 0, Errors: 0, Skipped: 0, Time elapsed: 0.004 sec
Results :
Tests run: 1, Failures: 0, Errors: 0, Skipped: 0
[INFO]
[INFO] --- maven-jar-plugin:2.4:jar (default-jar) @ helloapp ---
[INFO] ------------------------------------------------------------------------
[INFO] BUILD SUCCESS
[INFO] ------------------------------------------------------------------------
[INFO] Total time: 1.680 s
[INFO] Finished at: 2019-08-30T21:05:03+08:00
[INFO] ------------------------------------------------------------------------
```

可以看出，mvn package 不仅执行了 maven-jar-plugin：2.4：jar（default-cli）@ helloapp 打包插件进行打包，还执行了 Default 生命周期中打包阶段之前的几个阶段的插件。执行的插件如下：

maven-resources-plugin：2.6：resources

maven-compiler-plugin：3.1：compile

maven-resources-plugin：2.6：testResources

maven-compiler-plugin：3.1：testCompile

maven-surefire-plugin：2.12.4：test

maven-jar-plugin：2.4：jar

## 5.2.5 插件的配置

插件都有默认配置。当默认配置不满足需求时,需要在 pom.xml 中添加相应插件的配置信息。例如,指定编译 JDK 版本为 1.8,在配置标签＜plugins＞中配置如下:

```xml
<plugin>
    <groupId>org.apache.maven.plugins</groupId>
    <artifactId>maven-compiler-plugin</artifactId>
    <!-- since 2.0 -->
    <version>3.7.0</version>
    <configuration>
        <!-- use the Java 8 language features -->
        <source>1.8</source>
        <!-- want the compiled classes to be compatible with JVM 1.8 -->
        <target>1.8</target>
        <!-- The -encoding argument for the Java compiler -->
        <encoding>UTF-8</encoding>
    </configuration>
</plugin>
```

## 5.2.6 绑定生命周期与插件目标

生命周期大部分阶段都有默认绑定的插件目标,当默认的绑定不满足要求时,可以通过配置＜plugin＞标签实现新的绑定。

在＜plugin＞内由子标签＜executions＞和＜execution＞实现绑定配置,子标签＜phase＞表示生命周期的阶段,子标签＜goal＞表示要绑定的插件目标。

下面的实例表示生命周期的打包阶段与 maven-assembly-plugin 插件的 single 目标绑定:

```xml
<plugin>
    <artifactId>maven-assembly-plugin</artifactId>
    <configuration>
      <archive>
        <manifest>
            <!--这里要替换成jar包main方法所在类-->
            <mainClass>com.mycompany.app.App</mainClass>
        </manifest>
      </archive>
      <descriptorRefs>
        <descriptorRef>jar-with-dependencies</descriptorRef>
      </descriptorRefs>
    </configuration>
    <executions>
      <execution>
```

```xml
        <id>make-assembly</id><!-- 用于继承合并 -->
        <phase>package</phase><!-- 指定在打包节点执行 jar 包合并操作 -->
        <goals>
          <goal>single</goal>
        </goals>
      </execution>
    </executions>
</plugin>
```

## 5.3  Maven 构建配置

### 5.3.1  &lt;build&gt;标签

构建配置在＜build＞标签内,插件配置标签＜plugin＞属于＜build＞标签的子标签,＜build＞标签是整个 Maven 构建配置标签,主要用于编译、打包、部署配置。＜build＞标签、＜plugins＞标签、＜plugin＞标签的关系如下：

```xml
<build>
    <finalName>${project.artifactId}</finalName>
    <resources>
        <resource>
            <directory>src/main/resources</directory>
            <filtering>true</filtering>
        </resource>
    </resources>
    <plugins>
        <plugin>
            <groupId>org.apache.maven.plugins</groupId>
            <artifactId>maven-compiler-plugin</artifactId>
            <!-- since 2.0 -->
            <version>3.7.0</version>
            <configuration>
                <!-- use the Java 8 language features -->
                <source>1.8</source>
                <!-- want the compiled classes to be compatible with JVM 1.8 -->
                <target>1.8</target>
                <!-- The -encoding argument for the Java compiler -->
                <encoding>UTF-8</encoding>
            </configuration>
        </plugin>
    </plugins>
</build>
```

## 5.3.2 基本元素配置标签

Maven 打包有约定的配置。当约定配置不符合要求时,通过配置<build>标签更改。基本元素配置示例如下:

```
<build>
    <defaultGoal>install</defaultGoal>
    <directory>${basedir}/target</directory>
    <!-- 指定打包文件名称(可用于除去 jar 文件版本号) -->
    <finalName>${artifactId}-${version}</finalName>
    <!-- 指定过滤资源目录 -->
    <filters>
        <filter>filters/filter1.properties</filter>
    </filters>
    ...
</build>
```

基本元素配置使用以下几个标签:

(1)<defaultGoal>。执行构建任务时,如果没有指定目标,将使用该标签的默认值。例如,在上面的配置中,在命令行中执行 mvn,相当于执行 mvn install。

(2)<directory>。构建目标文件的存放目录,默认为 ${basedir}\target 目录。

(3)<finalName>。构建目标文件的名称,默认为 ${artifactId}-${version}。

(4)<filter>。定义 properties 文件,包含一个 properties 列表,该列表会应用到支持过滤的资源中。

## 5.3.3 <resources>标签

<resources>标签用于包含或者排除某些资源文件。标签应用示例如下:

```
<build>
    ...
    <!-- 项目资源清单(可以配置多个项目资源) -->
    <resources>
        <!-- 项目资源 -->
        <resource>
            <!-- 资源目录(编译时会将指定资源目录中的内容复制到输出目录) -->
            <directory>src/main/resources</directory>
            <!-- 输出目录(默认为${build.outputDirectory},即 target\classes) -->
            <targetPath>${build.outputDirectory}</targetPath>
            <!-- 是否开启资源过滤(需要引入 maven-resources-plugin 插件)
            |true:用过滤资源(filters 标签)中的内容替换资源中相应的占位符(${Xxxx})
            |false:不做过滤替换操作
            -->
            <filtering>true</filtering>
```

```xml
                <!-- 包含内容(编译时仅复制指定包含的内容) -->
                <includes>
                    <include>*.properties</include>
                    <include>*.xml</include>
                    <include>*.json</include>
                </includes>
                <!-- 排除内容(编译时不复制指定排除的内容) -->
                <excludes>
                    <exclude>*.txt</exclude>
                </excludes>
            </resource>
        </resources>
        <testResources>
            ...
        </testResources>
        ...
</build>
```

标签具体用途如下：

(1) ＜resources＞。资源元素的列表，每一项都描述与项目关联的文件是什么和在哪里。

(2) ＜targetPath＞。指定构建后的资源存放的文件夹，默认是 basedir。通常被打包在 jar 包中的资源的目标路径是 META-INF。

(3) ＜filtering＞。值为 true/false，表示对这个资源是否激活过滤。

(4) ＜directory＞。定义资源文件所在的文件夹，默认为 ${basedir}/src/main/resources。

(5) ＜includes＞。指定哪些文件将被匹配，以 * 作为通配符。

(6) ＜excludes＞。指定哪些文件将被忽略。

(7) ＜testResources＞。定义和＜resources＞类似，只不过在测试时使用。

### 5.3.4 ＜plugins＞标签

＜plugins＞标签用于指定使用的插件需要的配置信息，示例如下：

```xml
<build>
    ...
    <plugins>
        <plugin>
            <groupId>org.apache.maven.plugins</groupId>
            <artifactId>maven-jar-plugin</artifactId>
            <version>2.0</version>
            <extensions>false</extensions>
            <inherited>true</inherited>
            <configuration>
```

```xml
            <classifier>test</classifier>
        </configuration>
        <dependencies>...</dependencies>
        <executions>...</executions>
    </plugin>
  </plugins>
</build>
```

## 5.3.5 &lt;pluginManagement&gt;标签

&lt;pluginManagement&gt;标签和&lt;plugins&gt;标签的配置内容是一样的,只是前者用于继承,使其可以在子 pom 中使用。

例如,父 pom 如下:

```xml
<build>
    ...
    <pluginManagement>
        <plugins>
            <plugin>
                <groupId>org.apache.maven.plugins</groupId>
                <artifactId>maven-jar-plugin</artifactId>
                <version>2.2</version>
                <executions>
                    <execution>
                        <id>pre-process-classes</id>
                        <phase>compile</phase>
                        <goals>
                            <goal>jar</goal>
                        </goals>
                        <configuration>
                            <classifier>pre-process</classifier>
                        </configuration>
                    </execution>
                </executions>
            </plugin>
        </plugins>
    </pluginManagement>
    ...
</build>
```

则在子 pom 中,只需配置以下内容即可:

```xml
<build>
    ...
    <plugins>
```

```xml
        <plugin>
            <groupId>org.apache.maven.plugins</groupId>
            <artifactId>maven-jar-plugin</artifactId>
        </plugin>
    </plugins>
    ...
</build>
```

这样就大大简化了子 pom 的配置。

## 5.4 编译插件

maven-compiler-plugin 是 Maven 默认的编译插件，一般情况下，不用配置编译插件，编译插件都有默认选项。当默认选项不满足要求时，就需要配置插件的属性。

这里配置 maven-compiler-plugin 的 encoding 参数，Windows 默认使用 GBK 编码，Java 项目经常编码为 UTF-8，也需要在 compiler 插件中指出，否则中文乱码可能会导致编译错误。

配置在编译和生成时使用不同的 JDK 版本，不用其默认值，以达到编译的要求。指定 Maven 插件编译版本，Maven 2.0 默认用 JDK 1.3，Maven 3.x 默认用 JDK 1.5。这里设置为 JDK 1.8，pom.xml 中的编译插件需要的配置信息如下：

```xml
<plugin>
    <groupId>org.apache.maven.plugins</groupId>
    <artifactId>maven-compiler-plugin</artifactId>
    <version>3.1</version>
    <configuration>
        <!-- use the Java 8 language features -->
        <source>1.8</source>
        <!-- want the compiled classes to be compatible with JVM 1.8 -->
        <target>1.8</target>
        <!-- The -encoding argument for the Java compiler -->
        <encoding>UTF-8</encoding>
    </configuration>
</plugin>
```

## 5.5 打包插件

### 5.5.1 增加 helloapp 功能

前面的 helloapp 项目中，仅仅输出"Hello World!"，运行期间没有依赖库。本节为该项目增加一个 JSON 处理功能。

## 1. App.class 类

在 App.class 类中增加一个 JSON 处理,输出一个 JSON 对象。代码如下:

```
package com.mycompany.app;
import com.alibaba.fastjson.JSON;
import com.alibaba.fastjson.JSONArray;
/**
 * Hello World!
 *
 */
public class App {
    public static void main(String[] args) {
        System.out.println("Hello World!");
        String json_array = "[{\"age\":20,\"name\":\"zhangsan\"},{\"age\":22,
           \"name\":\"lisi\"}]";
//将 JSON 字符串转换为 JSONArray 对象
        JSONArray array = JSON.parseArray(json_array);
        System.out.println(array);
    }
}
```

## 2. 增加依赖库

增加 fastjson 依赖库,配置如下:

```
<dependency>
    <groupId>com.alibaba</groupId>
    <artifactId>fastjson</artifactId>
    <version>1.2.42</version>
</dependency>
```

### 5.5.2 常用的打包插件

有多种打包插件,常用的打包插件如表 5.6 所示。这些插件在相应的章节分别描述。

表 5.6 常用的打包插件

| 插件 | 功能 |
| --- | --- |
| maven-jar-plugin | Maven 默认的打包插件,用来创建项目 jar 包,负责将应用程序打包成可执行的 jar 包<br>可在此处设置主类,manifest,排除对应的配置文件等 |
| maven-shade-plugin | 用来将项目打包成可执行的 jar 包 |
| maven-assembly-plugin | 支持定制化打包方式,负责将整个项目按照自定义的目录结构打包成最终的压缩包,方便实际部署 |

## 5.6 用 jar 与 dependency 插件打包与运行

### 5.6.1 创建可运行的 jar

用 Maven 默认的打包插件 maven-jar-plugin 进行打包时，生成的包不包含依赖库，以这种方式打包与运行需要解决 3 个问题。

(1) 程序主类（含有入口方法 main），通过设置 maven-jar-plugin 插件的 mainClass 属性实现。

(2) 将项目引用的所有 jar 包复制到 lib 目录中。Maven 的 dependency 插件可以将这些 jar 包统一放到 lib 目录中。

(3) 设置清单文件的 classpath，通过设置 maven-jar-plugin 插件的 addClasspath 属性实现。

maven-jar-plugin 插件配置如下：

```xml
<plugin>
    <groupId>org.apache.maven.plugins</groupId>
    <artifactId>maven-jar-plugin</artifactId>
    <version>2.6</version>
    <configuration>
        <archive>
            <manifest>
                <!-- 应用的 main class -->
                <mainClass>com.mycompany.app.App</mainClass>
                <!-- 是否要把第三方 jar 包放到 manifest 的 classpath 中 -->
                <addClasspath>true</addClasspath>
                <!-- 生成的 manifest 中 classpath 的前缀，填写依赖 jar 包相对于项目
                    jar 包的路径 -->
                <classpathPrefix>lib/</classpathPrefix>
            </manifest>
            <!-- 在 Class-Path 中增加当前目录(./) -->
            <manifestEntries>
                <Class-Path>./</Class-Path>
            </manifestEntries>
        </archive>
        <excludes>
            <!--注意从编译结果目录开始构建目录结构 -->
            <exclude>/*.yml</exclude>
            <exclude>/*.properties</exclude>
            <exclude>/*.xml</exclude>
        </excludes>
    </configuration>
</plugin>
```

## 5.6.2 设置启动类

启动类通过设置 manifest.mf 清单配置文件中的 mainClass 属性实现。<mainClass> 标签用于配置启动类的主类,主类 com.mycompany.app.App 包含入口 main 方法。配置如下:

```
<!-- 应用的主类 -->
<mainClass>com.mycompany.app.App</mainClass>
```

## 5.6.3 设置库路径

设置库路径的步骤如下:

(1) 设置是否要把第三方 jar 包放到 manifest.mf 的 classpath 中,通过设置 <addClasspath> 标签来实现,这里设置为 true:

```
<addClasspath>true</addClasspath>
```

(2) 设置 classpath 的前缀,填写依赖 jar 包相对于项目 jar 包的路径。也就是说,第三方依赖库需要放在项目 jar 包目录的 lib 子目录下。

```
<classpathPrefix>lib/</classpathPrefix>
```

(3) 在 Class-Path 中增加当前目录(./),也就是说,第三方依赖库可以放在与依赖 jar 包相同的目录下。

```
<manifestEntries>
    <Class-Path>./</Class-Path>
</manifestEntries>
```

## 5.6.4 利用 maven-dependency-plugin 复制 jar 包

将项目引用的所有 jar 包复制到 lib 目录下。可以使用 Maven 的 dependency 插件完成 jar 包的统一复制。

需要在 pom.xml 文件的 <build> 标签的 <plugins> 标签内添加一个 <plugin> 标签,内容如下:

```
<plugin>
    <groupId>org.apache.maven.plugins</groupId>
    <artifactId>maven-dependency-plugin</artifactId>
    <executions>
        <execution>
            <id>copy-dependencies</id>
            <phase>prepare-package</phase>
            <goals>
                <goal>copy-dependencies</goal>
```

```xml
            </goals>
            <configuration>
                <outputDirectory>${project.build.directory}/lib</outputDirectory>
                <overWriteReleases>false</overWriteReleases>
                <overWriteSnapshots>false</overWriteSnapshots>
                <overWriteIfNewer>true</overWriteIfNewer>
            </configuration>
        </execution>
    </executions>
</plugin>
```

maven-dependency-plugin 插件的 copy-dependencies 目标执行复制依赖库操作。

<outputDirectory>的作用是设置复制的输出目录。指定的输出目录是${project.build.directory}/lib，这里的${project.build.directory}就是 target 目录，也就是要把 jar 包复制到 target 目录下的 lib 目录下。

<phase>prepare-package</phase>的作用是将复制工作与生命周期的准备打包阶段绑定，也就是在打包阶段之前就把依赖库复制到设置的库目录下。

### 5.6.5 打包安装

运行 mvn install 命令，实现打包安装，生成可执行的 jar 文件（helloapp-1.0-SNAPSHOT.jar），运行结果如图 5.5 所示。

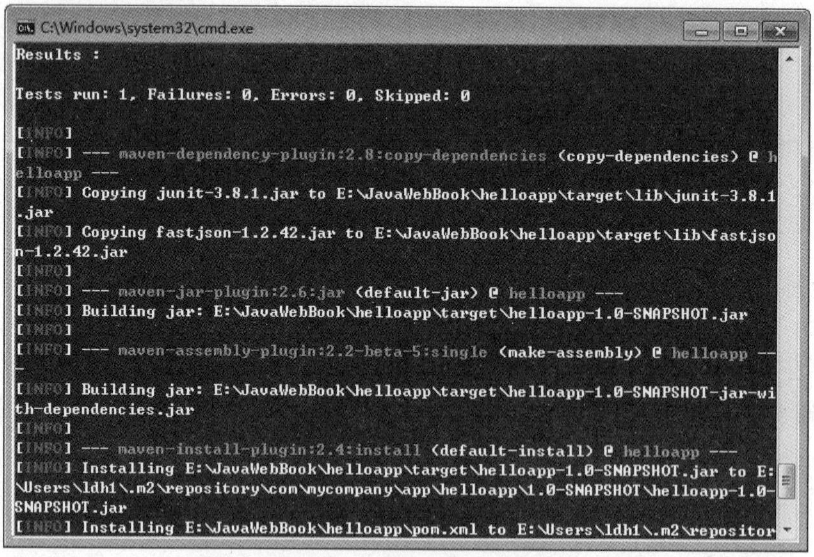

图 5.5 打包安装运行结果

从图 5.5 中可以看到依赖库被复制到 target\lib 目录下：

```
[INFO] --- maven-dependency-plugin:2.8:copy-dependencies (copy-
    dependencies) @ helloapp ---
```

```
[INFO] Copying junit-3.8.1.jar to E:\JavaWebBook\helloapp\target\lib\junit-
    3.8.1.jar
[INFO] Copying fastjson-1.2.42.jar to E:\JavaWebBook\helloapp\target\lib\
    fastjson-1.2.42.jar
```

复制到 target\lib 目录下的依赖库如图 5.6 所示。

图 5.6　复制到 target\lib 目录下的依赖库

### 5.6.6　运行包

首先切换到 jar 包所在的目录 target，命令为 cd E:\JavaWebBook\helloapp\target。

通过 java -jar helloapp-1.0-SNAPSHOT.jar 命令运行 jar 包，输出结果如图 5.7 所示，输出了"Hello World!"及 JSON 内容。

图 5.7　运行 jar 包输出结果

## 5.7　用 maven-assembly-plugin 插件打包与运行

当 Java 的 jar 包太多时，为了方便执行，希望把所有引用的 jar 包打包到一起。这时使用 maven-assembly-plugin 插件可以实现，并且利用 maven-assembly-plugin 插件可以直接生成可执行的 jar 包。

### 5.7.1　配置 maven-assembly-plugin 插件

首先在 pom.xml 文件的＜build＞节点中添加这个插件的引用：

```xml
<plugin>
    <groupId>org.apache.maven.plugins</groupId>
    <artifactId>maven-assembly-plugin</artifactId>
    <configuration>
        <archive>
            <manifest>
                <!--这里要替换成jar包main方法所在的类-->
                <mainClass>com.mycompany.app.App</mainClass>
            </manifest>
        </archive>
        <descriptorRefs>
            <descriptorRef>jar-with-dependencies</descriptorRef>
        </descriptorRefs>
    </configuration>
    <executions>
        <execution>
            <id>make-assembly</id><!-- this is used for inheritance merges -->
            <phase>package</phase><!-- 指定在打包节点执行jar包合并操作 -->
            <goals>
                <goal>single</goal>
            </goals>
        </execution>
    </executions>
</plugin>
```

### 5.7.2　创建可执行的 jar 包

配置清单的 mainClass 属性，指定主类，配置如下：

```xml
<manifest>
    <!--这里要替换成jar包main方法所在的类-->
    <mainClass>com.mycompany.app.App</mainClass>
</manifest>
```

### 5.7.3　绑定到 default 生命周期打包阶段

配置＜executions＞标签来实现插件 maven-assembly-plugin：single 目标与 default 生命周期打包阶段的绑定，从而通过 mvn package 命令执行 maven-assembly-plugin：single 目标，实现打包。

```xml
<execution>
    <id>make-assembly</id><!-- this is used for inheritance merges -->
    <phase>package</phase><!-- 指定在打包节点执行jar包合并操作 -->
    <goals>
        <goal>single</goal>
```

```
        </goals>
    </execution>
```

### 5.7.4 jar 包命名

maven-assembly-plugin 插件可以将所有依赖库 jar 包打包到一起，jar 包命名为原来的 jar 包名称加上＜descriptorRef＞标签定义的后缀。

```
<descriptorRefs>
    <descriptorRef>jar-with-dependencies</descriptorRef>
</descriptorRefs>
```

### 5.7.5 打包安装

运行 mvn install 命令，实现打包安装，运行结果如图 5.8 所示。

图 5.8　打包安装运行结果

从图 5.8 中可以看出生成了两个包。

一个是默认打包插件 maven-jar-plugin 生成的包（maven-jar-plugin：2.4：jar（default-jar）@ helloapp ---[INFO] Building jar：e:\JavaWebBook\helloapp\target\helloapp-1.0-SNAPSHOT.jar）。包名是 helloapp-1.0-SNAPSHOT.jar。这个包不含依赖的库。

另一个是 maven-assembly-plugin 插件生成的包（maven-assembly-plugin：2.2-beta-5：single (make-assembly) @ helloapp [INFO] Building jar：e:\JavaWebBook\helloapp\target\helloapp-1.0-SNAPSHOT-jar-with-dependencies.jar）。包名是 helloapp-1.0-SNAPSHOT-jar-with-dependencies.jar，原来的包名加了后缀 jar-with-dependencies。这个包包含依赖库及 main 方法所在类的配置。

打包输出文件目录如图 5.9 所示。有两个 jar 文件(helloapp-1.0-SNAPSHOT.jar 和 helloapp-1.0-SNAPSHOT-jar-with-dependencies.jar)。

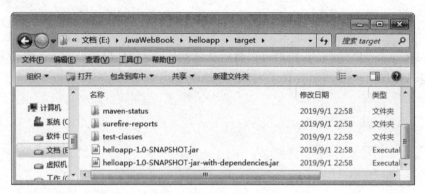

图 5.9　打包输出文件目录

### 5.7.6　运行包

首先切换到 jar 包所在的目录 target，命令为 cd E:\JavaWebBook\helloapp\target。

然后输入 java -jar helloapp-1.0-SNAPSHOT-jar-with-dependencies.jar 命令运行这个 jar 包，输出结果如图 5.10 所示，输出了"Hello World!"。

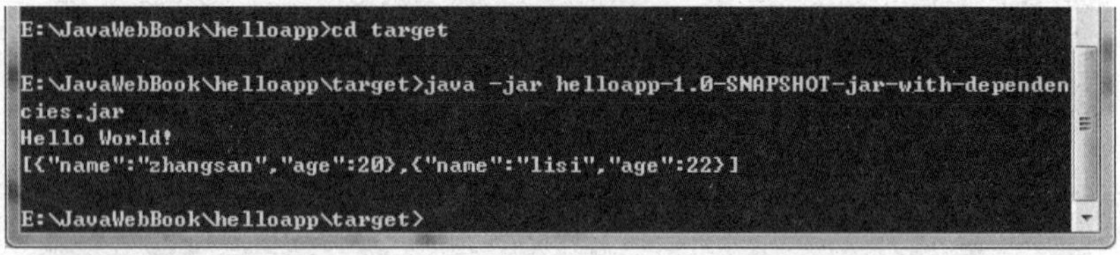

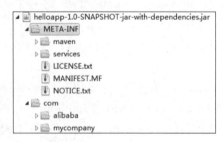

图 5.10　运行 jar 包的输出结果

### 5.7.7　jar 包文件分析

helloapp-1.0-SNAPSHOT-jar-with-dependencies.jar 的目录结构如图 5.11 所示。可以看出其中的内容包括两部分：一部分是 META-INF 目录，存储 jar 包信息；另一部分是项目编译的 class 文件及依赖库的 class 文件。

图 5.11　helloapp-1.0-SNAPSHOT-jar-with-dependencies.jar 的目录结构

## 5.8 利用 maven-jar-plugin 与 maven-assembly-plugin 插件打包与运行

利用 maven-jar-plugin 插件可以生成可执行的包。5.6 节中利用 maven-dependency-plugin 复制依赖 jar 包到 lib 文件夹，也可以利用 maven-assembly-plugin 插件复制 jar 包。maven-assembly-plugin 插件更灵活，可以任意定制复制，这里仅示例复制依赖库。

maven-jar-plugin 插件的配置与 5.6 节一样，配置主类及 classpath。

### 5.8.1 maven-assembly-plugin 插件配置

maven-assembly-plugin 只配置 deployment.xml 文件：

```xml
<descriptor>src/main/assembly/deployment.xml</descriptor>
```

maven-assembly-plugin 插件依据配置文件 deployment.xml 进行复制工作。插件配置如下：

```xml
<plugin>
    <artifactId>maven-assembly-plugin</artifactId>
    <configuration>
        <!-- not append assembly id in release file name -->
        <appendAssemblyId>false</appendAssemblyId>
        <descriptors>
            <descriptor>src/main/assembly/deployment.xml</descriptor>
        </descriptors>
    </configuration>
    <executions>
        <execution>
            <id>dist</id>
            <phase>package</phase>
            <goals>
                <goal>single</goal>
            </goals>
        </execution>
    </executions>
</plugin>
```

### 5.8.2 deployment.xml 文件配置

maven-assembly-plugin 插件复制文件是依据配置文件 deployment.xml 进行的。src/main/assembly/deployment.xml 配置文件如下：

```xml
<assembly xmlns="http://maven.apache.org/ASSEMBLY/2.0.0"
    xmlns:xsi="http://www.w3.org/2001/XMLSchema-instance"
```

```xml
            xsi:schemaLocation="http://maven.apache.org/ASSEMBLY/2.0.0
                      http://maven.apache.org/xsd/assembly-2.0.0.xsd">
    <id>dist</id>
    <formats>
        <format>dir</format>
    </formats>
    <includeBaseDirectory>true</includeBaseDirectory>
    <fileSets>
        <fileSet>
            <directory>src/main/bin</directory>
            <outputDirectory>bin/</outputDirectory>
        </fileSet>
        <fileSet>
            <directory>src/main/resources</directory>
            <outputDirectory>/</outputDirectory>
        </fileSet>
        <fileSet>
            <directory>${project.build.directory}</directory>
            <outputDirectory>/</outputDirectory>
            <includes>
                <include>*.jar</include>
            </includes>
        </fileSet>
    </fileSets>
    <dependencySets>
        <dependencySet>
            <outputDirectory>lib</outputDirectory>
            <scope>runtime</scope>
            <excludes>
                <exclude>${groupId}:${artifactId}</exclude>
            </excludes>
        </dependencySet>
    </dependencySets>
</assembly>
```

<dependencySets>标签用于定义复制依赖库配置,复制的依赖库不包括项目类(<exclude>${groupId}:${artifactId}</exclude>),因为项目类已经由 maven-jar-plugin 插件打包了。<format>dir</format>设置最终打包格式为目录形式。

### 5.8.3 打包安装

运行 mvn install 命令,实现打包安装,在 target 目录下有 helloapp-1.0-SNAPSHOT\helloapp-1.0-SNAPSHOT 目录,其内容包括依赖库目录 lib 及主包 helloapp-1.0-SNAPSHOT.jar,如图 5.12 所示。

图 5.12 打包后的 target 目录结构

### 5.8.4 运行包

首先切换到 jar 包所在的目录 target，命令为 cd E:\JavaWebBook\helloapp\target\helloapp-1.0-SNAPSHOT\helloapp-1.0-SNAPSHOT。

然后输入 java -jar helloapp-1.0-SNAPSHOT.jar 命令运行 jar 包，输出结果如图 5.13 所示，输出了"Hello World!"及 JSON 内容。

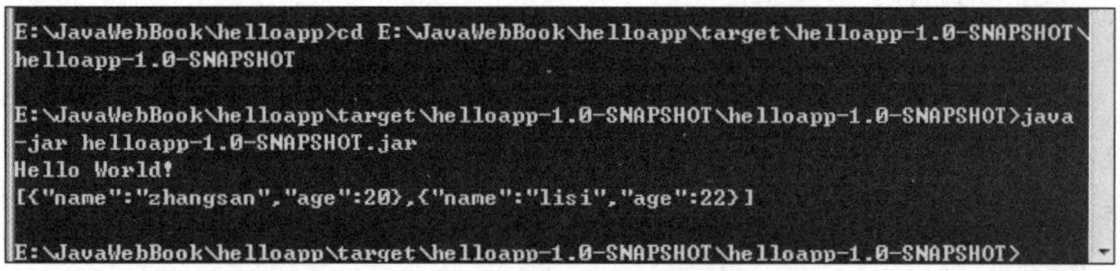

图 5.13 运行 jar 包的输出结果

# 第 6 章 构建工具 Eclipse

Eclipse 是集成开发工具,具有编译、打包等构建功能。本章重点介绍构建功能。

## 6.1 Eclipse 下载、安装和运行

### 6.1.1 Eclipse 下载

到 Eclipse 官网的下载页面 https://www.eclipse.org/downloads/ 中找到如图 6.1 所示的下载按钮,默认下载的是适用于 Windows 操作系统 64 位的版本。可以单击 Download Packages 链接选择其他版本的安装包。

图 6.1 Eclipse 下载页面

在下载页面选择版本,这里选择企业级 Jave 开发者 Windows 64 位版本,如图 6.2 所示。

在下载页面单击 Download 按钮或者安装包链接都可以下载安装包。也可以选择镜像,在其他镜像中下载,如图 6.3 所示。

### 6.1.2 Eclipse 安装和运行

Eclipse 属于绿色软件,直接把下载的 zip 文件解压即可,解压后的 Eclipse 目录如图 6.4 所示。

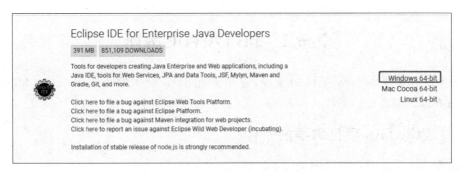

图 6.2　选择 Eclipse 版本

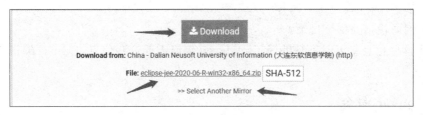

图 6.3　下载 Eclipse

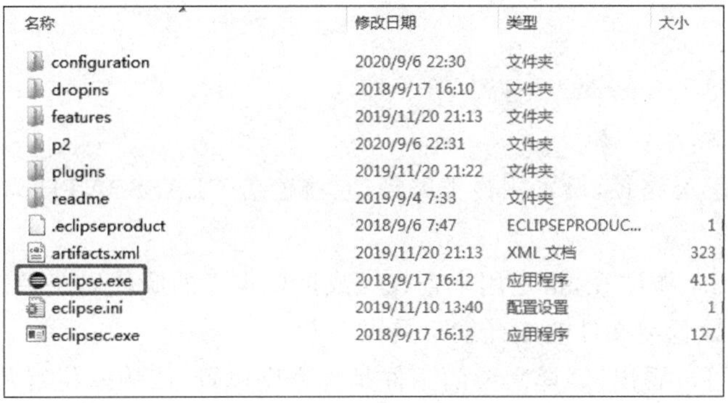

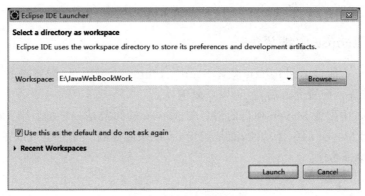

图 6.4　解压后的 Eclipse 目录

双击 eclipse.exe 就可以运行 Eclipse。第一次运行 Eclipse 时要选择工作目录，如图 6.5 所示。

图 6.5　选择工作目录

## 6.2 Java 项目的编译

为了更好地理解 Java 项目的编译，这里对比 Java 原生编译工具 javac、Maven 与 Eclipse 在编译时需要的条件。

### 6.2.1 编译 Java 项目需要的条件

编译一个 Java 项目需要明确以下信息：
（1）编译的源程序在哪？
（2）依赖库在哪？
（3）编译输出到哪个目录？

有了这些信息就可以进行编译了。Maven 编译需要这些信息，Eclipse 编译也需要这些信息。

### 6.2.2 javac 命令

无论利用 Maven 编译还是利用 Eclipse 编译，最终都是调用 javac 命令。Javac 命令格式如下：

```
javac [options] [sourcefiles] [@files]
```

主要参数如下：
- classpath：类路径，设置用户类路径，它将覆盖 CLASSPATH 环境变量中的用户类路径。
- sourcepath：源路径，指定用来查找类或接口定义的源代码路径。
- d：目录，设置类文件的编译输出目录。

从主要参数可以看出，编译需要的条件是源程序位置、依赖库位置及编译输出目录。

### 6.2.3 在 Maven 中编译

在 Maven 中通过约定和配置文件 pom.xml 配置项目。有了约定就可以减少一些配置。Maven 约定了源程序的位置（src\main\java）、输出目录（target）和依赖库（在 pom.xml 中配置了依赖库）。

### 6.2.4 在 Eclipse 中编译

在 Eclipse 中通过 Build Path 设置 Source、Libraries 等项目，配置源程序的位置、输出目录及依赖库。配置完成后，就可以反复编译。

在 Eclipse 中配置 Maven 项目的信息与 Maven 的约定是一样的。但 Eclipse 在编译时并不是调用 Maven 的编译功能，而是调用 javac 来编译的。当然也可以在 Eclipse 中调用 Maven 的编译功能。

## 6.3 在 Eclipse 中编译、打包和运行

在 Eclipse 中可以调用 Maven 编译、打包、安装以及在生成环境中运行 jar 包。Eclipse 不调用 Maven 也能编译、打包及运行 jar 包。

### 6.3.1 创建应用

用 Maven 创建 Java 工程 helloapp1,在 Eclipse 中导入项目。App 类仅仅输出"Hello World!",运行期间没有依赖库。这里为 helloapp 增加一个 JSON 字符串处理功能。

```
public class App {
    public static void main(String[] args) {
        System.out.println("Hello World!");
        String json_array = "[{\"age\":20,\"name\":\"zhangsan\"},{\"age\":22,
            \"name\":\"lisi\"}]";
        //将 JSON 字符串转为 JSONArray 对象
        JSONArray array = JSON.parseArray(json_array);
        System.out.println(array);
    }
}
```

添加 fastjson 依赖:

```
<dependency>
    <groupId>com.alibaba</groupId>
    <artifactId>fastjson</artifactId>
    <version>1.2.42</version>
</dependency>
```

### 6.3.2 在开发环境下运行 Java 程序

在 Eclipse 中选中或打开主类 App.java(含有 main 方法),在右键菜单中选择 Run as→Java Application 命令,运行 Java 程序,如图 6.6 所示。

Java 程序运行后,控制台输出"Hello World!",如图 6.7 所示。

### 6.3.3 配置构建路径

Eclipse 中 Java 项目的重要设置是 Build Path,就是构建路径。右击项目(此处为 helloapp1),在弹出的快捷菜单中选择 Build Path→Config Build Path 命令设置构建路径,如图 6.8 所示。

在 Properties for helloapp1 对话框中,第一个选项卡是 Source,用来配置源程序位置(src/main/java、src/test/java)和编译输出位置(main 类输出目录为 Output folder:helloapp1/target/classes,测试类输出目录为 Output folder:helloapp1/target/test-

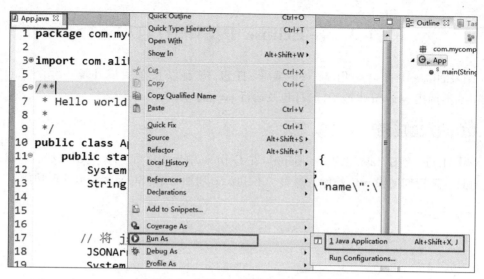

图 6.6　在 Eclipse 中运行 Java 程序

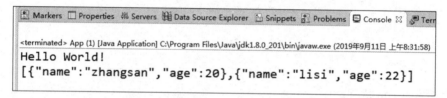

图 6.7　控制台输出"Hello World!"

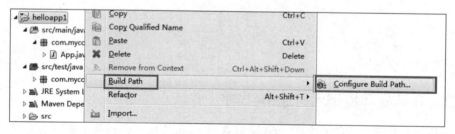

图 6.8　设置构建路径

classes),如图 6.9 所示。

在 Properties for helloapp1 对话框中,第三个选项卡是 Libraries,用来配置依赖库,如图 6.10 所示。

### 6.3.4　编译项目

在 Eclipse 中,程序可以自动编译,Eclipse 可以自动检测程序的改变并进行编译,也可以手工编译。选择菜单 Project→Build Automatically 命令,在其左侧出现选中标记,说明项目可以自动构建。Clean 命令用于清除编译,触发再编译。Project 菜单如图 6.11 所示。

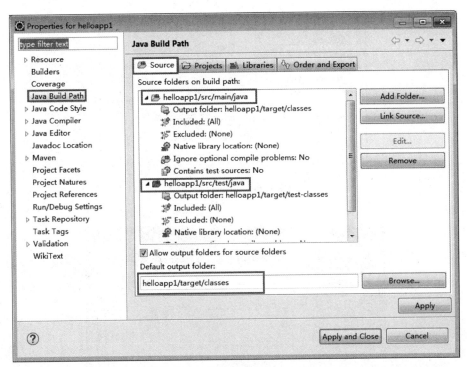

图 6.9 配置源程序路径

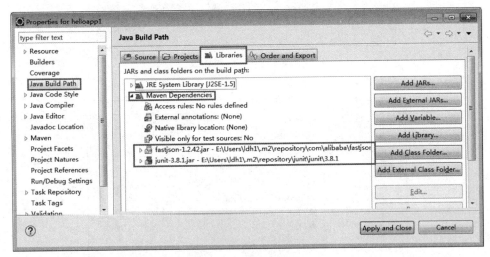

图 6.10 配置依赖库

在 Clean 对话框中可以选择清除所有项目或者指定项目的编译结果,并进行重新编译,如图 6.12 所示。

### 6.3.5 打包项目

右击项目,在弹出的快捷菜单中选择 Export 命令进行打包,如图 6.13 所示。

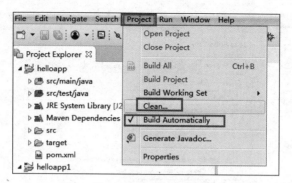

图 6.11  Project 菜单

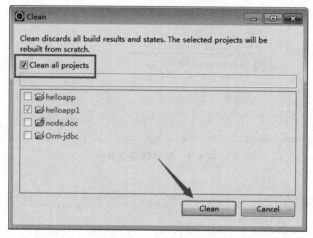

图 6.12  Clean 对话框

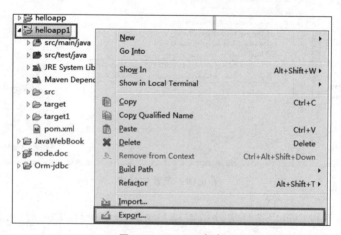

图 6.13  Export 命令

此处出现 Export 对话框,选择 Java,出现下一级选项,选择 Ruunnable JAR file,选择可执行的 jar 包,如图 6.14 所示。

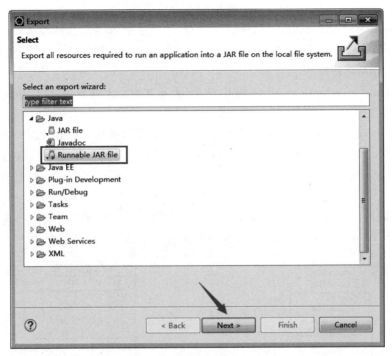

图 6.14 选择打包成可执行的 jar 包

单击 Next 按钮,选择主类、打包输出路径、jar 包处理方式等选项,如图 6.15 所示。

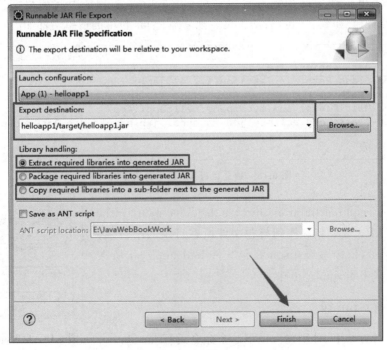

图 6.15 选择打包方式

Runnable JAR File Export 对话框中的选项说明如下。

（1）Launch configuration：选择启动主类，这里选择的项目是已经在 Eclipse 中执行过的主类，在 6.3.2 节中执行过项目 helloapp1 的 App 主类，因此，在下拉列表中出现 App (1)-helloapp1，选择此项。

（2）Export destination：打包输出的目录及文件，这里设置为 helloapp1/target/helloapp1.jar。

（3）Library handling：依赖库的处理方式，这里可以选择 3 种方式。

① Extract required libraries into generated JAR。解压依赖库与项目打包在一起。打包文件 helloapp1.jar 的内部结构如图 6.16 所示。可以看出，fastjson 与 helloapp1 的类打在一起。

② package required libraries into generated JAR。把依赖库以包的形式打入 jar 包中，如图 6.17 所示，依赖库 fastjson 以包的形式包含在 helloapp2.jar 包中。

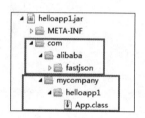
图 6.16　helloapp1.jar 的内部结构

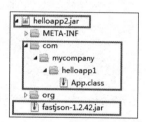
图 6.17　helloapp2.jar 的内部结构

这种方式下依赖库的加载是自定义的，由 Eclipse 实现。因此清单文件的主类是 Eclipse 的类，由它加载 jar 包，启动主类。独立运行 jar 包中的清单文件如图 6.18 所示。

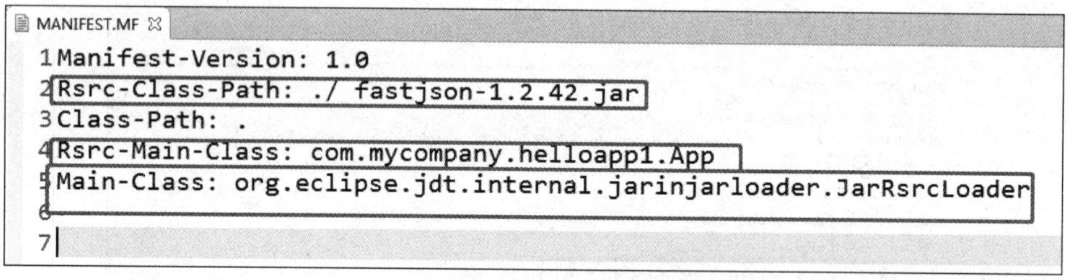

```
1 Manifest-Version: 1.0
2 Rsrc-Class-Path: ./ fastjson-1.2.42.jar
3 Class-Path: .
4 Rsrc-Main-Class: com.mycompany.helloapp1.App
5 Main-Class: org.eclipse.jdt.internal.jarinjarloader.JarRsrcLoader
6
7
```

图 6.18　独立运行 jar 包中的清单文件

③ Copy required libraries into a sub-folder next to the generated JAR。复制依赖库到打包文件所在目录的子目录，如图 6.19 所示，依赖库 fastjson 在包文件 helloapp3.jar 所在目录的子目录 helloapp3_lib 中。

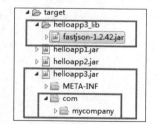
图 6.19　helloapp3.jar 的内部结构

### 6.3.6　运行 jar 包

在命令行方式下，分别输入以下 3 个命令运行 jar 包：

```
java -jar helloapp1.jar
```

```
java -jar helloapp2.jar
java -jar helloapp3.jar
```

运行结果如图 6.20 所示。可以看出,3 个 jar 包都输出了"Hello World!"。

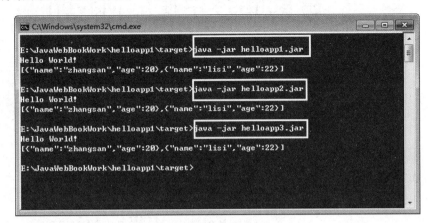

图 6.20 运行 3 个 jar 包

# 第 7 章 在 Eclipse 中使用 Maven

Eclipse 中已经集成了 Maven 功能，不需要下载 Maven 就可以实现 Maven 的大部分功能。Eclipse 采用的图形界面方式比 Maven 的命令行方式更加方便。在 Eclipse 中使用 Maven 就是调用 Maven 本身的功能。

## 7.1 在 Eclipse 中集成 Maven

### 7.1.1 在 Eclipse 中安装 Maven

Eclipse 是一个集成开发环境，在开发中应用很广泛。在 Eclipse 4.4 以上的版本中加入了对 Maven 的支持，即不需要安装 Maven 插件；但 Eclipse 4.4 以下的版本则需要安装 Maven 插件。

### 7.1.2 在 Eclipse 中设置 Maven

在 Eclipse 主界面菜单栏中选择 Window→Preferences 命令，在 Preferences 对话框左侧的导航栏中选择 Maven→Installations 选项，右侧会列出找到的用于启动 Maven 的 Installations 选项，如图 7.1 所示。

Eclipse 中内置了 Maven，如果在本地计算机上安装了 Maven，可以不用 Eclipse 内置的 Maven。单击 Add 按钮，添加本地安装的 Maven，进入 New Maven Runtime 对话框，单击 Directory 按钮，找到本地安装 Maven 的路径，单击 Finish 按钮，如图 7.2 所示。添加本地安装的 Maven 后，还要在 Preferences 对话框中选择使用本地安装的 Maven，这样 Eclipse 才能使用本地安装的 Maven。

### 7.1.3 在 Eclipse 中设置 Maven 配置文件

在 Eclipse 主界面菜单栏中选择 Window→Preferences 命令，在 Preferences 对话框左侧的导航栏中选择 Maven→User Settings 选项，更新配置文件为本地安装的 Maven 的配置文件，如图 7.3 所示。

修改完成之后，则和 Eclipse 的集成完成。

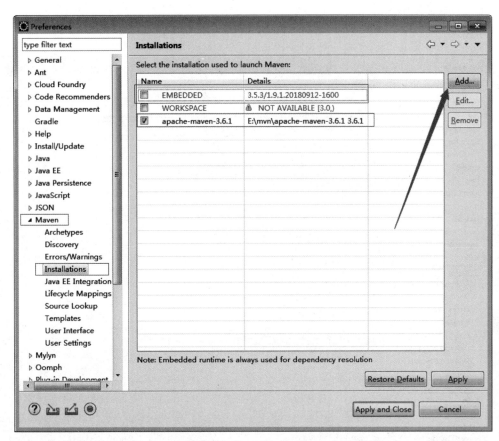

图 7.1　设置用于启动 Maven 的 Installations 选项

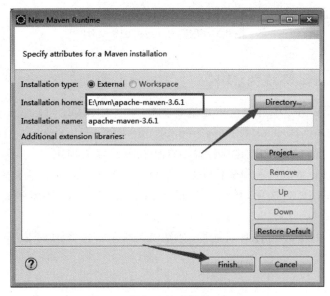

图 7.2　添加本地安装的 Maven

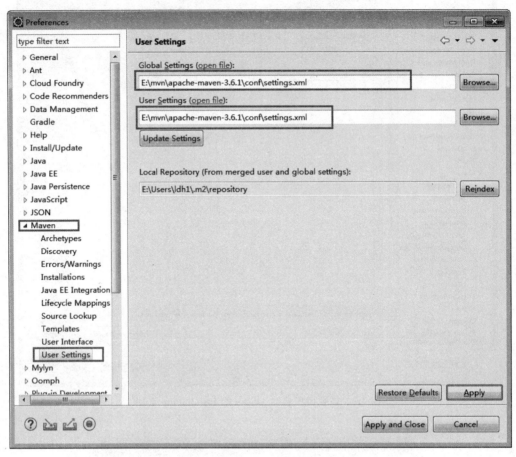

图 7.3 更新 Maven 的配置文件

### 7.1.4 更改 Java 环境为 JDK

在执行 Maven 命令中可能会出现这样的错误：[ERROR] No compiler is provided in this environment. Perhaps you are running on a JRE rather than a JDK?，提示需要的 Java 环境是 JDK 而不是 JRE。因此，需要更改 Java 环境为 JDK。

在菜单栏选择 Window→Preferences 命令，在 Preferences 对话框左侧导航栏中选择 Java→Installed JREs 选项，单击右侧的 Edit 按钮，对 Java 环境进行更改，如图 7.4 所示。

单击 Edit 后出现 Edit JRE 对话框，如图 7.5 所示。选择 JRE home 为 JDK 所在的目录。

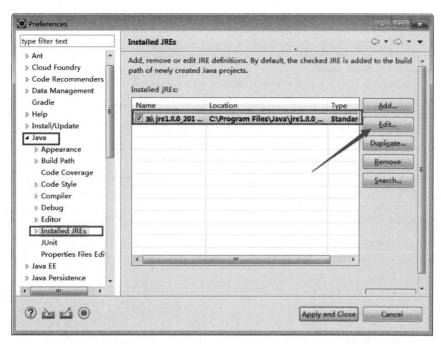

图 7.4　更改 Eclipse 中的 Java 环境为 JDK

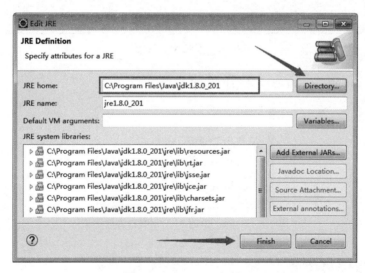

图 7.5　Edit JRE 对话框

## ◆ 7.2　在 Eclipse 中管理 Maven 项目

### 7.2.1　打开 Maven 创建的项目

在 Eclipse 主界面菜单栏选择 File→Open Projects From File System 命令，在 Import Projects from File System or Archive 对话框中，单击 Directory 按钮，选择项目目录，系统自

动判断导入的是否 Maven 项目，单击 Finish 按钮就导入 Maven 项目，如图 7.6 所示。

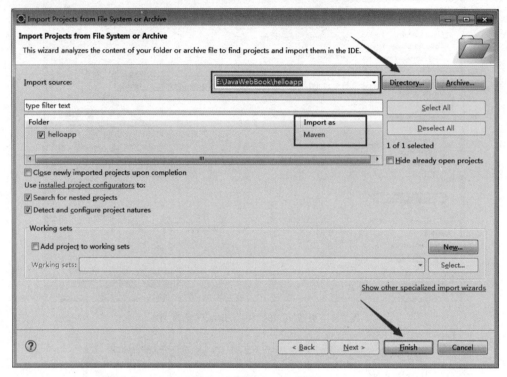

图 7.6　导入 Maven 项目

Eclipse 中的 Maven 项目目录结构如图 7.7 所示。

图 7.7　Eclipse 中的 Maven 项目目录结构

## 7.2.2　恢复项目依赖库

当在 Java 项目的 Build Path 中删除项目的 Maven 依赖库时（如图 7.8 所示），因为项目没有依赖库，会出现错误（在图标上出现红叉），如图 7.9 所示。

有可能是用户误删除依赖库，也有可能是其他原因出现依赖库丢失。这时在项目上右击，在弹出的快捷菜单中选择 Maven→Update Project 命令，如图 7.10 所示，就可以在 Eclipse 的库路径（Libraries Path）中自动添加项目的 Maven 依赖库。

在图 7.10 所示的 Maven 菜单中还有以下常用功能：

- Add Dependency：在 pom.xml 中添加一个新的依赖库。

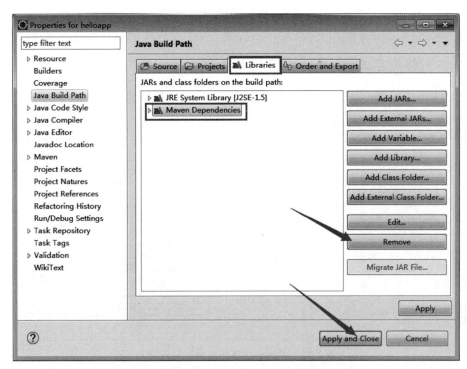

图 7.8　删除项目的 Maven 依赖库

图 7.9　删除依赖库后程序报错

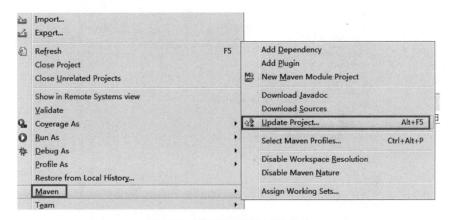

图 7.10　恢复项目依赖库的命令

- Add Plugin：在 pom.xml 中添加一个新的插件。
- Disable Maven Nature：禁用 Maven 特性，将 Maven 项目转换为一般项目。

### 7.2.3 一般项目与 Maven 项目的互相转换

当要把 Maven 项目转换为一般项目时，右击项目，在弹出的快捷菜单中选择 Maven→Disable Maven Nature 命令。

当要把一般项目转换为 Maven 项目时，右击项目，在弹出的快捷菜单中选择 Configure→Convert to Maven Project 命令，如图 7.11 所示。

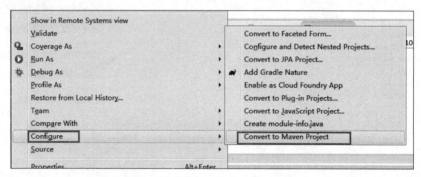

图 7.11 把一般项目转换为 Maven 项目

### 7.2.4 创建 Maven 项目 helloapp1

Java 开发中最常见的是 Java 项目和 Java Web 项目。在菜单栏选择 File→New→Project 命令，在 New Project 对话框中选择 Maven→Maven Project 选项，新建 Maven 项目，如图 7.12 所示。

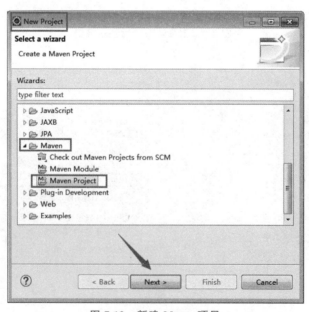

图 7.12 新建 Maven 项目

单击 Next 按钮后,出现 New Maven Project 对话框,其中给出了项目的一些默认选项,如图 7.13 所示。

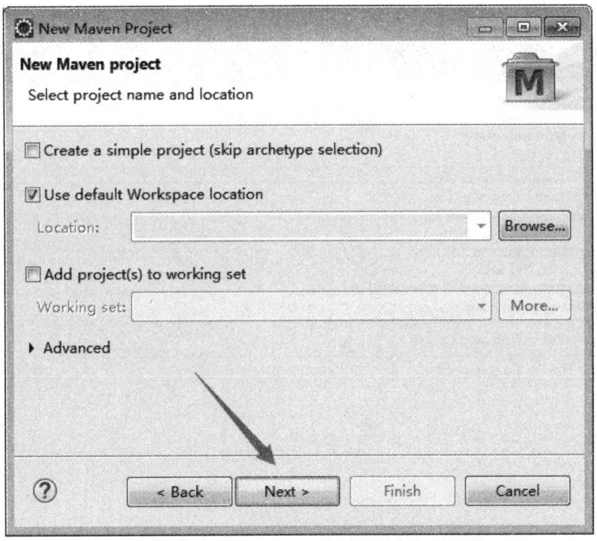

图 7.13　新建项目的默认选项

继续单击 Next 按钮,出现选择项目骨架界面。常用项目骨架有 Java 项目和 Java Web 项目。在图 7.14 中,第一个方框内的是 Java 项目,第二个方框内的是 Java Web 项目,这里选择第一个方框内的项目。

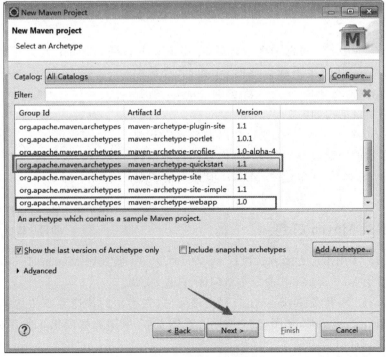

图 7.14　选择项目骨架

继续单击 Next 按钮，出现指定 Maven 项目骨架参数（即 Group Id、Artifact Id 等坐标信息）的界面，如图 7.15 所示。这里 Group Id 为 com.mycompany，Artifact Id 为 helloapp1。

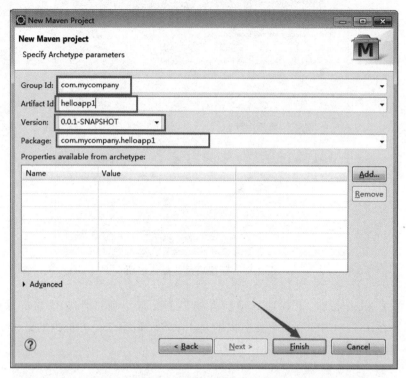

图 7.15  指定项目骨架参数

输入图 7.15 中 4 个方框的内容之后，单击 Finish 按钮，Ecplise 就会开始创建项目，此时会连接网络，从网上下载需要的 jar 包，其存放路径就是配置的本地仓库路径。新建的 Maven 项目 helloapp1 的目录结构如图 7.16 所示。

在 Eclipse 中建立 Maven 项目与以命令行方式建立 Maven 项目的构建过程参数一样，构建的目录结构也一样，因为在 Eclipse 中建立 Maven 项目用的就是 Maven 命令。

图 7.16  Maven 项目 helloapp1 的目录结构

### 7.2.5  使用 Maven 打包

在 Eclipse 中用图形界面方式执行 Maven 命令。一般先用 Maven clean 清除编译打包信息，然后用 Maven install 命令重新编译、打包、安装。

选中 Maven 配置文件 pom.xml，右击该文件，在弹出的快捷菜单中选择 Run as 命令，出现 Maven 命令菜单，如图 7.17 所示。在图 7.17 中用方框圈出了常用命令 Maven clean、Maven install。

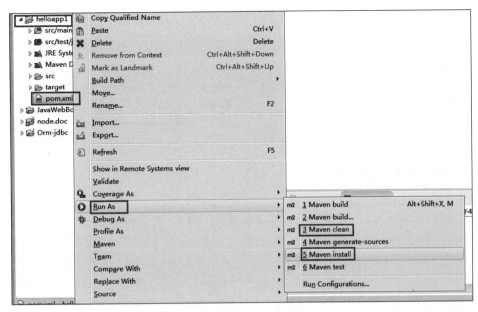

图 7.17 Maven 命令菜单

选择 Maven install 命令，进行项目编译、打包、安装。打包完成后，在 target 目录中会出现打包的 jar 文件 helloapp1-0.0.1-SNAPSHOT.jar，如图 7.18 所示。

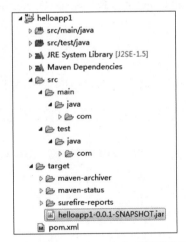

图 7.18 执行 Mavin install 命令后项目的目录结构

## 7.3 管理 pom.xml 文件

在 Eclipse 中可以以图形界面方式管理 pom.xml 文件。

### 7.3.1 总览 pom.xml

Overview 以图形界面方式管理 pom.xml，这里可以以图形界面方式编辑 pom.xml

的基本内容，如图 7.19 所示。

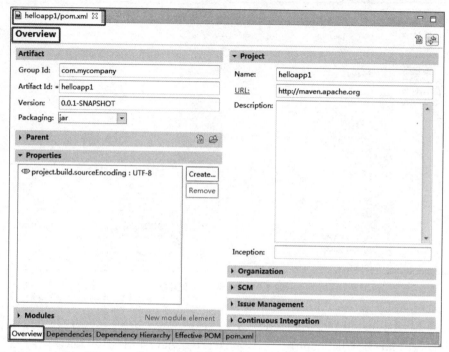

图 7.19　在 Eclipse 中管理 pom.xml 的 Overview 选项卡

### 7.3.2　依赖管理

切换到 Dependencies 选项卡，这里可以管理依赖库，如图 7.20 所示。

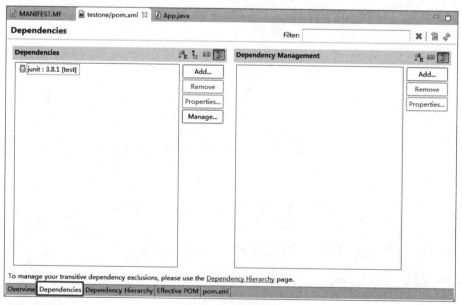

图 7.20　依赖管理

## 7.3.3 查看依赖关系层次结构

切换到 Dependency Hierarchy 选项卡,可以查看依赖关系层次结构,如图 7.21 所示。从图 7.21 中可以看出,spring-core 被 spring-aop、spring-beans 和 spring-expression 3 个库依赖。这个功能对分析依赖关系很有帮助。

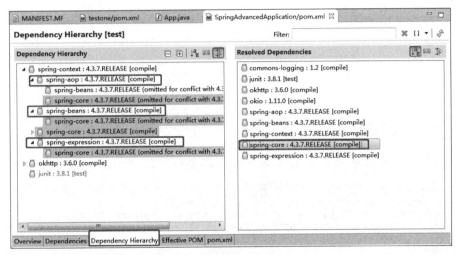

图 7.21 查看依赖关系层次结构

## 7.3.4 全面查看 pom.xml

切换到 Effective POM 页面,可以全面查看 pom.xml 中的配置,把默认配置和全部依赖库都显示出来,如图 7.22 所示。从图 7.22 中可以看到 Maven 中默认的源文件配置、输出目录配置、资源目录配置等,对理解 Maven 很有帮助。另外,如果要修改默认配置,可以从这里复制模板,在 pom.xml 中修改。

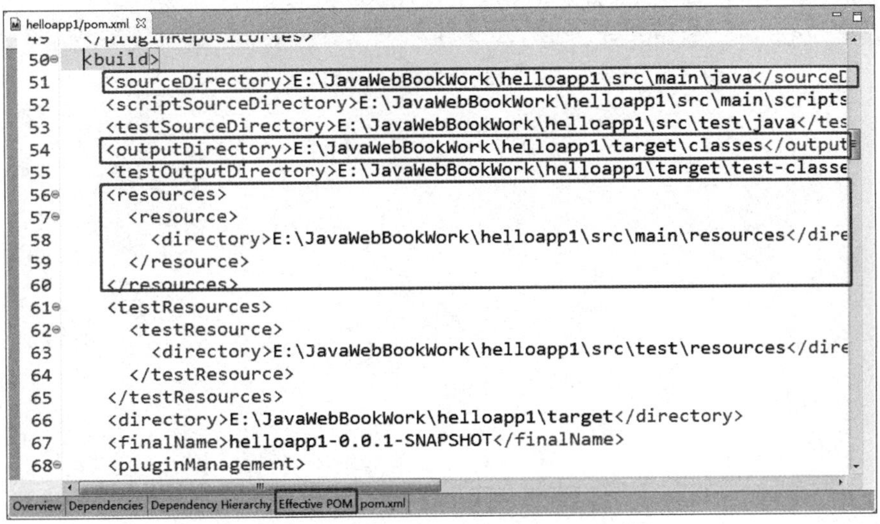

图 7.22 全面查看 pom.xml 中的配置

pom.xml 中默认的源文件配置、输出目录配置和资源目录配置如下：

```xml
<sourceDirectory>E:\JavaWebBookWork\helloapp1\src\main\java</sourceDirectory>
<outputDirectory>E:\JavaWebBookWork\helloapp1\target\classes</outputDirectory>
<resources>
    <resource>
        <directory>E:\JavaWebBookWork\helloapp1\src\main\resources
        </directory>
    </resource>
</resources>
```

### 7.3.5 文本编译页面

切换到 pom.xml 选项卡，进行文本方式编辑，如图 7.23 所示。

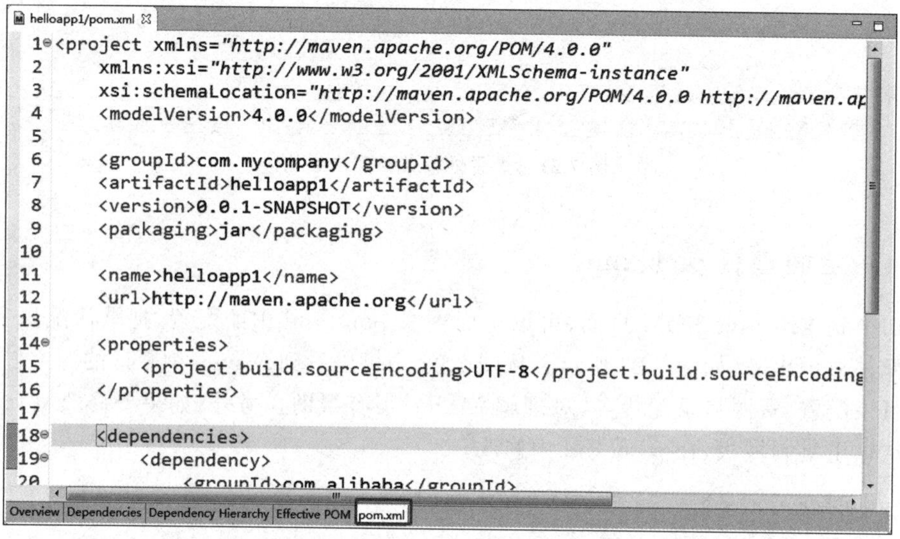

图 7.23 文本方式编辑

# 本篇参考文献

[1] 笑看风声. Maven 学习总结[EB/OL]. (2019-04-26)[2019-08-28]. https://blog.csdn.net/weixin_37716512/article/details/89553008.

[2] 雪山上的蒲公英. Maven 基本概念——根目录、项目创建、坐标[EB/OL]. (2017-05-06)[2019-08-28]. https://www.cnblogs.com/zjfjava/p/6817793.html.

[3] 寒爵. Maven 之阿里云镜像仓库配置[EB/OL]. (2018-12-20)[2019-08-28]. https://www.cnblogs.com/Jimc/p/10152621.html.

[4] 宋兆恒. Maven——生命周期[EB/OL]. (2019-06-06)[2019-08-28]. https://blog.csdn.net/qq_36761831/article/details/91039311.

[5] HaosCoder. Maven 常用插件解析[EB/OL]. (2018-03-12)[2019-08-28]. https://blog.csdn.net/HaosCoder/article/details/79524629.

[6] Hxwang. Maven ＜build＞标签[EB/OL]. (2017-11-29)[2019-08-28]. https://www.cnblogs.com/whx7762/p/7911890.html.

[7] zhuawang's blog. Maven 详解之生命周期与插件[EB/OL]. (2016-07-02)[2019-08-28]. https://www.cnblogs.com/zhuawang/p/5635026.html.

[8] 菜鸟教程. Maven 构建生命周期[EB/OL]. (2018-07-02)[2019-08-28]. https://www.runoob.com/maven/maven-build-life-cycle.html.

[9] _zao123. Maven 的 41 种骨架功能介绍[EB/OL]. (2012-11-14)[2019-08-28]. https://www.cnblogs.com/iusmile/archive/2012/11/14/2770118.html.

# 第 2 篇　Spring MVC

　　Spring MVC 是 Java Web 应用框架。Spring MVC 框架是解耦合的，可以解决业务模型(Model,M)与视图(View,V)之间的耦合问题。它还实现了 URL 请求与控制器(Controller,C)的解耦合以及控制器与视图的解耦合。

　　本篇将循序渐进地讲解解耦合的过程，从传统的 Servlet 中模型与视图的耦合，到 JSP 中视图与模型的耦合，再到 Servlet＋JSP＋JavaBean 实现模型与视图的解耦合，最后到 Spring MVC 实现的视图与模型的解耦合、控制器与视图的解耦合以及 URL 请求与控制器的解耦合。

　　本篇的另一条主线是框架的学习思路。大到框架，小到函数，其学习的思路是一致的，都是调用与传参，一个大的程序就是把很多函数通过调用与传参联系起来，一个框架也是通过调用与传参把解耦合的内容联系起来。

　　对 Spring MVC 的主要学习思路是理解以下问题：URL 请求是如何调用控制器的，是如何传递参数给控制器的；控制器是如何调用视图的，是如何传参给视图的；视图是如何得到参数的。本篇的章节就是按照这个思路安排的。本篇先介绍基本 Web 项目的构建，然后介绍 Spring MVC。

# 第 8 章 构建 Web 应用程序

本章从构建工具角度介绍在 Eclipse 中建立 Web 应用的方法，包括 Eclipse 中 Web 项目的目录构建、编译、部署等。

## ◆ 8.1 Tomcat 的下载、安装和启停

Tomcat 服务器是一个免费的开放源代码的 Web 应用服务器，属于轻量级应用服务器，在中小型系统中被普遍使用，是开发和调试 Java Web 程序的首选。

### 8.1.1 下载 Tomcat

在 Tomcat 官网 http://tomcat.apache.org/ 下载 Tomcat。首先选择 Tomcat 版本，然后选择操作系统。这里选择 Windows 的自动安装版本，如图 8.1 所示。

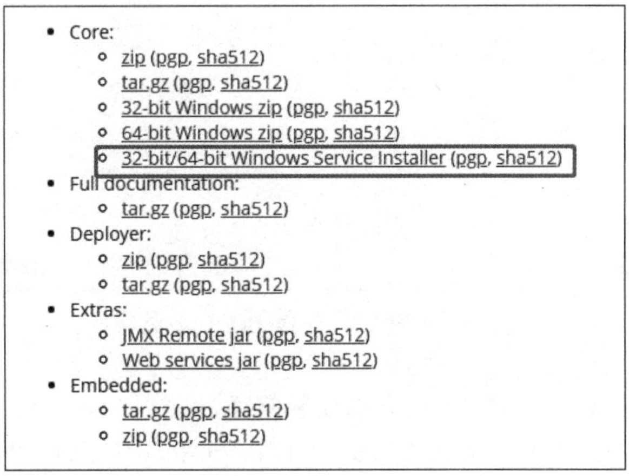

图 8.1 选择 Tomcat

### 8.1.2 安装 Tomcat

双击下载的 Tomcat 安装文件，进行安装。配置 HTTP 连接器端口

(8080)，配置关闭 Tomcat 服务器的命令端口(8005)，配置 AJP 连接器端口(8009)，配置远程管理 Tomcat 的用户名与密码，如图 8.2 所示。

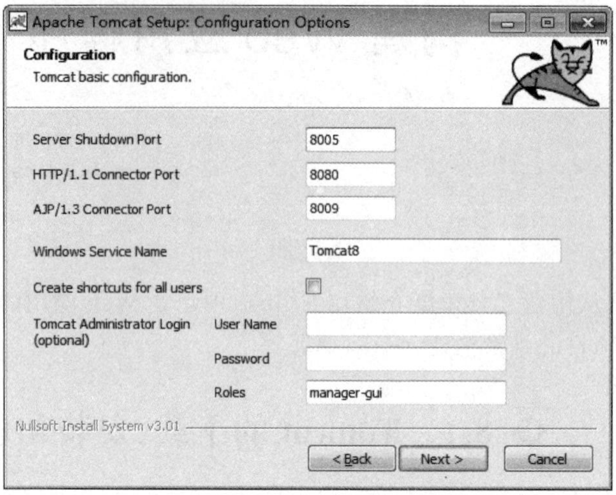

图 8.2 Tomcat 配置选项

单击 Next 按钮选择 JRE 的安装目录，如图 8.3 所示。

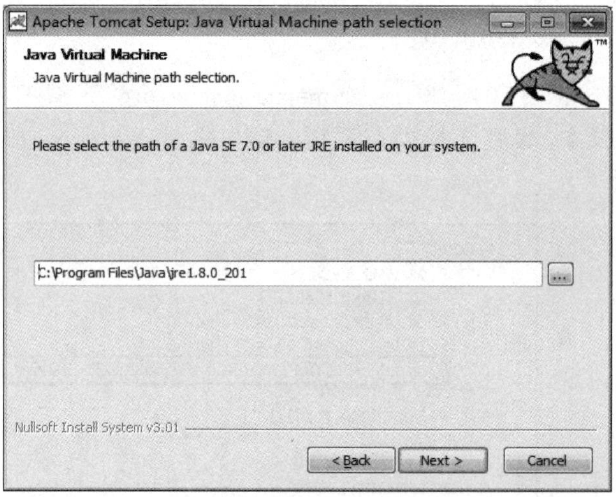

图 8.3 选择 JRE 的安装目录

单击 Next 按钮，选择 Tomcat 的安装路径，如图 8.4 所示。

Tomcat 安装成功后，默认立即运行 Tomcat(Run Apache Tomcat)，如图 8.5 所示。

单击 Finish 按钮后，自动启动 Tomcat，如果成功，会在 Windows 任务托盘中显示 Tomcat 的图标，如图 8.6 所示。

在 Windows 中，选择"开始"菜单中的"所有程序→Apache Tomcat 8.5 Tomcat8→Welcome 命令，访问 Tomcat 服务器(http://127.0.0.1:8080/)。如果 Tomcat 安装成功，会返回欢迎页面，如图 8.7 所示。

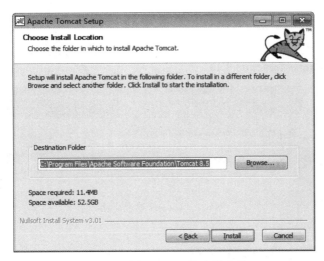

图 8.4　选择 Tomcat 的安装路径

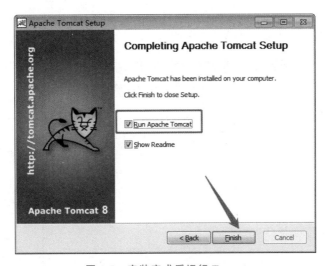

图 8.5　安装完成后运行 Tomcat

图 8.6　任务托盘中的 Tomcat 图标

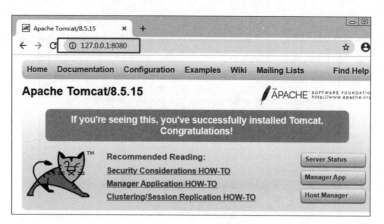

图 8.7　Tomcat 欢迎页面

### 8.1.3　启动和停止 Tomcat 服务

单击 Windows 任务托盘中的 Tomcat 图标，或者选择"开始"菜单中的"所有程序→Apache Tomcat 8.5 Tomcat8→Configure Tomcat 命令，打开 Tomcat 管理对话框，如图 8.8 所示。在这里启动或停止 Tomcat 服务。

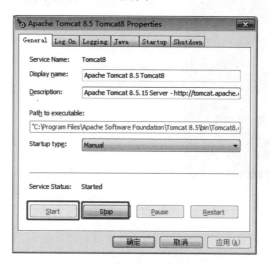

图 8.8　Tomcat 管理对话框

## ◆ 8.2　在 Eclipse 中管理 Tomcat

### 8.2.1　添加 Tomcat 服务器

把 Tomcat 交给 Eclipse 管理，以便在 Eclipse 环境下发布、测试、调试 Web 程序。首先了解 Eclipse 管理 Tomcat 的要素。要在 Eclipse 中管理 Tomcat，Eclipse 需要知道 Tomcat 的安装路径和 JRE 版本。

**1. 打开 Servers 视图**

在 Eclipse 中选择菜单 Window→Show View→Server→Servers 命令，在 Servers 视图中选择 Servers 选项卡，如图 8.9 所示。

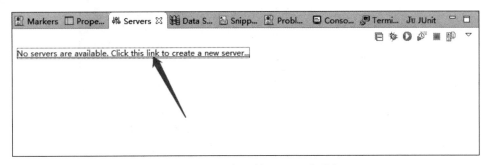

图 8.9　Servers 视图的 Servers 选项卡

**2. 新建服务器**

在 Servers 选项卡中右击，在快捷菜单中选择 New→Server 命令，在 New Server 对话框中定义一个新的服务器。首先选择服务器类型，这里选择 Apache。其次选择服务器版本，这里选择 Tomcat v8.5 Server，如图 8.10 所示。

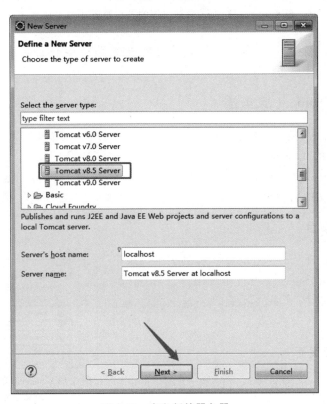

图 8.10　定义新的服务器

### 3. 指定服务器信息

单击 Next 按钮，指定 Tomcat 服务器的安装路径及 JRE 版本。单击 Finish 按钮完成服务器配置，如图 8.11 所示。

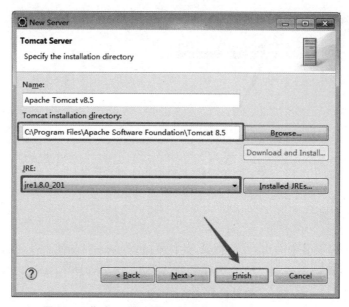

图 8.11　指定 Tomcat 服务器的安装路径及 JRE 版本

这样，Eclipse 就获得了管理 Tomcat 的要素（安装路径及 JRE 版本），Eclipse 就可以启动或停止 Tomcat 服务器了。

## 8.2.2　配置 Tomcat 服务器

在 Eclipse 中可以独立运行 Tomcat，除了系统的端口资源（HTTP 端口 8080），不影响原有系统安装的 Tomcat。

为了在 Eclipse 中独立运行 Tomcat，Eclipse 配置了一个 Tomcat 副本，这个副本只是 Tomcat 配置文件的副本。

### 1. Servers 项目

在添加 Tomcat 后，在 Eclipse 工作列表中出现了一个 Servers 项目，Servers 项目中主要是 Tomcat 配置文件的副本，包括 context.xml、server.xml、web.xml 等，如图 8.12 所示。

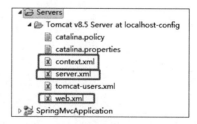

图 8.12　Servers 项目中的 Tomcat 配置文件副本

### 2. 打开配置页面

Servers 项目中的配置文件可以手工编辑，也可以在管理页面中管理。

双击添加的 Tomcat 服务器,在弹出的快捷菜单中,或者右击 Tomcat 服务器,在弹出的快捷菜单中选择 Open 命令,打开 Servers 视图,如图 8.13 所示。

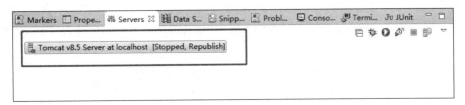

图 8.13　Servers 视图

双击 Servers 选项卡中的 Tomcat 服务器,打开配置界面,可以配置 Servers 项目中的配置文件,如图 8.14 所示。

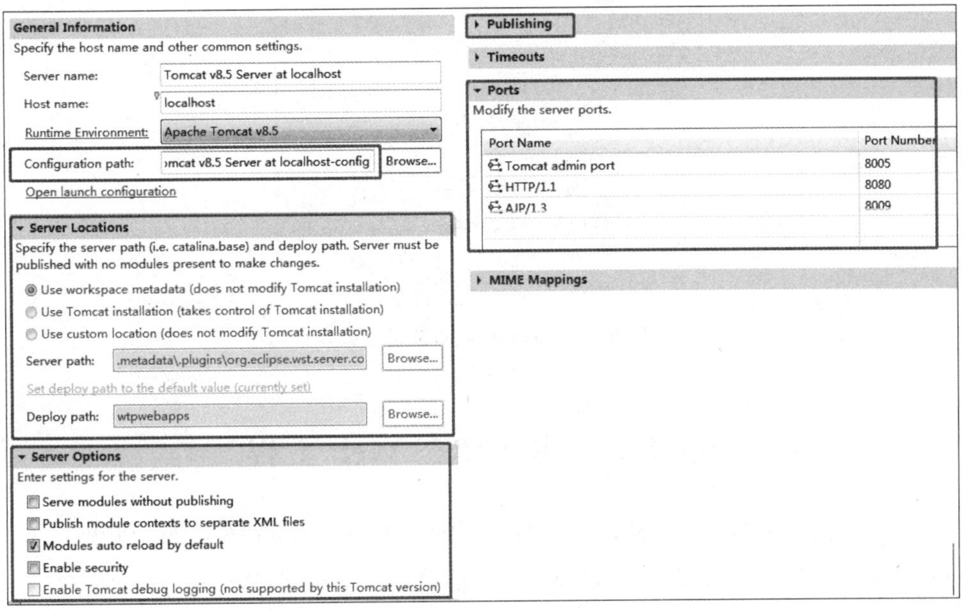

图 8.14　Eclipse 中的 Tomcat 服务器配置界面

### 3. 配置端口

在 Overview 选项卡的 Ports 部分配置 Tomcat 端口。系统在运行 Tomcat 时,可能有端口冲突。在这里修改端口,以避免与系统运行的 Tomcat 端口冲突。只要 Tomcat 端口不冲突,在一台计算机上可以运行多个 Tomcat 服务器。

如果不想修改端口,在 Eclipse 中启动 Tomcat 之前,需要先停止系统正在运行的 Tomcat,以避免端口冲突。

修改后的端口保存在 Servers 项目中的 Tomcat v8.5 Server at localhost-config 目录中 server.xml 中。

## 8.2.3 管理 Tomcat 服务器

选中 Servers 视图中的 Tomcat 服务器,右击,会弹出一个快捷菜单,可以启动(Start)、调试(Debug)、停止(Stop)Tomcat 服务器,打开配置(Open),进行 Tomcat 管理,如图 8.15 所示。

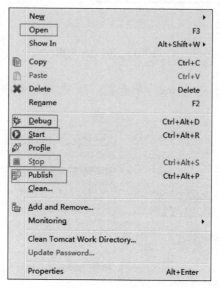

图 8.15 Tomcat 服务器管理菜单

## ◆ 8.3 建立动态 Web 工程

建立项目的第一步就是构建项目的目录结构。不同的工具构建项目的区别在于项目的目录结构不一样。尽管如此,要素还是一样的,部署时的目的路径是一样的。

### 8.3.1 建立动态 Web 工程 WebHello

在 Eclipse 的菜单栏中选择 File→New→Dynamic Web Project 命令,建立动态 Web 项目,项目名为 WebHello,如图 8.16 所示。

单击 Next 按钮,进入源程序路径(src)及编译输出路径(build\classes)配置页面,如图 8.17 所示。

单击 Next 按钮,进入访问路径(上下文根 WebHello)及网站内容路径(WebContent)配置页面,如图 8.18 所示,选中 Generate web.xml deployment descriptor(产生 web.xml 部署描述符)复选框。单击 Finish 按钮,完成动态 Web 项目的创建。

### 8.3.2 库文件路径

为了完整体现 Web 项目中的编译部署以及库文件路径,在这个动态 Web 项目中增

第 8 章 构建 Web 应用程序

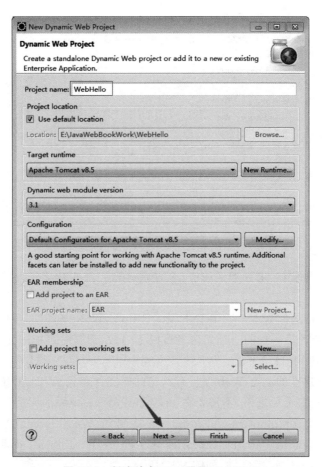

图 8.16　创建动态 Web 项目 WebHello

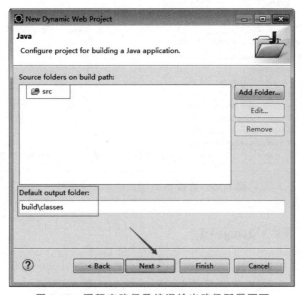

图 8.17　源程序路径及编译输出路径配置页面

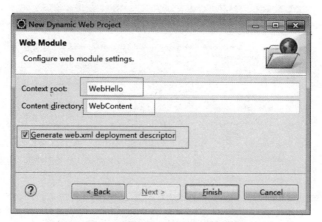

图 8.18　访问路径及网站内容路径配置页面

加了一个应用,实现求和、求算术平均值、求方差运算。这些功能需要第三方数学工具库 commons math。

Tomcat 库的部署路径是/WEB-INF/lib,Eclipse Web 项目约定的库文件路径也是/WEB-INF/lib,两者是一致的。当然两者可以不一致,部署时再把库文件复制到 Tomcat 要求的/WEB-INF/lib 目录下。

在 Eclipse 中建立的动态 Web 项目有约定的库文件路径/WEB-INF/lib。因此,只需要把库文件复制到这个目录下,不需要在 Java Build Path 中添加库文件。

把数学工具库 commons-math3-3.6.1.jar 复制到/WebContent/WEB-INF/lib 目录下,然后,在 Java Build Path 的 Libraries→Web App Libraries 库路径中就会出现 commons-math3-3.6.1.jar 库文件,如图 8.19 所示。

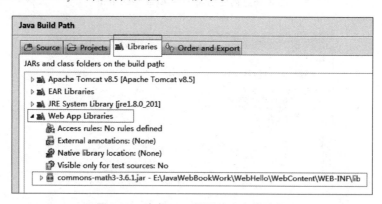

图 8.19　动态 Web 项目的库文件路径

### 8.3.3　创建类 TestMath.java

这里在 src 目录下创建包 org.ldh,在包下创建工具类 TestMath.java,借助第三方库 commons math 实现求和、求算术平均值、求方差运算,代码如下:

程序清单：/WebHello/src/org/ldh/TestMath.java

```java
public class TestMath {
    public static void main(String[] args) {
        double[] values = new double[] { 1, 2, 3, 4, 5 };
        System.out.println("mean: " + mean(values));
        System.out.println("sum: " + sum(values));
        System.out.println("variance: " + variance(values));
    }
    public static double sum(double[] values) {
        Sum sum1 = new Sum();                         //求和
        return sum1.evaluate(values);
    }
    public static double mean(double[] values) {
        Mean mean1 = new Mean();                      //求算术平均值
        return mean1.evaluate(values);
    }
    public static double variance(double[] values) {
        Variance variance1 = new Variance();    //求方差
        return variance1.evaluate(values);
    }
}
```

### 8.3.4 创建 hello.jsp

在 WebContent 目录下创建 hello.jsp，该页面主要输出"Hello World!"，并嵌入代码计算算术平均值＜％＝org.ldh.TestMath.mean(new double[] { 1，2，3，4，5 } ) ％＞。hello.jsp 代码如下：

程序清单：/WebHello/WebContent/hello.jsp

```jsp
<%@ page language="java" contentType="text/html; charset=utf-8" pageEncoding=
    "utf-8"%>
<!DOCTYPE html>
<html>
<head>
<meta charset="utf-8">
<title>Insert title here</title>
</head>
<body>
Hello World!
<br/>
求平均{ 1, 2, 3, 4, 5 }:
<%=org.ldh.TestMath.mean(new double[] { 1, 2, 3, 4, 5 }) %>
</body>
</html>
```

### 8.3.5 目录结构

动态 Web 项目路径包括源路径、编译输出路径、网站内容路径和库路径。部署时把编译输出路径中的编译类、网站内容路径中的文件和库路径中的文件部署到 Tomcat 服务器对应的路径中,如图 8.20 所示。

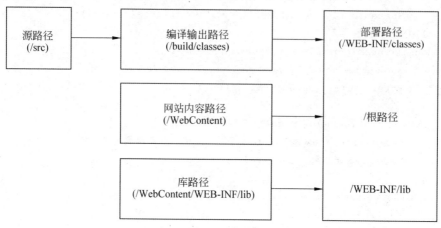

图 8.20 动态 Web 项目路径

建立的动态 Web 项目目录结构如图 8.21 所示。

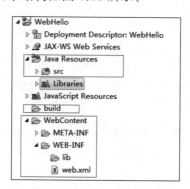

图 8.21 动态 Web 项目目录结构

其中,src 为源程序路径,build 为编译输出路径,WebContent 为网站内容路径。

## 8.4 编　　译

### 8.4.1 设置编译的输出路径

Tomcat 类的部署路径是/WEB-INF/classes,Eclipse 的动态 Web 项目默认的编译类路径是/build/ classes,是不一致的,当然两者也可以一致。

编译输出路径可以设置为项目中的任何路径,部署时再把编译后的类复制到 Tomcat

要求的/WEB-INF/classes 目录下。

Eclipse 中每次保存修改过的 Java 文件，它都会被重新编译，编译后的文件就放在 Java Build Path→Source 的 Default output folder 中设置的路径中，而且把 xml 文件和 Properties 文件等也放到这个路径中。而 Java Build Path→Libraries 中设置的 jar 包是保证这些类成功编译的依赖库。

在项目上右击，在弹出的快捷菜单中选择 Properties 命令，打开 Properties for WebHello 对话框，选择 Java Build Path→Source 选项卡，在这里设置 Default output folder，如图 8.22 所示。

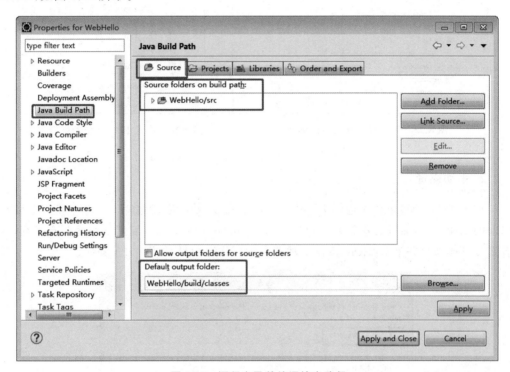

图 8.22　源程序及其编译输出路径

选择 Eclipse 菜单栏中的 Window→Show View→Navigator 命令，打开 Navigator 视图，在这里可以看到编译输出路径/build/classes 中的编译类 TestMath.class，如图 8.23 所示。

## 8.4.2　编译项目

Eclipse 可以自动编译项目，也可以手动编译。

### 1. 自动编译

在 Eclipse 的菜单栏中选择 Project→Build AutoMatically 命令，该命令左侧的钩形选中标志表示当保存项目下的某个文件时，项目将被自动编译(只编译修改了的文件)；如果没有选中，当保存某个文件时，Eclipse 将不会自动编译修改了的文件，如图 8.24 所示。

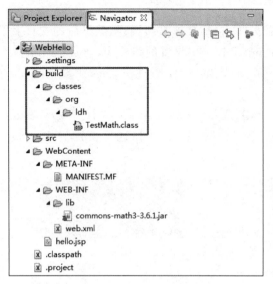
图 8.23 编译输出路径中的编译类

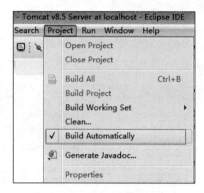
图 8.24 设置 Eclipse 自动编译项目

### 2. 手动编译

在 Eclipse 的菜单栏中选择 Project→Clean 命令，执行手动编译。该命令不仅会清理以前的编译结果，而且会重新编译项目。选中 Clean all projects 复选框编译所有工程，或者选择具体项目并单击 Clean 按钮清理并且编译指定项目，如图 8.25 所示。

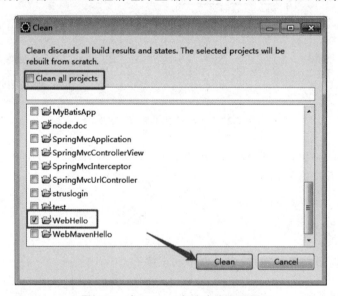
图 8.25 在 Eclipse 中手动编译工程

## 8.5 部　　署

### 8.5.1 配置部署路径

在 Servers 视图中，选中 Tomcat 服务器，右击，在弹出的快捷菜单中选择 Open 命令，或者双击 Tomcat 服务器，出现 Tomcat 服务器的配置界面，如图 8.26 所示。在 Server Locations 下可以选择如下部署路径：

（1）Use workspace metadata：eclipse 工作路径。

（2）Use Tomcat installation：用户 Tomcat 目录。

（3）Use custom location：用户自定义位置。

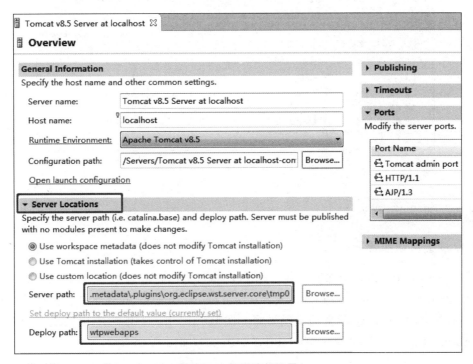

图 8.26　部署路径配置

在 Tomcat 服务器的配置中，在 Server Locations 的默认配置项目中，标明了服务器路径（Server path：.metadata\.plugins\org.eclipse.wst.server.core\tmp0）及项目部署路径（Deploy path：wtpwebapps）。服务器路径的根路径为 Eclipse 的工作路径（E:\JavaWebBookWork），那么项目完整的部署路径为 E:\JavaWebBookWork\.metadata\.plugins\org.eclipse.wst.server.core\tmp0\wtpwebapps，如图 8.27 所示。

Tomcat 服务器路径包括配置目录 conf、日志目录 logs、JSP 编译目录 work 以及项目部署目录 wtpwebapps。

部署路径下的项目文件如图 8.28 所示。

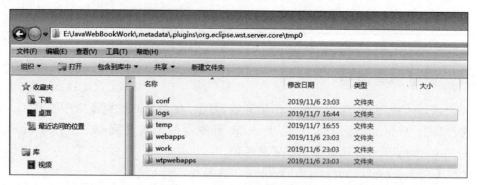

图 8.27 项目完整的部署路径

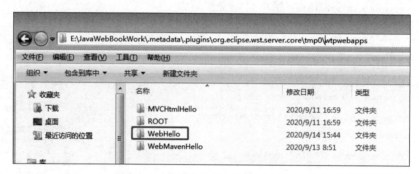

图 8.28 部署路径下的项目文件

## 8.5.2 部署项目

**1. 设置自动部署**

在 Eclipse 中可以自动部署项目。当修改完项目后，Eclipse 自动编译和部署项目。

双击添加好的 Tomcat 服务器，或者右击 Tomcat 服务器，在弹出的快捷菜单中选择 Open 命令，打开 Tomcat 服务器配置界面。在 Publishing 选项卡中，默认设置为自动部署（Automatically publish when resources change），如图 8.29 所示。

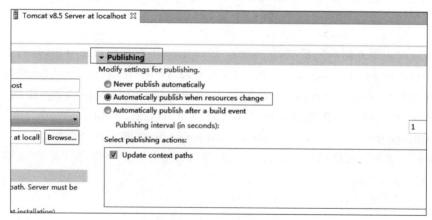

图 8.29 项目设置为自动部署

## 2. 将项目添加到服务器中

部署之前需要把项目添加到服务器中。右击 Tomcat 服务器,在弹出的快捷菜单中选择 Add and Remove 命令,在 Tomcat 服务器中添加或者删除项目,如图 8.30 所示。

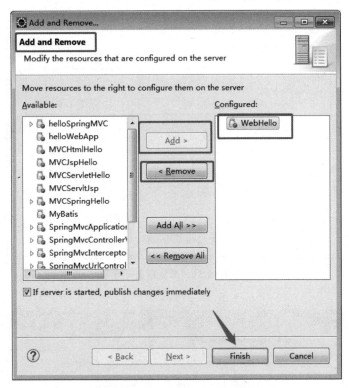

图 8.30　将项目添加到服务器中

## 3. 通过运行添加项目

还可以通过运行添加项目。在项目上右击,在弹出的快捷菜单中选择 Run as→Run on Server 命令运行项目,在 Run On Server 对话框中,首先选择要把项目加入的服务器,如图 8.31 所示。然后把项目添加到服务器中,并部署到服务器中。最后启动服务器,在浏览器端访问服务器。

## 4. 文件部署

部署项目其实就是部署项目中的文件。对于 Web 项目就是部署编译的类、库文件和网站内容(JSP 页面等)。

更具体地就是把 src 目录中的源程序编译输出到 build 中的类部署到/WEB-INF/classes 目录中,把项目/WebContent 目录中的库文件、JSP 页面部署到项目根路径下。具体文件部署路径通过在项目上右击并在快捷菜单中选择 Properties→Deployment Assembly 命令查看与设置,如图 8.32 所示。

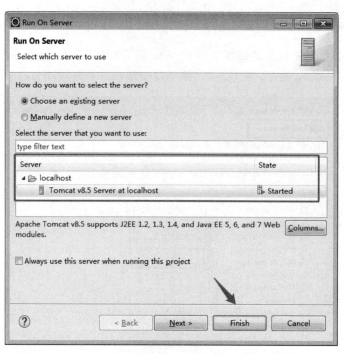

图 8.31 选择服务器

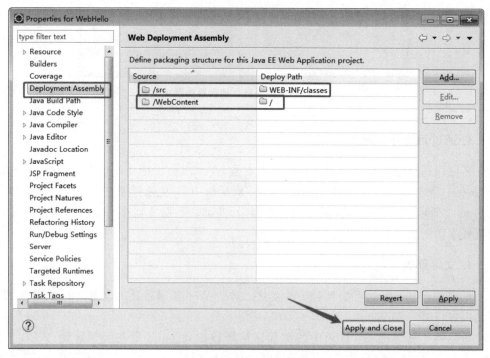

图 8.32 动态 Web 项目文件部署

除了这些默认的部署文件外,可以自定义部署特殊的文件或目录。

Eclipse 自动将项目发布到 Tomcat 服务器的部署路径(E:\JavaWebBookWork\.metadata\.plugins\org.eclipse.wst.server.core\tmp0\wtpwebapps)。Eclipse 会从 deployment assembly 中获取要发布的内容。通过设置部署程序集(Web Deployment Assembly)设置部署时的文件发布路径。

### 8.5.3 重新部署

项目在第一次运行时会自动部署。在测试过程中如果发现部署文件不完整,可以用 Clean 命令触发重新部署。

在 Servers 视图中,选中 Tomcat 服务器,右击,在弹出的快捷菜单中选择 Clean 命令,先清除以前的部署结果,然后重新部署项目,如图 8.33 所示。

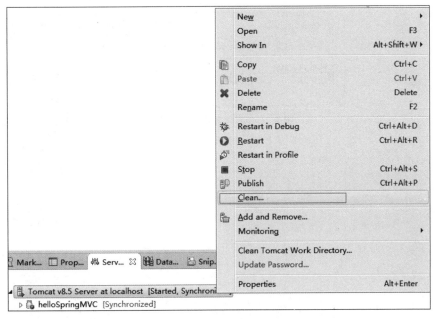

图 8.33　选择 Clean 命令重新部署项目

## 8.6　发布测试

在项目上右击,在弹出的快捷菜单中选择 Run As→Run on Server 命令,发布 Web 程序并在 Tomcat 服务器上运行,如图 8.34 所示。

启动 Tomcat 服务器后,在浏览器地址栏中输入 http://localhost:8080/WebHello/hello.jsp 请求,在页面出现"Hello World!"文字及运算结果,如图 8.35 所示。/WebHello 为项目访问根路径,hello.jsp 为项目的 JSP 页面。

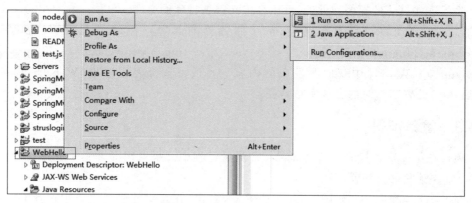

图 8.34 发布 Web 程序并在 Tomcat 服务器上运行

图 8.35 访问项目的 JSP 页面

# 第 9 章 用 Maven 构建 Web 应用程序

用 Maven 构建的 Web 项目与用 Eclipse 构建的 Web 项目区别在于目录结构不一样。当然,Maven 还有依赖库管理功能,不需要用户自己下载依赖库。

## ◆ 9.1 在 Eclipse 中创建 Maven Web 项目

在 Eclipse 中,用 Maven 创建一个 Web 项目的步骤如下。

(1) 在 Eclipse 中启动 Maven 创建项目。

选择菜单 File→New→Project 命令,在 New 对话框中找到 Maven→Maven Project,新建 Maven 工程,如图 9.1 所示。

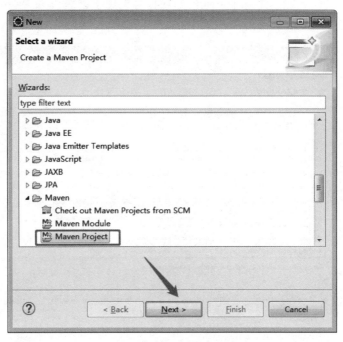

图 9.1 新建 Maven 项目

(2) 单击 Next 按钮,出现项目的工作空间选项,如图 9.2 所示。

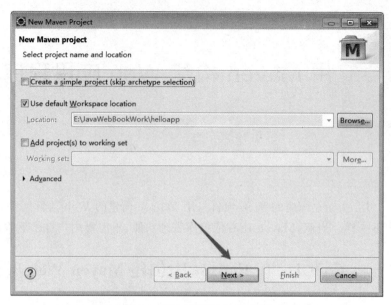

图 9.2 选择项目的工作空间

（3）单击 Next 按钮，选择 maven-archetype-webapp，出现选择项目骨架界面。

常用项目骨架有 Java 项目和 Java Web 项目。在图 9.3 中，第一个方框内的项目骨架用于创建 Java 项目，第二个方框内的项目骨架用于创建 Java Web(webapp)项目，这里选择创建 Java Web 项目。

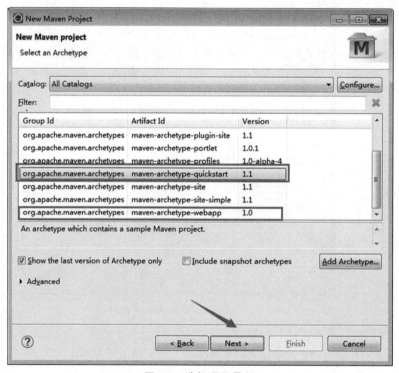

图 9.3 选择项目骨架

（4）单击 Next 按钮，指定 Maven 项目的 Group Id、Artifact Id 等坐标信息，如图 9.4 所示。填写 Group Id 和 Artifact Id，Version 保留默认值，Package 可以不填。

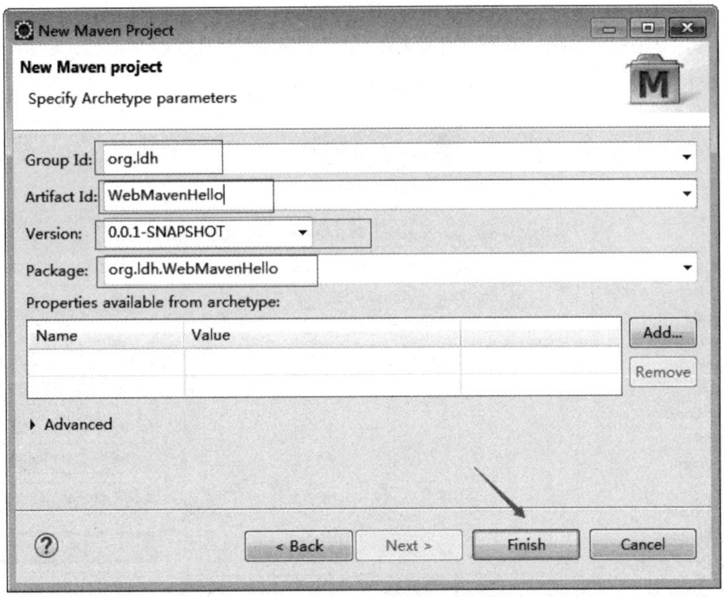

图 9.4　指定 Maven 项目的坐标信息

（5）单击 Finish 按钮，完成 Web 项目的创建。

新建的 Maven 项目的目录结构如图 9.5 所示。这里没有看到 Maven 的 Java 目录。修改项目的 JDK 版本，Eclipse 会更新项目路径，创建完整的目录。

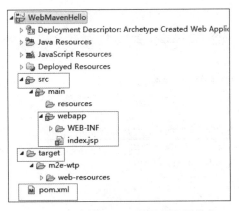

图 9.5　新建的 Maven 项目的目录结构

## 9.2　完善项目

因为 Maven 版本频繁更新，所以用 Maven 创建的 Web 项目经常需要修改。另外，还要添加 Eclipse 环境需要的内容。

## 9.2.1 修改JDK版本

JRE版本默认是1.5,版本过低。在项目上右击,在弹出的快捷菜单中选择Properties→Java Build Path,在右侧的Libraries选项卡中选择JRE System Library,单击Edit,如图9.6所示。

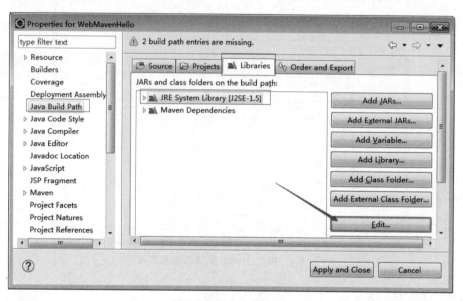

图9.6 修改JRE版本

在打开的Edit Library对话框中设置JRE环境,选择Alternate JRE单选按钮,在其右侧的下拉列表中选择jre1.8.0_201,如图9.7所示。

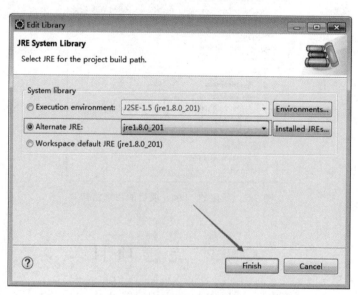

图9.7 设置JRE环境

单击 Finish 按钮，最后单击 Apply and Close 按钮退出。

### 9.2.2 完善项目目录

Maven 创建的 Web 项目没有 java、test 目录，可以通过修改项目的 JDK 版本触发 Eclipse 更新项目路径，创建完整的目录结构。

### 9.2.3 修改编译版本

编译版本默认是 JDK 1.5，也可以在项目上右击，在弹出的快捷菜单中选择 Properties，在 Properties for helloWebApp 对话框中选择 Java Compiler，在右侧的 Compiler compliance level 下拉列表中选择 1.8 版本，如图 9.8 所示。

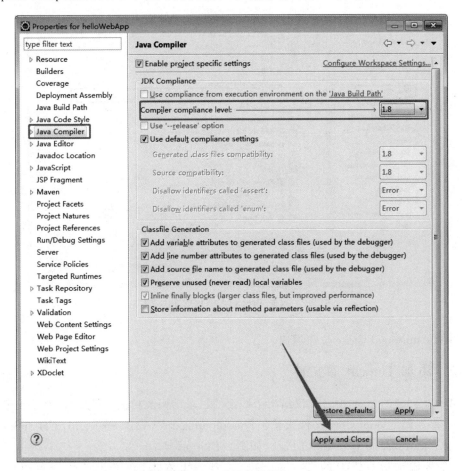

图 9.8　选择编译版本

单击 Apply and Close 按钮退出。

### 9.2.4 修改 Project Facets 的 Java 版本

项目的 Java Build Path 中的 JRE 版本与 Java Compiler 编译版本其实都可以通过设

置 Project Facets 的 Java 版本统一设置。在这里设置后,Java Build Path 中的 JRE 版本和编译版本都会同步更改。

在项目上右击,在弹出的快捷菜单中选择 Properties,在 Properties for helloWebApp 对话框中选择 Project Facets,在右侧选中 Java 复选框,在下拉列表中选择 1.8 版本,如图 9.9 所示。

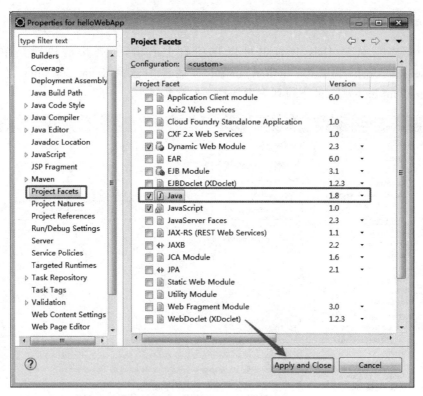

图 9.9 设置 Project Facets 的 Java 版本

单击 Apply and Close 按钮退出。

### 9.2.5 添加 Tomcat 库文件

Maven 创建的 Web 项目仅仅给出了约定的目录结构及相关文件,并没有给出依赖的 Tomcat 库。因此,index.jsp 文件报错:The superclass "javax.servlet.http.HttpServlet" was not found on the Java Build Path,如图 9.10 所示。

此时要添加运行需要的 Tomcat 库。在项目上右击,在弹出的快捷菜单中选择 Properties 命令,在 Properties for WebMavenHello 对话框中选择 Java Build Path,在 Libraries 选项卡中单击 Add Library 按钮,如图 9.11 所示。

在弹出的 Add Library 对话框中选择 Server Runtime,如图 9.12 所示。

单击 Next 按钮,选择一个自己配置好的 Tomcat 库,如图 9.13 所示。

单击 Finish 按钮,然后单击 Apply and Close 按钮即可,如图 9.14 所示。

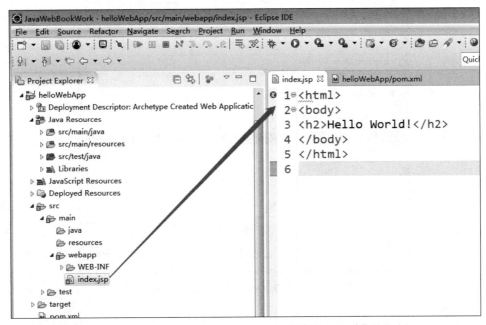

图 9.10 index.jsp 文件报错

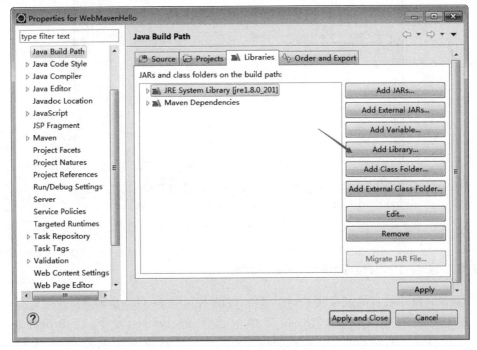

图 9.11 为项目添加库文件

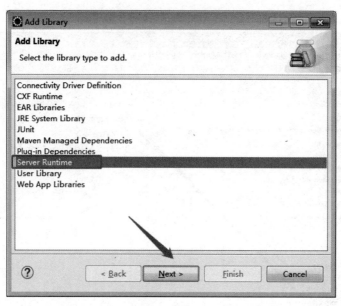

图 9.12 选择库文件类型为 Server Runtime

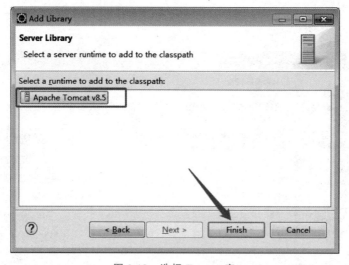

图 9.13 选择 Tomcat 库

### 9.2.6 修改 Project Facets 的 Runtimes

Tomcat 库也可以通过修改 Project Facets 的 Runtimes 自动添加。

在项目上右击，在弹出的快捷菜单中选择 Properties 命令，在 Properties for WebMavenHello 对话框中选择 Project Facets，在右侧的 Runtimes 选项卡中选中 Apache Tomcat v8.5 复选框，然后单击 Apply and Close 按钮即可，如图 9.15 所示。

这一步骤可以自动添加 Tomcat 库文件，这样就无须手动添加 Tomcat 库文件了。

# 第 9 章 用 Maven 构建 Web 应用程序

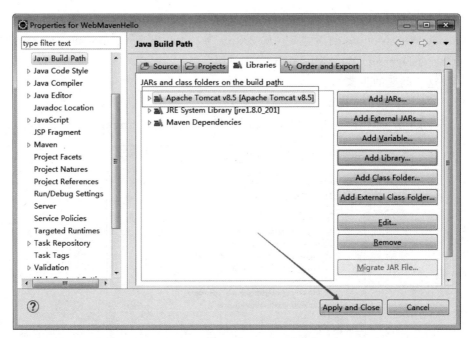

图 9.14 添加 Tomcat 库

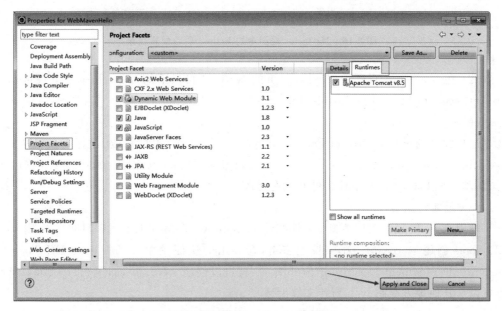

图 9.15 修改 Project Facets 的 Runtimes

## 9.2.7 修改 Project Facets 的 Dynamic Web Module 版本

用 Maven 的 maven-artchetype-webapp 插件创建的 web.xml 文件版本比较老,在更改 Dynamic Web Module 的版本时(从 2.3 改为 3.1),出现 Cannot change version of Project Facet Dynamic Web Module to 3.1 错误。

解决这个问题的步骤如下:

(1) 打开 Navigator 视图。

在 Navigator 视图中,可以看到 Eclipse 项目配置目录.settings,如图 9.16 所示。

图 9.16 Navigator 视图中的 Eclipse 项目配置目录

(2) 在 Navigator 视图中,打开项目下的.settings 目录下的 org.eclipse.wst.common.project.facet.core.xml,把<installed facet="jst.web" version="2.3"/>改为<installed facet="jst.web" version="3.1"/>。

这里没有通过界面 Project Facets 的 Dynamic Web Module 修改,是直接在配置文件 org.eclipse.wst.common.project.facet.core.xml 中将 Dynamic Web Module 2.3 修改成 3.1 版本。但此时的 web.xml 文件并没有修改。

(3) 重新建立 web.xml。

把原来 web.xml 文件删除(文件在/src/main/webapp/WEB-INF 目录下),用 Java EE Tools 创建 web.xml。在项目上右击,在弹出的快捷菜单中选择 Java EE Tools→Generate Deployment Descriptor Stub 命令,就可以创建 web.xml,如图 9.17 所示。当然也可以从其他地方复制 web.xml 文件模板。

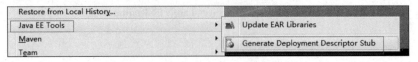

图 9.17 用 Java EE Tools 创建 web.xml

(4）更改项目的 web.xml 文件。

修改之前：

```
<!DOCTYPE web-app PUBLIC
    "-//Sun Microsystems, Inc.//DTD Web Application 2.3//EN"
    "http://java.sun.com/dtd/web-app_2_3.dtd" >
<web-app>
  <display-name>Archetype Created Web Application</display-name>
</web-app>
```

修改之后：

```
<?xml version="1.0" encoding="utf-8"?>
<web-app xmlns:xsi="http://www.w3.org/2001/XMLSchema-instance"
    xmlns="http://xmlns.jcp.org/xml/ns/javaee"
    xsi:schemaLocation="http://xmlns.jcp.org/xml/ns/javaee
                        http://xmlns.jcp.org/xml/ns/javaee/web-app_3_1.xsd" version="3.1">

</web-app>
```

## 9.3 库文件管理

为了与 WebHello 项目对比，WebMavenHello 项目功能也是实现求和、求算术平均值、求方差运算，并输出"Hello World!"。这些功能需要 commons-math3 库的支持。

### 9.3.1 添加 Maven 依赖库

Maven 项目与 Eclipse 动态 Web 项目最大的区别是对依赖库的管理，Maven 项目不需要自己复制和管理依赖库，仅仅配置依赖库就可以。这里添加支持数学运算的 commons-math3 库，pom.xml 配置代码如下：

```xml
<dependency>
    <groupId>org.apache.commons</groupId>
    <artifactId>commons-math3</artifactId>
    <version>3.6.1</version>
</dependency>
```

### 9.3.2 Eclipse 中的 Maven 库

Maven 不依赖于 Eclipse，也就是说，Maven 可以独立编译、打包、发布。相反，Eclipse 要使用 Maven 管理的依赖库。Eclipse 中的 Maven 项目自动引用 Maven 管理的依赖库。在项目属性对话框的 Java Build Path 选项的 Libraries 选项卡中有 Maven Dependencies，其中都是本地仓库的 Maven 库文件，如图 9.18 所示。

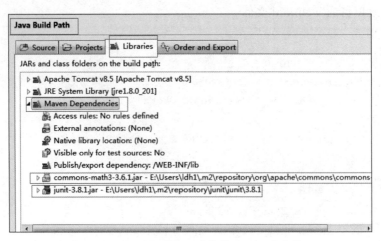

图 9.18　Eclipse Libraries 中的 Maven 库文件

## ◆ 9.4　编 写 程 序

### 9.4.1　创建类 TestMath.java

在 WebMavenHello 项目中，有约定的源程序目录/src/main/java。在 WebHello 项目中，类在 src 目录下创建。

在/src/main/java 目录创建包 org.ldh，在包中建立类 TestMath.java，其内容和 WebHello 项目中的类 TestMath.java 一样，代码如下：

**程序清单**：/WebMavenHello/src/main/java/org/ldh/TestMath.java
```
public class TestMath {
    …                          //具体代码和 WebHello 项目中的类 TestMath.java 一样
}
```

### 9.4.2　创建 hello.jsp

在 WebMavenHello 项目中，有约定的网站内容目录/src/main/webapp。在 WebHello 项目中，网站内容目录是/WebContent。

在/src/main/webapp 目录下创建 hello.jsp，其内容和 WebHello 项目中的 hello.jsp 一样，代码如下：

**程序清单**：/WebMavenHello/src/main/webapp/hello.jsp
```
<%@ page language="java" contentType="text/html; charset=utf-8"
    pageEncoding="utf-8"%>
<!DOCTYPE html>
<html>
…                          //和 WebHello 项目中的 hello.jsp 一样
</html>
```

### 9.4.3 目录结构

Maven 创建的 Web 项目与动态 Web 项目的路径要素一样，只是约定位置不一样，两者的部署路径一样，如图 9.19 所示。

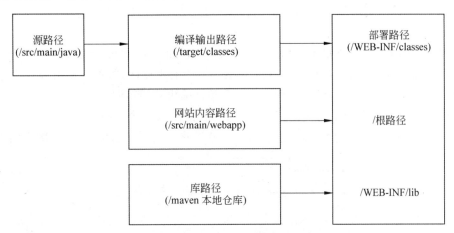

图 9.19 Maven Web 项目路径

建立的 Maven Web 项目目录结构如图 9.20 所示。

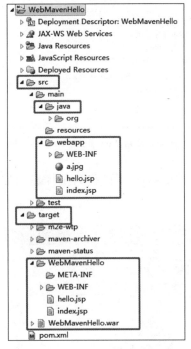

图 9.20 Maven Web 项目目录结构

其中：
- /src/main/java：源路径。

- /src/main/webapp：Web Content 路径。
- /target：打包输出路径。
- /target/classes：编译输出路径(图 9.20 中没有显示，是因为此目录被隐藏)。

## 9.5 用 Eclipse 编译 Maven 项目

Eclipse 中的 Maven 项目可以用 Maven 编译、打包和发布，也可以用 Eclipse 编译、部署。

用 Eclipse 编译动态 Web 项目与 Maven 项目没有本质区别，都要知道源程序路径和编译输出路径，区别在于两者的源程序路径和编译输出路径不同。

在项目上右击，在弹出的快捷菜单中选择 Properties 命令，在项目属性对话框中选择 Java Build Path，在右侧的 Source 选项卡中设置源路径及编译输出路径，如图 9.21 所示。

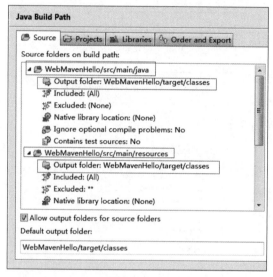

图 9.21 Maven 项目 Java Build Path 的 Source 选项卡

编译输出路径为/target/classes，测试代码编译输出路径为/target/test-classes，如图 9.22 所示。

图 9.22 Maven 项目的编译输出路径和测试代码编译输出路径

这里在编译输出时只是借用了 Maven 的 target 目录，而不是使用 Maven 编译项目，或者说两者的编译功能是相互独立的。

## ◆ 9.6　在 Eclipse 中部署 Maven 项目

在 Eclipse 中部署 Maven 项目与部署动态 Web 项目没有本质区别，都是把编译的类复制到/WEB-INF/classes 目录下，把项目网站内容的库文件、JSP 页面部署到项目根路径下。

两者的区别在于：Maven 项目的网站内容目录为/src/main/webapp，动态 Web 项目的网站内容目录为/WebContent；Maven 项目的编译输出目录为/target/classes，动态 Web 项目的编译输出目录为/build/classes。

在项目上右击，在弹出的快捷菜单中选择 Properties，在项目属性对话框中选择 Deployment Assembly，可以查看与设置具体文件部署路径，如图 9.23 所示。

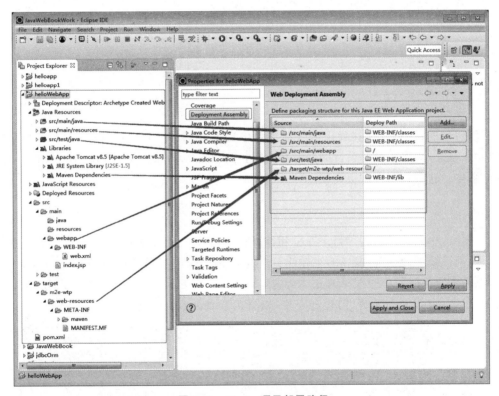

图 9.23　Maven 项目部署路径

其中，源代码目录/src/main/java 与部署路径的子目录 WEB-INF/classes 对应。

发布 Maven 项目时不需要源代码，只需要 class 文件。Eclipse 把/src/main/java 目录下的 Java 源代码编译后的 class 文件部署到 WEB-INF/classes 下。这些 class 文件在放置编译好的 class 文件的输出目录/target/classes 下。

源代码目录/src/main/webapp 与部署路径的根目录对应。该目录下的 jsp 文件及其子目录 WEB-INF 部署到部署路径的根目录下。

库文件与部署路径的子目录 WEB-INF/lib 对应，也就是把依赖库文件部署到 lib 目录下。

## ◆ 9.7 用 Maven 管理项目

### 9.7.1 设置 Maven 中的 JDK 版本

当 Eclipse 中的 JDK 版本与 Maven 的 pom.xml 设置的 JDK 版本不一致时会报错误。在 pom.xml 中配置编译插件，在编译插件节点中设置 JDK 版本，代码如下：

```
<plugin>
    <groupId>org.apache.maven.plugins</groupId>
    <artifactId>maven-compiler-plugin</artifactId>
    <version>3.1</version>
    <configuration>
        <source>1.8</source>
        <target>1.8</target>
    </configuration>
</plugin>
```

然后在项目上右击，在弹出的快捷菜单中选择 Maven→Update project 命令更新项目即可。这一步骤在更新项目的同时修改项目的 JDK 版本、编译版本和 Project Faces 的 Java 版本。这种修改方法更简便。

### 9.7.2 编译项目

Maven 中约定了源程序目录/src 和编译输出目录/target，Maven 根据这样约定找到源程序进行编译，然后将编译的类输出到约定的编译输出目录。选中 pom.xml 文件，右击，在弹出的快捷菜单中选择 Run As，先运行 Maven clean 清除以前的编译内容，然后运行 Maven install 进行编译、打包和安装，如图 9.24 所示。

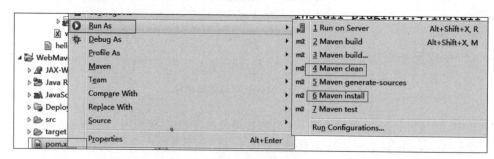

图 9.24 编译 Maven 项目

Maven 编译 Java Web 项目与编译 Java 项目是一样的，因为这两种项目的目录结构是一样的，默认的源程序位置都是/src/main/java，编译依赖库都是 Maven Dependencies，输出的 class 文件位置都是/target/classes，编译生命周期默认的插件也都是 mavencompiler-plugin。

在命令行方式下，输入 mvn compile 命令编译程序，或者在 Eclipse 中选中 pom.xml 文件，右击，在弹出的快捷菜单中选择 Run As→Maven install 命令编译 Web 项目，效果都是一样的，会输出以下信息：

```
[WARNING] Using platform encoding (UTF-8 actually) to copy filtered resources, i.e
[INFO] Copying 0 resource
[INFO]
[INFO] --- maven-compiler-plugin:3.1:compile (default-compile) @ WebMavenHello ---
[INFO] Changes detected - recompiling the module!
[WARNING] File encoding has not been set, using platform encoding UTF-8, i.e. buil
[INFO] Compiling 1 source file to E:\JavaWebBookWork\WebMavenHello\target\classes
[INFO]
```

可以看出，编译用的插件是 maven-compiler-plugin:3.1:compile，编译输出目录是 E:\JavaWebBookWork\WebMavenHello\target\classes。

### 9.7.3 打包项目

pom.xml 文件中的＜packaging＞war＜/packaging＞标签表明此项目为 Java Web 项目，需要打包为 war 格式，如图 9.25 所示。

```
1 <project xmlns="http://maven.apache.org/POM/4.0.0"
2     xmlns:xsi="http://www.w3.org/2001/XMLSchema-instance
3     xsi:schemaLocation="http://maven.apache.org/POM/4.0.
4     <modelVersion>4.0.0</modelVersion>
5     <groupId>org.ldh</groupId>
6     <artifactId>WebMavenHello</artifactId>
7     <packaging>war</packaging>
8     <version>0.0.1-SNAPSHOT</version>
9     <name>WebMavenHello Maven Webapp</name>
10    <url>http://maven.apache.org</url>
11    <dependencies>
12        <dependency>
```

图 9.25　Maven pom.xml 中的打包配置

在生命周期中的打包阶段，Maven 为 Java 项目调用了 maven-jar-plugin，为 Java Web 项目调用了 maven-war-plugin。

在命令行方式下，输入 mvn package 命令打包项目，或者在 Eclipse 中选中 pom.xml 文件，右击，在弹出的快捷菜单中选择 Run As→Maven install 命令打包项目，效果都是一样的，会输出以下信息：

```
[INFO] --- maven-war-plugin:2.2:war (default-war) @ WebMavenHello ---
[INFO] Packaging webapp
[INFO] Assembling webapp [WebMavenHello] in [E:\JavaWebBookWork\WebMavenHello\targ
[INFO] Processing war project
[INFO] Copying webapp resources [E:\JavaWebBookWork\WebMavenHello\src\main\webapp]
[INFO] Webapp assembled in [43 msecs]
[INFO] Building war: E:\JavaWebBookWork\WebMavenHello\target\WebMavenHello.war
[INFO] WEB-INF\web.xml already added, skipping
```

Web项目打包时需要把编译输出目录/target/classes下的文件复制到项目的/WEB-INF/classes目录下,而且把资源文件src/main/webapp复制到项目根目录下,把依赖库文件复制到部署路径的子目录WEB-INF/lib下。

上面使用的打包插件为maven-war-plugin:2.2:war。

换言之,打包直接影响Maven项目的生命周期。了解这一点非常重要,特别是当用户需要自定义打包行为时,必须知道配置哪个插件。

打包的具体步骤如下:

(1) 复制E:\JavaWebBookWork\helloWebApp\src\main\webapp目录下的jsp文件等资源文件到E:\JavaWebBookWork\helloWebApp\target\WebMavenHello目录下。

(2) 把target\classes目录下的文件复制到E:\JavaWebBookWork\WebMavenHello\target\helloWebApp\WEB-INF\classes目录下。

(3) 把项目目录E:\JavaWebBookWork\helloWebApp\target\WebMavenHello下的类及资源文件打包成war格式文件(E:\JavaWebBookWork\helloWebApp\target\WebMavenHello.war)。

在target目录中有未打包的网站内容,即WebMavenHello目录下的内容,也有打包的网站内容,即WebMavenHello.war,如图9.26所示。对输出结果进行手工部署和测试。

### 9.7.4 自定义打包

无须在pom.xml中添加org.apache.maven.plugins插件就可以利用默认设置进行打包。如果有特殊的打包需求,例如排除图片文件,就需要在pom.xml中配置。

在项目中添加一个jpg文件,没有添加插件配置时,打包目录下有该jpg文件,如图9.27所示。

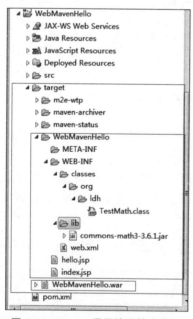

图9.26 Maven项目编译输出结果

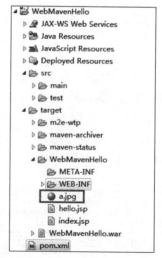

图9.27 打包目录中包括jpg文件

要在打包 war 项目时排除某些 Web 资源文件,就应该配置 maven-war-plugin 插件,具体如下:

```
<plugin>
    <groupId>org.apache.maven.plugins</groupId>
    <artifactId>maven-war-plugin</artifactId>
    <version>2.2</version>
    <configuration>
        <warSourceExcludes>**/*.jpg</warSourceExcludes>
    </configuration>
</plugin>
```

这个配置指定打包时排除 jpg 文件。加入上述打包插件配置后,打包目录中没有 jpg 文件,如图 9.28 所示。

这里需要注意两个标签:<warSourceExcludes>和<packagingExcludes>。

<warSourceExcludes>是在复制文件到 war 目录时忽略指定文件或者目录,但是如果 war 命令前没有 clean 命令,而 war 目录下已经包含了指定文件或者目录,那么最后生成的 war 包里还是会包含这些文件或目录,即使并没有复制它们到 war 目录。因此,在生成 war 包前应先运行 clean。

图 9.28 打包目录中排除了 jpg 文件

<packagingExcludes>是在生成 war 包时不包含指定文件或目录,不论它们是否在 war 目录下。

## 9.8 Maven 依赖的添加

可以在 Maven 网站上查找并添加依赖的 jar 包。

### 9.8.1 进入 Maven 网站

进入 Maven 网站首页(https://mvnrepository.com/),如图 9.29 所示。

### 9.8.2 查找依赖的 jar 包

在搜索框中输入你要查找的 jar 包的名称,这里要查找数学包 commons-math,然后单击 Search 按钮搜索。

选择 jar 包来源,并单击进入详情页面,如图 9.30 所示。

### 9.8.3 选择版本

接下来选择 jar 包的版本,单击版本号,如图 9.31 所示。

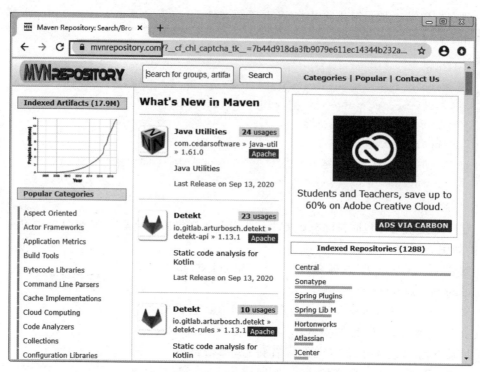

图 9.29　Maven 网站首页

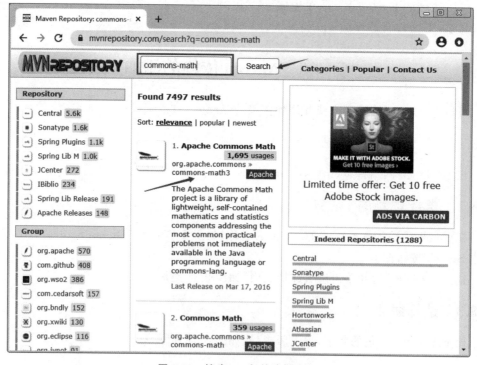

图 9.30　搜索 jar 包并选择来源

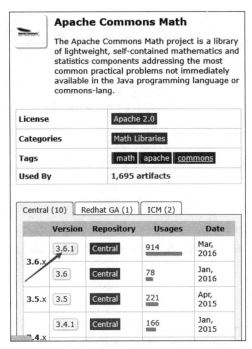

图 9.31　选择 jar 包的版本

### 9.8.4　复制依赖 xml 文件内容

在 Maven 选项卡中复制 jar 包的依赖 xml 文件内容，如图 9.32 所示。

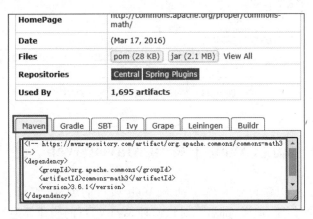

图 9.32　复制 jar 包的依赖 xml 文件内容

### 9.8.5　修改 pom.xml

把复制的 jar 包的依赖 xml 文件内容依赖粘贴到 pom.xml 的＜dependencies＞＜/dependencies＞标签内，如图 9.33 所示。

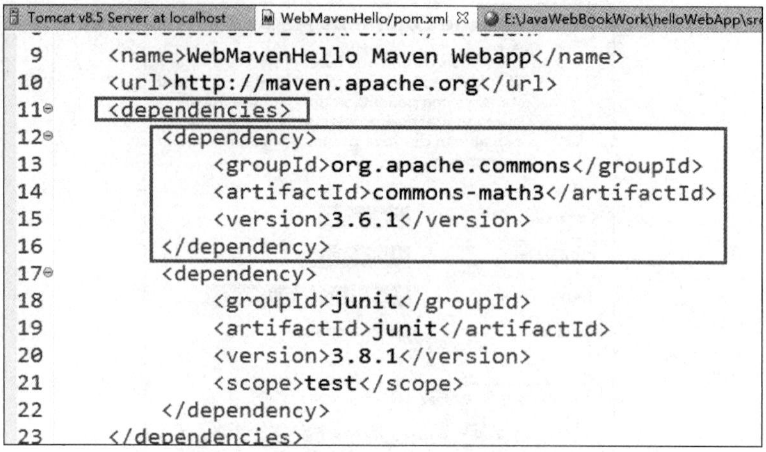

# 轻量级 Java EE Web 框架技术——Spring MVC＋Spring＋MyBatis＋Spring Boot

```xml
 9    <name>WebMavenHello Maven Webapp</name>
10    <url>http://maven.apache.org</url>
11    <dependencies>
12        <dependency>
13            <groupId>org.apache.commons</groupId>
14            <artifactId>commons-math3</artifactId>
15            <version>3.6.1</version>
16        </dependency>
17        <dependency>
18            <groupId>junit</groupId>
19            <artifactId>junit</artifactId>
20            <version>3.8.1</version>
21            <scope>test</scope>
22        </dependency>
23    </dependencies>
```

图 9.33　把复制的 jar 包的依赖 xml 文件内容粘贴到 pom.xml 中

### 9.8.6　自动下载库

保存 pom.xml。Eclipse 会自动下载 Maven 依赖的 jar 包，不需要手工下载。如图 9.34 所示，此时项目依赖库中已经有了数学工具 jar 包。

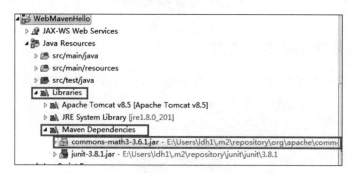

图 9.34　Eclipse 自动下载 jar 包

## ◆ 9.9　动态 Web 工程与 Maven Web 项目的区别

　　本章主要从工程构建角度介绍了动态 Web 项目的创建、编译、部署，同时介绍了 Maven Web 项目的创建、编译、部署。对这两种 Web 项目的构建要通过对比来理解。
　　动态 Web 项目与 Maven Web 项目除了库管理外没有本质区别，都有源路径、编译输出路径、网站内容路径和库路径，区别只是默认的源路径、编译输出路径、网站内容路径和库路径不同。
　　这些不同不影响项目部署，Web 项目路径由 Tomcat 的约定决定，只有符合 Tomcat 的路径要求，程序才能正常运转。Web 项目路径如图 9.35 所示。

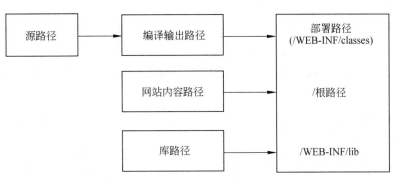

图 9.35 Web 项目路径

# 第10章 MVC 框架

MVC 是 Model-View-Controller 的缩略语，即模型-视图-控制器，是一种软件设计框架。MVC 框架技术的目的就是实现模型和视图解耦。耦合的代码可读性差、复用性差、可维护性差、易变更性差；相反，解耦的代码可读性好、复用性好、可维护性好、易变更性好。

## ◆ 10.1 MVC 概述

### 10.1.1 模型

模型表示业务模型，它实现具体的业务逻辑、状态管理的功能。模型是应用程序的主体部分。

在 MVC 框架中，负责项目中的"数据＋业务逻辑"部分的就是模型，由 JavaBean 充当。

在 MVC 框架的 3 个部件中，模型拥有最多的处理任务。模型返回的数据是中立的，也就是说模型与数据格式无关。这样，一个模型就能为多个视图提供数据。由于应用于模型的代码只需写一次就可以被多个视图重用，所以减少了重复编写代码的工作量。

### 10.1.2 视图

视图是应用程序中与用户界面相关的部分，是用户看到并与之交互的界面。对传统的 Web 应用程序来说，视图就是由 HTML 元素组成的界面；在现在的 Web 应用程序中，HTML 仍然在视图中扮演着重要的角色，但新的技术层出不穷，包括 XHTML、XML/XSL、WML 等标记语言。

### 10.1.3 控制器

控制器接收用户的请求并调用模型和视图完成用户请求的任务，所以当单击 Web 页面中的超链接和发送 HTML 表单时，控制器本身不输出任何东西，也不做任何处理，它只接收请求并决定调用哪个模型构件处理请求，然后再确定用哪个视图显示返回的数据，起到控制整个业务流程的作用，实现视图层与模型层的协同工作。

## 10.2 MVC 框架的产生

本节从网站的发展历程介绍 MVC 框架的发展,主要介绍从静态网页到动态网页再到模型和视图分离的过程。

### 10.2.1 静态网页

HTML(Hyper Text Markup Language,超文本标记语言)是用来描述网页的一种语言。HTML 不是一种编程语言,而是一种标记语言。标记语言是一套标记标签(markup tag)。HTML 使用标记标签来描述网页。HTML 文档包含了 HTML 标签及文本内容。HTML 文档也叫作 Web 页面。

在 Eclipse 菜单栏中选择 File→New→Dynamic Web Project 命令,建立动态项目,项目名为 MVCHtmlHello,如图 10.1 所示。

图 10.1　建立动态 Web 项目 MVCHtmlHello

在 WebContent 目录下建立静态网页 hello.html,显示 3 种标题级别的"Hello World!",代码如下:

程序清单:/MVCHtmlHello/WebContent/hello.html

```
<!DOCTYPE html>
<html>
<head>
<meta charset="utf-8">
<title>Html</title>
</head>
<body>
<h1>Hello World!</h1>
<h2>Hello World!</h2>
<h3>Hello World!</h3>
</body>
</html>
```

访问 http://localhost:8080/MVCHtmlHello/hello.html,静态网页 hello.html 的效果如图 10.2 所示,显示 3 种标题级别的"Hello World!"。

静态网页有以下缺点:网页内容是静态的,不能由程序动态生成网页。为此,出现了动态网页技术 Servlet。

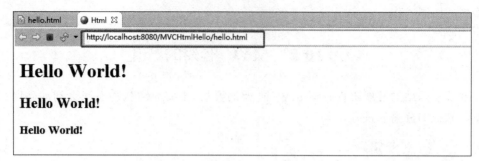

图 10.2　静态网页 hello.html 的效果

### 10.2.2　动态网页

Java Servlet 是运行在 Web 服务器或应用服务器上的程序，它的作用是作为来自 Web 浏览器或其他 HTTP 客户端的请求和 HTTP 服务器上的数据库或应用程序之间的中间层。

使用 Servlet，可以收集来自网页表单的用户输入，呈现来自数据库或者其他源的记录，还可以动态生成网页。

在 Eclipse 菜单栏中选择 File→New→Dynamic Web Project 命令，建立动态项目，项目名为 MVCServletHello，在 New Dynamic Web Project 对话框中选择 Generate web.xml deployment descriptor 复选框，创建 Tomcat 下 Java Web 项目的配置文件 web.xml，如图 10.3 所示。

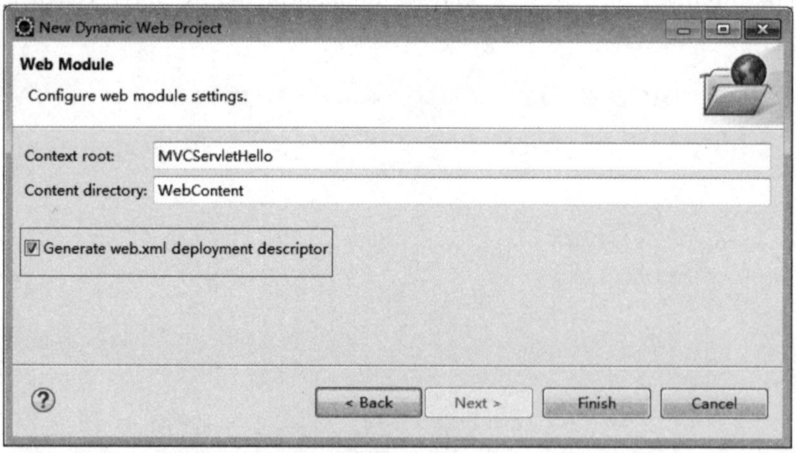

图 10.3　创建动态 Web 项目 MVCServletHello

为了增加网页动态属性，在输出"Hello World!"的同时输出当前时间，以体现 Servlet 生成动态网页的特性。代码如下：

程序清单：/MVCServletHello/src/org/ldh/HelloWorld.java
```
package org.ldh;
```

```java
import java.io.IOException;
import java.io.PrintWriter;
import java.text.SimpleDateFormat;
import java.util.Date;
import javax.servlet.ServletException;
import javax.servlet.http.HttpServlet;
import javax.servlet.http.HttpServletRequest;
import javax.servlet.http.HttpServletResponse;
public class HelloWorld extends HttpServlet {
    @Override
     public void doGet(HttpServletRequest req, HttpServletResponse response)
throws ServletException, IOException {
        //设置输出内容类型
        response.setContentType("text/html");
        //获取输出流
        PrintWriter out = response.getWriter();
        //输出 HTML 网页
        out.println("<!DOCTYPE html>");
        out.println("<html>");
        out.println("<head>");
        out.println("<meta charset=\"utf-8\">");
        out.println("<title>Servlet Hello</title>");
        out.println("</head>");
        out.println("<body>");
        out.println("<h1>Hello World!</h1>");
        out.println("<h2>Hello World!</h2>");
        out.println("<h3>Hello World!</h3>");
        SimpleDateFormat simpleDateFormat = new SimpleDateFormat("yyyy-MM-dd HH:mm:ss");
        Date date = new Date();
        String dateStr = simpleDateFormat.format(date);
        out.println(dateStr);
        out.println("</body>");
        out.println("</html>");
        out.flush();
    }
}
```

在 web.xml 中配置 Servlet，代码片段如下：

程序清单：/MVCServletHello/WebContent/WEB-INF/web.xml

```xml
<servlet>
    <servlet-name>Hello</servlet-name>
    <servlet-class>org.ldh.HelloWorld</servlet-class>
</servlet>
```

```
<servlet-mapping>
    <servlet-name>Hello</servlet-name><!-- servlet-name 要和上面的保持一致 -->
    <url-pattern>/HelloWorld</url-pattern><!-- 注意前面要有斜线 -->
</servlet-mapping>
```

访问 http://localhost:8080/MVCServletHello/HelloWorld，网页显示 3 种标题级别的"Hello World!"及当前时间，结果如图 10.4 所示。

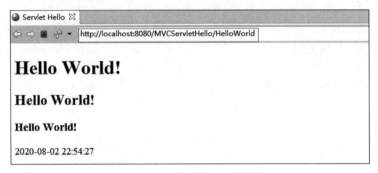

图 10.4　Servlet 输出动态网页

在这个实例中，Servlet 负责接收用户的请求，因此它起到控制器的作用；Servlet 又负责输出 HTML 网页，因此，也有视图的功能；另外，Servlet 还有简单业务逻辑功能（获取时间并转换成字符串），因此 Servlet 有模型的功能。这其实就是模型、视图和控制器三者的耦合，如图 10.5 所示。

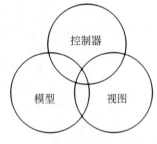

图 10.5　模型、视图和控制器的耦合

在 Servlet 代码中可以看出，主要语句是输出语句，输出内容为 HTML 元素，从而生成动态网页。同时，也可以看出，Servlet 编写网页十分困难，不能所见即所得地可视化编辑网页。为了能够可视化编辑网页，又出现了 JSP 技术。

### 10.2.3　JSP 技术

JSP（全称为 Java Server Pages）是由 Sun Microsystems 公司倡导、许多公司共同创建的一种可以响应客户端请求动态生成 HTML、XML 或其他格式文档的 Web 网页的技术标准。

JSP 技术以 Java 作为脚本语言，JSP 网页为整个服务器端的 Java 库单元提供了一个接口，以服务于 HTTP 的应用程序。

在 Eclipse 中创建动态 Web 项目，项目名为 MVCJspHello。在在 WebContent 目录下建立 JSP 网页文件 hello.jsp，显示 3 种标题级别的"Hello World!"及当前时间，代码如下：

程序清单：/MVCJspHello/WebContent/hello.jsp

```
<%@ page language="java" contentType="text/html; charset=utf-8"
    pageEncoding="utf-8"%>
```

```
<!DOCTYPE html>
<html>
<head>
<meta charset="utf-8">
<title>Jsp hello</title>
</head>
<body>
<h1>Hello World!</h1>
<h2>Hello World!</h2>
<h3>Hello World!</h3>
<%
java.text.SimpleDateFormat simpleDateFormat = new java.text.SimpleDateFormat
("yyyy-MM-dd HH:mm:ss");
java.util.Date date = new java.util.Date();
String dateStr = simpleDateFormat.format(date);
out.println(dateStr);
%>
</body>
</html>
```

访问 http://localhost:8080/MVCJspHello/hello.jsp,网页显示 3 种标题级别的"Hello World!"及当前时间,结果如图 10.6 所示。

图 10.6　JSP 输出动态网页

这设个实例中,JSP 主要负责输出 HTML 网页,因此有视图功能;JSP 又负责接收用户的请求,因此也起到控制器的作用;另外 JSP 还有简单业务逻辑功能(获取时间并转换成字符串),因此也有模型功能。这其实就是视图、模型和控制器三者的耦合,如图 10.7 所示。

在 JSP 代码中可以看出,主要语句是 HTML 元素,和静态网页差不多,可以可视化编辑网页,编写视图部分变得相对容易。同时,也可以看出,JSP(视图)中嵌入了代码(模型),这是视图与模型的耦合,界面(视图层,HTML 元素)与业务逻辑

图 10.7　视图、模型和控制器的耦合

(模型层,Java 代码)混在一起,可读性与维护性差,无法复用。编写程序尽量要解耦。

### 10.2.4　Servlet＋JSP＋JavaBean 开发模式

界面与业务逻辑分离的思想非常自然,就是各自做自己擅长的部分,这里采用 Servlet＋JSP＋JavaBean 开发模式(即 MVC 框架)方法实现模型、视图、控制器三者的分离,JSP 的优点是实现视图层,而 Servlet 本身是控制器,JavaBean 可以作为模型层。

在 Eclipse 中创建动态 Web 项目,项目名为 MVCServltJsp。创建 Servlet HelloWorld,在 Servlet 中调用模型生成日期,存储在 request 中(request.setAttribute("date", dateStr)),并调用视图 hello.jsp(request.getRequestDispatcher("hello.jsp").forward(request, response))。

模型获得当前日期,部分代码如下:

**程序清单:**/MVCServltJsp/src/org/ldh/DateModel.java
```java
public class DateModel {
    public String getDate() {
        SimpleDateFormat simpleDateFormat = new SimpleDateFormat("yyyy-MM-dd HH:mm:ss");
        Date date = new Date();
        return simpleDateFormat.format(date);
    }
}
```

控制器调用模型和视图,Servlet 代码如下:

**程序清单:**/MVCServltJsp/src/org/ldh/HelloWorld.java
```java
public class HelloWorld extends HttpServlet {
    @Override
    public void doGet (HttpServletRequest request, HttpServletResponse response) throws ServletException, IOException {
        String dateStr=new DateModel().getDate();
        request.setAttribute("date", dateStr);
        request. getRequestDispatcher ( " hello. jsp "). forward ( request, response);
    }
}
```

在 WebContent 目录下建立 JSP 网页 hello.jsp,显示 3 种标题级别的"Hello World!"并获取模型层生成的时间(<%＝request.getAttribute("date") %>),视图的 JSP 代码如下:

**程序清单:**/MVCServltJsp/WebContent/hello.jsp
```jsp
<%@ page language="java" contentType="text/html; charset=utf-8"
    pageEncoding="utf-8"%>
<!DOCTYPE html>
```

```html
<html>
<head>
<meta charset="utf-8">
<title>Servlet+Jsp hello</title>
</head>
<body>
<h1>Hello World!</h1>
<h2>Hello World!</h2>
<h3>Hello World!</h3>
<%=request.getAttribute("date") %>
</body>
</html>
```

访问 http://localhost:8080/MVCServltJsp/HelloWorld，网页显示 3 种标题级别的 "Hello World!"及当前时间，结果如图 10.8 所示。

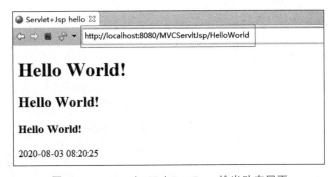

图 10.8　Servlet＋JSP＋JavaBean 输出动态网页

这里利用 Servlet＋JSP＋JavaBean 实现了模型、视图、控制器三者的分离，控制器中没有视图（Servlet 中没有 HTML 元素，只调用视图），视图中没有模型（JSP 代码中没有业务逻辑），控制器中也没有模型（Servlet 中没有业务逻辑，只调用模型）。

JSP 负责视图层，而 Servlet 负责控制器层，JavaBean 实现模型层，这样就实现了模型、视图、控制器三者的解耦。这里虽实现了解耦，但解耦不彻底，控制器需要自己调用视图，还存在一定的耦合（在 Servlet 中通过 request.getRequestDispatcher("hello.jsp").forward(request, response)调用 hello.jsp），如图 10.9 所示。其中，模型与视图完全解耦，但控制器与视图没有完全解耦，控制器要调用视图线，解耦不彻底。

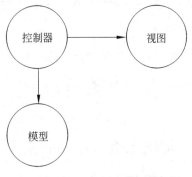

图 10.9　模型、视图和控制器解耦

### 10.2.5　MVC 框架实现彻底解耦

为了实现控制器与视图的彻底解耦，需要引入 MVC 框架。MVC 框架的作用是把解耦的控制器与视图再连在一起，如图10.10所示。从图10.10中可以看出：
- 模型与视图没有交叉，也没有连线，两者彻底解耦。
- 控制器与视图也彻底解耦。这里用虚线连接起来，是由MVC框架实现调用视图，而不是由控制器直接调用视图。
- 控制器与模型是解耦的，但是两者之间有连线，控制器直接调用模型。

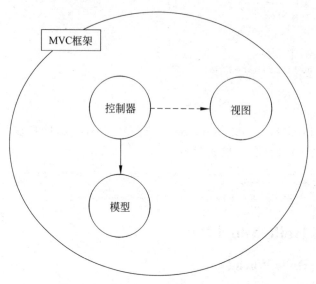

图10.10　引入MVC框架实现彻底解耦

## 10.3　Spring MVC的第一个示例

Spring MVC是MVC框架的一个实现，还有Struts等其他MVC框架的实现。首先编写第一个Spring MVC Web应用。

### 10.3.1　创建动态Web项目

在Eclipse菜单栏中选择File→New→Dynamic Web Project命令，创建动态Web项目，项目名为MVCSpringHello，如图10.11所示。

### 10.3.2　复制Spring MVC库文件

把Spring MVC库文件复制到lib目录下，如图10.12所示。

### 10.3.3　配置web.xml接管Web请求

MVC框架的作用是由MVC框架接管Web请求来实现的。Spring MVC通过配置web.xml的Servlet接管Web请求。配置关键代码如下：

程序清单：/MVCSpringHello/WebContent/WEB-INF/web.xml

```
<servlet>
```

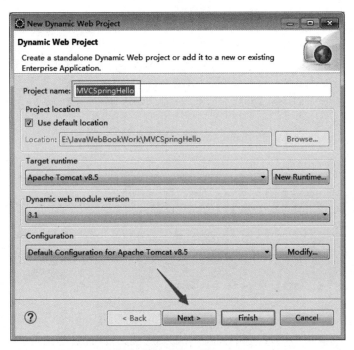

图 10.11 创建动态 Web 工程 MVCSpringHello

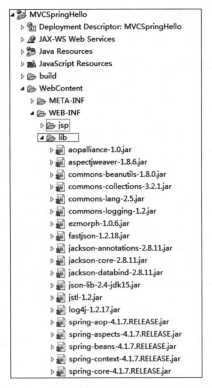

图 10.12 lib 目录下的 Spring MVC 库文件

```xml
        <servlet-name>dispatcher</servlet-name>
        <servlet-class>org.springframework.web.servlet.DispatcherServlet
            </servlet-class>
        <init-param>
            <param-name>contextConfigLocation</param-name>
            <param-value>classpath:springContext.xml</param-value>
        </init-param>
        <load-on-startup>1</load-on-startup>
</servlet>
<servlet-mapping>
        <servlet-name>dispatcher</servlet-name>
        <url-pattern>*.action</url-pattern>
</servlet-mapping>
```

配置文件表明 Spring MVC 只拦截扩展名为 action 的请求：

```xml
<url-pattern>*.action</url-pattern>
```

这个 Servlet 类如下：

```xml
<servlet-class>org.springframework.web.servlet.DispatcherServlet</servlet-class>
```

这个 Servlet 伴随系统启动：

```xml
<load-on-startup>1</load-on-startup>
```

这个 Servlet 启动时获取 Spring 配置文件的位置：

```xml
<param-value>classpath:springContext.xml</param-value>
```

### 10.3.4　Spring MVC 配置文件的框架

Spring MVC 配置文件的框架如下，根标签为＜beans＞。

**程序清单**：/MVCSpringHello/src/springContext.xml

```xml
<?xml version="1.0" encoding="utf-8"?>
<beans xmlns="http://www.springframework.org/schema/beans"
    xmlns:xsi="http://www.w3.org/2001/XMLSchema-instance"
    xmlns:context="http://www.springframework.org/schema/context"
    xmlns:mvc="http://www.springframework.org/schema/mvc"
    xsi:schemaLocation="http://www.springframework.org/schema/beans
    http://www.springframework.org/schema/beans/spring-beans-3.2.xsd
    http://www.springframework.org/schema/context
    http://www.springframework.org/schema/context/spring-context-3.2.xsd
    http://www.springframework.org/schema/mvc
    http://www.springframework.org/schema/mvc/spring-mvc.xsd">
    …
```

```
</beans>
```

### 10.3.5 配置扫描注解

在 Spring MVC 配置文件中,要配置扫描哪些 Spring MVC 的组件:

```
<!-- 扫描 Spring MVC 组件 -->
<context:component-scan base-package="org.ldh"></context:component-scan>
```

这里扫描包名是 org.ldh 的类,Spring MVC 组件放在 org.ldh 包中。Spring MVC 通过这项配置扫描相应的包中的类,从而找出 Spring MVC 组件进行管理。

开启 Spring MVC 的注解驱动,使得 URL 可以映射到对应的控制器:

```
<mvc:annotation-driven />
```

这样,Spring MVC 就可以启用注解驱动。然后通过<context:component-scan>标签的配置自动将扫描到的用@Component、@Controller、@Service、@Repository 等注解标记的组件注册到工厂中,用于处理请求。

### 10.3.6 配置视图页面

模型中只返回一个字符串,不直接调用视图。需要为视图文件名加前缀与后缀,构成完整的视图文件名,由 MVC 框架调用。

在 Spring MVC 配置文件中配置视图页面,这里配置了视图前缀<value>/WEB-INF/jsp/</value>(表明了视图的位置)和视图的后缀<value>.jsp</value>(表明了视图的类型)。

```
<!-- 视图页面配置 -->
<bean
    class="org.springframework.web.servlet.view.
        InternalResourceViewResolver">
    <property name="prefix">
        <value>/WEB-INF/jsp/</value>
    </property>
    <property name="suffix">
        <value>.jsp</value>
    </property>
</bean>
```

### 10.3.7 编写 Controller 类

Spring MVC 对 Controller 类约束较少,不需要继承类或实现某种接口,可以将其视为一个普通的类。Spring MVC 通过注解来描述类。HelloWorldController 类代码如下:

**程序清单**:/MVCSpringHello/src/org/ldh/HelloWorldController.java

```
@Controller
```

```
public class HelloWorldController {
    @RequestMapping(value = "/hello")
    public String helloWorld(Model model) {
        String dateStr=new DateModel().getDate();
        model.addAttribute("date", dateStr);
        return "hello";
    }
}
```

HelloWorldController 类就是一个普通的类，没有和外部的耦合，加上@Controller 注解表明这个类是 Spring Controller 类，形成的对象由 Spring MVC 管理。

这个类有一个方法 Hello，它返回字符串。如果没有注解，Hello 就是一个返回字符串的方法；加上注解@RequestMapping(value = "/Hello")，表明当 Web 请求为/hello.action 时，由 Spring MVC 实例化类，并且调用此方法，得到返回值，根据返回值加上前缀与后缀得到视图文件，由 Spring MVC 调用此视图文件。

这里生成的日期存储在 model 参数中，Spring MVC 渲染页面时再从 model 参数中取出日期。

### 10.3.8 编写视图

视图用 JSP 文件来实现，建立视图文件 hello.jsp，代码如下：

> 程序清单：/MVCSpringHello/WebContent/WEB-INF/jsp/hello.jsp

```
<%@ page language="java" contentType="text/html; charset=ISO-8859-1"
    pageEncoding="ISO-8859-1"%>
<!DOCTYPE html PUBLIC "-//W3C//DTD HTML 4.01 Transitional//EN" "http://www.w3.org/TR/html4/loose.dtd">
<html>
<head>
<meta http-equiv="Content-Type" content="text/html; charset=ISO-8859-1">
<title>spring mvc hello</title>
</head>
<body>
<h1>Hello World!</h1>
<h2>Hello World!</h2>
<h3>Hello World!</h3>
${date}
</body>
</html>
```

这里视图也没有与模型耦合，由 HTML 元素组成，还包含了取数据标签${date}。

### 10.3.9 运行项目

访问 http://localhost:8080/MVCSpringHello/hello.action，运行结果如图 10.13 所示。

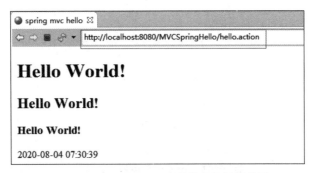

图 10.13　Spring MVC 实现的项目运行结果

## 10.4　Web 应用与 MVC

### 10.4.1　Web 应用模型

Web 应用由客户端（可以是浏览器，也可以是其他应用）与服务器端（Web 服务器）两部分组成，客户端发出请求，Web 服务器接收请求并且做出响应，两者之间遵循的协议是 HTTP。Web 应用模型如图 10.14 所示。

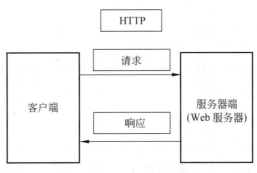

图 10.14　Web 应用模型

### 10.4.2　Web 应用中的 MVC

把 Web 应用模型进一步细化，加入控制器、模型与视图。在前面的例子中，通过浏览器输入 URL 发出一次 Web 请求。服务器端首先由控制器接收请求，并调用模型层进行业务逻辑处理，然后调用视图返回包含数据的网页。因此，一次完整的 Web 请求包含 URL 请求、控制器、业务逻辑处理（模型）与返回页面（视图）。Web 应用中的请求模型如图 10.15 所示。

在请求模型中，URL 请求与控制器之间是有连线的，是耦合的。在引入 MVC 框架的模型中，不仅能实现模型、视图、控制器三者之间的解耦，还可以实现 URL 请求与 Controller 之间的解耦。MVC 框架负责再把 URL 请求、控制器和视图连接起来，如图 10.16 所示，彻底解耦用虚线表示。

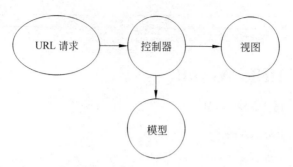

图 10.15　Web 应用中的请求模型

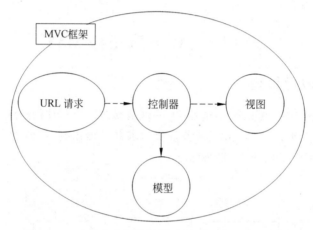

图 10.16　Web 应用中模型、视图和控制器之间的解耦

### 10.4.3　解耦原理

Spring MVC 实现 URL 请求、模型、视图和控制器之间的解耦的原理可以简单地理解为 MVC 框架把解耦的 URL 请求、模型、视图和控制器再连接在一起（耦合）。要理解 Spring MVC 的解耦原理，首先了解 Spring MVC 框架做了哪些工作。

从 Spring MVC 的第一个例子 MVCSpringHello 中就可以看出 Spring MVC 做了哪些工作。

（1）根据注解把 URL 请求与控制器联系起来。就是根据注解实现 URL 请求调用控制器的相应方法（@RequestMapping(value = "/hello")），这样就实现了 URL 请求调用控制器的解耦。

（2）管理控制器的对象。实例化控制器类，调用对象方法，给方法传参。传参也是解耦的关键，如果直接在 request 对象中获取请求参数，就和 HTTP 中的请求耦合，取参数变成由 Spring MVC 框架送参数（注入参数），这样就实现了 URL 请求与控制器传参解耦，从而实现了 URL 请求与控制器的彻底解耦。

（3）根据控制器中的方法返回字符串，加上前缀与后缀得到视图文件，由 Spring MVC 框架调用此视图文件，不是由控制器调用视图，这样就实现了控制器与视图调用的解耦。

（4）控制器与视图数据传递解耦。视图并不从控制器中取数据，控制器也不送数据给视图，而是存在第三方，控制器把数据存在第三方，由 Spring MVC 转存于 request。因此，在 JSP 页面取值时，都是用 ${requestScope.xxx}在 requestScope 范围内取值，这样就实现控制器与视图传参的解耦，从而实现了控制器与视图的彻底解耦。

### 10.4.4　Spring MVC 处理请求的过程

Spring MVC 的核心是 DispatcherServlet，它实质上也是一个 HttpServlet，通过配置 Servlet 来拦截请求所有的请求都经过 DispatcherSevlet 统一分发。Spring MVC 处理请求的过程如图 10.17 所示。

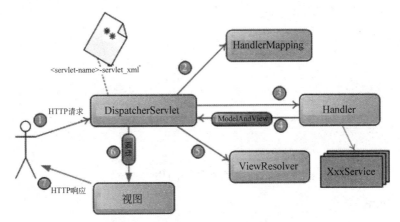

图 10.17　Spring MVC 处理请求的过程

用户向服务器发送请求，请求会到达 DispatcherServlet。DispatcherServlet 对请求 URL 进行解析，得到请求资源标识符（URI），然后根据该 URI 调用 HandlerMapping 获得该 Handler 配置的所有相关的对象（包括一个 Handler 对象、多个 HandlerInterceptor 对象），最后以 HandlerExecutionChain 对象的形式返回。

DispatcherServlet 根据获得的 Handler，选择一个合适的 HandlerAdapter。提取请求中的模型数据，填充 Handler 的入参，开始执行 Handler(Controller)。在填充 Handler 的入参过程中，根据配置，Spring MVC 将做以下工作：

（1）利用 HttpMessageConveter 将请求消息（如 JSON、SML 等数据）转换成一个对象，将对象转换成指定的响应信息。

（2）对请求消息进行数据转换。例如将 String 类型转换成 Integer 类型、Double 类型等。

（3）对请求消息进行数据格式化。例如将字符串转换成格式化数字或格式化日期等。

（4）验证数据的有效性（长度、格式等），将验证结果存储到 BindingResult 或 Error 中。

Handler 执行完成后，向 DispatcherServlet 返回一个 ModelAndView 对象。

DispatcherServlet 根据返回的 ModelAndView 对象选择一个适合的 ViewResolver。ViewResolver 再结合模型渲染视图,最后将渲染结果返回客户端。

## 10.5 学习 MVC 框架的思路

如何学习 MVC 框架?小到函数调用,大到框架原理,都归结为如何调用和如何传参。

### 10.5.1 函数描述与调用

函数由函数名、输入参数与返回参数描述。例如,求和函数如下,函数名是 sum,输入参数为 int n,输出参数为 int temp。

```
int sum(int n) {
    int temp = 0;
    for (int i = 0; i < n; i++) {
        temp = temp + i
    }
    return temp;
}
```

函数调用也很简单,就是函数名带参数直接调用。

### 10.5.2 Web 请求

Web 请求可以视为一个远程调用,相对于函数,Web 请求由以下几部分描述:
- 调用名(请求 URL)。
- 输入参数(get 或 post 方式传递数据)。
- 输出结果(返回网页或者 JSON 数据)。

### 10.5.3 对 MVC 框架的理解

MVC 框架处理 Web 请求的过程是 URL 请求→控制器→模型→视图。对 MVC 框架要从调用与传参方面理解。

(1) 搞清楚 URL 请求如何调用控制器,如何把参数传递给控制器(第 11 章介绍 URL 请求调用控制器的方法)。

(2) 搞清楚控制器如何调用视图,如何把数据传递给视图,视图如何取数据(第 12 章介绍控制器调用视图的方法)。

控制器直接调用模型,而不是由 Spring MVC 框架调用模型。

# 第 11 章 Spring MVC 中的 URL 请求调用控制器的方法

## 11.1 概 述

从浏览器等客户端发出的 URL 请求调用服务器端后台的哪个类由 @Controller 与 @RequestMapping 注解指定。

@Controller 注解标明哪个类是控制器类，@RequestMapping 注解给出 URL 请求和控制器类方法之间的映射。Spring MVC 根据这个映射，把 URL 请求与控制器联系起来。就是根据映射注解实现 URL 请求调用对应控制器类的方法，如图 11.1 所示。

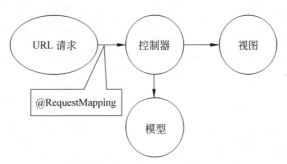

图 11.1 URL 请求调用控制器类的方法

## 11.2 创建动态 Web 项目

参照 MVCSpringHello 创建动态 Web 项目 SpringMvcUrlController。

### 11.2.1 编写控制器类

创建控制器类 HelloWorldController，控制器类的名称一般加后缀 Controller。在类上加注解 @Controller，表明它是控制器类。在方法 helloWorld 上加注解 @RequestMapping，表明控制器类与 URL 请求的映射关系。控制器类代码如下：

程序清单：/SpringMvcUrlController/src/org/ldh/HelloWorldController.java

```java
@Controller
public class HelloWorldController {
    @RequestMapping(value = "/hello")
    public String helloWorld(Model model) {
        SimpleDateFormat simpleDateFormat = new SimpleDateFormat("yyyy-MM-dd HH:mm:ss");
        Date date = new Date();
        String dateStr = simpleDateFormat.format(date);
        model.addAttribute("date", dateStr);
        return "hello";
    }
}
```

### 11.2.2　编写显示日期的视图

创建 view hello.jsp，显示当前日期。

程序清单：/SpringMvcUrlController/WebContent/WEB-INF/jsp/hello.jsp

```jsp
<%@ page language="java" contentType="text/html; charset=ISO-8859-1"
    pageEncoding="ISO-8859-1"%>
<!DOCTYPE html PUBLIC "-//W3C//DTD HTML 4.01 Transitional//EN" "http://www.w3.org/TR/html4/loose.dtd">
<html>
<head>
<meta http-equiv="Content-Type" content="text/html; charset=ISO-8859-1">
<title>spring mvc hello</title>
</head>
<body>
<h1>Hello World!</h1>
<h2>Hello World!</h2>
<h3>Hello World!</h3>
${date}
</body>
</html>
```

### 11.2.3　编写显示结果说明的视图

viewDesc.jsp 是显示页面，显示结果说明信息，这也体现了解耦后视图可以复用的特点。这个视图在本章例子中会得到复用。

程序清单：/SpringMvcUrlController/WebContent/WEB-INF/jsp/viewDesc.jsp

```jsp
<%@ page language="java" contentType="text/html; charset=utf-8"
    pageEncoding="utf-8"%>
<!DOCTYPE html PUBLIC "-//W3C//DTD HTML 4.01 Transitional//EN" "http://www.w3.
```

```
org/TR/html4/loose.dtd">
<html>
<head>
<meta http-equiv="Content-Type" content="text/html; charset=utf-8">
<title>结果说明</title>
</head>
<body>
<br>
<br>
<center>${desc}</center>
</body>
</html>
```

## 11.3 配置 web.xml 拦截 URL 请求

Spring MVC 接管 URL 请求是通过配置 Servlet 实现的，在 10.3.3 节中已进行了描述。

### 11.3.1 拦截带扩展名的请求

在 web.xml 中，用＜servlet-mapping＞标签配置拦截请求后缀为 action 和 do 的请求，代码如下：

```xml
<servlet-mapping>
    <servlet-name> dispatcher </servlet-name>
    <url-pattern> *.action</url-pattern>
</servlet-mapping>
<!--配置多个请求的方式-->
<servlet-mapping>
    <servlet-name> dispatcher </servlet-name>
    <url-pattern> *.do</url-pattern>
</servlet-mapping>
```

### 11.3.2 拦截所有请求

当要拦截所有请求时，修改 web.xml 配置文件中的＜url-pattern＞/＜/url-pattern＞标签，代码如下：

```xml
<servlet>
    <servlet-name>dispatcher</servlet-name>
    <servlet-class>org.springframework.web.servlet.DispatcherServlet</servlet-class>
    <init-param>
        <param-name>contextConfigLocation</param-name>
```

```xml
            <param-value>classpath:springContext.xml</param-value>
        </init-param>
        <load-on-startup>1</load-on-startup>
    </servlet>
    <servlet-mapping>
        <servlet-name>dispatcher</servlet-name>
        <url-pattern>/</url-pattern>
    </servlet-mapping>
```

### 11.3.3 对静态资源文件放行

当 Spring MVC 拦截所有请求时，也会拦截静态资源文件。因此需要修改 Spring MVC 配置文件，将静态资源文件放行。

在 Spring MVC 配置文件中添加＜mvc:default-servlet-handler/＞标签。发出静态资源请求后，请求传到 DispatcherServlet，DispatcherServlet 调用 RequestMappingHandlerMapping 进行映射匹配，如果匹配不成功，DispatcherServlet 最终会将请求转交给 Tomcat 进行处理。

```xml
<mvc:default-servlet-handler />
```

## ◆ 11.4 使用@Controller 定义控制器

在 Spring MVC 中，控制器负责处理由 DispatcherServlet 分发的请求。

### 11.4.1 控制器的定义

在 Spring MVC 中提供了一个非常简便的定义控制器的方法，无须继承特定的类或实现特定的接口，只需使用@Controller 标记一个类是控制器即可。

然后使用@RequestMapping 和@RequestParam 等注解定义 URL 请求和控制器类的方法之间的映射，这样控制器类的方法就能被外界访问了。

此外，控制器不会直接依赖于 HttpServletRequest 和 HttpServletResponse 等 HttpServlet 对象，相当于控制器与 HttpServletRequest 等参数是解耦的。

在上面的示例中，@Controller 是标记在类 HelloWorldController 上的，所以类 HelloWorldController 就是一个 Spring MVC 控制器对象了。

然后使用@RequestMapping(value = "/hello")标记在控制器类的 helloWorld 方法上，表示当请求/hello.action 时访问的是 HelloWorldController 类的 helloWorld 方法，该方法返回一个字符串。

### 11.4.2 Spring MVC 对控制器组件的管理

控制器是 Spring MVC 的一种组件，需要交给 Spring MVC 管理。有两种方法可以把 HelloWorldController 交给 Spring MVC 管理。

（1）在 Spring MVC 的配置文件中定义 HelloWorldController 为 Bean 对象：

```
<bean class="org.ldh.HelloWorldController"/>
```

这种方法需要对每一个控制器对象进行配置，比较麻烦。

（2）在 Spring MVC 的配置文件中说明到哪里找标记为@Controller 的控制器：

```
<context:component-scan base-package="org.ldh"></context:component-scan>
```

这种方法不需要一个一个配置控制器，是常用的方法。

## 11.5 使用@RequestMapping 建立映射关系

### 11.5.1 @RequestMapping 注解

可以使用@RequestMapping 注解映射 URL 请求到控制器类或者控制器类的方法上。

当@RequestMapping 标记在控制器类上时，方法的请求地址都是相对于类上的@RequestMapping 而言的；当控制器类上没有标记@RequestMapping 注解时，方法上的@RequestMapping 都是绝对路径。绝对路径和相对路径组合而成的最终路径都是相对于根路径而言的。

@RequestMapping 注解在方法 showView()上，代码如下：

**程序清单**：/SpringMvcUrlController/src/org/ldh/RequestMapingController.java
```
@Controller
public class RequestMapingController {
    @RequestMapping ( "/showRequestMapping" )
    public ModelAndView showView() {
        ModelAndView modelAndView = new ModelAndView();
        modelAndView.setViewName( "viewDesc" );
        modelAndView.addObject( "desc" , "@RequestMapping 注解在方法上" );
        return modelAndView;
    }
}
```

在这个控制器中，因为 RequestMapingController 没有加@RequestMapping 标记，所以当需要访问加了@RequestMapping 标记的 showView()方法时，使用绝对路径/showRequestMapping 请求就可以了。例如，当请求 URL 为 http://localhost:8080/SpringMvcUrlController/showRequestMapping 时，结果如图 11.2 所示。

图 11.2 @RequestMapping 注解在方法上

@RequestMapping 注解在类和方法上,代码如下:

程序清单:/SpringMvcUrlController/src/org/ldh/
RequestMapingClassController.java

```
@Controller
@RequestMapping ( "/test" )
public class RequestMapingClassController {
    @RequestMapping ( "/showRequestMapping" )
    public ModelAndView showView() {
        ModelAndView modelAndView = new ModelAndView();
        modelAndView.setViewName( "viewDesc" );
        modelAndView.addObject( "desc" , "@RequestMapping 注解在类和方法上" );
        return modelAndView;
    }
}
```

这种情况是在控制器类上加了@RequestMapping 注解,所以当需要访问加了@RequestMapping 标记的方法 showView()时,就需要使用 showView()方法上@RequestMapping 地址相对于加在控制器 RequestMapingClassController 上的@RequestMapping 注解的地址,即/test/showRequestMapping。例如,当请求为 http://localhost:8080/SpringMvcUrlController/test/showRequestMapping 时,结果如图 11.3 所示。

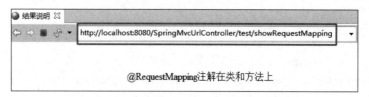

图 11.3 @RequestMapping 注解在类和方法上

### 11.5.2 处理多个 URL

可以将多个请求映射到一个方法上,只需要添加一个带有请求路径值列表的@RequestMapping 注解即可,示例代码如下:

程序清单:/SpringMvcUrlController/src/org/ldh/
RequestMapingMultipleController.java

```
@Controller
@RequestMapping("/Multiple")
public class RequestMapingMultipleController {
    @RequestMapping(value = { "", "/page", "page*" })
    public ModelAndView showView() {
        ModelAndView modelAndView = new ModelAndView();
        modelAndView.setViewName("viewDesc");
```

```
            modelAndView.addObject("desc", "@RequestMapping 处理多个 URL");
            return modelAndView;
    }
}
```

在这段代码中可以看到，@RequestMapping 支持通配符以及 ANT 风格的路径。在这段代码中，以下 URL 都会由 showView()来处理：

```
http://localhost:8080/SpringMvcUrlController/Multiple
http://localhost:8080/SpringMvcUrlController/Multiple/page
http://localhost:8080/SpringMvcUrlController/Multiple/page1
http://localhost:8080/SpringMvcUrlController/Multiple/page/
```

结果如图 11.4 所示。

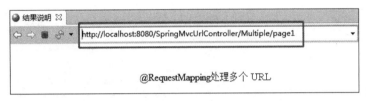

图 11.4  @RequestMapping 处理多个 URL

### 11.5.3  使用 URL 模板

@RequestMapping 注解可以和 @PathVaraible 注解一起使用，用来处理动态的 URL，URL 的值可以作为控制器中处理方法的参数。也可以使用正则表达式处理匹配到的动态 URL。

URL 模板就是在 URL 中给定一个变量，然后在映射时动态地给该变量赋值。例如，URL 模板 http://localhost/app/{variable1}/index.html 里面包含变量 variable1，那么当请求 http://localhost/app/hello/index.html 时，该 URL 就与 URL 模板相匹配，只是把模板中的 variable1 用 hello 取代。在 Spring MVC 中，这种取代模板中定义的变量值的方法也可以在控制器方法中使用，这样就可以非常方便地实现 URL 的 RESTful 风格。这个变量在 Spring MVC 中是使用@PathVariable 标记的。

在 Spring MVC 中，可以使用@PathVariable 标记一个控制器的处理方法参数，表示该参数的值将使用 URL 模板中对应的变量值，示例代码如下：

程序清单：/SpringMvcUrlController/src/org/ldh/
RequestMapingPathVariableController.java

```
@Controller
@RequestMapping("/PathVariable/{variable1}")
public class RequestMapingPathVariableController {
    @RequestMapping("/showView/{variable2}")
    public ModelAndView showView(@PathVariable String variable1, @PathVariable
("variable2") int variable2) {
```

```
        ModelAndView modelAndView = new ModelAndView();
        modelAndView.setViewName("viewDesc");
        modelAndView.addObject("desc", "@PathVariable variable1=" + variable1
 + " variable2=" + variable2);
        return modelAndView;
    }
}
```

在上面的代码中定义了两个 URL 变量：一个是控制器类上的 variable1；另一个是 showView()方法上的 variable2，然后在 showView()方法的参数中通过@PathVariable 标记使用这两个变量。

当访问 http://localhost:8080/SpringMvcUrlController/PathVariable/hello/showView/2 时，结果如图 11.5 所示。

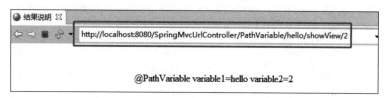

图 11.5　使用 URL 模板的结果

除了在请求路径中使用 URL 模板定义变量之外，在@RequestMapping 中还支持通配符(*)。例如，在下面的代码中就可以使用 http://localhost:8080/SpringMvcUrlController/wildcard/test/hello 访问 RequestMapingWildcardController 类的 showView()方法，结果如图 11.6 所示。

程序清单:/SpringMvcUrlController/src/org/ldh/
          RequestMapingWildcardController.java

```
@Controller
@RequestMapping("/wildcard")
public class RequestMapingWildcardController {
    @RequestMapping("*/hello")
    public ModelAndView showView() {
        ModelAndView modelAndView = new ModelAndView();
        modelAndView.setViewName("viewDesc");
        modelAndView.addObject("desc", "/wildcard/*/hello");
        return modelAndView;
    }
}
```

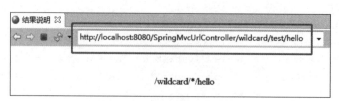

图 11.6　使用通配符 * 的结果

### 11.5.4 用 params 属性处理特定请求参数

@RequestMapping 注解的 params 属性可以进一步缩小请求映射的定位范围。使用 params 属性，可以让多个处理方法处理同一个 URL 请求，而这些请求的参数是不一样的。

可以用 myParams = myValue 这种格式定义参数，也可以使用通配符指定特定的参数值在请求中是不受支持的。

**程序清单**：/SpringMvcUrlController/src/org/ldh/
RequestMapingParamsController.java

```java
@Controller
@RequestMapping("/params")
public class RequestMapingParamsController {
    @RequestMapping(value = "/fetch", params = { "personId=10" })
    ModelAndView getParams(@RequestParam("personId") String id) {
        ModelAndView modelAndView = new ModelAndView();
        modelAndView.setViewName("viewDesc");
        modelAndView.addObject("desc", "Fetched parameter using params
            attribute = " + id);
        return modelAndView;
    }
    @RequestMapping(value = "/fetch", params = { "personId=20" })
    ModelAndView getParamsDifferent(@RequestParam("personId") String id) {
        ModelAndView modelAndView = new ModelAndView();
        modelAndView.setViewName("viewDesc");
        modelAndView.addObject("desc", "Fetched parameter using params
            attribute = " + id);
        return modelAndView;
    }
}
```

在这段代码中，getParams()和 getParamsDifferent()两个方法都能处理相同的 URL（/params/fetch），但是会根据 params 元素的配置决定具体执行哪一个方法。

例如，当 URL 是 http://localhost：8080/SpringMvcUrlController/params/fetch?personId=10 时，getParams()会执行，因为 personId 的值是 10，结果如图 11.7 所示。

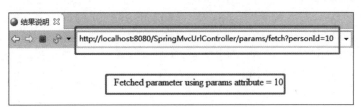

图 11.7 @RequestMapping 处理特定请求参数值

当 URL 是 http://localhost:8080/SpringMvcUrlController/params/fetch?personId=11 时会报错,因为没有 personId=11 的参数注解,如图 11.8 所示。

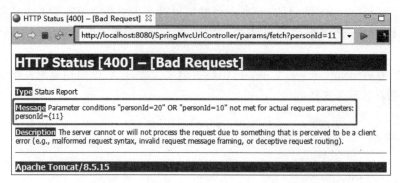

图 11.8 @RequestMapping 处理非特定请求参数值

### 11.5.5 用 method 属性处理 HTTP 的方法

Spring MVC 的@RequestMapping()注解能够处理 HTTP 请求的方法,例如 get()、put()、post()、delete()以及 patch()。

请求默认都是 HTTP GET 类型的。在 @RequestMapping 中使用 method 属性声明 HTTP 请求使用的方法类型。

程序清单:/SpringMvcUrlController/src/org/ldh/
RequestMapingMethodController.java

```
@Controller
@RequestMapping("/Method")
public class RequestMapingMethodController {
    @RequestMapping(value = { "", "/page", "page*" })
    public ModelAndView showView() {
        ModelAndView modelAndView = new ModelAndView();
        modelAndView.setViewName("viewDesc");
        modelAndView.addObject("desc", "@RequestMapping 处理多个 URL");
        return modelAndView;
    }
    @RequestMapping(method = RequestMethod.GET)
    ModelAndView get() {
        ModelAndView modelAndView = new ModelAndView();
        modelAndView.setViewName("viewDesc");
        modelAndView.addObject("desc", "Hello from get");
        return modelAndView;
    }
    @RequestMapping(method = RequestMethod.DELETE)
    ModelAndView delete() {
        ModelAndView modelAndView = new ModelAndView();
```

```java
        modelAndView.setViewName("viewDesc");
        modelAndView.addObject("desc", "Hello from delete");
        return modelAndView;
    }
    @RequestMapping(method = RequestMethod.POST)
    ModelAndView post() {
        ModelAndView modelAndView = new ModelAndView();
        modelAndView.setViewName("viewDesc");
        modelAndView.addObject("desc", "Hello from post");
        return modelAndView;
    }
    @RequestMapping(method = RequestMethod.PUT)
    ModelAndView put() {
        ModelAndView modelAndView = new ModelAndView();
        modelAndView.setViewName("viewDesc");
        modelAndView.addObject("desc", "Hello from put");
        return modelAndView;
    }
    @RequestMapping(method = RequestMethod.PATCH)
    ModelAndView patch() {
        ModelAndView modelAndView = new ModelAndView();
        modelAndView.setViewName("viewDesc");
        modelAndView.addObject("desc", "Hello from patch");
        return modelAndView;
    }
}
```

在这段代码中,@RequestMapping 注解中的 method 属性声明了 HTTP 请求的 HTTP 方法的类型。

所有的方法都会处理从同一个 URL(/Method)进来的请求,但要看指定的 HTTP 方法是什么来决定用哪个方法处理。

例如,一个 POST 类型的请求/Method 会交给 post()方法处理,而一个 DELETE 类型的请求/Method 则会由 delete()方法处理。浏览器输入网址默认处理方法是 get(),结果如图 11.9 所示。

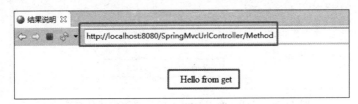

图 11.9 @RequestMapping 处理 HTTP 的 get()方法

## 11.5.6　@RequestMapping 的组合注解

Spring MVC 4.3 引入了方法级注解的变体,也称为@RequestMapping 的组合注解。组合注解可以更好地表达被注解方法的语义。它们的作用就是对@RequestMapping 的封装。

例如,@GetMapping 是一个组合注解,它是@RequestMapping(method = RequestMethod.GET)的快捷方式。

@PostMapping 是一个组合注解,它是@RequestMapping(method = RequestMethod.POST)的快捷方式。

方法级别的注解变体有如下几个:@GetMapping、@PostMapping、@PutMapping、@DeleteMapping、@PatchMapping。

## 11.5.7　@RequestMapping 默认的处理方法

在控制器类中,可以指定一个默认的处理方法,它可以在收到一个向默认 URL 发起的请求时被执行,没有参数的注解@RequestMapping()代表默认的处理方法。

下面是默认处理方法的示例:

**程序清单**:/SpringMvcUrlController/src/org/ldh/
RequestMapingDefaultController.java

```
@Controller
@RequestMapping("/default")
public class RequestMapingDefaultController {
    @RequestMapping()
    public ModelAndView showView() {
        ModelAndView modelAndView = new ModelAndView();
        modelAndView.setViewName("viewDesc");
        modelAndView.addObject("desc", "RequestMapping() default");
        return modelAndView;
    }
}
```

在这段代码中,向 http://localhost:8080/SpringMvcUrlController/default 发起的一个请求将由 showView()方法处理,因为注解@RequestMapping()并没有指定任何值,如图 11.10 所示。

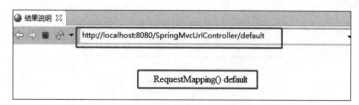

图 11.10　@RequestMapping()设置的默认处理方法

## 11.6 URL 请求传递参数到控制器

### 11.6.1 概述

Spring MVC 框架实例化控制器中的类,调用对象的方法,给方法传参。传参也是解耦的关键,如果直接在 HttpServletRequest 对象中获取请求参数,就和 HTTP 中的请求耦合。

取参数变成由 MVC 框架送参数(注入参数),就实现了 URL 请求与控制器传参的解耦,从而实现了 URL 请求与控制器的彻底解耦。注入参数如图 11.11 所示。

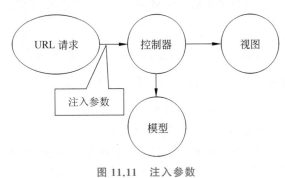

图 11.11 注入参数

控制器与 URL 请求是解耦的,控制器中的参数都是由 Spring MVC 框架注入的;如果是取参数,就与相应的对象耦合了。

注入参数有按照约定(名称一致约定、类型约定)的,有注解(当名称不一致时,需要加上注解)的,Spring MVC 依据约定或注解把 URL 参数注入处理方法中。

### 11.6.2 方法支持的参数类型

控制器类的方法可以接受以下参数类型:

(1) HttpServlet 对象,主要包括 HttpServletRequest、HttpServletResponse 和 HttpSession 对象。对于这些参数,Spring MVC 在调用控制器类的方法时会自动给它们赋值,所以当在控制器类的方法中需要使用这些对象时,可以直接在方法上给出参数的声明,然后在方法体中直接用就可以了。但是有一点需要注意,在使用 HttpSession 对象时,如果 HttpSession 对象还没有建立起来,就会有问题。

(2) Spring MVC 的 WebRequest 对象。使用该对象可以访问存放在 HttpServletRequest 和 HttpSession 中的属性值。

(3) InputStream、OutputStream、Reader 和 Writer。InputStream 和 Reader 是针对 HttpServletRequest 而言的,可以从该对象中取数据;OutputStream 和 Writer 是针对 HttpServletResponse 而言的,可以向该对象中写数据。

(4) 使用@PathVariable、@RequestParam、@CookieValue 和@RequestHeader 标记的参数。

（5）使用@ModelAttribute 标记的参数。

（6）java.util.Map、Spring 封装的 Model 和 ModelMap。这些都可以用来封装模型数据，用来在视图中展示。

（7）实体类。可以用来接收上传的参数。

（8）Spring 封装的 MultipartFile。用来接收上传文件。

（9）Spring 封装的 Errors 和 BindingResult 对象。这两个对象参数必须紧接在需要验证的实体对象参数之后，其中包含了实体对象的验证结果。

### 11.6.3 直接将请求参数名作为控制器类方法的形参

当 URL 请求参数名与方法参数名一致时，直接对应注入参数，视为按照约定注入参数。例如：

```
public  String login(String username, String password)
```

括号中的参数名必须与页面表单中的参数名相同。

实例代码如下：

```
@RequestMapping("/login")
    public ModelAndView login(String username,String password)  {
        ModelAndView modelAndView = new ModelAndView();
        modelAndView.setViewName("viewDesc");
        modelAndView.addObject("desc", "username="+username+" password="+
            password);
        return modelAndView;
    }
```

方法 login()的参数名与 URL 请求参数名一致时，就可以成功地注入参数。例如，当 URL 请求为 http://localhost:8080/SpringMvcUrlController/urldata/login?username=zhangsan&password=888 时，结果如图 11.12 所示。

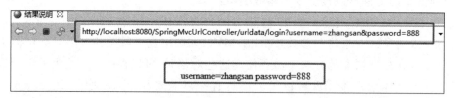

图 11.12　方法参数名与 URL 请求中的参数名一致时得到的注入参数

### 11.6.4 使用@RequestParam 绑定 URL 请求参数

@RequestParam 指定绑定哪个 URL 请求参数，通过注解实现参数注入。例如：

```
public String login(@RequestParam ("username") String name)
```

双引号中的 username 必须与页面参数名相同，String name 可以随便赋值。

实例代码如下:

```
@RequestMapping("/login1")
    public ModelAndView login1(@RequestParam ("username") String name,String password) {
        ModelAndView modelAndView = new ModelAndView();
        modelAndView.setViewName("viewDesc");
        modelAndView.addObject("desc", "username="+name+" password="+
            password );
        return modelAndView;
    }
```

方法 login1()的参数名与 URL 请求参数名不一致时,通过注解 URL 请求参数名(@RequestParam ("username") String name)得到注入参数。例如,当 URL 请求为 http://localhost:8080/SpringMvcUrlController/urldata/login1? username=lisi&password=888 时,结果如图 11.13 所示。

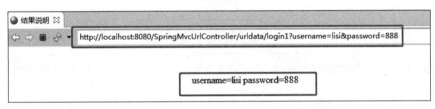

图 11.13　方法参数名与 URL 请求参数名不一致时得到的注入参数

在@RequestParam 中除了指定绑定哪个参数的 value 属性之外,还有一个属性 required,它表示指定的参数是否必须在 request 属性中存在。默认是 true,表示必须存在,当不存在时就会报错。

## 11.6.5　使用 URL 请求中的占位符参数接收参数

通过@PathVariable 可以将 URL 请求中的占位符参数{xxx}绑定到控制器类的方法形参中,其格式为

```
@PathVariable("xxx")
```

例如:

```
@RequestMapping(value="/login/{username}/{password}")
    public String login(@PathVariable("username") String name,@PathVariable("password") String password)
```

上面的@RequestMapping(value="/login/{username}/{password}")是以注解的方式写在方法中的。注解中的 username 和 password 必须和页面表单中的参数名相同。

实例代码如下:

```
@RequestMapping("/login2/{username}/{password}")
```

```
    public ModelAndView login2 (@PathVariable("username") String name, @PathVariable("password") String password) {
        ModelAndView modelAndView = new ModelAndView();
        modelAndView.setViewName("viewDesc");
        modelAndView.addObject("desc", "username=" + name + " password=" + password);
        return modelAndView;
    }
```

方法 login2( ) 通过注解 @RequestMapping(value = "/login/{username}/{password}")和@PathVariable("username") String name 绑定占位符,得到注入参数。例如,当请求为 http://localhost:8080/SpringMvcUrlController/urldata/login2/lisi/666 时,结果如图 11.14 所示。

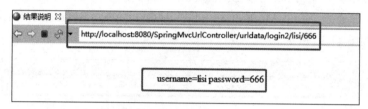

图 11.14 通过@PathVariable 将 URL 请求中的占位符绑定到控制器类的方法形参上

### 11.6.6 使用 Pojo 对象接收参数

Pojo 就是封装的类,类中封装的属性名与 URL 请求参数名一致。例如:

```
@RequestMapping(value="/login")
public String login(User user)
```

上面的注解就是把封装的一个类当成一个参数放在方法中,封装类中的属性名称就是 URL 请求参数名称。

PojoUser 类代码如下:

**程序清单**:/SpringMvcUrlController/src/org/ldh/urldata/User.java
```
public class User {
    private String username;
    private String password;
    public String getUsername() {
        return username;
    }
    public void setUsername(String username) {
        this.username = username;
    }
    public String getPassword() {
        return password;
    }
```

```
        public void setPassword(String password) {
            this.password = password;
        }
    }
```

将参数注入 Pojo 对象中,代码如下:

```
@RequestMapping("/loginpojo")
    public ModelAndView loginpojo(User user)   {
        ModelAndView modelAndView = new ModelAndView();
        modelAndView.setViewName("viewDesc");
        modelAndView.addObject("desc", "username="+user.getUsername()+"
            password="+user.getPassword());
        return modelAndView;
    }
```

例如,当 URL 请求为 http://localhost:8080/SpringMvcUrlController/urldata/loginpojo?username=zhangsan&password=ppp 时,URL 请求参数注入 Pojo 对象 user 中,结果如图 11.15 所示。

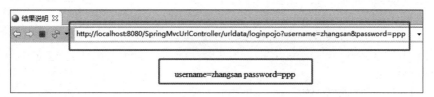

图 11.15　URL 请求参数注入 Pojo 对象 user 中

### 11.6.7　使用@CookieValue 获取 cookie 值

使用@CookieValue 绑定 cookie 值到控制器类方法的参数上。获取 cookie 值的处理方法代码如下:

```
@RequestMapping ( "cookieValue" )
public ModelAndView testCookieValue ( @CookieValue ( "JSESSIONID" ) String cookieValue, @CookieValue String JSESSIONID) {
    ModelAndView modelAndView = new ModelAndView();
    modelAndView.setViewName("viewDesc");
    modelAndView.addObject("desc", "JSESSIONID cookie "+cookieValue + "-----------" + JSESSIONID);
    return modelAndView;
}
```

在上面的代码中使用@CookieValue 绑定了 cookie 值到方法的参数上。上面一共绑定了两个参数:一个明确指定绑定名称为 JSESSIONID 的 cookie 值;另一个没有指定,按照参数名与 cookie 名一致绑定参数。

例如，当请求为 http://localhost:8080/SpringMvcUrlController/urldata/cookieValue 时，运行结果如图 11.16 所示。

图 11.16　使用@CookieValue 获取 cookie 值

### 11.6.8　使用@RequestHeader 获取报文头

使用@RequestHeader 注解绑定 HttpServletRequest 头信息到控制器类方法的参数上。获取报文头信息的处理方法代码如下：

```
@RequestMapping("testRequestHeader")
public ModelAndView testRequestHeader(@RequestHeader("Host") String hostAddr,
@RequestHeader String Host,
    @RequestHeader String host) {
ModelAndView modelAndView = new ModelAndView();
modelAndView.setViewName("viewDesc");
modelAndView.addObject("desc", "Host:--" + hostAddr + "--" + Host + "--" + host);
    return modelAndView;
}
```

在上面的代码中使用@RequestHeader 绑定了 HttpServletRequest 报文头 host 到控制器类方法的参数上。

例如，当 URL 请求为 http://localhost:8080/SpringMvcUrlController/urldata/testRequestHeader 时，显示结果如图 11.17 所示。

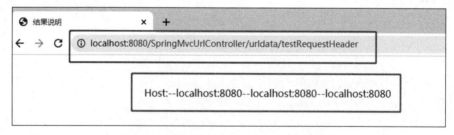

图 11.17　使用@RequestHeader 获取报文头

上面的方法的 3 个参数都将被赋予同一个值，由此可知，在绑定请求头参数到方法参数时的规则和@PathVariable、@RequestParam 以及@CookieValue 是一样的，即，当没有指定绑定哪个参数到方法参数时，将使用方法参数名作为需要绑定的参数名。

但是@RequestHeader 有一点跟另外 3 种绑定方式是不一样的，那就是在使用

@RequestHeader 时是大小写不敏感的,即 @RequestHeader("Host") 和 @RequestHeader("host") 绑定的都是报文头信息;而在 @PathVariable、@RequestParam 和 @CookieValue 中都是大小写敏感的。

### 11.6.9 使用 HttpServletRequest、HttpSession 获取参数

HttpServlet 主要包括 HttpServletRequest、HttpServletResponse 和 HttpSession 3 个对象。Spring MVC 在调用控制器类的方法时会自动给这些参数赋值,所以当在控制器类的方法中需要使用这些对象时,可以直接在方法中给出参数的声明,然后在方法体中直接用就可以了。

使用 Spring MVC 的 WebRequest 对象可以访问存放在 HttpServletRequest 和 HttpSession 中的属性值。

传统的做法是:注入参数 HttpServletRequest request,从 request 对象中取参数。

处理方法实例代码如下:

```
@RequestMapping("/loginRequest")
    public ModelAndView loginRequest (HttpServletRequest request)  {
        ModelAndView modelAndView = new ModelAndView();
        modelAndView.setViewName("viewDesc");
        modelAndView.addObject("desc", "username="+
            request.getParameter("username")+"
            password="+request.getParameter("password"));
        return modelAndView;
    }
```

例如,当 URL 请求为 http://localhost:8080/SpringMvcUrlController/urldata/loginRequest? username=lisi&password=ppp 时,运行结果如图 11.18 所示。

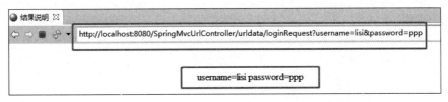

图 11.18  注入参数 request 并从 request 对象中取参数

## ◆ 11.7  URL 请求传递 JSON 数据

### 11.7.1  概述

当客户端传递 JSON 数据时,客户端一般采用 post 方式,以报文体提交 JSON 字符串。Spring MVC 可以以 Pojo 对象、Map、List 以及字符串等类型方式接收 JSON 数据。Spring MVC 会根据处理方法的参数类型自动创建相应类型的对象并注入 JSON 数据。

### 11.7.2 测试客户端

在地址栏无法提交 post 数据。编写一个能提交 post 数据的简单页面，作为测试页面。在 WebContent/tools 目录下建立 submitData.jsp 文件，代码如下：

程序清单：/SpringMvcUrlController/WebContent/tools/submitData.jsp

```jsp
<%@ page language="java" contentType="text/html; charset=utf-8"
    pageEncoding="utf-8"%>
<!DOCTYPE html>
<html>
<head>
<meta http-equiv="Content-Type" content="text/html; charset=utf-8">
<title>post json data</title>
</head>
<script type="text/javascript" src="${pageContext.request.contextPath }/jquery-1.11.3/jquery.js"></script>
<body>
    <table>
        <tr>
            <td>网址</td>
            <td><input type="text" size="100" id="url" name="url" /></td>
        </tr>
        <tr>
            <td>contentType</td>
            <td><select id="contentType" name="contentType">
                <option value="application/x-www-form-urlencoded; charset=utf-8">application/x-www-form-urlencoded; charset=UTF-8</option>
                <option value="application/json; charset=utf-8">application/json; charset=utf-8</option>
            </select></td>
        </tr>
        <tr>
            <td>内容</td>
            <td><textarea id="content" name="content" rows="3" cols="50"></textarea>
            </td>
        </tr>
        <tr>
            <td>返回结果</td>
            <td><textarea id="result" name="result" rows="3" cols="50"></textarea>
            </td>
        </tr>
        <tr>
```

```
            <td><input type="button" value="提交" onclick="commit();" /></td>
        </tr>
    </table>
</body>
<script type="text/javascript">
    function commit() {
        $.ajax({
            type : "post",
            data : $('#content').val(),
            url : $('#url').val(),
            dataType : "text",
            contentType : $('#contentType').val(),
            success : callback
        });
    }
    function callback(data) {
        $('#result').val(data)
    }
</script>
</html>
```

这里是用jQuery的AJAX提交数据的。因此,需要jQuery的支持:

```
<script type="text/javascript" src="${pageContext.request.contextPath}/jquery-1.11.3/jquery.js"></script>
```

提交方式是post方式,提交内容类型(contentType)可选择,这里用两种方式:application/x-www-form-urlencoded;charset=UTF-8与application/json;charset=utf-8。

"网址"与"内容"是用户输入的。返回的报文体显示在"返回结果"中($('#result').val(data))。

访问测试页面http://localhost:8080/SpringMvcUrlController/tools/submitData.jsp,结果如图11.19所示。

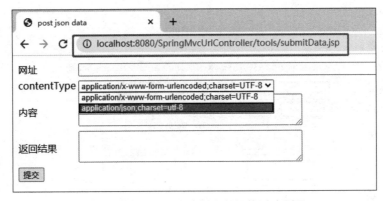

图11.19 以post方式提交数据的测试页面

### 11.7.3 使用@RequestBody 接收报文体

这里客户端用 post 方式，以报文体提交 JSON 字符串，Spring MVC 的控制器类方法接收整个请求报文体数据而不是某个参数时，需要用@RequestBody 注解表明接收的是整个请求报文体的数据。

### 11.7.4 使用@ResponseBody 返回报文体

这里的示例返回的文本字符串不是代表视图的字符串，而是报文体数据。因此，用@ResponseBody 表明返回的是报文体，而不是代表视图的字符串。

### 11.7.5 使用 Pojo 对象接收 JSON 数据

使用 Pojo 对象接收 JSON 数据要创建控制器类，代码如下：

> 程序清单：/SpringMvcUrlController/src/org/ldh/urldata/
> UrlDataJsonToController.java

```
@RequestMapping("/json")
public class UrlDataJsonToController {
}
```

前端传来的是一个 JSON 对象{"username":"zhangsan"，"password":"888"}时，可以用 Pojo 实体类直接进行自动绑定。处理方法示例代码如下：

```
@PostMapping(value = "/asPojo")
@ResponseBody
public String login(@RequestBody User user) {
    return "name=" + user.getUsername();
}
```

例如，当 URL 请求为 http://localhost:8080/SpringMvcUrlController/json/asPojo，contentType 选择 application/json;charset=utf-8 时，内容为 JSON 字符串{"username":"zhangsan"，"password":"888"}。单击"提交"按钮，在"返回结果"中得到提交的用户名，如图 11.20 所示。

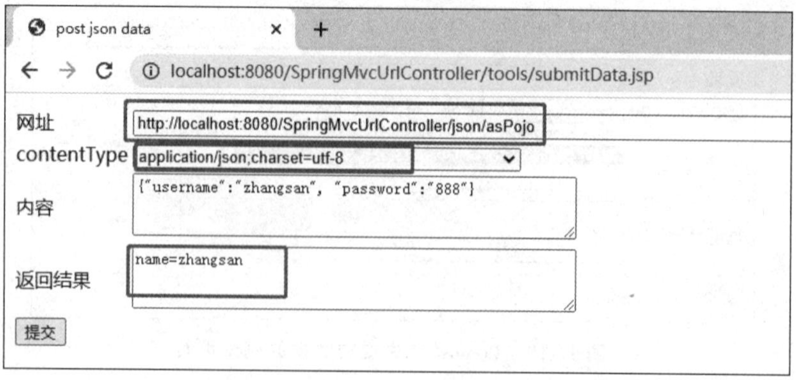

图 11.20 使用 Pojo 对象接收 JSON 数据

## 11.7.6 使用 Map 方式接收 JSON 数据

提交的 JSON 数据也可以以 Map 方式接收。处理方法示例代码如下：

```
@PostMapping(value = "/asMap")
@ResponseBody
public String map(@RequestBody Map<String, String> map) {
    return "name=" + map.get("username");
}
```

例如，当 URL 请求为 http://localhost:8080/SpringMvcUrlController/json/asMap，contentType 选择 application/json;charset＝utf-8 时，内容为 JSON 字符串 {"username":"lisi","password":"888"}。单击"提交"按钮，在"返回结果"中得到提交的用户名，如图 11.21 所示。

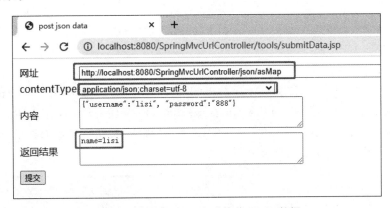

图 11.21 使用 Map 方式接收 JSON 数据

## 11.7.7 使用 List 方式接收 JSON 数据

当提交的 JSON 数据为数组时，可以以 List 方式接收。处理方法示例代码如下：

```
@PostMapping(value = "/asList")
@ResponseBody
public String list(@RequestBody List<User> list) {
    return "name=" + list.get(0).getUsername();
}
```

例如，当 URL 请求为 http://localhost:8080/SpringMvcUrlController/json/asList，contentType 选择 application/json;charset＝utf-8 时，内容为 JSON 字符串 [{"username":"wangwu","password":"888"}]。单击"提交"按钮，在"返回结果"中得到提交的用户名，如图 11.22 所示。

## 11.7.8 使用字符串方式接收 JSON 数据

提交的 JSON 数据也可以以字符串方式接收。处理方法示例代码如下：

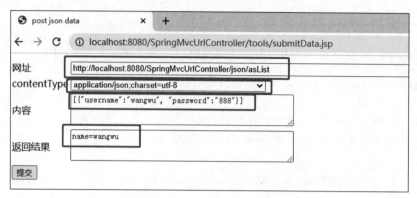

图 11.22 使用 List 方式接收 JSON 数据

```
@PostMapping(value = "/asString")
@ResponseBody
public String string(@RequestBody String data) {
    return  data;
}
```

例如，当 URL 请求为 http://localhost:8080/SpringMvcUrlController/json/asString，contentType 选择 application/json；charset＝utf-8 时，内容为 JSON 字符串 [{"username":"lili","password":"888"}]。单击"提交"按钮，在"返回结果"中得到提交的 JSON 字符串，如图 11.23 所示。

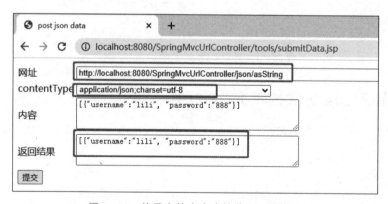

图 11.23 使用字符串方式接收 JSON 数据

# 第12章 使用 Spring MVC 中的控制器调用视图

## ◆ 12.1 控制器调用视图

### 12.1.1 概述

在前面的示例中，以控制器中的方法返回的字符串作为逻辑视图名称，加上前缀与后缀得到真实视图文件（真实视图名称），由 Spring MVC 框架来调用此视图文件，而不是由控制器调用视图，实现控制器与视图的调用解耦。控制器与视图的调用关系如图 12.1 所示。

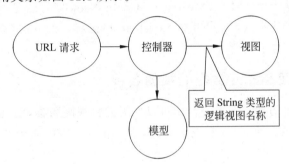

图 12.1 控制器与视图的调用关系

视图名称还可以用以下几种方法得到。

(1) 请求处理方法返回 String 类型是比较通用的方法，这样返回的逻辑视图名称不会和 URL 请求绑定，具有很大的灵活性，而模型数据又可以通过 ModelMap 控制。

(2) 请求处理方法返回 ModelAndView 类型也可以返回逻辑视图名称，ModelAndView 可以设置返回的视图名称。因此，不受 URL 请求的绑定。

(3) 请求处理方法返回 void、Map、Model 时，返回对应的逻辑视图名称作为请求的 URL，这样视图名和 URL 请求绑定，视为一种约定调用视图。

### 12.1.2 控制器支持的返回类型

控制器类的处理方法支持以下返回类型。

(1) 一个包含模型和视图的 ModelAndView 对象。

(2) 一个模型对象，这主要包括 Spring MVC 封装好的 Model 和 ModelMap 以及 java.util.Map，当没有视图返回时，视图名称将由 RequestToViewNameTranslator（其作用是从 request 中获取逻辑视图名称 viewName）来决定。

(3) 一个 View 对象。这时，如果在渲染视图的过程中需要模型，就可以为控制器类的方法定义一个模型参数，然后在方法体中为模型添加值。

(4) 一个 String 字符串。这往往代表的是一个视图名称。这时，如果在渲染视图的过程中需要模型，就可以为控制器类的方法定义一个模型参数，然后在方法体中为模型添加值。

(5) 返回值是 void。这种情况一般直接把返回结果写到 HttpServletResponse 中；如果没有写，那么 Spring MVC 将利用 RequestToViewNameTranslator 返回一个对应的视图名称。如果视图中需要模型，处理方法与返回字符串的情况相同。

(6) 如果控制器类的方法被注解@ResponseBody 标记，那么控制器类的方法的任何返回类型都会通过 HttpMessageConverters 转换之后写到 HttpServletResponse 中，而不会像以上几种情况一样当做视图或者模型来处理。

(7) 除了以上几种情况之外的其他任何返回类型都会被当作模型中的一个属性来处理，而返回的视图还是由 RequestToViewNameTranslator 决定，添加到模型中的属性名称可以在该方法上用@ModelAttribute("attributeName")定义，否则将使用返回类型的类名称首字母小写形式来表示。使用@ModelAttribute 标记的方法会在使用@RequestMapping 标记的方法执行之前执行。

### 12.1.3 返回 String 类型的视图名称

控制器类的方法返回的字符串可以作为逻辑视图名称，由视图解析器解析加上前缀与后缀得到视图文件，即真实视图地址，由 Spring MVC 调用此视图文件。创建控制器类，代码如下：

程序清单：/SpringMvcControllerView/src/org/ldh/
ControllerToViewController.java

```
@Controller
@RequestMapping(value = "/view")
public class ControllerToViewController {

}
```

在控制器类上加了@RequestMapping(value = "/view")注解。

控制器类的方法返回代表视图的字符串，代码如下：

```
@RequestMapping(value = "/string")
public String stringView (Model model) {
    model.addAttribute("desc", "返回字符串,调用字符串代表的视图");
    return "viewDesc";
}
```

例如，当 URL 请求为 http://localhost:8080/SpringMvcControllerView/view/

string 时,结果如图 12.2 所示。

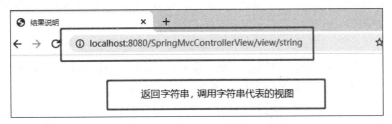

图 12.2 返回字符串作为视图名称

### 12.1.4 返回 ModelAndView 对象

控制器类的方法返回一个包含模型和视图的 ModelAndView 对象,从其名称也可以看出此类型包括模型和视图数据。在控制器类的方法中定义 ModelAndView 对象并返回该对象,在对象中可添加模型数据、指定视图。代码如下:

```
@RequestMapping("/ModelAndView")
public ModelAndView modelView() {
    ModelAndView modelAndView = new ModelAndView();
    modelAndView.setViewName("viewDesc");
    modelAndView.addObject("desc", "返回ModelAndView,调用ModelAndView中的视图");
    return modelAndView;
}
```

例如,当 URL 请求为 http://localhost:8080/SpringMvcControllerView/view/ModelAndView 时,结果如图 12.3 所示。

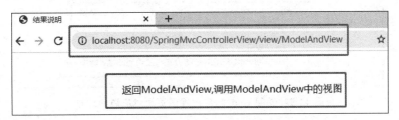

图 12.3 返回 ModelAndView 对象并调用该对象中的视图

### 12.1.5 返回 void

如果返回值为 void,则响应的视图页面对应访问地址。返回值是 void,这种情况一般是直接把返回结果写到 HttpServletResponse 中。如果没有写返回结果,那么 Spring MVC 将会利用 RequestToViewNameTranslator,其作用是从 request 中获取逻辑视图名称 viewName 并返回对应的真实视图名称。如果视图中需要模型,处理方法与返回字符串的情况相同。返回 void 的方法的示例代码如下:

```
@RequestMapping("/viewDesc")
```

```
public void returnVoid(Model model) {
    model.addAttribute("desc", "返回 void,响应的视图页面对应访问地址 viewDesc");
    return;
}
```

因为在类上加了@RequestMapping(value = "/view")注解,并且返回值为 void,所以对应的逻辑视图名称为请求的 URL,即"view/viewDesc"。

例如,当 URL 请求为 http://localhost:8080/SpringMvcControllerView/view/viewDesc 时,显示结果为 HTTP Status[404]-[Not Found],因为不存在/SpringMvcControllerView/WEB-INF/jsp/view/viewDesc.jsp 视图,如图 12.4 所示。

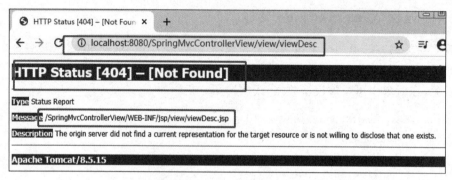

图 12.4 视图不存在

复制 viewDesc.jsp 到/SpringMvcControllerView/WEB-INF/jsp/view 目录下,再次发出 URL 请求,结果如图 12.5 所示。

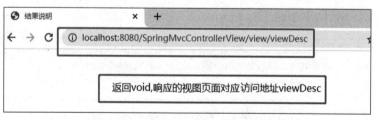

图 12.5 返回 void,响应的视图页面对应访问地址

### 12.1.6 返回 Map 对象

控制器类的方法返回的模型对象主要包括 Spring MVC 封装好的模型、ModelMap 以及 java.util.Map。当没有视图返回时,视图名称将由 RequestToViewNameTranslator 决定。

返回模型、ModelMap 及 Map 对象与返回 void 一样,响应的视图页面对应访问地址。也就是当没有返回视图信息时,响应的视图页面对应访问地址。这样视图名称和 URL 请求绑定,造成耦合,视图不能复用。viewDesc.jsp 已与/view/viewDesc 绑定,不能够复用。因此,以下示例需要复制新的视图 viewDesc1.jsp,以响应新的请求/view/

viewDesc1。处理方法的代码如下：

```
@RequestMapping("/viewDesc1")
public Map showView() {
    Map map = new HashMap();
    map.put("desc", "返回 Map,响应的视图页面对应访问地址 viewDesc1");
    return map;
}
```

例如，当 URL 请求为 http://localhost:8080/SpringMvcControllerView/view/viewDesc1 时，结果如图 12.6 所示。

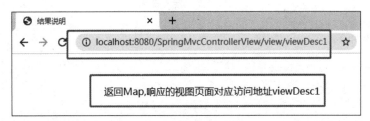

图 12.6　返回 Map，响应的视图页面对应访问地址

### 12.1.7　Spring MVC 的转发与重定向

转发是将用户对当前处理的请求转发给另一个视图或处理请求，以前的请求中存放的信息不会失效。重定向是将用户从当前处理请求定向到另一个视图（例如 JSP）或处理请求，以前的请求中存放的信息全部失效，并进入一个新的请求作用域。

转发是服务器端行为，重定向是客户端行为。

**1. 转发过程**

客户端浏览器发送 HTTP 请求，Web 服务器接收此请求，调用内部的一个方法在容器内部完成请求处理和转发动作，将目标资源发送给客户端。在这里转发的路径必须是同一个 Web 容器下的 URL，而不能转向到其他的 Web 路径上，中间传递的是该 Web 容器内的请求。

在客户端浏览器的地址栏中显示的仍然是其第一次访问的路径，也就是说客户端感觉不到服务器做了转发，浏览器只发送了一次访问请求。

在 Spring MVC 框架中，控制器类中处理方法的 return 语句默认就是转发实现，只不过实现的是转发到视图。示例代码如下：

```
@RequestMapping("/register")
public String register() {
    return "register";          //转发到 register.jsp
}
```

可以通过在返回的字符串前面加前缀"forward:"表示转发到另一个请求方法。转发请求可以理解为控制器调用控制器,如图 12.7 所示。

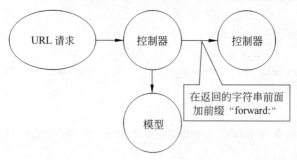

图 12.7　转发请求

示例代码如下:

```
@RequestMapping("/login")
public String login() {
    //转发到一个请求方法(同一个控制器类可以省略/index/)
    return "forward:/index/isLogin";
}
```

### 2. 重定向过程

客户端浏览器发送 HTTP 请求,Web 服务器接收后发送 302 状态码响应及新的地址给客户端浏览器。客户端浏览器发现是 302 响应,则自动再发送新的 HTTP 请求,请求 URL 是新的地址。服务器根据此请求寻找资源并发送给客户端。

在这里地址可以重定向到任意 URL,既然是浏览器重新发出了请求,就没有请求传递了。在客户浏览器的地址栏中显示的是其重定向的路径,客户端可以观察到地址的变化。客户端浏览器发送了两次访问请求。

可以通过在返回的字符串前面加前缀"redirect:"表示重定向一个请求。重定向可以理解为 C 发起一个 URL 请求,如图 12.8 所示。

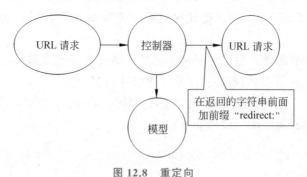

图 12.8　重定向

示例代码如下:

```
@RequestMapping("/isLogin")
```

```
public String isLogin() {
    //重定向到一个请求方法
    return "redirect:/index/isRegister";
}
```

完整的转发与重定向的示例代码如下：

```
@Controller
@RequestMapping("/index")
public class IndexController {
    @RequestMapping("/isRegister")
    public String isRegister() {
        //转发到一个视图
        return "register";
    }
    @RequestMapping("/login")
    public String login() {
        //转发到另一个请求方法(在同一个控制器类内可以省略/index/)
        return "forward:/index/isLogin";
    }
    @RequestMapping("/isLogin")
    public String isLogin() {
        //重定向到一个请求方法
        return "redirect:/index/isRegister";
    }
}
```

在 Spring MVC 框架中，不管是重定向还是转发，都需要符合视图解析器的配置要求。如果直接转发到一个不需要 DispatcherServlet 的资源，例如：

```
return "forward:/html/my.html";
```

则需要使用 mvc：resources 配置：

```
<mvc:resources location="/html/" mapping="/html/**"/>
```

## 12.2 控制器返回数据

当请求响应是文本字符串、JSON 数据、文件、图片而不是视图时，控制器类中的方法直接返回数据，也就是不再调用视图，而是直接返回响应报文体。

### 12.2.1 使用@ResponseBody 返回报文体

有时 URL 请求需要返回数据，而不是一个页面，这通过在控制器中加@responseBody 注解来实现，此时控制器返回报文体，如图 12.9 所示。

如果控制器类的方法被注解@ResponseBody 标记，那么控制器类的方法的任何返回

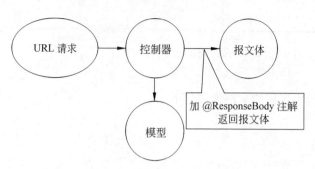

图 12.9　控制器返回报文体

类型都会通过 HttpMessageConverters 转换之后写到 HttpServletResponse 中,而不会像前面的情况一样当作视图或者模型来处理。

@responseBody 注解的作用是将控制器类的方法返回的对象通过适当的转换器转换为指定的格式之后,直接写入 HTTP 响应报文体(ResponseBody)。

这种方法通常用来返回 JSON 数据或者 XML 数据。需要注意的是,在使用此注解之后不会再经过视图处理器,而是直接将数据写入输入流中,其效果等同于通过 response 对象输出指定格式的数据。

创建控制器类 ResponseDataController,在类上加访问路径注解@RequestMapping(value = "/responseData"),代码如下：

**程序清单**:/SpringMvcControllerView/src/org/ldh/ResponseDataController.java
```
@Controller
@RequestMapping(value = "/responseData")
public class ResponseDataController {
}
```

添加请求处理方法 getData(),在该方法上加@ResponseBody 注解以返回响应报文体,代码如下：

```
@ResponseBody
@RequestMapping(value = "/string")
public String getData() {
    return "通过@ResponseBody 返回报文体";
}
```

例如,当 URL 请求为 http://localhost:8080/SpringMvcControllerView/responseData/string 时,结果如图 12.10 所示,输出结果因为有中文而出现乱码。

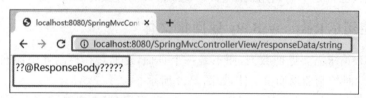

图 12.10　通过@ResponseBody 返回报文体

## 12.2.2 使用@RequestMapping 的 produces 属性描述报文体

当输出响应报文体时,需要报文头的配合。报文头描述报文体,以便客户端正确识别报文体的内容,12.2.1 节的例子出现乱码就是由于没有正确描述报文体的报文头。可以通过@RequestMapping 的 produces 属性描述报文体,以便客户端正确识别报文体。

添加方法 getData1(),在该方法上加请求映射注解@RequestMapping,并在其中添加属性 produces = "text/html;charset=utf-8",表明报文体是文本,且编码为 UTF-8,代码如下:

```
@ResponseBody
@RequestMapping(value = "/string1",produces = "text/html;charset=utf-8")
public String getData1() {
    return "@ResponseBody 返回报文体,用 produces 描述响应报文体的类型及编码";
}
```

当请求为 http://localhost:8080/SpringMvcControllerView/responseData/string1 时,结果如图 12.11 所示,没有出现乱码。

图 12.11 通过@ResponseBody 返回报文体,用 produces 属性描述报文体

## 12.2.3 使用响应文本流 Writer 输出文本

可以通过响应文本流 Writer 输出文本。添加方法 getDataByWriter(),该方法无返回值,通过响应文本流 Writer 输出文本,代码如下:

```
@RequestMapping(value = "/getDataByWriter",produces = "text/html;charset=utf-8")
public void getDataByWriter(Writer writer) throws IOException {
    writer.write("通过响应文本流 Writer 输出文本");
}
```

例如,当 URL 请求为 http://localhost:8080/SpringMvcControllerView/responseData/getDataByWriter 时,结果如图 12.12 所示。

图 12.12 通过响应文本流 Writer 输出文本

从图 12.12 中看出输出有乱码。在浏览器中查看响应头信息,如图 12.13 所示。在响应头信息中并未看到"Content-Type:text/html;charset=utf-8"信息,也就是说属性注解中的 produces = "text/html;charset=utf-8"并未起作用,因此,输出为乱码。

图 12.13　在浏览器中查看响应头信息

用文本流 Writer 输出文本,Spring MVC 对输出不再干预,由用户负责输出。因此,响应头信息并未设置。

### 12.2.4　使用 HttpServletResponse 输出文本

在前面的实例中都是 Spring MVC 负责输出。但在一些复杂的应用场景中,需要利用原生的 Servlet API HttpServletResponse 输出响应,而不是利用 Spring MVC 输出。在 Spring MVC 中利用 HttpServletResponse 输出响应和在 Servlet 中输出响应一样,都是利用 HttpServletResponse。

添加方法 getDataByResponse(),在该方法中通过 HttpServletResponse 输出文本。设置报文头数据类型(response.setContentType("text/html;charset=utf-8")),按照 UTF-8 格式输出文本(response.getOutputStream().write("通过 HttpServletResponse 输出文本".getBytes("utf-8"))),代码如下:

```
@RequestMapping(value = "/outDataResponse")
public void getDataByResponse(HttpServletResponse response) throws
    IOException {
    response.setContentType("text/html;charset=utf-8");
    response.getOutputStream().write("通过 HttpServletResponse 输出文本".
getBytes("utf-8"));
}
```

例如,当 URL 请求为 http://localhost:8080/SpringMvcControllerView/responseData/outDataResponse 时,输出如图 12.14 所示。

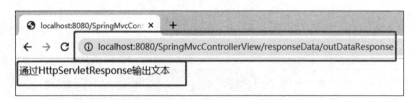

图 12.14　通过 HttpServletResponse 输出文本

## 12.3 返回 JSON 数据

加了@responseBody 注解后，控制器类的方法返回值满足键-值对形式（对象或 Map）时，把响应头的 Content-Type 属性设置为"application/json;charset=utf-8"，并把返回的内容自动转换成 JSON 字符串格式，把转换后的 JSON 数据以输出流的形式响应给客户端。

### 12.3.1 创建 Controller 类

创建控制器类 ControllerJsonController，为控制器加@Controller 注解、请求映射注解@RequestMapping(value = "/json")和响应报文体注解@ResponseBody，表明返回客户端的不是视图，而是 JSDN 数据。代码如下：

程序清单：/SpringMvcControllerView/src/org/ldh/ControllerJsonController.java

```
@Controller
@RequestMapping(value = "/json")
@ResponseBody
public class ControllerJsonController {

}
```

### 12.3.2 返回实体对象

当处理方法返回实体对象时，自动转换为 JSON 数据返回客户端，处理方法代码如下：

```
@RequestMapping(value = "/user")
public User getUser() {
    User li=new User();
    li.setUsername("李四");
    li.setPassword("8888");
    return li;
}
```

例如，当 URL 请求为 http://localhost:8080/SpringMvcControllerView/json/user 时，结果如图 12.15 所示，处理方法返回实体对象，返回客户端的是 JSON 数据。

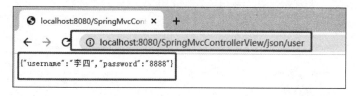

图 12.15　处理方法返回的实体对象自动转换为 JSON 数据

### 12.3.3 返回 List 对象

当处理方法返回 List 对象时,自动转换为 JSON 数据返回客户端,处理方法代码如下:

```
@RequestMapping(value = "/users")
public List<User> getUsers() {
    List<User> users= new ArrayList();
    User li=new User();
    li.setUsername("李四");
    li.setPassword("8888");
    users.add(li);
    User zhang=new User();
    zhang.setUsername("张三");
    zhang.setPassword("8888");
    users.add(zhang);
    return users;
}
```

例如,当 URL 请求为 http://localhost:8080/SpringMvcControllerView/json/users 时,结果如图 12.16 所示,处理方法返回 List 对象,返回客户端的是 JSON 数据。

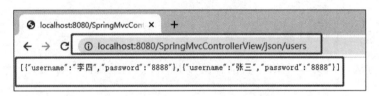

图 12.16 处理方法返回的 List 对象自动转换为 JSON 数据

### 12.3.4 返回 Map 对象

当处理方法返回 Map 对象时,自动转换为 JSON 数据返回客户端,处理方法代码如下:

```
@RequestMapping(value = "/map")
public Map getUserMap() {
    Map li=new HashMap();
    li.put("username","李四");
    li.put("password","8888");
    return li;
}
```

例如,当 URL 请求为 http://localhost:8080/SpringMvcControllerView/json/map 时,结果如图 12.17 所示,处理方法返回 Map 对象,返回客户端的是 JSON 数据。

图 12.17　处理方法返回的 Map 对象自动转换为 JSON 数据

### 12.3.5　返回字符串

如果加了@ResponseBody 注解的控制器类的方法的返回值不满足键-值对形,例如返回值为字符串,把相应头的 Content-Type 设置为 text/html,并把返回值的内容以流的形式直接输出即可。但是,如果返回内容中有中文,会出现中文乱码问题,解决办法就是在@RequestMapping 注解中加入 produces ＝ "text/html;charset＝utf-8"。

处理方法返回字符串,返回客户端的也是字符串,代码如下：

```
@RequestMapping(value = "/string",produces = "text/html;charset=utf-8")
public String getUserString() {
    return "字符串直接返回客户端";
}
```

例如,当 URL 请求为 http://localhost:8080/SpringMvcControllerView/json/string 时,处理方法返回字符串,返回客户端的也是字符串,如图 12.18 所示。

图 12.18　处理方法直接将字符串返回客户端

### 12.3.6　使用@RestController 生成 RESTful API

开发 RESTful API 时,一般都会为控制器类加上@RestController 注解。@RestController 注解相当于@ResponseBody 和@Controller 组合在一起的作用。

在类上加@RestController 注解,代码如下：

```
@RestController
@RequestMapping(value = "/rest")
public class ControllerRestController {
    @RequestMapping(value = "/user")
    public User getUser() {
        User li=new User();
        li.setUsername("李四");
        li.setPassword("8888");
```

```
        return li;
    }
}
```

例如,当 URL 请求为 http://localhost:8080/SpringMvcControllerView/rest/user 时,结果如图 12.19 所示。

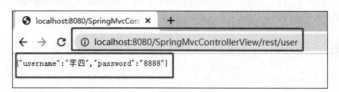

图 12.19 @RestController 注解返回客户端的是 JSON 数据

## 12.4 @ResponseStatus 注解

@ResponseStatus 注解的作用是改变 HTTP 的响应状态码。

@ResponseStatus 注解加在方法与类上。它有两个属性：一个是 value 或 code,是响应状态码;另一个是 reason,是响应状态码对应的状态信息。

### 12.4.1 改变响应状态码

@ResponseStatus 注解底层是通过设置 response.setStatus 实现。在 @RequestMapping 方法执行完成,Spring MVC 解析返回值之前,进行 response.setStatus 设置。

创建控制器类 ResponseStatusController.java,在类上加请求映射注解 @RequestMapping ("/responseStatus"),代码如下：

程序清单:/SpringMvcControllerView/src/org/ldh/ResponseStatusController.java

```
@Controller
@RequestMapping("/responseStatus")
public class ResponseStatusController {

}
```

创建处理方法 view(),为该方法加请求映射注解 @RequestMapping("/view") 和响应头映射注解 @ResponseStatus,代码如下：

```
@RequestMapping("/view")
@ResponseBody
@ResponseStatus(code = HttpStatus.NOT_FOUND, reason = "我自定义的 404 信息")
public String view() {
    return "hello world";
}
```

例如,当 URL 请求为 http://localhost:8080/SpringMvcControllerView/responseStatus/view 时,返回 HTTP STATUS [404]-[Not Found]错误,错误信息为"我自定义的 404 信息",这是因为代码中有响应头注解@ResponseStatus(code = HttpStatus.NOT_FOUND, reason = "我自定义的 404 信息"),结果如图 12.20 所示。

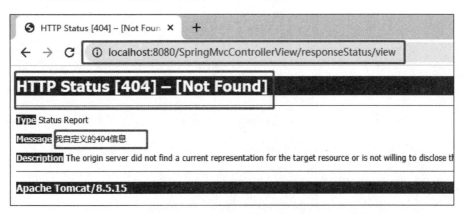

图 12.20  @ResponseStatus 注解返回响应状态码及状态信息

@ResponseStatus(code=A,reason=B)标注在加了@RequestMapping 注解的方法上,其作用与 response.sendError(A,B)是一样的。

### 12.4.2 用@RequestMapping 自定义异常应用

可以通过在自定义异常类上加@RequestMapping 注解返回异常的状态码与状态信息。

Spring MVC 使用 HandlerExceptionResolver 处理程序异常。

如果没有在配置中加入＜mvc:annotation-driver/＞,Spring MVC 的 DispatcherServlet 默认装配 AnnotationMethodHandlerExceptionResolver 异常处理器;在加入了＜mvc:annotation-driver/＞之后,Spring MVC 将装配 HandlerException 异常处理器。

创建自定义异常类 UserNameNotMatchPasswordException.java,当用户名和密码错误时触发异常,代码如下:

程序清单:/SpringMvcControllerView/src/org/ldh/
　　　　UserNameNotMatchPasswordException.java

```
@ResponseStatus(value = HttpStatus.FORBIDDEN, reason = "用户名和密码不匹配!")
public class UserNameNotMatchPasswordException extends RuntimeException {
}
```

这个异常类没有方法,在类上加响应状态注解@ResponseStatus(value = HttpStatus.FORBIDDEN,reason = "用户名和密码不匹配!")。这个异常被触发时返回响应的状态码与状态信息。

在类 ResponseStatusController 中创建方法 login(),为该方法加请求响应注解@RequestMapping("/login"),当用户名与密码不正确时触发异常,即 throw new

UserNameNotMatchPasswordException(),代码如下:

```
@RequestMapping("/login")
@ResponseBody
public String login(String username,String password) {
    if (username != null&&username.equalsIgnoreCase("lisi")&&password!=null
&&password.equalsIgnoreCase("888")) {
        return "success";
    }
    else
    {
        throw new UserNameNotMatchPasswordException();
    }
}
```

当用户名与密码正确时,例如 URL 请求为 http://localhost:8080/SpringMvcControllerView/responseStatus/login? username=lisi&password=888,结果如图 12.21 所示,返回 success。

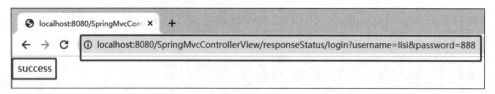

图 12.21　用户名与密码正确

当用户名与密码不正确时,例如 URL 请求为 http://localhost:8080/SpringMvcControllerView/responseStatus/login? username=lisi&password=666,结果返回异常状态码为 500 的内部错误,如图 12.22 所示。

图 12.22　用户名与密码不正确时触发异常

## 12.5 返回 ResponseEntity 类型

使用 Spring MVC 时，达到同一目的通常有很多方法。可以通过@ResponseBody 注解返回报文体，也可以直接返回 ResponseEntity 类型的报文体，ResponseEntity 可以直接处理 HTTP 响应。

本节介绍如何通过 ResponseEntity 设置 HTTP 响应的状态码（Status）头信息（Header）及相应内容（Body）。

ResponseEntity 类继承自 HttpEntity，有 3 个关键属性：httpStatus、body、httpHeader，分别代表响应状态码、响应体和响应头。

ResponseEntity 标识整个 HTTP 响应：状态码、响应头以及响应体，因此可以使用它对 HTTP 响应实现完整配置。可以使用任意类型作为响应体。

创建控制器类 ResponseEntityController.java，在类上加请求映射注解@RequestMapping("/responseEntity ")，代码如下：

程序清单：/SpringMvcControllerView/src/org/ldh/ResponseEntityController.java

```
@Controller
@RequestMapping("/responseEntity")
public class ResponseEntityController {

}
```

### 12.5.1 返回 JSON 字符串

当 ResponseEntity 的 Body 参数满足键-值对形式（对象或 Map）时，把响应头的 Content-Type 属性设置为"application/json;charset=utf-8"，并把返回的内容自动转换成 JSON 字符串格式，把转换后的 JSON 字符串以输出流的形式响应给客户端。

添加方法 getUser()，返回类型为 ResponseEntity，ResponseEntity 的 Body 参数为 User 对象，那么返回客户端的内容自动转换为 JSON 格式，代码如下：

```
@RequestMapping(value = "/user")
public ResponseEntity getUser() {
    ResponseEntity responseEntity = new ResponseEntity(new User("李四",
"555"), HttpStatus.OK);
    return responseEntity;
}
```

例如，当 URL 请求为 http://localhost:8080/SpringMvcControllerView/responseEntity/user 时，返回 JSON 数据，如图 12.23 所示。

使用 ResponseEntity 返回 JSON 数据等效于前面的例子中加@ResponseBody 注解返回对象。

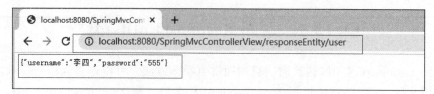

图 12.23 使用 ResponseEntity 返回 JSON 数据

### 12.5.2 返回字符串

当 ResponseEntity 的 Body 参数不符合键-值对形式，例如返回值为字符串，把响应头的 Content-Type 设置为 text/html，并把返回值的内容以流的形式直接输出。

添加方法 hello()，该方法返回类型为 ResponseEntity，ResponseEntity 的 Body 参数为"Hello World! 你好世界"，状态码为 HttpStatus.OK，代码如下：

```
@GetMapping("/hello")
ResponseEntity<String> hello() {
    ResponseEntity responseEntity = new ResponseEntity<>("Hello World!你好世界", HttpStatus.OK);
    return responseEntity;
}
```

例如，当 URL 请求为 http://localhost:8080/SpringMvcControllerView/responseEntity/hello 时，结果如图 12.24 所示，由于字符串中有中文，所以出现乱码。

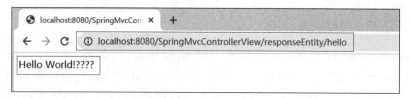

图 12.24 使用 ResponseEntity 返回字符串

使用 ResponseEntity 返回字符串等效于前面的例子中加 @ResponseBody 注解返回字符串。

### 12.5.3 设置 Content-Type 响应头

通过设置 Content-Type 响应头为"text/html;charset=utf-8"解决乱码问题。添加方法 hello2()，在方法中创建 headers，添加响应头信息 headers.add("Content-Type"，"text/html;charset=utf-8")，并且在实例化构造方法中添加参数 headers，这样就可以返回指定 Content-Type 的内容，代码如下：

```
@GetMapping("/hello2")
ResponseEntity<String> hello2() {
    HttpHeaders headers = new HttpHeaders();
```

```
        headers.add("Content-Type", "text/html;charset=utf-8");
        ResponseEntity responseEntity = new ResponseEntity<>("Hello World!你好世
界",headers, HttpStatus.OK);
        return responseEntity;
}
```

例如，当 URL 请求为 http://localhost:8080/SpringMvcControllerView/responseEntity/hello2 时，返回指定的响应头信息，如图 12.25 所示。

图 12.25　使用 ResponseEntity 返回指定的响应头信息

使用 ResponseEntity 返回指定的响应头信息等效于前面的例子中设置 @RequestMapping 的 produces 属性。不过这里添加的响应头信息可以是任意信息，produces 属性仅仅指 Content-Type 响应头信息。

### 12.5.4　添加任意响应头信息

通过创建 HttpHeaders 可以添加任意响应头信息。创建方法 customHeader()，在该方法中添加响应头信息 headers.add("Custom-Header"，"foo")，并将其加入 ResponseEntity 构造方法的参数中，代码如下：

```
@GetMapping("/customHeader")
ResponseEntity<String> customHeader() {
    HttpHeaders headers = new HttpHeaders();
    headers.add("Custom-Header", "foo");
    return new ResponseEntity("Hello World!", headers, HttpStatus.OK);
}
```

例如，当 URL 请求为 http://localhost:8080/SpringMvcControllerView/responseEntity/customHeader 时，在浏览器中查看响应头信息，如图 12.26 所示。

### 12.5.5　返回指定状态码

通过 ResponseEntity 不仅可以设置响应体和响应头，而且可以设置状态码。

创建方法 age()，输入参数为出生年份。当出生年份数字大于 2021 时，返回的状态码为 HttpStatus.BAD_REQUEST，表示这是错误的请求；否则，返回的状态码为 HttpStatus.OK。代码如下：

```
@GetMapping("/age")
ResponseEntity<String> age(@RequestParam("year") int year) {
    if (year >= 2021) {
```

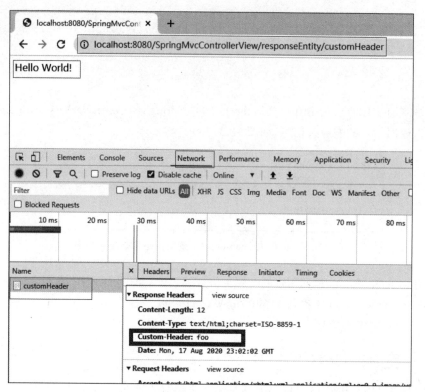

图 12.26　使用 ResponseEntity 返回任意头信息

```
        return new ResponseEntity<>("Year of birth cannot be in the future.",
HttpStatus.BAD_REQUEST);
    }
    return new ResponseEntity<>("Your age is " + (2020 - year), HttpStatus.OK);
}
```

例如，当 URL 请求为 http://localhost:8080/SpringMvcControllerView/responseEntity/age?year=2022 时，返回状态码为 400，表示错误请求。在浏览器中查看响应头信息，如图 12.27 所示。

## 12.5.6　通过静态方法获得响应实体对象

前面的例子中都是通过实例化 ResponseEntity 类创建响应实体对象，也可以利用静态工厂方法获得响应实体对象。

ResponseEntity 提供了两个内嵌的构建器接口：HeadersBuilder 及其子接口 BodyBuilder，因此能通过 ResponseEntity 的静态方法直接访问。

ResponseEntity.ok() 返回状态码 200 和响应体。例如：

```
ResponseEntity.ok("Hello World!你好世界")
```

可以通过静态方法获得响应实体对象。

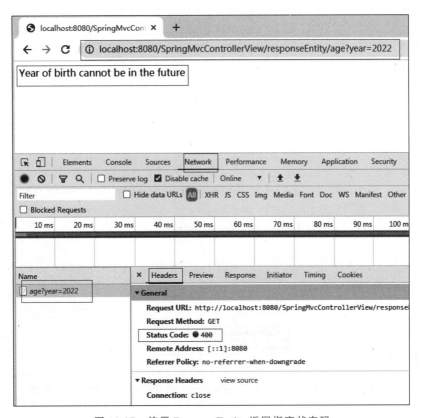

图 12.27　使用 ResponseEntity 返回指定状态码

添加方法 customHeader1()，通过静态方法 ResponseEntity.ok().header("Custom-Header", "foo").body("Hello World!")获得响应实体，响应码为 200(ok)，响应头为 header("Custom-Header", "foo")，响应体为 body("Hello World!")，代码如下：

```
@GetMapping("/customHeader1")
ResponseEntity<String> customHeader1() {
    return ResponseEntity
            .ok()
            .header("Custom-Header", "foo")
            .body("Hello World!");
}
```

例如，当 URL 请求为 http://localhost:8080/SpringMvcControllerView/responseEntity/customHeader1 时，返回响应头 Custom-Header。在浏览器中可以看到响应头信息 Custom-Header 及响应体"Hello World!"，如图 12.28 所示。

## 12.5.7　ResponseEntity 的替代方法

尽管 ResponseEntity 非常强大，但不应该过度使用。在一些简单情况下，还有其他方法能满足需求，使代码更整洁。替代方法有以下 3 种。

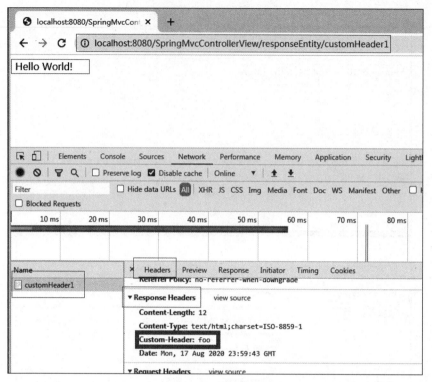

图 12.28 使用 ResponseEntity 的静态方法设置状态码、响应头及响应体

**1. @ResponseBody**

典型的 Spring MVC 应用的请求通常返回 HTML 页面。有时仅需要实际数据，如使用 AJAX 请求。这时可以通过@ResponseBody 注解标记请求的处理方法。

**2. @ResponseStatus**

当请求成功返回时，Spring MVC 提供 HTTP 200(ok)响应。如果请求抛出异常，Spring MVC 会查找异常处理器，由其返回相应的 HTTP 状态码。对这些方法增加@ResponseStatus 注解，Spring MVC 会返回自定义 HTTP 状态码。

**3. 直接操作响应**

Spring MVC 也允许直接使用 javax.servlet.http.HttpServletResponse 对象，只需要声明其作为方法参数：

```
@GetMapping("/manual")
void manual(HttpServletResponse response) throws IOException {
    response.setHeader("Custom-Header", "foo");
    response.setStatus(200);
    response.getWriter().println("Hello World!");
}
```

但需要说明,既然 Spring MVC 已经提供了底层实现的抽象和附件功能,不建议直接操作响应。

## 12.6 控制器传递数据到视图

### 12.6.1 概述

控制器与视图的数据传递是解耦的,视图并不从控制器中取数据,控制器也不送数据给视图,而是利用第三方,控制器把数据保存在第三方,由第三方转存于 request,如图 12.29 所示。因此,在 JSP 页面取值时,都是用 ${requestScope.xxx}在 requestScope 范围内取值,实现控制器与视图传参的解耦,从而实现控制器与视图的彻底解耦。

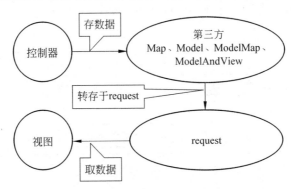

图 12.29 控制器传递数据到视图

Spring MVC 向页面传值分两种方式。

(1)通过方法的返回参数传递数据。采用这种方式时,方法的返回对象是 ModelAndView,它包含了数据。

(2)通过方法的输入参数传递数据。采用这种方式时,以 Map、Model 和 ModelMap 作为方法的输入参数。在模型中把数据存在 Map、Model 和 ModelMap 中,在 JSP 页面中用 el 表达式 ${xxx}取值。

Map、Model 和 ModelMap 对象由 Spring MVC 创建;采用 ModelAndView 方式传值时,ModelAndView 对象需要用户自己创建并作为返回对象。

Map、Model 和 ModelMap 由用户存值,由 Spring MVC 转存于 request。因此,在 JSP 页面中取值时,都是用 ${requestScope.xxx}在 requestScope 范围内取值。

### 12.6.2 创建控制器类

创建控制器类,加@Controller 注解和映射注解@RequestMapping(value = "/data"),代码如下:

```
@Controller
@RequestMapping(value = "/data")
public class DataToViewController {
}
```

### 12.6.3 通过 Model 对象传递数据

以 Model 对象作为输入参数传递数据时，方法的代码如下：

```
@RequestMapping(value = "/model")
public String stringView(Model model) {
    model.addAttribute("desc", "通过输入参数 model 传值");
    return "viewDesc";
}
```

上面的代码中添加了数据传递方法 model.addAttribute("desc"，"通过输入参数 model 传值")。

例如，当 URL 请求为 http://localhost:8080/SpringMvcControllerView/data/model 时，结果如图 12.30 所示。

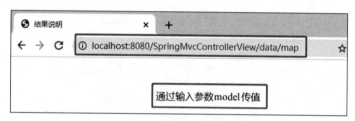

图 12.30　通过 Model 对象传递数据

### 12.6.4 通过 Map 对象传递数据

以 Map 对象作为输入参数传递数据时，方法的代码如下：

```
@RequestMapping(value = "/map")
public String mapView(Map map) {
    map.put("desc", "通过输入参数 map 传值");
    return "viewDesc";
}
```

上面的代码中添加了数据传递方法 map.put("desc"，"通过输入参数 map 传值")。

当请求为 http://localhost:8080/SpringMvcControllerView/data/map 时，结果如图 12.31 所示。

图 12.31　通过 Map 对象传递数据

## 12.6.5 以 Map 对象作为返回参数传递数据

Map 对象也可以作为返回参数传递数据，方法的代码如下：

```
@RequestMapping("/viewDesc")
public Map showView() {
    Map map = new HashMap();
    map.put("desc", "通过返回参数 Map 传值");
    return map;
}
```

方法返回 Map 数据，而不返回视图，视图与请求的 URL 相同（/viewDesc）。

例如，当 URL 请求为 http://localhost：8080/SpringMvcControllerView/data/viewDesc 时，结果如图 12.32 所示。

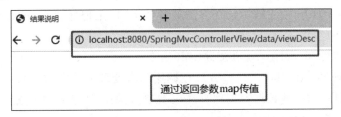

图 12.32 以 Map 作为返回参数传递数据

## 12.6.6 通过 ModelAndView 对象传递数据

以 ModelAndView 对象作为返回参数传递数据时，方法的代码如下：

```
@RequestMapping("/ModelAndView")
public ModelAndView modelView() {
    ModelAndView modelAndView = new ModelAndView();
    modelAndView.setViewName("viewDesc");
    modelAndView.addObject("desc", "通过 ModelAndView 传值");
    return modelAndView;
}
```

返回的 modelAndView 中包含视图与模型。

在上面的代码中添加了数据方法 modelAndView.addObject("desc","通过 ModelAndView 传值")。

例如，当 URL 请求为 http://localhost：8080/SpringMvcControllerView/data/ModelAndView 时，结果如图 12.33 所示。

## 12.6.7 使用@ModelAttribute 传递和保存数据

Spring MVC 支持使用@ModelAttribute（或@SessionAttributes）注解在不同的模型和控制器之间共享数据。@ModelAttribute 注解主要有两种使用方式：一种是标注在控

图 12.33 以 ModelAndView 对象作为返回参数传递数据

制器类的方法上；另一种是标注在控制器类方法的参数上。

当@ModelAttribute 注解标记在方法上时，该方法将在请求处理方法执行之前执行，然后把返回的对象存放在 model 属性中（若使用@SessionAttributes 注解，则返回的对象存放在 session 属性中），属性名称可以使用 @ModelAttribute("attributeName")在标记方法时指定；若未指定，则使用返回类型的类名称（首字母小写）作为属性名称。

当@ModelAttribute 注解标记在方法的参数上时，是把保存在 model 属性中的数据取出，传入相应的参数。

创建控制器类 ModelAttributeController，在 getDesc()、getAge()与 getUser() 3 个方法上注解@ModelAttribute，这些方法在调用请求处理方法之前执行，分别获取描述信息、年龄以及用户信息，并且把数据保存在模型中，以便给请求处理方法传参，也可以在视图中取出这些数据。代码如下：

程序清单：/SpringMvcControllerView/src/org/ldh/ModelAttributeController.java

```java
@Controller
@RequestMapping("/ModelAttribute")
public class ModelAttributeController {
    @ModelAttribute("desc")
    public String getDesc() {
        System.out.println("-------------desc---------");
        return "通过 ModelAttribute 传递和保存数据";
    }
    @ModelAttribute("age")
    public int getAge() {
        System.out.println("-------------age-------------");
        return 10;
    }
    @ModelAttribute("user")
    public User getUser() {
        System.out.println("--------user------------");
        User user = new User();
        user.setUsername("lisi");
        user.setPassword("888");
        return user;
    }
```

```
    @RequestMapping("sayHello")
    public void sayHello(@ModelAttribute("desc") String desc, @ModelAttribute
("age") int num, @ModelAttribute("user") User user, HttpServletResponse
response, HttpSession session) throws IOException {
        response.setContentType("text/html;charset=utf-8");
        response.setCharacterEncoding("utf-8");
        Writer writer = response.getWriter();
        writer.write("Hello " + desc + ", Hello " + user.getUsername() +"age="
+ num);
        writer.write("\r");
        Enumeration enume = session.getAttributeNames();
        while (enume.hasMoreElements())
            writer.write(enume.nextElement() + "\r");
    }
    @RequestMapping(value = "/view")
    public String mapView() {
        return "viewDesc";
    }
}
```

方法 sayHello() 的参数上有 @ModelAttribute 注解,Spring MVC 再从 model 属性中保存的 desc、age、user 3 个参数分别传入 sayHello() 对应的 3 个参数上。

例如,当 URL 请求为 http://localhost:8080/SpringMvcControllerView/ModelAttribute/sayHello 时,使用 @ModelAttribute 注解标记的方法会先执行,然后把它们返回的对象存放到模型中。最终访问 sayHello() 方法时,使用 @ModelAttribute 注解标记的方法的参数都能被正确地注入值。输出 ModelAttribute 绑定的数据,结果如图 12.34 所示。

图 12.34 通过 ModelAttribute 传递和保存数据

又如,当 URL 请求为 http://localhost:8080/SpringMvcControllerView/ModelAttribute/view 时,返回 ViewDesc.jsp 页面,在页面中取出保存在 model 属性中的数据 desc,结果如图 12.35 所示。

由执行结果可以看出,此时 session 属性中没有包含任何属性,也就是说上面的那些对象都存放在 model 属性中,而不是存放在 session 属性中。

## 12.6.8 使用 @SessionAttributes 传递和保存数据

@ModelAttribute 注解作用在方法上或者方法的参数上,表示将被注解的方法的返

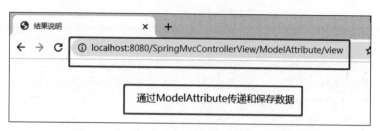

图 12.35 通过 ModelAttribute 生成数据并在视图中显示

回值或者被注解的参数作为模型的属性加入模型,然后 Spring MVC 框架自会将这个模型传递给 ViewResolver。模型的生命周期只有一个 HTTP 请求的处理过程,请求处理完以后,模型就被销毁了。

若希望在多个请求之间共用数据,则可以在控制器类上标记@SessionAttributes 注解,Spring MVC 将存放在 model 属性中的数据保存到 HttpSession 中。

使用@SessionAttributes 注解时要注意以下几点:

(1) @SessionAttributes 只能使用在类定义上。

(2) @SessionAttributes 除了可以通过属性名指定需要放到会话中的属性外,还可以通过 model 属性的对象类型指定哪些模型属性需要放到会话中。例如:

- @SessionAttributes(types=User.class)会将模型中所有类型为 User 的属性添加到会话中。
- @SessionAttributes(value={"user1","user2"})会将模型中名为 user1 和 user2 的属性添加到会话中。
- @SessionAttributes(types={User.class,Dept.class})会将模型中所有类型为 User 和 Dept 的属性添加到会话中。
- @SessionAttributes(value={"user1","user2"},types={Dept.class})会将模型中名为 user1 和 user2 以及类型为 Dept 的属性添加到会话中。value 和 type 之间是并集关系。

在 ModelAttributeController.java 类的基础上稍加改造,创建控制器类 SessionAttributeController.java,在类上加注解@SessionAttributes(value={"age","desc"},types={User.class}),表明这几个属性中的数据要保存到会话中,代码如下:

程序清单:/SpringMvcControllerView/src/org/ldh/SessionAttributeController.java

```
@Controller
@RequestMapping("/SessionAttribute")
@SessionAttributes(value={"age", "desc"}, types={User.class})
public class SessionAttributeController {
    @ModelAttribute("desc")
    public String getDesc() {
        System.out.println("------------desc---------");
        return "通过 ModelAttribute 传递和保存数据";
```

# 第 12 章 使用 Spring MVC 中的控制器调用视图

```java
    }
    @ModelAttribute("age")
    public int getAge() {
        System.out.println("------------age--------------");
        return 10;
    }
    @ModelAttribute("user")
    public User getUser() {
        System.out.println("--------user------------");
        User user = new User();
        user.setUsername("lisi");
        user.setPassword("888");
        return user;
    }
    @RequestMapping("sayHello")
    public void sayHello(@ModelAttribute("desc") String desc, @ModelAttribute
("age") int num, @ModelAttribute("user") User user, HttpServletResponse
response, HttpSession session) throws IOException {
        response.setContentType("text/html;charset=utf-8");
        response.setCharacterEncoding("utf-8");
        Writer writer = response.getWriter();
        writer.write("Hello " + desc + ", Hello " + user.getUsername() +" age="
+ num);
        writer.write("------------session 包括");
        Enumeration enume = session.getAttributeNames();
        while (enume.hasMoreElements())
            writer.write(enume.nextElement() + "\r\n");
    }
    @RequestMapping(value = "/view")
    public String mapView() {
        return "viewDesc";
    }
}
```

例如，当第一次请求 http://localhost：8080/SpringMvcControllerView/SessionAttribute/sayHello 时，session 属性中并没有保存值，如图 12.36 所示。因为第一次请求时，先执行方法，再把 model 属性中的值复制到 session 属性中。

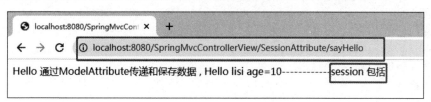

图 12.36 第一次发出 URL 请求

当第二次发出上述 URL 请求时，session 属性中已经有值。因此，遍历 session 属性时，可以看到保存在 session 属性中的对象包括 user、age、desc，如图 12.37 所示。

图 12.37　第二次发出 URL 请求

如果在 viewDesc.jsp 中加入 sessionScope：${sessionScope.desc}，显示会话范围的 desc，当第一次调用 http://localhost:8080/SpringMvcControllerView/SessionAttribute/view 时，在会话范围中可以取到 desc，这正说明了第一次请求时先执行方法，再把 model 属性中的值复制到 session 属性中，然后在渲染视图时 session 属性中已经有值，如图 12.38 所示。

图 12.38　在视图中显示 session 属性的值

## 12.7　用视图获取参数值

### 12.7.1　实例

在视图中用 EL 表达式 ${xxx} 获取参数值。本书用到的 EL 表达式是<center>${desc}</center>，实例代码如下：

```
程序清单:/SpringMvcControllerView/WebContent/WEB-INF/jsp/viewDesc.jsp
<%@ page language="java" contentType="text/html; charset=utf-8"
    pageEncoding="utf-8"%>
<!DOCTYPE html PUBLIC "-//W3C//DTD HTML 4.01 Transitional//EN" "http://www.w3.org/TR/html4/loose.dtd">
<html>
<head>
<meta http-equiv="Content-Type" content="text/html; charset=utf-8">
<title>结果说明</title>
</head>
<body>
<br>
```

```
<br>
<center>${desc}</center>
</body>
</html>
```

### 12.7.2　EL 表达式取值

EL 表达式和 Spring MVC 没有关系。在 JSP 中访问模型对象时,要通过 EL 表达式的语法来表达。所有 EL 表达式的格式都是 ${xxx}。

EL 表达式存取变量数据的方法很简单。例如,${username}的意思是取出某一范围中名称为 username 的变量。当 EL 表达式中的变量不给定范围时,由于没有指定哪一个范围的 username,所以它会依序从 Page、Request、Session、Application 范围查找。假如找到 username,就直接回传数据,不再继续找下去;但是假如全部的范围都没有找到时,就回传空值("")。

也可以用确定的范围作为变量的前缀以表示它属于哪个范围。例如,${ pageScope.username}表示访问页面范围中的 username 变量。

EL 表达式提供了"."和"[ ]"两种运算符来存取数据。当要存取的属性名称中包含一些特殊字符,如"."或"-"等并非字母或数字的符号时,就一定要使用"[ ]"。例如,${ user. My-Name}应当改为${user["My-Name"]}。如果要动态取值时,就可以用"[ ]",而"."无法做到动态取值。例如,${sessionScope.user[data]}中的 data 是一个变量。

EL 表达式的域如下:
- Page 对应 pageScope。
- Request 对应 requestScope。
- Session 对应 sessionScope。
- Application 对应 applicationScope。

这 4 个域都有 setAttribute("xxx",object)方法和 getAttribute("xxx")方法。EL 表达式会自动从这 4 个域中按作用范围从小到大寻找对应名字的值,其内部调用的就是 pageContext 的 findAttribute("xxx")方法。

如果要在页面通过 EL 表达式得到值,就必须先调用域的 setAttribute()方法设置值。不需要进行配置,直接写 EL 表达式就可以,代码如下:

```
<%
    application.setAttribute("name", "zhangsan");     //Application 域
    session.setAttribute("name", "lisi");             //Session 域
    request.setAttribute("name", "wangwu");           //Request 域
    pageContext.setAttribute("name", "zhaoliu");      //Page 域
%>
${name}
```

输出结果是 Page 域中的 zhaoliu。如果将 Page 域删除,则输出 wangwu,依此类推。

# 第13章 Spring MVC 高级应用

## ◆ 13.1 Spring MVC 拦截器简介

Spring MVC 中的拦截器(interceptor)类似于 Servler 中的过滤器(filter)。拦截器是框架的基石,Spring MVC 自身的功能就是通过拦截器实现的。拦截器也是框架扩展的基石,用于对处理器进行预处理和后处理。常用于日志记录、权限管理、性能监控等通用行为。

Web 请求模型如图 13.1 所示。服务器接收到请求后调用控制器的方法,控制器的方法做出响应,返回给请求客户端。

图 13.1 Web 请求模型

在请求与控制器之间加一个拦截器,如图 13.2 所示,可以拦截请求和响应。拦截器还可以拦截控制器的方法,可以在方法执行前拦截,可以在方法执行后拦截。

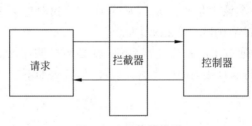

图 13.2 拦截器模型

## ◆ 13.2 实现 Spring MVC 拦截器

### 13.2.1 实现拦截器的方法

Spring MVC 中的拦截请求是通过 HandlerInterceptor 实现的。在 Spring

MVC 中定义拦截器非常简单,主要有两种方式。

第一种方式是为要定义的拦截器类实现 Spring MVC 的 HandlerInterceptor 接口,或者这个类继承实现了 HandlerInterceptor 接口的类。例如,Spring MVC 提供了已经实现了 HandlerInterceptor 接口的抽象类 HandlerInterceptorAdapter。

第二种方式是实现 Spring MVC 的 WebRequestInterceptor 接口,或者继承实现了 WebRequestInterceptor 接口的类。

### 13.2.2　实现 HandlerInterceptor 接口

HandlerInterceptor 接口中定义了 3 个方法,拦截器就是通过这 3 个方法来对用户的请求进行拦截处理的。代码如下:

```
public interface HandlerInterceptor {
    /**
     * 预处理回调方法,实现处理器的预处理(如检查登录),第三个参数为响应的处理器,自定
       义控制器
     * 返回值:true 表示继续流程(如调用下一个拦截器或处理器);false 表示流程中断(如
       登录检查失败),不会继续调用其他的拦截器或处理器,此时需要通过 response 产生
       响应
     */
    boolean preHandle(HttpServletRequest request, HttpServletResponse response,
            Object handler)
        throws Exception;
    /**
     * 后处理回调方法,实现处理器的后处理(但在渲染视图之前执行),此时可以通过
       modelAndView 对象对模型数据或视图进行处理,modelAndView 对象也可能为 null
     */
    void postHandle(HttpServletRequest request, HttpServletResponse response,
            Object handler, ModelAndView modelAndView)
        throws Exception;
    /**
     * 整个请求处理完毕时的回调方法,即在视图渲染完毕时回调,例如在性能监控中可以在此
       记录结束时间并输出消耗时间,还可以进行一些资源清理,类似于 try-catch-finally
       中的 finally,但仅调用处理器执行链
     */
    void afterCompletion(HttpServletRequest request, HttpServletResponse
            response, Object handler, Exception ex)
        throws Exception;
}
```

HandlerInterceptor 接口中定义了以下 3 个方法:

(1) preHandle(HttpServletRequest request,HttpServletResponse response,Object handle) 方法。

顾名思义,该方法将在请求处理之前调用。Spring MVC 中的拦截器是链式调用的,

在一个应用中(或者说在一个请求中)可以同时存在多个拦截器。各个拦截器的调用会依据声明顺序依次执行,而且最先执行的都是拦截器中的 preHandle()方法,所以可以在这个方法中进行一些前置初始化操作或者对当前请求的一些预处理,也可以在这个方法中进行一些判断以决定请求是否要继续进行下去。

这个方法的返回值是布尔(Boolean)类型的。当返回值为 false 时,表示请求结束,后续的拦截器和控制器都不会再执行;当返回值为 true 时,就会继续调用下一个拦截器的 preHandle()方法,如果已经是最后一个拦截器,就会调用当前请求的控制器方法。

(2) postHandle(HttpServletRequest request,HttpServletResponse response,Object handle,ModelAndView modelAndView)方法。

postHandle()方法和下面的 afterCompletion()方法都只能在当前所属的拦截器的 preHandle()方法的返回值为 true 时才能被调用。postHandle()方法,顾名思义,就是在当前请求被处理之后,也就是控制器方法调用之后执行,但是它会在 DispatcherServlet 进行视图渲染之前被调用,所以可以在这个方法中对控制器处理后的 ModelAndView 对象进行操作。

postHandle()方法被调用的方向与 preHandle()方法相反,也就是说,先声明的拦截器的 postHandle()方法会后执行,这和 Struts 2 中的拦截器的执行过程类似。Struts 2 中的拦截器的执行过程也是链式的,只是在 Struts 2 中需要手动调用 ActionInvocation 的 invoke()方法触发对下一个拦截器或者 Action 的调用,然后每一个拦截器中在 invoke()方法被调用之前的内容都是按照声明顺序执行的,而 invoke()方法之后的内容则是反向执行的。

(3) afterCompletion(HttpServletRequest request,HttpServletResponse response,Object handle,Exception ex)方法。

这个方法也是在当前的拦截器的 preHandle()方法的返回值为 true 时才会执行。顾名思义,这个方法在整个请求结束之后,也就是在 DispatcherServlet 渲染了视图之后执行。这个方法的主要作用是进行资源清理工作。

下面给出的拦截器 MyInterceptor 实现了 HandlerInterceptor 接口,代码如下:

```
public class MyInterceptor implements HandlerInterceptor{
    /**
     * 在处理方法之前执行,一般用来做一些准备工作,例如日志、权限检查
     * 返回 false 表示被拦截,将不会执行处理方法;返回 true 继续执行处理方法
     */
    @Override
    public boolean preHandle(HttpServletRequest req, HttpServletResponse
            resp, Object handler) throws Exception {
        System.out.println("执行 preHandler---------"+req.getRemoteHost()+
req.getRemoteUser());
        //resp.sendRedirect("index.jsp");
        return true;
    }
```

```java
/**
 * 在处理方法执行之后,渲染视图之前执行,一般用来做一些清理工作
 */
@Override
public void postHandle(HttpServletRequest req, HttpServletResponse resp,
        Object handler, ModelAndView mv)
    throws Exception {
    System.out.println("执行 postHandler");
}
/**
 * 在视图渲染后执行,一般用来释放资源
 */
@Override
public void afterCompletion(HttpServletRequest arg0, HttpServletResponse
        arg1, Object arg2, Exception arg3)
    throws Exception {
    System.out.println("执行 afterCompletion");
}
}
```

### 13.2.3　实现 WebRequestInterceptor 接口

WebRequestInterceptor 中也定义了 3 个方法,通过这 3 个方法实现拦截。这 3 个方法都传递了同一个参数——WebRequest,那么这个参数是什么呢?这个参数是 Spring MVC 定义的一个接口,其中的方法定义与 HttpServletRequest 类似,在 WebRequestInterceptor 中对 WebRequest 进行的所有操作都将同步到 HttpServletRequest 中,然后在当前请求中一直传递。

(1) preHandle(WebRequest request)方法。

这个方法将在请求处理之前被调用,也就是说会在控制器方法被调用之前被调用。这个方法与 HandlerInterceptor 中的 preHandle()方法是不同的,主要区别在于前者的返回值是 void,也就是没有返回值,所以一般主要用它进行资源的准备工作。例如,在使用 Hibernate 时可以在这个方法中准备一个 Hibernate 的 Session 对象,然后利用 WebRequest 的 setAttribute(name,value,scope)方法把它放到 WebRequest 的属性中。这里特别说明 setAttribute()方法的第三个参数 scope,该参数是 Integer 类型的。在 WebRequest 的父层接口 RequestAttributes 中对它定义了 3 个常量:

- SCOPE_REQUEST:它的值是 0,代表只有在请求中可以访问。
- SCOPE_SESSION:它的值是 1。如果环境允许,它代表一个局部的、隔离的会话;否则就代表普通的会话,并且在该会话范围内可以访问。
- SCOPE_GLOBAL_SESSION:它的值是 2。如果环境允许,它代表一个全局共享的会话;否则就代表普通的会话,并且在该会话范围内可以访问。

（2）postHandle(WebRequest request，ModelMap model)方法。

这个方法将在请求处理之后,也就是在控制器方法被调用之后被调用,但是会在视图返回被渲染之前被调用,所以可以在这个方法中通过改变数据模型 ModelMap 来改变数据的展示。这个方法有两个参数：WebRequest 对象用于传递整个请求数据,例如在 preHandle()方法中准备的数据都可以通过 WebRequest 来传递和访问；ModelMap 就是控制器处理之后返回的 Model 对象,可以通过改变它的属性来改变返回的模型。

（3）afterCompletion(WebRequest request，Exception ex)方法。

这个方法会在整个请求处理完成,也就是在视图返回并被渲染之后执行。所以在这个方法中可以进行资源的释放操作。而 WebRequest 参数可以把在 preHandle()方法中准备的资源传递到这里释放。Exception 参数表示的是当前请求的异常对象,如果在控制器中抛出的异常已经被 Spring MVC 的异常处理器处理了,那么这个异常对象就是 null。

WebRequestInterceptor 接口的实现代码如下：

```
import org.springframework.ui.ModelMap;
import org.springframework.web.context.request.WebRequest;
import org.springframework.web.context.request.WebRequestInterceptor;
public class AllInterceptor implements WebRequestInterceptor {
    /**
     * 在请求处理之前执行,该方法主要用于准备资源数据,然后把它们当作请求属性放到
     *   WebRequest 中
     */
    @Override
    public void preHandle(WebRequest request) throws Exception {
        //TODO Auto-generated method stub
        System.out.println("AllInterceptor.............................");
        request.setAttribute("request", "request", WebRequest.SCOPE_REQUEST);
        //这是放到请求范围内的,所以只能在当前请求中的 request 中获取
        request.setAttribute("session", "session", WebRequest.SCOPE_SESSION);
        //这是放到会话范围内的。如果环境允许,它只能在局部的、隔离的会话中访问；否则就
        //   在普通会话中访问
        request.setAttribute("globalSession", "globalSession", WebRequest.
            SCOPE_GLOBAL_SESSION);
        //如果环境允许,它能在全局共享的会话中访问,否则就在普通会话中访问
    }
    /**
     * 这个方法将在控制器执行之后,返回视图之前执行,ModelMap 表示请求控制器处理之
     *   后返回的 Model 对象,所以可以在这个方法中修改 ModelMap 的属性,从而达到改变返
     *   回的模型的效果
     */
    @Override
    public void postHandle(WebRequest request, ModelMap map) throws Exception {
        //TODO Auto-generated method stub
        for (String key:map.keySet())
```

```java
            System.out.println(key + "----------------------");;
        map.put("name3", "value3");
        map.put("name1", "name1");
    }
    /**
     * 这个方法将在整个请求完成之后,也就是在视图渲染之后执行,主要用于释放一些资源
     */
    @Override
    public void afterCompletion(WebRequest request, Exception exception)
    throws Exception {
        //TODO Auto-generated method stub
        System.out.println(exception + "-=-=-=-=-=-=-=-=-=-=-=-=-=-
            -=-=-=-=");
    }
}
```

## 13.3 登录权限验证

编写权限验证实例。要查看图书,就必须登录,只有登录才能访问,没有登录转到登录页面。本实例的页面有登录页面、主页面和查看图书页面。在主页面添加查看图书链接和退出登录链接。

### 13.3.1 编写登录权限验证拦截器

创建拦截器类 LoginInterceptor,它继承实现了 HandlerInterceptor 接口的 HandlerInterceptorAdapter 类。

重写 preHandle()方法:

(1) 判断当前请求是否是登录请求,是则返回 true,继续执行。

(2) 从 session 中获取用户 session USER_SESSION,判断其是否为空。不为空表示用户已经登录成功,返回 true,继续执行。

(3) 若用户 session USER_SESSION 为空,说明用户没有登录。跳转到登录页面,返回 false,不再继续执行当前请求。

实现代码如下:

**程序清单:**/SpringMvcInterceptor/src/org/ldh/LoginInterceptor.java
```java
public class LoginInterceptor extends HandlerInterceptorAdapter {
    @Override
    public boolean preHandle(HttpServletRequest request, HttpServletResponse
            response, Object handler)
        throws Exception {

        //获取请求的 RUI,即去除 http:localhost:8080 后剩下的部分
```

```java
        String uri = request.getRequestURI();
        //除了 login.jsp 是可以公开访问的,对其他的 URI 都进行拦截控制
        if (uri.indexOf("/login") >= 0) {
            return true;
        }
        //获取 session
        HttpSession session = request.getSession();
        User user = (User) session.getAttribute("USER_SESSION");
        //判断 session 中是否有用户数据,如果有,则返回 true,继续向下执行
        if (user != null) {
            return true;
        }
        //不符合条件的给出提示信息,并转到登录页面
        request.setAttribute("msg", "您还没有登录,请先登录!");
        request.getRequestDispatcher("/WEB-INF/jsp/loginForm.jsp").forward
            (request, response);
        return false;
    }
}
```

### 13.3.2 编写登录控制器

编写登录控制器 UserController,代码如下:

程序清单:/SpringMvcInterceptor/src/org/ldh/UserController.java

```java
@Controller
public class UserController {
    /**
     * 向用户登录页面跳转
     */
    @RequestMapping(value = "/login", method = RequestMethod.GET)
    public String toLogin() {
        return "loginForm";
    }
    /**
     * 用户登录
     *
     * @param user
     * @param model
     * @param session
     * @return
     */
    @RequestMapping(value = "/login", method = RequestMethod.POST)
    public String login(User user, Model model, HttpSession session) {
        //获取用户名和密码
```

```java
        String username = user.getUsername();
        String password = user.getPassword();
        //从数据库中获取用户名和密码后进行判断
        if (username != null && username.equals("admin") && password != null &&
                password.equals("admin")) {
            //将用户对象添加到session中
            session.setAttribute("USER_SESSION", user);
            //重定向到主页面的跳转方法
            return "redirect:main";
        }
        model.addAttribute("msg", "用户名或密码错误,请重新登录!");
        return "loginForm";
    }
    @RequestMapping(value = "/main")
    public String toMain() {
        return "main";
    }
    @RequestMapping(value = "/viewBook")
    public String toViewBook() {
        return "viewBook";
    }
    @RequestMapping(value = "/logout")
    public String logout(HttpSession session) {
        //清除session
        session.invalidate();
        //重定向到登录页面的跳转方法
        return "redirect:login";
    }
}
```

**1. 登录验证方法**

登录验证请求/login 的方法为 POST 请求。参数 user 获得用户提交的用户名与密码;参数 model 存放用户与视图交换的信息;参数 session 登录成功后的 user 信息作为登录成功的标志。

在该方法中,首先判断用户名和密码是否正确。如果正确,保存用户信息到 session 中,并且重定向到主页面 main;如果不正确,返回错误信息到 model 中,并且重定向到登录页面。代码如下:

```java
/**
 * 用户登录
 *
 * @param user
 * @param model
```

```java
 * @param session
 * @return
 */
@RequestMapping(value = "/login", method = RequestMethod.POST)
public String login(User user, Model model, HttpSession session) {
    //获取用户名和密码
    String username = user.getUsername();
    String password = user.getPassword();
    //从数据库中获取用户名和密码后进行判断
    if (username != null && username.equals("admin") && password != null &&
            password.equals("admin")) {
        //将用户对象添加到session中
        session.setAttribute("USER_SESSION", user);
        //重定向到主页面的跳转方法
        return "redirect:main";
    }
    model.addAttribute("msg", "用户名或密码错误,请重新登录!");
    return "loginForm";
}
```

**2. 登录请求方法**

登录请求方法为 GET 请求,请求路径为/login。登录请求方法中没有处理逻辑,直接调用登录页面 loginForm.jsp。代码如下:

```java
/**
 * 向用户登录页面跳转
 */
@RequestMapping(value = "/login", method = RequestMethod.GET)
public String toLogin() {
    return "loginForm";
}
```

**3. 主页面请求方法**

主页面请求方法为 GET 请求,请求路径为/ main。主页面登录方法中没有处理逻辑,直接调用主页面 main.jsp。代码如下:

```java
@RequestMapping(value = "/main")
public String toMain() {
    return "main";
}
```

**4. 查看图书请求方法**

查看图书请求方法为 GET 请求,请求路径为/viewBook。查看图书请求方法中没有处理逻辑,直接调用查看图书页面 viewBook.jsp。

```
@RequestMapping(value = "/viewBook")
public String toViewBook() {
    return "viewBook";
}
```

**5. 退出登录方法**

退出登录方法为 GET 请求,请求路径为/logout,参数为 session。退出登录方法中通过 session.invalidate()清除 session,然后重定向到登录页面。代码如下:

```
@RequestMapping(value = "/logout")
    public String logout(HttpSession session) {
        //清除 session
        session.invalidate();
        //重定向到登录页面的跳转方法
        return "redirect:login";
    }
```

### 13.3.3 配置拦截器

在 Spring MVC 配置文件 springContext.xml 中配置拦截器。配置要素是拦截什么以及由哪个拦截器类拦截。

(1) 配置拦截什么:

```
<mvc:mapping path="/**"/>
```

拦截所有请求。

(2) 配置由哪个拦截器类拦截:

```
<bean class="org.ldh.LoginInterceptor"/>
```

拦截器类 org.ldh.LoginInterceptor 的配置代码如下:

```
<mvc:interceptors>
    <!-- 定义一个拦截器的配置 -->
    <mvc:interceptor>
        <!-- mapping 指定哪些 URL 被拦截
            /* 表示根路径下的所有请求被拦截
            /**表示根路径及其子路径下的所有请求被拦截
        -->
        <mvc:mapping path="/**"/>
        <!-- 配置拦截器的路径 -->
        <bean class="org.ldh.MyInterceptor"></bean>
    </mvc:interceptor>
    <mvc:interceptor>
```

```xml
            <mvc:mapping path="/**"/>
            <bean class="org.ldh.LoginInterceptor"/>
        </mvc:interceptor>
</mvc:interceptors>
```

可以配置多个拦截器,拦截器根节点为＜mvc:interceptors＞,每一个拦截器节点为＜mvc:interceptor＞。

### 13.3.4 编写登录页面

登录页面 loginForm.jsp 中的 Form 表单有两个输入框,分别用于输入用户名与密码,有"登录"按钮,提交方式为 POST 请求,form 表单的 action 为/login。代码如下:

程序清单:/SpringMvcInterceptor/WebContent/WEB-INF/jsp/loginForm.jsp

```jsp
<%@ page contentType="text/html; charset=utf-8" language="java"
    errorPage=""%>
<!DOCTYPE html PUBLIC "-//W3C//DTD XHTML 1.0 Transitional//EN"
    "http://www.w3.org/TR/xhtml1/DTD/xhtml1-transitional.dtd">
<html xmlns="http://www.w3.org/1999/xhtml">
<head>
<title>用户登录</title>
</head>
<body>
    <form action="${pageContext.request.contextPath}/login" method="post">
        用户名:
        <input type="text" name="username"><br>
        密   码:
        <input type="password" name="password"><br>
        <input type="submit" value="登录">
    </form>
</body>
</html>
```

### 13.3.5 编写主页面

主页面 main.jsp 显示登录用户名,从 session 中取出。主页面中有两个链接,一个是退出登录链接/logout,另一个是查看图书链接/viewBook。代码如下:

程序清单:/SpringMvcInterceptor/WebContent/WEB-INF/jsp/main.jsp

```jsp
<%@ page contentType="text/html; charset=utf-8" language="java" errorPage
    ="" %>
<!DOCTYPE html PUBLIC "-//W3C//DTD XHTML 1.0 Transitional//EN"
    "http://www.w3.org/TR/xhtml1/DTD/xhtml1-transitional.dtd">
<html xmlns="http://www.w3.org/1999/xhtml">
<head>
    <title>成功页面</title>
```

```
    </head>
    <body>
        当前用户:${USER_SESSION.username}你已经登录!
        <br />
        <a href="${pageContext.request.contextPath}/logout">退出登录</a>
        <br />
        <a href=" ${pageContext.request.contextPath}/ viewBook">查看图书</a>
    </body>
</html>
```

### 13.3.6 编写查看图书页面

查看图书页面 viewBook.jsp 比较简单，其内容就是某一作者已出版的图书的文本。代码如下：

**程序清单**:/SpringMvcInterceptor/WebContent/WEB-INF/jsp/viewBook.jsp

```
<%@ page contentType="text/html; charset=GBK" language="java" errorPage="" %>
<!DOCTYPE html PUBLIC "-//W3C//DTD XHTML 1.0 Transitional//EN"
    "http://www.w3.org/TR/xhtml1/DTD/xhtml1-transitional.dtd">
<html xmlns="http://www.w3.org/1999/xhtml">
<head>
    <title>作者李冬海已经出版的图书:</title>
    <meta name="website" content="http://www.crazyit.org"/>
</head>
<body>
<h2>作者李冬海已经出版的图书:</h2>
频谱估计理论与应用<br/>
宽带阵列信号波段方向估计<br/>
</body>
</html>
```

### 13.3.7 运行结果

第一次请求 http://localhost:8080/SpringMvcInterceptor/viewBook 查看图书时，因为未登录，所以返回登录页面，如图 13.3 所示。

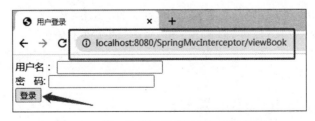

图 13.3　第一次查看图书时返回登录页面

输入用户名 admin 和密码 admin,单击"登录"按钮,跳转到主页面,如图 13.4 所示。

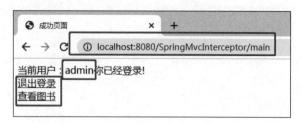

图 13.4　登录成功后跳转到主页面

单击"查看图书"链接,因为已经登录,出现查看图书页面,如图 13.5 所示。

图 13.5　登录成功后可以进入查看图书页面

## 13.4　文件上传

　　文件上传是项目开发中最常见的功能。为了能上传文件,必须将表单的 method 设置为 POST,并将 enctype 设置为 multipart/form-data。只有这样,浏览器才会把用户选择的文件以二进制数据流的形式发送给服务器。

　　一旦设置了 enctype 为 multipart/form-data,浏览器就会采用二进制流的方式处理表单数据。而对于文件上传的处理则涉及在服务器端解析原始的 HTTP 响应。2003年,Apache Software Foundation 发布了开源的 Commons FileUpload 组件,它很快成为 Servlet/JSP 程序员上传文件的最佳选择。

　　Servlet 3.0 规范已经提供了处理文件上传的方法,但这种上传需要在 Servlet 中完成。而 Spring MVC 则提供了更简单的封装。

　　在 WebContent/WEB-INF 下创建 content 文件夹,用于存放上传、下载的 JSP 文件。本节创建 uploadForm.jsp 文件,演示 Spring MVC 的文件上传。

　　负责上传文件的表单和一般表单有一些区别,负责上传文件的表单的编码类型必须是 multipart/form-data。

### 13.4.1　Spring MVC MultipartFile

　　Spring MVC 为文件上传提供了直接的支持,这种支持是用即插即用的 MultipartResolver 实现的。Spring MVC 使用 Apache Commons FileUpload 技术实现了

MultipartResolver 的实现类 CommonsMultipartResolver，因此，Spring MVC 的文件上传还需要依赖 Apache Commons FileUpload 的组件。

Spring MVC 会将上传的文件绑定到 MultipartFile 对象中。MultipartFile 提供了获取上传文件内容、文件名等方法。通过 transferTo()方法还可以将文件存储到硬件设备中。MultipartFile 对象中的常用方法如下：

- byte[] getBytes()：获取文件数据。
- String getContentType[]：获取文件 MIME 类型，如 image/jpeg 等。
- InputStream getInputStream()：获取文件流。
- String getName()：获取表单中文件组件的名字。
- String getOriginalFilename()：获取上传文件的原名。
- Long getSize()：获取文件的字节大小，单位为 B。
- boolean isEmpty()：判断是否有上传文件。
- void transferTo(File dest)：将上传文件保存到一个目录文件中。

### 13.4.2 装配 MultipartResolver 处理上传

Spring MVC 上下文中默认没有装配 MultipartResolver。因此，默认情况下 Spring MVC 不能处理文件上传工作。如果想使用 Spring MVC 的文件上传功能，则需要在 Spring MVC 上下文中配置 MultipartResolver。在 springContext.xml 配置文件中进行如下配置：

```xml
<bean id="multipartResolver" class="org.springframework.web.multipart.
        commons.CommonsMultipartResolver">
    <!-- 上传文件大小的上限,单位为 B -->
    <property name="maxUploadSize">
        <value>10485760</value>
    </property>
    <!-- 请求的编码格式,必须和 JSP 的 pageEncoding 属性一致,以便正确读取表单的内容,
        默认为 ISO-8859-1 -->
    <property name="defaultEncoding">
        <value>UTF-8</value>
    </property>
</bean>
```

### 13.4.3 复制库文件

Spring MVC 上传文件处理类 org.springframework.web.multipart.commons.CommonsMultipartResolver 需要依赖 commons-fileupload jar 和 commons-io-1.3.2 jar，导入这两个 jar 包到 lib 目录下。

### 13.4.4 创建上传页面

创建上传页面文件 uoload.jsp。将 form 表单的 method 属性设置为 post（method＝

"post")，将 enctype 属性设置为 multipart/form-data(enctype＝"multipart/form-data")。上传提交请求为 upload，因此 action 属性为 upload。代码如下：

**程序清单**：/SpringMvcApplication/WebContent/WEB-INF/jsp/upload.jsp

```jsp
<%@ page language="java" contentType="text/html; charset=utf-8"
    pageEncoding="utf-8"%>
<!DOCTYPE html PUBLIC "-//W3C//DTD HTML 4.01 Transitional//EN" "http://www.w3.org/TR/html4/loose.dtd">
<html>
<head>
<meta http-equiv="Content-Type" content="text/html; charset=utf-8">
<title>文件上传</title>
</head>
<body>
    <h2>文件上传</h2>
    <form action="upload" enctype="multipart/form-data" method="post">
        <table>
            <tr>
                <td>文件描述：</td>
                <td><input type="text" name="description"></td>
            </tr>
            <tr>
                <td>请选择文件：</td>
                <td><input type="file" name="file"></td>
            </tr>
            <tr>
                <td><input type="submit" value="上传"></td>
            </tr>
        </table>
    </form>
</body>
</html>
```

### 13.4.5 创建上传成功页面

为了展示上传效果，在这个实例中上传内容为图片文件，然后把上传的图片文件在上传成功页面中展示。创建上传成功页面 success.jsp，在页面中显示上传的图片＜img src＝"uploadfiles/＄{file}"/＞，代码如下：

**程序清单**：/SpringMvcApplication/WebContent/WEB-INF/jsp/success.jsp

```jsp
<%@ page contentType="text/html; charset=utf-8" language="java" errorPage="" %>
<!DOCTYPE html PUBLIC "-//W3C//DTD XHTML 1.0 Transitional//EN"
    "http://www.w3.org/TR/xhtml1/DTD/xhtml1-transitional.dtd">
<html xmlns="http://www.w3.org/1999/xhtml">
```

```html
<head>
    <title>上传成功</title>
</head>
<body>
    上传成功!<br/>
    文件标题:${description}<br/>
    文件为:<img src="uploadfiles/${file}"/><br/>
</body>
</html>
```

### 13.4.6 编写上传控制器类

创建 FileUploadDownload 类,用于实现文件的上传和下载功能,为其添加@Controller 注解。代码如下:

程序清单:/SpringMvcApplication/src/org/ldh/FileUploadDownload.java

```java
@Controller
public class FileUploadDownload {

}
```

添加上传方法 upload(),上传文件路径为/uploadfiles。可以事先在/WebContent 目录下创建上传文件目录/uploadfiles;也可以不建立,代码中会判断该目录是否存在,如果不存在,就会在程序中创建该目录。

上传文件功能实现要素分析如下:

(1) 上传文件可以视为文件复制,将源文件复制为目的文件。
(2) 源文件对象为 file,Spring MVC 把上传的源文件封装到 file 对象中。
(3) 源文件名可以从源文件对象获得,即 filename=file.getOriginalFilename()。
(4) 目的文件名为 path + File.separator + filename。
(5) 文件复制通过源文件对象 file 的 transferTo()方法实现,即 file.transferTo(new File(path + File.separator + filename))。

上传文件对象 file 作为控制器类的 upload()方法的参数,由 Spring MVC 框架负责创建 file,在方法内直接使用。上传成功时返回 success,调用 success.jsp 视图显示图片。具体代码如下:

```java
@RequestMapping(value = "/upload", method = RequestMethod.POST)
public String upload(HttpServletRequest request,@RequestParam("file") MultipartFile
    file,
    @RequestParam("description") String description,Model model) throws Exception {
    //System.out.println(description);
    //如果文件不为空,写入上传路径
    if (!file.isEmpty()) {
        //上传文件路径
        String path = request.getServletContext().getRealPath("/uploadfiles/");
```

```
        //上传文件名
        String filename = file.getOriginalFilename();
        File filepath = new File(path, filename);
        //判断路径是否存在,如果不存在就创建该路径
        if (!filepath.getParentFile().exists()) {
            filepath.getParentFile().mkdirs();
        }
        //将上传文件保存到目标文件中
        file.transferTo(new File(path + File.separator + filename));
        model.addAttribute("description", description);
        model.addAttribute("file", filename);
        return "success";
    } else {
        return "error";
    }
}
```

为上传页面请求/upload添加方法uploadForm()。当用户发出上传请求时,调用upload.jsp页面,代码如下:

```
@RequestMapping(value="/upload")
public String uploadForm() {
    return "upload";
}
```

上传页面请求与上传请求都是/upload请求,但一个是GET请求(@RequestMapping(value="/upload")),另一个是POST请求(@RequestMapping(value="/upload", method=RequestMethod.POST)),两者不冲突。

### 13.4.7 运行结果

当URL请求为http://localhost:8080/SpringMvcApplication/upload时,页面如图13.6所示。

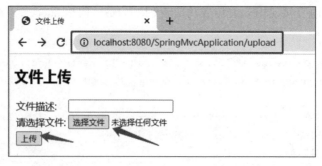

图13.6 文件上传页面

输入文件描述,单击"选择文件"按钮,选择上传文件,这里选择图片文件,再单击"上

传"按钮提交,结果如图 13.7 所示,实现了文件上传。

图 13.7 上传成功页面

## 13.5 文件下载

13.4 节通过案例演示了使用对象接收上传文件。本节通过实例演示 Spring MVC 的下载文件方法。

文件下载比较简单,直接在页面中给出一个超链接,该超链接的 href 属性值为要下载的文件名,这样就可以实现文件下载了。

使用 ResponseEntity 对象,可以很方便地定义返回的 HttpHeaders 和 HttpStatus。13.5.1 节代码中的 MediaType 代表的是 Internet Media Type,即互联网媒体类型,也叫作 MIME 类型。在 HTTP 消息头中,使用 Content-Type 表示具体请求中的媒体类型信息。HttpStatus 类型代表的是 HTTP 中的状态。有关 MediaType 和 HttpStatus 类的详细介绍可以参考 Spring MVC 的 API 文档。

### 13.5.1 通过 ResponseEntity 下载文件

Spring MVC 提供了 ResponseEntity 类型,使用它可以很方便地定义返回的 HttpHeaders 和 HttpStatus,并将其构建成 ResponseEntity 对象返回客户端用于文件下载。

创建 downloadByResponseEntity()方法,通过返回响应实体 ResponseEntity 方法实现文件下载,下载文件名称通过匹配 URL 占位符和@PathVariable 获取,下载文件加扩展名".jpg"。下载文件位于/WEB-INF/images/目录下,这里下载对应的图片文件。

下载文件要素分析如下:

(1) 文件下载也可以视为文件复制,有源文件和目的文件。
(2) 源文件就是要下载的文件。
(3) 源文件信息如下:

```
String path = request.getServletContext().getRealPath("/WEB-INF/images/");
File file = new File(path + File.separator + filename + ".jpg");
```

(4) 通过设置报文头的方式通知浏览器报文体是二进制流,不是 HTML 页面:

```
headers.setContentType(MediaType.APPLICATION_OCTET_STREAM);
```

(5) 通过设置报文头的方式通知浏览器要下载的文件:

```
headers.setContentDispositionFormData("attachment", downloadFielName+ ".jpg");
```

(6) 读源文件到字节数组:

```
InputStream in = new FileInputStream(file);
byte[] bytes = new byte[in.available()];
in.read(bytes);
```

(7) 以 ResponseEntity 方式返回文件内容。ResponseEntity 包括响应体、响应头和响应码:

```
return new ResponseEntity<byte[]>(bytes, headers, HttpStatus.CREATED);
```

下载文件方法的具体代码如下:

```java
@RequestMapping(value = "/downloadByResponseEntity/{filename}")
public ResponseEntity<byte[]> downloadByResponseEntity(HttpServletRequest
        request,@PathVariable("filename") String filename, Model model) throws
        Exception {
    //下载文件路径
    String path = request.getServletContext().getRealPath("/WEB-INF/images/");
    File file = new File(path + File.separator + filename + ".jpg");
    //下载显示的文件名,解决中文名称乱码问题
    String downloadFielName = new String(filename.getBytes("utf-8"), "iso-
        8859-1");
    HttpHeaders headers = new HttpHeaders();
    //通知浏览器以 attachment 方式打开图片
    headers.setContentDispositionFormData("attachment", downloadFielName+ ".jpg");
    //application/octet-stream 表示二进制流数据(最常见的文件下载方式)
    headers.setContentType(MediaType.APPLICATION_OCTET_STREAM);
    InputStream in = new FileInputStream(file);
    byte[] bytes = new byte[in.available()];
    in.read(bytes);
    return new ResponseEntity<byte[]>(bytes, headers, HttpStatus.CREATED);
}
```

例如，当 URL 请求为 http://localhost：8080/SpringMvcApplication/downloadByResponseEntity/b 时，下载/WEB-INF/images/b.jpg 文件，在浏览器中查看响应头信息，如图 13.8 所示。从图 13.8 中看到下载文件名为 b.jpg，响应头为

```
Content-Disposition: form-data; name="attachment"; filename="b.jpg"
Content-Length: 112904
Content-Type: application/octet-stream
Date: Wed, 19 Aug 2020 08:06:28 GMT
```

浏览器正是根据这些响应头信息识别输出内容的。

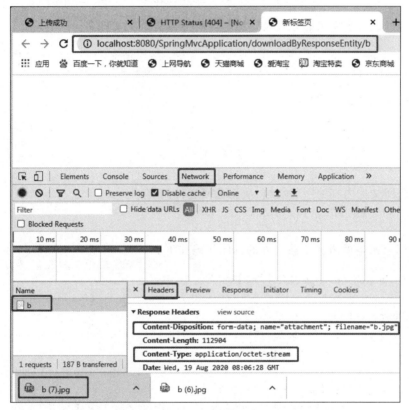

图 13.8 通过 ResponseEntity 下载文件

因为这种方法是以字节数组方法返回文件内容的，没有读写缓存，不能读大文件，不适合大文件下载，只适合小文件下载。

### 13.5.2 通过@ResponseBody 返回字节数组

通过返回 ResponseEntity 下载文件的效果等同于利用@ResponseBody 返回字节数组。

创建方法 downloadByResponseBody()，为该方法加@ResponseBody 注解，该方法返回要下载的文件的字节数组。

下载文件要素分析如下：
(1) 文件下载也可以视为文件复制，有源文件和目的文件。
(2) 源文件就是要下载的文件。
(3) 源文件信息如下：

```
String path = request.getServletContext().getRealPath("/WEB-INF/images/");
File file = new File(path + File.separator + filename + ".jpg");
```

(4) 通过设置报文头的方式通知浏览器报文体是二进制流，不是 HTML 页面：

```
response.addHeader("Content-Type","application/octet-stream");
```

(5) 通过设置报文头的方式通知浏览器要下载文件的文件名：

```
response.addHeader("Content-Disposition", "attachment;filename=" +
    downloadFielName+ ".jpg");
```

(6) 读源文件到字节数组：

```
InputStream in = new FileInputStream(file);
byte[] bytes = new byte[in.available()];
in.read(bytes);
```

(7) 返回文件内容的字节数组，从而返回文件内容：

```
return bytes;
```

以返回字节数的方式下载文件的具体代码如下：

```
//通过@ResponseBody返回文件的二进制流
@RequestMapping(value = "/downloadByResponseBody/{filename}")
@ResponseBody
public byte[] downloadByResponseBody(HttpServletRequest request,
        HttpServletResponse response,
        @PathVariable("filename") String filename) throws IOException {
    //下载文件路径
    String path = request.getServletContext().getRealPath("/WEB-INF/
        images/");
    File file = new File(path + File.separator + filename + ".jpg");
    //下载显示的文件名,解决中文名称乱码问题
    String downloadFielName = new String(filename.getBytes("utf-8"),
        "ISO-8859-1");
    InputStream in = new FileInputStream(file);
    byte[] bytes = new byte[in.available()];
    in.read(bytes);
    response.addHeader("Content-Disposition", "attachment;filename=" +
        downloadFielName+ ".jpg");
    response.addHeader("Content-Type","application/octet-stream");
```

```
        return bytes;
    }
```

例如，当 URL 请求为 http://localhost：8080/SpringMvcApplication/downloadByResponseBody/b 时，输出结果如图 13.9 所示。可以看到，b.jpg 文件正常下载，但是报文头输出为

```
Content-Disposition: attachment;filename=b.jpg
Content-Length: 112904
Content-Type: text/html
Date: Wed, 19 Aug 2020 08:44:42 GMT
```

Content-Disposition 输出"attachment;filename＝b.jpg"是正确的，但 Content-Type 为 text/html，而不是设置的二进制流（application/octet-stream），这是因为当加了注解 @ResponseBody 时，Spring MVC 只返回两种 Content-Type 类型，一种是 application/json，另一种是 text/html，但浏览器根据 Content-Disposition 正确接收了文件内容。

这说明@ResponseBody 加返回字节数组方式不是最佳的下载文件方式。

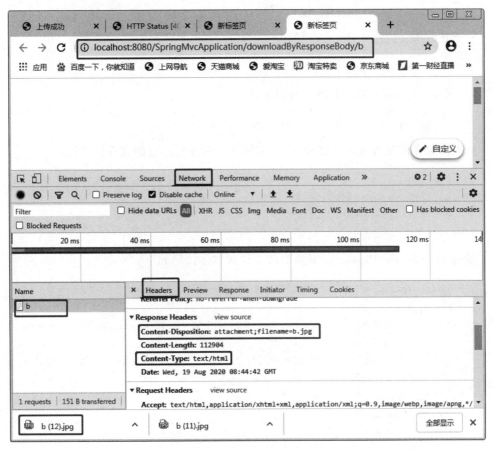

图 13.9　通过@ResponseBody 返回字节数组的方式下载文件

### 13.5.3  通过原生的 HttpServletResponse 对象下载文件

可以直接通过原生的 Servlet 响应对象 HttpServletResponse 进行文件下载。
下载文件要素分析如下：
(1) 文件下载也可以视为文件复制，有源文件和目的文件。
(2) 源文件就是要下载的文件。
(3) 源文件信息如下：

```
String path = request.getServletContext().getRealPath("/WEB-INF/images/");
File file = new File(path + File.separator + filename + ".jpg");
```

(4) 通过设置报文头的方式通知浏览器报文体是二进制流，不是 HTML 页面：

```
response.addHeader("Content-Type","application/octet-stream");
```

(5) 通过设置报文头的方式通知浏览器要下载的文件名：

```
response.addHeader("Content-Disposition", "attachment;filename=" +
    downloadFielName+ ".jpg");
```

(6) 获取源文件输入流：

```
InputStream in = new FileInputStream(file);
```

(7) 通过 response 获取目的文件输出流：

```
OutputStream out = response.getOutputStream();
```

(8) 将源文件输入流读入缓冲区，再把缓冲区内容写到目的文件输出流：

```
int len = 0;
while ((len = in.read(buffer)) > 0) {
    out.write(buffer, 0, len);
}
```

通过 HttpServletResponse 对象下载文件的具体代码如下：

```
@RequestMapping(value = "/downloadByResponse/{filename}")
    @ResponseBody
    public void downloadByResponse(HttpServletRequest request, HttpServletResponse
            response,
        @PathVariable("filename") String filename) throws IOException {
        //下载文件路径
        String path = request.getServletContext().getRealPath("/WEB-INF/
            images/");
        File file = new File(path + File.separator + filename + ".jpg");
        //下载显示的文件名,解决中文名称乱码问题
        String downloadFielName = new String(filename.getBytes("utf-8"),
            "iso-8859-1");
```

```
        response.addHeader("Content-Disposition", "attachment;filename=" +
            downloadFielName + ".jpg");
        response.addHeader("Content-Type", "application/octet-stream");
        byte[] buffer = new byte[1024];
        InputStream in = new FileInputStream(file);
        OutputStream out = response.getOutputStream();
        int len = 0;
        while ((len = in.read(buffer)) > 0) {
            out.write(buffer, 0, len);
        }
    }
```

例如，当 URL 请求为 http://localhost：8080/SpringMvcApplication/downloadByResponse/b 时，下载文件为 b.jpg，如图 13.10 所示。响应报文头为

```
Content-Disposition: attachment;filename=b.jpg
Content-Type: application/octet-stream
Date: Wed, 19 Aug 2020 13:51:07 GMT
Transfer-Encoding: chunked
```

响应报文头完全是程序设置的报文头。

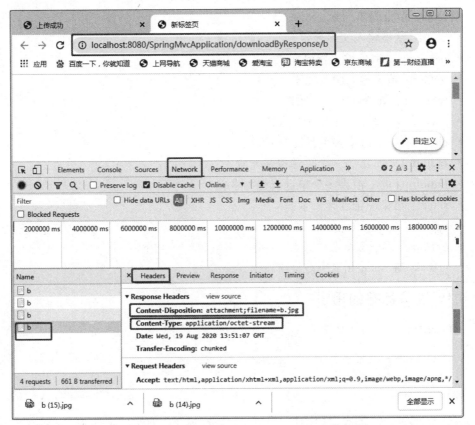

图 13.10　通过 HttpServletResponse 对象下载文件

这种方法利用数据流方式复制文件,开辟了缓冲区,适合大文件下载,同时这种方式也更加灵活。但是这种方式用到的 Spring MVC 的技术更少。

## ◆ 13.6 Spring MVC 的表单标签库

从 Spring MVC 2.0 开始,Spring MVC 开始全面支持表单标签。通过 Spring MVC 表单标签,可以很容易地将与控制器相关的表单对象绑定到 HTML 表单元素中。

### 13.6.1 引入表单标签库

表单标签库中包含可以用于在 JSP 页面中渲染 HTML 元素的标签。在 JSP 页面中使用 Spring MVC 表单标签库时,必须在 JSP 页面开头处声明 taglib 指令,指令代码如下:

```
<%@ taglib prefix="form" uri="http://www.springframework.org/tags/form" %>
```

### 13.6.2 表单标签库中的标签

在表单标签库中有 form、input、password、hidden、textarea、checkbox、checkboxes、radiobuttton、radiobuttons、select、option、options、errors 等标签。

- form:渲染表单元素。
- input:渲染输入文本元素。
- password:渲染输入密码元素。
- hidden:渲染输入隐藏元素。
- textarea:渲染 textarea 元素。
- checkbox:渲染一个复选框元素。
- checkboxes:渲染多个复选框元素。
- radiobutton:渲染一个单选按钮元素。
- radiobuttons:渲染多个单选按钮元素。
- select:渲染一个选择元素。
- option:渲染一个选项元素。
- options:渲染多个选项元素。
- errors:在 span 元素中渲染字段错误。

### 13.6.3 表单标签的用法

表单标签的语法格式如下:

```
<form:form modelAttribute="xxx" method="post" action="xxx">
    ...
</form:form>
```

表单标签除了具有 HTML 表单元素的属性以外,还具有 acceptCharset、

commandName、cssClass、cssStyle、htmlEscape 和 modelAttribute 等属性。
- acceptCharset：定义服务器接受的字符集。
- cssClass：定义应用到表单元素的 CSS 类。
- cssStyle：定义应用到表单元素的 CSS 样式。
- htmlEscape：取值为 true 或 false，表示是否进行 HTML 转义。
- commandName：暴露表单对象的模型属性名称，默认为 command。
- modelAttribute：暴露表单背景对象的模型属性名称，默认为 command。

其中，commandName 和 modelAttribute 属性的功能基本一致，其属性值绑定一个 JavaBean 对象，以给表单提供数据。假设控制器类 UserController 的方法 inputUser() 是返回 userAdd.jsp 的请求处理方法，inputUser() 方法的代码如下：

```
@RequestMapping(value="/input")
public String inputUser(Model model) {
    ...
    model.addAttribute("user", new User());
    return "userAdd";
}
```

userAdd.jsp 的表单标签代码如下：

```
<form:form modelAttribute="user" method="post" action="user/save">
    ...
</form:form>
```

在控制器中生成 user 对象，保存在模型中，视图中的 modelAttribute="user" 把对象 user 绑定到表单中，以给表单提供数据。

注意，在 inputUser() 方法中，如果没有 model Attribute 属性 user，userAdd.jsp 页面就会抛出异常，因为表单标签无法找到在其 modelAttribute 属性中指定的表单背景对象。

### 13.6.4 表单元素标签的用法

**1. input 标签**

input 标签的语法格式如下：

```
<form:input path="xxx"/>
```

该标签除了有 cssClass、cssStyle、htmlEscape 属性以外，还有一个最重要的属性——path。path 属性将文本框输入值绑定到表单背景对象的一个属性。示例代码如下：

```
<form:form modelAttribute="user" method="post" action="user/save">
    <form:input path="userName"/>
</form:form>
```

上述代码将输入值绑定到 user 对象的 userName 属性。

## 2. password 标签

password 标签的语法格式如下:

```
<form:password path="xxx"/>
```

该标签与 input 标签的用法完全一致,这里不再赘述。

## 3. hidden 标签

hidden 标签的语法格式如下:

```
<form:hidden path="xxx"/>
```

该标签与 input 标签的用法基本一致,只不过它不可显示,不支持 cssClass 和 cssStyle 属性。

## 4. textarea 标签

textarea 标签基本上就是一个支持多行输入的 input 元素。其语法格式如下:

```
<form:textarea path="xxx"/>
```

该标签与 input 标签的用法完全一致,这里不再赘述。

## 5. checkbox 标签

checkbox 标签的语法格式如下:

```
<form:checkbox path="xxx" value="xxx"/>
```

多个 path 相同的 checkbox 标签是一个选项组,允许多选,选项值绑定到一个数组属性。示例代码如下:

```
<form:checkbox path="friends" value="张三"/>张三
<form:checkbox path="friends" value="李四"/>李四
<form:checkbox path="friends" value="王五"/>王五
<form:checkbox path="friends" value="赵六"/>赵六
```

上述示例代码中复选框的值绑定到一个字符串数组属性 friends(String[] friends)。该标签的其他用法与 input 标签基本一致,这里不再赘述。

## 6. checkboxes 标签

checkboxes 标签渲染多个复选框,是一个选项组,等价于多个 path 相同的 checkbox 标签。它有 3 个非常重要的属性,即 items、itemLabel 和 itemValue。

items:用于生成 input 元素的 Collection、Map 或 Array。

itemLabel:items 属性中指定的集合对象的属性,为每个 input 元素提供标签。

itemValue:items 属性中指定的集合对象的属性,为每个 input 元素提供值。

checkboxes 标签的语法格式如下：

```
<form:checkboxes items="xxx" path="xxx"/>
```

示例代码如下：

```
<form:checkboxes items="${hobbys}" path="hobby"/>
```

上述示例代码将 model 属性 hobbys 的内容（集合元素）渲染为复选框。在 itemLabel 和 itemValue 省略的情况下，如果集合是数组，复选框的标签和值相同；如果是 Map 集合，复选框的标签是 Map 集合的值（value），复选框的值是 Map 集合的键（key）。

### 7. radiobutton 标签

radiobutton 标签的语法格式如下：

```
<form:radiobutton path="xxx" value="xxx"/>
```

多个 path 相同的 radiobutton 标签是一个选项组，只允许单选。

### 8. radiobuttons 标签

radiobuttons 标签渲染多个单选按钮，是一个选项组，等价于多个 path 相同的 radiobutton 标签。radiobuttons 标签的语法格式如下：

```
<form:radiobuttons items="xxx" path="xxx"/>
```

该标签的 itemLabel 和 itemValue 属性与 checkboxes 标签的 itemLabel 和 itemValue 属性完全一样，但只允许单选。

### 9. select 标签

select 标签的选项可以来自其属性 items 指定的集合，也可以来自一个嵌套的 option 标签或 options 标签。其语法格式如下：

```
<form:select path="xxx" items="xxx"/>
```

或

```
<form:select path="xxx" items="xxx">
    <option value="xxx">xxx</option>
</form:select>
```

或

```
<form:select path="xxx">
    <form:options items="xxx"/>
</form:select>
```

该标签的 itemLabel 和 itemValue 属性与 checkboxes 标签的 itemLabel 和 itemValue 属性完全一样。

### 10. option 标签

option 标签会被渲染为普通的 HTML option 标签。

### 11. options 标签

options 标签生成一个 select 标签的选项列表。因此，需要和 select 标签一起使用，具体用法参见 select 标签的介绍。

### 12. errors 标签

errors 标签渲染一个或者多个 span 元素，每个 span 元素包含一个错误消息。它可以用于显示一个特定的错误消息，也可以显示所有错误消息。其语法格式如下：

```
<form:errors path="*"/>
```

或

```
<form:errors path="xxx"/>
```

其中，* 表示显示所有错误消息；xxx 表示显示由 xxx 指定的特定错误消息。

## ◆ 13.7　Spring MVC 表单标签实例

下面通过一个实例说明 Spring MVC 表单标签的应用。在该实例中要增加一个用户，用户有多种属性要输入，输入标签使用 Spring MVC 表单标签，输入完成后单击"添加"按钮添加用户，在新页面添加用户的信息。

### 13.7.1　编写用户类

为了绑定多种类型的输入标签，增加用户类 User 的属性，包括用户名、爱好、职业、户籍等，用户类放在 org.ldh.taglib 包中，代码如下：

```
程序清单：/SpringMvcApplication/src/org/ldh/taglib/User.java
public class User {
    private String username;
    private String[] hobby;              //兴趣爱好
    private String[] friends;            //朋友
    private String career;               //职业
    private String houseRegister;        //户籍
    private String remark;               //个人描述
    public String getUsername() {
        return username;
    }
    public void setUsername(String username) {
        this.username = username;
```

```java
    }
    public String[] getHobby() {
        return hobby;
    }
    public void setHobby(String[] hobby) {
        this.hobby = hobby;
    }
    public String[] getFriends() {
        return friends;
    }
    public void setFriends(String[] friends) {
        this.friends = friends;
    }
    public String getCareer() {
        return career;
    }
    public void setCareer(String career) {
        this.career = career;
    }
    public String getHouseRegister() {
        return houseRegister;
    }
    public void setHouseRegister(String houseRegister) {
        this.houseRegister = houseRegister;
    }
    public String getRemark() {
        return remark;
    }
    public void setRemark(String remark) {
        this.remark = remark;
    }
}
```

### 13.7.2 编写添加用户页面

建立添加用户页面 userAdd.jsp,在其中输入用户的信息,输入标签使用 Spring MVC 表单标签。

(1) 在 JSP 页面开头处声明 taglib 指令,指令代码如下:

```
<%@taglib prefix="form" uri="http://www.springframework.org/tags/form"%>
```

(2) 添加 form 表单标签。表单绑定 user 对象,提交给/taglib/userDetail,代码如下:

```
<form:form modelAttribute="user" method="post" action="${pageContext.
    request.contextPath }/taglib/userDetail">
```

(3) 添加输入用户名的 input 标签，path 属性为对应的 user 对象的 username 属性，代码如下：

```
<form:input path="username" />
```

(4) 添加选择用户爱好的 checkboxes 标签，选项内容由 hobbys 对象提供，这里 hobbys 是数组，path 为 hobby 绑定的 user 对象的 hobby 属性，代码如下：

```
<form:checkboxes items="${hobbys}" path="hobby" />
```

(5) 添加选择用户朋友的 checkbox 标签。选择朋友对于 HTML 来说是多个选项的复选框，可以由多个 checkbox 标签实现，代码如下：

```
<form:checkbox path="friends" value="张三" /> 张三
<form:checkbox path="friends" value="李四" /> 李四
<form:checkbox path="friends" value="王五" /> 王五
<form:checkbox path="friends" value="赵六" /> 赵六
```

(6) 添加选择用户职业的 select 标签，选择内容由单个选项"<option>请选择职业</option>"与多个选项"<form:options items="${careers}" />"组成，多个选项内容由 careers 对象提供，代码如下：

```
<form:select path="career">
    <option>请选择职业</option>
    <form:options items="${careers}" />
</form:select>
```

userAdd.jsp 详细代码如下：

**程序清单**：/SpringMvcApplication/WebContent/WEB-INF/jsp/userAdd.jsp

```
<%@ page language="java" contentType="text/html; charset=utf-8"
    pageEncoding="utf-8"%>
<%@taglib prefix="form" uri="http://www.springframework.org/tags/form"%>
<!DOCTYPE html PUBLIC "-//W3C//DTD HTML 4.01 Transitional//EN" "http://www.w3.org/TR/html4/loose.dtd">
<html>
<head>
<meta http-equiv="Content-Type" content="text/html; charset=utf-8">
<title>Insert title here</title>
</head>
<body>
    <form:form modelAttribute="user" method="post" action="${pageContext.request.contextPath }/taglib/userDetail">
        <fieldset>
            <legend>添加一个用户</legend>
            <P>
```

```xml
            <label>用户名：</label>
            <form:input path="username" />
        </p>
        <P>
            <label>爱好：</label>
            <form:checkboxes items="${hobbys}" path="hobby" />
        </p>
        <P>
            <label>朋友：</label>
            <form:checkbox path="friends" value="张三" />张三
            <form:checkbox path="friends" value="李四" />李四
            <form:checkbox path="friends" value="王五" />王五
            <form:checkbox path="friends" value="赵六" />赵六
        </p>
        <P>
            <label>职业：</label>
            <form:select path="career">
                <option>请选择职业</option>
                <form:options items="${careers }" />
            </form:select>
        </p>
        <P>
            <label>户籍：</label>
            <form:select path="houseRegister">
                <option>请选择户籍</option>
                <form:options items="${houseRegisters }" />
            </form:select>
        </p>
        <P>
            <label>个人描述：</label>
            <form:textarea path="remark" rows="5" />
        </p>
        <p id="buttons">
            <input id="submit" type="submit" value="添加">
        </p>
    </fieldset>
</form:form>
</body>
</html>
```

### 13.7.3 编写显示用户信息页面

创建显示用户信息页面 userDetail.jsp，在添加用户页面输入完成后单击"添加"按

钮,在显示用户信息页面显示输入的用户信息。这里用 EL 表达式输出用户详细信息。代码如下:

程序清单:/SpringMvcApplication/WebContent/WEB-INF/jsp/userDetail.jsp

```
<%@ page language="java" contentType="text/html; charset=utf-8"
    pageEncoding="utf-8"%>
<%@taglib prefix="form" uri="http://www.springframework.org/tags/form"%>
<!DOCTYPE html PUBLIC "-//W3C//DTD HTML 4.01 Transitional//EN" "http://www.w3.
    org/TR/html4/loose.dtd">
<html>
<head>
<meta http-equiv="Content-Type" content="text/html; charset=utf-8">
<title>Insert title here</title>
</head>
<body>
    <legend>添加一个用户</legend>
    <P>
        <label>用户名:</label> ${requestScope.user.username}
    </p>
    <P>
        <label>爱好:</label> ${requestScope.hobby}
    </p>
    <P>
        <label>朋友:</label> ${requestScope.friends}
    </p>
    <P>
        <label>职业:</label> ${requestScope.user.career}
    </p>
    <P>
        <label>户籍:</label> ${requestScope.user.houseRegister}
    </p>
    <P>
        <label>个人描述:</label> ${requestScope.user.remark}
    </p>
    </fieldset>
</body>
</html>
```

### 13.7.4 创建 UserController 控制器类

在 org.ldh.taglib 包中,创建 UserController 控制器,在该控制器类上加控制器注解 @Controller("userController1")。因为项目中其他应用也存在 UserController 控制器类,所以这里设置控制器对象的名称为 userController1,否则会报告冲突错误。注解类的请求映射@RequestMapping("/taglib")。

添加方法 inputuser(),处理/input 请求,在该方法中准备数据,供页面标签渲染时使用,创建爱好 Map 集合,创建职业字符串数组,创建户籍字符串数组,创建用户对象,并把这些对象保存在模型中,然后调用 userAdd.jsp 页面。

添加方法 userDetail(),处理显示用户信息请求/userDetail,把接收到的 user 对象保存到模型中,把选择的爱好与朋友转换为字符串保存到模型中,以便给显示用户信息页面提供数据。

详细代码如下:

**程序清单:/SpringMvcApplication/src/org/ldh/taglib/User.java**

```java
@Controller("userController1")
@RequestMapping("/taglib")
public class UserController {
    @RequestMapping(value = "/input")
    public String inputuser(Model model) {
        HashMap<String, String> hobbys = new HashMap<String, String>();
        hobbys.put("篮球", "篮球");
        hobbys.put("乒乓球", "乒乓球");
        hobbys.put("电玩", "电玩");
        hobbys.put("游泳", "游泳");
        //如果模型中没有 user 属性,userAdd.jsp 会抛出异常,因为表单标签无法找到
        //modelAttribute 属性指定的表单支持对象
        model.addAttribute("user", new User());
        model.addAttribute("hobbys", hobbys);
        model.addAttribute("careers", new String[] { "教师", "学生", "coding 搬运工",
                "IT 民工", "其他" });
        model.addAttribute("houseRegisters", new String[] { "北京", "上海", "广州",
                "深圳", "其他" });
        return "userAdd";
    }
    @RequestMapping(value = "/userDetail")
    public String userDetail(@ModelAttribute User user, Model model) {
        model.addAttribute("user", user);
        model.addAttribute("hobby", Arrays.toString(user.getHobby()));
        model.addAttribute("friends", Arrays.toString(user.getFriends()));
        return "userDetail";
    }
}
```

### 13.7.5 解决乱码问题

以 POST 方式提交的中文可能在服务器端不能正确解码,会出现乱码。需要在 web.

xml 中配置一个过滤器，指定解码方式，以解决乱码问题。配置如下：

```xml
<!--整合过滤器处理中文乱码问题-->
<filter>
    <filter-name>EncodingFilter</filter-name>
    <filter-class>org.springframework.web.filter.CharacterEncodingFilter
        </filter-class>
    <init-param>
      <param-name>encoding</param-name>
      <param-value>UTF-8</param-value>
    </init-param>
</filter>
<filter-mapping>
    <filter-name>EncodingFilter</filter-name>
    <url-pattern>/*</url-pattern>
</filter-mapping>
```

### 13.7.6 运行结果

当 URL 请求为 http://localhost:8080/SpringMvcApplication/taglib/input 时，输入相应内容，结果如图 13.11 所示。从图 13.11 中可以看出，Spring MVC 正确渲染了表单标签。

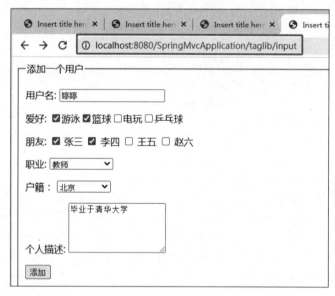

图 13.11 用 Spring MVC 表单标签生成的添加用户页面

当单击"添加"按钮后，出现显示用户信息页面，如图 13.12 所示。

图 13.12　显示用户信息页面

## 13.8　Spring MVC 国际化

### 13.8.1　软件国际化概述

软件的国际化是指：使软件能同时应对世界不同国家和地区的访问，并针对不同国家和地区的访问提供相应的语言和符合来访者阅读习惯的页面或数据，使用不同语言的来访者看到的是不同的内容。

对于程序中固定使用的文本元素（例如菜单栏、导航条等中使用的文本元素）或错误提示信息、状态信息等，需要根据来访者的国家和地区选择不同语言的文本为之服务。

对于程序动态产生的数据，例如日期、货币等，软件应能根据当前所在的国家和地区的文化习惯进行显示。

国际化（internationalization）又称为 i18n（读法为 i-18-n，因为 internationalization 这个单词 i 和 n 之间有 18 个英文字母，i18n 的名字由此而来）。

### 13.8.2　国际化方案

国际化需要一个语言对照表，对照表通过关键字（key）来对应不同国家和地区的语言内容，程序中根据国家和地区的不同使用关键字获取对应国家和地区的语言内容（value），就像有个多语言字典一样。在实际设计中，这个对照表采用一种语言一个文件的方法实现，这个文件就是资源文件。

对于国际化，主要从国际化信息如何存储和在程序中如何取出两方面理解。

### 13.8.3　存储国际化信息

对于软件中的菜单栏、导航条、错误提示信息、状态信息等固定不变的文本信息，可以把它们写在一个 Properties 文件中，并针对不同的国家和地区编写不同的 Properties 文件。这一组 Properties 文件称为一个资源包。

一个资源包中的所有资源文件都必须拥有共同的基名。除了基名，每个资源文件的名称中还必须有标识其本地信息的附加部分。例如，一个资源包的基名是 message，则与中文、英文环境相对应的资源文件名为 message_zh_CN.Properties 和 message_en_US.Properties。

每个资源包都有一个默认资源文件，这个文件的名称中不带有标识本地信息的附加部分，例如 message.Properties。如果 ResourceBundle 对象在资源包中找不到与用户语言匹配的资源文件，它将选择该资源包中与用户语言最相近的资源文件；如果再找不到，则使用默认资源文件。

资源文件的内容通常采用"关键字＝值"的形式，软件根据关键字检索值并显示在页面上。一个资源包中的所有资源文件中包含的关键字必须相同，值则为相应国家和地区的文字。

资源文件采用的是 Properties 格式，所以资源文件中的所有字符都必须是 ASCII 码字符。资源文件是不能保存中文的，对于像中文这样的非 ACSII 码字符，必须先进行编码。

资源文件的存储位置可以配置。

### 13.8.4 取出国际化信息

在程序中，根据国家和地区的不同，在资源文件中使用关键字获取对应国家和地区的语言内容。

在页面中输出国际化用 message 标签，例如＜spring:message code="loginname"/＞，message 标签属性如下：

- Arguments：标签的参数，可以是字符串、数组或对象。
- Code：获取消息的键。
- Text：如果 Code 不存在，则 Text 为默认显示的文本。
- Var：用于保存消息的变量。

不仅可以在页面中输出国际化信息，而且可以在代码中取出国际化信息。通过请求上下文对象 RequestContext 的 getMessage()方法获取国际化信息，例如：

```
RequestContext requestContext = new RequestContext(request);
String username = requestContext.getMessage("username");
```

Spring MVC 国际化特性可以依据浏览器提供国家和地区的语言信息，也可以由用户设定。

## 13.9 基于浏览器的国际化

浏览器每次发出请求时，报文头中都携带国家和地区的语言信息，浏览器通过 Accept-Language 报文头携带国家和地区的语言信息，这些信息是根据操作系统的环境得到的。例如，"Accept-Language：en-US,en;q＝0.9,zh-CN;q＝0.8,zh;q＝0.7"表示浏览器首先接收英文,其次接收中文。

服务器根据请求中携带的国家和地区语言信息输出对应国家和地区的国际化内容。这里通过一个实例来展示如何实现基于浏览器的国际化。

### 13.9.1 建立资源文件

资源文件约定目录一般在classPath下。

在src/resource目录下新建两个资源文件,分别代表中文和英文资源文件,代码如下:

**程序清单**:/SpringMvcApplication/src/resource/message_zh_CN.Properties

```
loginname = 登录名:
password = 密码:
submit = 提交
welcome = 欢迎 {0} 来到这里
title = 登录页面
username = 管理员
```

**程序清单**:/SpringMvcApplication/src/resource/message_en_US.Properties

```
loginname = Login name:
password = Password:
submit = Submit
welcome = Welcome {0} to here
title = Login Page
username = administrator
```

### 13.9.2 在login.jsp页面输出国际化信息

在view页面中输出国际化信息用message标签实现,即<spring:message/>。

在/WebContent/WEB-INF/jsp目录下新建login.jsp页面,使用<spring:message/>标签输出国际化消息。title、loginname、password、submit 4个文本采用了国际化输出,标签为<spring:message code="title"/>等,具体代码如下:

**程序清单**:/SpringMvcApplication/WebContent/WEB-INF/jsp/login.jsp

```jsp
<%@ page language="java" contentType="text/html; charset=utf-8"
    pageEncoding="utf-8"%>
<%@ taglib prefix="spring" uri="http://www.springframework.org/tags" %>
<%@ taglib prefix="form" uri="http://www.springframework.org/tags/form" %>
<!DOCTYPE html PUBLIC "-//W3C//DTD HTML 4.01 Transitional//EN" "http://www.w3.
    org/TR/html4/loose.dtd">
<html>
<head>
<meta http-equiv="Content-Type" content="text/html; charset=utf-8">
<title>Insert title here</title>
</head>
```

```
<body>
<!-- 使用message标签输出国际化信息 -->
<h4><spring:message code="title"/></h4>
<form:form modelAttribute="user" method="post" action="login">
    <table>
        <tr>
            <td><spring:message code="loginname"/></td>
            <td><form:input path="username"/></td>
        </tr>
        <tr>
            <td><spring:message code="password"/></td>
            <td><form:input path="password"/></td>
        </tr>
        <tr>
            <td><input type="submit" value="<spring:message code="submit"/>"/>
                </td>
        </tr>
    </table>
</form:form>
</body>
</html>
```

### 13.9.3 在 welcome.jsp 页面输出国际化信息

最后在 WEB-INF/content 目录下编写 welcome.jsp 页面，输出欢迎信息（welcome＝Welcome {0} to here），这里存在占位符{0}替换问题，message 标签多了一个参数 arguments，是用来替换占位符{0}的文本：

```
<spring:message code="welcome" arguments="${requestScope.user.username }"/>
```

完整代码如下：

程序清单：/SpringMvcApplication/WebContent/WEB-INF/jsp/welcome.jsp

```
<%@ page language="java" contentType="text/html; charset=utf-8"
    pageEncoding="utf-8"%>
    <%@ taglib prefix="spring" uri="http://www.springframework.org/tags" %>
<!DOCTYPE html PUBLIC "-//W3C//DTD HTML 4.01 Transitional//EN" "http://www.w3.
    org/TR/html4/loose.dtd">
<html>
<head>
<meta http-equiv="Content-Type" content="text/html; charset=utf-8">
<title>Insert title here</title>
</head>
<body>
<h3><spring:message code="welcome" arguments="${requestScope.user.username }"/>
```

```
        </h3>
    </body>
</html>
```

### 13.9.4 在 Spring MVC 配置文件中配置国际化支持

要让 Spring MVC 支持国际化，需要在 Spring MVC 配置文件/SpringMvcApplication/src/springContext.xml 中添加配置信息。

（1）配置 Spring MVC 支持国际化：

```
<bean id="messageSource"
class="org.springframework.context.support.ReloadableResourceBundleMessageSource">
```

（2）配置资源文件存储路径及基本名称。资源文件存储位置是 classpath：resource，资源文件基本名称是 message，可以配置多个资源文件。代码如下：

```
<property name="basenames">
    <list>
        <value>classpath:resource/message</value>
    </list>
</property>
```

添加的全部配置如下：

```
<!-- messageSource 配置的是国际化资源文件的路径, classpath:messages 指的是
classpath 路径下的 messages_zh_CN.Properties 文件和 messages_en_US.Properties 文件。
设置 useCodeAsDefaultMessage,默认为 false,这样,当 Spring MVC 在 ResourceBundle 中找不
到 messageKey 时,就抛出 NoSuchMessageException 异常;如果把它设置为 true,则找不到
messageKey 时不会抛出异常,而是使用 messageKey 作为返回值 -->
<bean id="messageSource"
class="org.springframework.context.support.ReloadableResourceBundleMessageSource">
    <property name="defaultEncoding" value="utf-8" />
    <property name="useCodeAsDefaultMessage" value="true" />
    <property name="basenames">
        <list>
            <value>classpath:resource/message</value>
        </list>
    </property>
</bean>
```

### 13.9.5 编写用户类

这里以用户登录为例进行演示，需要建立用户类，代码如下：

**程序清单**：/SpringMvcApplication/src/org/ldh/User.java

```
package org.ldh;
```

```java
public class User {
    private String username;
    private String password;
    public String getUsername() {
        return username;
    }
    public void setUsername(String username) {
        this.username = username;
    }
    public String getPassword() {
        return password;
    }
    public void setPassword(String password) {
        this.password = password;
    }
}
```

### 13.9.6 在程序中获取国际化信息

编写用户控制器类 UserController.java。在该控制器类的方法中，通过请求上下文 RequestContext 对象的 getMessage() 方法获取国际化信息，即 String username = requestContext.getMessage("username")，代码如下：

程序清单：/SpringMvcApplication/src/org/ldh/UserController.java
```java
@Controller
public class UserController {
}
```

添加登录页面请求方法 loginForm()，当为 GET 方式的 /login 请求时调用 login.jsp 页面，并存储 user 对象到模型中，在视图中应用，代码如下：

```java
@RequestMapping("/login")
public String loginForm(Model model) {
    User user = new User();
    model.addAttribute("user", user);
    return "login";
}
```

添加登录验证方法 login()，当为 POST 方式的 /login 请求时调用此方法，当验证成功后，用 getMessage() 方法取出 username，并存储在 user 对象中，把 user 对象存储在模型中，供页面使用。验证成功时调用 welcome.jsp 页面，验证失败时调用 login.jsp 页面。代码如下：

```java
@PostMapping("/login")
public String login(User user, Model model, HttpServletRequest request) {
```

```
        if (user.getPassword().equals("123456")) { //密码为 123456 则登录成功
            //从后台代码获取 username
            RequestContext requestContext = new RequestContext(request);
            String username = requestContext.getMessage("username");
            //将获取的 username 保存到 user 对象中并存储在模型中
            user.setUsername(username);
            model.addAttribute("user", user);
            return "welcome";
        }
        return "login";
}
```

### 13.9.7 运行结果

为了测试国际化的效果,这里使用 Chrome 浏览器,首先添加对英语的支持,可以在菜单中选择"设置"命令,在"设置"页面选择"高级"→"语言"→"添加语言"选项,在右侧输入"英语(美国)",并将"英语(美国)"移至顶部,如图 13.13 所示。

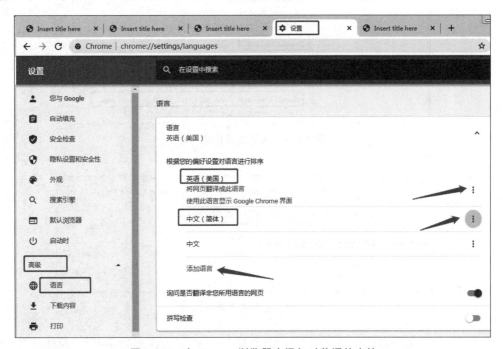

图 13.13 在 Chrome 浏览器中添加对英语的支持

当 URL 请求为 http://localhost:8080/SpringMvcApplication/login 时,返回英语页面,在请求头的接受的语言中英语优先(Accept-Language:en-US,en;q=0.9,zh-CN;q=0.8,zh;q=0.7),响应头为英语(Content-Language:en-US)。在 Chrome 浏览器中查看请求头与响应头信息,如图 13.14 所示。

输入密码,返回欢迎页面,显示的也是英语,如图 13.15 所示。

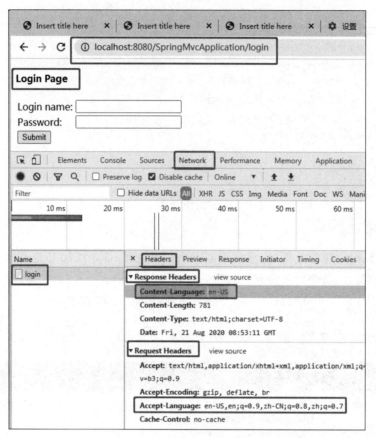

图 13.14　返回英语登录页面

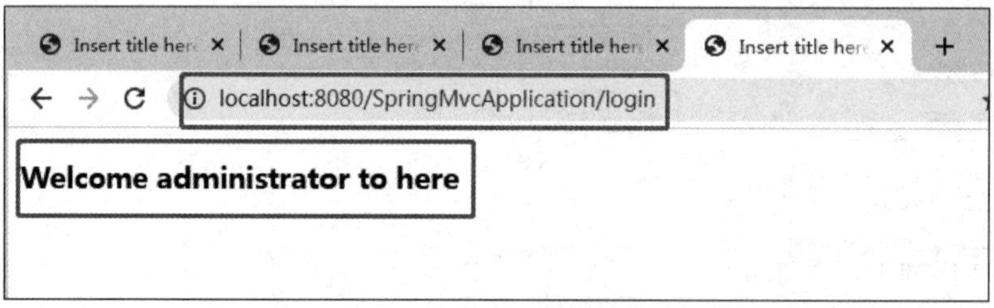

图 13.15　返回英语欢迎页面

在 Chrome 浏览器的设置页面中选择"高级"→"语言",在右侧将中文(简体)移至顶部,如图 13.16 所示。

当 URL 请求依然为 http://localhost:8080/SpringMvcApplication/login 时,浏览器返回中文页面,请求头的接受语言中中文优先(Accept-Language：zh-CN,zh;q=0.9,en-US;q=0.8,en;q=0.7),响应头为中文(Content-Language：zh-CN)。在浏览器中查看到请求头与响应头信息,如图 13.17 所示。

第 13 章 Spring MVC 高级应用

图 13.16　在 Chrome 浏览器中把中文(简体)移至顶部

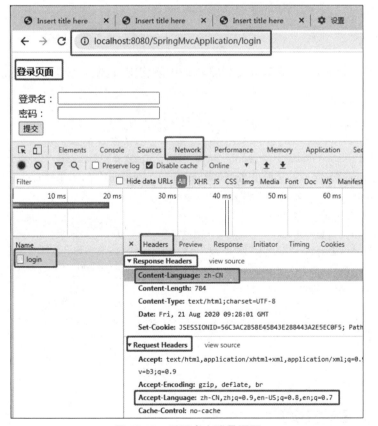

图 13.17　返回中文登录页面

## 13.10 基于会话的国际化

Spring MVC 国际化特性可以依据浏览器提供国家和地区的语言信息,也可以由用户设定。用户设定的国家和地区语言信息保存在会话的 SessionLocaleResolver.LOCALE_SESSION_ATTRIBUTE_NAME 中,系统根据保存在会话中的国家和地区语言信息进行国际化。

基于会话的国际化比基于浏览器的国际化优先级高,即启用基于会话的国际化后,基于浏览器的国际化就不再起作用。

### 13.10.1 配置支持基于会话的国际化

修改 Spring MVC 配置文件 springmvc-config.xml,在配置文件中加入支持基于会话的国际化的配置,配置如下:

```xml
<!-- 存储区域设置信息,SessionLocaleResolver 类通过一个预定义会话名将国际化信息存储在会话中,利用会话判断用户语言,defaultLocale 为默认语言 -->
<bean id="localeResolver"
    class="org.springframework.web.servlet.i18n.SessionLocaleResolver">
    <property name="defaultLocale" value="zh_CN" />
</bean>
```

因为需要资源文件,首先需要配置基本的国际化支持、配置资源文件的位置等。配置如下:

```xml
<!-- messageSource 配置的是国际化资源文件的路径,classpath:messages 指的是
classpath 路径下的 messages_zh_CN.Properties 文件和 messages_en_US.Properties
文件。设置 useCodeAsDefaultMessage,默认为 false,这样,当 Spring MVC 在 ResourceBundle
中找不到 messageKey 时,就抛出 NoSuchMessageException 异常;如果把它设置为 true,则找不
到 messageKey 时不会抛出异常,而是使用 messageKey 作为返回值 -->
<bean id="messageSource"
class="org.springframework.context.support.ReloadableResourceBundleMessageSource">
    <property name="defaultEncoding" value="utf-8" />
    <property name="useCodeAsDefaultMessage" value="true" />
    <property name="basenames">
        <list>
            <value>classpath:resource/message</value>
        </list>
    </property>
</bean>
```

### 13.10.2 处理语言设置

添加方法 login1(),处理语言设置并返回登录页面 login1.jsp。

根据 URL 的国家和地区语言参数 request_locale 创建相应国家和地区的语言,代码为 Locale locale = new Locale("xx","xx"),然后把创建的 locale 保存到会话的 SessionLocaleResolver.LOCALE_SESSION_ATTRIBUTE_NAME 中。代码如下:

```
@RequestMapping("/login1")
public String login(String request_locale, Model model, HttpServletRequest 
    request) {
    if (request_locale != null) {
        if (request_locale.equals("zh_CN")) {            //设置中文环境
            Locale locale = new Locale("zh", "CN");
            request.getSession().setAttribute(SessionLocaleResolver.LOCALE_
                SESSION_ATTRIBUTE_NAME, locale);
        } else if (request_locale.equals("en_US")) {     //设置英文环境
            Locale locale = new Locale("en", "US");
            request.getSession().setAttribute(SessionLocaleResolver.LOCALE_
                SESSION_ATTRIBUTE_NAME, locale);
        } else {                                         //使用以前的环境
            request.getSession().setAttribute(SessionLocaleResolver.LOCALE_
                SESSION_ATTRIBUTE_NAME,LocaleContextHolder.getLocale());
        }
    }
    User user = new User();
    model.addAttribute("user", user);
    //跳转到登录页面
    return "login1";
}
```

### 13.10.3 创建可以选择语言的登录页面

在/WEB-INF/jsp/目录下编写 login1.jsp 页面,由用户自己选择使用中文还是英文,并且实现登录页面。选择语言功能通过超级链接实现,参数 request_locale=zh_CN 代表中文,参数 request_locale=en_US 代表英文。

&lt;a href="login1?request_locale=zh_CN"&gt;中文&lt;/a&gt;|&lt;a href="login1?request_locale=en_US"&gt;英文&lt;/a&gt;

long1.jsp 页面详细代码如下:

**程序清单**:/SpringMvcApplication/WebContent/WEB-INF/jsp/login1.jsp

```
<%@ page language="java" contentType="text/html; charset=utf-8"
    pageEncoding="utf-8"%>
<%@ taglib prefix="spring" uri="http://www.springframework.org/tags" %>
<%@ taglib prefix="form" uri="http://www.springframework.org/tags/form" %>
<!DOCTYPE html PUBLIC "-//W3C//DTD HTML 4.01 Transitional//EN" "http://www.w3.
    org/TR/html4/loose.dtd">
```

```html
<html>
<head>
<meta http-equiv="Content-Type" content="text/html; charset=utf-8">
<title>Insert title here</title>
</head>
<body>
<a href="login1?request_locale=zh_CN">中文</a>|<a href="login1?request_locale=en_US">英文</a>
<!-- 使用message标签输出国际化信息 -->
<h4><spring:message code="title"/></h4>
<form:form modelAttribute="user" method="post" action="login">
    <table>
        <tr>
            <td><spring:message code="loginname"/></td>
            <td><form:input path="username"/></td>
        </tr>
        <tr>
            <td><spring:message code="password"/></td>
            <td><form:input path="password"/></td>
        </tr>
        <tr>
            <td><input type="submit" value="<spring:message code="submit"/>"/>
            </td>
        </tr>
    </table>
</form:form>
</body>
</html>
```

### 13.10.4 运行结果

当URL请求为http://localhost:8080/SpringMvcApplication/login1时,返回可以选择语言的登录页面,页面为中文,因为默认的语言为中文,如图13.18所示。

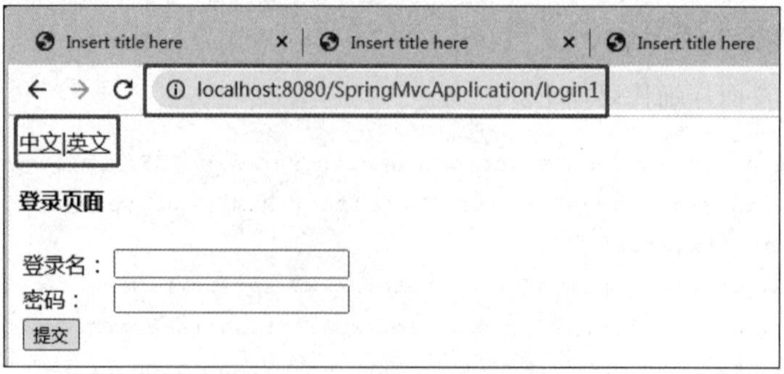

图13.18 可以选择语言的登录页面

当单击"英文"链接时,仍然是请求登录页面,但增加了语言参数 request_locale=en_US,此时返回英文登录页面,如图 13.19 所示。

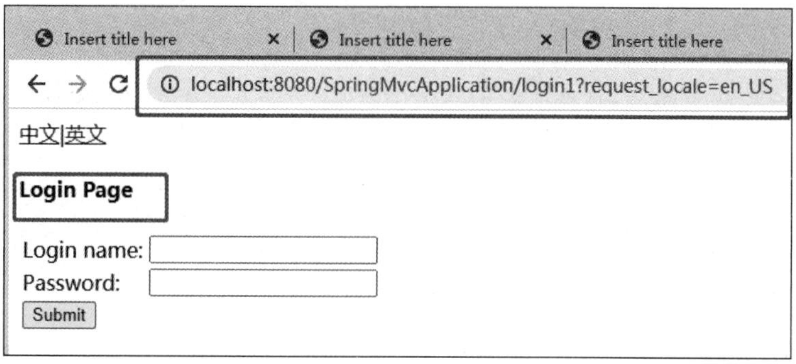

图 13.19 选择英文,返回英文登录页面

当单击"中文"链接时,仍然是请求登录页面,但增加了语言参数 request_locale= zh_CN,此时返回中文登录页面,如图 13.20 所示。

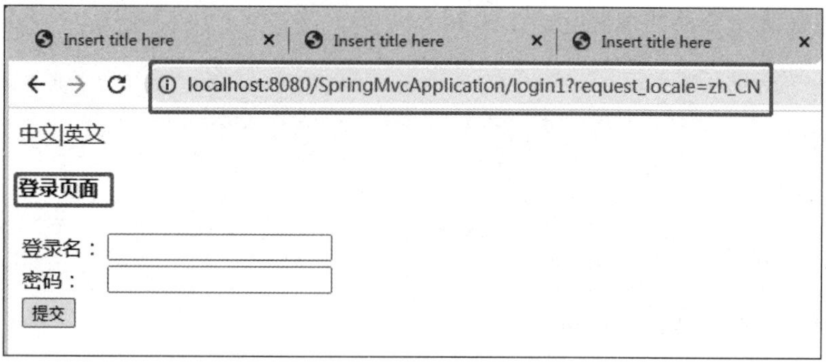

图 13.20 选择中文,返回中文登录页面

## ◆ 13.11 基于会话的国际化(语言设置自动处理)

Spring MVC 自身已经实现了用户的语言设置处理,通过拦截器来加载此功能,这也说明了拦截器的扩展应用,但这种方法会拦截所有请求,加重系统负载。用户可以配置语言设置处理只对应某一个请求,系统负载轻。

### 13.11.1 配置语言设置处理

国际化中的国家和地区语言参数可以通过 URL 参数传递,通过拦截器拦截 URL,获取国家和地区语言参数,进行国际化处理。

配置通过拦截请求中的区域参数进行国际化处理,该拦截器通过名为 lang 的参数拦截 HTTP 请求＜property name="paramName" value="lang" /＞,并保存区域参数到会话中,使其重新设置页面的国际化信息。

因为需要资源文件，首先应配置基本的国际化支持和资源文件的位置。

```xml
<!-- messageSource 配置的是国际化资源文件的路径, classpath:messages 指的是
classpath 路径下的 messages_zh_CN.Properties 文件和 messages_en_US.Properties
文件。设置 useCodeAsDefaultMessage,默认为 false,这样,当 Spring MVC 在 ResourceBundle
中找不到 messageKey 时,就抛出 NoSuchMessageException 异常;如果把它设置为 true,则找不
到 messageKey 时不会抛出异常,而是使用 messageKey 作为返回值 -->
<bean id="messageSource"
class="org.springframework.context.support.ReloadableResourceBundleMessageSource">
    <property name="defaultEncoding" value="utf-8" />
    <property name="useCodeAsDefaultMessage" value="true" />
    <property name="basenames">
        <list>
            <value>classpath:resource/message</value>
        </list>
    </property>
</bean>
```

其次配置基于会话的国际化。

```xml
<!-- 存储区域设置信息,SessionLocaleResolver 类通过一个预定义会话名将国际化信息存
储在会话中,根据会话判断用户语言,defaultLocale 为默认语言 -->
<bean id="localeResolver"
    class="org.springframework.web.servlet.i18n.SessionLocaleResolver">
    <property name="defaultLocale" value="zh_CN" />
</bean>
```

最后配置自动处理语言设置。

```xml
<!--该拦截器通过名为 lang 的参数拦截 HTTP 请求,使其重新设置页面的区域化信息 -->
<mvc:interceptors>
    <bean id="localeChangeInterceptor"
        class="org.springframework.web.servlet.i18n.LocaleChangeInterceptor">
        <property name="paramName" value="lang" />
    </bean>
</mvc:interceptors>
```

## 13.11.2　创建登录页面

创建方法 loginForm2(),处理登录请求/login2,返回登录页面 login2.jsp,代码如下：

```java
@RequestMapping("/login2")
public String loginForm2(Model model) {
    User user = new User();
    model.addAttribute("user", user);
    return "login2";
}
```

### 13.11.3 运行结果

当 URL 请求为 http://localhost:8080/SpringMvcApplication/login2 时，返回可以选择语言的登录页面，页面为中文，因为默认的语言为中文，如图 13.21 所示。

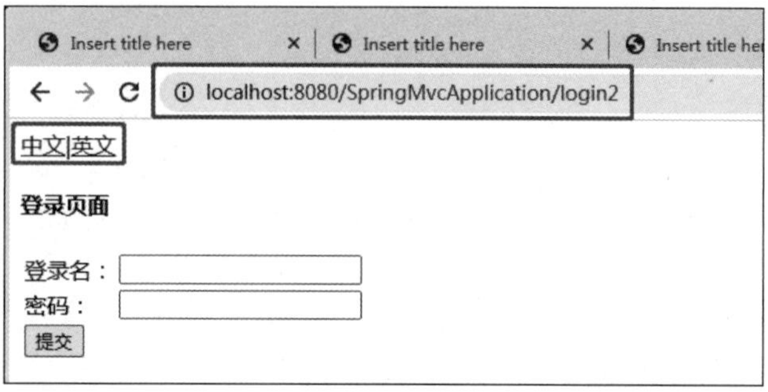

图 13.21　可以选择语言的登录页面（语言设置自动处理）

当单击"英文"链接时，仍然是请求登录页面，但增加了语言参数 lang＝en_US，此时返回英文登录页面，如图 13.22 所示。

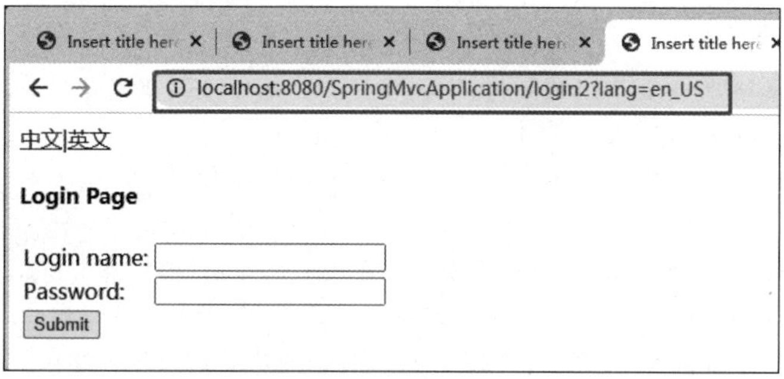

图 13.22　选择英文，返回英文登录页面（语言设置自动处理）

当单击"中文"链接时，仍然是请求登录页面，但增加了语言参数 lang＝ zh_CN，此时返回中文登录页面，如图 13.23 所示。

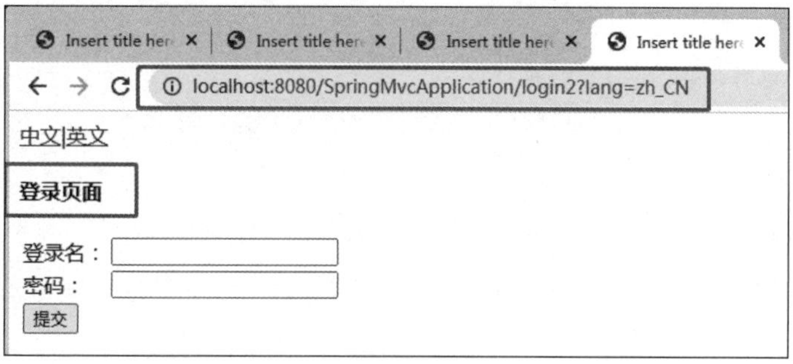

图 13.23　选择中文，返回中文登录页面（语言设置自动处理）

在本例中无须编写处理语言选择的代码。

# 本篇参考文献

[1] jihong10102006. 超详细 Spring @RequestMapping 注解使用技巧[EB/OL]. (2017-09-14)[2020-08-02]. https：//www.iteye.com/news/32657.

[2] Steven5007. Spring MVC 接收页面传递参数[EB/OL]. (2017-09-14)[2020-08-02]. https：//www.cnblogs.com/Steven5007/p/9740416.html.

[3] 灰太狼_cxh. Spring MVC 接收 JSON 数据的 4 种方式[EB/OL]. (2018-06-18)[2020-08-02]. https：//blog.csdn.net/weixin_39220472/article/details/80725574.

[4] 234390216. Spring MVC Controller 介绍[EB/OL]. (2018-06-18)[2020-08-02]. https：//www.iteye.com/blog/elim-1753271.

[5] 234390216. Spring MVC 中使用 Interceptor 拦截器[EB/OL]. (2018-06-18)[2020-08-02]. https：//www.iteye.com/blog/elim-1750680.

[6] Kshon. Spring MVC 笔记六之国际化[EB/OL]. (2018-09-10)[2020-08-02]. https：//blog.csdn.net/kshon/article/details/82593826.

[7] GeekerLou. Spring MVC 国际化[EB/OL]. (2019.01.08)[2020-08-02]. https：//www.jianshu.com/p/3a509e905e34.

[8] Java 大数据社区. Spring MVC 数据绑定和表单标签的应用[EB/OL]. (2019-01-08)[2020-08-02]. http://www.uxys.com/html/SpringMVCTutorial/20200101/80538.html.

[9] Java 大数据社区. Spring MVC 的转发与重定向[EB/OL]. (2019-01-08)[2020-08-02]. http://www.uxys.com/html/SpringMVCTutorial/20200101/80545.html.

[10] houfeng30920.Spring MVC 注解总结[EB/OL]. (2017-01-16)[2020-08-02]. https：//blog.csdn.net/houfeng30920/article/details/54574650.

# 第 3 篇　MyBatis ORM 框架

　　MyBatis 属于持久层框架,用于实现对数据库的读写,它基于 ORM 思想,比使用 JDBC 操作数据库方便很多。

　　ORM 提供了实现持久化层的另一种模式,它采用映射元数据来描述对象与关系的映射,使得 ORM 中间件能在任何一个应用的业务逻辑层和数据库层之间充当桥梁。使得对象与关系解耦,这里的对象可以理解为业务逻辑层,关系可以理解为关系数据库。这种解耦使得业务逻辑层不必关心数据库操作的细节,同时省去了手工调用 JDBC 的细节,提高了编程效率。

　　MyBatis ORM 属于半自动 ORM,需要编写部分 SQL 语句,这样带来一定的灵活性,自动生成的 SQL 语句可能不是最佳的。MyBatis 用一个专门的 xml 文件存放 SQL 语句,便于维护管理,不用在 Java 代码中找这些语句,MyBatis 还可以动态生成 SQL 语句,提供了根据条件生成对应的 SQL 语句的功能例如＜if＞、＜foreach＞标签。MyBatis ORM 解除了 SQL 语句与程序代码的耦合,通过提供 DAO 层,将业务逻辑和数据访问逻辑分离,使系统的设计更清晰,更易于维护和进行单元测试。SQL 语句和代码的分离提高了可维护性。

# 第14章 MyBatis 中的 ORM

## 14.1 ORM 的概念

在面向对象的程序应用中,大都存在对象和关系数据库的应用。在业务逻辑层中,程序中使用的是对象,需要把关系数据库的信息读到对象中。当对象信息发生变化时,需要把对象的信息保存在关系数据库中。

ORM 框架是解决面向对象程序设计中对象与关系数据库互不匹配的问题的技术。简单地说,ORM 通过使用描述对象和数据库之间映射的元数据,将程序中的对象自动持久化到关系数据库中,也可以把关系数据库中的数据自动传给程序中的对象。

### 14.1.1 对象和关系数据库

编写程序需要和数据库打交道,把数据写入数据库,还要从数据库把数据读到程序中。

在程序中,数据以对象方式存储,这里的数据库指的是关系数据库。对象和关系数据库的关系如图 14.1 所示。

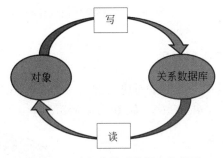

图 14.1 对象和关系数据库的关系

### 14.1.2 ORM 的概念

要实现将数据库表中的记录读入内存对象,需要知道两者的关系:数据库的哪个表对应程序的哪个对象(类),表中的哪个字段对应对象的哪个属性,这种对应关系就是 ORM。

ORM 一般指持久化数据（关系数据库）和实体对象之间的映射。具体映射有以下几个层次。

**1. 表与类对应**

表（student_inf）对应实体类（Student），如图 14.2 所示。

图 14.2 表对应实体类

**2. 表的字段对应类的属性（成员变量）**

表 student_inf 的 id、student_id、name 字段分别对应类 Student 的 id、studentID、name 属性，如图 14.3 所示。

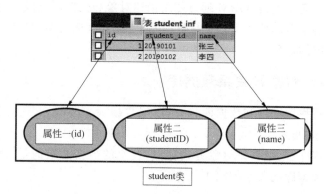

图 14.3 表的字段对应类的属性

**3. 表的记录对应实例对象**

表 student_inf 的第一条记录对应实例对象 zhangsan（Student zhangsan），第二条记录对应实例对象 lisi（Student lisi），如图 14.4 所示。

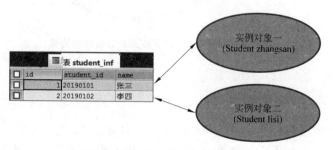

图 14.4 表的记录对应实例对象

## 14.2 JDBC 持久化

在介绍 ORM 框架之前,首先看一下 JDBC 持久化及其不足。本节介绍 JDBC 持久化的原理,并以一个实例说明 JDBC 持久化的用法。

### 14.2.1 JDBC 持久化的特点

对象数据持久化的一种简单的实现方案就是利用 JDBC 手人工编写 SQL 语句(硬编码),为每一种可能的数据库访问操作提供单独的方法。这种方案存在以下不足:

(1) 持久化层缺乏弹性。一旦出现业务需求的变更,就必须修改持久化层的接口。

(2) 持久化层同时与域模型和关系数据库模型绑定,不管域模型还是关系数据库模型哪个发生变化,都需要修改持久化层的相关程序代码,增加了软件的维护难度。

(3) 编写效率低,没有自动生成代码的功能。

这种硬编码方式使对象与关系数据库发生了耦合,也就是业务逻辑层与数据库层发生了耦合,如图 14.5 所示。

图 14.5 硬编码方式下对象与关系数据库的耦合

### 14.2.2 JDBC 的体系结构

JDBC 是一种可用于执行 SQL 语句的 Java API(Application Programming Interface,应用程序设计接口)。JDBC 只定义接口标准,但并不实现接口。各个数据库厂家依据这个标准实现接口,这个实现就是驱动程序(driver)。JDBC 的体系结构原理如图 14.6 所示。

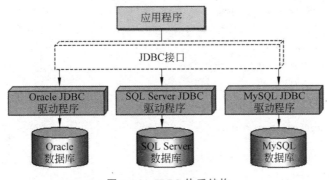

图 14.6 JDBC 体系结构

JDBC 用接口的方法实现了访问数据库的程序 API 与具体数据库之间的解耦,也就是可以用同样的访问命令访问不同的数据库。

### 14.2.3 JDBC 的执行流程

JDBC 首先通过驱动程序管理器(DriverManager)获取数据库连接(Connection),再通过数据库连接获得 Statement 对象,由 Statement 对象发送 SQL 语句,如果是查询返回结果集(ResultSet),对结果集进行处理就得到需要的数据。JDBC 的执行流程如图 14.7 所示。

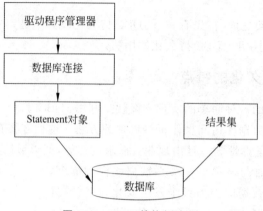

图 14.7　JDBC 的执行流程

JDBC 执行流程的步骤如下:
(1) 加载 DriverManager.getConnection,获取连接 conn。

```
Connection conn = null;
try {
    //初始化驱动类 com.mysql.jdbc.Driver
    Class.forName("com.mysql.jdbc.Driver");
    conn = DriverManager.getConnection("jdbc:mysql://127.0.0.1:3306/test?
        characterEncoding=utf-8", "root","888");
    //在 mysql-connector-java-5.0.8-bin.jar 中如果没有导入这个包,就会抛
      出 ClassNotFoundException
} catch (ClassNotFoundException e) {
    e.printStackTrace();
} catch (SQLException e) {
    e.printStackTrace();
}
```

(2) 获取 conn.createStatement。

```
Student student = new Student();
Statement s;
try {
    s = conn.createStatement();
    ...
}
```

(3) 发送 SQL 语句,返回结果集。

```
ResultSet rs = s.executeQuery("select * from student_inf where student_id='"+
    student_id+"'");
```

(4) 处理结果集,通过遍历结果集获取记录。

```
...
    while (rs.next()) {
        //在项目中创建了 course 类,其中定义了 setXxx()方法,所以这里将查询到的值传给
        //course,也可以直接打印到控制台
        student.setId(rs.getInt("id"));
        student.setStudentID(rs.getString("student_id"));
        student.setName(rs.getString("name"));
        student.setPassword(rs.getString("password"));
        student.setSex(rs.getString("sex"));
        student.setAge(rs.getInt("age"));
        break;
    }
} catch (SQLException e) {
    try {
        conn.close();
    } catch (SQLException e1) {
        //TODO Auto-generated catch block
        e1.printStackTrace();
    }
    //TODO Auto-generated catch block
    e.printStackTrace();
}
return student;
```

### 14.2.4　DriverManager 中的解耦

DriverManager 可以加载数据库驱动程序,并且可以获取数据库连接。DriverManager 的设计采用了解耦的理念。

**1. 接口解耦**

JDBC 只定义了接口标准,实现了基于接口的解耦。各个数据库厂家依据这个标准实现驱动程序,并且驱动程序不是由 DriverManager 主动加载的,而是采用 java.sql.DriverManager.registerDriver 方法进行注册,实现了驱动程序与 DriverManager 解耦。

和手机与耳机解耦一样,各个数据库厂家的驱动程序相当于耳机,DriverManager 相当于手机,注册相当于插入动作,从而实现解耦。实现基于接口的解耦需要以下步骤:
(1) 定义接口(java.sql.Driver,相当于耳机插口标准)。
(2) 实现接口(com.mysql.jdbc.Driver,相当于耳机)。
(3) 注册驱动程序(相当于插入耳机动作)。

**2. 静态方法解耦**

DriverManager 设计中的解耦更彻底。为了实现外部注册,DriverManager 的方法设

计成静态方法,可以由外部类用静态方法注册,java.sql.DriverManager.registerDriver 是静态方法。

在获取数据库连接代码中初始化驱动类 com.mysql.jdbc.Driver:

```
Class.forName("com.mysql.jdbc.Driver");
conn = DriverManager.getConnection("jdbc:mysql://127.0.0.1:3306/test?
    characterEncoding=utf-8", "root","888");
```

加载驱动类代码 Class.forName("com.mysql.jdbc.Driver")起到两个作用:一个是加载类;另一个是注册驱动程序。为什么加载类能实现注册驱动程序呢?因为在 MySQL 驱动类 com.mysql.jdbc.Driver 中有一段静态代码,加载驱动类时会执行这段静态代码,在静态代码中实例化自身(new Driver()),并注册自身(java.sql.DriverManager.registerDriver(new Driver()))。代码如下:

```
public class Driver extends NonRegisteringDriver implements java.sql.Driver {
    static {
        try {
            java.sql.DriverManager.registerDriver(new Driver());
        } catch (SQLException E) {
            throw new RuntimeException("Can't register driver!");
        }
    }
    public Driver() throws SQLException {
        //Required for Class.forName().newInstance()
    }
}
```

正是这样的解耦设计,看似没有关系的两行代码(Class.forName("com.mysql.jdbc.Driver")和 DriverManager.getConnection("xxx"))就实现了关联。

**3. 基于服务加载 ServiceLoader 的解耦**

JDK 6 以后的版本不需要执行 Class.forName 这行代码来注册驱动程序。符合 JDBC 4.0 规范的驱动程序包含了 META-INF/services/java.sql.Driver 文件,在这个文件中提供了 JDBC 驱动程序实现的类名。JVM 的服务提供者框架在启动应用时就会注册服务。

## ◆ 14.3 JDBC 中的对象和关系数据库

本节给出一个实例,采用 JDBC 硬编码方式把程序对象持久化到关系数据库中,把关系数据库映射到程序对象中。在 Eclipse 的菜单栏中选择 File→New→Java Project 命令,建立 Java 项目 MyBatisApp。

## 14.3.1 配置库文件

项目需要 MySQL 的驱动程序 jar 包 mysql-connector-java-5.1.47.jar。在 Eclipse 中，Java 项目没有约定的库文件目录，库文件放在任何目录中都可以，但需要在 Java Build Path 中配置。这里在项目中建立 lib 目录下，最后把 mysql-connector-java-5.1.47.jar 复制到 lib 目录，然后在 Java Build Path 中配置。右击项目，在弹出的快捷菜单中选择 Build Path→Config Build Path 命令，打开 Properties for MyBatisApp 对话框，如图 14.8 所示，单击 Add JARs 按钮，添加 jar 文件。

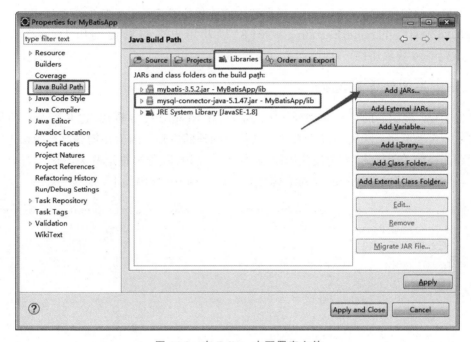

图 14.8 在 Eclipse 中配置库文件

## 14.3.2 获取数据库连接

创建 JDBC 的工具类 DbUtil.java，它主要用于获取连接，代码如下：

程序清单：/MyBatisApp/src/org/ldh/student/Utils/DbUtil.java
```
public class DbUtil {
    public static Connection getConnection() {
        Connection conn = null;
        try {
            //初始化驱动类 com.mysql.jdbc.Driver
            //Class.forName("com.mysql.jdbc.Driver");
            conn = DriverManager.getConnection("jdbc:mysql://127.0.0.1:3306/
                test?characterEncoding=utf-8", "root","888");
            //该类在 mysql-connector-java-5.0.8-bin.jar 中
```

```
                //如果没有导入这个包,就会抛出 ClassNotFoundException 异常
            //} catch (ClassNotFoundException e) {
                //e.printStackTrace();
            } catch (SQLException e) {
                e.printStackTrace();
            }
            return conn;
        }
    }
```

加载驱动程序,DriverManager 根据传入的连接字符串 url= "jdbc:mysql://127.0.0.1:3306/test? characterEncoding = utf-8"以及用户名与密码调用 DriverManager.getConnection 获取连接。

### 14.3.3 关闭数据库连接

在 JDBC 硬编码的过程中创建了 Connection、ResultSet 等资源,这些资源在使用完毕之后一定要关闭。关闭的过程必须遵循从里到外的原则。因为在增删改查的操作中都要用到这样的关闭操作,为了使代码简单,提高其复用性,这里将这些关闭操作写成一个方法,和建立连接的方法一起放到工具类 DbUtil.java 中,代码如下:

```
public static void close(Connection conn, PreparedStatement pstmt, Statement
    stmt, ResultSet rs) {
    if (rs != null) {
        try {
            rs.close();
        } catch (SQLException e) {
            //TODO: handle exception
            e.printStackTrace();
        }
    }
    if (pstmt != null) {                    //避免出现空指针异常
        try {
            pstmt.close();
        } catch (SQLException e) {
            e.printStackTrace();
        }
    }
    if (stmt != null) {                     //避免出现空指针异常
        try {
            stmt.close();
        } catch (SQLException e) {
            e.printStackTrace();
        }
    }
```

```
            if (conn != null) {
                try {
                    conn.close();
                } catch (SQLException e) {
                    //TODO: handle exception
                    e.printStackTrace();
                }
            }
        }
    }
```

### 14.3.4 定义对象

定义学生类 Student.java，有 id、学号、姓名、登录密码等属性。重写 toString()方法，以方便打印输出学生信息。代码如下：

**程序清单**：/MyBatisApp/src/org/ldh/student/entity/Student.java

```
public class Student {
    private int id;
    private String name;                    //姓名
    private String studentID;               //学号
    private String password;                //登录密码
    private String sex;                     //性别
    private int age;                        //年龄
    public int getId() {
        return id;
    }
    public void setId(int id) {
        this.id = id;
    }
    public String getStudentID() {
        return studentID;
    }
    public void setStudentID(String studentID) {
        this.studentID = studentID;
    }
    public String getName() {
        return name;
    }
    public void setName(String name) {
        this.name = name;
    }
    public String getPassword() {
        return password;
    }
```

```java
    public void setPassword(String password) {
        this.password = password;
    }
    public String getSex() {
        return sex;
    }
    public void setSex(String sex) {
        this.sex = sex;
    }
    public int getAge() {
        return age;
    }
    public void setAge(int age) {
        this.age = age;
    }
    @Override
    public String toString() {
        return "Student [id=" + id + ", name=" + name + ", sex=" + sex + ",
            studentID=" + studentID + ", age=" + age+ "]\n";
    }
}
```

### 14.3.5 定义关系

创建关系数据库中的表——学生表 student_inf, 其创建语句如下:

```sql
CREATE TABLE `student_inf` (
  `id` int(11) NOT NULL AUTO_INCREMENT COMMENT '创建时间',
  `student_id` varchar(255) DEFAULT NULL COMMENT '学号',
  `name` varchar(255) DEFAULT NULL COMMENT '姓名',
  `password` varchar(255) DEFAULT NULL COMMENT '登录密码',
  `sex` varchar(255) DEFAULT NULL COMMENT '性别',
  `age` int(11) DEFAULT NULL COMMENT '年龄',
  PRIMARY KEY (`id`)
) ENGINE=InnoDB AUTO_INCREMENT=3 DEFAULT CHARSET=utf8
```

向学生表插入 SQL 数据的代码如下:

```sql
INSERT INTO `student_inf`(`id`,`student_id`,`name`,`password`,`sex`,`age`)
    VALUES
(1,'20190101','张三','666','男',19),
(2,'20190102','李四','888','女',18),
(3,'20190103','王五','666','男',20),
(4,'20190104','赵六','888','女',18),
(5,'20190105','李七','888','女',17);
```

### 14.3.6 写数据库

写数据库指对数据库进行增加、删除、修改操作。编写代码的过程如下。

（1）创建学生的 Dao 类 StudentJdbcDao.java，这里先不添加具体方法，在具体应用中展示。代码如下：

**程序清单**：/MyBatisApp/src/org/ldh/student/dao/StudentJdbcDao.java

```java
public class StudentJdbcDao {
    Connection conn;
}
```

（2）增加、删除、修改数据库表记录都通过 statement 的 execute()方法发送相应的 SQL 语句来完成，格式为 s.execute(sql)，也就是执行 SQL 语句。

写数据库的步骤如下：

① 创建 Statement 或者 PreparedStatement 接口，用于执行 SQL 语句。

② 执行 SQL 语句。

（3）添加增加记录方法，把传入的学生对象持久化到关系数据库中，代码如下：

```java
public void insert(Student student) {
    conn = DbUtil.getConnection();
    PreparedStatement pstmt=null;
    try {
        String sql = "INSERT INTO student_inf (student_id,name,password,sex,
            age) VALUES (?,?,?,?,?)";
        pstmt = conn.prepareStatement(sql);
        pstmt.setString(1, student.getStudentID());
        pstmt.setString(2, student.getName());
        pstmt.setString(3, student.getPassword());
        pstmt.setString(4, student.getSex());
        pstmt.setInt(5, student.getAge());
        pstmt.executeUpdate();
        System.out.println("执行插入语句成功");
    } catch (SQLException e) {
        DbUtil.close(conn, pstmt, null, null);
        //TODO Auto-generated catch block
        e.printStackTrace();
    }
}
```

插入数据库记录采用了预编译对象 preparedStatement，该对象是从 java.sql.Connection 对象和代码中提供的 sql 字符串得到的，sql 字符串中包含问号(?)，这些问号标明变量的位置。然后提供变量的值，最后执行语句。

预编译方式有以下优点：

- 省去了 SQL 语句的字符串拼接。

- 省去了值的类型转换(不同的类型有不同的赋值方法,如 setString()、setInt())。
- 提高了性能,因为可以利用数据库的代码缓存。
- 提高了安全性,可以防止 SQL 注入。

### 14.3.7 读数据库

读数据库就是从数据库获取记录,即执行查询语句并把结果集返回给 ResultSet。具体的代码编写过程如下:

(1) 执行查询返回结果集:

```
ResultSet rs = s.executeQuery(sql);
```

(2) 利用 while(ResultSet.next()){…}循环遍历 ResultSet 中的结果:

```
ResultSet.getXX();          //获取字段值,并且可以进行类型转换
```

(3) 把得到的值赋给对象:

```
student.setStudentID(rs.getString("student_id"));
```

添加查询所有记录方法,代码如下:

```java
public List<Student> getList() {
    Statement stmt=null;
    ResultSet rs=null;
    List<Student> studentList = new ArrayList<Student>();
    conn = DbUtil.getConnection();
    try {
        stmt = conn.createStatement();
        rs = stmt.executeQuery("select * from student_inf");
        while (rs.next()) {
            //每个记录对应一个对象
            Student student = new Student();
            student.setId(rs.getInt("id"));
            student.setStudentID(rs.getString("student_id"));
            student.setName(rs.getString("name"));
            student.setPassword(rs.getString("password"));
            student.setSex(rs.getString("sex"));
            student.setAge(rs.getInt("age"));
            //将对象放到集合中
            studentList.add(student);
        }
    } catch (SQLException e) {
        DbUtil.close(conn, null, stmt, rs);
        e.printStackTrace();
    }
    return studentList;
}
```

### 14.3.8 测试

创建测试类 JdbcTest.java，增加一个学生，并获取所有学生的信息，具体代码如下：

程序清单：/MyBatisApp/src/org/ldh/student/JdbcTest.java

```java
public class JdbcTest {
    public static void main(String[] args) {
        StudentJdbcDao studentDao = new StudentJdbcDao();
        Student zhangsi = new Student();
        zhangsi.setStudentID("20200101");
        zhangsi.setName("张四");
        zhangsi.setPassword("666");
        zhangsi.setSex("女");
        zhangsi.setAge(21);
        studentDao.insert(zhangsi);
        List<Student> students = studentDao.getList();
        System.out.print(students);
    }
}
```

运行测试代码，结果如图 14.9 所示，增加了一个学生，并列出了所有学生的信息。

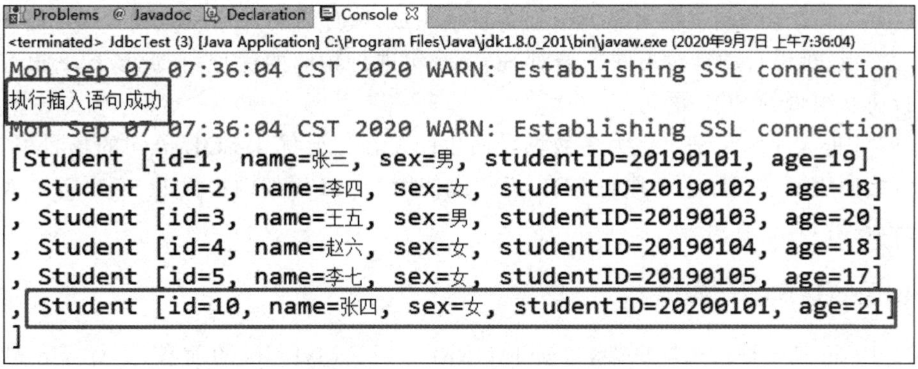

```
Problems  @ Javadoc  Declaration  Console
<terminated> JdbcTest (3) [Java Application] C:\Program Files\Java\jdk1.8.0_201\bin\javaw.exe (2020年9月7日 上午7:36:04)
Mon Sep 07 07:36:04 CST 2020 WARN: Establishing SSL connection
执行插入语句成功
Mon Sep 07 07:36:04 CST 2020 WARN: Establishing SSL connection
[Student [id=1, name=张三, sex=男, studentID=20190101, age=19]
, Student [id=2, name=李四, sex=女, studentID=20190102, age=18]
, Student [id=3, name=王五, sex=男, studentID=20190103, age=20]
, Student [id=4, name=赵六, sex=女, studentID=20190104, age=18]
, Student [id=5, name=李七, sex=女, studentID=20190105, age=17]
, Student [id=10, name=张四, sex=女, studentID=20200101, age=21]
]
```

图 14.9　以 JDBC 方式读写数据库

## 14.4　ORM 框架持久化

### 14.4.1　ORM 框架简介

ORM 框架通过使用描述对象和数据库之间的映射的元数据，将面向对象语言开发的程序中的对象自动持久化到关系数据库中，并将持久化数据映射成程序中的对象。这个过程本质上就是将数据从一种形式转换到另外一种形式。

ORM 框架有很多，常见的有 MyBatis、Hibernate、Speedment（依赖 Java 8）。

ORM 提供了实现持久化层的另一种模式，它采用映射元数据描述对象与关系数据库的映射，使得 ORM 中间件能在任何一个应用的业务逻辑层和数据库层之间充当桥梁，以实现对象与关系数据库的解耦，如图 14.10 所示，这里对象与关系数据库之间用虚线连接，表示读写由 ORM 框架完成。

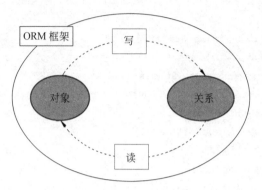

图 14.10　ORM 框架实现对象与关系数据库解耦

ORM 框架提高了开发效率。ORM 框架定义映射，自动生成 SQL 语句完成增删改查，减少了很多烦琐重复的工作量，可以使开发者将注意力集中在实现业务上。

ORM 框架降低了学习门槛，一个对 SQL 语句并不熟悉的开发人员也可以很容易通过简易的 ORM 框架 API 进行数据库的操作。

ORM 框架的弊端也很明显。框架会自动生成 SQL 语句，所有场景的 SQL 语句都是同一套模板，难以自动针对不同场景对 SQL 语句进行相应的优化，在此场景下很容易生成执行速度很慢的 SQL 语句。

ORM 框架是为了满足绝大多数场景而生的。在需要优化 SQL 语句的场景下，完全可以直接使用驱动程序手动执行 SQL 语句或使用 ORM 框架内提供的 SQL 语句 API 自定义 SQL 语句。

### 14.4.2　MyBatis 简介

MyBatis 是一种持久层框架，也属于 ORM 映射。MyBatis 的前身是 Apache 软件基金会的开源项目 iBatis。2010 年，这个项目由 Apache 软件基金会迁移到了 Google Code，并且改名为 MyBatis。2013 年 11 月，MyBatis 迁移到 GitHub。

MyBatis 是一个优秀的持久层框架，它对 JDBC 操作数据库的过程进行封装，使开发者只需要关注 SQL 本身，而不需要花费精力处理注册驱动、创建数据库连接、创建 Statement 对象、手动设置参数、结果集检索等繁杂的过程代码。

MyBatis 通过 XML 或注解的方式对要执行的各种 Statement（Statement、Preparedstatement、CallableStatement）进行配置，并通过 Java 对象和 Statement 中的 SQL 字符串进行映射，生成最终执行的 SQL 语句，最后由 MyBatis 框架执行 SQL 语句，将结果映射成 Java 对象并返回。

MyBatis 的特点如下：

(1) MyBatis 为半自动化。

如果说 Hibernate 是全自动的,那么 MyBatis 就是半自动。MyBatis 与 Hibernate 相比的优势在于它对 SQL 语句的控制更好,而 Hibernate 等 ORM 生成的 SQL 语句在调优时比较麻烦。

MyBatis 需要程序员自己编写 SQL 语句和定义映射。增加了程序员的工作,但是带来了设计上的灵活,并且它也支持 Hibernate 的一些特性,如延迟加载、缓存和映射等。MyBatis 对数据库的兼容性比 Hibernate 差,移植性不好,但是可编写灵活和高性能的 SQL 语句。

Hibernate 在编写好配置文件之后不需要编写 SQL 语句,但是它欠缺灵活性,很多时候需要优化。

(2) SQL 语句与代码分离。

MyBatis 用专门的 XML 文件存放 SQL 语句,便于维护管理,不用在 Java 代码中寻找这些语句。MyBatis 还可以动态生成 SQL 语句,提供了一些根据条件生成对应的 SQL 语句的标签,例如<if>、<foreach>等。MyBatis 解除了 SQL 与程序代码的耦合,通过提供 DAO 层,将业务逻辑和数据访问逻辑分离,使系统设计更清晰,更易于维护和进行单元测试,提高了可维护性。

(3) 简单易学。

MyBatis 本身就很小且很简单。没有任何第三方依赖库,只要安装两个 jar 包并配置几个 SQL 映射文件,易于学习和使用,通过文档和源代码就可以掌握它的设计思路和实现。

## 14.5 MyBatis 的用法

在本节中,对象就是 Student 类,关系数据库就是 student_inf 表,映射文件就是 StudentMapper.xml,定义了对象和关系数据库之间的映射关系。student_inf 表的字段名称与 Student 类的属性名称有的一致,也有的不一致,它们之间的映射可以通过约定实现(当名称一致时),也可以通过配置实现(当名称不一致时)。本节利用 MyBatis 框架实现对 student_inf 表的增、删、改、查。

### 14.5.1 配置库文件

把 MyBatis 的 jar 包复制到 lib 目录下(/MyBatisApp/lib/mybatis-3.5.2.jar),然后在 Java Build Path 中配置。右击项目,在弹出的快捷菜单中选择 Build Path→Config Build Path 命令,打开 Properties for MyBatisApp 对话框,单击 Add JARs 按钮,添加 mybatis-3.5.2.jar 文件。

### 14.5.2 映射信息

Student 类与 student_inf 表的映射关系如表 14.1 所示。其中,表名与类名不一致,学号属性 studentID 与学号字段名称 student_id 不一致。

表 14.1  Student 类与 student_inf 表的映射关系

| Student 类的属性 | student_inf 表的字段 |
|---|---|
| int id | Id INT |
| String studentID | student_id VARCHAR(255) |
| String name | name VARCHAR(255) |
| String password | password VARCHAR(255) |
| String sex | sex VARCHAR(255) |
| int age | age INT |

### 14.5.3  映射文件

映射文件用于配置映射信息及 SQL 语句。创建映射文件 StudentMapper.xml, 代码如下：

程序清单：/MyBatisApp/src/mappers/StudentMapper.xml

```xml
<?xml version="1.0" encoding="utf-8" ?>
<!DOCTYPE mapper
    PUBLIC "-//mybatis.org//DTD Mapper 3.0//EN"
    "http://mybatis.org/dtd/mybatis-3-mapper.dtd">
<!--namespace:用来区别不同的类的名字 -->
<mapper namespace="student">
<select id="findStudentById" parameterType="Integer"
    resultType="org.ldh.student.entity.Student">
    select * from student_inf
    where id = #{id}
</select>
<!-- 根据学生名模糊查询学生列表 -->
<!-- select * from Student where Studentname like '%${value}%' -->
<!-- select * from Student where Studentname like "%"#{value}"%" -->
<select id="findStudentByStudentname" parameterType="String"
    resultType="org.ldh.student.entity.Student">
    select * from student_inf where name like #{Studentname}
</select>
<!-- 添加学生 -->
<insert id="insertStudent"
    parameterType="org.ldh.student.entity.Student">
    <selectKey keyProperty="id" resultType="Integer"
        order="AFTER">
        select LAST_INSERT_ID()
    </selectKey>
```

```xml
        insert into student_inf (student_id,name,password,sex,age)
        values(#{studentID},#{name},#{password},#{sex},#{age})
    </insert>
    <!-- 更新学生 -->
    <update id="updateStudent"
        parameterType="org.ldh.student.entity.Student">
        update student_inf
        set
        student_id = #{student_id},
        name =
        #{name},sex = #{sex},password = #{password},age =
        #{age}
        where id =
        #{id}
    </update>
    <!-- 删除学生 -->
    <delete id="deleteStudentById" parameterType="Integer">
        delete from
        student_inf
        where
        id = #{id}
    </delete>
</mapper>
```

在 MyBatis 配置文件 MybatisConfig.xml 中加载映射文件，配置如下：

```xml
<mappers>
        <mapper resource="mappers/StudentMapper.xml" />
</mappers>
```

映射文件说明如下：

（1）namespace：命名空间，用来区别不同的映射文件的名字。

（2）id：标识映射文件中的 sql 字符串，用于将 SQL 语句封装到 mappedStatement 对象中。

（3）parameterType：指定输入参数类型。

（4）resultType：指定输出结果类型。MyBatis 将 SQL 查询结果的一个记录数据映射为 resultType 指定类型的一个对象。如果有多个记录，则分别进行映射，并把对象放到容器 List 中。

（5）#{}：一个参数占位符。

## 14.5.4　MyBatis 配置文件

在 src 根目录中，创建 MyBatis 的主配置文件 MybatisConfig.xml。它是 MyBatis 的核心配置文件，配置环境及指定映射文件。MybatisConfig.xml 配置内容如下：

程序清单：/MyBatisApp/src/MybatisConfig.xml

```xml
<?xml version="1.0" encoding="utf-8"?>
<!DOCTYPE configuration
        PUBLIC "-//mybatis.org//DTD Config 3.0//EN"
        "http://mybatis.org/dtd/mybatis-3-config.dtd">
<configuration>
    <!-- 配置环境 -->
    <environments default="mysql">
        <!-- 配置MySQL的环境 -->
        <environment id="mysql">
            <!-- 配置事务的类型 -->
            <transactionManager type="JDBC"></transactionManager>
            <!-- 配置连接池 -->
            <dataSource type="POOLED">
                <!-- 配置连接数据库的4个基本信息 -->
                <property name="driver" value="com.mysql.jdbc.Driver" />
                <property name="url" value="jdbc:mysql://127.0.0.1:3306/test?characterEncoding=utf-8" />
                <property name="username" value="root" />
                <property name="password" value="888" />
            </dataSource>
        </environment>
    </environments>
    <!-- 指定映射文件的位置，映射文件指的是每个DAO独立的配置文件 -->
    <mappers>
        <mapper resource="mappers/UserMapper.xml" />
    </mappers>
</configuration>
```

配置文件标签作用如下：

（1）配置多个环境。默认环境是MySQL：

```xml
<environments default="mysql">
```

（2）配置MySQL数据库环境：

```xml
<environment id="mysql">
```

（3）配置事务的类型。事务类型为JDBC：

```xml
<transactionManager type="JDBC"></transactionManager>
```

（4）配置数据源。首先配置数据源的类型，dataSource type="POOLED"表示使用连接池连接数据源。其次配置连接数据库的4个基本信息，包括连接地址字符串、驱动程序、用户名、密码。

```xml
<dataSource type="POOLED">
```

```
    <!--配置连接数据库的 4 个基本信息 -->
    <property name="driver" value="com.mysql.jdbc.Driver" />
    <property name="url"value="jdbc:mysql://127.0.0.1:3306/test?
        characterEncoding=utf-8" />
    <property name="username" value="root" />
    <property name="password" value="888" />
</dataSource>
```

(5)加载映射配置文件。映射器的 XML 文件包含了 SQL 语句和映射定义信息。在 <mappers>标签中加载映射器的 XML 文件：

```
<mappers>
        <mapper resource="mappers/StudentMapper.xml" />
</mappers>
```

### 14.5.5 调用映射文件中的命令 id

在程序中通过调用映射文件中的命令 id 执行标签体中的 SQL 语句。映射文件中的命令 id 通过命令的参数传入。

MyBatis 的应用包括以下几个步骤：

(1)加载核心配置文件 MybatisConfig.xml。
(2)创建 SqlSessionFactoryBuilder 对象。
(3)创建 SqlSessionFactory 对象(可以和 SqlSessionFactoryBuilder 对象写在一起)。
(4)创建 SqlSession 对象。
(5)执行 SqlSession 对象的增、删、改、查命令,命令参数为映射文件中的命令 id,返回结果。
(6)释放资源。

**程序清单**:/MyBatisApp/src/org/ldh/student/MybatisStudentTest.java
```
public class MybatisStudentTest {
    public static void main(String[] args) throws IOException {
        new MybatisStudentTest().testSearchById();
    }
    //通过 id 查询一个学生
    public void testSearchById() throws IOException {
        //1.读取配置文件
        InputStream in = Resources.getResourceAsStream("MybatisConfig.xml");
        //2.创建 SqlSessionFactory 工厂
        SqlSessionFactory sqlSessionFactory = new SqlSessionFactoryBuilder().
            build(in);
        //3.使用工厂生产 SqlSession 对象
        SqlSession session = sqlSessionFactory.openSession();
        //4.执行 SQL 语句
        Student student = session.selectOne("student.findStudentById", 1);
```

```java
        //5.打印结果
        System.out.println(student);
        //6.释放资源
        session.close();
        in.close();
    }
    //根据学生名模糊查询学生列表
    public void testFindStudentByStudentname() throws IOException {
        //1.读取配置文件
        InputStream in = Resources.getResourceAsStream("MybatisConfig.xml");
        //2.创建SqlSessionFactory工厂
        SqlSessionFactory sqlSessionFactory = new SqlSessionFactoryBuilder().
            build(in);
        //3.使用工厂生产SqlSession对象
        SqlSession session = sqlSessionFactory.openSession();
        //4.执行SQL语句
        List<Student> list = session.selectList("student.
            findStudentByStudentname", "%张%");
        //5.打印结果
        for (Student student:list) {
            System.out.println(student);
        }
        //6.释放资源
        session.close();
        in.close();
    }
    //添加学生
    public void testInsertStudent() throws IOException {
        //1.读取配置文件
        InputStream in = Resources.getResourceAsStream("MybatisConfig.xml");
        //2.创建SqlSessionFactory工厂
        SqlSessionFactory sqlSessionFactory = new SqlSessionFactoryBuilder().
            build(in);
        //3.使用工厂生产SqlSession对象
        SqlSession sqlSession = sqlSessionFactory.openSession();
        //4.执行SQL语句
        Student student = new Student();
        student.setName("小强");
        student.setAge(20);
        student.setStudentID("20200101");
        student.setSex("男");
        int i = sqlSession.insert("student.insertStudent", student);
        sqlSession.commit();
        //5.打印结果
```

```java
        //刚保存学生信息,此时需要返回id。执行完上面的insert()方法后,就能知道id
        //需要在Student.xml文件中配置
        System.out.println("插入id:"+student.getId());        //id为30
        //6.释放资源
        sqlSession.close();
        in.close();
}
//更新学生信息
public void testUpdateStudent() throws IOException {
        //1.读取配置文件
        InputStream in = Resources.getResourceAsStream("MybatisConfig.xml");
        //2.创建SqlSessionFactory工厂
        SqlSessionFactory sqlSessionFactory = new SqlSessionFactoryBuilder().
            build(in);
        //3.使用工厂生产SqlSession对象
        SqlSession sqlSession = sqlSessionFactory.openSession();
        //4.执行SQL语句
        Student student = new Student();
        student.setId(27);
        student.setName("小小");
        student.setPassword("666");
        student.setAge(18);
        student.setSex("男");
        int i = sqlSession.insert("student.updateStudent", student);
        sqlSession.commit();
        //5.打印结果
        System.out.println(student.getId());
        //6.释放资源
        sqlSession.close();
        in.close();
}
//删除学生
public void testDeleteStudentById() throws IOException {
        //1.读取配置文件
        InputStream in = Resources.getResourceAsStream("MybatisConfig.xml");
        //2.创建SqlSessionFactory工厂
        SqlSessionFactory sqlSessionFactory = new SqlSessionFactoryBuilder().
            build(in);
        //3.使用工厂生产SqlSession对象
        SqlSession sqlSession = sqlSessionFactory.openSession();
        //4.执行SQL语句
        int i = sqlSession.insert("student.deleteStudentById", 32);
        sqlSession.commit();
        //5.打印结果
```

```
            System.out.println(i);
            //6.释放资源
            sqlSession.close();
            in.close();
        }
    }
```

### 14.5.6 约定表字段名与对象属性名的映射关系

通过下面的配置,从学生表 student_inf 中取一条记录,将其保存到 resultType="org.ldh.student.entity.Student"类型的学生对象中。

```
<select id="findStudentById" parameterType="Integer"
    resultType="org.ldh.student.entity.Student">
    select * from student_inf
    where id = #{id}
</select>
```

上面的配置约定了对象与关系的关系,如图 14.11 所示。对象通过 resultType 指定,resultType 就是结果类型;关系直接指定为 SQL 语句,SQL 语句中包含了表 student_inf 与字段。

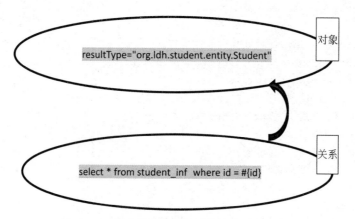

图 14.11　表字段名与对象属性名的映射关系

MyBatis 在实现这个功能的过程中,需要知道把哪个字段值赋值给对象的哪个属性,这里默认是一致关系,就是把字段值赋值给有相同名称的对象属性。

运行测试类,结果如图 14.12 所示。

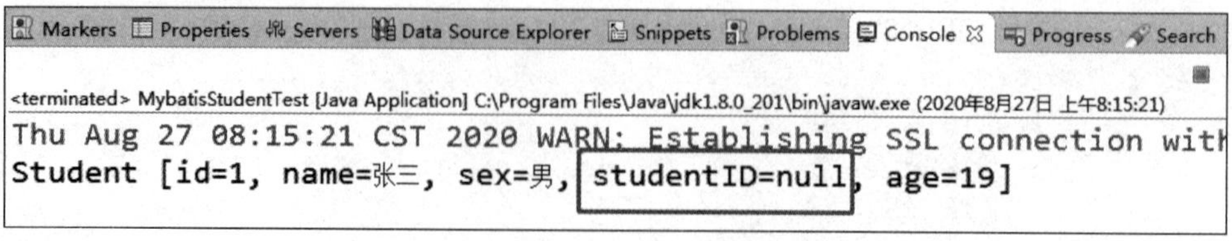

图 14.12　MyBatis 按约定关系从表中读记录到对象

从图 14.12 中的输出结果可以看到,姓名、性别、年龄因表字段名与对象属性名一致,得到正确的值;而学号的表字段名(student_id)与对象属性名(studentID)不一致,没有得到学号值。

### 14.5.7 约定表字段的 SQL 别名与对象属性名的映射关系

当表字段名与对象属性名不一致时,可以通过 SQL 别名使名称一致。

通过下面的配置,增加 SQL 别名 student_id as studentid,MyBatis 从学生表 student_inf 中取一条记录,正确保存到 resultType="org.ldh.student.entity.Student"类型的学生对象中。

```
<select id="findStudentById" parameterType="Integer"
    resultType="org.ldh.student.entity.Student">
    select * ,student_id as studentid from student_inf
    where id = #{id}
</select>
```

上面的配置约定了表字段的 SQL 别名与对象属性名的映射关系。对象通过 resultType 指定,resultType 就是结果类型;关系直接指定为 SQL 语句,SQL 语句中包含了表 student_inf 与字段,以字段的 SQL 别名 studentid 匹配对象属性名 studentid,如图 14.13 所示。

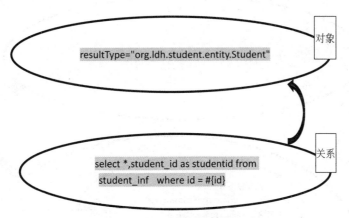

图 14.13　表字段的 SQL 别名与对象属性名的映射关系

通过将表字段的 SQL 别名映射对象属性名,所有属性都得到正确匹配。运行测试类,结果如图 14.14 所示,学号 studentid 得到了正确的输出。

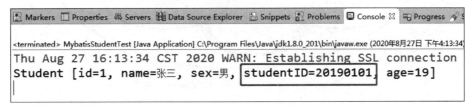

图 14.14　通过表字段的 SQL 别名匹配对象属性名,MyBatis 从表中读记录到对象

### 14.5.8 通过 resultMap 配置嵌套映射关系

表字段名与对象属性名通过名称一致确定映射关系，名称不一致时还可以通过配置 resultMap 实现映射关系。

resultMap 的意思就是结果映射，从字面上看，它只是对象到关系的结果映射，是一种单向映射，不能实现对象到关系的映射，这也从一个侧面说明 MyBatis 是一种半自动 ORM 框架。

在 StudentMapper.xml 中增加结果集映射 resultMap，代码如下：

```xml
<resultMap id="StudentResultMap"
    type="org.ldh.student.entity.Student">
    <result property="studentID" column="student_id"
        javaType="String" jdbcType="VARCHAR" />
</resultMap>
```

配置代码中通过 type 定义了对象（type="org.ldh.student.entity.Student"），还定义了表字段 column="student_id" 与对象属性 property="studentID" 的映射。可以定义多个字段的映射，这里只定义了学号 student_id 的映射，其他字段与属性名称一致，不需要再定义。通过 resultMap 定义的映射关系如图 14.15 所示。

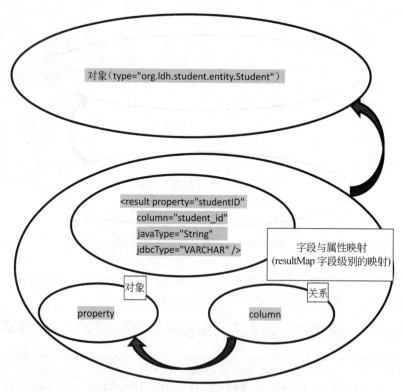

图 14.15　通过 resultMap 定义的映射关系

resultMap 属于字段级别的映射,定义了对象,没有定义表,也就说和表是解耦的,只要查询命令 select 中 SQL 定义的字段名称一致就行,不管数据来自哪个表。

定义完结果映射后,在 SQL 语句中就可以利用结果映射。下面的 Mapper 配置文件代码表示用 resultMap="StudentResultMap"定义映射关系。

```
<!-- 通过id查询一个学生 -->
<select id="findStudentById" parameterType="Integer"
    resultMap="StudentResultMap">
    select * from student_inf
    where id = #{id}
</select>
```

运行测试代码,获取 id 为 1 的学生,由于利用了结果映射 resultMap="StudentResultMap",其中定义了字段 student_id 与属性 studentID 的对应关系,因此可以正确得到学号,结果如图 14.16 所示,学号 studentid 得到了正确的输出。

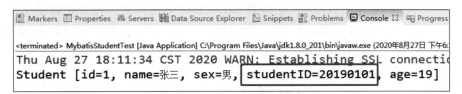

图 14.16  通过 resultMap 实现从表中读数据到对象

### 14.5.9  MyBatis 小结

MybatisConfig.xml 作为 MyBatis 的全局配置文件,配置了 MyBatis 的运行环境等信息。

StudentMapper.xml 即 SQL 映射文件,其中配置了操作数据库的 SQL 语句。此文件需要在 MybatisConfig.xml 中加载。

通过 MyBatis 环境等配置信息构造 SqlSessionFactory,即会话工厂。由会话工厂创建 sqlSession,即会话。操作数据库需要通过 sqlSession 进行。

# 第15章 MyBatis 读取数据库

从 ORM 关系上看，MyBatis 根据映射关系实现对数据库的读写，读数据是从关系数据库到对象。

读数据涉及读数据标签＜select＞、返回数据的类型 resultType 以及读数据时需要的映射关系 resultMap。

MyBatis 的 resultMap 只用于配置结果如何映射。在关系数据库中，表关联非常常见，关联表数据如何读到对象里？本章讨论一对一、一对多、多对多情况下相关类的定义及映射文件的配置。

## ◆ 15.1 ＜select＞标签

MyBatis 映射文件的＜select＞标签主要完成 SQL 语句查询功能，标签体就是一个 SQL 语句，＜select＞标签包含了很多属性，下面对＜select＞标签的属性做一个归纳：

- id：唯一指定标签的名字，配合 Mapper 的 namespace，组成唯一的标识，用于标识这条 SQL 语句。
- resultType：查询结果返回的数据类型，自动进行封装操作。
- parameterMap：传递给 SQL 语句参数的数据类型，需要和＜parameterMap…/＞标签一起使用。
- resultMap：查询结果的数据类型，MyBatis 会根据映射文件中＜resultMap＞完成数据的封装。
- flushCache：它的作用是指定在调用 SQL 语句后是否要求 MyBatis 清空以前的查询本地缓存和二级缓存，默认为 false。
- useCache：启动二级缓存的开关，指定是否要求 MyBatis 将此结果放入二级缓存，默认为 true。

### 15.1.1 输入参数类型

从函数角度理解，parameterType 表示输入参数类型。

parameterType 可以是 MyBatis 系统定义或者用户自定义的别名，例如 int、string、float 等；也可以是全限定名，例如 com.xx.xx.xx.pojo.User。

### 15.1.2 输出参数类型

同样从函数角度理解，resultType 表示输出参数类型，即 SQL 语句返回结果的类型。resultType 与 parameterType 一样，可以是 MyBatis 系统定义的别名，也可以是类的全限定名。

resultMap 是映射器的引用，将执行强大的映射功能。可以使用 resultType 和 resultMap 中的一个。resultMap 提供了映射输出类型。

### 15.1.3 标签体中的 SQL 语句

标签体中包含 SQL 语句。SQL 语句一般带有参数的占位符♯{}，预处理（preparedStatement）将占位符替换为设置的值，自动进行 Java 类型和 JDBC 类型转换。占位符可以有效防止 SQL 注入。占位符可以接收简单类型值或 Pojo 属性值。如果 parameterType 传输单个简单类型值，占位符的大括号中可以是值或其他名称。

```xml
<select id="findStudentById" parameterType="Integer"
     resultType="org.ldh.student.entity.Student">
     select * from student_inf
     where id = #{id}
</select>
```

上面的语句被称作 findStudentById，它接收一个 Integer 类型的参数，返回一个 Student 对象。♯{V}告诉 MyBatis 创建一个预处理语句参数，在 JDBC 中，这样的参数在 SQL 中会用一个"?"表示，并被传递到新的预处理语句中，例如：

```
//近似的 JDBC 代码,并非 MyBatis 代码
String findStudentById = "select * from student_inf where id = ?";
PreparedStatement ps = conn.prepareStatement(findStudent);
ps.setInt(1,id);
```

### 15.1.4 创建映射配置文件

创建映射配置文件 SelectMapper.xml，当前的配置内容是空的，在本章后面的应用中会配置相应的内容。代码如下：

程序清单：/MyBatisApp/src/mappers/SelectMapper.xml

```xml
<?xml version="1.0" encoding="utf-8" ?>
<!DOCTYPE mapper
  PUBLIC "-//mybatis.org//DTD Mapper 3.0//EN"
  "http://mybatis.org/dtd/mybatis-3-mapper.dtd">
<mapper namespace="select">
</mapper>
```

在 MybatisConfig.xml 中加载映射文件：

```xml
<mappers>
    <mapper resource="mappers/ SelectMapper.xml" />
</mappers>
```

### 15.1.5 创建测试类

创建测试类 SelectTest.java，它只有一个入口方法 main()。在本章后面的测试中，会增加响应测试方法，在 main() 中调用即可。代码如下：

程序清单：/MyBatisApp/src/org/ldh/student/SelectTest.java
```java
public class SelectTest {
    public static void main(String[] args) throws IOException {

    }
}
```

## 15.2 <select>标签返回数据

在<select>标签中可以用 resultType 标示返回的对象类型。可以返回实体对象、实体对象集合，还可以返回 HashMap 等多种数据类型。

### 15.2.1 返回实体对象

可以通过配置 resultType 为某一实体对象类型返回对应的实体对象。resultType＝"org.ldh.student.entity.Student"＞表示返回学生对象。parameterType＝"Integer"表示输入参数类型为 Integer，配置如下：

```xml
<select id="findStudentById_resultType" parameterType="Integer"
    resultType="org.ldh.student.entity.Student">
    select *,student_id as studentID from student_inf
    where id = #{id}
</select>
```

在程序中通过调用 selectOne()方法返回单个记录，参数格式为映射文件中的命名空间＋"."＋命令 id。select.findStudentById_resultType 把单个记录变成实体对象，Student student = session.selectOne("select.findStudentById_resultType",1)查找 id 为 1 的学生。测试的方法如下：

```java
public void findStudentById_resultType() throws IOException {
    //1. 读取配置文件
    InputStream in = Resources.getResourceAsStream("MybatisConfig.xml");
    //2. 创建 SqlSessionFactory 工厂
    SqlSessionFactory sqlSessionFactory = new SqlSessionFactoryBuilder().
        build(in);
    //3. 使用工厂生产 SqlSession 对象
```

```
    SqlSession session = sqlSessionFactory.openSession();
    //4.执行 SQL 语句
    Student student = session.selectOne("select.findStudentById_resultType",1);
    //5.打印结果
    System.out.println(student);
    //6.释放资源
    session.close();
    in.close();
}
```

运行结果如图 15.1 所示。

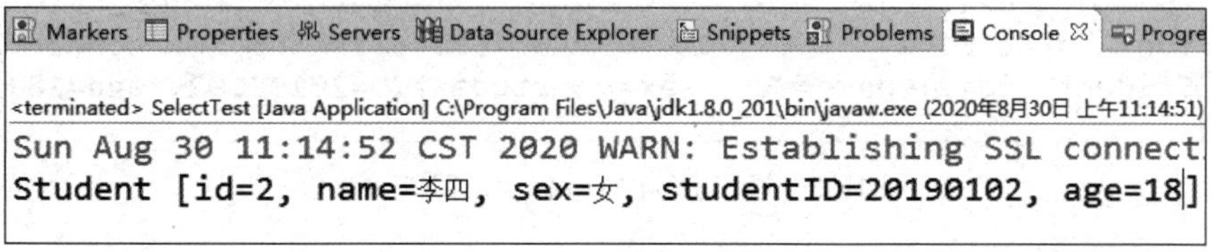
Markers Properties Servers Data Source Explorer Snippets Problems Console Progre
<terminated> SelectTest [Java Application] C:\Program Files\Java\jdk1.8.0_201\bin\javaw.exe (2020年8月30日 上午11:14:51)
Sun Aug 30 11:14:52 CST 2020 WARN: Establishing SSL connect
Student [id=2, name=李四, sex=女, studentID=20190102, age=18]

图 15.1　返回实体对象

## 15.2.2　通过 resultMap 标示返回返回结果的类型

当映射比较复杂时，<select>标签通过 resultMap 引用结果映射，在结果映射中标示返回结果的类型，type＝"org.ldh.student.entity.Student"表示返回学生对象。配置如下：

```
<resultMap id="studentMap"
    type="org.ldh.student.entity.Student">
        <result property="studentID" column="student_id" />
        <result property="name" column="name" />
        <result property="sex" column="sex" />
        <result property="age" column="age" />
</resultMap>
<select id="findStudentById_resultMap" parameterType="Integer"
    resultMap="studentMap">
    select * from student_inf
    where id = #{id}
</select>
```

调用 selectOne()方法返回单个记录，把单个记录变成实体对象，Student student ＝ session.selectOne("select.findStudentById_resultMap",2)查找 id 为 2 的学生。测试的方法如下：

```
public void findStudentById_resultMap() throws IOException {
    InputStream in = Resources.getResourceAsStream("MybatisConfig.xml");
     SqlSessionFactory sqlSessionFactory = new SqlSessionFactoryBuilder().
```

```
build(in);
    SqlSession session = sqlSessionFactory.openSession();
    Student student = session.selectOne("select.findStudentById_resultMap",2);
    System.out.println(student);
    session.close();
    in.close();
}
```

运行结果如图 15.2 所示。

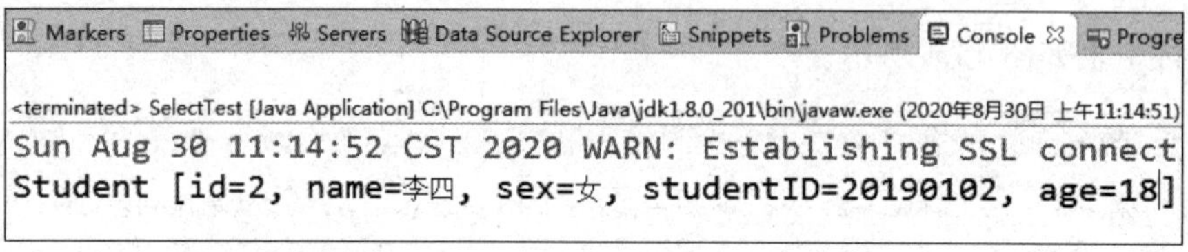

```
<terminated> SelectTest [Java Application] C:\Program Files\Java\jdk1.8.0_201\bin\javaw.exe (2020年8月30日 上午11:14:51)
Sun Aug 30 11:14:52 CST 2020 WARN: Establishing SSL connect
Student [id=2, name=李四, sex=女, studentID=20190102, age=18]
```

图 15.2　通过 resultMap 标示返回实体对象

### 15.2.3　返回实体对象集合

当<select>标签返回的结果为多个记录时，返回实体对象集合。无论返回单个记录还是多个记录，在 mapper 配置文件中没区别，仍然用 resultType 属性标记返回实体对象的类型，程序中是实体对象集合。查找所有的学生的<select>标签配置如下：

```xml
<select id="findAllStudents_resultType"
    resultType="org.ldh.student.entity.Student">
    select *,student_id as studentID from student_inf
</select>
```

因为要返回多个记录，所以调用 session.selectList()方法把多个记录变成实体对象集合，List<Student> students = session.selectList("select.findAllStudents")查找所有的学生，返回学生集合 List<Student> students。测试的方法如下：

```java
public void findAllStudents() throws IOException {
    InputStream in = Resources.getResourceAsStream("MybatisConfig.xml");
    SqlSessionFactory sqlSessionFactory = new SqlSessionFactoryBuilder().
        build(in);
    SqlSession session = sqlSessionFactory.openSession();
    List<Student> students = session.selectList("select.findAllStudents");
    System.out.println(students);
    session.close();
    in.close();
}
```

运行结果如图 15.3 所示。

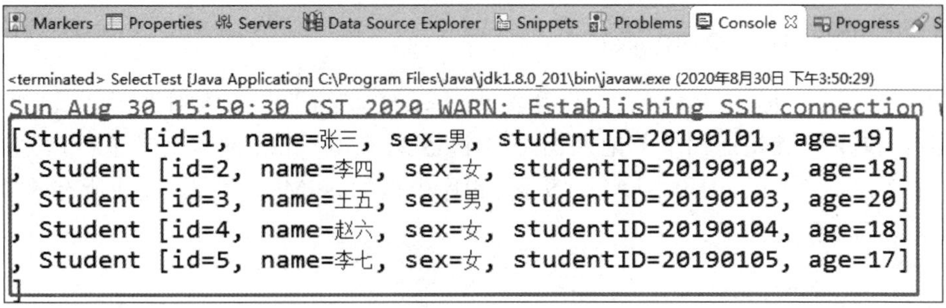

```
[Student [id=1, name=张三, sex=男, studentID=20190101, age=19]
, Student [id=2, name=李四, sex=女, studentID=20190102, age=18]
, Student [id=3, name=王五, sex=男, studentID=20190103, age=20]
, Student [id=4, name=赵六, sex=女, studentID=20190104, age=18]
, Student [id=5, name=李七, sex=女, studentID=20190105, age=17]
]
```

图 15.3　返回实体对象集合

### 15.2.4　返回 HashMap

<select>标签不仅可以返回实体对象，而且可以以 HashMap 方式返回结果。当查询结果为单个记录时，结果类型 resultType 设置为 java.util.HashMap（resultType="java.util.HashMap"），返回 HashMap，在返回的 HashMap 中，key 为字段名，value 为字段值。返回 HashMap 的好处是不需要定义实体。

查询某一 id 的学生，返回 HashMap，<select>标签配置如下：

```
<select id="findStudentByIdMap" parameterType="Integer"
    resultType="java.util.HashMap">
    select *, student_id as studentID from student_inf
    where id = #{id}
</select>
```

单个记录无论是以实体对象还是以 HashMap 方式返回，都调用 selectOne()方法把单个记录变成 HashMap 对象。HashMap student = session.selectOne("select.findStudentByIdMap",1)查找 id 为 1 的学生，返回 HashMap。测试的方法如下：

```
public void findStudentByIdMap() throws IOException {
    InputStream in = Resources.getResourceAsStream("MybatisConfig.xml");
    SqlSessionFactory sqlSessionFactory = new SqlSessionFactoryBuilder().
        build(in);
    SqlSession session = sqlSessionFactory.openSession();
    HashMap student = session.selectOne("select.findStudentByIdMap",1);
    System.out.println(student);
    session.close();
    in.close();
}
```

运行结果如图 15.4 所示。

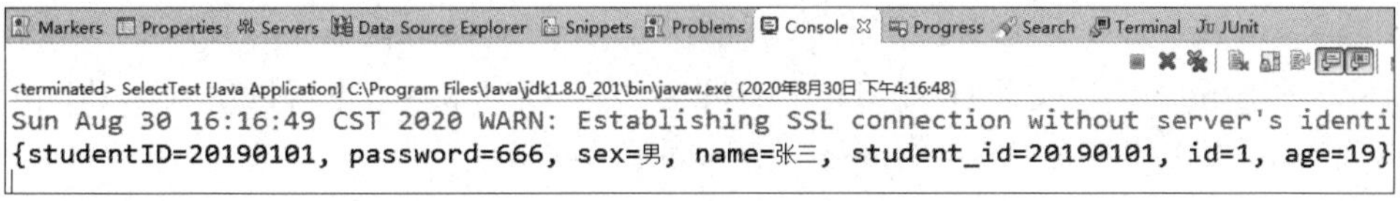

```
{studentID=20190101, password=666, sex=男, name=张三, student_id=20190101, id=1, age=19}
```

图 15.4　返回 HashMap

### 15.2.5 返回 HashMap 集合

当<select>标签返回的结果为多个记录时,返回的实体对象集合也可以是 HashMap 集合。无论返回单个记录还是多个记录,在 mapper 配置文件上没区别,仍然用 resultType="java.util.HashMap"标记,程序中是 HashMap 集合。查找所有的学生的<select>标签配置如下:

```
<select id="findAllStudentsMap"
    resultType="java.util.HashMap">
    select *,student_id as studentID from student_inf
</select>
```

无论是返回实体集合还是 HashMap 集合,因为返回的是多个记录,都调用 session.selectList()方法把多个记录变成 HashMap 集合,List<HashMap> students = session.selectList("select.findAllStudentsMap")查找所有的学生,返回 HashMap 集合 List<HashMap> students。测试的方法如下:

```
public void findAllStudentsMap() throws IOException {
    InputStream in = Resources.getResourceAsStream("MybatisConfig.xml");
    SqlSessionFactory sqlSessionFactory = new SqlSessionFactoryBuilder().
        build(in);
    SqlSession session = sqlSessionFactory.openSession();
    List<HashMap> students = session.selectList("select.
        findAllStudentsMap");
    System.out.println(students);
    session.close();
    in.close();
}
```

运行结果如下:

[{studentID=20190101, password=666, sex=男, name=张三, student_id=20190101, id=1, age=19}, {studentID=20190102, password=888, sex=女, name=李四, student_id=20190102, id=2, age=18}, {studentID=20190103, password=666, sex=男, name=王五, student_id=20190103, id=3, age=20}, {studentID=20190104, password=888, sex=女, name=赵六, student_id=20190104, id=4, age=18}, {studentID=20190105, password=888, sex=女, name=李七, student_id=20190105, id=5, age=17}]

### 15.2.6 返回 Map 型实体集合

当<select>标签返回多个记录时,可以用 selectList()方法将多个记录转换为实体 List(List<Student>)或者 HashMap List(List<HashMap>),也可以用 selectMap()方法返回 Map 型实体集合(Map<Integer,Student> students)。

不修改<select>标签中的 findAllStudents 内容,用 selectMap()方法转换返回内

容,代码如下:

```
Map<Integer,Student> students = session.selectMap("select.
    findAllStudents","id");
```

其中,参数 id 为学生的 id,作为 Map 型实体集合的 key;Map 型实体集合的 value 为一个学生实体 User。测试方法的代码如下:

```
public void findAllStudents1() throws IOException {
    InputStream in = Resources.getResourceAsStream("MybatisConfig.xml");
    SqlSessionFactory sqlSessionFactory = new SqlSessionFactoryBuilder().
        build(in);
    SqlSession session = sqlSessionFactory.openSession();
    Map<Integer,Student> students = session.selectMap("select.
        findAllStudents","id");
    System.out.println(students);
    session.close();
    in.close();
}
```

运行结果如下:

```
{1=Student [id=1, name=张三, sex=男, studentID=20190101, age=19],
 2=Student [id=2, name=李四, sex=女, studentID=20190102, age=18],
 3=Student [id=3, name=王五, sex=男, studentID=20190103, age=20],
 4=Student [id=4, name=赵六, sex=女, studentID=20190104, age=18],
 5=Student [id=5, name=李七, sex=女, studentID=20190105, age=17]
}
```

从结果可以看出,输出了 Map 型实体集合,key 为学生 id,value 为一个学生实体 user。

### 15.2.7 返回 Map 型 Map 集合

当<select>标签返回多个记录时,可以用 selectMap()方法返回 Map 型 Map 集合 (Map<Integer,HashMap> students)。

不修改<select>标签中的 findAllStudentsMap 内容,用 selectMap()方法转换返回内容,代码如下:

```
Map<Integer,HashMap> students =session.selectMap("select.
    findAllStudentsMap","id");
```

其中,参数 id 为学生的 id,作为 Map 型 Map 集合的 key;Map 型 Map 集合的 value 为一个学生的 Map 型实体。测试方法的代码如下:

```
public void findAllStudentsMap1() throws IOException {
    InputStream in = Resources.getResourceAsStream("MybatisConfig.xml");
```

```java
        SqlSessionFactory sqlSessionFactory = new SqlSessionFactoryBuilder().
            build(in);
        SqlSession session = sqlSessionFactory.openSession();
        Map<Integer,HashMap> students = session.selectMap("select.
            findAllStudentsMap","id");
        System.out.println(students);
        session.close();
        in.close();
}
```

运行结果如下：

{1={studentID=20190101, password=666, sex=男, name=张三, student_id=20190101, id=1, age=19}, 2={studentID=20190102, password=888, sex=女, name=李四, student_id=20190102, id=2, age=18}, 3={studentID=20190103, password=666, sex=男, name=王五, student_id=20190103, id=3, age=20}, 4={studentID=20190104, password=888, sex=女, name=赵六, student_id=20190104, id=4, age=18}, 5={studentID=20190105, password=888, sex=女, name=李七, student_id=20190105, id=5, age=17}}

从结果可以看出，输出了一个 Map 型 Map 集合，key 为学生 id，value 为学生的 Map 型实体。

## 15.3 resultMap

resultMap 即结果映射，标注对象的属性与表字段的映射关系。为了表达得更清晰，这里的对象也称为 POJO(Plain Ordinary Java Object)，代表简单无规则的 Java 对象，是纯传统意义的 Java 对象，只有属性及属性的 get 和 set 方法。

### 15.3.1 resultMap 简介

resultMap 映射定义的语法如下：

```
<resultMap id="唯一的标识" type="映射的 POJO 对象">
    <id column="表的主键字段或查询语句中的别名字段" jdbcType="字段类型" property=
        "映射 POJO 对象的主键属性" />
    <result column="表字段" jdbcType="字段类型" property="映射到 POJO 对象的属性"/>
    <association property="关联的 POJO" javaType="关联的 POJO 类型">
        <id column="关联 POJO 对应的表的主键字段" jdbcType="字段类型" property="关联
            POJO 的主键属性"/>
        <result column="表字段" jdbcType="字段类型" property="关联 POJO 对象的属性"/>
        <collection property="关联 POJO 集合" ofType="关联 POJO 的类型">
            <id column="关联 POJO 对应的表的主键字段" jdbcType="字段类型" property="关联
                POJO 对象的主键属性" />
            <result column="表字段" jdbcType="字段类型" property="关联 POJO 对象的属性" />
```

```
        </collection>
    </resultMap>
```

association 用于一对一和多对一的关系,而 collection 用于一对多的关系。

### 15.3.2 表名与类名映射

ORM 的对象由 type 属性指定:

`<resultMap id="唯一的标识" type="映射的 POJO 对象">`

例如:

`<resultMap id="StudentResultMap" type="org.ldh.student.entity.Student">`

MyBatis 配置中没有表名映射信息,没有类名对应的表名映射。resultMap 中没有出现表名,是怎么实现映射的? 标签体中的 SQL 语句中有表名信息,然后通过 resultMap 或者 resultType 与实体类进行匹配。

### 15.3.3 表字段与对象属性映射

表字段(column)与对象属性(property)映射由<result>标签定义,映射信息还包括表字段和对象属性的类型。表字段可以为任意表的字段,而对象属性必须为对象类型(type)的 POJO 属性。根据映射的信息,ORM 框架把从数据库读取的数据转换为对象的值。<result>标签定义如下:

`<result column="表字段" jdbcType="字段类型" property="映射到 POJO 对象的属性"/>`

例如:

```
<result property="studentID" column="student_id" javaType="String" jdbcType=
    "VARCHAR" />
```

javaType 为 Java 类型,jdbcType 为数据库的数据类型,两者的对应关系如表 15.1 所示。

表 15.1 javaType 与 jdbcType 的对应关系

| javaType | jdbcType |
| --- | --- |
| String | CHAR |
| | VARCHAR |
| | LONGVARCHAR |
| java.math.BigDecimal | NUMERIC |
| | DECIMAL |
| boolean | BIT |
| | BOOLEAN |

续表

| javaType | jdbcType |
|---|---|
| byte | TINYINT |
| short | SMALLINT |
| int | INTEGER |
| long | BIGINT |
| float | REAL |
| double | FLOAT |
| double | DOUBLE |
| byte[] | BINARY |
| byte[] | VARBINARY |
| byte[] | LONGVARBINARY |
| java.sql.Date | DATE |
| java.sql.Time | TIME |
| java.sql.Timestamp | TIMESTAMP |
| Clob | CLOB |
| Blob | BLOB |
| Array | ARRAY |
| 底层类型映射 | DISTINCT |
| Struct | STRUCT |
| Ref | REF |
| java.net.URL | DATALINK |

## 15.3.4 表主键字段映射

<id>标签用法如下：

<id column="表的主键字段或查询语句中的别名字段" jdbcType="字段类型" property="映射到POJO对象的主键属性" />

例如：

<id property="id" column="u_id" javaType="String" jdbcType="VARCHAR"/>

对于一对多的关系，查询结果是多个记录，但程序中可能只有一个对象，对象中有list类型的变量。这里涉及如何去重，主键的作用就是去重。

<id>标签的唯一作用就是在嵌套的映射配置时判断数据是否相同。当配置<id>标签时，MyBatis只需要逐条比较所有数据中<id>标签中的字段值是否相同即可，可以

提高处理效率。

## 15.4 多表关联查询

前面的查询都是对一个表(student_inf)的查询,对应的结果是一个实体对象(Student)。当对多个表进行查询时,返回结果怎么存入对象?这里涉及一对一、一对多、多对多关系的查询,这些概念有两个层面:一个是数据库层面;另一个是实体层面。具体概念在下面详细描述。首先建立多表业务。

### 15.4.1 创建账户表 account

已有学生表 student,再创建学生账户表 account,有账户 id、账户名、账户、余额及学生 id 字段,一个学生允许有多个账户,选择学生的账户,在数据库层面是一对多。创建学生账户表的 SQL 语句如下:

```
CREATE TABLE `account` (
  `aid` int(11) NOT NULL AUTO_INCREMENT COMMENT '账户 id',
  `aname` varchar(255) DEFAULT NULL COMMENT '账户名',
  `money` decimal(12,2) DEFAULT NULL COMMENT '账户余额',
  `sid` int(11) NOT NULL COMMENT '学生 id',
  PRIMARY KEY (`aid`)
) ENGINE=InnoDB AUTO_INCREMENT=5 DEFAULT CHARSET=utf8
```

向学生账户表添加数据,允许一个学生有多个账户,添加数据的 SQL 语句如下:

```
insert into `account`(`aid`,`aname`,`money`,`sid`)values
(1,'6222222',20000,1),
(2,'6333333',10000,1),
(3,'6555555',80000,2),
(4,'6666666',90000,2);
```

### 15.4.2 创建账户类 Account

创建账户类 Account.java,除了账户信息(账户 id、账户名、账户余额),还有一个账户所属的学生属性 Student(private Student student)。在这个类设计中,把学生 POJO 称为账户 POJO 关联对象。一个账户只属于一个学生,在实体层面是一对一;而在数据库层面是一对多,因为一个学生有多个账号。

无论在数据库层面是一对一还是一对多,只要在实体层面是一对一,处理方法就是一样的。

在 Account 类中重写 toString()方法。具体代码如下:

程序清单:/MyBatisApp/src/org/ldh/student/entity/Account.java
```
public class Account {
    private int aid;                          //账户 id
```

```java
        private String aname;                    //账户名
        private BigDecimal money;                //账户余额
        private Student student;                 //账户所属的学生
        public int getAid() {
            return aid;
        }
        public void setAid(int aid) {
            this.aid = aid;
        }
        public String getAname() {
            return aname;
        }
        public void setAname(String aname) {
            this.aname = aname;
        }
        public BigDecimal getMoney() {
            return money;
        }
        public void setMoney(BigDecimal money) {
            this.money = money;
        }
        public Student getStudent() {
            return student;
        }
        public void setStudent(Student student) {
            this.student = student;
        }
        @Override
        public String toString() {
             return "Classes [aid=" + aid + ", aname=" + aname + ", student=" + student + "]";
        }
    }
```

## 15.4.3 创建账户映射配置文件 accountMapper.xml

创建账户映射配置文件 accountMapper.xml，代码如下：

程序清单：/MyBatisApp/src/mappers/accountMapper.xml

```xml
<?xml version="1.0" encoding="utf-8" ?>
<!DOCTYPE mapper PUBLIC "-//mybatis.org//DTD Mapper 3.0//EN"
  "http://mybatis.org/dtd/mybatis-3-mapper.dtd">
<mapper namespace="account">
</mapper>
```

在 MybatisConfig.xml 中加载账户映射配置文件:

```xml
<mappers>
        <mapper resource="mappers/accountMapper.xml" />
</mappers>
```

### 15.4.4　创建学生账户类 StudentAccount

创建学生账户类 StudentAccount.java,它继承学生类 Student.java,添加账户集合属性 List<Account> accounts,一个学生有多个账号。因此,定义一个集合,存储学生的所有账号,这在实体层面是一对多,当然在数据库层面也是一对多。另外,在该类中重写 toStirng()方法,以字符串方式输出对象内容。具体代码如下:

**程序清单**:/MyBatisApp/src/org/ldh/student/entity/StudentAccount.java
```java
public class StudentAccount extends Student {
    private List<Account> accounts;
    public List<Account> getAccounts() {
        return accounts;
    }
    public void setAccounts(List<Account> accounts) {
        this.accounts = accounts;
    }
    @Override
    public String toString() {
        return "Student [id=" + this.getId() + ", name=" + this.getName() + ",
            sex=" + this.getSex() + ", studentID="+ this.getStudentID() + ",
            age=" + this.getAge() + "\n, accounts=" + this.getAccounts() + "]";
    }
}
```

### 15.4.5　创建学生账户映射配置文件 StudentAccountMapper.xml

创建学生账户映射配置文件 StudentAccountMapper.xml,代码如下:

**程序清单**:/MyBatisApp/src/mappers/StudentAccountMapper.xml
```xml
<?xml version="1.0" encoding="utf-8" ?>
<!DOCTYPE mapper PUBLIC "-//mybatis.org//DTD Mapper 3.0//EN"
   "http://mybatis.org/dtd/mybatis-3-mapper.dtd">
<mapper namespace="studentAccount">
</mapper>
```

在 MybatisConfig.xml 中加载学生账户映射配置文件:

```xml
<mappers>
        <mapper resource="mappers/StudentAccountMapper.xml" />
</mappers>
```

### 15.4.6 创建课程表 course

创建课程表 course，SQL 语句如下：

```
CREATE TABLE `course` (
  `id` int(11) NOT NULL AUTO_INCREMENT COMMENT '课程id',
  `name` varchar(255) DEFAULT NULL COMMENT '课程名',
  PRIMARY KEY (`id`)
) ENGINE=InnoDB DEFAULT CHARSET=utf8
```

插入数据用于验证，SQL 语句如下：

```
insert  into `course`(`id`,`name`) values
(1,'Java课程'),
(2,'C语言课程'),
(3,'C#课程'),
(4,'H5课程');
```

### 15.4.7 创建学生课程表 student_course

一个学生选多门课程，一门课程被多个学生选择，这里的多对多是数据库层面的。创建学生课程表 student_course，SQL 语句如下：

```
CREATE TABLE `student_course` (
  `sid` int(11) NOT NULL COMMENT '学生id',
  `cid` int(11) NOT NULL COMMENT '课程id',
  PRIMARY KEY (`sid`,`cid`)
) ENGINE=InnoDB DEFAULT CHARSET=utf8
```

添加初始数据的 SQL 语句如下：

```
insert into `student_course`(`sid`,`cid`) values
(1,1),
(1,2),
(1,3),
(2,2),
(2,3),
(2,4);
```

### 15.4.8 创建课程类 Course

创建课程类，其属性有课程 id、课程名及所选学生集合（students），在实体层面是一对多，一门课程有多个学生选，而在数据库层面是多对多。代码如下：

程序清单：/MyBatisApp/src/org/ldh/student/entity/Course.java[TS()]
```
public class Course {
    private Integer id;
```

```java
    private String name;
    private List<StudentCourse> students;
    public Integer getId() {
        return id;
    }
    public void setId(Integer id) {
        this.id = id;
    }
    public String getName() {
        return name;
    }
    public void setName(String name) {
        this.name = name;
    }
    public List<StudentCourse> getStudents() {
        return students;
    }
    public void setStudents(List<StudentCourse> students) {
        this.students = students;
    }
    @Override
    public String toString() {
        return "Course [id=" + this.getId() + ", name=" + this.getName()
                + "\n, students=" + this.getStudents() + "]";
    }
}
```

### 15.4.9 创建学生课程类 StudentCourse

创建学生课程类 StudentCourse，它继承学生类 Student，添加课程集合属性 List<Course> courses。一个学生选多门课程，因此，定义一个集合，存储学生所选的课程，在实体层面是一对多，在数据库层面是多对多。另外，该类重写 toString()方法，以字符串形式输出对象内容，代码如下：

程序清单：/MyBatisApp/src/org/ldh/student/entity/StudentCourse.java[TS[]
```java
public class StudentCourse extends Student {
    private List<Course> courses;
    public List<Course> getCourses() {
        return courses;
    }
    public void setCourses(List<Course> courses) {
        this.courses = courses;
    }
    @Override
```

```java
        public String toString() {
            return "Student [id=" + this.getId() + ", name=" + this.getName() + ",
                sex=" + this.getSex() + ", studentID="+ this.getStudentID() + ",
                age=" + this.getAge() + "\n, course=" + this.getCourses() + "]";
        }
    }
```

### 15.4.10　创建学生课程映射配置文件 StudentCourseMapper.xml

创建学生课程映射配置文件 StudentCourseMapper.xml，代码如下：

程序清单：/MyBatisApp/src/mappers/StudentCourseMapper.xml

```xml
<?xml version="1.0" encoding="utf-8" ?>
<!DOCTYPE mapper
  PUBLIC "-//mybatis.org//DTD Mapper 3.0//EN"
  "http://mybatis.org/dtd/mybatis-3-mapper.dtd">
<mapper namespace="studentCourse">
</mapper>
```

在 MybatisConfig.xml 中加载学生课程映射配置文件：

```xml
<mappers>
        <mapper resource="mappers/StudentCourseMapper.xml" />
</mappers>
```

### 15.4.11　映射要素

在处理多表关联查询时，首先执行查询 SQL 语句，从数据库返回数据，然后分拣数据，把数据读入 POJO 的属性以及关联 POJO 的属性，映射要素是区分哪些字段给 POJO 的属性？哪些字段给关联 POJO 的属性。只要能区分这两者，MyBatis 就能正确地把数据读到 POJO 对象中。映射配置中要体现这些要素，实现方法不止一种。

## 15.5　一对一关联映射查询

这里的任务需求是查询某一账户及其对应的学生，存储类型为 Account 的 POJO，内部关联类型为 Student 的 POJO。前面已经分析过，在 POJO 层面是一对一关系，因为一个账户只能属于一个学生；在数据库层面是一对多关系，因为一个学生可以多个账户。在数据库层面无论是一对一还是一对多，只要在 POJO 层面属于一对一，处理方法就是一样的。这里介绍几种实现 POJO 层面一对一映射的配置方法。

### 15.5.1　用级联属性配置映射

多表关联映射，可以放在同一级别定义字段与属性的映射，在关联 POJO 的属性前面加 pojo 名称前缀即可。这样，MyBatis 就能区分哪些字段值给 POJO 的属性，哪些字段值给关联 POJO 的属性。

关联 POJO 级联属性配置 property="关联 POJO.属性名" 实现关联 POJO 属性与字段名的映射。例如，<result property="student.sex" column="sex" /> 表示 sex 字段对应 Account 对象关联的学生对象（student）的 sex 属性。实现过程如下：

（1）配置结果集映射。此时 MyBatis 需要从两个表取数据，一个是账号表，另一个是学生表，取学生表数据给 Account 对象的 Student 属性。

在账户映射配置文件 accountMapper.xml 中添加结果映射，代码如下：

```xml
<resultMap id="accountStudentMapByAttribute"
    type="org.ldh.student.entity.Account">
    <id column="aid" property="aid" />
    <result column="aname" property="aname" />
    <result column="student.id" property="id"></result>
    <result property="student.studentID" column="student_id" />
    <result property="student.sex" column="sex" />
    <result property="student.name" column="name" />
    <result property="student.age" column="age" />
</resultMap>
```

（2）配置查询 SQL 语句。利用配置的结果映射 accountStudentMapByAttribute，配置查询某一账户及对应的学生信息的 select 命令。在这里的多表关联查询 SQL 语句中，字段没有用别名，因为字段名没有相同的；如果有相同的字段名，需要用别名，然后在配置映射中对字段名使用别名。代码如下：

```xml
<select id="getAccountStudentByAttribute"
    resultMap="accountStudentMapByAttribute" parameterType="int">
    select * from account a , student_inf s
        where a.sid=s.id and a.aid=#{aid}
</select>
```

（3）添加测试类，测试代码如下：

程序清单：/MyBatisApp/src/org/ldh/student/AccountTest.java

```java
public class AccountTest {
    public static void main(String[] args) throws IOException {
        new AccountTest().getAccountStudentByAttribute();
    }
    //通过 id 查询一个学生账户
    public void getAccountStudentByAttribute() throws IOException {
        InputStream in = Resources.getResourceAsStream("MybatisConfig.xml");
        SqlSessionFactory sqlSessionFactory = new SqlSessionFactoryBuilder().
            build(in);
        SqlSession session = sqlSessionFactory.openSession();
        Account account = session.selectOne("account.
            getAccountStudentByAttribute", 1);
```

```
        System.out.println(account);
        session.close();
        in.close();
    }
}
```

(4) 运行结果。测试级联属性配置映射,运行测试类,结果如图 15.5 所示。可以看出,账户及对应的学生信息得到正确输出。

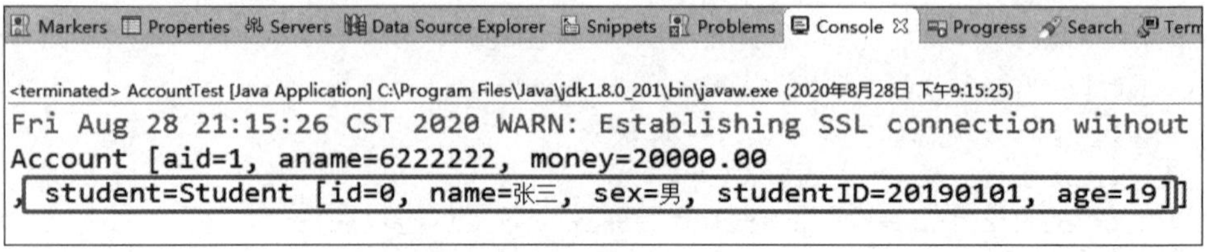
Markers Properties Servers Data Source Explorer Snippets Problems Console Progress Search Term
<terminated> AccountTest [Java Application] C:\Program Files\Java\jdk1.8.0_201\bin\javaw.exe (2020年8月28日 下午9:15:25)
Fri Aug 28 21:15:26 CST 2020 WARN: Establishing SSL connection without
Account [aid=1, aname=6222222, money=20000.00
, student=Student [id=0, name=张三, sex=男, studentID=20190101, age=19]]

图 15.5 级联属性配置映射的输出

## 15.5.2 关联子配置嵌套映射

利用<association>标签关联一个子配置以实现嵌套映射,配置如下:

```
<association property="关联 POJO" javaType="关联的 pojo 类型">
    <id column="关联 POJO 对应的表的主键字段" jdbcType="字段类型" property="关联
        POJO 的主键属性"/>
    <result column="表字段" jdbcType="字段类型" property="关联 POJO 的属性"/>
</association>
```

<association>标签中的 column 属性不用配置,因为这里不对应一个字段,而是对应多个字段。具体实现过程如下:

(1) 配置结果集映射:

```
< association property="student" javaType="org.ldh.student.entity.Student >
```

它表示关联 POJO(student)的映射。

在账户映射配置文件 accountMapper.xml 中添加关联的结果映射。这里配置的是映射关系,不是 SQL 关联关系。代码如下:

```
<resultMap id="accountStudentMapByAssociation"
    type="org.ldh.student.entity.Account">
    <id column="aid" property="aid" />
    <result column="aname" property="aname" />
    <association property="student"
        javaType="org.ldh.student.entity.Student">
        <id property="id" column="id" ></id>
        <result property="studentID" column="student_id" />
        <result property="sex" column="sex" />
```

```xml
        <result property="name" column="name" />
        <result property="age" column="age" />
    </association>
</resultMap>
```

（2）配置查询 SQL 语句。

利用配置的结果映射 accountStudentMapByAssociation 配置查询账户及对应的学生信息的命令，代码如下：

```xml
<select id="getAccountStudentByAssociation"
    resultMap="accountStudentMapByAssociation" parameterType="int">
    select * from account a , student_inf s
        where a.sid=s.id and a.aid=#{aid}
</select>
```

（3）添加测试类，测试代码如下：

**程序清单**：/MyBatisApp/src/org/ldh/student/AccountTest.java

```java
public class AccountTest {
    public static void main(String[] args) throws IOException {
        new AccountTest().getAccountStudentByAssociation();
    }
    //通过 id 查询一个学生账户
    public void getAccountStudentByAssociation() throws IOException {
        InputStream in = Resources.getResourceAsStream("MybatisConfig.xml");
        SqlSessionFactory sqlSessionFactory = new SqlSessionFactoryBuilder().
            build(in);
        SqlSession session = sqlSessionFactory.openSession();
        Account account = session.selectOne("account.
            getAccountStudentByAssociation", 1);
        System.out.println(account);
        session.close();
        in.close();
    }
}
```

（4）运行结果。配置关联子配置嵌套映射，运行测试类，结果如图 15.6 所示。可以看出，账户及对应的学生信息得到正确输出。

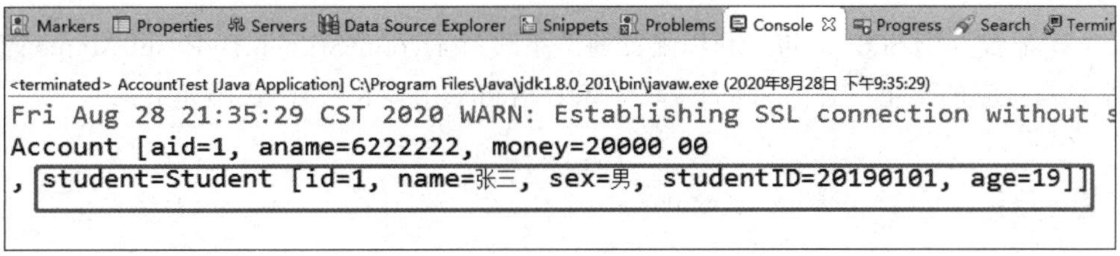

图 15.6　关联子配置嵌套映射的输出

### 15.5.3 关联 resultMap 配置嵌套映射

可以在一个 resultMap 中关联另一个 resultMap,以实现 resultMap 的复用,使代码更简洁。配置如下:

```xml
<association property="关联POJO" resultMap="嵌套子映射" >
</association>
```

具体实现过程如下:

(1) 配置被引用的结果映射。首先建立学生结果映射 studentMap,代码如下:

```xml
<resultMap id="studentMap" type="org.ldh.student.entity.Student">
    <id column="id" property="id"></id>
    <result property="studentID" column="student_id" />
    <result property="sex" column="sex" />
    <result property="name" column="name" />
    <result property="age" column="age" />
</resultMap>
```

(2) 配置账户结果映射。

通过<association>标签关联另一个表的结果映射。例如:

```xml
<association property="student" resultMap="studentMap">
</association>
```

表示 Account 类中的学生属性 student 与学生结果映射 resultMap="studentMap"进行关联。在账户映射配置文件 accountMapper.xml 中添加关联学生结果映射的结果映射,代码如下:

```xml
<resultMap id="accountStudentByResultMap"
    type="org.ldh.student.entity.Account">
    <id column="aid" property="aid" />
    <result column="aname" property="aname" />
    <result column="money" property="money" />
    <result column="sid" property="sid" />
    <association property="student"
        resultMap="studentMap">
    </association>
</resultMap>
```

(3) 配置查询 SQL 语句。利用配置的结果映射 accountStudentByResultMap 配置查询账户及对应的学生信息的 select 命令,SQL 语句采用多表联合,代码如下:

```xml
<select id="getAccountStudentByResult"
    resultMap="accountStudentByResultMap" parameterType="int">
    select * from account a ,student_inf s
        where a.sid=s.id and a.aid=#{aid}
```

```
</select>
```

(4) 添加测试类,测试代码如下:

程序清单:/MyBatisApp/src/org/ldh/student/AccountTest.java

```java
public class AccountTest {
    public static void main(String[] args) throws IOException {
        new AccountTest().getAccountStudentByResult();
    }
    //通过id查询一个学生账户
    public void getAccountStudentByResult() throws IOException {
        InputStream in = Resources.getResourceAsStream("MybatisConfig.xml");
        SqlSessionFactory sqlSessionFactory = new SqlSessionFactoryBuilder().
            build(in);
        SqlSession session = sqlSessionFactory.openSession();
        Account account = session.selectOne("account.
            getAccountStudentByResult", 1);
        System.out.println(account);
        session.close();
        in.close();
    }
}
```

(5) 运行结果。测试关联 resultMap 配置嵌套映射,运行测试类,结果如图 15.7 所示。可以看出,账户及对应的学生信息得到正确输出。

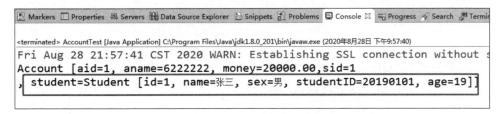

图 15.7 关联 resultMap 配置嵌套映射的输出

## 15.5.4 关联查询配置嵌套映射

通过<association>标签可以关联另一个查询 select。这种方式通过程序关联执行查询,查询 select 中的 SQL 语句不采用连接查询,仅仅采用单表查询。这种写法简洁,但执行效率比较低,需要多次查询数据库。这种方式只是代码层次的联表查询,甚至不算是联表查询,只是结构上重用了代码而已。如果注重性能,建议还是使用下面的配置方式:

```
<association column="POJO 对应的表的外键" property="关联的 POJO"
    select="select 命令 id">
</association>
```

column="POJO 对应的表的外键"必须给出,因为需要为子查询传递主键值。

具体实现过程如下:

(1) 配置查询 select。在映射配置文件 accountMapper.xml 中添加 select 查询,对学生表进行单表查询,代码如下:

```xml
<select id="getStudent" resultMap="studentMap">
    select * from student_inf s
        where s.id = #{sid}
</select>
```

(2) 配置结果映射。在映射配置文件 accountMapper.xml 中添加结果映射,在其中关联前面已经定义的 select 查询 getStudent:

```xml
<association column="sid" property="student" select="getStudent"/>
```

因为关联 select 涉及两个 select,所以这里必须给出 association column="sid",字段属性为学生 id(sid),以便传给子查询 select,查询出学生信息。详细代码如下:

```xml
<resultMap id="accountStudentBySelectMap"
    type="org.ldh.student.entity.Account">
    <id column="aid" property="aid" />
    <result column="aname" property="aname" />
    <result column="money" property="money" />
    <result column="sid" property="sid" />
    <association column="sid" property="student"
        select="getStudent">
    </association>
</resultMap>
```

(3) 配置查询 SQL 语句。利用配置的结果映射 accountStudentBySelectMap 配置查询账户的 SQL 语句,这里的查询也是单表查询,只有账户表,查询某一个账户,代码如下:

```xml
<select id="getAccountStudentBySelect"
    resultMap="accountStudentBySelectMap" parameterType="int">
    select * from account
        where aid=#{aid}
</select>
```

(4) 添加测试类,测试关联 select 查询的结果映射,测试代码如下:

程序清单:/MyBatisApp/src/org/ldh/student/AccountTest.java

```java
public class AccountTest {
    public static void main(String[] args) throws IOException {
        new AccountTest().getAccountStudentBySelect();
    }
    //通过 id 查询一个学生账户
    public void getAccountStudentBySelect() throws IOException {
```

```
        InputStream in = Resources.getResourceAsStream("MybatisConfig.xml");
        SqlSessionFactory sqlSessionFactory = new SqlSessionFactoryBuilder().
            build(in);
        SqlSession session = sqlSessionFactory.openSession();
        Account account = session.selectOne("account.
            getAccountStudentBySelect", 1);
        System.out.println(account);
        session.close();
        in.close();
    }
}
```

（5）运行结果。测试关联查询配置嵌套映射，结果如图 15.8 所示。可以看出，账户及对应的学生信息得到正确输出。

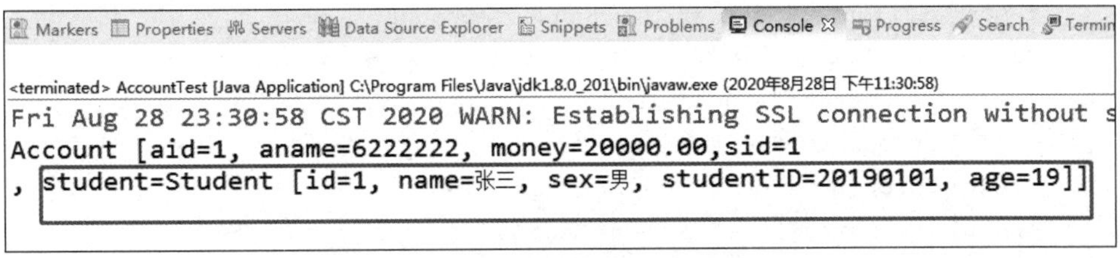
Markers Properties Servers Data Source Explorer Snippets Problems Console Progress Search Termin
<terminated> AccountTest [Java Application] C:\Program Files\Java\jdk1.8.0_201\bin\javaw.exe (2020年8月28日 下午11:30:58)
Fri Aug 28 23:30:58 CST 2020 WARN: Establishing SSL connection without s
Account [aid=1, aname=6222222, money=20000.00,sid=1
, student=Student [id=1, name=张三, sex=男, studentID=20190101, age=19]]

图 15.8　关联查询配置嵌套映射的输出

## 15.6　一对多关联映射查询

本节的任务需求是查询某个学生的所有账户，即存储类型为 StudentAccount 的 POJO，内部关联类型为 Account 类的 POJO。前面已经分析过，在 POJO 层面是一对多关联，因为一个学生有多个账户；在数据库层面也是一对多关联，同样因为一个学生可以有多个账户。这里介绍几种实现 POJO 层面一对多映射的配置方法。

关联元素<association>用于 POJO 层面的一对一关联以及数据库层面的一对一和一对多关联；而集合元素<collection>用于 POJO 层面的一对多关联以及数据库层面的一对多和多对多关联。

### 15.6.1　集合元素配置嵌套映射

集合元素用来处理一对多关联。集合元素配置如下：

```
<collection property="关联 POJO 集合" ofType="关联 POJO 的类型">
    <id column="关联 POJO 对应的表的主键字段" jdbcType="字段类型" property="关联
        POJO 的主键属性" />
    <result column="表字段" jdbcType="字段类型" property="关联 POJO 的属性" />
</collection>
```

结果映射中的集合元素可以嵌套映射,实现一对多关联映射。数据库中表的关联由 SQL 语句完成。配置信息的作用是:MyBatis 根据 SQL 查询结果以及配置的映射,把查询的数据赋给对象。具体实现过程如下:

(1) 配置结果映射。需要配置集合元素嵌套映射以及嵌套映射对应主映射对象的属性 collection property="accounts"。ofType 为集合中的 POJO 对象类型。

```
<collection property="accounts" ofType="org.ldh.student.entity.Account">
```

column 属性不用配置,因为对应数据库表的多个字段。

在学生账户映射配置文件 StudentAccountMapper.xml 中添加集合元素嵌套映射,代码如下:

```xml
<!-- 集合元素嵌套映射 -->
<resultMap id="studentAccountByCollectionMap"
    type="org.ldh.student.entity.StudentAccount">
    <id column="id" property="id"></id>
    <result property="studentID" column="student_id" />
    <result property="sex" column="sex" />
    <result property="name" column="name" />
    <result property="age" column="age" />
    <collection property="accounts"
        ofType="org.ldh.student.entity.Account">
        <id column="aid" property="aid" />
        <result column="aname" property="aname" />
        <result column="money" property="money" />
        <result column="sid" property="sid" />
    </collection>
</resultMap>
```

(2) 配置查询 SQL 语句。利用配置的结果映射 studentAccountByCollectionMap 配置查询学生及学生所有账户的命令,就是一个两表关联的 SQL 语句,输入参数为学生 id,代码如下:

```xml
<select id="getStudentAccountByCollection"
    resultMap="studentAccountByCollectionMap" parameterType="int">
    select * from account a, student_inf s
        where a.sid=s.id and s.id=#{sid}
</select>
```

(3) 添加测试类。调用 session.selectOne() 方法,执行 studentAccount.getStudentAccountByCollection 的 SQL 语句,查询一个学生的信息及其所有账户,返回的结果为学生账户类 StudentAccount,其中包含学生的信息及学生的账户信息,即 StudentAccount studentAccount = session.selectOne("studentAccount.getStudentAccountByCollection", 2)。测试代码如下:

程序清单：/MyBatisApp/src/org/ldh/student/StudentAccountTest.java
```java
public class StudentAccountTest {
    public static void main(String[] args) throws IOException {
        new StudentAccountTest().getStudentAccountByCollection();
    }
    //通过id查询一个学生账户
    public void getStudentAccountByCollection() throws IOException {
        InputStream in = Resources.getResourceAsStream("MybatisConfig.xml");
        SqlSessionFactory sqlSessionFactory = new SqlSessionFactoryBuilder().
            build(in);
        SqlSession session = sqlSessionFactory.openSession();
        StudentAccount studentAccount = session.selectOne("studentAccount.
            getStudentAccountByCollection", 2);
        System.out.println(studentAccount);
        session.close();
        in.close();
    }
}
```

（4）运行结果。配置集合元素嵌套映射,运行测试类,结果如图 15.9 所示。可以看出,输出了 id 为 2 的学生信息及该学生的两个账户信息,实现了一对多数据的获取。

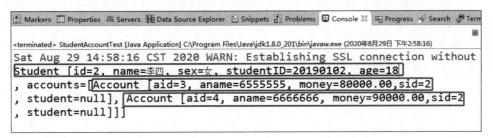

图 15.9　配置集合元素嵌套映射实现一对多输出

在本例中,SQL 语句输出了两个结果,需要去重,也就是判断结果是否相同。最简单的情况就是在映射配置中至少有一个 id 标签,上面使用的 studentAccountByCollectionMap 就配置了 id 标签：

```xml
<id property="id" column="id"/>
```

一般情况下,<id>标签配置的字段为表的主键。如果是联合主键,可以配置多个<id>标签。

<id>标签的作用就是在嵌套的映射配置时判断数据是否相同。当配置<id>标签时,MyBatis 只需要逐个比较所有数据中<id>标签配置的字段值是否相同即可。

也可以不配置<id>标签,将上面的代码修改为

```xml
<result property="id" column="id"/>
```

使用 result 不会影响查询结果，但是此时 MyBatis 就要对所有字段进行比较。因此，当字段数为 $M$ 时，如果查询结果有 $N$ 条，就需要比较 $M \times N$ 次。如果配置了 <id> 标签，只需要比较 $N$ 次即可，所以推荐配置 <id> 标签。

## 15.6.2 集合 resultMap 配置嵌套映射

集合嵌套映射中的子映射可以独立出来作为 resultMap，再集合这个 resultMap，这样做可以复用 resultMap。配置如下：

```
<collection property="关联 POJO 集合" ofType="关联 POJO 的类型" resultMap="子映射" >
</collection>
```

具体实现过程如下：

（1）独立配置账户集合映射。把账户映射独立出来作为 resultMap，代码如下：

```
<resultMap id="accountMap" type="org.ldh.student.entity.Account">
    <id column="aid" property="aid" />
    <result column="aname" property="aname" />
    <result column="money" property="money" />
    <result column="sid" property="sid" />
</resultMap>
```

（2）配置结果映射。在结果映射 studentAccountByResultMap 中集合另一个结果映射 accountMap。

在学生账户映射配置文件 StudentAccountMapper.xml 中添加集合映射 accountMap 的结果映射 studentAccountByResultMap，代码如下：

```
<!--集合嵌套映射 resultMap -->
<resultMap id="studentAccountByResultMap"
    type="org.ldh.student.entity.StudentAccount">
    <id column="id" property="id"></id>
    <result property="studentID" column="student_id" />
    <result property="sex" column="sex" />
    <result property="name" column="name" />
    <result property="age" column="age" />
    <collection property="accounts" ofType="org.ldh.student.entity.Account"
        resultMap="accountMap">
    </collection>
</resultMap>
```

（3）配置查询 SQL 语句。利用配置的结果映射 studentAccountByResultMap 配置查询学生及其所有账户的命令，就是一个两表关联的 SQL 语句，输入参数为学生 id，这个 SQL 语句与上面的例子相同，代码如下：

```
<select id="getStudentAccountByResultMap"
    resultMap="studentAccountByResultMap" parameterType="int">
```

```
        select * from account a , student_inf s
            where a.sid=s.id and s.id=#{sid}
</select>
```

（4）添加测试类。调用 session.selectOne( ) 方法，执行 studentAccount.getStudentAccountByResultMap 的 SQL 语句，查询一个学生的信息及其所有账户，返回的结果为学生账户类 StudentAccount，其中包含学生信息及其所有账户信息，即 StudentAccount studentAccount = session.selectOne("studentAccount.getStudentAccountByResultMap ", 2)。测试代码如下：

程序清单：/MyBatisApp/src/org/ldh/student/StudentAccountTest.java
```
public class StudentAccountTest {
    public static void main(String[] args) throws IOException {
        new StudentAccountTest().getStudentAccountByResultMap ();
    }
    //通过 id 查询一个学生账户
    public void getStudentAccountByResultMap() throws IOException {
        InputStream in = Resources.getResourceAsStream("MybatisConfig.xml");
        SqlSessionFactory sqlSessionFactory = new SqlSessionFactoryBuilder().
            build(in);
        SqlSession session = sqlSessionFactory.openSession();
        StudentAccount studentAccount = session.selectOne("studentAccount.
            getStudentAccountByResultMap", 1);
        System.out.println(studentAccount);
        session.close();
        in.close();
    }
}
```

（5）运行结果。配置集合 ResultMap 嵌套映射，运行测试类，结果如图 15.10 所示。可以看出，输出了 id 为 1 的学生信息及其两个账户信息，实现了一对多数据的获取。

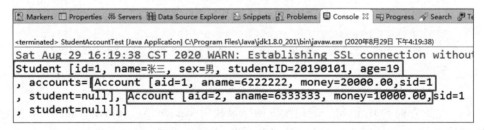

图 15.10　配置集合 resultMap 嵌套映射实现一对多输出

### 15.6.3　集合查询配置嵌套映射

同＜association＞一样，可以通过＜collection＞集合另一个查询。这种方式通过程序集合执行查询，查询中的 SQL 语句不采用连接查询，仅仅采用单表查询，这种写法简洁，但执行效率比较低，需要多次查询数据库。配置如下：

```
< collection column="POJO 对应的表的主键" property="关联 POJO 集合"
    ofType="关联 POJO 的类型" select="子查询"  >
</collection >
```

column＝"POJO 对应的表的主键"必须给出，因为集合查询涉及两个查询，需要为子查询传递外键值。具体实现过程如下：

（1）配置查询。在学生账户映射配置文件 StudentAccountMapper.xml 中添加查询，查询学生账户表，是单表查询，查询某一学生的账户（sid ＝ ♯{sid}），返回多个记录，代码如下：

```
<select id="getAccount" resultMap="accountMap">
    select * from account
        where sid = #{sid}
</select>
```

（2）配置结果映射。在学生账户映射配置文件 StudentAccountMapper.xml 中添加结果映射 resultMap，在映射中集合前面已经定义的查询 getAccount，把 getAccount 查询命令集合为嵌套映射。代码如下：

```
<collection property="accounts" column="id"
  ofType="org.ldh.student.entity.Account" select="getAccount">
</collection>
```

详细代码如下：

```
<resultMap id="studentAccountBySelectMap"
    type="org.ldh.student.entity.StudentAccount">
    <id column="id" property="id"></id>
    <result property="studentID" column="student_id" />
    <result property="sex" column="sex" />
    <result property="name" column="name" />
    <result property="age" column="age" />
    <collection property="accounts" column="id"
        ofType="org.ldh.student.entity.Account" select="getAccount">
    </collection>
</resultMap>
```

（3）配置查询 SQL 语句。利用配置的结果映射 studentAccountBySelectMap 配置查询账户的语句，这里也是单表查询，只有学生表，查询一个学生信息，代码如下：

```
<select id="getStudentAccountBySelect"
    resultMap="studentAccountBySelectMap" parameterType="int">
    select * from
    student_inf
    where id=#{sid}
```

```
</select>
```

（4）添加测试类。调用 session.selectOne（ ）方法，执行 studentAccount.getStudentAccountBySelect 的 SQL 语句，查询一个学生信息及其所有账户，返回的结果为学生账户类 StudentAccount，其中包含学生信息及其所有账户信息，即 StudentAccount studentAccount ＝ session.selectOne("studentAccount.getStudentAccountBySelect"，1)。测试代码如下：

程序清单：/MyBatisApp/src/org/ldh/student/StudentAccountTest.java
```
public class StudentAccountTest {
    public static void main(String[] args) throws IOException {
        new StudentAccountTest().getStudentAccountBySelect();
    }
    //通过id查询一个学生账户
    public void getStudentAccountBySelect() throws IOException {
        InputStream in = Resources.getResourceAsStream("MybatisConfig.xml");
        SqlSessionFactory sqlSessionFactory = new SqlSessionFactoryBuilder().
            build(in);
        SqlSession session = sqlSessionFactory.openSession();
        StudentAccount studentAccount = session.selectOne("studentAccount.
            getStudentAccountBySelect", 1);
        System.out.println(studentAccount);
        session.close();
        in.close();
    }
}
```

（5）运行结果。配置集合查询嵌套映射，运行测试类，结果如图 15.11 所示。可以看出，输出了 id 为 1 的学生信息及其两个账户信息，实现了一对多数据的获取。

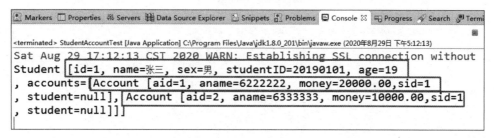

图 15.11　配置集合查询嵌套映射实现一对多输出

## 15.7　多对多关联映射查询

### 15.7.1　返回多条记录

数据库层面多对多关联映射与一对多关联映射在 POJO 层面并没有本质区别，都是一对多查询,都用集合配置嵌套映射。本节要输出多个记录,在映射配置文件上几乎没区别,只是在程序调用上有区别。

在一对多时,输出一个记录,调用 session.selectOne()方法,返回一个对象,例如:

```
StudentAccount studentAccount = session.selectOne("studentAccount.
    getStudentAccountByCollection", 2);
```

在多对多时,输出多个记录,调用 session.selectList()方法,返回一个列表对象,例如:

```
List < StudentCourse > studentCourse = session.selectList("studentCourse.
    getStudentCourseByCollection");
```

下面举两个实例,其他参照一对多实例。

### 15.7.2 集合配置嵌套映射

多对多的集合配置与一对多的集合配置一致,这里用字段前缀(columnPrefix)属性区分嵌套映射。具体实现过程如下:

(1) 配置结果映射。在学生课程映射配置文件 StudentCourseMapper.xml 中添加集合嵌套映射,这里使用了字段前缀属性 columnPrefix="c_",原因是学生表 student_inf 的字段名称与课程表 course 的字段名称有重名的情况,无法区分。因此,在 SQL 语句中课程表的字段要加前缀 c_ 以示区分。代码如下:

```xml
<!-- 集合嵌套映射 -->
<resultMap id="studentCourseByCollectionMap"
    type="org.ldh.student.entity.StudentCourse">
    <id column="id" property="id"></id>
    <result property="studentID" column="student_id" />
    <result property="sex" column="sex" />
    <result property="name" column="name" />
    <result property="age" column="age" />
    <collection property="courses"
        ofType="org.ldh.student.entity.Course" columnPrefix="c_">
        <id column="id" property="id" />
        <result column="name" property="name" />
    </collection>
</resultMap>
```

(2) 配置查询 SQL 语句。利用配置的结果映射 studentCourseByCollectionMap 配置查询学生及其所选课程的命令,就是一个三表关联的 SQL 语句。学生表 student_inf 的字段名称与课程表 course 的字段名称有重名的情况,因此在 SQL 语句中课程表的字段要加前缀 c_ 以示区分(例如 c.id 和 c_id、c.name 和 c_name)。代码如下:

```xml
<select id="getStudentCourseByCollection"
    resultMap="studentCourseByCollectionMap" >
```

```
        select s.*,c.id c_id,c.name c_name from student_inf s,course c ,student_
            course sc
            where s.id=sc.sid and sc.cid=c.id
</select>
```

（3）添加测试类。调用 session.selectList（）方法，执行 studentCourse.getStudentCourseByCollection 的 SQL 语句，查询所有学生信息及其所选课程，返回的结果为学生的课程列表（List＜StudentCourse＞），即 List＜StudentCourse＞ studentCourse ＝session.selectList（"studentCourse.getStudentCourseByCollection"）。测试代码如下：

**程序清单**：/MyBatisApp/src/org/ldh/student/StudentCourseTest.java

```
public class StudentCourseTest {
    public static void main(String[] args) throws IOException {
        new StudentCourseTest().getStudentCourseByCollection();
    }
    //通过 id 查询一个学生账户
    public void getStudentCourseByCollection() throws IOException {
        InputStream in = Resources.getResourceAsStream("MybatisConfig.xml");
        SqlSessionFactory sqlSessionFactory = new SqlSessionFactoryBuilder().
            build(in);
        SqlSession session = sqlSessionFactory.openSession();
        List<StudentCourse> studentCourse = session.selectList
            ("studentCourse.getStudentCourseByCollection");
        System.out.println(studentCourse);
        session.close();
        in.close();
    }
}
```

（4）运行结果。配置集合嵌套映射，运行测试类，结果如图 15.12 所示。可以看出，输出了两个学生信息及这两个学生所选课程，实现了多对多数据的获取。

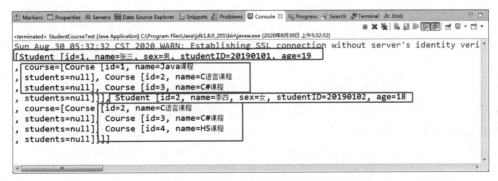

图 15.12　配置集合嵌套映射实现多对多输出

### 15.7.3 双向多对多输出

多对多可以实现双向配置。不仅可以得到所有学生及其所选课程,也可以得到所有课程以及选择该课程的学生。具体实现过程如下:

(1) 配置结果映射。在学生课程映射配置文件 StudentCourseMapper.xml 中添加集合嵌套映射,课程作为主映射,学生作为集合嵌套映射。

本例与 5.7.2 节的例子正好相反,在 5.7.2 节的例子中,学生是主映射,课程是集合嵌套映射,在课程映射中字段名都加了 c_ 前缀。代码如下:

```xml
<!-- 集合嵌套映射 -->
<resultMap id="courseStudentByCollectionMap"
    type="org.ldh.student.entity.Course">
    <id column="c_id" property="id" />
    <result column="c_name" property="name" />
    <collection property="students"
        ofType="org.ldh.student.entity.Student">
        <id column="id" property="id"></id>
        <result property="studentID" column="student_id" />
        <result property="sex" column="sex" />
        <result property="name" column="name" />
        <result property="age" column="age" />
    </collection>
</resultMap>
```

(2) 配置查询 SQL 语句。利用配置的结果映射 courseStudentByCollectionMap 配置的 SQL 语句与 15.7.2 节的例子中一样,也就是说,无论是查询所有学生的课程还是查询所有课程的学生,在数据库输出层面是一致的,MyBatis 只对输出结果进行再加工,变成所有学生的课程或所有课程的学生。代码如下:

```xml
<select id="getCourseStudentByCollection"
    resultMap="courseStudentByCollectionMap">
    select s.*,c.id c_id,c.name c_name from student_inf s,course c ,student_
        course sc
    where s.id=sc.sid and sc.cid=c.id
</select>
```

(3) 添加测试类。调用 session.selectList() 方法,执行 studentCourse.getCourseStudentByCollection 的 SQL 语句,查询所有课程及选择该课程的学生,返回的结果为课程列表,即 List<Course>,List<Course> studentCourse = session.selectList("studentCourse.getCourseStudentByCollection")。测试代码如下:

**程序清单**:/MyBatisApp/src/org/ldh/student/StudentCourseTest.java
```java
public class StudentCourseTest {
    public static void main(String[] args) throws IOException {
```

```java
        new StudentCourseTest().getCourseStudentByCollection();
    }
    public void getCourseStudentByCollection() throws IOException {
        InputStream in = Resources.getResourceAsStream("MybatisConfig.xml");
        SqlSessionFactory sqlSessionFactory = new SqlSessionFactoryBuilder().
            build(in);
        SqlSession session = sqlSessionFactory.openSession();
        List<Course> studentCourse = session.selectList("studentCourse.
            getCourseStudentByCollection");
        System.out.println(studentCourse);
        session.close();
        in.close();
    }
}
```

（4）运行结果。配置集合嵌套映射，运行测试类，结果如图 15.13 所示。可以看出，输出了所有课程及选择该课程的学生，课程 1 有一个学生选，课程 2 和课程 3 各有两个学生选，课程 4 有一个学生选，实现了双向多对多数据的获取。

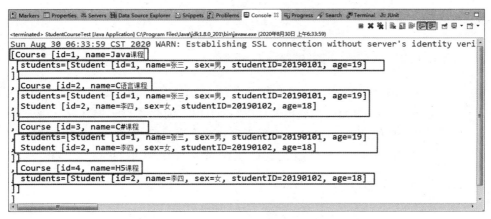

图 15.13　配置集合嵌套映射实现双向多对多输出

# 第 16 章 MyBatis 写数据库

在第 15 章中重点介绍了对数据库的读取操作（查询）。本章重点介绍 MyBatis 对数据库的写操作（增加、修改、删除），读数据库发送的读命令也可以理解为对数据库的写操作，因此对数据库的写操作可以理解为如何发送命令给数据库。命令又配置在 Mapper 文件中，那么写数据库又可以理解为调用 Mapper 文件中的命令。

## 16.1 简　　介

### 16.1.1 MyBatis 中的 DAO 框架

对数据库的操作有一个专业术语——DAO（Data Access Object，数据存取对象）。MyBatis 是持久层框架，它支持 JDBC，简化了持久层开发，也就是完成了 DAO 层的任务。DAO 层实现程序对数据库的增加、删除、修改、查询。

MyBatis 中的 DAO 就是在映射配置文件中定义 DAO 的 SQL 语句，在 DAO 层调用配置文件的 SQL 语句。DAO 命令与映射配置文件的关系如图 16.1 所示。

图 16.1　Dao 命令与映射配置文件

在学习 MVC 框架时，主要理解各层之间的调用与传参。同样，学习 MyBatis 也可以从调用与传参方面理解，具体包括以下问题：DAO 层如何调用 Mapper 映射文件中的命令，DAO 层如何传参给映射文件，映射文件如何获取参数，映射配置文件如何返回参数，DAO 层如何得到返回数据。

## 16.1.2 DAO 模式

DAO 位于业务逻辑和持久化数据之间,实现对持久化数据的访问。通俗来讲,DAO 就是将数据库操作都封装起来。

DAO 对外提供相应的接口。DAO 模式提供了访问关系型数据库系统所需操作的接口,将数据访问和业务逻辑分离,对上层提供面向对象的数据访问接口。

从以上对 DAO 模式的介绍可以看出,DAO 模式的优势就在于它实现了两次隔离:

(1) 隔离了数据访问代码和业务逻辑代码。业务逻辑代码直接调用 DAO 方法即可,完全感觉不到数据库表的存在。分工明确,数据访问代码的变化不影响业务逻辑代码,这符合单一职能原则,降低了耦合性,提高了可复用性。

(2) 隔离了不同数据库的实现。DAO 采用面向接口编程,如果底层数据库发生变化,例如由 MySQL 变成 Oracle,只要增加 DAO 接口的新实现类即可,原有 MySQL 实现不用修改。这符合开-闭原则,该原则降低了代码的耦合性,提高了代码的可扩展性和系统的可移植性。

一个典型的 DAO 模式主要由以下几部分组成:

- DAO 接口。把对数据库的所有操作定义成抽象方法,可以提供多种实现。
- DAO 实现类。针对不同数据库给出 DAO 接口定义方法的具体实现。
- 实体类。用于存放与传输对象数据。
- 数据库连接和关闭工具类。这些工具避免了数据库连接和关闭代码的重复编写,方便修改。

## ◆ 16.2 创建用户表及用户类

本节示例以用户表为操作对象。首先创建用户表及用户类。

### 16.2.1 创建用户表 user

创建用户表 user 的 SQL 语句如下:

```
CREATE TABLE `user` (
  `id` int(11) NOT NULL AUTO_INCREMENT COMMENT 'id',
  `username` varchar(255) DEFAULT NULL COMMENT '用户姓名',
  `birthday` date DEFAULT NULL COMMENT '生日',
  `sex` varchar(255) DEFAULT NULL COMMENT '性别',
  `address` varchar(255) DEFAULT NULL COMMENT '住址',
  PRIMARY KEY (`id`)
) ENGINE=InnoDB AUTO_INCREMENT=3 DEFAULT CHARSET=utf8
```

### 16.2.2 编写实体类 User

创建实体类 User,它有 id、用户姓名、性别等属性。该实体类重写了 toString()方法,以便输出对象的字符串格式。代码如下：

程序清单：/MyBatisApp/src/org/ldh/student/entity/User.java
```java
public class User implements Serializable {
    private int id;
    private String username;              //用户姓名
    private String sex;                   //性别
    private Date birthday;                //生日
    private String address;               //地址
    public int getId() {
        return id;
    }
    public void setId(int id) {
        this.id = id;
    }
    public String getUsername() {
        return username;
    }
    public void setUsername(String username) {
        this.username = username;
    }
    public String getSex() {
        return sex;
    }
    public void setSex(String sex) {
        this.sex = sex;
    }
    public Date getBirthday() {
        return birthday;
    }
    public void setBirthday(Date birthday) {
        this.birthday = birthday;
    }
    public String getAddress() {
        return address;
    }
    public void setAddress(String address) {
        this.address = address;
    }
    @Override
    public String toString() {
        return "User [id=" + id + ", username=" + username + ", sex=" + sex
                + ", birthday=" + birthday + ", address=" + address + "]";
    }
}
```

## 16.3 在 Mapper 文件中定义命令

在 MyBatis 的 Mapper 配置文件中定义 SQL 语句与配置映射。关于配置映射在第 15 章中做了详细介绍。这里介绍命令标签。

常用的命令标签有＜insert＞、＜delete＞、＜update＞、＜select＞，分别定义了对数据库执行增加、删除、修改、查询操作的 SQL 语句。标签体都是对应的 SQL 语句，标签还有一些输入、输出参数属性描述。

映射器的映射文件包含了 SQL 语句和映射定义信息。在 src 目录下创建 mappers 包，在 mappers 包中创建映射文件 UserMapper.xml，映射文件统一放在 mappers 包中，代码如下：

程序清单：/MyBatisApp/src/mappers/UserMapper.xml

```xml
<?xml version="1.0" encoding="utf-8" ?>
<!DOCTYPE mapper PUBLIC "-//mybatis.org//DTD Mapper 3.0//EN"
    "http://mybatis.org/dtd/mybatis-3-mapper.dtd">
<!-- namespace 是命名空间，用于隔离 SQL -->
<mapper namespace="user">
</mapper>
```

这里配置文件内容为空，具体配置在相应的应用中添加。

加载映射文件，将 UserMapper.xml 添加到 MybatisConfig.xml 中：

```xml
<mappers>
    <mapper resource="mappers/UserMapper.xml" />
</mappers>
```

### 16.3.1 增加标签

在映射文件/MyBatisApp/src/mappers/UserMapper.xml 中添加＜insert＞标签，标签体就是增加操作的 SQL 语句：

```
insert into user (username,birthday,address,sex)
    values(#{username},#{birthday},#{address},#{sex})
```

＜insert＞标签有输入参数类型属性 parameterType＝" org.ldh.student.entity.User"，传入参数为用户 User 实体，把学生实体属性值插入学生表中。当然还有标签的 id＝"insertStudent"。具体标签配置如下：

```xml
<!-- 增加用户 -->
<insert id="insertUser"
    parameterType="org.ldh.student.entity.User">
    insert into user (username,birthday,address,sex)
        values(#{username},#{birthday},#{address},#{sex})
```

```
</insert>
```

### 16.3.2 删除标签

在映射文件/MyBatisApp/src/mappers/UserMapper.xml 中添加<delete>标签,标签体就是删除操作的 SQL 语句,根据传入的用户 id 删除用户。SQL 语句如下:

```
delete from user
    where id = #{id}
```

<delete>标签有输入参数类型属性 parameterType="Integer",输入参数为用户 id。具体标签配置如下:

```
<!-- 删除用户 -->
<delete id="deleteUserById" parameterType="Integer">
    delete from user
    where
    id = #{id}
</delete>
```

### 16.3.3 修改标签

在映射文件/MyBatisApp/src/mappers/UserMapper.xml 中添加<update>标签,标签体就是修改操作的 SQL 语句,根据传入的参数对用户信息进行修改。SQL 语句如下:

```
update user
    set username = #{username},sex =#{sex},birthday = #{birthday},address =
        #{address}
    where id = #{id}
```

<update>标签有输入参数类型属性 parameterType="org.ldh.student.entity.User ",输入参数为 User 实体。具体标签配置如下:

```
<!-- 修改用户信息 -->
<update id="updateUser"
    parameterType="org.ldh.student.entity.User">
    update user
        set username = #{username},sex =#{sex},birthday = #{birthday},address
            = #{address}
        where id = #{id}
</update>
```

### 16.3.4 查询标签

在映射文件/MyBatisApp/src/mappers/UserMapper.xml 中添加<select>标签,标

签体就是查询操作的 SQL 语句，根据传入的参数进行查询。SQL 语句如下：

```
select * from user
    where id = #{id}
```

标签有输入参数类型属性 parameterType＝"Integer"，输入参数为用户 id。具体标签配置的代码示例如下：

```
<!-- 通过 id 查询一个用户 -->
<select id="findUserById" parameterType="Integer"
    resultType="org.ldh.student.entity.User">
    select * from user
        where id = #{id}
</select>
```

## 16.4　DAO 层调用 Mapper 映射文件中的命令

DAO 层调用 Mapper 映射文件中的命令。首先根据配置文件获取 SqlSession，调用 SqlSession 的方法，执行 Mapper 映射文件中的命令。

### 16.4.1　MyBatis 的构建流程

MyBatis 的构建流程如图 16.2 所示。

说明：

（1）MyBatis 配置文件是 SqlMapConfig.xml，此文件作为 MyBatis 的全局配置文件，配置了 MyBatis 的运行环境等信息。

（2）Mapper1.xml，Mapper2.xml，…，Mappern.xml 是 MyBatis 的 SQL 映射文件，配置了操作数据库的 SQL 语句。此文件需要在 SqlMapConfig.xml 中加载。

（3）SqlSessionFactory：通过 MyBatis 环境等配置信息构造 SqlSessionFactory，即会话工厂。

（4）SqlSession：通过会话工厂创建 sqlSession 即会话，程序员通过 SqlSession 会话接口对数据库进行增、删、改、查操作。

（5）Executor：执行器。MyBatis 底层自定义了执行器接口来具体操作数据库。执行器接口有两个实现：一个是基本执行器（默认）；另一个是缓存执行器。SqlSession 底层是通过执行器接口操作数据库的。

（6）MappedStatement：它也是 MyBatis 的一个底层封装对象，它包装了 MyBatis 配置信息及 SQL 映射信息等。Mapper1.xml 文件中的一个＜select＞/＜insert＞/＜update＞/＜delete＞标签对应一个 MappedStatement 对象，＜select＞/＜insert＞/＜update＞/＜delete＞标签的 id 即是 Mappedstatement 的 id。

MappedStatement 对 SQL 语句的输入参数进行定义，包括 HashMap、基本类型、POJO，执行器通过 MappedStatement 在执行 SQL 语句前将输入的 Java 对象映射至

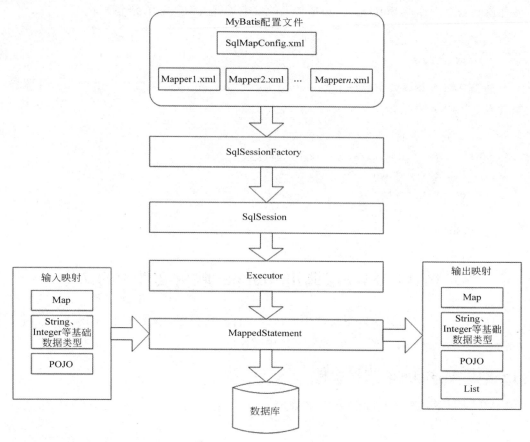

图 16.2 MyBatis 的构建流程

SQL 语句中,输入参数映射就是 JDBC 编程中对 preparedStatement 设置参数。

MappedStatement 对 SQL 语句的输出结果进行定义,包括 HashMap、基本类型、POJO,执行器通过 MappedStatement 在执行 SQL 语句后将输出结果映射至 Java 对象中,输出结果映射过程相当于 JDBC 编程中对结果的解析处理过程。

### 16.4.2　MyBatis 的执行流程

MyBatis 的执行流程如图 16.3 所示。

执行流程中各个模块的作用如下:

(1) Executor:MyBatis 执行器,是 MyBatis 调度的核心,负责 SQL 语句的生成和查询缓存的维护。

(2) StatementHandler:封装了 JDBC Statement 操作,负责对 JDBC Statement 的操作,如设置参数、将 Statement 结果集转换成 List 集合。

(3) ParameterHandler:负责将用户传递的参数转换成 JDBC Statement 所需的参数。

(4) ResultSetHandler:负责将 JDBC 返回的 ResultSet 对象转换成各种 Java 对象。

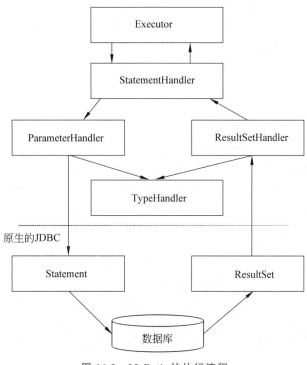

图 16.3 MyBatis 的执行流程

（5）TypeHandler：负责 Java 数据类型和 JDBC 数据类型之间的映射和转换。

### 16.4.3 构建 SqlSessionFactory

每个基于 MyBatis 的应用都是以一个 SqlSessionFactory 的实例为核心的。SqlSessionFactory 的实例可以通过 SqlSessionFactoryBuilder 获得，而 SqlSessionFactoryBuilder 则可以从 XML 配置文件或一个预先定制的配置的实例构建 SqlSessionFactory 的实例。SqlSessionFactory 构建关系如图 16.4 所示。

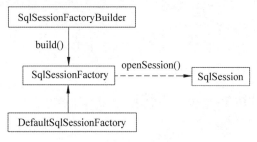

图 16.4 SqlSessionFactory 构建关系

构建 SqlSessionFactory 有两种方式，具体如下：
（1）使用 XML 配置文件构建 SqlSessionFactory。
使用 XML 配置文件构建 SqlSessionFactory 的实例非常简单，建议使用类路径下的资源文件进行配置。也可以使用任意的输入流(InputStream)实例,包括字符串形式的文件路径或者 file://的 URL 形式的文件路径来配置。MyBatis 包含一个名叫 Resources 的工具类,它包含一些实用方法,可使从 classpath 或其他位置加载资源文件更加容易。例如：

```
InputStream in = Resources.getResourceAsStream("MybatisConfig.xml");
SqlSessionFactory sqlSessionFactory = new SqlSessionFactoryBuilder().build(in);
```

(2) 不使用 XML 配置文件构建 SqlSessionFactory。

可以直接编写 Java 代码而不是使用 XML 配置文件创建配置,也可以创建自己的配置构建器,MyBatis 提供了完整的配置类以及所有和 XML 配置文件功能相同的配置项。代码如下：

```
//定义数据源
DataSource dataSource = MyDataSourceFactory.getDataSource();
//定义事务
TransactionFactory transactionFactory = new JdbcTransactionFactory();
//定义环境：根据事务、数据源定义环境
Environment environment = new Environment("development", transactionFactory,
    dataSource);
//实例化环境
Configuration configuration = new Configuration(environment);
//加载映射文件或映射类
configuration.addMapper(UserMapper.class);
//根据配置构建 SqlSessionFactory
SqlSessionFactory sqlSessionFactory = new SqlSessionFactoryBuilder().build
    (configuration);
```

注意,在该例中,configuration 添加了一个映射器类(mapper class)。映射器类是 Java 类,它们包含 SQL 映射语句的注解从而避免依赖 XML 配置文件。不过,由于 Java 注解的一些限制以及某些 MyBatis 映射的复杂性,要使用大多数高级映射(例如关联嵌套映射),仍然需要使用 XML 配置文件。有鉴于此,如果存在一个同名 XML 配置文件,MyBatis 会自动找到并加载它(在这个例子中,基于类路径和 UserMapper.class 的类名,会加载 UserMapper.xml)。

### 16.4.4　从 SqlSessionFactory 中获取 SqlSession

SqlSession 是 MyBatis 最重要的构建之一,可以简单地认为 MyBatis 的一系列配置的目的是生成类似 JDBC 生成的 Connection 对象的 SqlSession 对象,这样才能开启与数据库"沟通"的过程。通过 SqlSession 可以实现增、删、改、查(当然现在更推荐使用 Mapper 接口形式)。

既然有了 SqlSessionFactory,顾名思义,利用这个 SqlSession 工厂就可以获得 SqlSession 的实例了：

```
//使用工厂生产 SqlSession 对象
SqlSession session = sqlSessionFactory.openSession();
```

SqlSession 提供了 select()、insert()、update()、delete()方法,在旧版本中使用。在新版的 MyBatis 中建议使用 Mapper 接口的方法。

### 16.4.5  通过 SqlSession 执行命令

SqlSession 完全包含了面向数据库执行 SQL 命令所需的所有方法。可以通过 SqlSession 实例直接执行已定义在 Mapper 文件中的 SQL 语句。具体有以下两种方法。

(1) 通过 SqlSession 的 insert()、delete()、update()等方法,参数为当前 mapper 的 namespace+"."+标签中的 id 属性,执行 Mapper 映射文件中的增加、删除和修改 SQL 语句。例如：

```
sqlSession.update("user.updateUserById", user);
```

另外,还可以通过 SqlSession 的 selectOne()、selectList()、selectMap()方法执行映射文件中的查询命令,这一部分内容在第 15 章中做了全面介绍。

(2) 由于 DAO 层不用自己实现,而是由 MyBatis 自动根据定义的 SQL 语句实现,因此,只需要定义接口,使用正确描述每个语句的参数和返回值的接口(例如 UserMapper.class)调用 session.getMapper,获取 DAO 对象并执行。采用这种方法不仅可以执行更清晰和类型安全的代码,而且不用担心易错的字符串字面值以及强制类型转换,是主流的方法。示例如下：

```
//获取接口代理对象
UserMapper userMapper = sqlsession.getMapper(UserMapper.class);
//调用代理对象方法
User user = userMapper.findUserById(11);
```

## 16.5  调用 Mapper 命令示例

首先创建测试类,测试类中有入口 main()方法,在 main()方法中调用具体的测试方法。详细代码如下：

> 程序清单：/MyBatisApp/src/org/ldh/student/MybatisUserTest.java

```
public class MybatisUserTest {
    public static void main(String[] args) throws IOException {

    }
}
```

### 16.5.1  增加用户

在测试类/MyBatisApp/src/org/ldh/student/MybatisUserTest.java 中有 testInsertUser()方法,通过 sqlSession.insert("user.insertUser",user)语句调用

UserMapper.xml 中的＜insert id＝"insertUser" parameterType＝"org.ldh.student.entity.User"＞标签中的 SQL 语句增加用户。该方法的代码如下：

```java
//添加用户
public void testInsertUser() throws IOException {
    InputStream in = Resources.getResourceAsStream("MybatisConfig.xml");
    SqlSessionFactory sqlSessionFactory = new SqlSessionFactoryBuilder().
        build(in);
    SqlSession sqlSession = sqlSessionFactory.openSession();
    User user = new User();
    user.setUsername("张三");
    user.setBirthday(new Date());
    user.setAddress("河南郑州");
    user.setSex("2");
    int i = sqlSession.insert("user.insertUser", user);
    sqlSession.commit();
    System.out.println("插入成功");          //增加的用户 id 为 30
    sqlSession.close();
    in.close();
}
```

### 16.5.2 删除用户

在测试类/MyBatisApp/src/org/ldh/student/MybatisUserTest.java 中有 testDeleteUserById()方法，通过 sqlSession.delete("user.deleteUserById", id)语句调用 UserMapper.xml 中的＜delete id＝"deleteUserById" parameterType＝"Integer"＞标签中的 SQL 语句删除指定用户。该方法的代码如下：

```java
//删除用户
public void testDeleteUserById(int id) throws IOException {
    InputStream in = Resources.getResourceAsStream("MybatisConfig.xml");
    SqlSessionFactory sqlSessionFactory = new SqlSessionFactoryBuilder().
        build(in);
    SqlSession sqlSession = sqlSessionFactory.openSession();
    int i = sqlSession.delete("user.deleteUserById", id);
    sqlSession.commit();
    System.out.println(i);
    sqlSession.close();
    in.close();
}
```

### 16.5.3 修改用户信息

在测试类/MyBatisApp/src/org/ldh/student/MybatisUserTest.java 中有

testUpdateUserById()方法,通过sqlSession.update("user.updateUserById",user)语句调用UserMapper.xml中的<update id="updateUser" parameterType="org.ldh.student.entity.User">标签中的SQL语句修改指定用户。该方法的代码如下:

```java
//更新用户
public void testUpdateUserById(int id) throws IOException {
    InputStream in = Resources.getResourceAsStream("MybatisConfig.xml");
    SqlSessionFactory sqlSessionFactory = new SqlSessionFactoryBuilder().
        build(in);
    SqlSession sqlSession = sqlSessionFactory.openSession();
    User user = new User();
    user.setId(id);
    user.setUsername("张三");
    user.setBirthday(new Date());
    user.setAddress("北京市");
    user.setSex("1");
    int i = sqlSession.update("user.updateUserById", user);
    sqlSession.commit();
    System.out.println(user.getId());
    sqlSession.close();
    in.close();
}
```

### 16.5.4 查询用户信息

在测试类/MyBatisApp/src/org/ldh/student/MybatisUserTest.java中有testSearchById()方法,通过session.selectOne("user.findUserById",3)语句调用UserMapper.xml中的<select id="findUserById" parameterType="Integer" resultType="org.ldh.student.entity.User">标签中的SQL语句通过id查询一个用户。该方法的代码如下:

```java
//通过id查询一个用户
public void testSearchById() throws IOException {
    InputStream in = Resources.getResourceAsStream("MybatisConfig.xml");
    SqlSessionFactory sqlSessionFactory = new SqlSessionFactoryBuilder().
        build(in);
    SqlSession session = sqlSessionFactory.openSession();
    User user = session.selectOne("user.findUserById", 3);
    System.out.println(user);
    session.close();
    in.close();
}
```

### 16.5.5 运行结果

MybatisUserTest 类有入口方法 main(),运行测试类 MybatisUserTest,运行增加方法很多次,因此有多条记录。将 id 为 9 的用户地址修改为"北京市",删除了 id 为 8 的用户。在控制台输出结果,如图 16.5 所示。

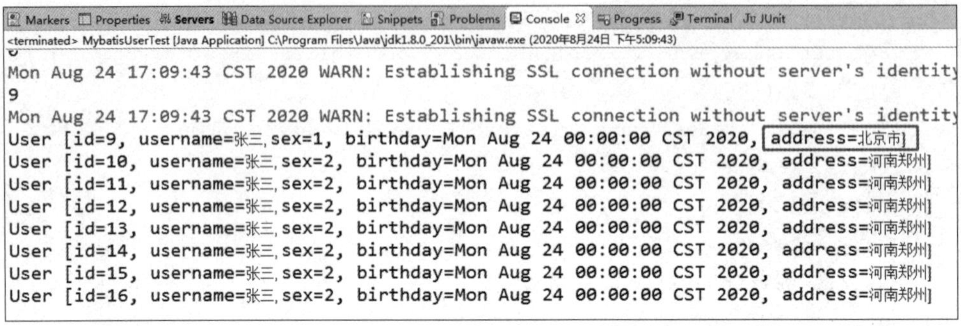

```
Markers  Properties  Servers  Data Source Explorer  Snippets  Problems  Console ⊠  Progress  Terminal  JUnit
<terminated> MybatisUserTest [Java Application] C:\Program Files\Java\jdk1.8.0_201\bin\javaw.exe (2020年8月24日 下午5:09:43)
Mon Aug 24 17:09:43 CST 2020 WARN: Establishing SSL connection without server's identity
9
Mon Aug 24 17:09:43 CST 2020 WARN: Establishing SSL connection without server's identity
User [id=9, username=张三, sex=1, birthday=Mon Aug 24 00:00:00 CST 2020, address=北京市]
User [id=10, username=张三, sex=2, birthday=Mon Aug 24 00:00:00 CST 2020, address=河南郑州]
User [id=11, username=张三, sex=2, birthday=Mon Aug 24 00:00:00 CST 2020, address=河南郑州]
User [id=12, username=张三, sex=2, birthday=Mon Aug 24 00:00:00 CST 2020, address=河南郑州]
User [id=13, username=张三, sex=2, birthday=Mon Aug 24 00:00:00 CST 2020, address=河南郑州]
User [id=14, username=张三, sex=2, birthday=Mon Aug 24 00:00:00 CST 2020, address=河南郑州]
User [id=15, username=张三, sex=2, birthday=Mon Aug 24 00:00:00 CST 2020, address=河南郑州]
User [id=16, username=张三, sex=2, birthday=Mon Aug 24 00:00:00 CST 2020, address=河南郑州]
```

图 16.5 利用 MyBatis 实现对用户的增、删、改、查

## 16.6 原始 DAO 层开发

基于接口的方法编写 DAO 层。编写接口 UserDao 的实现,这里的实现基于原始方式。需要自己编写实现代码,利用 SqlSession 中的方法,通过调用映射文件中的命令 id 实现。

### 16.6.1 Mapper 配置文件 namespace 属性

在大型项目中,可能存在大量的 SQL 语句,这时为每个 SQL 语句确定一个唯一的标识(id)就变得不容易了。为了解决这个问题,在 MyBatis 中可以为每个映射文件起一个唯一的命名空间,这样,定义在这个映射文件中的每个 SQL 语句就成了定义在这个命名空间中的一个 id。只要能够保证每个命名空间中的这个 id 是唯一的,即使在不同映射文件中的语句 id 相同,也不会再产生冲突了。

在 SqlSession 的方法调用 sqlSession.update("user.updateUser", user)中,SQL 语句 id 参数 user.updateUser 由两部分组成:一部分是映射配置文件 UserMapper.xml 中的 namespace 属性:

```xml
<mapper namespace="user">
```

另一部分是映射文件的 SQL 语句 id:

```xml
<!-- 更新用户 -->
<update id="updateUser"
    parameterType="org.ldh.student.entity.User">
    update user
```

```
    set username = #{username},sex =#{sex},birthday = #{birthday},address =
        #{address}
      where id = #{id}
</update>
```

这两部分用点(.)连接。但在 Mapper 代理模式中,namespace 属性的含义就不一样。

### 16.6.2　Mapper 配置文件的加载

加载映射配置文件,将 UserMapper.xml 添加到 MybatisConfig.xml 中。

```
<!-- 指定映射配置文件的位置,映射配置文件指的是每个 DAO 独立的配置文件 -->
<mappers>
    <mapper resource="mappers/UserMapper.xml" />
</mappers>
```

这里需要一个一个地添加 Mapper 文件,不能用通配符方法或者目录方法添加。

### 16.6.3　定义访问接口

按照 DAO 模式原理,首先定义访问接口 UserDao.java,代码如下:

**程序清单**:/MyBatisApp/src/org/ldh/student/dao/UserDao.java
```
public interface UserDao {
    public User getUserById(int id);           //根据 id 值查询一个用户
    public void insertUser(User user);         //新增一个用户
    public void updateUser(User user);         //修改一个用户的信息
    public void deleteUser(int id);            //删除一个用户
}
```

### 16.6.4　编写访问接口的实现

编写访问接口 UserDao 的实现,这里的实现基于原始方式。需要自己编写实现代码,利用 SqlSession 中的方法,通过调用映射配置文件中的字符串命令实现,例如,获取一个记录的代码如下:

```
user = session.selectOne("user.findUserById", id);
```

UserDao 实现类代码如下:

**程序清单**:/MyBatisApp/src/org/ldh/student/dao/impl/UserDaoImpl.java
```
public class UserDaoImpl implements UserDao {
    //注入 SqlSessionFactory
    public UserDaoImpl(SqlSessionFactory sqlSessionFactory){
        this.setSqlSessionFactory(sqlSessionFactory);
    }
    private SqlSessionFactory sqlSessionFactory;
```

```java
    public SqlSessionFactory getSqlSessionFactory() {
        return sqlSessionFactory;
    }
    public void setSqlSessionFactory(SqlSessionFactory sqlSessionFactory) {
        this.sqlSessionFactory = sqlSessionFactory;
    }
    @Override
    public User getUserById(int id) {
        SqlSession session = sqlSessionFactory.openSession();
        User user = null;
        try {
            //通过 SqlSession 调用 selectOne()方法获取一个结果集
            //参数1:指定定义的 statement 的 id;参数2:指定向 statement 中传递的参数
            user = session.selectOne("user.findUserById", id);
            System.out.println(user);
        } finally{
            session.close();
        }
        return user;
    }
    @Override
    public void insertUser(User user) {
        SqlSession sqlSession = sqlSessionFactory.openSession();
        try {
            sqlSession.insert("user.insertUser", user);
            sqlSession.commit();
        } finally{
            sqlSession.close();
        }
    }
    @Override
    public void updateUser(User user) {
        SqlSession sqlSession = sqlSessionFactory.openSession();
        try {
            sqlSession.update("user.updateUser", user);
            sqlSession.commit();
        } finally{
            sqlSession.close();
        }
    }
    @Override
    public void deleteUser(int id) {
        SqlSession sqlSession = sqlSessionFactory.openSession();
        try {
```

```java
            sqlSession.delete("user.deleteUserById", id);
            sqlSession.commit();
        } finally{
            sqlSession.close();
        }
    }
}
```

### 16.6.5 测试代码

测试代码如下：

```java
public class UserDaoImplTest {
    private SqlSessionFactory sqlSessionFactory;
    public static void main(String[] args) throws Exception {
        UserDaoImplTest test = new UserDaoImplTest();
        test.init();
        test.testGetUserById();
    }
    public void init() throws Exception {
        SqlSessionFactoryBuilder sessionFactoryBuilder = new
            SqlSessionFactoryBuilder();
        InputStream inputStream = Resources.getResourceAsStream(
            "MybatisConfig.xml");
        sqlSessionFactory = sessionFactoryBuilder.build(inputStream);
    }
    public void testGetUserById() {
        UserDao userDao = new UserDaoImpl(sqlSessionFactory);
        User user = userDao.getUserById(10);
        System.out.println(user);
    }
    public void testInsertUser() {
        User user = new User();
        user.setUsername("小李");
        user.setSex("男");
        user.setBirthday(new Date());
        user.setAddress("杭州市");
        UserDao userDao = new UserDaoImpl(sqlSessionFactory);
        userDao.insertUser(user);
    }
    public void testUpdateUser() {
        User user = new User();
        user.setId(10);
        user.setUsername("小威");
        user.setSex("男");
```

```
            user.setBirthday(new Date());
            user.setAddress("杭州市");
            UserDao userDao = new UserDaoImpl(sqlSessionFactory);
            userDao.updateUser(user);
        }
        public void testDeleteUser() {
            UserDao userDao = new UserDaoImpl(sqlSessionFactory);
            userDao.deleteUser(10);
        }
    }
```

### 16.6.6 运行结果

这里测试一个获取数据的例子，运行代码，输出 id 为 10 的用户，结果如图 16.6 所示。

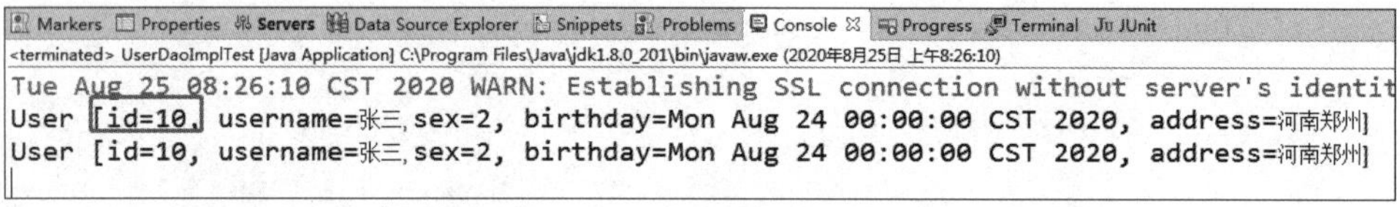

```
Tue Aug 25 08:26:10 CST 2020 WARN: Establishing SSL connection without server's identit
User [id=10, username=张三, sex=2, birthday=Mon Aug 24 00:00:00 CST 2020, address=河南郑州]
User [id=10, username=张三, sex=2, birthday=Mon Aug 24 00:00:00 CST 2020, address=河南郑州]
```

图 16.6　利用原始的 DAO 层开发实现对用户的增、删、改、查

## 16.7　Mapper 动态代理方式 DAO 层开发

Mapper 动态代理方式 DAO 层开发只需要程序员编写 Mapper 接口（相当于 DAO 接口），由 MyBatis 框架根据接口定义创建接口的动态代理对象，省去了接口的实现，提高了开发效率。

### 16.7.1　Mapper 配置文件中的 namespace 属性

接口中的包名同 xml 文件中的 namespace 属性具有一致性。在动态代理方式下，Mapper 配置文件中的 namespace 属性为 Mapper 接口的类路径，通过这样的配置，Mapper 配置文件就与 Mapper 接口类联系起来了。

创建 UserMapper1.xml 配置文件，这个配置文件与前面的 UserMapper.xml 基本一样，只有 Mapper 接口的 namespace 属性不一样，在 UserMapper1.xml 中为

```xml
<mapper namespace="org.ldh.student.dao.UserMapper">
```

而在 UserMapper.xml 中为

```xml
<mapper namespace="user">
```

UserMapper1.xml 配置文件代码如下：

程序清单：/MyBatisApp/src/mappers/UserMapper1.xml

```xml
<?xml version="1.0" encoding="utf-8" ?>
```

```xml
<!DOCTYPE mapper PUBLIC "-//mybatis.org//DTD Mapper 3.0//EN"
    "http://mybatis.org/dtd/mybatis-3-mapper.dtd">
<!-- namespace 即命名空间,Mapper 接口的类路径为 student.dao.UserDao -->
<mapper namespace="org.ldh.student.dao.UserMapper">
    <!-- 通过 id 查询一个用户 -->
    <select id="findUserById" parameterType="Integer" resultType="org.ldh.
       student.entity.User">
       select * from user
          where id = #{id}
    </select>
    ...                                          //其他省略
</mapper>
```

### 16.7.2 Mapper 接口

在原始 DAO 层开发中,由于实现类是自己编写的,不需要约定接口方法名称;而在使用代理方式的 DAO 层开发中,因为不需要自己编写实现类,需要对接口中的方法进行约定,以便 Mapper 接口与 Mapper 配置文件中的 SQL 语句相对应,否则找不到对应关系,也就无法自动生成动态代理对象。

Mapper 接口开发需要遵循以下规范:

(1) Mapper.xml 文件中的 namespace 与 Mapper 接口的类路径相同。

(2) Mapper 接口方法名和 Mapper.xml 中定义的每个 statement 的 id 相同。

(3) Mapper 接口方法的输入参数类型和 Mapper.xml 中定义的每个 SQL 语句的 parameterType 的类型相同。

(4) Mapper 接口方法的输出参数类型和 Mapper.xml 中定义的每个 SQL 语句的 resultType 的类型相同。

创建用户 Mapper 接口 UserMapper.java,接口中的方法名与 Mapper(UserMapper1.xml)文件中 statement 的 id 相同,输入参数与输出参数类型也相同。其中,findUserById 对应的实例如下:

(1) 接口方法:

```java
public User findUserById(int id);              //根据 id 值查询一个用户
```

(2) 命令 id:

```xml
<!-- 通过 id 查询一个用户 -->
<select id="findUserById" parameterType="Integer" resultType="org.ldh.
    student.entity.User">
    select * from user
       where id = #{id}
</select>
```

用户 Mapper 接口代码如下:

程序清单：/MyBatisApp/src/org/ldh/student/dao/UserMapper.java
```java
public interface UserMapper {
    public User findUserById(int id);                    //根据id值查询一个用户
    public List<User> findUserByUsername(String name);   //根据用户姓名查询一个用户
    public void insertUser(User user);                   //新增一个用户
    public void updateUser(User user);                   //修改一个用户的信息
    public void deleteUserById(int id);                  //删除一个用户
}
```

### 16.7.3 通过动态代理获取 DAO 对象

在传统的 DAO 层中，需要实现接口，需要发出 SQL 语句，需要接收返回值；而 MyBatis 只需要编写接口，而不需要接口的实现类。接口是不可实例化的，也就是不能创建对象。但是，如果只声明了接口，那么这个实例是怎么来的呢？

DAO 对象不需要自己实现，可以通过动态代理获取，自动实例化。首先获取 SqlSession，通过 SqlSession 的 getMapper()方法获取，getMapper()的输入参数是定义的 Mapper 接口类，返回的就是 Mapper 的 DAO 对象：

```java
UserMapper userMapper = sqlsession.getMapper(UserMapper.class);
```

测试代码如下：

程序清单：/MyBatisApp/src/org/ldh/student/UserMapperTest.java
```java
public class UserMapperTest {
    private SqlSessionFactory sqlSessionFactory;
    protected void setUp() throws Exception {
        SqlSessionFactoryBuilder sessionFactoryBuilder = new
            SqlSessionFactoryBuilder();
        InputStream inputStream = Resources.getResourceAsStream
            ("MybatisConfig.xml");
        sqlSessionFactory = sessionFactoryBuilder.build(inputStream);
    }
    public static void main(String[] args) throws Exception {
        UserMapperTest test =new UserMapperTest();
        test.setUp();
        test.testGetUserById();
        test.testInsertUser();
        test.testUpdateUser();
        test.testDeleteUser();
    }
    public void testGetUserById() {
        //获取 SqlSession
        SqlSession sqlsession = sqlSessionFactory.openSession();
        //获取接口代理对象
        UserMapper userMapper = sqlsession.getMapper(UserMapper.class);
```

```java
        //调用代理对象方法
        User user = userMapper.findUserById(11);
        //打印结果
        System.out.println(user);
        //关闭 SqlSession
        sqlsession.close();
    }
    public void testInsertUser() {
        SqlSession sqlsession = sqlSessionFactory.openSession();
        UserMapper userMapper = sqlsession.getMapper(UserMapper.class);
        User user = new User();
        user.setUsername("小李");
        user.setSex("男");
        user.setBirthday(new Date());
        user.setAddress("河南省郑州市");
        userMapper.insertUser(user);
        sqlsession.commit();
        sqlsession.close();
    }
    public void testUpdateUser() {
        SqlSession sqlsession = sqlSessionFactory.openSession();
        UserMapper userMapper = sqlsession.getMapper(UserMapper.class);
        User user = new User();
        user.setId(11);
        user.setUsername("小李");
        user.setSex("男");
        user.setBirthday(new Date());
        user.setAddress("河南省南阳市");
        userMapper.updateUser(user);
        sqlsession.commit();
        sqlsession.close();
    }
    public void testDeleteUser() {
        SqlSession sqlsession = sqlSessionFactory.openSession();
        UserMapper userMapper = sqlsession.getMapper(UserMapper.class);
        userMapper.deleteUserById(7);
        sqlsession.commit();
        sqlsession.close();
    }
}
```

### 16.7.4 运行结果

这里测试一个获取数据的例子，运行代码，输出 id 为 11 的用户的信息，结果如图 16.7

所示。

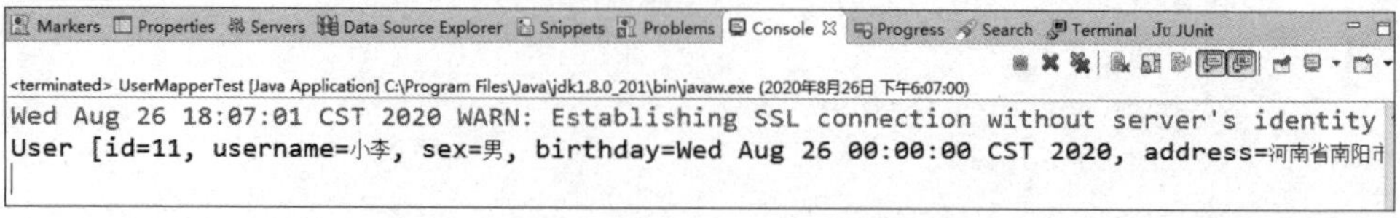

图 16.7　利用动态代理的 DAO 层开发实现对用户的增、删、改、查

## 16.8　Mapper 配置文件的加载

在动态代理模式下，Mapper 配置文件的加载更加灵活，有 3 种方式。

### 16.8.1　Mapper 接口类方式

当 Mapper 接口类与 Mapper 配置文件在同一个目录下且名称相同时，可以用 Mapper 接口类方式加载 Mapper 配置文件。例如，在本章的实例中，UserMapper.java 类与 UserMapper.xml 配置文件在同一个目录下且名称相同，如图 16.8 所示。

图 16.8　UserMapper.java 类与 UserMapper.xml 配置文件在同一个目录下且名称相同

这时加载 Mapper 配置文件用 class 属性，配置代码如下：

```
<mappers>
    <mapper class="org.ldh.student.dao.UserMapper"/>
</mappers>
```

### 16.8.2　包路径方式

当 Mapper 接口类与 Mapper 配置文件在同一级包下且名称相同时，可以用包路径方式加载 Mapper 配置文件。这种方式不用一个一个地配置每个 DAO，建议用这种方式。

例如，在本章的实例中，加载 Mapper 配置文件用<package>标签，配置代码如下：

```
<mappers>
    <package name="org.ldh.student.dao"/>
</mappers>
```

### 16.8.3　资源文件方式

当 Mapper 资源文件与 Mapper 接口不在同一包，资源文件分开管理时，用 resource 指定 Mapper 资源文件的位置。

例如,加载映射文件,将 UserMapper.xml 添加到 MybatisConfig.xml 中,配置代码如下:

```xml
<!-- 指定 Mapper 配置文件的位置,Mapper 配置文件指的是每个 DAO 独立的配置文件 -->
<mappers>
    <mapper resource="mappers/UserMapper.xml" />
</mappers>
```

这里需要一个一个地添加 Mapper 配置文件,不能用通配符方法或者目录方法添加。

## 16.9 DAO 中的参数传递

MyBatis DAO 层中的参数传递可以采用多种方式,可以用实体传参,可以用 Map 对象传参,可以按照顺序传参,可以用 @Param 注解传参。本节以查询命令中的传参为例,介绍传递参数和从 Mapper 配置文件中取参数的方法。

### 16.9.1 创建 Mapper 接口

在 org.ldh.student.dao 包中创建 UserParameterMapper.java 接口。它目前为空接口,接口的方法在具体例子中展示,代码如下:

**程序清单**:/MyBatisApp/src/org/ldh/student/dao/UserParameterMapper.java
```java
public interface UserParameterMapper {

}
```

### 16.9.2 创建 Mapper 配置文件

在 org.ldh.student.dao 包中创建 Mapper 配置文件 UserParameterMapper.xml,暂时不配置内容,具体配置在后面的例子中展示,命名空间为 namespace="org.ldh.student.dao.UserParameterMapper"。代码如下:

**程序清单**:/MyBatisApp/src/org/ldh/student/dao/UserParameterMapper.xml
```xml
<?xml version="1.0" encoding="utf-8" ?>
<!DOCTYPE mapper PUBLIC "-//mybatis.org//DTD Mapper 3.0//EN"
        "http://mybatis.org/dtd/mybatis-3-mapper.dtd">
<mapper namespace="org.ldh.student.dao.UserParameterMapper">
</mapper>
```

Mapper 配置文件的加载采用包路径的方式。在/MyBatisApp/src/MybatisConfig.xml 文件中加入以下代码:

```xml
<mappers>
    <package name="org.ldh.student.dao"/>
</mappers>
```

### 16.9.3 创建测试类

在 org.ldh.student 包中创建测试类 UserParameterMapperTest.java，添加初始化方法 setUp()，添加入口的主方法 main(String[] args)，测试时只需要把测试的方法放在 main()方法的 test.setUp()语句之后即可，代码如下：

程序清单：/MyBatisApp/src/org/ldh/student/UserParameterMapperTest.java

```java
public class UserParameterMapperTest {
    private SqlSessionFactory sqlSessionFactory;
    protected void setUp() throws Exception {
        SqlSessionFactoryBuilder sessionFactoryBuilder = new
            SqlSessionFactoryBuilder();
        InputStream inputStream = Resources.getResourceAsStream
            ("MybatisConfig.xml");
        sqlSessionFactory = sessionFactoryBuilder.build(inputStream);
    }
    public static void main(String[] args) throws Exception {
        UserParameterMapperTest test =new UserParameterMapperTest();
        test.setUp();
        …                                           //具体的测试方法
    }
}
```

### 16.9.4 使用实体传参

使用实体传参时，把姓名与地址存放在实体对象的属性中，传递的参数是一个用户实体。

（1）在映射配置文件 UserParameterMapper.xml 中添加以下配置代码：

```xml
<select id="findUserByEntity" parameterType="org.ldh.student.entity.User"
    resultType="org.ldh.student.entity.User">
    select * from user
        where username like concat('%',#{username},'%') and address like
            concat('%',#{address},'%')
</select>
```

输入参数类型为 parameterType="org.ldh.student.entity.User"。

输出参数类型为 resultType="org.ldh.student.entity.User"。

用#{username}、#{address}取传入实体参数的属性值。

在 Mapper 配置文件中用#{xxx}的方法提取参数。

（2）在接口 UserParameterMapper.java 中定义方法：

```java
public List<User> findUserByEntity(User user);
```

输入参数类型为 User，返回参数类型为 List＜User＞，这里方法名称与映射文件

&lt;select&gt;标签的 id 一致,输入参数与输出参数类型也一致。

(3) 在测试类 UserParameterMapperTest.java 中添加测试方法:

```java
public void findUserByEntity() {
    SqlSession sqlsession = sqlSessionFactory.openSession();
    UserParameterMapper userParameterMapper = sqlsession.getMapper
        (UserParameterMapper.class);
    User user = new User();
    user.setUsername("张");
    user.setAddress("河南");
    List<User>  users= userParameterMapper.findUserByEntity(user);
    System.out.println(users);
    sqlsession.close();
}
```

(4) 运行测试方法,结果如下,正确查询到姓张的河南人。

```
[User [id=1, username=张三, sex=男, birthday=Mon Aug 24 00:00:00 CST 2020, address=河南开封],
User [id=2, username=张四, sex=男, birthday=Mon Aug 24 00:00:00 CST 2020, address=河南南阳],
User [id=3, username=张五, sex=女, birthday=Mon Aug 24 00:00:00 CST 2020, address=河南信阳]
]
```

### 16.9.5 使用 Map 对象传参

把姓名与地址存放在 Map 对象中,传递的参数是一个 Map 对象。

(1) 在映射配置文件 UserParameterMapper.xml 添加以下配置代码:

```xml
<select id="findUserByMap" parameterType="java.util.Map"
    resultType="org.ldh.student.entity.User">
    select * from user
        where username like concat('%',#{username},'%') and address like
            concat('%',#{address},'%')
</select>
```

输入参数类型为 Map 对象(parameterType="java.util.Map")。
输出参数类型为用户实体(resultType="org.ldh.student.entity.User")。
用#{username}、#{address}取传入 Map 对象的 key 对应的 value。

(2) 在接口 UserParameterMapper.java 中定义方法:

```java
public List<User> findUserByMap(Map map);
```

输入参数类型为 Map,返回参数类型为 List<User>,这里与 Mapper 配置文件一致。

(3) 在测试类 UserParameterMapperTest.java 中添加测试方法：

```java
public void findUserByMap() {
    SqlSession sqlsession = sqlSessionFactory.openSession();
    UserParameterMapper userParameterMapper = sqlsession.getMapper
        (UserParameterMapper.class);
    Map map = new HashMap();
    map.put("username", "张");
    map.put("address", "河南");
    List<User> users= userParameterMapper.findUserByMap(map);
    //打印结果
    System.out.println(users);
    //关闭 SqlSession
    sqlsession.close();
}
```

(4) 运行测试方法，结果如下，正确查询到姓张的河南人。

```
[User [id=1, username=张三, sex=男, birthday=Mon Aug 24 00:00:00 CST 2020,
address=河南开封],
User [id=2, username=张四, sex=男, birthday=Mon Aug 24 00:00:00 CST 2020,
address=河南南阳],
User [id=3, username=张五, sex=女, birthday=Mon Aug 24 00:00:00 CST 2020,
address=河南信阳]
]
```

### 16.9.6 使用顺序号传参

当传递多个参数时，在 Mapper 配置文件中可以按照传入参数的顺序号取参，在 MyBatis 3.4.4 中不能直接使用♯{0}，而使用♯{arg0}、♯{arg1}等取参，0、1 等是参数的索引，从 0 开始，第一个参数的索引是 0，第二个参数的索引是 1，依此类推。

把用户姓名与地址作为多个参数传递，用♯{arg0}、♯{arg1}顺序取参。

(1) 在映射配置文件 UserParameterMapper.xml 中添加以下配置代码：

```xml
<select id="findUserByNo"
    resultType="org.ldh.student.entity.User">
    select * from user
        where username like concat('%',#{arg0},'%') and address like concat('%',
            #{arg1},'%')
</select>
```

有多个输入参数时，无法定义输入参数类型，也就是不再对输入参数类型进行约束。
输出参数类型为 resultType="org.ldh.student.entity.User"。
用♯{arg0}、♯{arg1}顺序取参。

(2) 在接口 UserParameterMapper.java 中定义方法：

public List<User> findUserByNo(String username,String address);

输入参数有两个，分别是用户姓名和地址，返回参数类型为 List<User>。

(3) 在测试类 UserParameterMapperTest.java 中添加测试方法：

```
public void findUserByNo() {
    SqlSession sqlsession = sqlSessionFactory.openSession();
    UserParameterMapper userParameterMapper = sqlsession.getMapper
        (UserParameterMapper.class);
    List<User> users= userParameterMapper.findUserByNo("张","河南");
    //打印结果
    System.out.println(users);
    //关闭 SqlSession
    sqlsession.close();
}
```

(4) 运行测试方法，结果如下，正确查询到姓张的河南人。

```
[User [id=1, username=张三, sex=男, birthday=Mon Aug 24 00:00:00 CST 2020,
address=河南开封],
User [id=2, username=张四, sex=男, birthday=Mon Aug 24 00:00:00 CST 2020,
address=河南南阳],
User [id=3, username=张五, sex=女, birthday=Mon Aug 24 00:00:00 CST 2020,
address=河南信阳]
]
```

### 16.9.7 使用@Param 注解传参

当传递多个参数时，除了用顺序号传参外，还可以用@Param 注解映射参数名，接口注解@Param 的参数名与映射文件中取参数(#{xxx})时的参数名一致。

把用户姓名与地址作为多个参数传递。用@Param 注解定义的参数名#{username}、#{address}取参的过程如下。

(1) 在映射配置文件 UserParameterMapper.xml 中添加以下配置代码：

```
<select id="findUserByParam" parameterType="java.util.Map"
    resultType="org.ldh.student.entity.User">
    select * from user
        where username like concat('%',#{username},'%') and address like
            concat('%',#{address},'%')
</select>
```

当有多个输入参数时，无法定义输入参数类型，也就是不再对输入参数类型进行约束。
输出参数类型为 resultType="org.ldh.student.entity.User"。
用#{username}、#{address}取参。

（2）在接口 UserParameterMapper.java 中定义方法：

```
public List<User> findUserByParam(@Param("username") String user,
    @Param("address") String dizhi);
```

输入参数有两个，分别是用户姓名和地址，都添加了参数名称注解@Param。为了区分，这里专门设置参数名称与注解名称不一致。返回参数类型为 List<User>。

（3）在测试类 UserParameterMapperTest.java 中添加测试方法：

```
public void findUserByParam() {
    SqlSession sqlsession = sqlSessionFactory.openSession();
    UserParameterMapper userParameterMapper = sqlsession.getMapper
        (UserParameterMapper.class);
    List<User> users= userParameterMapper.findUserByParam("张","河南");
    System.out.println(users);
    sqlsession.close();
}
```

（4）运行测试方法，结果如下，正确查询到姓张的河南人。

```
[User [id=1, username=张三, sex=男, birthday=Mon Aug 24 00:00:00 CST 2020,
address=河南开封],
User [id=2, username=张四, sex=男, birthday=Mon Aug 24 00:00:00 CST 2020,
address=河南南阳],
User [id=3, username=张五, sex=女, birthday=Mon Aug 24 00:00:00 CST 2020,
address=河南信阳]
]
```

### 16.9.8　使用@Param 注解定义的实体参数名传参

当传递多个参数且有实体对象时，取参数时不直接使用实体的属性名称（#{username}），否则无法区分，应该用实体参数名称＋"."＋属性名（#{userInfo.username}）的形式。

把用户姓名放在实体中传递，地址作为单参数传递。用@Param 注解定义的用户实体参数名 userInfo 取用户姓名（#{userInfo.username}），用@Param 注解定义的单地址参数（#{address}）取地址。

（1）在映射配置文件 UserParameterMapper.xml 中添加以下配置代码：

```
<select id="findUserByEntityParam"
    resultType="org.ldh.student.entity.User">
    select * from user
        where username like concat('%',#{userInfo.username},'%') and address
            like concat('%',#{address},'%')
</select>
```

当有多个输入参数时，无法定义输入参数类型，也就是不再对输入参数类型进行约束。

输出参数类型为 resultType="org.ldh.student.entity.User"。

用#{userInfo.username}取用户姓名,用#{address}取地址。

(2) 在接口 UserParameterMapper.java 中定义方法:

```
public List<User> findUserByEntityParam(@Param("userInfo") User user, @Param
("address") String dizhi);
```

输入参数有两个,分别是用户实体和地址,都添加了参数名称注解@Param。为了区分,这里专门设置参数名称与注解名称不一致。返回参数类型为 List<User>。

(3) 在测试类 UserParameterMapperTest.java 中添加测试方法:

```
public void findUserByEntityParam() {
    //获取 sqlsession
    SqlSession sqlsession = sqlSessionFactory.openSession();
    //获取接口代理对象
    UserParameterMapper userParameterMapper = sqlsession.getMapper
        (UserParameterMapper.class);
    //调用代理对象方法
    User user = new User();
    user.setUsername("张");
    List<User> users = userParameterMapper.findUserByEntityParam(user, "河南");
    //打印结果
    System.out.println(users);
    //关闭 SqlSession
    sqlsession.close();
}
```

(4) 运行测试方法,结果如下,正确查询到姓张的河南人。

```
[User [id=1, username=张三, sex=男, birthday=Mon Aug 24 00:00:00 CST 2020,
address=河南开封],
User [id=2, username=张四, sex=男, birthday=Mon Aug 24 00:00:00 CST 2020,
address=河南南阳],
User [id=3, username=张五, sex=女, birthday=Mon Aug 24 00:00:00 CST 2020,
address=河南信阳]
]
```

### 16.9.9 使用 List 传参

当要传递的参数为 List 时,需要把 List 组装为 SQL 使用的集合,采用<foreach>标签处理。

<foreach>标签元素的属性主要有 item、index、collection、open、separator 和 close,说明如下:

(1) item:集合中元素迭代时的别名,该参数必选。

（2）index：在 List 和数组中，index 是元素的序号；在 Map 中，index 是元素的 key。该参数可选。

（3）open：<foreach>标签代码的开始符号，一般和 close 合用，常用在出现 in()、values()时。该参数可选。

（4）separator：元素之间的分隔符。例如，在出现 in()时，separator＝","会自动在元素中间用逗号分隔，以避免由于手动输入逗号而容易导致的 SQL 错误，如 in(1,2,)。该参数可选。

（5）close：<foreach>标签代码的关闭符号，一般和 open 合用。常用在出现 in()、values()时。该参数可选。

（6）collection：要作为<foreach>标签元素的对象类型。作为入参时，List 对象默认以"list"代替键，数组对象以"array"代替键，Map 对象没有默认的键。当然在作为入参时可以使用@Param("keyName")设置键，设置 keyName 后，"list"、"array"将会失效。除了入参这种情况外，还有一种情况是作为参数对象的某个字段。例如，如果 User 有属性 List ids，入参是 User 对象，那么 collection ＝ "ids"；如果 User 有属性 Ids ids，其中 Ids 是一个对象，它有一个属性 List id，入参是 User 对象，那么 collection ＝ "ids.id"。

在使用<foreach>标签时最关键也最容易出错的就是 collection 属性，该属性是必须指定的，但是在不同情况下，该属性的值是不一样的，主要有以下 3 种情况：

（1）如果传入的是单个参数且参数类型是 List 时，collection 属性值为 list。

（2）如果传入的是单个参数且参数类型是 Array 时，collection 属性值为 array。

（3）如果传入的是多个参数时，就需要把它们封装成一个 Map。当然，单个参数也可以封装成 Map，实际上在传入参数时，在 MyBatis 中也会把它封装成一个 Map，Map 的 key 就是参数名，所以这时 collection 属性值就是传入的 List 或 array 对象在自己封装的 Map 中的 key。

针对最后一条，来看一下官方解释："注意，你可以将一个 List 实例或者数组作为参数对象传给 MyBatis，当你这么做的时候，MyBatis 会自动将它包装在一个 Map 中并以名称为键。List 实例将会以 list 作为键，而数组实例的键将是 array。"

所以，不管是多个参数还是单个参数的 List、Array 类型，都可以封装为 Map 进行传递。如果传递的是一个 List，则 MyBatis 会封装为一个以 List 为 key，以 List 值为对象的 Map；如果是 Array，则封装成一个以 Array 为键、以 Array 的值为对象的 Map；如果开发者自己封装参数，则 colloection 里存放的是开发者自己封装的 Map 里的键。

这里查询多个地址的用户，将多个地址作为 List 传递。具体步骤如下。

（1）在映射配置文件 UserParameterMapper.xml 中添加以下配置代码：

```
<select id="findUserByList"
    resultType="org.ldh.student.entity.User">
    select * from user
        where address in
    <foreach collection="list" open="(" separator="," close=")"
        item="adds">
```

```
            #{adds}
        </foreach>
</select>
```

（2）在接口 UserParameterMapper.java 中定义方法：

```
public List<User> findUserByList(List<String> addresses);
```

输入参数是地址 list，返回参数类型为 List＜User＞。

（3）在测试类 UserParameterMapperTest.java 中添加测试方法：

```
public void findUserByList() {
    //获取 SqlSession
    SqlSession sqlsession = sqlSessionFactory.openSession();
    //获取接口代理对象
    UserParameterMapper userParameterMapper = sqlsession.getMapper
        (UserParameterMapper.class);
    //调用代理对象方法
    List<String> adds = new ArrayList<String>();
    adds.add("河南郑州");
    adds.add("河南南阳");
    List<User> users = userParameterMapper.findUserByList(adds);
    //打印结果
    System.out.println(users);
    //关闭 SqlSession
    sqlsession.close();
}
```

（4）运行测试方法，结果如下，正确查询到河南郑州与河南南阳人员。

```
[User [id=2, username=张四, sex=男, birthday=Mon Aug 24 00:00:00 CST 2020,
address=河南南阳],
User [id=4, username=李三, sex=女, birthday=Mon Aug 24 00:00:00 CST 2020,
address=河南郑州],
User [id=9, username=王五, sex=男, birthday=Mon Aug 24 00:00:00 CST 2020,
address=河南郑州]
]
```

### 16.9.10　使用 ${…}传参

当传递的参数需要复杂的处理时，可不交给 MyBatis 处理，而是由程序处理完后在配置文件中用 ${…}直接使用，不做任何处理。

${…}表示拼接 SQL 字符串，通过 ${…}可以将 parameterType 传入的内容拼接在 SQL 语句中且不进行 JDBC 类型转换，${…}可以接收简单类型值或 POJO 属性值，如果 parameterType 传输单个简单类型值，${…}的大括号中只能是 value。

这里查询多个地址的用户，以多个地址作为形成 SQL 集合的字符串传递。具体步骤如下。

(1) 在映射配置文件 UserParameterMapper.xml 中添加以下配置代码：

```xml
<select id="findUserBy$"
    resultType="org.ldh.student.entity.User">
    select * from user
        where address in ${adds}
</select>
```

这里用 ${adds} 表示不作任何加工，直接加入 SQL 字符串。

(2) 在接口 UserParameterMapper.java 中定义方法：

```java
public List<User> findUserBy$(String adds);
```

输入参数是地址集合字符串，返回参数类型为 List<User>。

(3) 在测试类 UserParameterMapperTest.java 中添加测试方法，传入 String tt = "('河南郑州','河南南阳')"地址字符串：

```java
public void findUserBy$() {
    //获取 SqlSession
    SqlSession sqlsession = sqlSessionFactory.openSession();
    //获取接口代理对象
    UserParameterMapper userParameterMapper = sqlsession.getMapper
        (UserParameterMapper.class);
    //调用代理对象方法
    List<String> adds = new ArrayList<String>();
    String tt="('河南郑州','河南南阳')";
    List<User> users = userParameterMapper.findUserBy$(tt);
    //打印结果
    System.out.println(users);
    //关闭 SqlSession
    sqlsession.close();
}
```

(4) 运行测试方法，结果如下，正确查询到河南郑州与河南南阳人员。

```
[User [id=2, username=张四, sex=男, birthday=Mon Aug 24 00:00:00 CST 2020, address=河南南阳],
User [id=4, username=李三, sex=女, birthday=Mon Aug 24 00:00:00 CST 2020, address=河南郑州],
User [id=9, username=王五, sex=男, birthday=Mon Aug 24 00:00:00 CST 2020, address=河南郑州]
]
```

# 第17章 MyBatis 高级应用

## ◆ 17.1 MyBatis 的动态 SQL

### 17.1.1 MyBatis 动态标签

MyBatis 的强大特性之一便是动态 SQL。使用 JDBC 或其他类似框架有经验的人就能体会到根据不同条件拼接 SQL 语句特别麻烦。拼接时要确保不能忘了必要的空格，还要注意字段名列表最后不加逗号。利用动态 SQL 这一特性可以彻底摆脱这种麻烦。

MyBatis 动态 SQL 类型如图 17.1 所示。关于循环处理标签＜foreach＞在 16.6.9 节中已做了详细介绍。

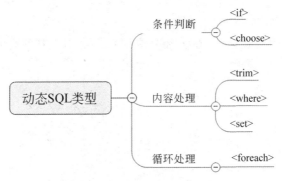

图 17.1 MyBatis 动态 SQL 类型

### 17.1.2 创建 Mapper 接口

创建映射配置文件 UserDynamicTagsMapper.xml，暂不配置内容，具体配置在后面的例子中展示，命名空间为 namespace=" UserDynamicTags "。代码如下：

程序清单：MyBatisApp/src/mappers/UserDynamicTagsMapper.xml
```
<?xml version="1.0" encoding="utf-8"?>
<!DOCTYPE mapper PUBLIC "-//mybatis.org//DTD Mapper 3.0//EN"
    "http://mybatis.org/dtd/mybatis-3-mapper.dtd">
```

```xml
<mapper namespace="UserDynamicTags">
</mapper>
```

在/MyBatisApp/src/MybatisConfig.xml 文件中映射配置文件加载：

```xml
<mappers>
    <mapper resource="mappers/UserDynamicTagsMapper.xml" />
</mappers>
```

### 17.1.3 创建测试类

创建测试类 UserDynamicTagsTest.java，测试类有入口 main()方法，在 main()方法中调用具体测试方法（在后面的例子中展示）。代码如下：

程序清单：/MyBatisApp/src/org/ldh/student/UserDynamicTagsTest.java
```java
public class UserDynamicTagsTest {
    public static void main(String[] args) throws IOException {
    }
}
```

## ◆ 17.2 动态 SQL 条件判断

### 17.2.1 语句说明

&lt;if&gt;是条件判断标签，在大部分应用场景中用于判断是否有值。&lt;if&gt;标签语法如下：

```
<if test="…">
    …
</if>
```

例如：

```
<if test="id != null and id != '' ">
    id=#{id}
</if>
```

test 属性说明如下：

(1) &lt;if&gt;标签的 test 属性必填，该属性值是一个符合 OGNL（Object Graph Nanigation Language，对象图导航语言）要求的判断表达式，一般只用 true 或 false 作为结果。

(2) 判断条件 property != null 或 property == null 适用于任何类型的字段，用于判断其属性值是否为 null。

(3) 判断条件 property != "或 property == "仅适用于 String 类型的字段，用于判断其是否为空字符串。

（4）当有多个判断条件时，使用 and 或 or 进行连接，and 相当于 Java 中的与(&&)，or 相当于 Java 中的或(||)。嵌套的判断可以使用小括号分组。

（5）判断 List 是否为空。

<if>条件判断可以直接调用对象自身的方法进行逻辑判断，所以 List 判空。可以调用".size()>0"或者".isEmpty()"。例如：

```
<if test="userList != null and userList.isEmpty()"></if>
<if test="userList != null and userList.size()>0"></if>
```

（6）数字比较符号。数字型判断只需要加上对应的条件判断即可。例如：

```
<if test='id != null and id > 28'></if>
```

MyBatis 对于数字比较还有另一种形式。例如：

```
<if test='id != null and id gt 28'></if>
```

这两种符号的对应关系如下：

- gt 对应>。
- gte 对应>=。
- lt 对应<（会报错，test 属性值中不能包含<字符）。
- lte 对应<=（会报错，test 属性值中不能包含<字符）。

（7）字符串判断。

如果要判断字符串是否以某个特殊字符开头或结尾，直接调用 indexOf( ) 和 lastIndexOf()方法即可。例如：

```
<if test="username != null and username.indexOf('ji') == 0"> </if> <!-- 是否以'ji'开头 -->
<if test="username != null and username.indexOf('ji') >= 0"> </if> <!-- 是否包含'ji' -->
<if test="username != null and username.lastIndexOf('ji') > 0"></if>  <!-- 是否以'ji'结尾 -->
```

<choose>用于进行多选项条件判断，相当于 Java 代码中的 switch…case…default 语句。MyBaits 中没有 else，要用<choose>…<when>…<otherwise>代替。语法如下：

```
<choose>
    <when test="">
        …
    </when>
    <otherwise>
        …
    </otherwise>
</choose>
```

## 17.2.2 根据查询条件实现动态查询

用户姓名与地址的模糊查询步骤如下。

（1）在配置文件 UserDynamicTagsMapper.xml 中添加以下配置代码：

```xml
<select id="findUser" parameterType="org.ldh.student.entity.User"
    resultType="org.ldh.student.entity.User">
    select * from user
        where
            <if test="username != null and username != ''">
                username like concat('%',#{username},'%')
            </if>
            <if test="address != null and address != ''">
                and address like concat('%',#{address},'%')
            </if>
</select>
```

配置文件判断用户姓名与地址是否为空，若为空，则不参与查询，否则参与查询。

（2）在测试类 UserDynamicTagsTest.java 中添加测试方法：

```java
public void findUser() throws IOException {
    InputStream in = Resources.getResourceAsStream("MybatisConfig.xml");
    SqlSessionFactory sqlSessionFactory = new SqlSessionFactoryBuilder().
        build(in);
    SqlSession session = sqlSessionFactory.openSession();
    User user = new User();
    user.setUsername("李");
    user.setAddress("河南");
    List<User> users = session.selectList("UserDynamicTags.findUser", user);
    System.out.println(users);
    session.close();
    in.close();
}
```

（3）设置姓名为"李"，地址为"河南"：

```java
user.setUsername("李");
user.setAddress("河南");
```

进行模糊查询，运行结果如下，列出了河南姓李的人员：

```
[User [id=4, username=李三, sex=女, birthday=Mon Aug 24 00:00:00 CST 2020, address=河南郑州],
User [id=29, username=小李, sex=男, birthday=Tue Sep 01 00:00:00 CST 2020, address=河南省郑州市]
]
```

(4) 当只设置姓名时,因为地址为空,所以地址不参与条件。

```
user.setUsername("李");
```

运行结果如下,列出了所有姓李的人员:

```
[User [id=4, username=李三, sex=女, birthday=Mon Aug 24 00:00:00 CST 2020,
address=河南郑州],
User [id=5, username=李四, sex=男, birthday=Mon Aug 24 00:00:00 CST 2020,
address=北京市],
User [id=6, username=李五, sex=男, birthday=Wed Aug 26 00:00:00 CST 2020,
address=北京],
User [id=29, username=小李, sex=男, birthday=Tue Sep 01 00:00:00 CST 2020,
address=河南省郑州市]
]
```

## 17.2.3　使用<choose>标签实现动态查询

在17.2.2节的例子中,如果用户名为空就会报错,因为没有了第一个条件,第二个条件的and字符串不应该出现,会发生SQL错误。当两个条件都不存在时也会报错,因为where后面没有条件。这里用具有else功能的<choose>标签实现用户姓名与地址的模糊查询,具体步骤如下。

(1) 在配置文件中UserDynamicTagsMapper.xml中添加以下配置代码:

```xml
<select id="findUserChoose"
    parameterType="org.ldh.student.entity.User"
    resultType="org.ldh.student.entity.User">
    select * from user
        where
            <choose>
                <when test="username != null and username != ''">
                    username like concat('%',#{username},'%')
                    <choose>
                        <when test="address != null and address != ''">
                            and address like concat('%',#{address},'%')
                        </when>
                    </choose>
                </when>
                <otherwise>
                    <choose>
                        <when test="address != null and address != ''">
                            address like concat('%',#{address},'%')
                        </when>
                        <otherwise>
                            1>2
```

```
                </otherwise>
            </choose>
        </otherwise>
    </choose>
</select>
```

这里先判断用户名是否为空。若为空，走<otherwise>分支，再加上地址条件时去掉 and 字符；当地址也为空时，走<otherwise>分支，分支条件改为 1>2，是一个假条件，也就什么都不返回。

（2）在测试类 UserDynamicTagsTest.java 中添加测试方法：

```
public void findUserChoose() throws IOException {
    InputStream in = Resources.getResourceAsStream("MybatisConfig.xml");
    SqlSessionFactory sqlSessionFactory = new SqlSessionFactoryBuilder().build(in);
    SqlSession session = sqlSessionFactory.openSession();
    User user = new User();
    List<User> users = session.selectList("UserDynamicTags.findUserChoose", user);
    System.out.println(users);
    session.close();
    in.close();
}
```

（3）设置用户姓为"李"，地址为"河南"：

```
user.setUsername("李");
user.setAddress("河南");
```

进行模糊查询，运行结果如下，列出了河南姓李的人员。

```
[User [id=4, username=李三, sex=女, birthday=Mon Aug 24 00:00:00 CST 2020, address=河南郑州],
User [id=29, username=小李, sex=男, birthday=Tue Sep 01 00:00:00 CST 2020, address=河南省郑州市]
]
```

（4）当只设置用户姓名时，因为地址为空，地址不参与条件判断：

```
user.setUsername("李");
```

运行结果如下，列出了所有姓李的用户。

```
[User [id=4, username=李三, sex=女, birthday=Mon Aug 24 00:00:00 CST 2020, address=河南郑州],
User [id=5, username=李四, sex=男, birthday=Mon Aug 24 00:00:00 CST 2020, address=北京市],
User [id=6, username=李五, sex=男, birthday=Wed Aug 26 00:00:00 CST 2020,
```

address=北京],
User [id=29, username=小李, sex=男, birthday=Tue Sep 01 00:00:00 CST 2020, address=河南省郑州市]
]
```

(5) 当只设置地址时，用户姓名不参与条件判断：

```
user.setAddress("河南");
```

运行结果如下，列出了所有河南的用户。

```
[User [id=1, username=张三, sex=男, birthday=Mon Aug 24 00:00:00 CST 2020, address=河南开封],
User [id=2, username=张四, sex=男, birthday=Mon Aug 24 00:00:00 CST 2020, address=河南南阳],
User [id=3, username=张五, sex=女, birthday=Mon Aug 24 00:00:00 CST 2020, address=河南信阳],
User [id=4, username=李三, sex=女, birthday=Mon Aug 24 00:00:00 CST 2020, address=河南郑州],
User [id=9, username=王五, sex=男, birthday=Mon Aug 24 00:00:00 CST 2020, address=河南郑州],
User [id=29, username=小李, sex=男, birthday=Tue Sep 01 00:00:00 CST 2020, address=河南省郑州市]
]
```

(6) 当姓名和地址都为空时，都不参与条件判断，返回空，不会报错，结果如下：

```
[]
```

### 17.2.4 根据参数值动态更新某些字段

一般情况下，更新时需要更新全部字段，这样做有两个问题：一是效率低；二是需要先获取记录，否则会把不该更新的字段更新为空。因此，需要动态更新部分字段，根据传入的字段值进行判断，为空时不更新，不为空时才更新。

(1) 在配置文件 UserDynamicTagsMapper.xml 中添加以下配置代码：

```xml
<!-- 更新用户 -->
<update id="updateUser"
    parameterType="org.ldh.student.entity.User">
    update user
    set id = #{id}
    <if test="username != null and username != ''">
        ,username = #{username}
    </if>
    <if test="sex != null and sex != ''">
        ,sex = #{sex}
    </if>
```
```

```xml
            <if test="address != null and address != ''">
                ,address = #{address}
            </if>
            <if test="birthday != null ">
                ,birthday = #{birthday}
            </if>
            where id =#{id}
</update>
```

配置文件判断传入值是否为空，不为空时才更新。

（2）在测试类 UserDynamicTagsTest.java 中添加测试方法：

```java
public void updateUser(int id) throws IOException {
    InputStream in = Resources.getResourceAsStream("MybatisConfig.xml");
    SqlSessionFactory sqlSessionFactory = new SqlSessionFactoryBuilder().
        build(in);
    SqlSession sqlSession = sqlSessionFactory.openSession();
    User user = new User();
    user.setId(id);
    user.setAddress("上海");
    int i = sqlSession.update("UserDynamicTags.updateUser", user);
    sqlSession.commit();
    System.out.println(user.getId());
    sqlSession.close();
    in.close();
}
```

（3）这里只更新地址，只需要设置 id 和地址：

```java
user.setId(id);
user.setAddress("上海");
```

运行后查看数据库，只有地址变为上海，其他字段没有改变。

## 17.3 动态 SQL 内容处理

### 17.3.1 where 语句处理

在前面的实例中，用 <if> 标签处理 where 条件时会出现问题。相关代码如下：

```xml
<select id="findUser" parameterType="org.ldh.student.entity.User"
    resultType="org.ldh.student.entity.User">
    select * from user
        where
            <if test="username != null and username != ''">
                username like concat('%',#{username},'%')
```

```xml
        </if>
        <if test="address != null and address != ''">
            and address like concat('%',#{address},'%')
        </if>
</select>
```

例如用户名不存在时,where 语句会出现 and 前面为空的情况,发生语法错误。除了用＜choose＞解决这个问题以外,还可以用专门的＜where＞标签自动去掉前面为空的 and。

用户姓名与地址的模糊查询步骤如下。

(1) 在配置文件 UserDynamicTagsMapper.xml 中添加以下配置代码:

```xml
<select id="findUserWhere"
    parameterType="org.ldh.student.entity.User"
    resultType="org.ldh.student.entity.User">
    select * from user
    <where>
        <if test="username != null and username != ''">
            username like concat('%',#{username},'%')
        </if>
        <if test="address != null and address != ''">
            and address like concat('%',#{address},'%')
        </if>
    </where>
</select>
```

这里用＜where＞标签实现了 SQL 的 where 语句。

(2) 在测试类 UserDynamicTagsTest.java 中添加测试方法:

```java
public void findUserWhere() throws IOException {
    InputStream in = Resources.getResourceAsStream("MybatisConfig.xml");
    SqlSessionFactory sqlSessionFactory = new SqlSessionFactoryBuilder().
        build(in);
    SqlSession session = sqlSessionFactory.openSession();
    User user = new User();
    user.setAddress("河南");
    List<User> users = session.selectList("UserDynamicTags.findUserWhere",
        user);
    System.out.println(users);
    session.close();
    in.close();
}
```

(3) 不设置用户姓名,只设置地址为"河南":

```java
user.setAddress("河南");
```

运行结果如下,列出了河南的所有用户,不会因为姓名没有设置而报错。

```
[User [id=2, username=张四, sex=男, birthday=Mon Aug 24 00:00:00 CST 2020,
address=河南南阳],
User [id=3, username=张五, sex=女, birthday=Mon Aug 24 00:00:00 CST 2020,
address=河南信阳],
User [id=4, username=李三, sex=女, birthday=Mon Aug 24 00:00:00 CST 2020,
address=河南郑州],
User [id=9, username=王五, sex=男, birthday=Mon Aug 24 00:00:00 CST 2020,
address=河南郑州],
User [id=29, username=小李, sex=男, birthday=Tue Sep 01 00:00:00 CST 2020,
address=河南省郑州市]
]
```

(4) 当什么都不设置时会列出所有用户,而不是返回空。

## 17.3.2 用<trim>标签处理 where 语句

<where>标签专门处理 where 语句,也可以用<trim>标签形成 where 语句。<trim>标签的主要功能是可以在自己包含的内容前加上某些前缀,也可以在其后加上某些后缀,与之对应的属性是 prefix 和 suffix;可以把内容首部的某些内容覆盖(即忽略),也可以把尾部的某些内容覆盖,对应的属性是 prefixOverrides 和 suffixOverrides。正因为<trim>有这样的功能,所以也可以非常简单地利用<trim>代替<where>标签的功能。

用户姓名与地址的模糊查询。

(1) 在配置文件 UserDynamicTagsMapper.xml 中添加以下配置代码:

```xml
<select id="findUserTrim"
    parameterType="org.ldh.student.entity.User"
    resultType="org.ldh.student.entity.User">
    select * from user
    <trim prefix="where" prefixOverrides="and |or">
        <if test="username != null and username != ''">
            username like concat('%',#{username},'%')
        </if>
        <if test="address != null and address != ''">
            and address like concat('%',#{address},'%')
        </if>
    </trim>
</select>
```

这里用<trim>标签实现了 SQL 的 where 语句,prefix="where"表示 where 语句,prefixOverrides="and |or"表示如果前面有 and 则后缀 or 要去掉。

(2) 在测试类 UserDynamicTagsTest.java 中添加测试方法：

```java
public void findUserTrim() throws IOException {
    InputStream in = Resources.getResourceAsStream("MybatisConfig.xml");
    SqlSessionFactory sqlSessionFactory = new SqlSessionFactoryBuilder().
        build(in);
    SqlSession session = sqlSessionFactory.openSession();
    User user = new User();
    user.setAddress("河南");
    List<User> users = session.selectList("UserDynamicTags.findUserTrim",
        user);
    System.out.println(users);
    session.close();
    in.close();
}
```

(3) 不设置用户姓名，只设置地址为"河南"：

```java
user.setAddress("河南");
```

运行结果如下，列出了河南的所有用户，不会因为姓名没有设置而报错。

```
[User [id=2, username=张四, sex=男, birthday=Mon Aug 24 00:00:00 CST 2020,
address=河南南阳],
User [id=3, username=张五, sex=女, birthday=Mon Aug 24 00:00:00 CST 2020,
address=河南信阳],
User [id=4, username=李三, sex=女, birthday=Mon Aug 24 00:00:00 CST 2020,
address=河南郑州],
User [id=9, username=王五, sex=男, birthday=Mon Aug 24 00:00:00 CST 2020,
address=河南郑州],
User [id=29, username=小李, sex=男, birthday=Tue Sep 01 00:00:00 CST 2020,
address=河南省郑州市]
]
```

(4) 当什么都不设置时会列出所有用户，而不是返回空。

### 17.3.3　set 语句

在前面的更新实例中，配置如下：

```xml
<!-- 更新用户 -->
<update id="updateUser"
    parameterType="org.ldh.student.entity.User">
    update user
    set id = #{id}
    <if test="username != null and username != ''">
        ,username = #{username}
    </if>
```

```xml
            <if test="sex != null and sex != ''">
                ,sex = #{sex}
            </if>
            <if test="address != null and address != ''">
                ,address = #{address}
            </if>
            <if test="birthday != null ">
                ,birthday = #{birthday}
            </if>
        where id =#{id}
</update>
```

特别在前面加了对 id 的更新（id = #{id}）。这主要是因为：如果没有这个更新，会出现逗号前面为空的情况，发生语法错误。<set>标签专门用于处理更新中出现的这个问题，这个功能与<where>标签处理功能相似。

在字段值不为空时才更新的实现步骤如下。

（1）在配置文件 UserDynamicTagsMapper.xml 中添加以下配置代码：

```xml
<update id="updateUserBySet"
    parameterType="org.ldh.student.entity.User">
    update user
    <set>
        <if test="username != null and username != ''">
            username = #{username}
        </if>
        <if test="sex != null and sex != ''">
            sex = #{sex}
        </if>
        <if test="address != null and address != ''">
            address = #{address}
        </if>
        <if test="birthday != null ">
            birthday = #{birthday}
        </if>
    </set>
    where id =#{id}
</update>
```

这里用<set>标签实现了 SQL 的 set 语句。

（2）在测试类 UserDynamicTagsTest.java 中添加测试方法：

```java
public void updateUserBySet(int id) throws IOException {
    InputStream in = Resources.getResourceAsStream("MybatisConfig.xml");
    SqlSessionFactory sqlSessionFactory = new SqlSessionFactoryBuilder().
        build(in);
```

```
SqlSession sqlSession = sqlSessionFactory.openSession();
User user = new User();
user.setId(id);
user.setAddress("河南郑州");
int i = sqlSession.update("UserDynamicTags.updateUserBySet", user);
sqlSession.commit();
System.out.println(user.getId());
sqlSession.close();
in.close();
}
```

(3) 这里只更新地址,只需要设置 id 和地址:

```
user.setId(id);
user.setAddress("河南郑州");
```

运行后查看数据库,只有地址变为上海,其他字段没有改变。

### 17.3.4 bind 元素定义参数

**1. bind 元素说明**

bind 元素可以利用 OGNL 表达式创建一个变量并将其绑定到上下文。bind 元素可以对递过来的参数进行加工处理,并重新命名,再交给 SQL 使用。

在进行模糊查询时,如果使用 ${…} 拼接字符串,则无法防止 SQL 注入问题;如果使用字符串拼接函数或连接符号,则不同数据库的拼接函数或连接符号不同;如果用 bind 元素处理,和数据库拼接函数无关,增强了可移植性。可以利用 bind 元素对参数处理,再由 #{…} 应用。

**2. 应用举例**

在前面的例子中,学生映射文件/MyBatisApp/src/mappers/StudentMapper.xml 中按照学生姓名查询的配置如下:

```
<!-- 根据学生姓名模糊查询学生列表 -->
<select id="findStudentByStudentname" parameterType="String"
    resultType="org.ldh.student.entity.Student">
    select * from student_inf
        where name like #{Studentname}
</select>
```

(1) 假定传入的 Studentname 带有%%就可以实现模糊查询。例如:

```
List<Student> list = session.selectList("student.findStudentByStudentname",
    "%张%");
```

一般要求代码与数据库无关性,不提倡这种用法。

(2) 如果传入的 Studentname 没有％％，就实现不了模糊查询。例如：

```
List<Student> list = session.selectList("student.findStudentByStudentname",
    "张");
```

(3) 这时需要利用配置文件处理，如果用 SQL 拼接方法，配置如下：

```
<select id="findStudentByStudentname" parameterType="String"
    resultType="org.ldh.student.entity.Student">
    select * from student_inf
        where name like concat('%',#{Studentname},'%')
</select>
```

这样就可以实现模糊查询。这里用了数据库的拼接函数 concat()，与数据库耦合，不利于移植。

(4) 用＄{…}拼接字符串。

```
<select id="findStudentByStudentname" parameterType="String"
    resultType="org.ldh.student.entity.Student">
    select * from student_inf
        where name like '%${Studentname}%'
</select>
```

这样也可以实现模糊查询，但这种方式无法防止 SQL 注入。

(5) 用 bind 元素处理，对传入用户名加前后缀％，配置如下：

```
<select id="findStudentByStudentname" parameterType="String"
    resultType="org.ldh.student.entity.Student">
    <bind name="sname" value="'%'+Studentname+'%'"/>
    select * from student_inf
        where name like #{sname}
</select>
```

这样就可以实现模糊查询，增强了可移植性，并能防止 SQL 注入。

### 17.3.5 ＜selectKey＞标签

**1. ＜selectKey＞标签说明**

＜SelectKey＞标签在 MyBatis 中是为了解决增加数据时不支持主键自动生成的问题。其标签体也是一个 SQL 语句。通过＜selectKey＞执行 SQL 语句，获取主键值。主要属性说明如下：

(1) keyProperty：＜selectKey＞语句结果应该被设置的目标属性标明获取的主键值赋给哪个主键。

(2) resultType：结果的类型。MyBatis 通常可以自动确定结果类型，但是写上也没有问题。MyBatis 允许将任何简单类型用作主键的类型，包括字符串。

(3) order：可以设置为 BEFORE 或 AFTER。如果设置为 BEFORE，那么它会首先选择主键，即设置 keyProperty，然后执行插入语句；如果设置为 AFTER，那么先执行插入语句，然后执行＜selectKey＞的元素，可以在插入语句中嵌入序列调用。

(4) statementType：MyBatis 支持 STATEMENT、PREPARED 和 CALLABLE 语句的映射类型，分别代表 Statement、PreparedStatement 和 CallableStatement 类型。

**2. 应用举例**

在前面的例子中，学生映射文件/MyBatisApp/src/mappers/StudentMapper.xml 中增加学生的配置如下：

```xml
<!-- 增加学生 -->
<insert id="insertStudent"
    parameterType="org.ldh.student.entity.Student">
    <selectKey keyProperty="id" resultType="Integer"
        order="AFTER">
        select LAST_INSERT_ID()
    </selectKey>
    insert into student_inf (student_id,name,password,sex,age)
    values(#{studentID},#{name},#{password},#{sex},#{age})
</insert>
```

这里有＜selectKey＞标签：

```xml
<selectKey keyProperty="id" resultType="Integer"
    order="AFTER">
    select LAST_INSERT_ID()
</selectKey>
```

它的作用并不是提前获取主键，而是插入后获得主键（order="AFTER"），并返回主键值，调用的是 MySQL 获取插入记录主键的函数 select LAST_INSERT_ID()。

在测试类/MyBatisApp/src/org/ldh/student/MybatisStudentTest.java 中运行增加学生的测试方法 MybatisStudentTest().testInsertStudent()，得到插入的学生记录的 id，结果如下：

插入 id:12

### 17.3.6 多数据库厂商支持

一个配置了_databaseId 变量的 databaseIdProvider 对于动态代码来说是可用的，这样就可以根据不同的数据库厂商的产品构建特定的语句。例如：

```xml
<insert id="insert">
  <selectKey keyProperty="id" resultType="int" order="BEFORE">
    <if test="_databaseId == 'oracle'">
      select seq_users.nextval from dual
```

```
    </if>
    <if test="_databaseId == 'db2'">
      select nextval for seq_users from sysibm.sysdummy1"
    </if>
  </selectKey>
  insert into users values (#{id}, #{name})
</insert>
```

## 17.4 直接执行 SQL 语句

可以在程序中直接编写 SQL 语句执行,不需要为一个 SQL 语句配置一个映射文件,以简化操作。基本思路是:配置一个通用的映射文件,在映射文件中的命令不是 SQL 语句,而是执行传入的 SQL 语句。

在 MyBatis 中,配置文件用 ${value} 直接执行 SQL 语句。本节定义一个 Mapper 接口和一个 Mapper 配置文件,用来执行 SQL 语句 insert、delete、update、select。

### 17.4.1 创建 Mapper 接口

在 org.ldh.student.dao 包中创建接口 SqlMapper.java,为空接口,接口方法在具体例子中展示,代码如下:

**程序清单**:/MyBatisApp/src/org/ldh/student/dao/SqlMapper.java
```
public interface SqlMapper {
}
```

### 17.4.2 创建映射文件

在 org.ldh.student.dao 包中创建映射文件 SqlMapper.xml,暂不配置内容,具体配置在后面的例子中展示,命名空间为 namespace="org.ldh.student.dao.SqlMapper"。代码如下:

**程序清单**:/MyBatisApp/src/org/ldh/student/dao/SqlMapper.xml
```
<?xml version="1.0" encoding="utf-8" ?>
<!DOCTYPE mapper PUBLIC "-//mybatis.org//DTD Mapper 3.0//EN"
    "http://mybatis.org/dtd/mybatis-3-mapper.dtd">
<mapper namespace="org.ldh.student.dao.SqlMapper">
</mapper>
```

映射文件的加载采用包路径的配置方法。在/MyBatisApp/src/MybatisConfig.xml 文件中加入以下配置代码:

```
<mappers>
    <package name="org.ldh.student.dao"/>
</mappers>
```

### 17.4.3 创建测试类

在 org.ldh.student 包中创建测试类 UserParameterMapperTest.java，添加初始化方法 setUp()，添加入口的主方法 main(String[] args)，测试时只需要把测试的方法放在 main()方法的 test.setUp()语句之后即可。代码如下：

**程序清单**：/MyBatisApp/src/org/ldh/student/SqlMapperTest.java[TS(]

```java
public class SqlMapperTest {
    private SqlSessionFactory sqlSessionFactory;
    protected void setUp() throws Exception {
        SqlSessionFactoryBuilder sessionFactoryBuilder = new
            SqlSessionFactoryBuilder();
        InputStream inputStream = Resources.getResourceAsStream
            ("MybatisConfig.xml");
        sqlSessionFactory = sessionFactoryBuilder.build(inputStream);
    }
    public static void main(String[] args) throws Exception {
        SqlMapperTest test = new SqlMapperTest();
        test.setUp();
        ...                                        //具体的测试方法
    }
}
```

### 17.4.4 查询单个记录

执行 SQL 查询不能返回一个实体。可以将返回的单个记录定义为 Map 对象，key 为字段名，value 为字段值。

（1）在映射配置文件 SqlMapper.xml 中添加以下配置代码：

```xml
<select id="selectOne" parameterType="java.lang.String"
    resultType="java.util.HashMap" useCache="false">
    ${value}
</select>
```

输入参数类型为字符串（parameterType=" java.lang.String"）。

输出参数类型为为 Map 对象（resultType=" java.util.HashMap"）。

在标签体中直接执行传入的参数 ${value}。

（2）在接口 UserParameterMapper.java 中定义方法：

```java
Map selectOne(String statement);
```

输入参数类型为字符串，返回参数类型为 Map 对象，这里方法名称与映射文件中的<select>标签的 id 一致，输入参数与输出参数类型也一致。

（3）在测试类 SqlMapperTest.java 中添加测试方法：

```java
public void selectOne() {
```

```
        //获取SqlSession
        SqlSession sqlsession = sqlSessionFactory.openSession();
        //获取接口代理对象
        SqlMapper sqlMapper = sqlsession.getMapper(SqlMapper.class);
        //调用代理对象方法
        Map user = sqlMapper.selectOne("select * from user where id=1");
        //打印结果
        System.out.println(user);
        //关闭SqlSession
        sqlsession.close();
    }
```

(4) 测试方法中的 SQL 语句 select * from user where id=1 查询 id 为 1 的用户,返回该用户的信息:

```
{birthday=2020-08-24, address=北京, sex=男, id=1, username=张三}
```

### 17.4.5 查询多个记录

执行 SQL 查询不能返回实体集合。可以将返回的多个记录定义为 List<Map>,Map 对象的 key 为字段名,value 为字段值。

(1) 在映射配置文件 SqlMapper.xml 中添加以下配置代码:

```
<select id="selectList" parameterType="java.lang.String"
    resultType="java.util.HashMap" useCache="false">
    ${value}
</select>
```

输入参数类型为字符串(parameterType=" java.lang.String")。

输出参数类型为为 Map 对象(resultType=" java.util.HashMap")。

(2) 在接口 UserParameterMapper.java 中定义方法:

```
List<Map<String, Object>> selectList(String statement);
```

输入参数类型为字符串,返回参数类型为 List<Map<String,Object>>,这里方法名称与映射文件中的<select>标签的 id 一致,输入参数与输出参数类型也一致。

(3) 在测试类 SqlMapperTest.java 中添加测试方法:

```
public void selectList() {
        //获取SqlSession
        SqlSession sqlsession = sqlSessionFactory.openSession();
        //获取接口代理对象
        SqlMapper sqlMapper = sqlsession.getMapper(SqlMapper.class);
        //调用代理对象方法
        List<Map<String, Object>> user = sqlMapper.selectList("select * from
            user where (id=1 or id=2)");
```

```
//打印结果
System.out.println(user);
//关闭 SqlSession
sqlsession.close();
}
```

(4) 测试方法中的 SQL 语句 select * from user where（id=1 or id=2）查询 id 为 1 和 2 的用户,返回这两个用户的信息：

```
[{birthday=2020-08-24, address=北京, sex=男, id=1, username=张三},
    {birthday=2020-08-24, address=河南南阳, sex=男, id=2, username=张四}]
```

### 17.4.6 修改记录

执行传入的修改 SQL 语句的步骤如下。
(1) 在映射配置文件 SqlMapper.xml 中添加以下配置代码：

```xml
<update id="update" parameterType="java.lang.String">
    ${value}
</update>
```

利用 ${value} 执行传入的 SQL 语句。
(2) 在接口 UserParameterMapper.java 中定义方法：

```
Integer update(String statement);
```

在该方法中传入 SQL 语句参数。
(3) 在测试类 SqlMapperTest.java 中添加测试方法：

```java
public void update() {
    //获取 SqlSession
    SqlSession sqlsession = sqlSessionFactory.openSession();
    //获取接口代理对象
    SqlMapper sqlMapper = sqlsession.getMapper(SqlMapper.class);
    //调用代理对象方法
    sqlMapper.update("update user set address='北京' where id=1 ");
    //打印结果
    sqlsession.commit();
    //关闭 SqlSession
    sqlsession.close();
}
```

(4) 测试方法中的 SQL 语句 update use …修改一条记录。

### 17.4.7 增加记录

执行传入的增加 SQL 语句的步骤如下。

(1) 在映射配置文件 SqlMapper.xml 中添加以下配置代码：

```xml
<insert id="insert" parameterType="java.lang.String">
    ${value}
</insert>
```

利用 ${value}执行传入的 SQL 语句。

(2) 在接口 UserParameterMapper.java 中定义方法：

```
Integer insert(String statement);
```

在该方法中传入 SQL 语句参数。

(3) 在测试类 SqlMapperTest.java 中添加测试方法：

```java
public void insert() {
    //获取 SqlSession
    SqlSession sqlsession = sqlSessionFactory.openSession();
    //获取接口代理对象
    SqlMapper sqlMapper = sqlsession.getMapper(SqlMapper.class);
    //调用代理对象方法
    sqlMapper.insert("INSERT INTO `user` ( `username`, `birthday`, `sex`, `address`)
        VALUES('张三','2020-08-24','男','河南开封');");
    sqlsession.commit();
    //关闭 SqlSession
    sqlsession.close();
}
```

(4) 测试方法中的 SQL 语句 insert into user …插入一条记录。

### 17.4.8 删除记录

执行传入的删除 SQL 语句的步骤如下。

(1) 在映射配置文件 SqlMapper.xml 中添加以下配置代码：

```xml
<delete id="delete" parameterType="java.lang.String">
    ${value}
</delete>
```

利用 ${value}执行传入的 SQL 语句。

(2) 在接口 UserParameterMapper.java 中定义方法：

```
Integer delete(String statement);
```

在该方法中传入 SQL 语句参数。

(3) 在测试类 SqlMapperTest.java 中添加测试方法：

```java
public void delete() {
    //获取 SqlSession
    SqlSession sqlsession = sqlSessionFactory.openSession();
```

```
//获取接口代理对象
SqlMapper sqlMapper = sqlsession.getMapper(SqlMapper.class);
//调用代理对象方法
sqlMapper.delete("delete from user where id=33 ");
//打印结果
sqlsession.commit();
//关闭 SqlSession
sqlsession.close();
}
```

(4)测试方法中的 SQL 语句 delete from user where id=33 删除一条记录。

### 17.4.9 完整代码

前面介绍了代码片段,这里给出映射文件及接口文件的全貌。映射文件代码如下:

**程序清单**:/MyBatisApp/src/org/ldh/student/dao/SqlMapper.xml

```xml
<?xml version="1.0" encoding="utf-8" ?>
<!DOCTYPE mapper
    PUBLIC "-//mybatis.org//DTD Mapper 3.0//EN"
    "http://mybatis.org/dtd/mybatis-3-mapper.dtd">
<mapper namespace="org.ldh.student.dao.SqlMapper">
    <select id="selectOne" parameterType="java.lang.String"
        resultType="java.util.HashMap" useCache="false">
        ${value}
    </select>
    <select id="selectList" parameterType="java.lang.String"
        resultType="java.util.HashMap" useCache="false">
        ${value}
    </select>
    <insert id="insert" parameterType="java.lang.String">
        ${value}
    </insert>
    <delete id="delete" parameterType="java.lang.String">
        ${value}
    </delete>
    <update id="update" parameterType="java.lang.String">
        ${value}
    </update>
</mapper>
```

接口文件代码如下:

**程序清单**:/MyBatisApp/src/org/ldh/student/dao/SqlMapper.java

```java
public interface SqlMapper {
    Integer insert(String statement);
```

```
        Integer delete(String statement);
        Integer update(String statement);
        List<Map<String, Object>> selectList(String statement);
        Map selectOne(String statement);
    }
```

## 17.5　SQL 语句构建器

### 17.5.1　问题

Java 程序员面对的最痛苦的事情之一就是在 Java 代码中嵌入 SQL 语句。事实上，在 Java 代码中动态生成 SQL 语句就是一场噩梦。例如：

```
String sql = "SELECT P.ID, P.USERNAME, P.PASSWORD, P.FULL_NAME, "
"P.LAST_NAME,P.CREATED_ON, P.UPDATED_ON " +
"FROM PERSON P, ACCOUNT A " +
"INNER JOIN DEPARTMENT D on D.ID = P.DEPARTMENT_ID " +
"INNER JOIN COMPANY C on D.COMPANY_ID = C.ID " +
"WHERE (P.ID = A.ID AND P.FIRST_NAME like ?) " +
"OR (P.LAST_NAME like ?) " +
"GROUP BY P.ID " +
"HAVING (P.LAST_NAME like ?) " +
"OR (P.FIRST_NAME like ?) " +
"ORDER BY P.ID, P.FULL_NAME";
```

这么做通常是由于 SQL 语句需要动态生成，否则就可以将它们放到外部文件或者存储过程中。正如前面已经介绍的那样，MyBatis 在它的 XML 映射特性中有强大的动态 SQL 生成方案。但有时在 Java 代码内部创建 SQL 语句也是必要的。此时，可以利用 MyBatis 的另一个特性。

### 17.5.2　解决方法

MyBatis 3 提供了方便的 SQL 类以解决上面的问题。使用 SQL 类，只需要简单地创建一个实例，通过它调用方法生成 SQL 语句即可。上面示例中的问题就像重写 SQL 类那样：

```
private String selectPersonSql() {
  return new SQL() {{
    SELECT("P.ID, P.USERNAME, P.PASSWORD, P.FULL_NAME");
    SELECT("P.LAST_NAME, P.CREATED_ON, P.UPDATED_ON");
    FROM("PERSON P");
    FROM("ACCOUNT A");
    INNER_JOIN("DEPARTMENT D on D.ID = P.DEPARTMENT_ID");
    INNER_JOIN("COMPANY C on D.COMPANY_ID = C.ID");
    WHERE("P.ID = A.ID");
```

```
            WHERE("P.FIRST_NAME like ? ");
            OR();
            WHERE("P.LAST_NAME like ? ");
            GROUP_BY("P.ID");
            HAVING("P.LAST_NAME like ? ");
            OR();
            HAVING("P.FIRST_NAME like ? ");
            ORDER_BY("P.ID");
            ORDER_BY("P.FULL_NAME");
        }}.toString();
    }
```

该例有什么特殊之处？仔细看就可以发现，不用担心偶尔重复出现的 AND 关键字或者在 WHERE 和 AND 之间的选择，甚至什么都不选。该 SQL 类非常注意 WHERE 应该出现在何处、哪里又应该使用 AND 以及所有的字符串连接问题。

### 17.5.3 构建器命令详解

构建器详细命令如表 17.1 所示。

表 17.1 构建器详细命令

| 方　　法 | 描　　述 |
| --- | --- |
| SELECT(String) | 开始或插入 SELECT 子句。可以被多次调用，参数也会添加到 SELECT 子句。参数通常使用逗号分隔的字段名和别名列表，也可以是数据库驱动程序接受的任意类型 |
| SELECT_DISTINCT(String) | 开始或插入 SELECT 子句，也可以插入 DISTINCT 关键字到生成的查询语句中。可以被多次调用，参数也会添加到 SELECT 子句。参数通常使用逗号分隔的字段名和别名列表，也可以是数据库驱动程序接受的任意类型 |
| FROM(String) | 开始或插入 FROM 子句。可以被多次调用，参数也会添加到 FROM 子句。参数通常是表名或别名，也可以是数据库驱动程序接受的任意类型 |
| JOIN(String),<br>INNER_JOIN(String),<br>LEFT_OUTER_JOIN(String),<br>RIGHT_OUTER_JOIN(String) | 基于调用的方法，添加新的适当类型的 JOIN 子句。参数可以包含由字段命和 JOIN ON 条件组合成的标准的 JOIN 子句 |
| WHERE(String) | 插入新的 WHERE 子句条件，由 AND 连接。可以多次被调用，每次都由 AND 连接新条件。使用 OR()分隔 |
| OR() | 用来分隔当前的 WHERE 子句条件。可以被多次调用，但在一行中多次调用有可能生成不稳定的 SQL 语句 |
| AND() | 用来分隔当前的 WHERE 子句条件。可以被多次调用，但在一行中多次调用有可能生成不稳定的 SQL 语句。因为 WHERE 和 HAVING 二者都会自动连接 AND，这是非常罕见的方法，只是为了完整性才被使用 |

续表

| 方法 | 描述 |
|---|---|
| GROUP_BY(String) | 插入新的 GROUP BY 子句元素，由逗号连接。可以被多次调用，每次都由逗号连接新的条件 |
| HAVING(String) | 插入新的 HAVING 子句条件。由 AND 连接。可以被多次调用，每次都由 AND 连接新的条件。使用 OR() 分隔 |
| ORDER_BY(String) | 插入新的 ORDER BY 子句元素，由逗号连接。可以多次被调用，每次都由逗号连接新的条件 |
| DELETE_FROM(String) | 开始一个 DELETE 语句并指定需要从哪个表中删除数据。通常它后面都会有 WHERE() |
| INSERT_INTO(String) | 开始一个 INSERT 语句并指定需要插入数据的表名。后面都会有一个或者多个 VALUES() |
| SET(String) | 针对 UPDATE 语句，插入 SET 列表中 |
| UPDATE(String) | 开始一个 UPDATE 语句并指定需要更新的表。后面都会有一个或者多个 SET()，通常也会有一个 WHERE() |
| VALUES(String, String) | 用在 INSERT 语句中。第一个参数是要插入的字段名，第二个参数则是该字段的值 |

## 17.6 构建器应用

对前面的例子中直接执行 SQL 语句的测试类进行改造，用 SQL 构建器构建 SQL 语句，重新测试直接执行 SQL 语句的 Mapper。

### 17.6.1 查询单个记录

查询单个记录的步骤如下：

（1）在测试类 SqlBuilderMapperTest.java 中添加测试方法：

```
public void selectOne() {
    //获取 SqlSession
    SqlSession sqlsession = sqlSessionFactory.openSession();
    //获取接口代理对象
    SqlMapper sqlMapper = sqlsession.getMapper(SqlMapper.class);
    //调用代理对象方法
    String sql = new SQL().SELECT("*").FROM("user").WHERE("id=1").toString();
    Map user = sqlMapper.selectOne(sql);
    //打印结果
    System.out.println(user);
    //关闭 SqlSession
    sqlsession.close();
}
```

（2）测试方法中的 SQL 构建语句 String sql = new SQL().SELECT("*").FROM

("user").WHERE("id=1").toString()查询 id 为 1 的用户,返回该用户的信息:

    {birthday=2020-08-24, address=北京, sex=男, id=1, username=张三}

### 17.6.2 查询多个记录

查询多个记录的步骤如下:

(1) 在测试类 SqlBuilderMapperTest.java 中添加测试方法:

```
public void selectList() {
    //获取 SqlSession
    SqlSession sqlsession = sqlSessionFactory.openSession();
    //获取接口代理对象
    SqlMapper sqlMapper = sqlsession.getMapper(SqlMapper.class);
    String sql = new SQL().SELECT("*").FROM("user").WHERE("id=1").OR().
        WHERE("id=2").toString();
    //调用代理对象方法
    List<Map<String, Object>> user = sqlMapper.selectList(sql);
    //打印结果
    System.out.println(user);
    //关闭 SqlSession
    sqlsession.close();
}
```

(2) 测试方法中的 SQL 构建语句 new SQL().SELECT("*").FROM("user").WHERE("id=1").OR().WHERE("id=2").toString()查询 id 为 1 和 2 的用户,返回这两个用户的信息:

    [{birthday=2020-08-24, address=北京 1, sex=男, id=1, username=张三}, {birthday=2020-08-24, address=河南南阳, sex=男, id=2, username=张四}]

### 17.6.3 删除记录

删除记录的步骤如下:

(1) 在测试类 SqlBuilderMapperTest.java 中添加测试方法。

```
public void delete() {
    //获取 SqlSession
    SqlSession sqlsession = sqlSessionFactory.openSession();
    //获取接口代理对象
    SqlMapper sqlMapper = sqlsession.getMapper(SqlMapper.class);
    String sql = new SQL().DELETE_FROM("user").WHERE("id=37").toString();
    //调用代理对象方法
    sqlMapper.delete(sql);
    //打印结果
    sqlsession.commit();
    //关闭 SqlSession
```

```
        sqlsession.close();
    }
```

（2）测试方法中的 SQL 构建语句 String sql ＝ new SQL().DELETE_FROM("user").WHERE("id=37").toString()删除 id 为 37 的用户。

### 17.6.4　增加记录

增加记录的步骤如下：

（1）在测试类 SqlBuilderMapperTest.java 中添加测试方法：

```
public void insert() {
    //获取 SqlSession
    SqlSession sqlsession = sqlSessionFactory.openSession();
    //获取接口代理对象
    SqlMapper sqlMapper = sqlsession.getMapper(SqlMapper.class);
    String sql = new SQL().INSERT_INTO("user").INTO_COLUMNS("`username`,
        `birthday`, `sex`, `address`").INTO_VALUES("'张三','2020-08-24','男',
        '河南开封'").toString();
    //调用代理对象方法
    sqlMapper.insert(sql);
    sqlsession.commit();
    //关闭 SqlSession
    sqlsession.close();
}
```

（2）测试方法中的 SQL 构建语句 new SQL().INSERT_INTO("user").INTO_COLUMNS("`username`,`birthday`,`sex`,`address`").INTO_VALUES("'张三','2020-08-24','男','河南开封'").toString()删除 id 为 37 的用户。

### 17.6.5　修改记录

修改记录的步骤如下：

（1）在测试类 SqlBuilderMapperTest.java 中添加测试方法：

```
public void update() {
    //获取 sqlsession
    SqlSession sqlsession = sqlSessionFactory.openSession();
    //获取接口代理对象
    SqlMapper sqlMapper = sqlsession.getMapper(SqlMapper.class);
    String sql = new SQL().UPDATE("user").SET("address='北京 1'").WHERE("id=
        1").toString();
    //调用代理对象方法
    sqlMapper.update(sql);
    //打印结果
    sqlsession.commit();
    //关闭 SqlSession
```

```
sqlsession.close();
}
```

（2）测试方法中的 SQL 构建语句 new SQL().UPDATE("user").SET("address='北京 1'").WHERE("id=1").toString()修改 id 为 1 的用户信息。

## 17.7　MyBatis 注解

### 17.7.1　简介

MyBatis 的映射除了用配置文件完成外，还可以用注解方式完成。通过注解方式，不需要配置文件，配置文件的内容变成在接口中注解。

MyBatis 映射器 Mapper 实现的方法有 XML 映射＋接口和注解＋接口。

注解虽然很方便，但不好管理，而且因为是写在 Java 代码上，仅仅修改 SQL 语句也意味着要重新编译。XML 映射文件可以很好地管理 SQL 语句，寻找起来也快。官方也推荐用 XML 映射文件方式，对于复杂的映射，还是 XML 更好理解，也更好实现。

**1. 注解与 XML 的比较**

在没有注解之前，XML 广泛应用于描述元数据。在需要紧耦合的地方，注解比 XML 该容易维护，阅读更方便。XML 是松耦合的，注解是紧耦合的，对于 XML 和注解的使用，要具体问题具体分析。

**2. MyBatis 注解**

在最初设计时，MyBatis 是一个 XML 驱动的框架。配置信息是基于 XML 的，而且映射语句也是定义在 XML 中的，而到了 MyBatis 3，就有了基于注解的配置，注解提供了一种实现简单映射语句的方式，而不会引入大量的开销。

MyBatis 基于注解的用法正在变得越来越流行，但需要注意的是，注解的方式还没有完全覆盖所有 XML 标签。

### 17.7.2　注解命令

MyBatis 注解命令如表 17.2 所示。

表 17.2　MyBatis 注解命令

| 注 解 命 令 | 目标 | 对应的 XML 标签 | 描　　述 |
|---|---|---|---|
| @CacheNamespace | 类 | \<cache\> | 为给定的命名空间（例如类）配置缓存。属性有 implemetation、eviction、flushInterval、size、readWrite、blocking 和 properties |
| @Property | N/A | \<property\> | 指定属性值或占位符（可以用 mybatis-config.xml 中定义的配置属性替换）。属性有 name、value（在 MyBatis 3.4.2 及以上版本可用） |

续表

| 注解命令 | 目标 | 对应的 XML 标签 | 描述 |
| --- | --- | --- | --- |
| @CacheNamespaceRef | 类 | &lt;cacheRef&gt; | 参照另一个命名空间的缓存来使用。属性有 value,name。如果使用此注解,则应指定 value 或 name 属性。value 属性指定指定命名空间的 Java 类型(命名空间名称成为指定的 Java 类型的 FQCN),name 属性(在 MyBatis 3.4.2 及以上版本可用)指定命名空间的名称 |
| @ConstructorArgs | 方法 | &lt;constructor&gt; | 收集一组结果传递给一个对象的构造方法。属性为 value,是形式参数的数组 |
| @Arg | N/A | • &lt;arg&gt;<br>• &lt;idArg&gt; | 单独的构造方法参数,是 ConstructorArgs 集合的一部分。属性有 id、column、javaType、typeHandler。id 属性取布尔值,标识用于比较的属性,和&lt;idArg&gt;XML 元素相似 |
| @TypeDiscriminator | 方法 | &lt;discriminator&gt; | 一组实例值,用来决定结果映射的表现。属性有 column、javaType、jdbcType、typeHandler、cases。cases 属性就是实例的数组 |
| @Case | N/A | &lt;case&gt; | 一个实例的值和它对应的映射。属性有 value、type、results。results 属性是结果数组。因此,这个注解和实际的 resultMap 很相似,由下面的@Results 注解指定 |
| @Results | 方法 | &lt;resultMap&gt; | 结果映射的列表,包含一个特别结果列如何被映射到属性或字段的详情。属性有 value、id。value 属性是@Result 注解的数组,id 属性是结果映射的名称 |
| @Result | N/A | • &lt;result&gt;<br>• &lt;id&gt; | 在列和属性或字段之间的一个结果映射。属性有 id、column、property、javaType、jdbcType、typeHandler、one、many。id 属性取布尔值,表示用于比较的属性(和在 XML 映射中的&lt;id&gt;相似)。one 属性是一个联系,和&lt;association&gt;相似。many 属性是对集合而言的,和&lt;collection&gt;相似。这样命名是为了避免名称冲突。 |
| @One | N/A | &lt;association&gt; | 复杂类型的一个属性值映射。属性为 select,是已映射语句(也就是映射器方法)的完全限定名,它可以加载合适类型的实例。注意,联合映射在注解 API 中是不支持的。这是因为 Java 注解的限制,不允许循环引用。fetchType 会覆盖全局的配置参数 lazyLoadingEnabled |
| @Many | N/A | &lt;collection&gt; | 映射到复杂类型的集合属性。属性为 select,是已映射语句(也就是映射器方法)的全限定名,它可以加载合适类型的实例的集合。fetchType 会覆盖全局的配置参数 lazyLoadingEnabled。注意,联合映射在注解 API 中是不支持的。这是因为 Java 注解的限制,不允许循环引用 |

续表

| 注解命令 | 目标 | 对应的 XML 标签 | 描 述 |
|---|---|---|---|
| @MapKey | 方法 | | 复杂类型的集合属性映射。属性为 select,是映射语句(也就是映射器方法)的完全限定名,它可以加载合适类型的一组实例。注意,联合映射在 Java 注解中是不支持的。这是因为 Java 注解的限制,不允许循环引用 |
| @Options | 方法 | 映射语句的属性 | 这个注解提供访问交换和配置选项的范围,它们通常在映射语句中作为属性出现。属性如下: useCache＝true,flushCache＝FlushCachePolicy.DEFAULT,resultSetType＝FORWARD_ONLY, statementType＝PREPARED, fetchSize＝－1, timeout＝－1useGeneratedKeys＝false, keyProperty＝"id", keyColumn＝"",resultSets＝""。理解 Java 注解是很重要的,因为没有办法指定 null 作为值。因此,一旦使用了 Options 注解,语句就受所有默认值的支配。要知道默认值,以避免不期望的行为。 |
| • @Insert<br>• @Update<br>• @Delete<br>• @Select | 方法 | • &lt;insert&gt;<br>• &lt;update&gt;<br>• &lt;delete&gt;<br>• &lt;select&gt; | 这些注解代表执行的 SQL 语句。它们使用字符串数组(或一个字符串)。属性为 value,是字符串数组,用来组成一个 SQL 语句 |
| • @InsertProvider<br>• @UpdateProvider<br>• @DeleteProvider<br>• @SelectProvider | 方法 | • &lt;insert&gt;<br>• &lt;update&gt;<br>• &lt;delete&gt;<br>• &lt;select&gt; | 这些注解通过指定类名和方法名创建动态 SQL。基于执行的映射语句,MyBatis 会实例化这个类,然后执行指定的方法,该方法可以有选择地接收参数对象。属性有 type、method。type 属性是类。method 属性是方法名 |
| @Param | 参数 | N/A | 如果映射器的方法需要多个参数,这个注解可以应用于映射器的方法参数,给每个参数命名字;否则,多个参数会以它们的顺序命名(不包括任何 RowBounds 参数),例如 #{param1}、#{param2}等,这是默认的命名方式。使用 @Param("person"),参数会被命名为#{person} |
| @SelectKey | 方法 | &lt;selectKey&gt; | 该注解与&lt;selectKey&gt;标签的功能相同,用在加了 @Insert、@InsertProvider、@Updateor、@UpdateProvider注解的方法上,在其他方法上将被忽略。属性如下:statement 是要执行的 SQL 语句的字符串数组;keyProperty 是需要更新为新值的参数对象的属性;before 可以是 true 或者 false,分别代表 SQL 语句应该在执行 insert 之前或者之后执行;resultType 是 keyProperty 的 Java 类型;statementType 是语句的类型,取 Statement、PreparedStatement 和 CallableStatement 对应的 STATEMENT、PREPARED 或者 CALLABLE 之一,默认是 PREPARED |

续表

| 注解命令 | 目标 | 对应的 XML 标签 | 描述 |
|---|---|---|---|
| @ResultMap | 方法 | N/A | 这个注解给@Select 或者@SelectProvider 提供 XML 映射中的＜resultMap＞的 id。这使得加了该注解的 select 可以复用定义在 XML 中的 resultMap。如果@Select 注解中还存在@Results 或者@ConstructorArgs，那么这两个注解将被@Select 注解覆盖 |
| @ResultType | 方法 | N/A | 当使用结果处理器时使用这个注解。这种情况下，返回类型为 void，所以 MyBatis 必须用一种方式决定对象的类型，用于构造每行数据。如果有 XML 的结果映射，使用@ResultMap 注解。如果结果类型在 XML 的＜select＞标签中指定了，就不需要其他注解了。其他情况下则使用这个注解。例如，如果@Select 注解在一个方法上使用结果处理器，返回类型必须是 void 并且必须使用这个注解（或者@ResultMap 注解）。这个注解只在返回类型是 void 时有效 |
| @Flush | 方法 | N/A | 这个注解调用定义在 Mapper 接口中的 SqlSession#flushStatements 方法（MyBatis 3.3 及以上版本可用）|

### 17.7.3 注解接口

本节创建 Mapper 接口 UserAnnotationMapper.java，把/MyBatisApp/src/org/ldh/student/dao/UserMapper.xml 中的配置信息都注解在接口中，这样就不再需要配置映射文件 UserMapper.xml 了。接口 UserAnnotationMapper.java 及其注解代码如下：

程序清单：/MyBatisApp/src/org/ldh/student/dao/UserAnnotationMapper.java

```
public interface UserAnnotationMapper {
    @Select("select * from user where id = #{id}")
    public User findUserById(int id);                              //根据 id 值查询一个用户
    @Select("select * from user where username like #{username}")
    public List<User> findUserByUsername(String name);    //根据 id 值查询一个用户
    @Insert("insert into user (username,birthday,address,sex)\r\n"
            + "        values(#{username},#{birthday},#{address},#{sex})")
    public void insertUser(User user);                             //新增一个用户
    @Update("update user\r\n" +
            "        set username = #{username},sex =\r\n"
            + "        #{sex},birthday = #{birthday},address = #{address}\r\n"
            + "        where id = #{id}")
    public void updateUser(User user);                             //修改一个用户
    @Delete("delete from user\r\n" + "        where\r\n" + "        id = #{id}")
    public void deleteUserById(int id);                            //删除一个用户
}
```

### 17.7.4 测试类

测试类代码如下：

**程序清单**：/MyBatisApp/src/org/ldh/student/UserAnnotationMapperTest.java

```java
public class UserAnnotationMapperTest {
    private SqlSessionFactory sqlSessionFactory;
    protected void setUp() throws Exception {
        SqlSessionFactoryBuilder sessionFactoryBuilder = new
            SqlSessionFactoryBuilder();
        InputStream inputStream = Resources.getResourceAsStream
            ("MybatisConfig.xml");
        sqlSessionFactory = sessionFactoryBuilder.build(inputStream);
    }
    public static void main(String[] args) throws Exception {
        UserAnnotationMapperTest test =new UserAnnotationMapperTest();
        test.setUp();
        test.testGetUserById();
        test.testInsertUser();
        test.testUpdateUser();
        test.testDeleteUser();
    }
     public void testGetUserById() {
        SqlSession sqlsession = sqlSessionFactory.openSession();
        UserAnnotationMapper userMapper = sqlsession.getMapper
            (UserAnnotationMapper.class);
        User user = userMapper.findUserById(1);
        System.out.println(user);
        sqlsession.close();
    }
    public void testInsertUser() {
        SqlSession sqlsession = sqlSessionFactory.openSession();
        UserAnnotationMapper userMapper = sqlsession.getMapper
            (UserAnnotationMapper.class);
        User user = new User();
        user.setUsername("小李");
        user.setSex("男");
        user.setBirthday(new Date());
        user.setAddress("河南省郑州市");
        userMapper.insertUser(user);
        sqlsession.commit();
        sqlsession.close();
    }
    public void testUpdateUser() {
```

```java
        SqlSession sqlsession = sqlSessionFactory.openSession();
        UserAnnotationMapper userMapper = sqlsession.getMapper
            (UserAnnotationMapper.class);
        User user = new User();
        user.setId(29);
        user.setUsername("小李");
        user.setSex("男");
        user.setBirthday(new Date());
        user.setAddress("河南省南阳市");
        userMapper.updateUser(user);
        //提交事务
        sqlsession.commit();
        //关闭 SqlSession
        sqlsession.close();
    }
    public void testDeleteUser() {
        SqlSession sqlsession = sqlSessionFactory.openSession();
        UserAnnotationMapper userMapper = sqlsession.getMapper
            (UserAnnotationMapper.class);
        userMapper.deleteUserById(31);
        sqlsession.commit();
        sqlsession.close();
    }
}
```

## ◆ 17.8 注解 SQL 的 Provider 方式

可以看到,在 Mapper 接口注解方式中需要组织 SQL 语句,比较麻烦,例如下面的增加了注解的 SQL 语句:

```
@Insert("insert into user (username,birthday,address,sex) \r\n"
    + "            values(#{username},#{birthday},#{address},#{sex})")
```

当 SQL 语句复杂时,注解更为麻烦。

MyBatis 提供了在专门类中生成注解语句的功能,这里调用这些类即可。专门生成 SQL 语句的类就是一个普通类,每个方法都返回 SQL 字符串。在 Mapper 接口注解类中用@InsertProvider、@SelectProvider、@UpdateProvider、@DeleteProvider 引用 SQL 生成类对应的方法,对上面的例子中的 MyBatis 注解实例进行改造。

### 17.8.1 创建 Mapper 接口

在 org.ldh.student.dao 包中创建接口 UserProviderMapper.java,为空接口,接口方法在具体例子中展示。代码如下:

程序清单：/MyBatisApp/src/org/ldh/student/dao/UserProviderMapper.java
```
public interface UserProviderMapper {

}
```

### 17.8.2　创建 SQL 提供类

在 org.ldh.student.dao 包中创建 SQL 提供类 UserProvider.java，为空类，具体提供 SQL 语句的方法在后面的例子中展示。代码如下：

程序清单：/MyBatisApp/src/org/ldh/student/dao/UserProvider.java
```
public class UserProvider {

}
```

### 17.8.3　创建测试类

在 org.ldh.student 包中创建测试类 UserProviderMapperTest.java，添加初始化方法 setUp()，添加入口的主方法 main(String[] args)，测试时只需要把测试的方法放在 main() 方法的 test.setUp() 语句之后即可。代码如下：

程序清单：/MyBatisApp/src/org/ldh/student/UserProviderMapperTest.java
```
Public class UserProviderMapperTest{
    private SqlSessionFactory sqlSessionFactory;
    protected void setUp() throws Exception {
        SqlSessionFactoryBuilder sessionFactoryBuider = new
            SqlSessionFactoryBuilder();
        InputStream inputStream = Resources.getResourceAsStream
            ("MyBatisConfig.xml");
        sqlSessionFactory = sessionFactoryBuilder.build(inputStream);
    }
    public static void main(String[] args) throws Exception {
        UserProviderMapperTest test =new UserProviderMapperTest ();
        test.setUp();
        ...                                          //具体的测试方法
    }
}
```

### 17.8.4　@SelectProvider 注解

@ SelectProvider 注解用于标示查询 SQL 语句的提供者。

（1）在 SQL 提供类 UserProvider.java 添加方法 selectOne()、selectList()。
selectOne() 方法为单记录查询提供 SQL 语句，构造 SQL 语句用了 SQL 构造器。代码如下：

```
public String selectOne() {
    String sql = new SQL().SELECT("*").FROM("user").WHERE("id=#{id}").
        toString();
    return sql;
}
```

selectList()方法为多记录查询提供 SQL 语句,它和单记录查询没有区别。代码如下:

```
public String selectList() {
    String sql = new SQL().SELECT("*").FROM("user").WHERE("id=#{id}").
        toString();
    return sql;
}
```

(2) 在 Mapper 接口的 UserProviderMapper.java 类中添加抽象方法并加注解。在查询单个用户的抽象方法 findUserById()上注解 SQL 语句的提供者:

```
@SelectProvider(type=UserProvider.class, method="selectOne")
```

Type 属性表明提供的类,method 属性表明具体提供 SQL 语句的方法,代码如下:

```
@SelectProvider(type=UserProvider.class, method="selectOne")
public User findUserById(int id);                    //根据 id 值查询一个用户
```

在查询多个用户的抽象方法 findUserByUsername()上注解 SQL 语句的提供者,提供 SQL 语句的类是 UserProvider.class,提供的方法是 UserProvider 接口的 selectList()方法,代码如下:

```
@SelectProvider(type=UserProvider.class, method="selectList")
public List<User> findUserByUsername(String name);
```

(3) 在测试类 UserProviderMapperTest 中添加测试方法,在测试方法中用 sqlsession.getMapper(UserProviderMapper.class)获取 DAO 实例。代码如下:

```
public void testGetUserById() {
    SqlSession sqlsession = sqlSessionFactory.openSession();
    UserProviderMapper userMapper = sqlsession.getMapper(UserProviderMapper.
class);
    User user = userMapper.findUserById(1);
    System.out.println(user);
    sqlsession.close();
}
```

(4) 运行测试代码得到 id 为 1 的用户信息,结果如下:

```
User [id=1, username=张三, sex=男, birthday=Mon Aug 24 00:00:00 CST 2020,
    address=北京 1]
```

### 17.8.5  @InsertProvider 注解

@InsertProvider 注解用于标示 SQL 增加语句的提供者。

（1）在 SQL 提供类 UserProvider.java 中添加方法 insert()，该方法为 SQL 语句增加的提供者。代码如下：

```java
public String insert(User user) {
    String sql = new SQL() {
        {
            INSERT_INTO("user");
            if (user.getUsername() != null && !user.getUsername().isEmpty()) {
                VALUES("username "," #{username}");
            }
            if (user.getSex() != null && !user.getSex().isEmpty()) {
                VALUES("sex "," #{sex}");
            }
            else
            {
                VALUES("sex ","'未知'");
            }
            if (user.getBirthday() != null) {
                VALUES("birthday "," #{birthday}");
            }
            if (user.getAddress() != null && !user.getAddress().isEmpty()) {
                VALUES("address "," #{address}");
            }
            //INTO_COLUMNS("`username`, `birthday`, `sex`, `address`");
            //INTO_VALUES("#{username},#{birthday},#{sex},#{address}");
        }
    }.toString();
    return sql;
}
```

这个方法有用户 User 的参数 user，形成 SQL 语句要判断参数 user 对应的属性是否为空。这里用的是匿名类的代码块，在代码块中构造 SQL 语句，在构造 SQL 语句中对参数 user 对应的属性进行判断，例如：

```java
if (user.getSex() != null && !user.getSex().isEmpty()) {
    VALUES("sex "," #{sex}");
}
else
{
    VALUES("sex ","'未知'");
}
```

表示传入的性别为空时,性别填上"未知"。这也说明了利用注解的提供者可以构造复杂的 SQL 语句。

(2) 在 Mapper 接口的 UserProviderMapper.java 类中添加抽象方法并加注解。

在增加用户的抽象方法 insertUser()上注解 SQL 语句的提供者。提供 SQL 语句的类是 UserProvider.class,提供的方法是 UserProvider 接口的 insert()方法。代码如下:

```
@InsertProvider(type=UserProvider.class, method="insert")
public void insertUser(User user);                    //增加一个用户
```

(3) 在测试类 UserProviderMapperTest 中添加测试方法,在测试方法中用 sqlsession.getMapper(UserProviderMapper.class)获取 DAO 实例。代码如下:

```
public void testInsertUser() {
    SqlSession sqlsession = sqlSessionFactory.openSession();
    UserProviderMapper userMapper = sqlsession.getMapper(UserProviderMapper.
        class);
    User user = new User();
    user.setUsername("小李");
    user.setSex("男");
    user.setBirthday(new Date());
    user.setAddress("河南省郑州市");
    userMapper.insertUser(user);
    sqlsession.commit();
    sqlsession.close();
}
```

(4) 当不填写性别时,例如:

```
user.setUsername("小李");
//user.setSex("男");
user.setBirthday(new Date());
user.setAddress("河南省郑州市");
```

增加的用户性别信息为"未知"。增加新用户后的并查询结果如下:

```
User [id=53, username=小李, sex=未知, birthday=Sat Sep 05 00:00:00 CST 2020,
    address=河南省郑州市]
```

### 17.8.6　@UpdateProvider 注解

@UpdateProvider 注解用于标示 SQL 修改语句的提供者。

(1) 在 SQL 提供类 UserProvider.java 中添加方法 update(),该方法为 SQL 修改语句的提供者。代码如下:

```
public String update(User user) {
    String sql = new SQL() {
```

```
        {
            UPDATE("user");
            if (user.getUsername() != null && !user.getUsername().isEmpty()) {
                SET("username = #{username}");
            }
            if (user.getSex() != null && !user.getSex().isEmpty()) {
                SET("sex = #{sex}");
            }
            if (user.getBirthday() != null) {
                SET("birthday = #{birthday}");
            }
            if (user.getAddress() != null && !user.getAddress().isEmpty()) {
                SET("address = #{address}");
            }
            WHERE("id=#{id}");
        }
    }.toString();
    return sql;
}
```

这个方法有用户 User 的参数 user,形成 SQL 语句要判断参数 user 对应的属性是否为空。这里用的是匿名类的代码块,在代码块中构造 SQL 语句,在构造 SQL 语句中对参数 user 对应的属性进行判断,例如:

```
if (user.getAddress() != null && !user.getAddress().isEmpty()) {
    SET("address = #{address}");
}
```

表示传入的地址为空时不修改地址。这里可以构造出像配置文件一样有条件标签的复杂语句。

(2) 在 Mapper 接口的 UserProviderMapper.java 类中添加抽象方法并注解。

在修改用户信息的抽象方法 updateUser()上注解 SQL 语句的提供者。提供 SQL 语句的类是 UserProvider.class,提供的方法是 UserProvider 接口的 update()方法。代码如下:

```
@UpdateProvider(type=UserProvider.class, method="update")
public void updateUser(User user);                    //修改一个用户的信息
```

(3) 在测试类 UserProviderMapperTest 中添加测试方法,在测试方法中用 sqlsession.getMapper(UserProviderMapper.class)获取 DAO 实例。代码如下:

```
public void testUpdateUser() {
    SqlSession sqlsession = sqlSessionFactory.openSession();
    UserProviderMapper userMapper = sqlsession.getMapper(UserProviderMapper.
        class);
```

```
            User user = new User();
            user.setId(1);
            user.setUsername("小李");
            user.setSex("男");
            user.setBirthday(new Date());
            user.setAddress("河南省南阳市1");
            userMapper.updateUser(user);
            sqlsession.commit();
            sqlsession.close();
        }
```

(4) 当只填写地址时：

```
user.setId(1);
//user.setUsername("小李");
//user.setSex("男");
//user.setBirthday(new Date());
user.setAddress("河南省郑州市金水区");
```

只修改地址。

运行修改并查询，结果如下，用户1地址修改为"河南省郑州市金水区"。

```
User [id=1, username=小李, sex=男, birthday=Sat Sep 05 00:00:00 CST 2020,
    address=河南省郑州市金水区]
```

### 17.8.7 @DeleteProvider 注解

@DeleteProvider 注解用于标示 SQL 删除语句的提供者。

(1) 在 SQL 提供类 UserProvider.java 中添加方法 delete()，该方法为 SQL 删除语句的提供者。代码如下：

```
public String delete() {
    String sql = new SQL().DELETE_FROM("user").WHERE("id=#{id}").toString();
    return sql;
}
```

(2) 在 Mapper 接口的 UserProviderMapper.java 类中添加抽象方法并加注解。

在删除用户的抽象方法 deleteUserById() 上注解 SQL 语句的提供者。提供 SQL 语句的类是 UserProvider.class，提供的方法是 UserProvider 接口的 delete() 方法，代码如下：

```
@DeleteProvider(type=UserProvider.class, method="delete")
public void deleteUserById(int id);                         //删除一个用户
```

(3) 在测试类 UserProviderMapperTest 中添加测试方法，在测试方法中 sqlsession.getMapper(UserProviderMapper.class) 获取 DAO 实例。代码如下：

```
public void testDeleteUser() {
    SqlSession sqlsession = sqlSessionFactory.openSession();
    UserProviderMapper userMapper = sqlsession.getMapper(UserProviderMapper.
        class);
    userMapper.deleteUserById(40);
    sqlsession.commit();
    sqlsession.close();
}
```

（4）运行测试方法，查看数据库，id 为 40 的用户被删除。

# 本篇参考文献

[1] 我就不吃芹菜. ORM 的概念：ORM 到底是什么[EB/OL]. (2016-01-18) [2019-08-28]. https://www.cnblogs.com/wgbs25673578/p/5140482.html.

[2] 柒小. ORM 框架的前世今生[EB/OL]. (2018-08-28) [2019-08-28]. https://www.cnblogs.com/7tiny/p/9551754.html.

[3] 韦邦杠. MyBatis 的优缺点以及特点[EB/OL]. (2018-10-09) [2019-08-28]. https://www.cnblogs.com/weibanggang/p/9759018.html.

[4] 東風★破. JDBC 深入介绍·JDBC 回顾·JDBC 常用 API 深入介绍[EB/OL]. (2018-01-31) [2019-08-28]. https://www.cnblogs.com/user110/p/8395248.html.

[5] 伊万夫斯基. MyBatis 入门看这一篇就够了[EB/OL]. (2018-08-28) [2019-08-28]. https://www.cnblogs.com/benjieqiang/p/11183580.html.

[6] 菜鸟教程. Java DAO 模式[EB/OL]. (2018-08-28) [2019-08-28]. https://www.runoob.com/note/27029.

[7] 侧身左睡. MyBatis 开发 DAO 层的两种方式（原始 DAO 层开发）[EB/OL]. (2018-08-28) [2019-08-28]. https://www.cnblogs.com/xyfer1018/p/10111817.html.

[8] 侧身左睡. MyBatis 开发 DAO 层的两种方式（Mapper 动态代理方式）[EB/OL]. (2018-08-28) [2019-08-28]. https://www.cnblogs.com/xyfer1018/p/10117227.html.

[9] YSOcean. MyBatis 详解（一对一，一对多，多对多）[EB/OL]. (2018-08-28) [2019-08-28]. https://www.cnblogs.com/ysocean/articles/7237499.html.

[10] Boblim.MyBatis 之 foreach 用法[EB/OL]. (2019-03-20) [2019-08-28]. https://www.cnblogs.com/fnlingnzb-learner/p/10566452.html.

[11] 路修远而求索. MyBatis：动态 SQL[EB/OL]. (2018-03-05) [2019-08-28]. https://www.cnblogs.com/keyi/p/8509519.html.

[12] noteless. MyBatis 动态 SQL 简单了解：Mybatis 简介（四）[EB/OL]. (2018-03-05) [2019-08-28]. https://www.cnblogs.com/noteless/p/10349745.html#1.

[13] LJW874362735.MyBatis 学习之注解开发[EB/OL]. (2019-12-19) [2019-08-28]. https://blog.csdn.net/LJW874362735/article/details/103616054.

[14] luffly. MyBatis 学习笔记之 SQL 语句构建器[EB/OL]. (2018-03-05) [2019-08-28]. https://www.cnblogs.com/law-luffy/p/5301024.html.

[15] 易兮科技. 大型项目技术栈第四讲：SQL 语句构建器[EB/OL]. (2020-08-18) [2019-08-28]. https://blog.csdn.net/m0_47157676/article/details/108086047,.

[16] weixin_30781631. MyBatis 映射器注解[EB/OL]. (2016-07-03) [2019-08-28]. https://blog.csdn.net/weixin_30781631/article/details/97993602.

[17] 罗小黑爱编程. MyBatis 源码分析[EB/OL]. (2019.07.27) [2019-08-28]. https://www.jianshu.com/p/2c185556345d2.

# 第4篇　Spring 与 Spring 容器

　　语言总是向松耦合方向发展。Spring MVC 主要实现模型与视图之间的解耦。Spring 的根本作用是实现对象的创建者与对象的使用者之间的解耦。也就是说,应用组件不负责创建对象,只管使用;对象由 Spring 创建并且送给应用组件使用。本篇循序渐进介绍解耦的过程:从传统的组件内实例化对象,然后使用;到工厂模式的工厂负责实例化对象,然后组件从工厂获取对象;再到 Spring 实例化对象,并送给(注入)组件使用。由于组件不需要获取对象,这样就彻底实现了对象的创建者与使用者之间的解耦。

　　上面是比较通俗的说法,专业的说法是控制反转(Inversion of Control,IoC),这是面向对象编程中的一种设计原则,可以用来减小计算机代码之间的耦合度。其中最常见的方式是依赖注入,还有一种方式是依赖查找。通过控制反转,对象在被创建时由一个调控系统内所有对象的外界实体将其所依赖的对象的引用传递给它,也可以说,依赖被注入到对象中。

　　Spring 不仅创建对象,而且管理对象的整个生命周期,因此 Spring 也被称作 Bean 容器或 Bean 工厂。

# 第18章 Spring 概述

## ◆ 18.1 传统对象的创建

### 18.1.1 对象创建者与使用者的关系

传统对象的创建是由使用者自己完成的,也就是使用者自己用 new 实例化对象,这样就造成对象的创建者与使用者之间的耦合,如图 18.1 所示。

图 18.1 传统对象的创建者与使用者之间的耦合

### 18.1.2 创建 Maven 项目

在 Eclipse 中用 maven-archetype-quickstart 骨架创建 Maven 项目 SpringApplication,项目 Group Id 为 org.ldh,Artifact Id 为 SpringApplication,如图 18.2 所示。

### 18.1.3 创建 Food 类

创建 org.ldh.Spring.Decoupling 包,在包中创建食物类 Food,代码如下:

```
public class Food {
    private String name;
    public Food(String name) {
        this.name = name;
    }
    public void setName(String name) {
        this.name = name;
    }
    public String getName() {
        return name;
    }
}
```

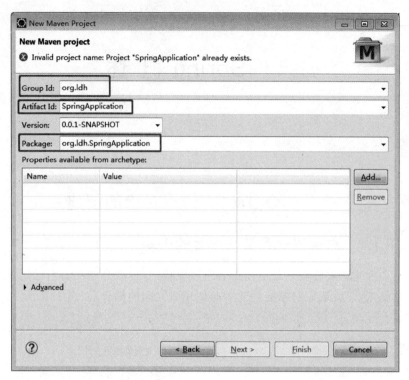

图 18.2　创建 Maven 项目

### 18.1.4　创建 Person1 类

创建第一种人 Person1 类，这种人自己做饭自己吃，也就是在 Person1 类中实例化 Food 类（Food food＝new Food("烩面")），代码如下：

程序清单：/SpringApplication/src/main/java/org/ldh/
　　　　　Spring/Decoupling/Person1.java

```
public class Person1 {
    public void eatFood(Food food1) {
        System.out.println("我正在吃:"+food1.getName());
    }
    public void eat() {
        System.out.println("Person1 我自己做饭");
        Food food=new Food("烩面");
        eatFood(food);
    }
}
```

### 18.1.5　测试与小结

创建测试类 Test，测试类中有入口 main() 方法，将测试代码写入 main() 方法中，代码如下：

程序清单：/SpringApplication/src/main/java/org/ldh/
Spring/Decoupling/Test.java

```
public class Test {
    public static void main(String[] args) {
        Person1 p1=new Person1();
        p1.eat();
    }
}
```

运行测试类，输出结果如图18.3所示。

图18.3　创建传统对象并输出结果

传统对象的创建使对象的创建者与使用者耦合，不利于代码复用以及大型项目的分工协作。这种模式像自己做饭自己吃。

## 18.2　使用工厂创建对象

### 18.2.1　对象创建者与使用者的关系

工厂模式是由工厂创建对象，工厂提供获取（get）对象的方法，由使用者从工厂获取对象，这样可以使对象的创建者与使用者之间解耦，如图18.4所示。

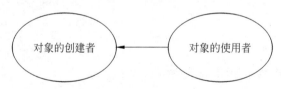

图18.4　工厂模式下对象的创建者与使用者的关系

### 18.2.2　创建工厂 FoodFactory 类

创建工厂 FoodFactory 类，工厂生产食物对象（return new Food("胡辣汤")），代码如下：

程序清单：/SpringApplication/src/main/java/org/ldh/Spring/
Decoupling/FoodFactory.java

```
public class FoodFactory {
    public static Food getFood() {
```

```
            return new Food("胡辣汤");
        }
    }
```

### 18.2.3 创建Person2类

创建第二种人Person2类,这种人去工厂取饭,也就是在Person2类中调用工厂方法获取食物对象(Food food=FoodFactory.getFood()),代码如下:

程序清单:/SpringApplication/src/main/java/org/ldh/Spring/Decoupling/Person2.java

```
public class Person2 {
    public void eatFood(Food food1) {
        System.out.println("我正在吃:"+food1.getName());
    }
    public void eat() {
        System.out.println("Person2 食堂做饭");
        Food food=FoodFactory.getFood();
        eatFood(food);
    }
}
```

### 18.2.4 测试与小结

在测试类Test的main()方法中加入测试代码:

```
public class Test {
    public static void main(String[] args) {
        Person2 p2=new Person2();
        p2.eat();
    }
}
```

运行测试类,输出结果如图18.5所示。

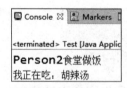

图18.5 使用工厂创建对象并输出结果

工厂模式使对象的创建者与使用者解耦,但这种解耦并不彻底,使用者需要从工厂获取对象。这种模式像去食堂吃饭。

## 18.3　使用 Spring 创建对象

### 18.3.1　对象创建者与使用者的关系

在 Spring 模式中，Spring 不仅创建对象，而且送对象给使用者（控制反转）。使用者不仅不创建对象，而且也不从工厂获取对象，对象由 Spring 注入，这样可以使对象的创建者与使用者之间彻底解耦，如图 18.6 所示。

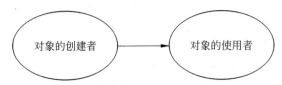

图 18.6　Spring 模式下对象的创建者与使用者的关系

### 18.3.2　添加 Spring 的 Maven 依赖

要使用 Spring 的功能，需要添加 Spring 的依赖，代码如下：

```
<dependency>
    <groupId>org.springframework</groupId>
    <artifactId>spring-context</artifactId>
    <version>4.3.7.RELEASE</version>
</dependency>
```

### 18.3.3　创建 Person3 类

创建第 3 种人 Person3 类，这种人等别人送饭，也就是由 Spring 注入对象。注入对象需要有注入方法 setFood()，定义实例变量 private Food food。代码如下：

程序清单：/SpringApplication/src/main/java/org/ldh/Spring/Decoupling/Person3.java

```java
public class Person3 {
    private Food food;
    public Food getFood() {
        return food;
    }
    public void setFood(Food food) {
        this.food = food;
    }
    public void eatFood(Food food1) {
        System.out.print("我正在吃:"+food1.getName());
    }
    public void eat() {
        System.out.println("Person3 外面送饭");
```

```
        eatFood(food);
    }
}
```

### 18.3.4　Spring Bean 配置

Spring 中对象的创建依据与对象的注入依据由 Spring 配置文件决定。Spring 中把对象称为 Bean。Spring 配置文件根节点是＜beans＞，子节点是＜bean＞，或者说 Spring 配置文件就是配置一个一个对象 Bean，也就是配置创建什么 Bean 对象，并将该对象注入什么对象。

Spring 配置文件结构如下：

```
<beans>
    <bean></bean>
    <bean></bean>
    ...
</beans>
```

创建 Spring 配置文件的具体步骤如下。

**1. 配置 food Bean**

配置名为 food 的 Bean(id="food")，其实现类是 org.ldh.Spring.Decoupling.Food 类(class="org.ldh.Spring.Decoupling.Food")，构造方法参数 name 赋值"油条"(＜constructor-arg name="name" value="油条"＞＜/constructor-arg＞)。具体配置如下：

```
<bean id="food" class="org.ldh.Spring.Decoupling.Food">
    <constructor-arg name="name" value="油条"></constructor-arg>
</bean>
```

上述配置相当于

```
Food food= new org.ldh.Spring.Decoupling.Food("油条")
```

**2. 配置 person Bean**

配置名为 person 的 Bean(id=" person ")，其实现类是 org.ldh.Spring.Decoupling.Person3 类(class="org.ldh.Spring.Decoupling.Person3")。调用 setFood()方法，将容器中的 food Bean 作为传入参数(＜property name="food" ref="food" /＞)，注入 person Bean 的 food 属性，这样 person Bean 就有了 food 对象。具体配置如下：

```
<bean id="person" class="org.ldh.Spring.Decoupling.Person3">
    <!-- 控制调用 setFood()方法,将容器中的 food Bean 作为传入参数 -->
    <property name="food" ref="food" />
</bean>
```

完整的 Spring 配置文件 springContext.xml 代码如下：

程序清单：/SpringApplication/src/main/java/springContext.xml

```xml
<?xml version="1.0" encoding="utf-8"?>
<beans xmlns="http://www.springframework.org/schema/beans"
    xmlns:xsi="http://www.w3.org/2001/XMLSchema-instance"
    xmlns:context="http://www.springframework.org/schema/context"
    xmlns:mvc="http://www.springframework.org/schema/mvc"
    xsi:schemaLocation="http://www.springframework.org/schema/beans
        http://www.springframework.org/schema/beans/spring-beans-3.2.xsd
        http://www.springframework.org/schema/context
        http://www.springframework.org/schema/context/spring-context-3.2.xsd
        http://www.springframework.org/schema/mvc
        http://www.springframework.org/schema/mvc/spring-mvc.xsd">
    <!-- 搜索Spring控件 -->
    <context:component-scan base-package="org.ldh"></context:component-scan>
    <!-- 配置名为food的Bean,其实现类是org.ldh.Spring.Decoupling.Food -->
    <bean id="food" class="org.ldh.Spring.Decoupling.Food">
        <constructor-arg name="name" value="油条"></constructor-arg>
    </bean>
    <bean id="person" class="org.ldh.Spring.Decoupling.Person3">
        <!-- 控制调用setFood()方法,将容器中的food Bean作为传入参数 -->
        <property name="food" ref="food" />
    </bean>
</beans>
```

### 18.3.5 测试与小结

测试步骤如下：

（1）在测试类 Test 的 main() 方法中加入测试代码：

```java
public class Test {
    public static void main(String[] args) {
        //创建Spring容器
        ApplicationContext ctx = new ClassPathXmlApplicationContext
            ("springContext.xml");
        //获取id为person的Bean
        Person3 p3 = ctx.getBean("person", Person3.class);
        //调用eat()方法
        p3.eat();
    }
}
```

（2）装入配置文件，依据配置文件生成 Spring 容器 ClassPathXmlApplicationContext：

```
ApplicationContext ctx = new ClassPathXmlApplicationContext("springContext.
    xml");
```

（3）从容器中获取对象：

```
Person3 p3 = ctx.getBean("person", Person3.class);
```

（4）运行测试类，输出结果如图 18.7 所示。

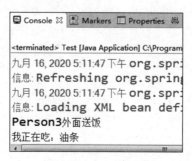

图 18.7　使用 Spring 创建对象的输出结果

Spring 模式使对象的创建者与使用者彻底解耦，由 Spring 创建对象并且注入对象。这种模式像点外卖。

# 第 19 章 Spring 容 器

## ◆ 19.1 控 制 反 转

控制反转把传统上由组件直接操控的对象的调用权交给容器,通过容器实现对象与组件的装配和管理。所谓的"控制反转"概念就是对组件的对象控制权从组件本身转移到了外部容器。图 19.1 为传统的组件自己管理对象,图 19.2 为容器管理对象与组件。

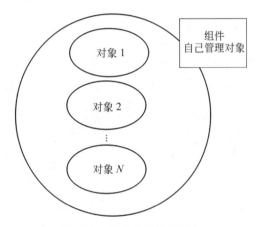

图 19.1 组件自己管理对象

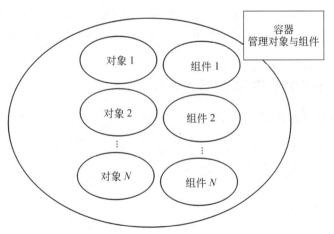

图 19.2 IOC 容器管理对象与组件

组件也是一个对象，把组件与对象分开是为了理解对象管理的层次。控制反转是容器管理对象与装配组件，把对象注入组件，这也是为什么称之为反转的原因。

控制反转是一个很大的概念，可以用不同的方式实现。其主要实现方式有两种：依赖查找和依赖注入。无论是依赖查找还是依赖注入，目的都是实现对象的创建者与使用者之间的解耦。

## 19.2 依赖查找

### 19.2.1 依赖查找的概念

依赖查找（Dependency Lookup，DL）是指容器提供回调接口和上下文环境给组件，组件容器查找对象，如图19.3所示。EJB和Apache Avalon都使用这种方式。

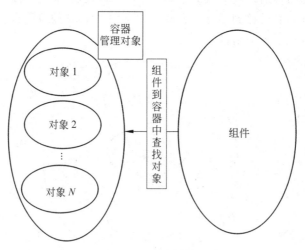

图 19.3 依赖查找

JNDI采用的控制反转方式就是依赖查找。

JNDI是Java命名与目录接口（Java Naming and Directory Interface），是重要的J2EE规范之一。不透彻理解JNDI的意义和作用，就不能真正掌握J2EE特别是EJB的知识。

### 19.2.2 用JDBC获取数据库连接

传统编程直接用JDBC获取数据库连接，部分代码如下：

```
public static Connection getConnection() {
    Connection conn = null;
    try {
        //初始化驱动类 com.mysql.jdbc.Driver
        //Class.forName("com.mysql.jdbc.Driver");
        conn = DriverManager.getConnection ( "jdbc:mysql://127.0.0.1:3306/
```

```
            test?
                characterEncoding=utf-8", "root","888");
        //该类就在 mysql-connector-java-5.0.8-bin.jar 中
        //如果忘记了导入该包,就会抛出 ClassNotFoundException 异常
        //} catch (ClassNotFoundException e) {
        //e.printStackTrace();
    } catch (SQLException e) {
        e.printStackTrace();
    }
    return conn;
}
```

这种方式造成数据源与组件耦合。当修改以下信息时,需要修改整个程序,这就是耦合带来的问题。

(1) 数据库服务器名称 127.0.0.1:3306、用户名和口令需要改变,由此引发 JDBC URL 需要修改。

(2) 数据库改用别的产品,如改用 DB2 或者 Oracle,由此引发 JDBC 驱动程序包和类名需要修改。

(3) 随着实际使用终端的增加,原配置的连接池参数需要调整。

数据源与组件的耦合关系如图 19.4 所示。

图 19.4 数据源与组件的耦合关系

### 19.2.3 用 JNDI 获取数据源

为了解除数据源与组件的耦合关系,可以采用 JNDI 实现数据源与组件的解耦。采用 JNDI,组件不需要关心具体的数据库后台是什么、JDBC 驱动程序是什么、JDBC URL 格式是什么、访问数据库的用户名和口令是什么等问题,这些问题交由 J2EE 容器配置和管理,组件只需要对这些资源进行查找和引用即可,从而实现了数据源与组件解耦。

使用 JNDI 获取数据源的步骤如下:

(1) 首先在 J2EE 容器中配置 JNDI 参数,定义一个数据源,也就是 JDBC 引用参数,给这个数据源设置一个名称;然后在程序中通过数据源名称引用数据源,从而访问后台数据库。

在 JBoss 配置文件 mysql-ds.xml 中配置 JDBC,定义 JNDI 数据源 MySqlDS (<jndi-name>MySqlDS</jndi-name>),代码如下:

```
<?xml version="1.0" encoding="utf-8"?>
```

```xml
<datasources>
<local-tx-datasource>
  <jndi-name>MySqlDS</jndi-name>
  <connection-url>jdbc:mysql://127.0.0.1:3306/test</connection-url>
  <driver-class>com.mysql.jdbc.Driver</driver-class>
  <user-name>root</user-name>
  <password>xxx</password>
<exception-sorter-class-name>org.jboss.resource.adapter.jdbc.vendor.
    MySQLExceptionSorter</exception-sorter-class-name>
<metadata>
<type-mapping>mySQL</type-mapping>
</metadata>
</local-tx-datasource>
</datasources>
```

（2）在程序中利用上下文查找和引用数据源（ctx.lookup("java：MySqlDS"))，代码如下：

```
Connection conn=null;
try {
    Context ctx = new InitialContext();
    Object datasourceRef = ctx.lookup("java:MySqlDS");
    //引用数据源
    DataSource ds = (Datasource) datasourceRef;
    conn = ds.getConnection();
    ...
    c.close();
} catch(Exception e) {
    e.printStackTrace();
} finally {
    if(conn!=null) {
        try {
            conn.close();
        } catch(SQLException e) {}
    }
}
```

通过 JNDI 的依赖查找，实现了数据源与组件的解耦，应用组件不用关心数据源的来源，只需要查找和引用即可，如图 19.5 所示，这种方式有点像工厂模式。

JBoss 属于重量级 J2EE，本书主要以 Spring 这样的轻量级 J2EE 应用为主，对 JBoss 不做详细介绍。

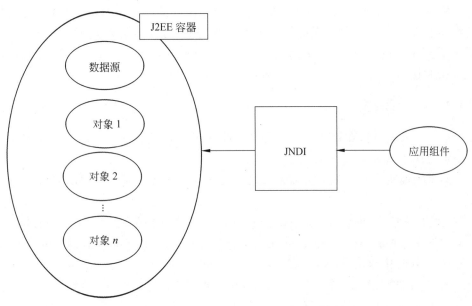

图 19.5　利用 JNDI 查找和引用数据源

## 19.3　依 赖 注 入

### 19.3.1　依赖注入的概念

依赖查找方式要求组件向容器发起查找资源请求，容器返回资源。依赖注入（Dependency Injection，DI）进一步控制反转，反转资源获取的方向，组件不定位查询对象，只提供普通的 Java 方法让容器决定依赖关系，由容器注入对象，实现了彻底解耦。依赖注入如图 19.6 所示。

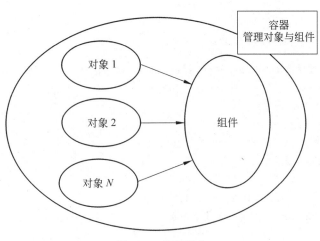

图 19.6　依赖注入

依赖注入是时下最流行的控制反转类型，应用了依赖注入之后，容器主动地将资源推送给它管理的组件，组件要做的仅是选择一种合适的方式接受资源，这种行为也称为查找的被动形式。依赖注入有构造子注入（Constructor Injection）、设置注入（Setter Injection）和接口注入（Interface Injection）3种方式。

### 19.3.2 构造子注入

构造子注入就是指在要被注入的类中声明一个构造方法，称为构造子，并在该方法的参数中定义注入的对象。

下面举例说明构造子注入方式的用法。在Person1类中通过构造方法注入食物类Food。

首先做准备工作。创建org.ldh.Spring.Injection包，在该包中编写注入的代码，并创建Spring配置文件/SpringApplication/src/main/java/org/ldh/Spring/Injection/springContext.xml。

在该包中创建测试类/SpringApplication/src/main/java/org/ldh/Spring/Injection/Test.java，该测试类只有一个入口main()方法。在该方法中首先获取容器，注意，这里的Spring配置文件在包中，而没有存放在根目录下，这是为了实现复用。

```
//创建 Spring 容器
ApplicationContext ctx = new ClassPathXmlApplicationContext("org/ldh/Spring/
    Injection/springContext.xml");
```

接下来的具体步骤如下。

**1. 创建Person1类**

Person1类中有带参数的构造方法，容器通过构造方法注入食物类Food，方法如下：

```
public Person1(Food food) {
    this.food = food;
}
```

Person1.java类详细代码如下：

　　　　　程序清单：/SpringApplication/src/main/java/org/ldh/
　　　　　　　　　　Spring/Injection/Person1.java

```
public class Person1 {
    private Food food;
    public Person1(Food food) {
        this.food = food;
    }
    public void eatFood(Food food1) {
        System.out.println("我正在吃:"+food1.getName());
    }
    public void eat() {
        System.out.println("Person1通过构造子方法注入");
```

```
        eatFood(food);
    }
}
```

**2. 配置容器**

在 Spring 配置文件中加入容器。

首先配置食物 food Bean,代码如下:

```
<!-- 配置名为 food 的 Bean,其实现类是 org.ldh.Spring.Injection.Food 类 -->
<bean id="food" class="org.ldh.Spring.Injection.Food">
    <constructor-arg name="name" value="烩面"></constructor-arg>
</bean>
```

这里也采用了构造注入,不过注入的是字符串值。

在 Spring 配置文件中加入 person1 Bean 配置,构造方法注入用构造参数标签 <constructor-arg name="food" ref="food"></constructor-arg> 配置的参数,标明要注入的构造方法参数名(name="food")以及要注入的对象引用(ref="food"),配置如下:

```
<bean id="person1" class="org.ldh.Spring.Injection.Person1">
    <!-- 通过构造方法 Person1(Food food)将容器中的 food Bean 作为注入构造参数 -->
    <constructor-arg name="food" ref="food"></constructor-arg>
</bean>
```

**3. 测试代码**

在测试类的 main()方法中加入获取 person1 Bean 的方法,并且调用 person1 Bean 的 eat()方法,代码如下:

```
//获取 id 为 person1 的 Bean
Person1 p1 = ctx.getBean("person1", Person1.class);
//调用 eat()方法
p1.eat();
```

**4. 运行结果**

运行测试类,输出结果如下:

```
Person1 通过构造方法注入
我正在吃:烩面
```

### 19.3.3 设置注入

设置注入通过设置方法(setter 方法,即 setXxx()方法)接收来自容器的资源注入。

下面举例说明设置注入的用法。在 Person2 类中通过设置方法注入食物类 Food。具体步骤如下。

### 1. 创建 Person2 类

Person2 类中有设置方法 setFood()，容器通过该设置方法注入食物类 Food，方法如下：

```java
public void setFood(Food food) {
    this.food = food;
}
```

Person2.java 类详细代码如下：

**程序清单**：/SpringApplication/src/main/java/org/ldh/Spring/Injection/Person2.java

```java
public class Person2 {
    private Food food;
    public void setFood(Food food) {
        this.food = food;
    }
    public Food getFood() {
        return food;
    }
    public void eatFood(Food food1) {
        System.out.println("我正在吃:"+food1.getName());
    }
    public void eat() {
        System.out.println("Person2通过设置方法注入");
        eatFood(food);
    }
}
```

### 2. 配置容器

在 Spring 配置文件中加入 person2 Bean 配置，设置注入方法用属性标签＜property name="food" ref="food" /＞配置参数，标明要注入的设置方法参数名（name="food"）以及要注入的对象引用（ref="food"），配置如下：

```xml
<bean id="person2" class="org.ldh.Spring.Injection.Person2">
    <!-- 控制调用 setFood()方法,将容器中的 food Bean 作为传入参数 -->
    <property name="food" ref="food" />
</bean>
```

### 3. 测试代码

在测试类的 main() 方法中加入获取 person2 Bean 的方法，并且调用 person2 的 eat() 方法，代码如下：

```
//获取 id 为 person2 的 Bean
Person2 p2 = ctx.getBean("person2", Person2.class);
//调用 eat()方法
p2.eat();
```

**4. 运行结果**

运行测试类,输出结果如下:

```
Person2 通过设置方法注入
我正在吃:烩面
```

使用设置注入方法时必须有设置方法,否则会报错:

```
Bean property 'food' is not writable or has an invalid setter method
```

### 19.3.4 接口注入

接口注入是指 Spring 容器实现容器定义 Bean 的接口或者继承容器定义 Bean 的类。父类有获取对象的方法,不需要实现方法,由 Spring 创建子类完善父类获取对象的方法,然后实例化子类,调用子类获取对象的方法,并把实例化的对象转为定义的 Bean 的类型。

这里用继承父类的方法示例,实现接口的方法与前面一样,不再演示。继承父类的方法不需要定义接口,只需要定义一个获取对象的方法。

**1. 创建 Person3 类**

Person3 类中有获取对象的方法 createFood(),容器通过继承重写 createFood()方法获取 Food 类,方法的代码如下:

```
public Food createFood() {
    //TODO Auto-generated method stub
    return null;
}
```

这个方法的返回值不再重要,因为容器会动态生成一个子类,然后将这个标注的方法重写或实现,最终调用的是子类的方法。

调用子类的方法时,直接用 createFood()获取对象。例如,调用 eatFood()方法时,传入的 food 对象用 createFood()获取,代码如下:

```
eatFood(createFood());
```

Person3.java 类详细代码如下:

> 程序清单:/SpringApplication/src/main/java/org/ldh/
> Spring/Injection/Person3.java

```
public class Person3 {
    public Food createFood() {
```

```java
        //TODO Auto-generated method stub
        return null;
    }
    public void eatFood(Food food1) {
        System.out.println("我正在吃:"+food1.getName());
    }
    public void eat() {
        System.out.println("Person3通过接口方法注入");
        eatFood(createFood());
    }
}
```

**2. 配置容器**

在 Spring 配置文件中加入 person3 Bean 配置，接口注入方法用查找方法标签 `<lookup-method name="createFood" bean="food"/>` 配置参数，标明获取对象的方法名（name="createFood"）以及要注入的对象（bean="food"），配置如下：

```xml
<bean id="person3" class="org.ldh.Spring.Injection.Person3">
    <!-- 控制调用createFood()方法,将容器中的 food Bean 作为传入参数 -->
    <lookup-method name="createFood" bean="food"/>
</bean>
```

**3. 测试代码**

在测试类的 main() 方法中加入获取 person3 Bean 的方法，并且调用 person3 的 eat() 方法，代码如下：

```java
//获取 id 为 person3 的 Bean
Person3 p3 = ctx.getBean("person3", Person3.class);
//调用 eat()方法
p3.eat();
```

**4. 运行结果**

运行测试类，输出结果如下：

```
Person3通过接口方法注入
我正在吃:烩面
```

上面的例子演示了接口注入方法，更准确地说是 lookup-method 方法，因为这里并没有用到接口，只是接口注入允许 Bean 的实现类为接口，因此，lookup-method()方法也称为接口注入方法。

接口注入方法具有动态性，这样，每次调用时，createFood()方法都会从容器中获取最新的 food 对象（当 food 对象为多例模式时）。

### 19.3.5 小结

上面介绍的3种注入方式对比如下。

构造子注入的优势如下：

（1）"在构造期即创建一个完整、合法的对象"，对于这条Java设计原则，构造子注入无疑是最好的体现。

（2）避免了烦琐的setter方法的编写，所有依赖关系均在构造函数中设定，依赖关系集中呈现，更加易读。

（3）由于没有setter方法，依赖关系在构造时由容器一次性设定。因此，组件在被创建之后即处相对不变的稳定状态，无须担心上层代码在调用过程中执行setter方法对组件依赖关系产生破坏，特别是对于单例（singleton）模式的组件而言，这可能对整个系统产生重大的影响。

（4）由于关联关系仅在构造函数中表达，只有组件创建者需要关心组件内部的依赖关系。对调用者而言，组件中的依赖关系处于黑盒中。构造子注入对上层屏蔽不必要的信息，也为系统的层次清晰性提供了保证。

（5）采用构造子注入方式，意味着可以在构造方法中决定依赖关系的注入顺序，对于一个大量依赖外部服务的组件而言，依赖关系的获得顺序可能非常重要。例如，某个依赖关系注入的先决条件是组件的DataSource及相关资源已经被设定。

设置注入的优势如下：

（1）对于习惯了传统JavaBean开发的程序员而言，通过setter方法设定依赖关系显得更加直观和自然。

（2）如果依赖关系（或继承关系）较为复杂，那么构造子注入方式的构造函数也会相当庞大（需要在构造函数中设定所有依赖关系），此时设置注入方式往往更为简洁。

（3）对于某些第三方类库而言，可能要求组件必须提供一个默认的构造函数（如Struts中的Action），此时构造子注入类型的依赖注入机制就体现出其局限性，难以完成期望的功能。

可见，构造子注入和设置注入模式各有千秋，而Spring、PicoContainer都对构造注入和设置注入类型的依赖注入机制提供了良好支持，这也为开发者提供了更多的选择余地。理论上，以构造子注入类型为主，以设置注入类型机制作为补充，可以达到最好的依赖注入效果。不过，对于基于Spring框架开发的应用而言，设置注入使用得更加广泛。

接口注入方式通过继承重写获取对象的方法获取对象，可以动态获取容器中的对象，即调用一次获取一次新的对象。构造子注入一次性获取对象，设置注入也是一次性获取对象；而接口注入动态获取容器的对象，具有动态性。这种接口注入适用于在单例Bean中注入多例Bean，可以获取多例的一个新的Bean。

## 19.4　Bean 的单例与多例模式

### 19.4.1　Bean 的作用域

在 Spring 中，Bean 可以被定义为两种模式：多例（prototype）和单例。

Spring 的 Bean 默认是单例的，Bean 的作用域可以通过＜bean＞标签的 scope 属性进行设置。Bean 的作用域如下：

- scope＝"singleton"，那么该 Bean 是单例，该 Bean 的任何实例都为同一个实例，这是默认设置。
- scope＝"prototype"，那么该 Bean 是多例，任何实例都是新的实例。
- scope＝"request"，在 Web 应用程序中，每一个实例的作用域都是 request，也就是对于同一个请求是单例，而对于不同的请求是多例。
- scope＝"session"，在 Web 应用程序中，每一个实例的作用域都是 session，也就是对于一个会话是单例，而对于不同的会话是多例。

### 19.4.2　饿汉模式和懒汉模式

单例即只有一个共享的实例存在，所有对这个 Bean 的请求都会返回这个唯一的实例。在默认情况下，Bean 实例在被 Spring 容器初始化时就会被实例化，默认调用无参数的构造方法。在其他情况下，Bean 在获取实例时才会被实例化。按照实例化时机分为饿汉模式和懒汉模式。

- 饿汉模式：在 Spring 中，单例默认是饿汉模式，启动容器（即实例化容器）时，为所有 Spring 配置文件中定义的 Bean 都生成一个实例。
- 懒汉模式：在第一次请求时才生成一个实例，以后的请求都调用这个实例。

Spring 单例设置为懒汉模式：

```
<beans default-lazy-init="true">
```

多例即对 Bean 的每次请求都会创建一个新的 Bean 实例，类似于 new。多例没有饿汉模式和懒汉模式之分，因为是请求一次创建一次。

Spring 中的单例是相对于容器而言的，即在 ApplicationContext 中是单例的；而平常说的单例是相对于 JVM 而言的。另一个 JVM 可以有多个 Spring 容器，而且 Spring 中的单例也只是按 Bean 的 id 区分的，也就是可以为一个类定义多个 Bean。

### 19.4.3　单例与多例的应用场景

为什么用单例或者多例？何时用？

之所以用单例，是因为没必要在每次请求时都新建一个对象，这样既浪费 CPU 又浪费内存。

之所以用多例，是为了防止并发问题，即，一个请求改变了对象的状态，此时对象又处理另一个请求，而之前一个请求对对象状态的改变导致了对象对后一个请求做了错误的处理。

当对象含有可改变的状态时（更精确地说就是在实际应用中该状态会改变），则采用多例模式；否则采用单例模式。或者说，没有并发就用单实例，有并发就用多实例。

对于 Struts 2 来说，action 必须采用多例模式，因为 action 本身含有请求参数的值，即可改变的状态。

### 19.4.4 单例测试

这里举例说明单例与多例模式的应用。首先做准备工作。创建 org.ldh.Spring.scope 包，在这个包中编写注入的代码。在包中创建 Spring 配置文件/SpringApplication/src/main/java/org/ldh/Spring/scope/ springContext.xml。

在配置文件中，food Bean 是默认的单例模式：

```xml
<bean id="food" class="org.ldh.Spring.scope.Food" >
    <constructor-arg name="name" value="烩面"></constructor-arg>
</bean>
```

在包中创建测试类/SpringApplication/src/main/java/org/ldh/Spring/ scope/Test.java，测试类只有一个入口 main()方法。在该方法中首先获取容器。

```java
//创建 Spring 容器
ApplicationContext ctx = new ClassPathXmlApplicationContext("org/ldh/Spring/scope/springContext.xml");
```

把依赖注入 org.ldh.Spring.Injection 的包中的类和配置文件复制到 org.ldh.Spring.scope 包中，稍加修改。

测试代码修改如下：

```java
public class Test {
    public static void main(String[] args) {
        //创建 Spring 容器
        ApplicationContext ctx = new ClassPathXmlApplicationContext("org/ldh/Spring/scope/springContext.xml");
        //获取 id 为 person2 的 Bean
        Person2 p2 = ctx.getBean("person2", Person2.class);
        p2.getFood().setName("胡辣汤");
        //调用 eat()方法
        p2.eat();
        p2.eat();
        //获取 id 为 person3 的 Bean
        Person3 p3 = ctx.getBean("person3", Person3.class);
        //调用 eat()方法
        p3.eat();
        p3.eat();
        System.out.println(p3.createFood());
```

```
            System.out.println(p3.createFood());
        }
    }
```

运行结果如下:

```
Person2通过设置方法注入
我正在吃:胡辣汤
Person2通过设置方法注入
我正在吃:胡辣汤
Person3通过接口方法注入
我正在吃:胡辣汤
Person3通过接口方法注入
我正在吃:胡辣汤
org.ldh.Spring.scope.Food@543e710e
org.ldh.Spring.scope.Food@543e710e
```

虽然注入的 food 是"烩面",但是通过 p2.getFood().setName("胡辣汤")可以把食物设置为"胡辣汤",因为是单例模式,修改的是同一个 Bean。因此,无论设置方法注入还是接口方法注入的 food Bean,都变成"胡辣汤"。

另外,从打印两次接口注入方式的 createFood()方法获得的对象的实例字符串是同一个实例字符串,说明 food Bean 是同一个实例。

### 19.4.5 多例测试

在配置文件中,将 food Bean 配置为多例模式(scope="prototype"):

```
<bean id="food" class="org.ldh.Spring.scope.Food" scope="prototype">
    <constructor-arg name="name" value="烩面"></constructor-arg>
</bean>
```

运行结果如下:

```
Person2通过设置方法注入
我正在吃:胡辣汤
Person2通过设置方法注入
我正在吃:胡辣汤
Person3通过接口方法注入
我正在吃:烩面
Person3通过接口方法注入
我正在吃:烩面
org.ldh.Spring.scope.Food@3d0f8e03
org.ldh.Spring.scope.Food@6366ebe0
```

虽然注入的 food 是"烩面",但是通过 p2.getFood().setName("胡辣汤")可以把食物设置为"胡辣汤"。多例模式使用的设置注入是一次性注入,更改食物名称会影响本实例,但并不影响其他实例,因此 person2 输出的是修改后的"胡辣汤"。

接口注入person3输出的是"烩面",因为是多例模式,person3又获取了一个新的food实例,和person2的food Bean不是一个实例,因此互不影响。

另外,从打印两次接口注入方式的createFood()方法获得的对象的实例字符串不是同一个food实例字符串,说明注入方式可以动态获取注入的food Bean,每调用一次person3的p3.createFood()方法,获取的是一个新的food实例;而设置注入方式是一次性获取food Bean。这也说明了接口注入方式的应用场景为多例注入单例。

## 19.5 Bean 的实例化

Spring是Bean工厂,是Bean容器。Spring IoC容器如何实例化Bean呢?传统应用程序可以通过new和反射方式实例化Bean。而Spring IoC容器则需要根据Bean定义中的配置元数据使用反射机制创建Bean。

在Spring Bean配置中,主要是让容器知道如何生成Bean。在Spring IoC容器中根据Bean的定义创建Bean主要有以下3种方式:构造方法、静态工厂方法和实例化工厂方法。

### 19.5.1 构造方法

指定必需的class属性,使用构造方法实例化Bean,这是最简单的方法。Spring IoC容器既能使用默认空构造方法也能使用有参数构造方法创建Bean。

首先创建org.ldh.Spring.instance包,在包中创建类和配置文件springContext.xml。

创建Food类有两个构造方法,分别是空构造方法和有参数构造方法。代码如下:

**程序清单**:/SpringApplication/src/main/java/org/ldh/Spring/instance/Food.java

```
public class Food {
    private String name;
    public Food() {
    }
    public Food(String name) {
        this.name = name;
    }
    public void setName(String name) {
        this.name = name;
    }
    public String getName() {
        return name;
    }
}
```

使用空构造方法进行Bean的定义时,class属性指定的类必须有空构造方法。利用空构造方法生成food0 Bean的配置如下:

```
<bean id="food0" class="org.ldh.Spring.instance.Food">
```

```xml
    <property name="name" value="烩面"></property>
</bean>
```

使用有参数构造器进行 Bean 的定义时，可以使用＜constructor-arg＞标签指定构造器参数值，可以用 name 指定参数名称，也可以用 index 表示参数顺序，value 表示常量值，也可以使用 ref 引用另一个 Bean 定义。利用有参数构造方法生成 food1 Bean 的配置如下：

```xml
<bean id="food1" class="org.ldh.Spring.instance.Food">
    <constructor-arg index="0" value="烩面"></constructor-arg>
</bean>
```

### 19.5.2 静态工厂方法

使用静态工厂方式实例化 Bean 时，除了指定必需的 class 属性，还要通过 factory-method 属性指定实例化 Bean 的方法。而且使用静态工厂方法也允许指定方法参数，Spring IoC 容器将调用此属性指定的方法获取 Bean。

创建 FoodFactory 项目类，有两个工厂方法。一个是静态工厂方法（static Food getFoodHlt()），返回"胡辣汤"Food；另一个是实例工厂方法（Food getFoodYt()），返回"油条"Food。详细代码如下：

程序清单：/SpringApplication/src/main/java/org/ldh/Spring/instance/FoodFactory.java

```java
public class FoodFactory {
    //获得胡辣汤食物
    public static Food getFoodHlt() {
        return new Food("胡辣汤");
    }
    //获得油条食物
    public  Food getFoodYt() {
        return new Food("油条");
    }
}
```

使用静态工厂进行 Bean 的定义时，使用 factory-method 属性指定工厂方法。利用静态工厂方法生成 food2 Bean，配置如下：

```xml
<bean id="food2" class="org.ldh.Spring.instance.FoodFactory" factory-method=
    "getFoodHlt">
</bean>
```

### 19.5.3 实例化工厂方法

使用实例化工厂方法实例化 Bean 时，不能指定 class 属性，此时必须使用 factory-bean 属性指定工厂 Bean，使用 factory-method 属性指定实例化 Bean 的方法。而且使用实例化工厂方法允许指定方法参数，和使用构造方法一样。

既然是实例化工厂方法,首先就要定义工厂实例。定义 FoodFactory 实例 Bean,配置如下:

```
<bean id="foodFactory" class="org.ldh.Spring.instance.FoodFactory" >
</bean>
```

有了工厂实例,再定义用实例化工厂方法生成 food3,factory-bean 指定工厂实例,factory-method 指定工厂方法,配置如下:

```
<bean id="food3" factory-bean="foodFactory" factory-method="getFoodYt">
</bean>
```

### 19.5.4 测试

在测试代码中,分别从容器取出定义的 Bean,并且并打印出食物名称。代码如下:

**程序清单**:/SpringApplication/src/main/java/org/ldh/Spring/instance/Test.java
```java
public class Test {
    public static void main(String[] args) {
        //创建 Spring 容器
        ApplicationContext ctx = new ClassPathXmlApplicationContext("org/ldh/
            Spring/instance/springContext.xml");
        Food food0 = ctx.getBean("food0", Food.class);
        System.out.println(food0.getName());
        Food food1 = ctx.getBean("food1", Food.class);
        System.out.println(food1.getName());
        Food food2 = ctx.getBean("food2", Food.class);
        System.out.println(food2.getName());
        Food food3 = ctx.getBean("food3", Food.class);
        System.out.println(food3.getName());
    }
}
```

运行结果如下:

烩面
烩面
胡辣汤
油条

从结果可以看出几种生成 Bean 的方法都正确,都可以生成 Food Bean,具体用何种方式应视情况而定。

## 19.6 自动装配

通过<property>标签为 Bean 的属性注入所需的值,当需要维护的 Bean 组件及需要注入的属性更多时,势必会增加配置的工作量。这时可以使用自动装配。

通过设置<bean>元素的 autowire 属性指定自动装配，代替了通过<property>标签显式指定 Bean 的依赖关系。由 BeanFactory 检查 XML 配置文件的内容，为 Bean 自动注入依赖关系。

Spring 提供了多种自动装配方式，autowire 属性常用的取值如下：
- no：不使用自动装配。Bean 依赖关系必须通过<property>元素定义。
- byType：根据属性类型自动装配。BeanFactory 查找容器中的全部 Bean。如果正好有一个与依赖属性类型相同的 Bean，就自动装配这个属性；如果有多个这样的 Bean，Spring 无法决定注入哪个 Bean，就抛出一个致命异常；如果没有匹配的 Bean，就什么都不会发生，属性不会被设置。
- byName：根据属性名自动装配。BeanFactory 查找容器中的全部 Bean，找出 id 与属性名称相同的 Bean。如果找到，即自动注入；否则什么都不做。
- constructor：与 byType 的方式类似，不同之处在于它应用于构造器参数。如果在容器中没有找到与构造器参数类型一致的 Bean，那么将会抛出异常。

### 19.6.1 指定装配

当<bean>的配置属性 autowire="no"时，需要显式指定装配，例如：

```
<bean id="person1" class="org.ldh.Spring.autowire.Person" autowire="no" >
    <!-- 控制调用 setFood()方法，将容器中的 food Bean 作为传入参数 -->
    <property name="food" ref="food" />
</bean>
```

在 Person 中定义了 private Food food，指定 id 为 food 的 Bean 注入。

### 19.6.2 按类型装配

使用 autowire 属性的 byType 时，首先需要保证同一类型的对象在 Spring 容器中唯一，否则会抛出异常。

当<bean>的配置属性 autowire="byType"时，按照类型注入，例如：

```
<bean id="person2" class="org.ldh.Spring.autowire.Person" autowire="byType">
</bean>
```

在 Person 中定义了 private Food food，注入时查找类型为 Food 的 Bean 注入。

### 19.6.3 按名称装配

当<bean>的配置属性 autowire=" byName "时，按照名称注入，例如：

```
<bean id="person3" class="org.ldh.Spring.autowire.Person" autowire="byName">
</bean>
```

在 Person 中定义了 private Food food，注入时查找 id 为 food 的 Bean 注入。

### 19.6.4 按构造方法参数类型装配

当<bean>的配置属性 autowire="constructor"时，按照构造方法参数类型装配，例如：

```xml
<bean id="person4" class="org.ldh.Spring.autowire.Person" autowire=
    "constructor">
</bean>
```

在 Person 中定义了 private Food food，并且定义了参数构造方法与无参数构造方法：

```java
public Person() {
}
public Person(Food food) {
    this.food = food;
}
```

注入时查找类型为 Food 的 Bean，通过有参数构造器注入。

### 19.6.5　全局自动装配

在 Spring 配置文件中通过<bean>元素的 autowire 属性可以实现自动装配。但是，如果要配置的 Bean 很多，每个 Bean 都配置 autowire 属性也会很麻烦。是否可以统一设置自动注入而不必分别配置每个 Bean 呢？

<beans>元素提供了 default-autowire 属性。可以使用上面列出的属性值为<bean>设置 default-autowire 属性以全局配置自动装配 springContextGlobal.xml，设置全局自动配置为按照类型装配 default-autowire="byType"，具体配置示例如下：

**程序清单**：/SpringApplication/src/main/java/org/ldh/Spring/autowire/springContextGlobal.xml

```xml
<?xml version="1.0" encoding="utf-8"?>
<beans xmlns="http://www.springframework.org/schema/beans"
    xmlns:xsi="http://www.w3.org/2001/XMLSchema-instance"
    xmlns:context="http://www.springframework.org/schema/context"
    xmlns:mvc="http://www.springframework.org/schema/mvc"
    xsi:schemaLocation="http://www.springframework.org/schema/beans
        http://www.springframework.org/schema/beans/spring-beans-3.2.xsd
        http://www.springframework.org/schema/context
        http://www.springframework.org/schema/context/spring-context-3.2.xsd
        http://www.springframework.org/schema/mvc
        http://www.springframework.org/schema/mvc/spring-mvc.xsd"
    default-autowire="byType">
    <bean id="food" class="org.ldh.Spring.autowire.Food">
        <property name="name" value="烩面" />
    </bean>
    <bean id="person1" class="org.ldh.Spring.autowire.Person" />
    <bean id="person2" class="org.ldh.Spring.autowire.Person" />
    <bean id="person3" class="org.ldh.Spring.autowire.Person" />
```

```xml
    <bean id="person4" class="org.ldh.Spring.autowire.Person" />
</beans>
```

在<beans>节点设置 default-autowired 时,依然可以为<bean>节点设置 autowire 属性。这时该<bean>节点上的自动装配设置将覆盖全局设置,成为该 Bean 的自动装配策略。

测试类 TestGlobal 装载全局自动装配配置文件 springContextGlobal.xml,实现全局自动装配,代码如下:

程序清单:/SpringApplication/src/main/java/org/ldh/Spring/autowire/TestGlobal.java

```java
public class TestGlobal {
    public static void main(String[] args) {
        //创建 Spring 容器
        ApplicationContext ctx = new ClassPathXmlApplicationContext("org/ldh/
            Spring/autowire/springContextGlobal.xml");
        ((AbstractApplicationContext) ctx).registerShutdownHook();
        Person p1 = ctx.getBean("person1", Person.class);
        p1.eat();
        Person p2 = ctx.getBean("person2", Person.class);
        p2.eat();
        Person p3 = ctx.getBean("person3", Person.class);
        p3.eat();
        Person p4 = ctx.getBean("person4", Person.class);
        p4.eat();
    }
}
```

运行测试类,实现了全局自动装配。

对于大型应用,不鼓励使用自动装配。虽然使用自动装配可以减少配置工作量,但也大大降低了依赖关系的清晰性和透明性。依赖关系的装配仅依赖于源文件的属性名或类型,导致 Bean 之间的耦合降低到代码层次,不利于高层次解耦。

## ◆ 19.7 容器的生命周期

### 19.7.1 容器的生命周期概述

Spring 就是一个 Bean 容器,容器是 Spring 的核心。Spring 加载配置文件,创建容器,然后创建 Bean。容器创建之后就可以从容器获取 Bean。容器可以手工关闭,也可以由 JVM 触发关闭,从而触发关闭事件。容器的生命周期如图 19.7 所示。

### 19.7.2 容器的启动

容器的启动就是容器的创建,通过加载配置文件实例化容器。加载方法有下面几种。

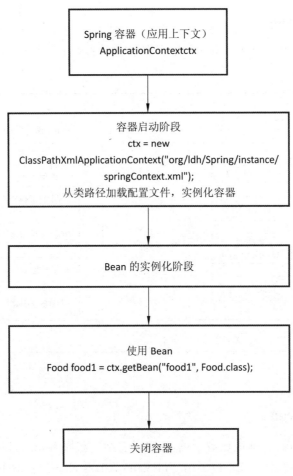

图 19.7　容器的生命周期

（1）ClassPathXmlApplicationContext：从 ClassPath 路径中加载 XML 配置文件的上下文，前面的实例都是用这种方法加载的：

```
ApplicationContext ctx =new ClassPathXmlApplicationContext("/spring-beans.
    xml");
```

（2）AnnotationConfigApplicationContext：加载 JavaConfig 配置类，生成 Spring 容器，具体方法在 20.5 节中讲解。

（3）FileSystemXmlApplicationContext：从文件系统中加载 XML 配置文件的上下文，这和 ClassPathXmlApplicationContext 区别不大，只是加载路径不同。

（4）XmlWebApplicationContext：在 Web 开发中从 XML 中加载 Web 配置文件的上下文，区别于上面 3 种方法之处在于此上下文是基于 ServletContext 的。

（5）AnnotationConfigWebApplicationContext：从注解类中加载 Web 配置文件的上下文。

### 19.7.3 创建 Bean

容器的创建分为两个阶段,一个是容器启动阶段,另一个是 Bean 实例化阶段,如图 19.8 所示。

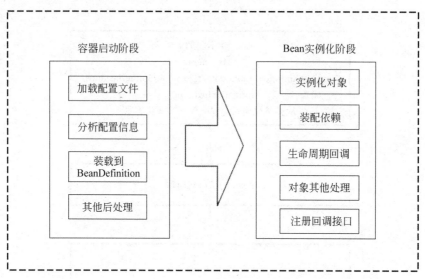

图 19.8　容器的创建

### 19.7.4 获取 Bean

通过容器获取 Bean,前面已有示例,这里做总结。获取 Bean 有以下几种方法。

(1) 通过 id 与类名(getBean(String id|name,Class clazz))获取 Bean,不需要转换类型。例如:

```
Food food0 = ctx.getBean("food1", Food.class);
```

(2) 通过 id(getBean(String id|name))获取 Bean,需要类型转换。例如:

```
Food food1 = (Food)ctx.getBean("food1");
```

(3) 通过类型(getBean(Class clazz))获取和加载 Bean,要求此类型只有一个实例。例如:

```
Food food2 = ctx.getBean(Food.class);
```

(4) 通过类型获取所有实例。当一个类型有多个实例时,可以用 getBeanNamesForType() 方法获取所有实例名称。例如:

```
String[] foods = ctx.getBeanNamesForType(Food.class);
```

(5) 获取所有 Bean 的名称。例如:

```
String[] beanNames = ctx.getBeanDefinitionNames();
```

### 19.7.5 容器的关闭

Spring 应用在 Web 系统中，如果 Web 服务停止，Servlet 容器会触发关闭事件并通知 ContextLoaderListener，ContextLoaderListener 中的 contextDestroyed() 方法调用 closeWebApplicationContext(event.getServletContext()) 方法销毁 Spring 容器；但对于非 Web 应用项目，则需要手动关闭 Spring 容器。

手动关闭 Spring 容器也很容易，Spring 中的 ApplicationContext 实现类大都继承 AbstractApplicationContext，而 AbstractApplicationContext 中定义了 registerShutdownHook() 方法，不需要参数，只需要显式调用该方法即可，该方法的实现中会向 JVM 绑定一个系统钩子，在关闭时将执行此系统钩子。

当程序异常退出、程序正常退出、使用 System.exit()、终端使用 Ctrl＋C 组合键触发中断、系统关闭、OutofMemory 宕机、使用 Kill pid 杀死进程（使用 kill -9 是不会被调用的）时，JVM 都会触发关闭钩子函数。Spring 注册 JVM 钩子，从而 Spring 可以响应 JVM 的关闭，这是 Spring 容器优雅关闭的方法。

测试创建容器、关闭容器的测试类 TestContainer 代码如下：

**程序清单**：/SpringApplication/src/main/java/org/ldh/Spring/container/ TestContainer[TS[].java

```java
public class TestContainer {
    public static void main(String[] args) {
        //创建 Spring 容器
        ApplicationContext ctx = new ClassPathXmlApplicationContext("org/ldh/Spring/container/springContext.xml");
        ((AbstractApplicationContext) ctx).registerShutdownHook();
        Food food = ctx.getBean("food1", Food.class);
        System.out.println(food.getName());
        Person p1 = ctx.getBean("person1", Person.class);
        p1.eat();
    }
}
```

运行测试程序，控制台输出显示调用了 doClose 关闭容器，从而触发容器的销毁工作，如图 19.9 所示。

```
, 2020 7:47:05 上午 org.springframework.context.support.ClassPathXmlApplicationContext doClose
osing org.springframework.context.support.ClassPathXmlApplicationContext@7e6cbb7a: startup date
```

图 19.9 关闭容器

## 19.8 Bean 的生命周期

### 19.8.1 Bean 生命周期概述

Spring 容器管理 Bean 的生命周期，在 Bean 的生命周期内，可以通过配置或实现接口完成 Bean 的职责。例如，在 Bean 的初始化时初始化数据库连接池，在 Bean 的销毁前关闭数据库连接池。

Bean 的生命周期包括 Bean 的创建、Bean 属性注入、Bean 的初始化、Bean 销毁前工作、Bean 的销毁，销毁前事件由 Spring 容器的 doClose 触发。Bean 的生命周期如图 19.10 所示。

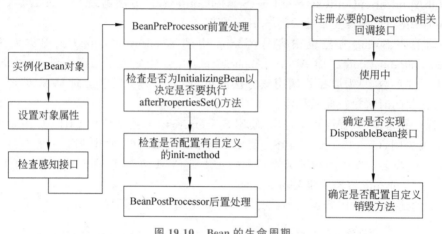

图 19.10　Bean 的生命周期

### 19.8.2　感知接口

在 Spring 框架中提供了各种感知（aware）接口，此接口的作用就是为 Spring 中的 Bean 提供感知外界的能力。使用 Spring 感知接口，Bean 将会和 Spring 框架耦合，Spring 感知接口的目的是为了让 Bean 获取 Spring 容器的服务，实现 Spring 的扩展功能。检查感知接口在 Bean 的生命周期中的"设置对象属性"步骤后执行，如图 19.10 所示。

Spring 提供的部分感知接口如下：

- BeanNameAware：获取容器中 Bean 的名称。
- BeanFactoryAware：获取当前 Bean 工厂，这也可以调用容器的服务。
- ApplicationContextAware：当前的应用上下文，也可以调用容器的服务。
- ApplicationEventPublisherAware：应用事件发布器，可以发布事件。
- ResourceLoaderAware：获得资源加载器，可以获得外部资源文件的内容。
- BeanClassLoaderAware：加载 Spring Bean 的类的加载器。
- MessageSourceAware：国际化。
- LoadTimeWeaverAware：加载 Spring Bean 时织入（weave）第三方模块（如 AspectJ）的加载器。
- BootstrapContextAware：资源适配器，如 JCA、CCI。
- PortletConfigAware：获取 PortletConfig。
- PortletContextAware：获取 PortletContext。
- ServletConfigAware：获取 ServletConfig。
- ServletContextAware：获取 ServletContext。

- NotificationPublisherAware：JMX 通知。

下面通过示例介绍几种感知接口的功能。

### 19.8.3　Bean 获取自己的名称

Bean 实现 BeanNameAware 接口，利用 setBeanName()方法获取自己在 Bean 工厂中注册的名称。例如：

```
@Override
public void setBeanName(String name) {
    System.out.println("bean name 为" + name);
}
```

### 19.8.4　在 Bean 中获取 Bean 工厂

Bean 实现 BeanFactoryAware 接口，利用 setBeanFactory()方法获取 Bean 工厂。例如：

```
@Override
public void setBeanFactory(BeanFactory beanFactory) throws BeansException {
    System.out.println("获取 Bean 工厂" + beanFactory.getBean("food1", Food.
        class).getName());
}
```

### 19.8.5　Bean 的初始化与销毁前事件

Spring 为 Bean 的初始化和销毁提供的扩展方法主要是通过配置对应的方法或者实现接口来实现的。Bean 的初始化在 Bean 的生命周期中的"BeanPreProcessor 前置处理"步骤之后，"BeanPostProcessor 后置处理"步骤之前处理，如图 19.10 所示。

Spring 容器初始化和销毁 Bean 前所做的操作定义方式有 3 种：

（1）通过@PostConstruct 和@PreDestroy 注解方法。

（2）通过在 XML 中定义 init-method 和 destory-method 方法。

（3）通过 Bean 实现 InitializingBean 和 DisposableBean 接口。

前两种都属于配置方法，第三种属于接口方法。关于注解配置在 20.2 节介绍。

下面介绍 Bean 的初始化与销毁前的工作。

### 19.8.6　配置实现 Bean 初始化方法

在 XML 中使用 init-method 指定 Bean 构造完成后调用的方法。首先定义初始化方法。例如：

```
public void init_method() {
    System.out.println("init-method 初始化方法");
}
```

然后配置初始化方法。例如：

```xml
<bean id="person1" class="org.ldh.Spring.beanlife.Person"
    init-method="init_method" destroy-method="destroy_method">
    <!-- 控制调用setFood()方法,将容器中的food Bean作为传入参数 -->
    <property name="food" ref="food1" />
</bean>
```

### 19.8.7 接口实现 Bean 初始化方法

Bean 实现 InitializingBean 接口,在 afterPropertiesSet() 方法中做初始化工作。例如：

```java
@Override
public void afterPropertiesSet() throws Exception {
    System.out.println("afterPropertiesSet事件");
}
```

也可以使用@PostConstruct 注解指明在 Bean 构造器方法执行后执行的方法,具体在 20.2 节中介绍。

也可以直接在 Bean 的构造方法里做初始化工作。

### 19.8.8 配置实现 Bean 销毁前方法

在 XML 中使用 destroy-method 指定 Bean 销毁前调用的方法。首先定义销毁前方法。例如：

```java
public void destroy_method() {
    System.out.println("destory-method 销毁前方法");
}
```

然后配置销毁前方法。例如：

```xml
<bean id="person1" class="org.ldh.Spring.beanlife.Person"
    init-method="init_method" destroy-method="destroy_method">
    <!-- 控制调用setFood()方法,将容器中的food Bean作为传入参数 -->
    <property name="food" ref="food1" />
</bean>
```

也可以使用@PreDestroy 注解指明容器关闭后执行的方法。

### 19.8.9 接口实现 Bean 销毁前方法

实现 DisposableBean 接口,用 destory() 方法做销毁工作。

```java
@Override
public void destroy() throws Exception {
    System.out.println("销毁 destroy 事件");
}
```

## 19.8.10 Bean 生命周期测试

创建 Person 类,在类中通过配置实现及接口实现测试生命周期中的方法,详细代码如下:

程序清单:/SpringApplication/src/main/java/org/ldh/
Spring/beanlife/Person.java

```java
public class Person implements BeanNameAware, BeanFactoryAware,
    InitializingBean, DisposableBean{
    private Food food;
    public void setFood(Food food) {
        this.food = food;
    }
    public Food getFood() {
        return food;
    }
    public void init_method() {
        System.out.println("配置实现:init-method 初始化方法");
    }
    public void destroy_method() {
        System.out.println("配置实现:destory-method 销毁前方法");
    }
    public void eatFood(Food food1) {
        System.out.println("我正在吃:" + food1.getName());
    }
    public void eat() {
        eatFood(food);
    }
    @Override
    public void setBeanName(String name) {
        System.out.println("BeanNameAware:bean name 为" + name);
    }
    @Override
    public void setBeanFactory(BeanFactory beanFactory) throws
        BeansException {
        System.out.println("BeanFactoryAware:获取 beanFactory" + beanFactory.
            getBean("food1", Food.class).getName());
    }
    @Override
    public void afterPropertiesSet() throws Exception {
        System.out.println("InitializingBean:接口实现 afterPropertiesSet 事件");
    }
    @Override
    public void destroy() throws Exception {
```

```
            System.out.println("DisposableBean:接口实现销毁destroy事件");
        }
}
```

在测试类中创建容器,得到 person Bean 的生命周期中的方法,代码如下:

程序清单:/SpringApplication/src/main/java/org/ldh/
        Spring/beanlife/TestBeanLife.java

```
public class TestBeanLife {
    public static void main(String[] args) {
        //创建 Spring 容器
        ApplicationContext ctx = new ClassPathXmlApplicationContext("org/ldh/
            Spring/beanlife/springContext.xml");
        ((AbstractApplicationContext) ctx).registerShutdownHook();
        Person p1 = ctx.getBean("person1", Person.class);
        p1.eat();
    }
}
```

运行测试类,输出 person Bean 的生命周期中执行的方法的结果,从输出结果可以得出方法执行的顺序,如图 19.11 所示。

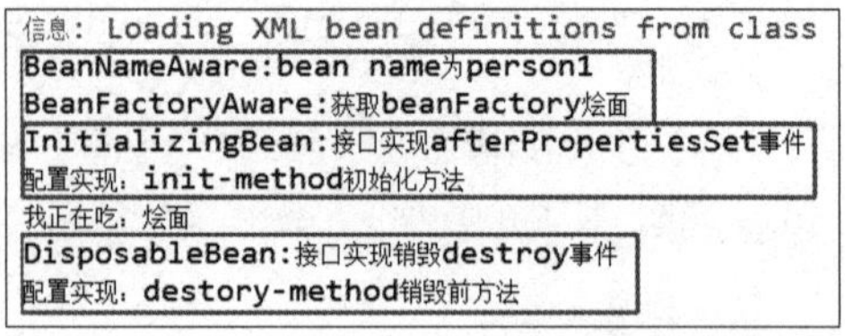

```
信息: Loading XML bean definitions from class
BeanNameAware:bean name为person1
BeanFactoryAware:获取beanFactory烩面
InitializingBean:接口实现afterPropertiesSet事件
配置实现,init-method初始化方法
我正在吃,烩面
DisposableBean:接口实现销毁destroy事件
配置实现,destory-method销毁前方法
```

图 19.11 Bean 的生命周期测试

# 第 20 章 Spring 注解配置

## ◆ 20.1 配置 Bean 的方式

### 20.1.1 Spring Bean 的 3 种配置方式

如果把 Spring 看作一个大型工厂，那么 Spring 容器中的 Bean 就是该工厂的产品。要想使用 Spring 工厂生产和管理 Bean，就需要在配置文件中指明需要哪些 Bean，以及需要使用何种方式将这些 Bean 装配到一起。Spring Bean 的配置方式有 3 种。

（1）传统的 XML 配置方式。前面章节 Bean 的配置就是采用这种方式。

（2）基于类的 Java 配置。本章将介绍这种方式，它完全可以替代 XML 方式。

（3）基于 Java 注解的配置。本章将介绍，这种方式需要扫描注解的组件，它不能独立存在，它可以与 XML 方式结合使用，也可以和 Java 配置方式结合使用。广义上讲，Java 配置也属于注解方式。

### 20.1.2 XML 配置方式

无论是采用 XML 配置、注解配置还是 Java 配置，它们的配置要素是相同的，了解 XML 配置 Bean 的要素，对理解注解配置与 Java 配置有很多帮助。这里总结一下 XML 配置 Bean 的要素。

XML 配置文件的根元素是<beans>，其可以包含多个子元素<bean>，每个子元素定义一个 Bean，并描述了这个 Bean 应该如何被装配到 Spring 容器中。

<bean>元素中的属性如下：

- id。Bean 的唯一标识符，Spring 对 Bean 的配置、管理都通过该属性完成。
- name。Spring 同样可以通过 name 对 Bean 进行配置和管理，name 属性可以为 Bean 定义多个名称，名称之间以逗号隔开。
- class。该属性指定了 Bean 的具体实现类，必须是一个完整的类名，使用类的全限定名。

- scope。设定 Bean 实例的作用域，其属性有 singleton、prototype、request、session 和 global Session，默认值为 singleton。
- constructor-arg。<bean>元素的子元素，可以使用该元素传入构造参数进行实例化，该元素的 index 属性指定构造参数的序号（从 0 开始）。
- property。<bean>元素的子元素，通过调用 Bean 实例中的 setter 方法完成属性赋值，从而完成依赖注入。
- ref。property、constructor-arg 等元素的子元素，该子元素中的 bean 属性用于指定对 Bean 工厂中某个 Bean 实例的引用。
- value。property、constructor-arg 等元素的子元素，用来直接指定一个常量值。
- list。用于封装 List 或数组类型的依赖注入。
- set。用于封装 Set 或数组类型的依赖注入。
- map。用于封装 Map 或数组类型的依赖注入。
- entry。map 元素的子元素，用于设定一个键-值对，key 指定字符串类型的键，ref 或 value 指定值。

## 20.2 Spring 注解配置

Spring 注解配置与 XML 文件配置的要素是一样的，只是改变了配置的形式。

### 20.2.1 注解的特点

Spring 的 Bean 配置除了使用配置文件外，还可以使用注解方法。XML 配置文件有以下缺点：

（1）如果所有的内容都放在 XML 配置文件中，那么 XML 配置文件会十分庞大；如果按需求分开 XML 配置文件，那么 XML 配置文件又会非常多。

（2）在开发中在 Java 配置文件和 XML 配置文件之间不断切换，是一件麻烦的事，同时这种思维上的不连贯也会降低开发的效率。

为了解决这两个问题，Spring 引入了注解，通过@XXX 的方式，让注解与 JavaBean 紧密结合，既大大减少了配置文件的大小，又增加了 JavaBean 的可读性与内聚性。

注解分为两类：一类注解在类上，标明这个类要定义为 Bean；另一类注解在变量上，标明属性的装配。

注解的好处如下：

（1）XML 配置代码有时比较冗长，此时注解可能是更好的选择，如 JPA（Java Persistence API，Java 持久层 API）的实体映射。注解在处理一些不变的元数据时有时比 XML 方便得多，例如 Spring 声明式事务管理，如果使用 XML 配置文件，写的代码会多得多。

（2）注解最大的好处就是简化了 XML 配置。其实大部分注解一旦确定后很少会改变，所以在一些中小型项目中使用注解反而会提高开发效率。

（3）注解是类型安全的，而 XML 配置文件只在运行期才能发现问题。

## 20.2.2 注解与 XML 配置的区别

注解是一种分散式元数据,与源代码耦合。

XML 配置代码是一种集中式元数据,与源代码解耦。

因此,在注解和 XML 配置的选择上可以从两个角度来看:一是分散还是集中;二是与源代码耦合还是解耦。

注解的缺点如下:

(1) 因为注解分散到很多类中,所以不好管理和维护。

(2) 注解的开启/关闭必须修改源代码,因为注解是与源代码绑定的。对于这种情况,还是使用 XML 配置方式,例如数据源。

(3) 注解缺乏灵活性,在实现复杂的逻辑上,没有 XML 来的更加强大。

(4) 通用的配置使用 XML 配置方式,例如事务配置、数据库连接池等,即通用的配置集中化,而不是分散化。例如,很多人使用@Transactional 注解配置事务,在很多情况下这是一种分散化的配置。

(5) XML 配置方式比注解的可扩展性和复杂配置可维护性好得多。例如,在配置需要哪些组件、不需要哪些组件时,注解扫描机制比较逊色,因为规则很难写或根本不可能写出来。

还一种观点是约定大于配置,这在某些场景下可能是最优的,但是遇到一些复杂的情况可能并不能解决问题,此时注解也是一个不错的方案。尤其在使用 Spring MVC 时,注解的好处是能体会得到的。

不管是约定大于配置、注解还是 XML 配置,没有哪个方式是最优的,在合适的场景选择合适的解决方案才是重要的。

## 20.2.3 配置要扫描的包

注解方式的配置信息在类中,因此,首先在 Spring 配置文件中配置 Spring 扫描哪些包,扫描包中包含 Spring 组件的类。用<context:component-scan>标签配置要扫描的组件:

```
<context:component-scan base-package="org.ldh.Spring.annotation">
```

创建 org.ldh.Spring.annotation 包,在此包中创建类与配置文件。首先创建配置文件/SpringApplication/src/main/java/org/ldh/Spring/annotation/springContext.xml,配置 Spring 扫描哪些包,组件扫描配置如下:

**程序清单:**/SpringApplication/src/main/java/org/ldh/
　　　　　　Spring/annotation/springContext.xml

```xml
<?xml version="1.0" encoding="utf-8"?>
<beans xmlns="http://www.springframework.org/schema/beans"
    xmlns:xsi="http://www.w3.org/2001/XMLSchema-instance"
    xmlns:context="http://www.springframework.org/schema/context"
    xmlns:mvc="http://www.springframework.org/schema/mvc"
```

```
           xsi:schemaLocation="http://www.springframework.org/schema/beans
                   http://www.springframework.org/schema/beans/spring-beans-3.2.xsd
                   http://www.springframework.org/schema/context
                   http://www.springframework.org/schema/context/spring-context-3.2.xsd
                   http://www.springframework.org/schema/mvc
                   http://www.springframework.org/schema/mvc/spring-mvc.xsd">
    <!-- 搜索 Spring 控件 -->
    <context:component-scan base-package="org.ldh.Spring.annotation">
    </context:component-scan>
</beans>
```

### 20.2.4 注解 Spring 组件

在类上用@Component 注解 Spring 组件,表明这些类的 Bean 由 Spring 容器管理,相当于配置文件中的<bean id="" class=""/>。

除了用@Component 注解组件外,还可以使用@Repository、@Service、@Controller 将类标识为 Spring Bean 组件。

- @Component 是一个泛化的概念,仅仅表示一个组件(Bean),可以作用在任何层次。
- @Repository 用于标注数据访问组件,即 DAO 组件。
- @Service 用于标注业务层组件,但是目前该功能与@Component 相同,只是增强了注解的阅读性。
- @Controller 用于标注控制层组件(如 Struts 中的 action),但是目前该功能与 @Component 相同。

通过在类上使用@Component、@Repository、@Service 和@Controller 注解,Spring 会自动创建相应的 BeanDefinition 对象,并注册到 ApplicationContext 中,这些类就成了 Spring 受管组件。

对于扫描到的组件,Spring 有默认的命名策略,使用非限定类名,第一个字母小写。也可以用注解中的 value 属性值标识组件的名称。组件注解也可以自定义 Bean 名称,例如@Component("food")。

创建 Food 类,在类上加@Component 注解,代码如下:

程序清单:/SpringApplication/src/main/java/org/ldh/
Spring/annotation/Food.java

```
@Component
public class Food {
    @Value("烩面")
    private String name;
    public Food() {
    }
    public Food(String name) {
        this.name = name;
```

```
    }
    public void setName(String name) {
        this.name = name;
    }
    public String getName() {
        return name;
    }
}
```

@Component 注解将 Food 类标注为 Bean 组件，用 id＝"food"为其命名，用 value("烩面")为其注入值。这个注解等效于下面的 XML 配置：

```
<bean id="food" class="org.ldh.Spring.annotation.Food">
    <property name="name" value="烩面"></property>
</bean>
```

### 20.2.5　Bean 的作用域

指定类的作用域时需要在类上使用注解@Scope，其 value 属性用于指定作用域，默认为 singleton。在 Person 类上注解@Scope("prototype")表明该 Bean 为多实例模式，代码如下：

```
@Component
@Scope("prototype")
public class Person {…}
```

## 20.3　注解自动装配

基于 XML 配置的组件装配基本都可以用注解实现。
自动装配注入有 3 种方式，都可以用注解实现。
- @Autowired 注解——由 Spring 提供。
- @Resource 注解——由 JSR-250 提供。
- @Inject 注解——由 JSR-330 提供。

### 20.3.1　基本类型属性注入

基本类型属性注入需要在属性上使用注解@Value，该注解的 value 属性用于指定要注入的值。

使用该注解完成属性注入时，类中无须 setter 方法。当然，若属性有 setter 方法，则也可将该注解加到 setter 方法上。例如，用注解完成 Food 类的 name 属性注入的，代码如下：

```
@Value("烩面")
private String name;
```

## 20.3.2　按类型装配（@Autowired）

按类型装配需要在属性上使用注解@Autowired，该注解默认使用按类型自动装配Bean的方式。

使用该注解完成属性注入时，类中无须setter方法。当然，若属性有setter方法，则也可将该注解加到setter方法上。例如，在Person类的food属性上加@Autowired注解，指定按照类型自动装配，代码如下：

```
@Autowired
private Food food;
```

## 20.3.3　按名称装配（@Autowired 与 @Qualifier）

按名称装配需要在属性上联合使用注解@Autowired 与@Qualifier。@Qualifier的value属性用于指定要匹配的Bean的id值。同样，类中无须setter方法，也可将注解加到setter方法上。例如，在Person类的food1属性上加注解@Autowired@Qualifier("food")，按照名称自动装配，代码如下：

```
@Autowired
@Qualifier("food")
private Food food1;
```

## 20.3.4　@Autowired 的 required 属性

@Autowired还有一个属性required，默认值为true，表示当匹配失败后会终止程序运行；若将其值设置为false，则匹配失败时错误将被忽略，未匹配的属性值为null。例如，在Person类的food2属性上加注解@Autowired(required=false)和@Qualifier("food888")，按照名称自动装配，且匹配失败时不报错，代码如下：

```
@Autowired(required=false)
@Qualifier(value="food888")
private Food food2;
```

## 20.3.5　按类型装配（@Resource）

Spring提供了对JSR-250规范中定义的@Resource标准注解的支持，也就是说@Resource是Java自带的注解。@Resource注解既可以按名称匹配Bean，也可以按类型匹配Bean。使用该注解，要求JDK必须是6及以上版本。

按类型注入也可以在属性上使用@Resource注解，该注解若不带任何参数，则会按照类型进行Bean的匹配注入。

例如，在Person类的food0属性上加@Resource注解，按照类型自动装配，代码如下：

```
@Resource
private Food food0;
```

### 20.3.6　按名称装配(@esource(name="xxx"))

按名称注入也可以在属性上使用注解@Resource(name="xxx")，name 的值即按照名称进行匹配的 Bean 的 id。

例如，在 Person 类的 food01 属性上加注解@Resource(name="food")，按照名称自动装配，代码如下：

```
@Resource(name="food")
private Food food01;
```

## ◆ 20.4　注解 Bean 的生命周期

### 20.4.1　Bean 初始化

在方法上使用@PostConstruct，与 XML 配置中的 init-method 等效。例如，在 Person 类中加入初始化生命周期注解，代码如下：

```
@PostConstruct
public void init_method() {
    System.out.println("注解实现:init-method 初始化方法");
}
```

### 20.4.2　Bean 销毁前

在方法上使用@PreDestroy，与 XML 配置中的 destroy-method 等效。例如，在 Person 类中加入销毁前生命周期注解，代码如下：

```
@PreDestroy
public void destroy_method() {
    System.out.println("注解实现:destory-method 销毁前方法");
}
```

## ◆ 20.5　基于 JavaConfig 类的 Bean 配置

### 20.5.1　JavaConfig 类

可以用 JavaConfig 类进行 Bean 的配置，替代 Spring 的 XML 配置文件 applicationContext.xml。

以前 Spring 推荐使用 XML 配置方式定义 Bean 及 Bean 之间的装配规则，但是在 Spring 3.0 之后，Spring 提出的强大的 JavaConfig 类这种类型安全的 Bean 装配方式，它基于 Java 代码的灵活性,使得装配的过程也变得极其灵活。

在很多场景下,推荐组件扫描、自动装配。但有些第三方组件是不方便装配的,因此需要显式配置。显式配置有两种:JavaConfig 类或 XML 配置。

进行显式配置,JavaConfig 类是更好的方案,因为它更加强大、类型安全、易于重构。JavaConfig 类配置说明如下:

(1) @Configuration 表明这是一个配置类,该类应该包含 Spring 上下文如何创建 Bean 的细节。

(2) JavaConfig 类代码是配置代码,意味着它不应该包含任何业务逻辑,也不应该侵入到业务代码中。

(3) 通常会将 JavaConfig 类放到单独的包中,使它与其他应用程序逻辑分离。

(4) 在 JavaConfig 类配置中应该注意两个注解:一个是 @Configuration 注解,相当于 XML 配置中的 <beans> 标签;另一个是 @Bean 注解,相当于 XML 配置中的 <bean> 标签。具体示例如下:

```
@Configuration
public class MyJavaConfig {
    @Bean(name = "food")
    public Food createFood() {
        Food food= new Food();
        food.setName("烩面");
        return food;
    }
    ...
}
```

在定义 JavaConfig 类时,都会在类上加 @Configuration 注解,表明这是一个配置类,@Configuration 注解底层是 @Component 注解。

使用 @Bean 注解可以实现 XML 配置中手动配置 Bean 的功能,这里使用方法定义 Bean,并在方法前加 @Bean 注解,表示要将该方法返回的对象加载到 Spring 容器中,这样就对方法定义带来了一些限制,特别要注意以下几点:

- 方法带返回值,且返回类型为 Bean 的类型。
- 方法的名称为默认的 Bean 的名称。如果要自定义 Bean 的名称,可以使用 @Bean 注解的 name 属性。
- 要实现注入,只需要将要注入的 Bean 的类型作为参数。

### 20.5.2 加载 JavaConfig 类启动容器

AnnotationConfigApplicationContext 加载 JavaConfig 类,生成 Spring 容器(new AnnotationConfigApplicationContext(MyJavaConfig.class))。在 XML 配置中通过加载 XML 配置文件生成容器。AnnotationConfigApplicationContext 是 ApplicationContext 的一个具体实现,代表依据配置注解启动应用上下文。加载配置类,生成容器的示例代码

如下：

```java
public class MyApplication {
    public static void main(String[] args) {
        //创建 Spring 容器
        ApplicationContext ctx = new AnnotationConfigApplicationContext
            (MyJavaConfig.class);
        Food food = ctx.getBean("food", Food.class);
        System.out.println(food.getName());
    }
}
```

## ◆ 20.6　使用 JavaConfig 类手动装配

### 20.6.1　调用创建 Bean 的方法装配 Bean

在 JavaConfig 类中装配 Bean 最简单的方式就是调用创建 Bean 的方法。在创建 Person Bean 的 createPerson1() 方法中直接调用创建 Food 类的 createFood() 方法设置 Person Bean 的 food 属性。Spring 会拦截 createFood() 方法的调用，以确保 createFood() 方法的单例性，每次调用 createFood() 方法时都返回同一个实例。代码如下：

```java
@Bean(name = "person1")
public Person createPerson1() {
    Person person1=new Person();
    person1.setFood(createFood());
    return person1;
}
```

### 20.6.2　通过创建 Bean 的方法的参数装配 Bean

通过创建 Bean 的方法的参数装配 Bean 是更简单的方式。创建 Person Bean 的 createPerson2() 方法有一个 Food 参数，由 Spring 容器调用 createPerson2() 方法，并传入 Food 参数。代码如下：

```java
@Bean(name = "person2")
public Person createPerson2(Food food) {
    Person person1=new Person();
    person1.setFood(food);
    return person1;
}
```

通过这种方式引用其他的 Bean 是最佳选择，因为它不会要求 createFood() 方法在同一个配置类中，甚至没有要求 createFood() 要在 JavaConfig 中声明。

实际上它可以通过组件扫描或 XML 配置进行配置。可以将配置分散到多个配置类、XML配置文件以及自动扫描和装配Bean中,只要功能完备即可。

### 20.6.3 在创建Bean的方法中直接实例化Bean

在创建Bean的方法中直接实例化Bean。为此,创建方法实例化一个专属的Bean,这个专属的Bean不受容器管理。代码如下:

```
@Bean(name = "person3")
public Person createPerson3() {
    Person person1=new Person();
    person1.setFood(new Food("胡辣汤"));
    return person1;
}
```

## 20.7 使用JavaConfig类自动装配

通过配置@bean注解的autowire属性可以实现自动装配,Spring自动扫描Bean的属性,进行自动装配。

### 20.7.1 按类型装配Bean

配置@bean注解autowire属性autowire=Autowire.BY_TYPE,可以按照类型自动装配。

在createPerson4()方法上加注解@Bean(name = "person4",autowire=Autowire.BY_TYPE),按照类型自动装配person4的food属性,代码如下:

```
@Bean(name = "person4",autowire=Autowire.BY_TYPE)
public Person createPerson4() {
    return new Person();
}
```

### 20.7.2 按名称装配Bean

配置@bean注解autowire属性autowire=Autowire.BY_NAME,可以按照名称自动装配。

在createPerson5()方法上加注解@Bean(name = "person5",autowire=Autowire.BY_NAME),按照名称自动装配person5的food属性,代码如下:

```
@Bean(name = "person5",autowire=Autowire.BY_NAME)
public Person createPerson5() {
    return new Person();
}
```

## 20.8 JavaConfig 配置生命周期

### 20.8.1 Bean 初始化

配置 @bean 注解的 initMethod 属性,与原来的 XML 配置中的 init-method 等效。例如,在 createPerson()方法上加注解@bean,增加属性 initMethod="init_method",配置生命周期中的初始化方法,代码如下:

```
@Bean(name = "person", autowire=Autowire.BY_TYPE, initMethod="init_method",
    destroyMethod="destroy_method")
public Person createPerson() {
    return new Person();
}
```

在 Person 类中增加初始化方法:

```
public void init_method() {
    System.out.println("配置实现:init-method 初始化方法");
}
```

### 20.8.2 Bean 销毁前

配置 @bean 注解的 destroyMethod 属性,与原来的 XML 配置中的 destroy-method 等效。例如,在 createPerson()方法上加注解@bean,增加属性 destroyMethod="destroy_method",配置生命周期中的销毁前方法,代码如下:

```
@Bean(name = "person", autowire=Autowire.BY_TYPE, initMethod="init_method",
    destroyMethod="destroy_method")
public Person createPerson() {
    return new Person();
}
```

在 Person 类中增加初始化方法:

```
public void init_method() {
    System.out.println("配置实现:init-method 初始化方法");
}
```

## 20.9 JavaConfig 类实例模式配置

### 20.9.1 单例模式

默认是单例模式。也可以显式指定单例模式,在定义 Bean 的方法上加注解@Scope("singleton"),标明创建 Bean 时用单例模式,实例如下:

```
@Scope("singleton")
@Bean(name="person",autowire=Autowire.BY_TYPE,initMethod="init_method",
    destroyMethod="destroy_method")
public Person createPerson() {
    return new Person();
}
```

### 20.9.2 多例模式

在定义 Bean 的方法上加注解@Scope("prototype"),标明创建 Bean 时用多例模式,实例如下:

```
@Scope("prototype")
@Bean(name="person",autowire=Autowire.BY_TYPE,initMethod="init_method",
    destroyMethod="destroy_method")
public Person createPerson() {
    return new Person();
}
```

测试中获取两次 person Bean,会得到两个 Bean,测试代码如下:

```
Person p = ctx.getBean("person", Person.class);
System.out.print(p);
p.eat();
Person pp = ctx.getBean("person", Person.class);
System.out.print(pp);
pp.eat();
```

## 20.10 JavaConfig 类中的组件扫描

JavaConfig 类配置可以与注解配置结合使用,这时需要扫描加了注解的包,通过@ComponentScan 注解指定需要扫描的包,相当于 XML 配置中的＜context：component-scan＞标签。

### 20.10.1 默认扫描包

@ComponentScan 注解默认会扫描该类所在的包及子包中的所有配置类。代码如下:

```
@Configuration
@ComponentScan
public class MyJavaConfig {
}
```

## 20.10.2 指定扫描包

设置@ComponentScan注解的basePackages属性,指定要扫描的包,可以用字符串数组指定多个包,实例如下:

```
@Configuration
@ComponentScan(basePackages="org.ldh.Spring.ComponentScan")
public class MyJavaConfig {

}
```

## 20.10.3 排除扫描特定类

在配置类MyJavaConfig上加注解@ComponentScan,设置excludeFilters属性,不扫描org.ldh.Spring.ComponentScan包中的@Controller、@Service注解,代码如下:

```
@Configuration
@ComponentScan(basePackages = "org.ldh.Spring.ComponentScan", excludeFilters = {
    @Filter(type = FilterType.ANNOTATION, classes = { Controller.class,
        Service.class }) })
public class MyJavaConfig {

}
```

excludeFilters属性用于设置排除的过滤条件。实现Filter接口的type属性用于设置过滤类型,默认值为FilterType.ANNOTATION。Filter提供了以下几个过滤类型:

- FilterType.ANNOTATION:按照注解过滤。
- FilterType.ASSIGNABLE_TYPE:按照给定的类型过滤。
- FilterType.ASPECTJ:按照Aspectj表达式过滤。
- FilterType.REGEX:按照正则表达式过滤。
- FilterType.CUSTOM:按照自定义规则过滤。

classes和value属性为过滤器的参数,必须为类数组,类只能为以下3种类型:

- ANNOTATION参数为注解类,如Controller.class、Service.class、Repository.class。
- ASSIGNABLE_TYPE参数为类,如SchoolDao.class。
- CUSTOM参数为实现TypeFilter接口的类,如MyTypeFilter.class。

## 20.10.4 扫描特定类

includeFilters属性用于定义扫描过滤条件,满足该条件时才进行扫描。其用法与excludeFilters一样。但是因为useDefaultFilters属性默认为true,即使用默认的过滤器,启用带有@Component、@Repository、@Service、@Controller注解的类的自动检测时,会将带有这些注解的类注册为Bean装配到IoC容器中。所以使用includeFilters属性时,需要把useDefaultFilters属性设置为false。

在配置类MyJavaConfig上加注解@ComponentScan,设置includeFilters属性,扫

org.ldh.Spring.ComponentScan 包中的@Component、@Controller、@Service 注解，代码如下：

```java
@ComponentScan(basePackages = "org.ldh.Spring.ComponentScan", includeFilters = {
    @Filter(type = FilterType.ANNOTATION, classes = { Component.class,
        Controller.class, Service.class }) }, useDefaultFilters = false)
public class MyJavaConfig {
}
```

# 第21章 Spring 扩展

## 21.1 概述

Spring 提供了很多扩展功能，这些扩展功能实现了动态注册 Bean 定义、动态修改 Bean 定义以及动态修改 Bean。具体如下：

（1）BeanDefinitionRegistryPostProcessor、BeanFactoryPostProcessor 和 BeanPostProcessor 都属于 Spring 的后置处理器，它们可以实现动态注册 Bean 定义、动态修改 Bean 定义以及动态修改 Bean。

（2）BeanDefinitionRegistryPostProcessor 接口继承 BeanFactoryPostProcessor 接口，该接口有 postProcessBeanDefinitionRegistry()方法，该方法的参数是 BeanDefinitionRegistry 对象，该对象是 Bean 定义的保存中心。

（3）BeanFactoryPostProcessor 接口允许自定义修改应用程序上下文的 Bean，再基于 Bean 工厂调整上下文的 Bean 属性值。BeanFactoryPostProcessor 可以与 Bean 交互并修改 Bean 的定义，但从不使用 Bean 实例。

（4）BeanPostProcessor 接口允许动态修改应用程序上下文的 Bean，这时 Bean 已经实例化成功。

（5）三者执行顺序：BeanDefinitionRegistryPostProcessor 优先于 BeanFactoryPostProcessor 执行，BeanFactoryPostProcessor 优先于 BeanPostProcessor 执行。

## 21.2 多个配置文件

### 21.2.1 <import>标签

当系统比较庞大时，Spring Bean 配置文件也比较庞大，一般来说，需要按模块或类别分割 Spring XML Bean 配置文件成多个小文件，这样更容易维护和模块化。在配置文件中引入另一个配置文件用<import>标签。例如，下面的配置文件引入了两个配置文件：

```
<import resource="foodContext.xml" />
<import resource="personContext.xml" />
```

springContext.xml 详细配置如下：

> 程序清单：/SpringAdvancedApplication/src/main/java/org/
> ldh/Spring/myImport/springContext.xml

```xml
<?xml version="1.0" encoding="utf-8"?>
<beans xmlns="http://www.springframework.org/schema/beans"
    xmlns:xsi="http://www.w3.org/2001/XMLSchema-instance"
    xmlns:context="http://www.springframework.org/schema/context"
    xmlns:mvc="http://www.springframework.org/schema/mvc"
    xsi:schemaLocation="http://www.springframework.org/schema/beans
        http://www.springframework.org/schema/beans/spring-beans-3.2.xsd
        http://www.springframework.org/schema/context
        http://www.springframework.org/schema/context/spring-context-3.2.xsd
        http://www.springframework.org/schema/mvc
        http://www.springframework.org/schema/mvc/spring-mvc.xsd">
    <import resource="foodContext.xml" />
    <import resource="personContext.xml" />
</beans>
```

### 21.2.2 @Import 注解

如果用 JavaConfig 类配置 Bean，在需要引入其他 Bean 配置时用@import 注解，它等效于 XML 配置中的＜import＞标签。

@import 注解的第一种用法是直接填类数组。

直接填对应的 class 数组，类数组可以有 0 到多个。

语法如下：

```
@Import({ 类名.class , … })
public class TestDemo {

}
```

引入的 Bean 配置都将加入 Spring 容器中。例如，在 MyJavaConfig 配置类上加注解@Configuration 与@Import（{Food.class，Person.class}），把 Food 与 Person 类引入 Bean 容器，详细代码如下：

> 程序清单：/SpringAdvancedApplication/src/main/java/org/ldh/
> Spring/javaConfigImport/MyJavaConfig.java

```
@Configuration
@Import({Food.class,Person.class})
public class MyJavaConfig {

}
```

### 21.2.3 @Import ImportSelector

@Import 注解的第二种用法引入的类不是直接管理的 Bean，而是实现

ImportSelector 接口的类，实现接口的方法是 selectImports()，由此方法返回要管理的 Bean 类。

MyImportSelector 类实现 ImportSelector 接口，实现 selectImports 接口的方法返回要管理的 Bean 类。代码如下：

```
new String[]{"org.ldh.Spring.ImportSelector.Food","org.ldh.Spring.
    ImportSelector.Person"};
```

MyImportSelector 类详细代码如下：

> 程序清单：/SpringAdvancedApplication/src/main/java/org/ldh/
> Spring/ImportSelector/MyImportSelector.java

```
public class MyImportSelector implements ImportSelector {
    @Override
    public String[] selectImports(AnnotationMetadata
        importingClassMetadata) {
        //TODO Auto-generated method stub
        return new String[]{"org.ldh.Spring.ImportSelector.Food","org.ldh.
            Spring.ImportSelector.Person"};
    }
}
```

然后在 MyJavaConfig 类中用 @impotent 注解引入配置类 MyImportSelector，代码如下：

```
@Configuration
@Import({MyImportSelector.class})
public class MyJavaConfig {
}
```

@Import 的第三种用法——ImportBeanDefinitionRegistrar 方式在 21.5 节中讲解。

## ◆ 21.3  动态创建 Bean

### 21.3.1  概述

有时需要动态创建一些 Bean，并托管给 Spring 进行注入使用。

Spring 中有两种类型的 Bean：一种是普通 Bean；另一种是工厂 Bean，即 FactoryBean。FactoryBean 跟普通 Bean 不同，其返回的对象不是指定类的一个实例，而是该 FactoryBean 的 getObject() 方法返回的对象。

FactoryBean 通常用来创建比较复杂的 Bean，一般的 Bean 直接用 XML 配置即可；但如果一个 Bean 的创建过程中涉及很多其他的 Bean 和复杂的逻辑，用 XML 配置比较困难，这时可以考虑用 FactoryBean。

另外，在有些场合，Bean 是调用外部对象动态创建的，这时需要实现 FactoryBean 接口,并在该接口中实现 getObject()方法,在 getObject()方法中调用外部对象动态创建 Bean。

### 21.3.2 FactoryBean 接口

FactoryBean 接口在 Spring 框架中占有重要的地位,Spring 自身提供了 70 多个 FactoryBean 的实现。它们隐藏了实例化一些复杂 Bean 的细节,给上层应用带来了便利。从 Spring 3.0 开始,FactoryBean 开始支持泛型,即接口声明改为 FactoryBean<T> 的形式。

```
package org.Springframework.beans.factory;
public interface FactoryBean<T> {
    //返回的对象实例
    T getObject() throws Exception;
    //Bean 的类型
    Class<?> getObjectType();
//true 为单例,false 为非单例    在Spring 5.0中此方法利用JDK 1.8的新特性变成默认方
//法,返回 true
    boolean isSingleton();
}
```

在该接口中还定义了以下3个方法:

(1) T getObject()。返回由 FactoryBean 创建的 Bean 实例。如果 isSingleton()方法返回 true,则该实例会放到 Spring 容器中的单实例缓存池中。

(2) boolean isSingleton()。返回由 FactoryBean 创建的 Bean 实例的作用域是单例还是多例。

(3) Class<T> getObjectType()。返回 FactoryBean 创建的 Bean 的类型。

当配置文件中<bean>标签的 class 属性配置的实现类是 FactoryBean 时,通过 getBean()方法返回的不是 FactoryBean 本身,而是 FactoryBean 中的 getObject()方法返回的对象,相当于 FactoryBean 中的 getObject()方法代理了 getBean()方法。

### 21.3.3 FactoryBean 示例

本节示例中的 Food Bean 通过 FactoryBean 的方式生成。

实现 FactoryBean 接口,创建 FoodFactoryBean 类,在 getObject()方法中实例化 (new Food("胡辣汤")),在类上加注解@Component("food")。详细代码如下:

程序清单:/SpringAdvancedApplication/src/main/java/org/ldh/
　　　　　Spring/FactoryBean/FoodFactoryBean.java

```
@Component("food")
public class FoodFactoryBean implements FactoryBean<Object>{
    @Override
    public Object getObject() throws Exception {
        //TODO Auto-generated method stub
```

```
        return new Food("胡辣汤");
    }
    @Override
    public Class<?> getObjectType() {
        //TODO Auto-generated method stub
        return Food.class;
    }
    @Override
    public boolean isSingleton() {
        //TODO Auto-generated method stub
        return false;
    }
}
```

当调用 ctx.getBean("food"，Food.class)时，返回的不是 FoodFactoryBean 类型，而是 Food 类型。如果希望得到 FoodFactoryBean 类型，要在 beanName 前加上 &，即 ctx.getBean("&food"，FoodFactoryBean.class)。详细示例代码如下：

```
Food food1 = ctx.getBean("food", Food.class);
System.out.println(food1.getName());
FoodFactoryBean foodFactory1 = ctx.getBean("&food", FoodFactoryBean.class);
System.out.println(foodFactory1);
```

### 21.3.4　Spring 与 MyBatis 整合中的 FactoryBean 示例

很多开源项目在集成 Spring 时都使用到 FactoryBean。例如，MyBatis 3 提供的 mybatis-spring 项目中的 org.mybatis.spring.SqlSessionFactoryBean 就用来生成 SqlSessionFactory Bean，配置如下：

```
<!--3 会话工厂 Bean sqlSessionFactoryBean -->
<bean id="sqlSessionFactory"
    class="org.mybatis.spring.SqlSessionFactoryBean">
    <!-- 数据源 -->
    <property name="dataSource" ref="dataSource"></property>
    <!-- 别名 -->
    <property name="typeAliasesPackage"
        value="org.ldh.student.entity"></property>
    <!-- SQL 映射文件路径 -->
    <property name="mapperLocations"
        value="classpath*:org/ldh/student/dao/*Mapper.xml"></property>
</bean>
```

SqlSessionFactoryBean 类实现了 FactoryBean<SqlSessionFactory>接口，代码如下：

```
package org.mybatis.spring;
public class SqlSessionFactoryBean implements FactoryBean< SqlSessionFactory
```

```
>, InitializingBean, ApplicationListener<ApplicationEvent> {
    ...
}
```

## 21.4 动态注册 Bean 定义：BeanDefinitionRegistryPostProcessor

### 21.4.1 概述

Bean 的配置格式如下：

```
<bean id="" class=""></bean>
```

其实这个配置定义了 Bean。在 Spring 实现中以 BeanDefinition 描述 Bean 的定义。

BeanDefinition 主要用来描述 Bean，其存储了 Bean 的相关信息，Spring 实例化 Bean 时需读取该 Bean 对应的 BeanDefinition。

大部分情况下，用 XML 配置中的＜bean＞标签或者@Component 注解的静态配置信息即可满足系统需求。但是某些情况下，需要动态注册 Bean，动态生成 Bean。

在 FactoryBean 动态创建 Bean 中，虽然能动态创建 Bean，但 BeanName 不是动态的，在有些情况下 BeanName 也需要是动态的，这时就需要动态注册 Bean，从而使 BeanName 也是动态的。

另外，动态注册 Bean 还可以实现批量注册 Bean，无论静态方法还是 FactoryBean 都只能一次定义一个 Bean。动态注册 Bean 可以实现 BeanName 的动态化，可以实现批量注册 Bean。动态注册 Bean 的功能如图 21.1 所示。

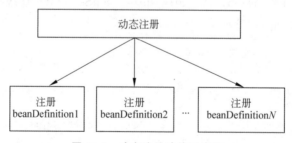

图 21.1 动态注册功能示意图

动态注册 Bean 有两种实现方式：
- 实现 BeanDefinitionRegistryPostProcessor。
- 实现 ImportBeanDefinitionRegistrar。

本节介绍前一种方式，21.5 节介绍后一种方式。

### 21.4.2 BeanDefinitionRegistryPostProcessor 接口

Spring 官方大量使用的接口 BeanDefinitionRegistryPostProcessor 扩展自

BeanFactoryPostProcessor，专门用于动态注册 Bean。

Spring 中的 BeanDefinitionRegistryPostProcessor 是 BeanFactoryPostProcessor 的子接口，接口代码如下：

```
public interface BeanDefinitionRegistryPostProcessor extends
    BeanFactoryPostProcessor {
    void postProcessBeanDefinitionRegistry(BeanDefinitionRegistry registry)
        throws BeansException;
}
```

BeanFactoryPostProcessor 的作用是在 Bean 的定义信息已经加载但还没有初始化时执行 postProcessBeanDefinitionRegistry()方法，在这个方法中动态补充注册 Bean，即实现 postProcessBeanDefinitionRegistry()方法，可以修改和增加 BeanDefinition。BeanDefinitionRegistryPostProcessor 在 BeanFactoryPostProcessor 的前面执行。

### 21.4.3　BeanDefinitionRegistryPostProcessor 示例

手动注册 person Bean 与 food Bean 的步骤如下。

（1）person Bean 不通过 XML 配置，也不通过注解注册，而通过实现 BeanDefinitionRegistryPostProcessor 接口注册其定义：

```
beanDefinitionRegistry.registerBeanDefinition("person", personDefinition)
```

这里 person Bean 直接用 Person 来定义：

```
RootBeanDefinition personDefinition = new RootBeanDefinition(Person.class);
```

并且设置 personDefinition 为按照类型装配：

```
personDefinition.setAutowireMode(AbstractBeanDefinition.AUTOWIRE_BY_TYPE);
```

具体代码如下：

```
//创建一个 Bean 的定义类的对象
RootBeanDefinition personDefinition = new RootBeanDefinition(Person.class);
personDefinition.setAutowireMode(AbstractBeanDefinition.AUTOWIRE_BY_TYPE);
//将 Bean 的定义注册到 Spring 环境中
beanDefinitionRegistry.registerBeanDefinition("person", personDefinition);
```

（2）food Bean 不通过 XML 配置，也不通过注解注册，而通过实现 BeanDefinitionRegistryPostProcessor 接口注册其定义：

```
beanDefinitionRegistry.registerBeanDefinition("food", foodDefinition);
```

这里 food Bean 的定义采取 FactoryBean 的方法动态生成：

```
RootBeanDefinition foodDefinition = new RootBeanDefinition(FoodFactoryBean.
    class);
```

具体代码如下：

```
//创建一个Bean的定义类的对象
RootBeanDefinition foodDefinition = new RootBeanDefinition(FoodFactoryBean.
    class);
//将Bean的定义注册到Spring环境中
beanDefinitionRegistry.registerBeanDefinition("food", foodDefinition);
```

（3）手动注册person Bean与food Bean的MyBeanDefinitionRegistryPostProcessor类，实现了BeanDefinitionRegistryPostProcessor接口，在类上加组件注解@Component。完整代码如下：

> 程序清单：/SpringAdvancedApplication/src/main/java/org/ldh/Spring/
> BeanDefinition/MyBeanDefinitionRegistryPostProcessor.java

```
@Component
public class MyBeanDefinitionRegistryPostProcessor implements
    BeanDefinitionRegistryPostProcessor {
    @Override
    public void postProcessBeanDefinitionRegistry(BeanDefinitionRegistry
        beanDefinitionRegistry) throws BeansException {
        //创建一个Bean的定义类的对象
        RootBeanDefinition foodDefinition = new RootBeanDefinition
            (FoodFactoryBean.class);
        //将Bean的定义注册到Spring环境中
        beanDefinitionRegistry.registerBeanDefinition("food",
            foodDefinition);
        //创建一个Bean的定义类的对象
        RootBeanDefinition personDefinition = new RootBeanDefinition(Person.
            class);
        personDefinition.setAutowireMode(AbstractBeanDefinition.AUTOWIRE_
            BY_TYPE);
        //将Bean的定义注册到Spring环境中
        beanDefinitionRegistry.registerBeanDefinition("person",
            personDefinition);
    }
    @Override
    public void postProcessBeanFactory(ConfigurableListableBeanFactory
        configurableListableBeanFactory) throws BeansException {
    }
}
```

## 21.4.4 配置类后处理器

在Spring中有各种各样的BeanFantoryPostProcessor后置处理器，在这些后置处理器中有一个对于Spring使用JavaConfig起着至关重要的作用的后置处理器，它就是

ConfigurationClassPostProcessor，因为通过其 postProcessBeanDefinitionRegistry()方法可以进行类的扫描以及注册，在这个方法中对配置类进行各种处理并且注册。如果没有这个类，可以说 Spring 基本无法使用 JavaConfig 的开发模式。

```
public class ConfigurationClassPostProcessor
    implements BeanDefinitionRegistryPostProcessor,
    PriorityOrdered, ResourceLoaderAware, BeanClassLoaderAware,
        EnvironmentAware {
...
}
```

ConfigurationClassPostProcessor 是 Spring 中最重要的后置处理器。要回答以下问题，就要了解 ConfigurationClassPostProcessor 类。

（1）@Configuration 注解的作用是什么？Spring 如何解析加了@Configuration 注解的类？

（2）Spring 何时对@ComponentScan、@ComponentScans 注解进行解析？

（3）Spring 何时解析@Import 注解？是如何解析的？

（4）Spring 何时解析@Bean 注解？

在 ConfigurationClassPostProcessor 类的 postProcessBeanDefinitionRegistry()方法中解析加了@Configuration 注解的类，同时解析@ComponentScan 和@ComponentScans 扫描出的 Bean，也会解析加了@Bean 注解的方法注册的 Bean 以及通过@Import 注解注册的 Bean 和@ImportResource 注解导入的在配置文件中配置的 Bean。

### 21.4.5 配置类后处理器的处理机制

可以说@Configuration 是 Spring JavaConfig 配置的基石。加了@Configuration 注解的类是由 ConfigurationClassPostProcessor 处理的。其处理机制如下：

```
1. org.springframework.context.annotation.ConfigurationClassParser
   #parse(Set<BeanDefinitionHolder> configCandidates)
   //在这里，已注册 Bean 定义中的配置类 Bean 定义已经被筛选到候选对象集合中，
     逐个进行遍历解析
   1.1 org.springframework.context.annotation.ConfigurationClassParser
     #parse(…, String beanName)
     1.1.1 org.springframework.context.annotation.ConfigurationClassParser
       #doProcessConfigurationClass()
       //处理@PropertySource→处理@ComponentScan→处理@Import
       →处理@ImportResource→处理@Bean→处理 Java 8+ ConfigurationClass
       实现的接口上的@Bean→递归处理父类
       1.1.1.1 org.springframework.beans.factory.support.
           DefaultListableBeanFactory#registerBeanDefinition
           //注册@ComponentScan 扫描出来的 Bean
   1.2 org.springframework.context.annotation.ConfigurationClassParser
     DeferredImportSelectorHandler#process()
```

```
//迟延导入选择器处理,导入通过扫描出来的加了@Configuration注解的类
1.2.1 org.springframework.context.annotation.ConfigurationClassParser
      DeferredImportSelectorGroupingHandler#processGroupImports()
    1.2.1.1 处理 ImportSelector
    1.2.1.2 处理 ImportBeanDefinitionRegistrar
    1.2.1.3 其他情况按照@Configuration 处理
         1.2.1.3.1 org.springframework.context.annotation.
                 ConfigurationClassParser #doProcessConfigurationClass
         //回到 1.1.1 的处理
```

@ComponentScan 通过扫描发现 Bean,判断 Bean 定义是否是配置类。如果是配置类,则继续调用解析配置类方法进行递归解析。

## ◆ 21.5　动态注册 Bean 定义:ImportBeanDefintionRegistrar

### 21.5.1　ImportBeanDefintionRegistrar 接口

实现 ImportBeanDefinitionRegistrar 接口的类拥有注册 Bean 的能力。接口代码如下:

```
public interface ImportBeanDefinitionRegistrar {
    public void registerBeanDefinitions(
        AnnotationMetadata importingClassMetadata, BeanDefinitionRegistry
            registry);
}
```

ImportBeanDefinitionRegistrar 类在加了@Configuration 注解的配置类上使用@Import 方式加载,通常是启动类或配置类。

使用@Import 注解,如果括号中的类是 ImportBeanDefinitionRegistrar 的实现类,则会调用接口方法,将其中要注册的类注册成 Bean。

Spring 官方在动态注册 Bean 时,大部分情况下使用 ImportBeanDefinitionRegistrar 接口。

### 21.5.2　处理机制

实现 ImportBeanDefintionRegistrar 接口的动态注册类被扫描,首先扫描@Configuration 配置类,然后根据配置类中的@Import 注解扫描实现 ImportBeanDefinitionRegistrar 接口的动态注册类,调用其实现接口方法,动态注册 Bean。其处理机制如图 21.2 所示。

ImportBeanDefintionRegistrar 与 BeanDefinitionRegistryPostProcessor 两种接口都能实现动态注册 Bean,但启动顺序上有差异。

(1) 所有实现了 ImportBeanDefintionRegistrar 接口的动态注册类的都会被 ConfigurationClassPostProcessor 处理。

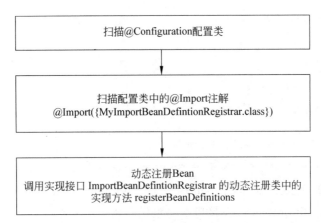

图 21.2 实现 ImportBeanDefintionRegistrar 接口的动态注册类处理机制

（2）ConfigurationClassPostProcessor 实现了 BeanDefinitionRegistryPostProcessor 接口，所以 ImportBeanDefintionRegistrar 接口的实现依赖于 BeanDefinitionRegistryPostProcessor，也可以认为它们是动态注册 Bean 定义链关系。

### 21.5.3　ImportBeanDefintionRegistrar 示例

手动注册 person Bean 与 food Bean 的步骤如下。

（1）person Bean 不通过 XML 配置，也不通过注解注册，而通过实现 ImportBeanDefinitionRegistrar 接口注册其定义：

```
beanDefinitionRegistry.registerBeanDefinition("person", personDefinition)
```

这里 person Bean 直接用 Person 定义：

```
RootBeanDefinition personDefinition = new RootBeanDefinition(Person.class);
```

并且设置 personDefinition 为按照类型装配：

```
personDefinition.setAutowireMode(AbstractBeanDefinition.AUTOWIRE_BY_TYPE);
```

具体代码如下：

```
//创建一个 Bean 的定义类的对象
RootBeanDefinition personDefinition = new RootBeanDefinition(Person.class);
personDefinition.setAutowireMode(AbstractBeanDefinition.AUTOWIRE_BY_TYPE);
//将 Bean 的定义注册到 Spring 环境中
beanDefinitionRegistry.registerBeanDefinition("person", personDefinition);
```

（2）food Bean 不通过 XML 配置，也不通过注解注册，而通过实现 ImportBeanDefinitionRegistrar 接口注册其定义：

```
beanDefinitionRegistry.registerBeanDefinition("food", foodDefinition);
```

这里 food Bean 的定义采取 FactoryBean 的方法动态生成：

```
RootBeanDefinition foodDefinition = new RootBeanDefinition(FoodFactoryBean.
    class);
```

具体代码如下：

```
//创建一个 Bean 的定义类的对象
RootBeanDefinition foodDefinition = new RootBeanDefinition(FoodFactoryBean.
    class);
//将 Bean 的定义注册到 Spring 环境中
beanDefinitionRegistry.registerBeanDefinition("food", foodDefinition);
```

（3）手动注册 person Bean 与 food Bean 的 MyImportBeanDefinitionRegistrar 类，实现 ImportBeanDefinitionRegistrar 接口。完整代码如下：

程序清单：/ [TS(]/SpringAdvancedApplication/src/main/java/org/ldh/Spring/
        ImportBeanDefinition/MyImportBeanDefinitionRegistrar.java

```java
public class MyImportBeanDefinitionRegistrar implements
    ImportBeanDefinitionRegistrar {
    @Override
    public void registerBeanDefinitions(AnnotationMetadata
        importingClassMetadata,
            BeanDefinitionRegistry beanDefinitionRegistry) {
        //TODO Auto-generated method stub
        //创建一个 Bean 的定义类的对象
        RootBeanDefinition foodDefinition = new RootBeanDefinition
            (FoodFactoryBean.class);
        //将 Bean 的定义注册到 Spring 环境中
        beanDefinitionRegistry.registerBeanDefinition("food",
            foodDefinition);
        //创建一个 Bean 的定义类的对象
        RootBeanDefinition personDefinition = new RootBeanDefinition(Person.
            class);
        personDefinition.setAutowireMode(AbstractBeanDefinition.AUTOWIRE_
            BY_TYPE);
        //将 Bean 的定义注册到 Spring 环境中
        beanDefinitionRegistry.registerBeanDefinition("person",
            personDefinition);
    }
}
```

（4）用 @Import 的方式加载类。定义 MyConfig 类，加 @Import({MyImportBeanDefinitionRegistrar.class})与@Configuration 注解。代码如下：

```
@Configuration
@Import({MyImportBeanDefinitionRegistrar.class})
```

```
public class MyConfig {
}
```

## 21.6　动态修改 Bean 定义：BeanFactoryPostProcessor

动态修改 Bean 定义相当于修改类定义，可以增加和修改属性。

### 21.6.1　BeanFactoryPostProcessor 概述

BeanFactoryPostProcessor 接口允许自定义修改应用程序上下文的 Bean 定义，基于 Bean 工厂调整上下文的 Bean 属性值。BeanFactoryPostProcessor 可以与 Bean 交互并修改 Bean 定义，但从不使用 Bean 实例。接口声明如下：

```
public interface BeanFactoryPostProcessor {
    void postProcessBeanFactory(ConfigurableListableBeanFactory beanFactory)
        throws BeansException;
}
```

### 21.6.2　BeanFactoryPostProcessor 示例

**1. 编写 MyBeanFactoryPostProcessor 类**

MyBeanFactoryPostProcessor 类实现 BeanFactoryPostProcessor 接口，在 postProcessBeanFactory 中判断：如果是 food1 Bean 定义，则修改 name 的初始值为"米饭"。代码如下：

程序清单：/SpringAdvancedApplication/src/main/java/org/ldh/Spring/
　　　　　BeanFactoryPostProcessor/MyBeanFactoryPostProcessor.java

```
public class MyBeanFactoryPostProcessor implements BeanFactoryPostProcessor {
    @Override
    public void postProcessBeanFactory(ConfigurableListableBeanFactory
        beanFactory) throws BeansException {
        System.out.println("******调用了 BeanFactoryPostProcessor");
        String[] beanStr = beanFactory.getBeanDefinitionNames();
        for (String beanName : beanStr) {
            if ("food1".equals(beanName)) {
                BeanDefinition beanDefinition = beanFactory.getBeanDefinition
                    (beanName);
                MutablePropertyValues m = beanDefinition.getPropertyValues();
                if (m.contains("name")) {
                    m.addPropertyValue("name", "米饭");
                    System.out.println("》》》修改了 name 属性初始值了");
                }
            }
        }
    }
}
```

            }
        }
    }

### 2. 配置 Bean

在配置文件/SpringAdvancedApplication/src/main/java/org/ldh/Spring/ BeanFactoryPostProcessor/ springContext.xml 中配置 Bean，food1 Bean 的 name 属性值为"烩面"。代码如下：

```xml
<bean id="myBeanFactoryPostProcessor"
    class="org.ldh.Spring.BeanFactoryPostProcessor.
        MyBeanFactoryPostProcessor">
</bean>
<bean id="food1" class="org.ldh.Spring.BeanFactoryPostProcessor.Food">
    <!-- 控制调用 setFood()方法,将容器中的 food Bean 作为传入参数 -->
    <property name="name" value="烩面" />
</bean>
<bean id="person1" class="org.ldh.Spring.BeanFactoryPostProcessor.Person" >
    <!-- 控制调用 setFood()方法,将容器中的 food Bean 作为传入参数 -->
    <property name="food" ref="food1" />
</bean>
```

### 3. 编写测试类

测试类/SpringAdvancedApplication/src/main/java/org/ldh/Spring/ BeanFactoryPostProcessor / Test.java 代码如下：

```java
public class Test {
    public static void main(String[] args) {
        //创建 Spring 容器
        ApplicationContext ctx = new ClassPathXmlApplicationContext("org/ldh/
            Spring/BeanFactoryPostProcessor/springContext.xml");
        ((AbstractApplicationContext) ctx).registerShutdownHook();
        Person person1 = ctx.getBean("person1", Person.class);
        person1.eat();
    }
}
```

### 4. 运行测试类

可以看到原有的 XML 配置中定义的 food Bean 的值为"烩面"，被修改为初始值"米饭"，如图 21.3 所示。

```
信息: Refreshing org.springframework.c
十一月 10, 2020 5:20:29 下午 org.springfr
信息: Loading XML bean definitions frc
******调用了BeanFactoryPostProcessor
>>>修改了name属性初始值了
我正在吃: 米饭
十一月 10, 2020 5:20:29 下午 org.springfr
```

图 21.3　BeanFactoryPostProcessor 测试输出

## ◆ 21.7　动态修改 Bean：BeanPostProcessor

动态修改 Bean 就是修改对象，而不是修改类定义。可以用以下两种方式对 Bean 进行控制（例如修改某个成员变量）。

（1）改变 Bean 的定义（实现 BeanFactoryPostProcessor 接口），可以想象成修改了 class 文件，这样实例化的每个对象都变了，例如增加了一个属性。

（2）只改变实例化的对象（实现 BeanPostProcessor 接口），例如修改属性。

### 21.7.1　BeanPostProcessor 概述

Spring 提供了扩展功能接口 BeanPostProcessor，可以对容器创建的 Bean 进行加工处理。该接口声明如下：

```
public interface BeanPostProcessor {
    //在 Bean 初始化方法调用前被调用
    Object postProcessBeforeInitialization(Object bean, String beanName)
        throws BeansException;
    //在 Bean 初始化方法调用后被调用
    Object postProcessAfterInitialization(Object bean, String beanName)
        throws BeansException;
}
```

实现该接口，所有的 Bean 的创建都被拦截，因此也可以将该接口理解为 Spring 的拦截器。可以在 Bean 创建后之后、Bean 初始化前与 Bean 初始化之后进行拦截，对 Bean 进行加工。

运行顺序如下：

（1）Spring IOC 容器实例化 Bean。

（2）调用 BeanPostProcessor 的 postProcessBeforeInitialization()方法。

（3）调用 Bean 实例的初始化方法。

（4）调用 BeanPostProcessor 的 postProcessAfterInitialization()方法。

Spring 自身的很多功能也是基于 BeanPostProcessor 接口实现的。Spring 内置的 BeanPostProcessor 实现了以下功能：

- CommonAnnotationBeanPostProcessor，用于解析@Resource 注解。

- RequiredAnnotationBeanPostProcessor，用于解析@Required 注解。
- AutowiredAnnotationBeanPostProcessor，用于解析@Autowired 注解。
- ApplicationContextAwareProcessor，用于作为注入 ApplicationContext 等容器的对象。

### 21.7.2 BeanPostProcessor 示例

**1. 编写 MyBeanPostProcessor 类**

MyBeanPostProcessor 类实现 BeanPostProcessor 接口，在该类的方法中仅仅把获得的 Bean 和 BeanName 输出。代码如下

程序清单：/SpringApplication/src/main/java/org/ldh/Spring/BeanPostProcessor/MyBeanPostProcessor.java

```java
public class MyBeanPostProcessor implements BeanPostProcessor {
    @Override
    public Object postProcessBeforeInitialization(Object bean, String
        beanName) throws BeansException {
        //TODO Auto-generated method stub
        System.out.println("postProcessBeforeInitialization:\n"+"--"+
            beanName+"=>"+bean);
        return bean;
    }
    @Override
    public Object postProcessAfterInitialization(Object bean, String
        beanName) throws BeansException {
        //TODO Auto-generated method stub
        System.out.println("postProcessAfterInitialization:\n"+"--"+
            beanName+"=>"+bean);
        return bean;
    }
}
```

**2. 配置 Bean**

在配置文件/SpringApplication/src/main/java/org/ldh/Spring/BeanPostProcessor/springContext.xml 中配置 Bean，代码如下：

```xml
<bean id="myBeanPostProcessor"
    class="org.ldh.Spring.BeanPostProcessor.MyBeanPostProcessor">
</bean>
<bean id="food1" class="org.ldh.Spring.BeanPostProcessor.Food">
    <!-- 控制调用 setFood()方法，将容器中的 food Bean 作为传入参数 -->
    <property name="name" value="烩面" />
</bean>
```

```xml
<bean id="person1" class="org.ldh.Spring.BeanPostProcessor.Person" >
    <!-- 控制调用 setFood()方法,将容器中的 food Bean 作为传入参数 -->
    <property name="food" ref="food1" />
</bean>
```

**3. 编写测试类**

测试类/SpringApplication/src/main/java/org/ldh/Spring/BeanPostProcessor/Test.java 代码如下：

```java
public class Test {
    public static void main(String[] args) {
        //创建 Spring 容器
        ApplicationContext ctx = new ClassPathXmlApplicationContext("org/ldh/
            Spring/BeanPostProcessor/springContext.xml");
        ((AbstractApplicationContext) ctx).registerShutdownHook();
        Person person1 = ctx.getBean("person1", Person.class);
        person1.eat();
    }
}
```

**4. 运行测试类**

运行测试类,可以看到 BeanPostProcessor 接口对 Bean 的拦截,如图 21.4 所示。

```
postProcessBeforeInitialization:
--food1=>org.ldh.Spring.BeanPostProcessor.Food@573f2bb1
postProcessAfterInitialization:
--food1=>org.ldh.Spring.BeanPostProcessor.Food@573f2bb1
postProcessBeforeInitialization:
--person1=>org.ldh.Spring.BeanPostProcessor.Person@5ae9a829
postProcessAfterInitialization:
--person1=>org.ldh.Spring.BeanPostProcessor.Person@5ae9a829
我正在吃：烩面
```

图 21.4 BeanPostProcessor 测试输出

### 21.7.3 自定义注解的实现

BeanPostProcessor 的机制是修改 Bean,利用 BeanPostProcessor 可以实现自定义注解,利用注解修改 Bean。这里给出类上的注解与属性上的注解的例子,获取注解的信息,并完成值的注入。

(1) 创建类上的注解 @TypeAnnotation,它有 tableName 与 dbType 两个属性,dbType 属性为枚举类型的 EnumDB。详细代码如下：

程序清单:/SpringApplication/src/main/java/org/ldh/Spring/
customAnnotation/TypeAnnotation.java

```java
import java.lang.annotation.ElementType;
```

```java
import java.lang.annotation.Retention;
import java.lang.annotation.RetentionPolicy;
import java.lang.annotation.Target;
@Target(ElementType.TYPE)                              //类上的注解
@Retention(RetentionPolicy.RUNTIME)                    //在运行时有效
public @interface TypeAnnotation {
    /**
     * 类名称注解,默认值为类名称
     */
    public String tableName() default "className";
    /**
     * 枚举例子
     */
    public enum EnumDB {
        MYSQL, ORACLE, SQLSERVER
    };
    /**
     * 枚举例子属性
     * @return
     */
    EnumDB dbType() default EnumDB.MYSQL;
}
```

(2) 创建属性上的注解@FiledAnnotation,它有 fieldName 与 filedType 两个属性, filedType 属性为枚举类型的 EnumFiledType。详细代码如下：

> 程序清单：/SpringApplication/src/main/java/org/ldh/Spring/ customAnnotation/FiledAnnotation.java

```java
import java.lang.annotation.ElementType;
import java.lang.annotation.Retention;
import java.lang.annotation.RetentionPolicy;
import java.lang.annotation.Target;
@Target(ElementType.FIELD)                             //属性上的注解
@Retention(RetentionPolicy.RUNTIME)                    //运行时有效
public @interface FiledAnnotation {
    /**
     * 字段名称注解,默认值为类名称
     * @return
     */
    public String fieldName() default "fieldName";
    /**
     * 枚举例子
     * @author peida
     *
     */
```

```java
    public enum EnumFiledType{Varchar,Decimal,Int};
    /**
     * 枚举例子属性
     * @return
     */
    EnumFiledType filedType() default EnumFiledType.Varchar;
}
```

(3) 在 Person 类上加类注解@TypeAnnotation 与属性注解@FiledAnnotation,用来标明表名、数据库类型、字段名、字段类型,代码如下:

程序清单:/SpringApplication/src/main/java/org/ldh/Spring/customAnnotation/Person.java

```java
import org.ldh.Spring.customAnnotation.FiledAnnotation.EnumFiledType;
import org.ldh.Spring.customAnnotation.TypeAnnotation.EnumDB;
@TypeAnnotation(tableName = "类上注解-表名称-Person 表", dbType = EnumDB.
    MYSQL)
public class Person {
    private String id;
    @FiledAnnotation(fieldName = "属性注解-字段名-姓名字段", filedType =
        EnumFiledType.Varchar)
    private String name;
    private Food food;
    public void setFood(Food food) {
        this.food = food;
    }
    public Food getFood() {
        return food;
    }
    public String getName() {
        return name;
    }
    public void setName(String name) {
        this.name = name;
    }
    public String getId() {
        return id;
    }
    public void setId(String id) {
        this.id = id;
    }
    public void eatFood(Food food1) {
        System.out.println("我正在吃:" + food1.getName());
    }
    public void eat() {
```

```
            eatFood(food);
        }
    }
```

（4）实现注解类 AnnoSupport，通过实现 BeanPostProcessor 接口，在 postProcessAfterInitialization()方法中获取类的注解，实现注解信息的获取和输出，并实现对属性值的注入。代码如下：

**程序清单**:/SpringApplication/src/main/java/org/ldh/Spring/customAnnotation/AnnoSupport.java

```java
public class AnnoSupport implements BeanPostProcessor {
    public static Object annoImpl(Object bean, String beanName) throws Exception {
        Class class1 = bean.getClass();
        if (class1.isAnnotationPresent(TypeAnnotation.class)) {
                                                        //判断类上是否有注解
            TypeAnnotation typeAnnotation = (TypeAnnotation) class1.
                getAnnotation(TypeAnnotation.class);    //得到类的注解对象
            System.out.println("tableName:"+typeAnnotation.tableName()+
                "------>dbType:"
                + typeAnnotation.dbType());
            class1.getMethod("setId", String.class).invoke(bean,
                typeAnnotation.tableName());           //调用setter方法设置id值
        }
        Field[] fields = class1.getDeclaredFields();//得到所有属性
        for (Field field : fields) {
            if (field.isAnnotationPresent(FiledAnnotation.class)) {
                                                        //判断字段上是否有注解
                FiledAnnotation filedAnnotation = field.getAnnotation
                    (FiledAnnotation.class);           //得到字段注解对象
                System.out.println("fieldName:"+filedAnnotation.fieldName()
                    +"------>filedType:"
                    + filedAnnotation.filedType());
                field.setAccessible(true);
                field.set(bean, filedAnnotation.fieldName());
                                                   //调用setter方法设置name值
            }
        }
        return bean;
    }
    /**
     * Spring Bean 实例化之前的操作
     */
    @Override
    public Object postProcessBeforeInitialization(Object bean, String
        beanName) throws BeansException {
```

```java
        //TODO Auto-generated method stub
        System.out.println("Bean 实例化之前");
        return bean;
    }
    /**
     * Spring Bean 实例化之后的操作
     */
    @Override
    public Object postProcessAfterInitialization(Object bean, String
        beanName) throws BeansException {
        //TODO Auto-generated method stub
        System.out.println("Bean 实例化之后");
        try {
            bean = annoImpl(bean,beanName);
        } catch (Exception e) {
            //TODO Auto-generated catch block
            e.printStackTrace();
        }
        return bean;
    }
}
```

（5）配置 Bean。

在配置文件 /SpringApplication/src/main/java/org/ldh/Spring/customAnnotation/springContext.xml 中配置 bean，代码如下：

```xml
<bean id="mycustomAnnotation"
    class="org.ldh.Spring.customAnnotation.AnnoSupport">
</bean>

<bean id="food1" class="org.ldh.Spring.customAnnotation.Food">
    <property name="name" value="烩面" />
</bean>
<bean id="person1" class="org.ldh.Spring.customAnnotation.Person" >
    <!-- 控制调用 setFood() 方法,将容器中的 food Bean 作为传入参数 -->
    <property name="food" ref="food1" />
</bean>
```

（6）编写测试类 Test，打印被注入的 id 值与 name 值，代码如下：

程序清单：/SpringApplication/src/main/java/org/ldh/Spring/customAnnotation/Test.java

```java
public class Test {
    public static void main(String[] args) {
        //创建 Spring 容器
        ApplicationContext ctx = new ClassPathXmlApplicationContext(
```

```
                "org/ldh/Spring/customAnnotation/springContext.xml");
        ((AbstractApplicationContext) ctx).registerShutdownHook();
        Person person1 = ctx.getBean("person1", Person.class);
        person1.eat();
        System.out.println("id:" + person1.getId() + "---->name:" + person1.
            getName());
    }
}
```

(7) 运行测试类。从输出结果可以看出，获取了注解信息并且实现了 id 值与 name 值的注入，如图 21.5 所示。

```
九月 27, 2020 12:37:50 下午 org.springframework.beans.factor
信息: Loading XML bean definitions from class path r
bean实例化之前
bean实例化之后
bean实例化之前
bean实例化之后
tableName:类上注解-表名称-Person表----->dbType:MYSQL
fieldName:属性注解-字段名-姓名字段----->filedType:Varchar
我正在吃：烩面
id:类上注解-表名称-Person表--->name:属性注解-字段名-姓名字段
```

图 21.5　自定义注解示例运行结果

# 第 22 章 Spring 与 MyBatis 整合

所谓整合就是所有 Bean 由 Spring 管理，实现依赖注入。MyBatis 中的 mapper 对象都是由 MyBatis 生成和管理的，如何让 Spring 管理是一个关键问题。Spring 要管理所有的 Bean。也就是说，创建 SqlSession 由 Spring 管理；需要 SqlSession 的地方由 Spring 依赖注入；mapper DAO 由 Spring 从 SqlSession 中获取，并且需要 mapper 的地方由 Spring 依赖注入。Spring 与 MyBatis 整合的具体工作就是配置各种整合用的 Bean 的属性。

## ◆ 22.1 创建 Maven 项目 SpringMyBatis

本章的整合应用示例是实现对学生表的增删改查操作，Service Bean 被注入 mapper DAO，实现对学生表的操作。

（1）创建 Maven 项目 SpringMyBatis。

（2）依照 MyBatis 中的例子，在 org.ldh.student.entity 包中创建实体学生类 Student。

（3）在 org.ldh.student.dao 包中创建学生 mapper 接口与 mapper 配置文件。

（4）在 org.ldh.student.Service 包中创建学生服务类 StudentService。

（5）在 org.ldh.SpringMyBatis 包中创建测试程序 StudentApplication。

该项目的目录结构如图 22.1 所示。

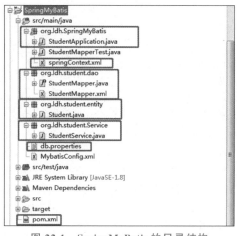

图 22.1 SpringMyBatis 的目录结构

## 22.2 Spring 配置文件

在 org.ldh.SpringMyBatis 包中创建 Spring 配置文件 springContext.xml。通过配置 Bean 实现对 Bean 的管理。详细配置如下：

程序清单：/SpringMyBatis/src/main/java/org/ldh/SpringMyBatis/springContext.xml

```xml
<?xml version="1.0" encoding="utf-8"?>
<beans xmlns="http://www.springframework.org/schema/beans"
    xmlns:xsi="http://www.w3.org/2001/XMLSchema-instance"
    xmlns:p="http://www.springframework.org/schema/p"
    xmlns:aop="http://www.springframework.org/schema/aop"
    xmlns:context="http://www.springframework.org/schema/context"
    xmlns:tx="http://www.springframework.org/schema/tx"
    xsi:schemaLocation="http://www.springframework.org/schema/beans
        http://www.springframework.org/schema/beans/spring-beans.xsd
        http://www.springframework.org/schema/context
        http://www.springframework.org/schema/context/spring-context-4.3.xsd
        http://www.springframework.org/schema/aop
        http://www.springframework.org/schema/aop/spring-aop-4.3.xsd
        http://www.springframework.org/schema/tx
        http://www.springframework.org/schema/tx/spring-tx-4.3.xsd">
    <!-- 1. 引入属性文件，在配置中占位使用 -->
    <context:property-placeholder location="classpath*:db.properties" />
    <!-- 2. 配置 C3P0 数据源 -->
    <bean id="datasource" class="com.mchange.v2.c3p0.ComboPooledDataSource"
        destroy-method="close">
        <!-- 驱动类名 -->
        <property name="driverClass" value="${jdbc.driver}" />
        <!-- URL -->
        <property name="jdbcUrl" value="${jdbc.url}" />
        <!-- 用户名 -->
        <property name="user" value="${jdbc.uid}" />
        <!-- 密码 -->
        <property name="password" value="${jdbc.pwd}" />
        <!-- 当连接池中的连接耗尽时 C3P0 一次同时获取的连接数 -->
        <property name="acquireIncrement" value="5"></property>
        <!-- 初始连接池大小 -->
        <property name="initialPoolSize" value="10"></property>
        <!-- 连接池中的连接最小个数 -->
        <property name="minPoolSize" value="5"></property>
        <!-- 连接池中的连接最大个数 -->
        <property name="maxPoolSize" value="20"></property>
```

```xml
    </bean>
    <!-- 3. 会话工厂 Bean sqlSessionFactoryBean -->
    <bean id="sqlSessionFactory" class="org.mybatis.spring.
        SqlSessionFactoryBean">
        <!-- 数据源 -->
        <property name="dataSource" ref="datasource"></property>
        <!-- 别名 -->
        <property name="typeAliasesPackage" value="com.zhangguo.bookstore.
            entities"></property>
        <!-- SQL映射文件路径 -->
        <property name="mapperLocations" value="classpath*:com/zhangguo/bookstore/mapper/*Mapper.xml"></property>
    </bean>
    <!-- 4. 自动扫描对象关系映射 -->
    <bean class="org.mybatis.spring.mapper.MapperScannerConfigurer">
        <!-- 指定会话工厂,如果当前上下文中只定义了一个会话工厂,则该属性可省去 -->
        <property name="sqlSessionFactoryBeanName" value="sqlSessionFactory">
        </property>
        <!-- 指定要自动扫描接口的基础包,实现接口 -->
        <property name="basePackage" value="com.zhangguo.bookstore.mapper">
        </property>
    </bean>
    <!-- 5. 声明式事务管理 -->
    <!--定义事务管理器,由 Spring 管理事务 -->
    <bean id="transactionManager" class="org.springframework.jdbc.
        datasource.DataSourceTransactionManager">
        <property name="dataSource" ref="datasource"></property>
    </bean>
    <!-- 支持注解驱动的事务管理,指定事务管理器 -->
    <tx:annotation-driven transaction-manager="transactionManager"/>
    <!-- 6. 容器自动扫描 IoC 组件 -->
    <context:component-scan base-package="com.zhangguo.bookstore">
        </context:component-scan>
    <!-- 7. AspectJ 支持自动代理实现 AOP 功能 -->
    <aop:aspectj-autoproxy proxy-target-class="true"></aop:aspectj-
        autoproxy>
</beans>
```

## ◆ 22.3 数据源 Bean 的管理和配置

### 22.3.1 数据源依赖包

数据源 Bean 直接由 Spring 管理。这里数据源用阿里巴巴公司开发的 Druid 数据库连接池提供的数据源。数据源 Maven 依赖配置如下：

```xml
<!-- 数据库连接池 -->
<dependency>
    <groupId>com.alibaba</groupId>
    <artifactId>druid</artifactId>
    <version>0.2.9</version>
</dependency>
```

### 22.3.2 数据库信息配置

在 db.properties 文件中定义数据库的相关信息，详细代码如下：

程序清单：/SpringMyBatis/src/main/java/db.properties
```
jdbc.driver=com.mysql.jdbc.Driver
jdbc.url=jdbc:mysql://127.0.0.1:3306/test?characterEncoding=utf-8
jdbc.username=root
jdbc.password=888
jdbc.maxActive=10
```

### 22.3.3 引入属性文件

在配置文件中，用占位符 ${xxx} 获取 db.Properties 中的信息，这样可以减少对 Spring 配置文件的修改。首先在配置文件中引入属性文件 db.Properties。

```xml
<!-- 1.引入属性文件,在配置中占位 -->
<context:property-placeholder
    location="classpath*:db.properties" />
```

### 22.3.4 数据源 Bean 的配置

生成数据源 Bean 的类是 com.alibaba.druid.pool.DruidDataSource，具体配置如下。这里就是标准的 Spring 的 Bean 配置，配置 Bean 生成的类和 Bean 的各种属性。

```xml
<!-- 2.配置 Druid 数据源 -->
<bean id="dataSource"
    class="com.alibaba.druid.pool.DruidDataSource" init-method="init"
    destroy-method="close">
    <!-- 驱动类名 -->
    <property name="driverClassName" value="${jdbc.driver}" />
    <!-- URL -->
    <property name="url" value="${jdbc.url}" />
    <!-- 用户名 -->
    <property name="username" value="${jdbc.username}" />
    <!-- 密码 -->
    <property name="password" value="${jdbc.password}" />
```

```xml
<property name="filters" value="stat" />
<!-- 连接池中的连接最大个数 -->
<property name="maxActive" value="20" />
<!-- 初始连接池大小 -->
<property name="initialSize" value="1" />
<property name="maxWait" value="60000" />
<property name="minIdle" value="1" />
<property name="timeBetweenEvictionRunsMillis" value="60000" />
<property name="minEvictableIdleTimeMillis" value="300000" />
<property name="validationQuery" value="SELECT 'x'" />
<property name="testWhileIdle" value="true" />
<property name="testOnBorrow" value="false" />
<property name="testOnReturn" value="false" />
<property name="poolPreparedStatements" value="true" />
<property name="maxPoolPreparedStatementPerConnectionSize" value="50" />
</bean>
```

## 22.4 会话工厂 Bean 的管理和配置

### 22.4.1 会话工厂依赖包

Spring 与 MyBatis 的整合之一就是，sqlSessionFactory 会话工厂类不是直接由 MyBatis（SqlSessionFactoryBuilder）生成的，而是由专门的整合包 mybatis-spring 管理的，sqlSessionFactory 会话工厂的 Maven 依赖配置如下：

```xml
<!-- 添加 MyBatis 与 Spring 整合的核心包 -->
<dependency>
    <groupId>org.mybatis</groupId>
    <artifactId>mybatis-spring</artifactId>
    <version>1.3.1</version>
</dependency>
```

### 22.4.2 会话工厂 Bean 的配置

在 MyBatis 与 Spring 的整合中需要单独的 sqlSessionFactory 类管理，会话工厂类为 org.mybatis.spring.SqlSessionFactoryBean 类，其 Bean 配置如下：

```xml
<!-- 3. 会话工厂 Bean sqlSessionFactoryBean -->
<bean id="sqlSessionFactory"
    class="org.mybatis.spring.SqlSessionFactoryBean">
    <!-- 数据源 -->
    <property name="dataSource" ref="dataSource"></property>
    <!-- 别名 -->
    <property name="typeAliasesPackage"
```

```
            value="org.ldh.student.entity"></property>
        <!-- SQL 映射文件路径 -->
        <property name="mapperLocations"
            value="classpath*:org/ldh/student/dao/*Mapper.xml"></property>
</bean>
```

sqlSessionFactory 会话工厂是 MyBatis 的核心，包含了配置的 SQL 命令及数据源，利用 sqlSessionFactory 产生 sqlSession，可以通过命令 id 读取数据库，因此生成 sqlSessionFactory Bean 需要映射文件的位置与数据源。配置 sqlSessionFactory Bean 需要的信息如图 22.2 所示。

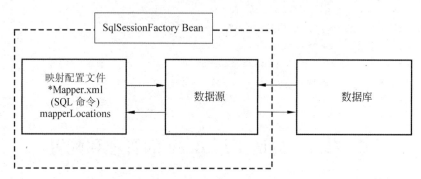

图 22.2　配置 sqlSessionFactory Bean 需要的信息

### 22.4.3　配置扫描 Mapper 文件的路径

mapperLocations 表示 Mapper 文件存放的位置。当 Mapper 文件跟对应的 Mapper 接口处于同一位置时，可以不指定该属性的值。

```
<!-- SQL 映射文件路径 -->
<property name="mapperLocations"
    value="classpath*:org/ldh/student/dao/*Mapper.xml"></property>
```

### 22.4.4　配置实体类所在的包

MyBatis 的 XML 配置文件中需要写类的全限定名，比较烦琐，可以通过自动扫描包路径给类配置别名。

typeAliasesPackage 属性一般对应实体类所在的包，这时会自动取对应包中不包括包名的简单类名作为类的全限定名的别名。多个包名之间可以用逗号或者分号等分隔（该属性的 value 的值一定要是包的全名）。

```
<!-- 别名 -->
<property name="typeAliasesPackage"
    value="org.ldh.student.entity"></property>>
```

typeAliases 属性的值为数组类型，用来指定类的别名。指定了该属性后，MyBatis 会把类名作为类的全限定名的别名,前提是该类上没有加@Alias 注解,否则将使用该注解对应的值作为类的全限定名的别名(该属性的 value 的值一定要是类的全限定名)。当有多个包时配置如下:

```xml
<property name="typeAliases">
    <array>
        <value>com.tiantian.mybatis.model.Blog</value>
        <value>com.tiantian.mybatis.model.Comment</value>
    </array>
</property>
```

### 22.4.5　指定 MyBatis 配置文件的位置

configLocation 用于指定 MyBatis 配置文件的位置。如果指定了该属性,那么会以该配置文件的内容作为配置信息构建对应的 SqlSessionFactoryBuilder,但是后续属性指定的内容会覆盖该配置文件中指定的对应内容。也可不配置 MyBatis 配置文件 MybatisConfig.xml,将有关 MyBatis 的配置信息放在 springContext.xml 中。

## ◆ 22.5　DAO Bean 配置管理

### 22.5.1　单个 Mapper DAO Bean

单独使用 MyBatis 时获取 Mapper DAO 对象的方法如下:

```
StudentMapper studentDao =session.getMapper(StudentMapper.class);
```

在与 Spring 整合中,底层仍然是由 MyBatis 生成,由 Spring 管理。

单个 Mapper DAO Bean 可以由 MapperFactoryBean 得到,配置如下:

```xml
<bean id="studentMapper " class="org.mybatis.spring.mapper.
    MapperFactoryBean">
  <property name="mapperInterface" value=" org.ldh.student.dao.
      StudentMapper " />
  <property name="sqlSessionFactory" ref="sqlSessionFactory" />
</bean>
```

MapperFactoryBean 实现了 FactoryBean 接口,在 getObject()方法中调用 MyBatis 的 getMapper()方法,获取 DAO Bean。MapperFactoryBean 部分代码如下:

```java
public class MapperFactoryBean<T> extends SqlSessionDaoSupport implements
        FactoryBean<T> {
    ...
    public T getObject() throws Exception {
        return getSqlSession().getMapper(this.mapperInterface);
    }
}
```

配置单个 DAO Bean 需要的信息如图 22.3 所示。

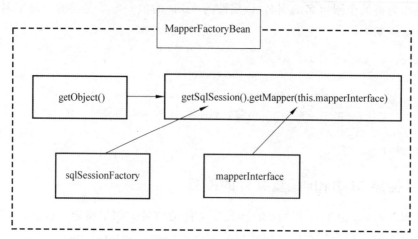

图 22.3　配置单个 DAO Bean 需要的信息

有了 Mapper 接口 mapperInterface 和 sqlSessionFactory，就可以通过调用 getObject()方法中的 getSqlSession().getMapper(this.mapperInterface)方法获得 Mapper DAO Bean。

### 22.5.2　批量 Mapper DAO Bean

没有必要在 Spring 的 XML 配置文件中注册所有的映射器，这样非常烦琐。相反，可以使用 MapperScannerConfigurer，它会查找 Mapper 类路径下的映射器并自动将它们创建成 MapperFactoryBean。

DAO Bean 的配置管理是通过配置自动扫描 Mapper 接口的 MapperScannerConfigurer 类实现的：

```xml
<!-- 4.自动扫描对象关系映射 -->
<bean class="org.mybatis.spring.mapper.MapperScannerConfigurer">
    <!--指定会话工厂,如果当前上下文中只定义了一个会话工厂,则该属性可省去 -->
    <property name="sqlSessionFactoryBeanName"
        value="sqlSessionFactory"></property>
    <!-- 指定要自动扫描接口的基础包,实现接口 -->
    <property name="basePackage" value="org.ldh.student.dao"></property>
</bean>
```

配置 MapperScannerConfigurer Bean 需要的信息如图 22.4 所示。
basePackage 指定要自动扫描接口的基础包：

```xml
<property name="basePackage" value="org.ldh.student.dao"></property>
```

扫描包中的映射文件，根据映射文件中的 namespace 扫描到 Mapper 接口类：

```xml
<mapper namespace="org.ldh.student.dao.StudentMapper">
```

因此 Mapper 文件与对应的 Mapper 接口处于同一位置时可以不指定配置

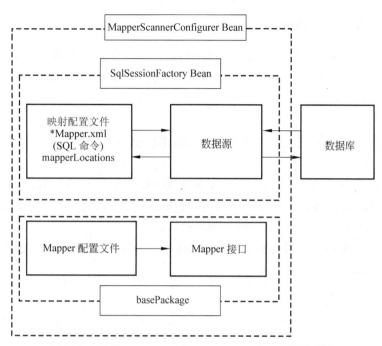

图 22.4　配置 MapperScannerConfigurer Bean 需要的信息

sqlSessionFactory Bean 时的 mapperLocations 属性的值。

MapperScannerConfigurer 属于批量加载 MapperFactoryBean。MapperScannerConfigurer 实现了动态注册 Bean 接口 BeanDefinitionRegistryPostProcessor，在使用 MapperScannerConfigurer 时，只需要在 applicationContext.xml 中配置类路径，扫描在此路径中的所有映射器（接口），并自动将它们创建成 MapperFactoryBean，其原理如图 22.5 所示。

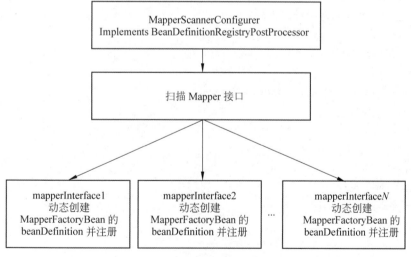

图 22.5　MapperScannerConfigurer 原理

### 22.5.3 获取 DAO Bean

在 Spring 容器 Bean 实例化阶段，依据 beanDefinition 的定义，调用各个 MapperFactoryBean 的 getObject() 方法中的 getSqlSession().getMapper(this.mapperInterface) 方法获得 Mapper DAO Bean。

## ◆ 22.6 扫描全部 Bean 管理配置

通过配置扫描及组件注解，实现对其他 Bean 的依赖注入。使用@Controller、@Service、@Repository、@Component 注解标注该类，然后再使用@ComponentScan 扫描包或者<context：component-scan>配置扫描包。

本项目需要 Spring 扫描的 Bean 在 org.ldh.SpringMyBatis 目录下。因此，定义 base-package＝"org.ldh"。

```
<!-- 6.容器自动扫描 IoC 组件 -->
<context:component-scan base-package="org.ldh"></context:component-scan>
```

## ◆ 22.7 事务管理 Bean

### 22.7.1 事务管理依赖配置

事务管理依赖配置如下：

```
<!-- Spring事务,包含了@Transactional注解 -->
<dependency>
    <groupId>org.springframework</groupId>
    <artifactId>spring-tx</artifactId>
    <version>4.3.7.RELEASE</version>
</dependency>
<!-- 事务 DataSourceTransactionManager -->
<dependency>
    <groupId>org.springframework</groupId>
    <artifactId>spring-jdbc</artifactId>
    <version>4.3.7.RELEASE</version>
</dependency>
<!-- 事务 aop:config -->
<dependency>
    <groupId>org.springframework</groupId>
    <artifactId>spring-aspects</artifactId>
    <version>4.3.7.RELEASE</version>
</dependency>
```

## 22.7.2 事务管理 Bean 配置

事务管理 Bean 配置如下：

```xml
<!-- 5.声明式事务管理 -->
<!-- 定义事务管理器,由 Spring 管理事务 -->
<bean id="transactionManager"
class="org.springframework.jdbc.datasource.DataSourceTransactionManager">
    <property name="dataSource" ref="datasource"></property>
</bean>
```

## ◆ 22.8 AspectJ 支持自动代理实现 AOP 功能

```xml
<!-- 7.AspectJ 支持自动代理实现 AOP 功能 -->
  <aop:aspectj-autoproxy proxy-target-class="true"></aop:aspectj-
     autoproxy>
</beans>
```

## ◆ 22.9 编 写 应 用

### 22.9.1 编写服务类

编写 Student 服务类，该服务类调用 StudentMapper DAO 实现对学生表的访问（mapper.findStudentById(id)），这里声明 StudentMapper mapper 变量，在变量上加自动注入注解@Autowired，Spring 负责注入 StudentMapper Bean，在类上加@Service 注解。详细代码如下：

程序清单：/SpringMyBatis/src/main/java/org/ldh/
student/Service/StudentService.java

```java
@Service
public class StudentService {
    @Autowired
    private StudentMapper mapper;
    public Student findStudentById(int id) {
        return mapper.findStudentById(id);
    }
    public List<Student> findStudentByStudentname(String name) {
        return mapper.findStudentByStudentname(name);
    }
    public int insertStudent(Student student) {
        return mapper.insertStudent(student);
    }
}
```

```java
    public int updateStudent(Student student) {
        return mapper.updateStudent(student);
    }
    public int deleteStudentById(int id) {
        return mapper.deleteStudentById(id);
    }
}
```

### 22.9.2 编写测试类

编写测试类 StudentApplication，测试对学生表的查询与增加操作，在该类上加组件注解@Component。

声明 StudentService service 变量，并在其上加自动注入注解@Autowired。

增加 findStudentByStudentname 方法，在该方法中调用 service.findStudentByStudentname("张")方法，获取姓张的学生。

定义 main()方法，在 main()方法中，根据配置文件 springContext.xml 创建容器，从容器中获取本类定义的 studentApplication Bean，然后调用 findStudentByStudentname()方法获取姓张的学生。增加学生不再描述。代码如下：

> 程序清单：/SpringMyBatis/src/main/java/org/ldh/SpringMyBatis/StudentApplication.java

```java
@Component
public class StudentApplication {
    @Autowired
    StudentService service;
    public static void main(String[] args) {
        //创建 Spring 容器
        ApplicationContext ctx = new ClassPathXmlApplicationContext("org/ldh/
            SpringMyBatis/springContext.xml");
        ((AbstractApplicationContext) ctx).registerShutdownHook();
        StudentApplication app=ctx.getBean("studentApplication",
            StudentApplication.class);
        app.findStudentByStudentname();
        app.insertStudent();
    }
    public void findStudentByStudentname() {
        List<Student> students=service.findStudentByStudentname("张");
        System.out.println(students);
    }
    public void insertStudent() {
        Student student = new Student();
        student.setName("小强");
        student.setAge(20);
```

```
        student.setStudentID("20200101");
        student.setSex("男");
        int i = service.insertStudent(student);
        //打印结果
        //刚保存学生,此时需要返回学生 id。执行完上面的增加操作后,就能知道学生的 id
        //需要在 Student.xml 文件中配置
        System.out.println("插入 id:" + student.getId());    //插入 id 为 0
    }
}
```

运行该测试类,结果如图 22.6 所示。

```
信息: {dataSource-1} inited
[Student [id=1, name=张三,sex=男,studentID=null, age=19]
, Student [id=10, name=张四,sex=女,studentID=null, age=21]
, Student [id=11, name=张四,sex=女,studentID=null, age=21]
]
插入id:20
```

图 22.6　Spring 与 MyBatis 整合应用——获取学生并输出结果

## 22.10　Spring 使用的注解

Spring 使用的注解如表 22.1 所示。

表 22.1　Spring 使用的注解

| 注　解 | 说　明 |
| --- | --- |
| @Controller | 组合注解(组合了 @Component 注解),应用在 MVC 层(控制层),DispatcherServlet 会自动扫描加了此注解的类,然后将 Web 请求映射到加了 @RequestMapping 注解的方法上 |
| @Service | 组合注解(组合了 @Component 注解),应用在业务逻辑层 |
| @Repository | 组合注解(组合了 @Component 注解),应用在 DAO 层(数据访问层) |
| @Component | 表示一个带注解的类是组件,成为 Spring 管理的 Bean。当使用基于注解的配置和类路径扫描时,这些类被视为自动检测的候选对象。同时 @Component 还是一个元注解 |
| @Autowired | Spring 提供的工具(由 Spring 的依赖注入工具 BeanPostProcessor、BeanFactoryPostProcessor 自动注入) |
| @Resource | JSR-250 提供的注解 |
| @Inject | JSR-330 提供的注解 |
| @Configuration | 声明当前类是一个配置类(相当于一个 Spring 的 XML 配置文件) |
| @ComponentScan | 自动扫描指定包下所有使用 @Service、@Component、@Controller、@Repository 的类并注册 |

续表

| 注　　解 | 说　　明 |
| --- | --- |
| @Bean | 加在方法上,声明当前方法的返回值为一个 Bean。返回的 Bean 对应的类中可以定义 init()方法和 destroy()方法,然后在 @Bean(initMethod="init",destroyMethod="destroy")注解中定义,在构造之后执行 init()方法,在销毁之前执行 destroy()方法 |
| @Aspect | 声明一个切面 |
| @After | 后置建言(advice),在原方法前执行 |
| @Before | 前置建言(advice),在原方法后执行 |
| @Around | 环绕建言(advice),在原方法执行前执行,在原方法执行后再执行(可以实现上面两种 advice) |
| @PointCut | 声明切点,即定义拦截规则,确定有哪些方法会被切入 |
| @Transactional | 声明事务(一般默认配置即可满足要求,当然也可以自定义) |
| @Cacheable | 声明数据缓存 |
| @EnableAspectJAutoProxy | 开启 Spring 对 AspectJ 的支持 |
| @Value | 值的注入。经常与 Spring EL 表达式语言一起使用,注入普通字符、系统属性、表达式运算结果、其他 Bean 的属性、文件内容、网址请求内容、配置文件属性值等 |
| @PropertySource | 指定文件地址。提供了一种方便的、声明性的机制,用于向 Spring 的环境添加 PropertySource。与@configuration 类一起使用 |
| @PostConstruct | 加在方法上,该方法在构造函数执行完成之后执行 |
| @PreDestroy | 加在方法上,该方法在对象销毁之前执行 |
| @Profile | 如果一个或多个指定的文件是活动的,则一个组件有资格注册。使用@Profile 注解类或者方法,以在不同情况下选择实例化不同的 Bean。@Profile("dev")表示为 dev 时实例化。 |
| @EnableAsync | 开启异步任务支持。注解在配置类上 |
| @Async | 加在方法上,表示这是一个异步方法;加在类上,表示这个类的所有方法都是异步方法。 |
| @EnableScheduling | 加在配置类上,开启对计划任务的支持 |
| @Scheduled | 加在方法上,声明该方法是计划任务。支持多种类型的计划任务,包括 cron、fixDelay、fixRate |
| @Conditional | 设定当满足某一特定条件时创建特定的 Bean |
| @Enable* | 开启对一项功能的支持。所有@Enable*注解都有一个@Import 注解,@Import 是用来导入配置类的,这也就意味着这些自动开启的实现其实是导入了一些自动配置的 Bean(直接导入配置类、依据条件选择配置类、动态注册配置类) |
| @RunWith | 是 JUnit 的注解,Spring Boot 集成了 JUnit。一般在测试类里使用,例如@RunWith(SpringJUnit4ClassRunner.class),SpringJUnit4ClassRunner 在 JUnit 环境下提供 Spring TestContext Framework 的功能 |

续表

| 注　解 | 说　　明 |
|---|---|
| @ContextConfiguration | 用来加载配置 ApplicationContext，其中 classes 属性用来加载配置类，例如@ContextConfiguration(classes ＝ {TestConfig.class}) |
| @ActiveProfiles | 用来声明活动的 profile，例如@ActiveProfiles("prod")（这个 prod 定义在配置类中） |
| @EnableWebMvc | 加在配置类上，开启 Spring MVC 的一些默认配置，如 ViewResolver、MessageConverter 等。同时在自己定制 Spring MVC 的相关配置时需要做到两点：配置类继承 WebMvcConfigurerAdapter 类；必须使用@EnableWebMvc 注解 |
| @RequestMapping | 用来映射 Web 请求（访问路径和参数），处理类和方法。可以加在类和方法上，加在方法上的@RequestMapping 路径会继承加在类上的路径。同时支持 Serlvet 的 request 和 response 作为参数，也支持对 request 和 response 的媒体类型进行配置。其中有 value（路径）、produces（定义返回的媒体类型和字符集）、method（指定请求方式）等属性 |
| @ResponseBody | 将返回值放在 response 体内。返回的是数据而不是页面 |
| @RequestBody | 允许 request 的参数在 request 体中，而不是在直接链接在地址的后面。此注解放置在参数前 |
| @PathVariable | 放置在参数前，用来接收路径参数 |
| @RestController | 组合注解，组合了@Controller 和@ResponseBody。当只开发一个和页面交互数据的控制层可以使用此注解 |
| @ControllerAdvice | 用在类上，声明一个控制器建言，它也组合了@Component 注解，会自动注册为 Spring 的 Bean |
| @ExceptionHandler | 用在方法上，定义全局处理，通过 value 属性可以过滤拦截的条件，例如@ExceptionHandler(value ＝ Exception.class)表示拦截所有的 Exception |
| @ModelAttribute | 将键-值对添加到全局，所有加了@RequestMapping 注解的方法可获得次键-值对 |
| @InitBinder | 通过该注解定制 WebDataBinder（用在方法上，方法有 WebDataBinder 参数，用 WebDataBinder 定制数据绑定，例如可以忽略 request 传过来的参数 id 等） |
| @WebAppConfiguration | 一般用在测试中，注解在类上，用来声明加载的 ApplicationContext 是一个 WebApplicationContext。它的属性指定的是 Web 资源的位置，默认为 src/main/webapp，可以修改为@WebAppConfiguration("src/main/resources") |
| @EnableAutoConfiguration | 该注解自动载入应用程序所需的所有 Bean（这依赖于 Spring Boot 在类路径中的查找）。该注解组合了@Import 注解，@Import 注解导入了 EnableAutoCofigurationImportSelector 类，它使用 SpringFactoriesLoader.loaderFactoryNames()方法扫描包含 META-INF/spring.factories 文件的 jar 包，该文件里声明了有哪些自动配置 |

续表

| 注 解 | 说 明 |
|---|---|
| @SpringBootApplication | Spring Boot 的核心注解,主要目的是开启自动配置。它也是一个组合注解,主要组合了@Configurer、@EnableAutoConfiguration(核心)和@ComponentScan。可以通过@SpringBootApplication(exclude={要关闭的自动配置的类名.class})关闭特定的自动配置 |
| @ImportResource | 虽然 Spring 提倡零配置,但是还是提供了对 XML 配置文件的支持,该注解就是用来加载 XML 配置的 |
| @ConfigurationProperties | 将 properties 属性与一个 Bean 及其属性关联,从而实现类型安全的配置 |
| @ConditionalOnBean | 条件注解(当容器里有指定的 Bean 时) |
| @ConditionalOnClass | 条件注解(当类路径下有指定的类时) |
| @ConditionalOnExpression | 条件注解(以 SpEL 表达式作为判断条件) |
| @ConditionalOnJava | 条件注解(以 JVM 版本作为判断条件) |
| @ConditionalOnJndi | 条件注解(当 JNDI 存在时) |
| @ConditionalOnMissingBean | 条件注解(当容器里没有指定的 Bean 时) |
| @ConditionalOnMissingClass | 条件注解(当类路径下没有指定的类时) |
| @ConditionalOnNotWebApplication | 条件注解(当前项目不是 Web 项目时) |
| @ConditionalOnResource | 条件注解(判断类路径是否有指定的值) |
| @ConditionalOnSingleCandidate | 条件注解(当指定 Bean 在容器中只有一个时) |
| @ConditionalOnWebApplication | 条件注解(当前项目是 Web 项目时) |
| @EnableConfigurationProperties | 加在类上,声明开启属性注入,使用@Autowired 注入,例如@EnableConfigurationProperties(HttpEncodingProperties.class) |
| @AutoConfigureAfter | 在指定的自动配置类之后再配置,例如@AutoConfigureAfter(WebMvcAutoConfiguration.class) |

# 第23章 SSM 整合

在第 22 章介绍的 Spring 与 MyBatis 整合示例的基础上,本章编写 Spring MVC+Spring+MyBatis 整合示例,这个示例包含用户登录、登录认证等功能。Spring 与 MyBatis 的整合在第 22 章已介绍了;Spring 与 Spring MVC 是天然整合的,Spring MVC 的各种组件会通过注解被扫描到。

## ◆ 23.1 创建 Maven 项目 SSMApp

创建 Web Maven 项目 SSMApp。学生实体类 Student、学生映射接口 StudentMapper、学生映射配置文件 StudentMapper.xml、学生服务类 StudentService 都与第 22 章一致,在第 22 章已经整合了 MyBatis。

接下来创建 Spring MVC 控制器 StudentController 和 Spring MVC 拦截器 LoginInterceptor。

项目的目录结构如图 23.1 所示。

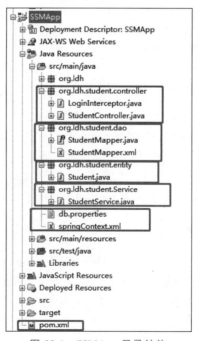

图 23.1 SSMApp 目录结构

在 webapp 目录下创建 Web 内容，在 jsp 目录下创建登录页面 loginForm.jsp、主页面 main.jsp 和查看图书页面 viewBook.jsp。webapp 目录结构如图 23.2 所示。

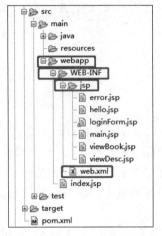

图 23.2　webapp 目录结构

## ◆ 23.2　引入依赖

### 23.2.1　引入 Spring MVC 依赖

引入 Spring MVC 依赖的代码如下：

```
<dependency>
    <groupId>org.springframework</groupId>
    <artifactId>spring-webmvc</artifactId>
    <version>4.3.7.RELEASE</version>
</dependency>
<dependency>
    <groupId>org.springframework</groupId>
    <artifactId>spring-tx</artifactId>
    <version>4.3.7.RELEASE</version>
</dependency>
```

其他依赖在第 22 章中已经介绍了。

### 23.2.2　设置打包插件

在 pom.xml 中设置打包插件 maven-compiler-plugin，设置其版本号为 3.1，设置 JDK 的版本号为 1.8。设置完成后，右击项目，在弹出的快捷菜单中选择 Maven→Update Project 命令更新项目，使其与 pom.xml 中的配置一致。配置如下：

```
<build>
    <finalName>SSMApp</finalName>
```

```xml
    <plugins>
        <plugin>
            <groupId>org.apache.maven.plugins</groupId>
            <artifactId>maven-compiler-plugin</artifactId>
            <version>3.1</version>
            <configuration>
                <source>1.8</source>
                <target>1.8</target>
            </configuration>
        </plugin>
    </plugins>
</build>
```

## 23.3 SSM 中的 Spring 整合

所谓 Spring 整合,就是系统中的 Bean 都交给 Spring 管理,实现依赖注入,Bean 对象的使用者不用关心 Bean 对象来自哪里。

### 23.3.1 启动 Spring

整个项目的启动不是由 Spring 发起的,是由 Tomcat 发起的,因此要在 Tomcat 启动机制中加入 Spring 的启动。

Spring 采用 Tomcat Servlet 的 load-on-startup 机制,跟随 Tomcat 的启动而启动,在 web.xml 中配置一个 Servlet,配置如下:

```xml
<servlet>
    <servlet-name>dispatcher</servlet-name>
    <servlet-class>org.springframework.web.servlet.DispatcherServlet</servlet-class>
    <init-param>
        <param-name>contextConfigLocation</param-name>
        <param-value>classpath:springContext.xml</param-value>
    </init-param>
    <load-on-startup>1</load-on-startup>
</servlet>
<servlet-mapping>
    <servlet-name>dispatcher</servlet-name>
    <url-pattern>/</url-pattern>
</servlet-mapping>
```

当然,这个 Servlet 不仅完成了 Spring 容器的启动,而且完成了 Spring MVC 的对 URL 请求的拦截。

web.xml 文件配置了一个 DispatcherServlet,这正是 Web 容器初始化的开始,同时会建立自己的上下文以持有Spring MVC的Bean对象。

先从DispatcherServlet入手，从名字来看，它是一个Servlet。它的定义如下：

```
public class DispatcherServlet extends FrameworkServlet {}
```

它继承FrameworkServlet，其继承关系如图23.3所示。从图23.3可以看出，既有Servlet部分，也有Spring部分。

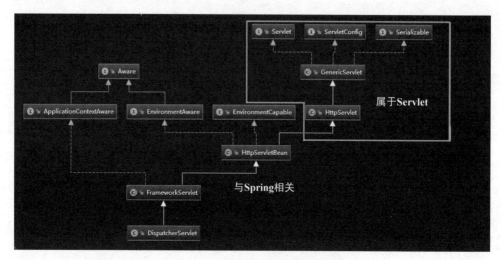

图 23.3　DispatcherServlet 的继承关系

### 23.3.2　Spring 与 Spring MVC 框架的整合

因为Spring MVC框架和Spring是天然整合的，或者说Spring MVC是基于Spring开发的，Spring MVC中的控制器都注解了@Controller，会被Spring扫描到并加以管理。当URL请求调用时，Spring MVC从容器中获取控制器Bean，注入参数，调用其相关方法。

## 23.4　编写控制器

### 23.4.1　编写 StudentController

编写学生控制器StudentController实现登录认证、退出登录等功能，在该类上加注解@ Controller。定义学生服务变量StudentService studentService，在该变量上加自动注入注解@Autowired，通过studentService获取学生信息。代码如下：

程序清单：/SSMApp/src/main/java/org/ldh/student/controller/StudentController.java

```
@Controller
public class StudentController {
    @Autowired
```

```
        private StudentService studentService;
        ...
}
```

### 23.4.2 添加登录方法

增加 toLogin()方法,在该方法上注解请求映射/ login,以 GET 方式请求,该方法返回 loginForm 页面名称,从而返回 loginForm.jsp 页面。代码如下:

```
@RequestMapping(value = "/login", method = RequestMethod.GET)
    public String toLogin() {
        return "loginForm";
    }
```

### 23.4.3 添加登录判断方法

增加登录判断方法 login(),在该方法上注解请求映射/login,请求方式为 POST。该方法在用户登录时判断用户名和密码是否与数据为中的信息匹配。判断中调用 studentService 的 findStudentByStudentId()方法获取学生信息。如果用户名和密码与数据为中的信息匹配,在会话中存入凭证,重定向到主页面;否则返回登录页面。代码如下:

```
@RequestMapping(value = "/login", method = RequestMethod.POST)
    public String login(Student student, Model model, HttpSession session) {
        //获取用户名和密码
        String username = student.getName();
        String password = student.getPassword();
        //从数据库中获取用户名和密码后进行判断
        if (username != null && password != null) {
            Student student1 = studentService.findStudentByStudentId(username);
            if (student1.getPassword().equals(password)) {
                //将用户对象添加到会话中
                session.setAttribute("USER_SESSION", student);
                //重定向到主页面的跳转方法
                return "redirect:main";
            }
        }
        model.addAttribute("msg", "用户名或密码错误,请重新登录!");
        return "loginForm";
    }
```

### 23.4.4 添加主页面映射

增加 toMain()方法,在该方法上注解请求映射/main。该方法返回主页面名称,从而返回 main.jsp 页面。代码如下:

```java
@RequestMapping(value = "/main")
public String toMain() {
    return "main";
}
```

### 23.4.5　添加查看图书映射

增加 toViewBook()方法，在该方法上注解请求映射/viewBook。该方法返回 viewBook 页面名称，从而返回 viewBook.jsp 页面。代码如下：

```java
@RequestMapping(value = "/viewBook")
public String toViewBook() {
    return "viewBook";
}
```

### 23.4.6　添加退出方法

在退出方法上注解请求映射/logout，在 logout()方法中清除 session，然后重定向到登录页面。代码如下：

```java
@RequestMapping(value = "/logout")
public String logout(HttpSession session) {
    //清除 session
    session.invalidate();
    //重定向到登录页面的跳转方法
    return "redirect:login";
}
```

## ◆ 23.5　登录验证拦截器

### 23.5.1　拦截器定义

定义拦截器 LoginInterceptor，用于登录认证，判断 session 中是否有登录凭证 USER_SESSION。如果有，就返回 true 并放行；否则跳转到登录页面。代码如下：

程序清单：/SSMApp/src/main/java/org/ldh/student/controller/LoginInterceptor.java

```java
public class LoginInterceptor extends HandlerInterceptorAdapter {
    @Override
    public boolean preHandle(HttpServletRequest request, HttpServletResponse response, Object handler) throws Exception {
        //获取 session
        HttpSession session = request.getSession();
        Student user = (Student) session.getAttribute("USER_SESSION");
```

```
//判断session中是否有用户数据。如果有,则返回true,继续向下执行
if (user != null) {
    return true;
}
//不符合条件的给出提示信息,并跳转到登录页面
request.setAttribute("msg", "您还没有登录,请先登录!");
request.getRequestDispatcher("/WEB-INF/jsp/loginForm.jsp").forward
    (request, response);
return false;
        }
    }
```

### 23.5.2 拦截器配置

在/SSMApp/src/main/java/springContext.xml 配置文件中配置拦截器,mvc: mapping 配置拦截请求,mvc: exclude-mapping 配置拦截例外。配置如下:

```
<mvc:interceptors>
    <mvc:interceptor>
        <mvc:mapping path="/**" />
        <mvc:exclude-mapping path="/login"/>
        <bean class="org.ldh.student.controller.LoginInterceptor" />
    </mvc:interceptor>
</mvc:interceptors>
```

## ◆ 23.6 在 Eclipse 中部署测试

右击项目,在弹出的快捷菜单中选择 Run as→Run on Server 命令,在 Eclipse 中部署项目。

当请求主页面 http://localhost:8080/SSMApp/main 时,由于未登录,返回的是登录页面,如图 23.4 所示。

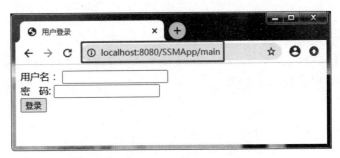

图 23.4　请求 main 页面而未登录时返回登录页面

输入正确的用户名和密码后,返回主页面,如图 23.5 所示。

图 23.5　登录成功后返回主页面

单击"查看图书"链接，返回查看图书页面，如图 23.6 所示。

图 23.6　查看图书页面

## 23.7　用 Maven 打包

### 23.7.1　设置打包方式

因为本章示例是 Web 项目，所以要在 pom.xml 中设置打包为 war 格式，配置如下：

```
<packaging>war</packaging>
```

### 23.7.2　设置编译时依赖

Maven 编译项目时需要 Servlet，打包时不需要，因此要设置＜scope＞provided＜/scope＞。编译时依赖的设置如下：

```
<dependency>
    <groupId>javax.servlet</groupId>
    <artifactId>javax.servlet-api</artifactId>
    <version>3.1.0</version>
    <scope>provided</scope>
</dependency>
```

<scope>标签中取值如下：

(1) compile。这是默认的范围，表示依赖可以在整个生命周期中使用，而且这些依赖会传递到依赖的项目中。这个范围适用于所有阶段，会随着项目一起发布。

(2) provided。与 compile 相似，但是表明了依赖由 JDK 或者容器提供，例如 Servlet AP 和一些 Java EE API。这个范围只能作用在编译阶段和测试阶段，同时没有传递性。

(3) runtime。表示依赖不作用在编译阶段，但会作用在运行阶段和测试阶段。例如，JDBC 驱动程序适用运行阶段和测试阶段。

(4) test。表示依赖作用在测试阶段，不作用在运行阶段。这个范围只在测试时用于编译和运行测试代码，不会随项目发布。

(5) system。与 provided 相似，但是在系统中要以外部 jar 包的形式提供，Maven 不会在 repository 中查找它。

### 23.7.3 打包

在 Eclipse 中右击 pom.xml 文件，在弹出的快捷菜单中选择 Run As→Maven clean 命令和 Maven install 命令编译、打包 Web 项目，在 target 目录中输出打包结果，如图 23.7 所示。

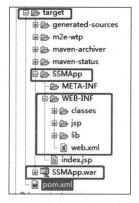

图 23.7　Web 项目打包结果

从图 23.7 中可以看出，输出了打包文件 SSMApp.war，又输出了未压缩的 Web 应用目录 SSMApp，在 WEB-INF 目录中包含了编译的类目录 classes、页面目录 jsp 和依赖库目录 lib。

用压缩的 war 文件部署或者用未压缩的 SSMApp 目录部署都可以。

# 本篇参考文献

[1] forJL. JNDI 学习总结（一）：JNDI 到底是什么？[EB/OL]. (2018-06-19) [2020-08-02]. https://blog.csdn.net/wn084/article/details/80729230.

[2] 自由战士. Spring 的 3 种注入方式（接口、构造方法、setter）[EB/OL]. (2012-10-31) [2020-08-02]. http://www.blogjava.net/mhl1003/articles/390557.html.

[3] Hi-Sunshine. Spring 中 Bean 的实例化[EB/OL]. (2019-04-06) [2020-08-02]. https://blog.csdn.net/zmh458/article/details/89052048.

[4] 南望孤笑. Spring 注解大全与详解[EB/OL]. (2019-04-06) [2020-08-02]. https://www.cnblogs.com/alter888/p/9083963.html.

[5] 一怒成仙. Spring 注解的优缺点[EB/OL]. (2016-10-23) [2020-08-02]. https://www.cnblogs.com/yncx/p/5990774.html.

# 第 5 篇　Spring Boot

　　Spring Boot 从名字上看就是解决 Spring 项目启动问题的。Spring 项目存在大量的 Bean 配置,开发一个项目非常烦琐。Spring Boot 采用"约定优于配置"的开发原则,目的是减少人为的配置,直接用默认的配置就能获得想要的结果,使用 Spring Boot 几乎可以做到零配置,可以非常方便、快速地搭建项目;Spring Boot 集成了大量框架,不用关心框架之间的兼容性、适用版本等各种问题。想使用任何东西,只要添加一个依赖库配置就可以。

# 第24章 Spring Boot 入门

## 24.1 Spring Boot 概述

### 24.1.1 什么是 Spring Boot

Spring Boot 是由 Pivotal 团队提供的全新框架，Spring Boot 是一个微框架，其设计目的是简化 Spring 框架的搭建和配置过程。

Spring Boot 不是一门新技术。从本质上说，Spring Boot 就是 Spring，它做了那些没有它开发者也会去做的 Spring Bean 配置。Spring Boot 默认配置了很多框架的使用方式，就像 Maven 整合了所有的 jar 包、Spring Boot 整合了所有的框架一样。

它采用"习惯优于配置"的理念（项目中存在大量的配置，此外还内置了一个习惯性的配置，让开发者无须手动进行配置），使项目快速运行起来。

使用 Spring Boot 很容易创建一个独立运行（运行 jar 包，内嵌 Servlet 容器）、准生产级别的基于 Spring 框架的项目，使用 Spring Boot 完全可以不需要或者只需要很少的 Spring 配置。

### 24.1.2 使用 Spring Boot 的好处

平时如果需要搭建一个 Spring Web 项目，要完成以下任务：

（1）在 pom.xml 文件中引入相关 jar 包，包括 spring、springmvc、redis、mybaits、log4j、mysql-connector-java 等。

（2）配置 web.xml，对 Listener、Filter、Servlet、log4j、error 进行配置。

（3）配置数据库连接，配置 Spring 事务。

（4）配置视图解析器。

（5）开启注解、自动扫描功能。

（6）配置完成后，部署 Tomcat，启动调试。

由此可见，搭建项目非常烦琐。而用 Spring Boot 后，一切都变得很简便快速。

现在非常流行微服务，如果一个项目仅仅需要发送一个邮件，也要这样折腾一遍，无疑会使项目开发周期加长。如果使用 Spring Boot 呢？很简单，仅仅需要非常少的配置就可以迅速、方便地搭建一个 Web 项目或者构建一个微服务。

使用 Spring Boot 的最大好处就是简化配置，它实现了自动化配置。Spring Boot 的好处如下：

(1) 简化配置，不需要编写太多的 XML 配置文件。

(2) 基于 Spring 构建，使开发者快速入门，门槛很低。

(3) Spring Boot 可以创建独立运行的应用而不需要依赖于容器。

(4) 内置 Tomcat 服务器，不需要打包成 war 包，可以直接放到 Tomcat 中运行。

(5) 提供 Maven 极简配置以及可视化的相关监控功能（例如性能监控、应用的健康程度监控等）。

(6) 为微服务 SpringCloud 奠定了基础，使得微服务的构建变得简单。

(7) Spring Boot 可以整合很多各式各样的框架，并能很好地集成。

(8) Spring Boot 拥有活跃的社区、论坛以及丰富的开发文档。

## 24.2 第一个 Spring Boot 程序

### 24.2.1 用 Maven 构建项目

Spring Boot 项目可以通过 IDE 构建，也可以通过网站构建项目骨架（包括目录结构和初始文件）。这里通过网站构建项目骨架。

(1) 访问 http://start.spring.io/。

(2) 选择构建工具 Maven Project，Language 选择 Java，Spring Boot 选择 2.3.4，如图 24.1 所示。

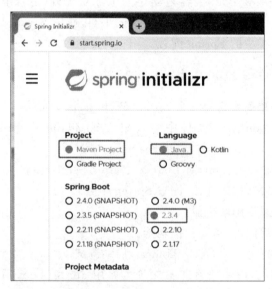

图 24.1 设置构建选项

接着输入项目元数据，输入项目组（Group），输入项目名称（Artifact），选择打包方式

（Packaging）为 Jar，选择 Java 版本为 8，如图 24.2 所示。

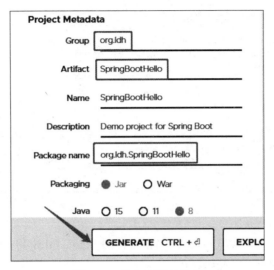

图 24.2　输入项目元数据

（3）单击 Generate 按钮，下载项目压缩包。

（4）解压后，在 Eclipse 的菜单栏中选择 File→Import→Maven→Existing Maven Projects 命令，在 Import Maven Projects 对话框中单击 Next 按钮，选择解压后的文件夹，单击 Finish 按钮，如图 24.3 所示。

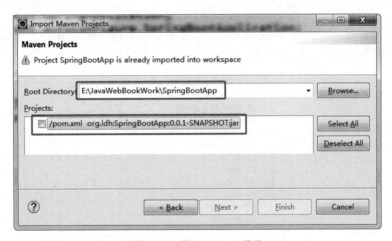

图 24.3　导入 Maven 项目

## 24.2.2　设置 maven-jar-plugin 版本

导入的 Maven 项目需要完善。

pom.xml 文件第一行报错，如图 24.4 所示，错误为 Unknown（未知）类型的 Maven Configuration Problem（Maven 配置问题），如图 24.5 所示。

经分析，这是 maven-jar-plugin 3.1.2 引入的缺陷（详见 https://bugs.eclipse.org/

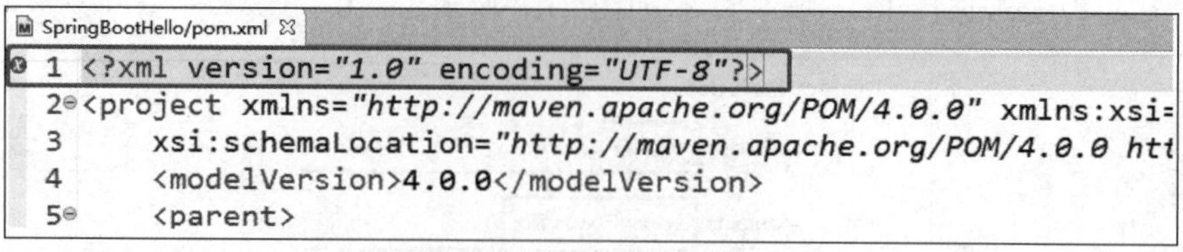

图 24.4  pom.xml 文件报错

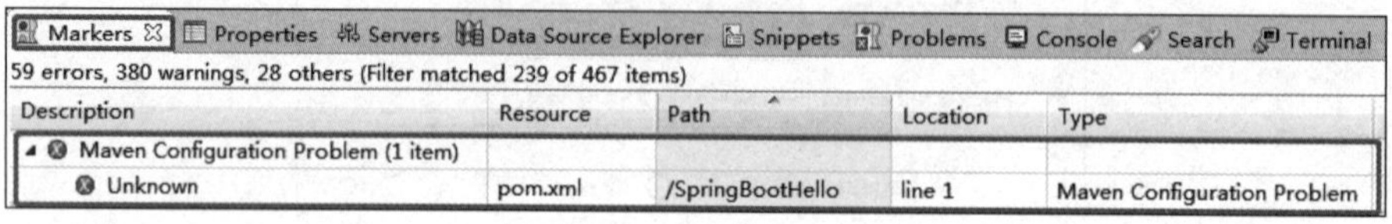

图 24.5  pom.xml 文件错误信息

bugs/show_bug.cgi?id=547340)。只需在项目的 pom.xml 中将 maven-jar-plugin 3.1.2 改为 3.1.1 即可消除错误，配置如下：

```
<properties>
    <java.version>1.8</java.version>
    <maven-jar-plugin.version>3.1.1</maven-jar-plugin.version>
</properties>
```

### 24.2.3  更新 Maven 项目

新导入的 Maven 项目有错误，如图 24.6 所示，pom.xml 配置的信息与 Eclipse 中的项目信息不一致，错误信息如图 24.7 所示。

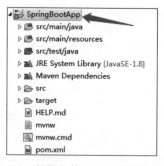

图 24.6  新导入的 Maven 项目有错误

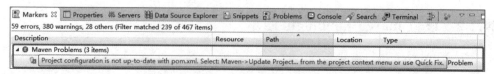

图 24.7  Maven 项目错误信息

错误提示是项目信息与 pom.xml 信息不一致，在 Eclipse 中需要更新项目，以解决错误。在项目上右击，在弹出的快捷菜单中选择 Maven→Update Project 命令，即可更新 Eclipse 中的项目信息，使项目的配置信息与 pom.xml 中的配置信息一致。

### 24.2.4 项目结构

按上述步骤设置好之后的 Maven 项目目录结构如图 24.8 所示。

从目录结构可以看出，Spring Boot Maven 项目也是 Maven 项目，和普通的 Maven 项目没什么区别，其实直接用 Eclipse 建立 Maven 项目也一样，不用借助 http://start.spring.io/ 创建项目。

从目录结构也可以看出，网站创建项目做了以下工作：

（1）创建 Maven 项目的目录结构。
- 源程序目录 src/main/java。
- 资源文件目录 src/main/resources。
- 测试程序目录 src/test/java。

（2）在 Maven 配置文件 pom.xml 中填写了一些初始配置。

图 24.8 Maven 项目目录结构

（3）创建了 Spring Boot 主类 SpringBootApplication 类。

Sping Boot 建议的程序目录结构如下：

root package 结构：com.example.myproject。

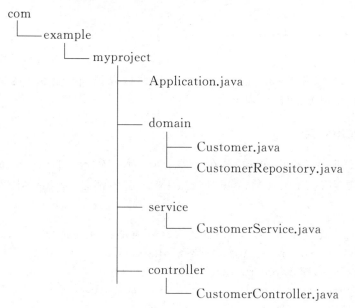

（1）Application.java 建议放到根目录下面，主要用于做一些框架配置。

（2）domain 目录主要用于实体（Entity）与数据访问层（Repository）。

(3) service 目录下主要是业务类代码。

(4) controller 目录负责页面访问控制。

采用默认配置可以省去很多配置工作,当然也可以根据需要进行更改。

### 24.2.5　引入父模块

在配置中引入 spring-boot-starter-parent,它是父模块,由父模块统一进行 Spring Boot 版本管理。<dependencies>标签中与 Spring Boot 启动绑定的包不需要再指定版本。配置如下：

```xml
<parent>
    <groupId>org.springframework.boot</groupId>
    <artifactId>spring-boot-starter-parent</artifactId>
    <version>2.3.4.RELEASE</version>
    <relativePath /> <!-- lookup parent from repository -->
</parent>
```

### 23.2.6　引入 Web 模块

pom.xml 文件中默认有两个模块：

- spring-boot-starter：核心模块,包括自动配置支持、日志和 YAML。
- spring-boot-starter-test：测试模块,包括 JUnit、Hamcrest、Mockito。

在 pom.xml 中添加支持 Web 的模块,配置如下：

```xml
<dependency>
    <groupId>org.springframework.boot</groupId>
    <artifactId>spring-boot-starter-web</artifactId>
</dependency>
```

spring-boot-starter-web 包含了 spring-boot-starter,因此可以把 spring-boot-starter 依赖删除。这就是一条依赖配置,可以实现 Web 应用。

### 23.2.7　创建 Controller 类

创建 Controller 类 HelloWorldController,在该类上加 @RestController 注解,在方法 index() 上注解请求映射 @RequestMapping("/hello"),这些都是 Spring MVC 的功能。

**程序清单**：/SpringBootHello/src/main/java/org/ldh/SpringBootHello/controller/HelloWorldController.java

```java
package org.ldh.SpringBootApp.controller;
import org.springframework.web.bind.annotation.RequestMapping;
import org.springframework.web.bind.annotation.RestController;
@RestController
public class HelloWorldController {
```

```
    @RequestMapping("/hello")
    public String index() {
        return "Hello World";
    }
}
```

@RestController 的意思就是控制器中的方法都以 JSON 格式输出。

### 24.2.8 创建主程序

系统主程序是 SpringBootAppApplication 类，由模板创建。主程序很简单，在该类上加 @SpringBootApplication 注解，表明该类为 Spring Boot 主程序。该类只有一个 main() 方法，该方法中只有一条启动语句 SpringApplication.run(SpringBootHelloApplication.class，args)，这条语句的传入参数为启动主程序的类。详细代码如下：

**程序清单**：/SpringBootHello/src/main/java/org/ldh/SpringBootHello/
SpringBootHelloApplication.java

```java
package org.ldh.SpringBootHello;
import org.springframework.boot.SpringApplication;
import org.springframework.boot.autoconfigure.SpringBootApplication;
@SpringBootApplication
public class SpringBootHelloApplication {
    public static void main(String[] args) {
        SpringApplication.run(SpringBootHelloApplication.class, args);
    }
}
```

### 24.2.9 启动主程序

右击主程序 SpringBootHelloApplication，在弹出的快捷菜单中选择 Run As→Java Application 命令，启动主程序，结果如图 24.9 所示。虽然是运行 Java 应用，但该 Web 项目是服务器项目，内置 Tomcat，从内部启动 Tomcat，因此它一直处于运行状态，提供 Web 服务。

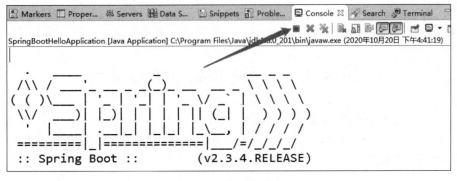

图 24.9 启动主程序

打开浏览器，访问 http://localhost:8080/hello，就可以看到效果了，如图 24.10 所示。

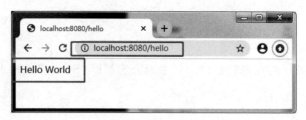

图 24.10　在浏览器中访问项目

### 24.2.10　总结

使用 Spring Boot 可以非常方便、快速地搭建项目，不用关心框架之间的兼容性、适用版本等各种问题，想使用任何东西，仅仅添加一个配置就可以。这里仅仅加了 Spring Boot 启动 Web 的依赖库，配置如下：

```
<dependency>
    <groupId>org.springframework.boot</groupId>
    <artifactId>spring-boot-starter-web</artifactId>
</dependency>
```

所以使用 Sping Boot 非常适合构建微服务。

### 24.2.11　Spring Boot 的核心特性

Spring Boot 将很多魔法带入了 Spring 应用程序的开发之中，其中最重要的是以下 4 个核心特性：

（1）自动配置。针对很多 Spring 应用程序常见的功能，Spring Boot 能自动提供相关配置。

（2）起步依赖。告诉 Spring Boot 需要什么功能，它就能引入需要的库。

（3）命令行界面。这是 Spring Boot 的可选特性，利用它只需编写代码就能完成完整的应用程序，无须进行传统的项目构建。

（4）Actuator。健康检查、审计、统计和监控，让用户能够深入运行中的 Spring Boot 应用程序一探究竟。

## ◆ 24.3　Spring Boot 主程序分析

Spring Boot 主程序很简单，主要是一个 @SpringBootApplication 注解和一个 SpringApplication.run 语句。Spring Boot 的核心功能就是定义组件、配置组件、扫描组件、启动容器、生成组件。下面按照这个主线分析主程序。

## 24.3.1 @SpringBootApplication 注解

@SpringBootApplication 注解用于标注一个主程序类,说明这是一个 Spring Boot 应用程序。

@SpringBootApplication 注解标注哪个类上,Spring Boot 就在启动 main()方法时调用 SpringApplication 的 run()方法,把这个类作为参数传入,以启动 Spring Boot 应用程序。

@SpringBootApplication 注解是 Spring Boot 的核心注解。它其实是一个组合注解,相当于@Configuration、@EnableAutoConfiguration 和@ComponentScan 等注解的组合,并具有它们的默认属性值。@SpringBootApplication 注解定义如下:

```
@Target(ElementType.TYPE)
@Retention(RetentionPolicy.RUNTIME)
@Documented
@Inherited
@SpringBootConfiguration
@EnableAutoConfiguration
@ComponentScan(excludeFilters = { @Filter(type = FilterType.CUSTOM, classes =
    TypeExcludeFilter.class),@Filter(type = FilterType.CUSTOM, classes =
    AutoConfigurationExcludeFilter.class) })
public @interface SpringBootApplication {
    ...
}
```

虽然在上面的定义中使用了多个注解进行了原信息标注,但实际上重要的只有以下 3 个注解:

- @Configuration(打开@SpringBootConfiguration 查看,可以发现里面还是应用了@Configuration)。
- @EnableAutoConfiguration。
- @ComponentScan。

所以,如果使用 Spring Boot 启动类 SpringBootHelloApplication1(代码如图 24.11 所示),整个 Spring Boot 应用依然与以前的启动类功能对等。运行这个启动类,Spring Boot 可以正常启动。

```
package org.ldh.SpringBootHello;
import org.springframework.boot.SpringApplication;
import org.springframework.boot.autoconfigure.EnableAutoConfiguration;
import org.springframework.context.annotation.ComponentScan;
import org.springframework.context.annotation.Configuration;
@Configuration
@EnableAutoConfiguration
@ComponentScan
public class SpringBootHelloApplication1 {
    public static void main(String[] args) {
        SpringApplication.run(SpringBootHelloApplication1.class, args);
    }
}
```

图 24.11  SpringBootApplication1 启动类代码

每次都写这3个注解很不方便,所以写一个@SpringBootApplication 注解。接下来分别介绍这3个注解。

### 24.3.2 组件定义

在 Spring Boot 中,通过注解定义组件,在组件类中添加@Component、@Controller、@Service 或@Repository 表示该类为 Spring 组件。

在上面的例子中,在控制器组件类上加@RestController 注解,该注解是@Controller 与@ResponseBody 的组合注解。代码如下:

```
@RestController
public class HelloWorldController {
    @RequestMapping("/hello")
    public String index() {
        return "Hello World";
    }
}
```

### 24.3.3 组件配置

组件除了可以通过注解定义以外,还可以通过 Java 代码配置。Spring Boot 中 Bean 的配置是基于 Java 代码的 bean 配置,而不采用传统的 XML 配置方式。@Configuration 和@Bean 这两个注解一起使用就可以创建一个基于 Java 代码的配置类,可以用来替代相应的 XML 配置文件。

加了@Configuration 注解的类可以看作能生产让 Spring 容器管理的 Bean 实例的工厂。

@Bean 注解告诉 Spring,一个带有@Bean 注解的方法将返回一个对象,该对象应该被注册到 Spring 容器中。

传统的基于 XML 配置文件的 Bean 配置方法如下:

```xml
<bean id="food" class="org.ldh.Spring.Decoupling.Food">
    <constructor-arg name="name" value="油条"></constructor-arg>
</bean>
<bean id="person" class="org.ldh.Spring.Decoupling.Person3">
    <property name="food" ref="food" />
</bean>
```

它相当于以下基于 Java 代码的配置:

```java
@Configuration
public class MyJavaConfig {
    @Bean(name = "food")
    public Food createFood() {
        Food food= new Food();
```

```
            food.setName("油条");
            return food;
    }
    @Bean(name = "person")
    public Person createPerson() {
            return new Person();
    }
}
```

### 24.3.4 组件扫描

定义和配置完组件后，Spring 不知道 Bean 组件在哪里，因此要告诉它在哪里搜索 Bean 组件，这部分配置内容称为组件扫描。

@ComponentScan 注解在 Spring 中很重要，它对应 XML 配置中的元素＜context：component-scan＞。@ComponentScan 的功能其实就是自动扫描并加载定义的组件（例如加了@Component 和@Repository 等注解的类）和配置的组件（加了@Configuration 注解的组件），最终将这些 Bean 定义加载到 Spring 容器中。

可以通过 basePackages 等属性细粒度地定制@ComponentScan 自动扫描的范围。如果不指定，则默认 Spring 框架实现会对声明@ComponentScan 所在类的包及子包进行扫描。所以 Spring Boot 的启动类最好放在 root package 下，因为默认不指定 basePackages 属性值。@ComponentScan 注解必须放在配置类上。

本例中 HelloWorldController 组件会被扫描到，因为它在主程序类所在的包 org.ldh. SpringBootHello 的子包 org.ldh.SpringBootHello.controller 中。

### 24.3.5 自定义组件扫描

@EnableAutoConfiguration 是 Spring Boot 定义的注解，不是 Spring 的注解。它是 Spring Boot 的精髓，它实现了一套自定义的组件扫描，是实现自动配置的关键。

Spring 框架提供了多种名字以@Enable 开头的注解的定义，例如@EnableScheduling、@EnableCaching、@EnableMBeanExport 等。@EnableAutoConfiguration 的理念与这些注解其实一脉相承，简单概括就是：借助@Configuration 和@Import 的支持，收集和注册与特定场景相关的 Bean 定义。

@EnableScheduling 通过@Import 将与 Spring 调度框架相关的 Bean 的定义都加载到 Spring 容器中，@EnableMBeanExport 通过@Import 将与 JMX 相关的 Bean 的定义加载到 Spring 容器中。

@EnableAutoConfiguration 正是借助@Configuration 和@Import 的支持，将所有符合自动配置条件的 Bean 的定义加载到 Spring 容器中。

@EnableAutoConfiguration 注解实现扫描在所有包的 META-INF/spring.factories 文件中配置的组件。详细用法在 27.5.7 节中介绍。

### 24.3.6 生成容器启动扫描

上面的步骤都属于配置，最终需要完成生成容器、启动扫描、注册组件、生成组件等工

作。这些工作由 main()方法中的 SpringApplication.run()方法启动完成,格式如下:

```
SpringApplication.run(SpringBootHelloApplication.class, args)
```

(1) SpringApplication.run()方法的传入参数为启动注解类 SpringBootHelloApplication.class,根据类上的注解进行扫描组件、注册组件、生成组件工作,最后返回容器。

(2) SpringApplication.run()方法返回的是 ConfigurableApplicationContext,格式如下:

```
public static ConfigurableApplicationContext run(Class<?> primarySource,
    String… args) {
    return run(new Class<?>[] { primarySource }, args);
}
```

(3) ConfigurableApplicationContext 继承 ApplicationContext 接口,格式如下:

```
public interface ConfigurableApplicationContext extends ApplicationContext,
    Lifecycle, Closeable {
    …
}
```

(4) ApplicationContext 就是 Spring 的容器接口类型,因此 SpringApplication.run 返回的是容器。

### 24.3.7 从容器中获取 Bean

创建启动类 SpringBootHelloApplication2.java,在该类上加@SpringBootApplication 注解,代码如下:

程序清单:/SpringBootHello/src/main/java/org/ldh/SpringBootHello/
SpringBootHelloApplication2.java

```
@SpringBootApplication
public class SpringBootHelloApplication2 {
    public static void main(String[] args) {
        ApplicationContext ctx = SpringApplication.run
            (SpringBootHelloApplication2.class, args);
        HelloWorldController ctl = ctx.getBean("helloWorldController",
            HelloWorldController.class);
        System.out.println(ctl.index());
        String[] beans = ctx.getBeanDefinitionNames();
        Arrays.sort(beans);
        for (String bean : beans) {
            System.out.println(bean + " \n " + ctx.getBean(bean).getClass());
        }
    }
}
```

(1) 在 main()方法中调用 SpringApplication.run()方法:

```
ApplicationContext ctx = SpringApplication.run(SpringBootHelloApplication2.
    class, args)
```

返回容器 ctx。

(2) 从容器中可以获取前面定义的 HelloWorldController Bean,并调用 index()方法,输出"Hello Wrold",代码如下:

```
HelloWorldController ctl = ctx.getBean("helloWorldController",
    HelloWorldController.class);
        System.out.println(ctl.index());
```

运行主程序,输出结果如图 24.12 所示。

```
2020-10-21 16:07:43.851  INFO 20552 --- [
Hello World
applicationAvailability
 class org.springframework.boot.availabil
applicationTaskExecutor
```

图 24.12 从容器中获取 HelloWorldController Bean

(3) 获取容器中的所有 Bean,代码如下:

```
String[] beans = ctx.getBeanDefinitionNames();
Arrays.sort(beans);
for (String bean : beans) {
    System.out.println(bean + " \n " + ctx.getBean(bean).getClass());
}
```

运行主程序,从输出的 Bean 可以看到内嵌的 Tomcat 启动的 Bean,如图 24.13 所示。

```
taskSchedulerBuilder
 class org.springframework.boot.task.TaskSchedulerBuilder
tomcatServletWebServerFactory
 class org.springframework.boot.web.embedded.tomcat.TomcatServletWebServerFactory
tomcatServletWebServerFactoryCustomizer
 class org.springframework.boot.autoconfigure.web.servlet.TomcatServletWebServerFactoryCustomiz
tomcatWebServerFactoryCustomizer
 class org.springframework.boot.autoconfigure.web.embedded.TomcatWebServerFactoryCustomizer
viewControllerHandlerMapping
 class org.springframework.beans.factory.support.NullBean
viewResolver
 class org.springframework.web.servlet.view.ContentNegotiatingViewResolver
webServerFactoryCustomizerBeanPostProcessor
```

图 24.13 从容器中获取内嵌 Tomcat 启动的 Bean

# 第25章 Spring Boot 自动装配

## ◆ 25.1 自动装配机制

### 25.1.1 SPI 机制

**1. SPI 思想**

SPI 的全名为 Service Provider Interface(服务提供商接口),它是针对厂商或者插件的,可以实现模块的可插拔、模块的自动装配以及解耦模块之间的连接。

SPI 的思想可以简单地描述如下。系统里抽象的各个模块往往有很多不同的实现方案,例如 JDBC 模块的方案、XML 解析模块的方案、日志模块的方案等。在面向的对象的设计中,一般推荐模块之间基于接口编程,而不对实现类进行硬编码。一旦代码中涉及具体的实现类,就违反了可插拔的原则,如果需要替换一种实现,就需要修改代码。为了实现在模块装配时不在程序中动态指明,就需要一种服务发现机制。Java SPI 就是这样的一个机制:为某个接口寻找服务实现。

**2. SPI 约定**

当服务的提供商提供了服务接口的一种实现之后,在 jar 包的 META-INF/services/目录下同时创建了一个以服务接口命名的文件,它就是实现该服务接口的具体实现类。而当外部程序装配这个模块的时候,就能通过该 jar 包 META-INF/services/目录下的配置文件找到具体的实现类名,并装载和实例化,完成模块的注入。通过这个约定,就不需要把服务放在代码中了,在模块被装配的时候就可以发现服务类。

### 25.1.2 JDBC 中的 SPI 机制

SPI 机制为很多框架的扩展提供了可能,JDBC 就应用了这一机制。JDBC 中只有接口,没有实现。具体方案由各 JDBC 提供商实现,通过扫描 META-INF/services/java.sql.Driver 配置文件,读取该文件的内容,即可找到 JDBC 提供商的实现类。

在早期 JDBC 版本中,需要先加载数据库驱动程序(Class.forName("com.mysql.jdbc.Driver");),再通过 DriverManager.getConnection 获取一个连接。代码如下:

```
//初始化驱动类 com.mysql.jdbc.Driver
Class.forName("com.mysql.jdbc.Driver");
conn = DriverManager.getConnection("jdbc:mysql://127.0.0.1:3306/test?
    characterEncoding=utf-8", "root", "888");
```

在较新的 JDBC 版本中,不再需要加载数据库驱动程序的语句。那么又怎么加载驱动程序呢?答案就是 SPI。

**1. 加载数据库驱动程序**

DriverManager 类在静态代码中做了一件比较重要的事,它通过 SPI 机制加载了数据库驱动程序。DriverManager 类的静态代码如下:

```
public class DriverManager {
    static {
        loadInitialDrivers();
        println("JDBC DriverManager initialized");
    }
}
```

具体过程还得看 loadInitialDrivers() 方法,它查找的是 Driver 接口的服务类(ServiceLoader.load(Driver.class)),查找文件路径是 META-INF/services/java.sql.Driver。loadInitialDrivers() 方法代码如下:

```
public class DriverManager {
    private static void loadInitialDrivers() {
        AccessController.doPrivileged(new PrivilegedAction<Void>() {
            public Void run() {
                //加载 Driver 接口的服务类,Driver 接口的包为 java.sql.Driver
                //所以它要找的就是 META-INF/services/java.sql.Driver 文件
                ServiceLoader<Driver> loadedDrivers = ServiceLoader.load
                    (Driver.class);
                Iterator<Driver> driversIterator = loadedDrivers.iterator();
                try{
                    //找到之后创建对象
                    while(driversIterator.hasNext()) {
                        driversIterator.next();
                    }
                } catch(Throwable t) {
                    //不做任何事情
                }
                return null;
            }
```

       });
    }
}

那么，META-INF/services/java.sql.Driver 这个文件在哪里？打开 MySQL 驱动程序的 jar 包，可以看到这个文件，如图 25.1 所示。

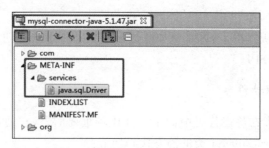

图 25.1  MySQL 驱动程序 jar 包中的 META-INF/services/java.sql.Driver 文件

文件内容为驱动程序接口具体实现类 com.mysql.jdbc.Driver，如图 25.2 所示。

图 25.2  java.sql.Driver 文件内容

**2．创建实例**

上一步已经找到了 MySQL 中的全限定类名 com.mysql.jdbc.Driver，当调用 next() 方法时，就会加载驱动类，其中有一段静态代码，在代码中创建类的实例，并向 DriverManager 注册类的实例。驱动类代码如下：

```
public class Driver extends NonRegisteringDriver implements java.sql.Driver {
    static {
        try {
            //注册
            //调用 DriverManager 类的注册方法
            //向 registeredDrivers 集合中加入实例
            java.sql.DriverManager.registerDriver(new Driver());
        } catch (SQLException E) {
            throw new RuntimeException("Can't register driver!");
        }
    }
    public Driver() throws SQLException {
        //Required for Class.forName().newInstance()
    }
}
```

### 3. 创建连接

DriverManager.getConnection()方法用于创建连接,它通过遍历已注册的数据库驱动程序,找到后就调用其connect()方法,获取可用的连接并返回,同时终止遍历。代码如下:

```
private static Connection getConnection(
        String url, java.util.Properties info, Class<?> caller) throws
            SQLException {
    //registeredDrivers 中包含 com.mysql.jdbc.Driver 实例
    for(DriverInfo aDriver : registeredDrivers) {
        if(isDriverAllowed(aDriver.driver, callerCL)) {
            try {
                //调用 connect()方法创建连接
                Connection con = aDriver.driver.connect(url, info);
                if (con != null) {
                    return (con);
                }
            }catch (SQLException ex) {
                if (reason == null) {
                    reason = ex;
                }
            }
        } else {
            println("    skipping: " + aDriver.getClass().getName());
        }
    }
}
```

## 25.1.3 Spring Boot 中的类 SPI 扩展机制

Spring Boot 的自动装配机制和 SPI 机制有点类似。在 Spring Boot 的自动装配过程中,最终会加载 META-INF/spring.factories 文件,而加载的过程是由 SpringFactoriesLoader 完成的。从 CLASSPATH 下的每个 jar 包中搜寻所有 META-INF/spring.factories 配置文件,然后解析文件,找到指定名称的配置后返回。需要注意的是,这里不仅会查找 CLASSPATH 路径,而且会扫描所有路径下的 jar 包,只不过这个文件只会在 CLASSPATH 下的 jar 包中。

@EnableAutoConfiguration 属于 Spring Boot 自定义的组件扫描机制,实现自动配置。自动配置的核心是类 SPI 扩展机制,通过该机制获取每种配置信息,然后通过 classloader 反射生成配置类。

自动配置注解@EnableAutoConfiguration 定义如下:

```
@Target(ElementType.TYPE)
```

```
@Retention(RetentionPolicy.RUNTIME)
@Documented
@Inherited
@AutoConfigurationPackage
@Import(AutoConfigurationImportSelector.class)
public @interface EnableAutoConfiguration {
    String ENABLED_OVERRIDE_PROPERTY = "spring.boot.
        enableautoconfiguration";
    Class<?>[] exclude() default {};
    String[] excludeName() default {};
}
```

从定义可以看出，@EnableAutoConfiguration 注解引入了 @AutoConfigurationPackage 和 @Import(AutoConfigurationImportSelector.class) 这两个注解。@AutoConfigurationPackage 在 Bean 中保存自动配置包。@Import({AutoConfigurationImportSelector.class}) 导入自动配置的组件。

## 25.2 自动配置包管理

@AutoConfigurationPackage 注解的作用是将加了该注解的类所在的包作为自动配置包进行管理，也就是把这个自动配置包名保存起来，供以后使用，例如配置 JPA entity 扫描器用来扫描通过注解 @Entity 定义的 entity 类。

### 25.2.1 引入机制

@AutoConfigurationPackage 引入的注解链如下：

```
@SpringBootApplication
  →@EnableAutoConfiguration
    →@AutoConfigurationPackage
      →@Import(AutoConfigurationPackages.Registrar.class)
```

Registrar 类实现了 Spring 中的 ImportBeanDefinitionRegistrar 接口。

### 25.2.2 注册机制

@Import+ImportBeanDefinitionRegistrar 接口属于 Spring 动态注册 Bean 的机制，在 ImportBeanDefinitionRegistrar 接口的方法 registerBeanDefinitions() 中传入注册器，通过注册器动态注册 Bean。详细注册机制链如下：

```
SpringApplication.run()
  →refreshContext()
    →EmbeddedWebApplicationContext.refresh()
      →AbstractApplicationContext.invokeBeanFactoryPostProcessors()
        →PostProcessorRegistrationDelegate.invokeBeanFactoryPostProcessors()
```

```
→ConfigurationClassPostProcessor.processConfigBeanDefinitions()
  →ConfigurationClassBeanDefinitionReader.loadBeanDefinitions()
    →loadBeanDefinitionsFromRegistrars()
      →AutoConfigurationPackages.Registrar.registerBeanDefinitions()
        →AutoConfigurationPackages.register()
```

### 25.2.3 注册逻辑

在 AutoConfigurationPackages.register()方法中实现注册 Bean 的功能。详细代码如下：

```
public static void register(BeanDefinitionRegistry registry, String…
    packageNames) {
    if (registry.containsBeanDefinition(BEAN)) {
        BeanDefinition beanDefinition = registry.getBeanDefinition(BEAN);
        ConstructorArgumentValues constructorArguments = beanDefinition.
            getConstructorArgumentValues();
        constructorArguments.addIndexedArgumentValue(0, addBasePackages
            (constructorArguments, packageNames));
    }
    else {
        GenericBeanDefinition beanDefinition = new GenericBeanDefinition();
        beanDefinition.setBeanClass(BasePackages.class);
        beanDefinition.getConstructorArgumentValues().
            addIndexedArgumentValue(0, packageNames);
        beanDefinition.setRole(BeanDefinition.ROLE_INFRASTRUCTURE);
        registry.registerBeanDefinition(BEAN, beanDefinition);
    }
}
```

可以看到，通过 beanDefinition.setBeanClass（BasePackages.class）注册了一个 BasePackages.class Bean，并且把配置类的包作为构造方法的参数传入 beanDefinition.getConstructorArgumentValues（）.addIndexedArgumentValue（0，packageNames）。BasePackages Bean 保存添加该注解的类所在的包。

## 25.3 自动装配引入器

在@EnableAutoConfiguration 注解中最关键的是@Import（AutoConfiguration-ImportSelector.class），借助 AutoConfigurationImportSelector 类，@EnableAutoConfiguration 可以帮助 Spring Boot 应用程序将所有符合条件的@Configuration 配置都加载到当前 Spring Boot 创建并使用的 Spring 容器中。

### 25.3.1 自动装配引入器配置

要搜集并注册到 Spring 容器的那些 Beans 来自哪里？

（1）从配置文件 META-INF/spring.factories 获得 EnableAutoConfiguration 键对应的所有自动装配引导类，根据 Spring 中类似 SPI 的 SpringFactory 功能获得所有自动装配的配置。

（2）从配置文件 META-INF/spring-autoconfigure-metadata.properties 获得自动装配类与过滤相关的配置。

（3）根据过滤条件的配置过滤一部分类。

### 25.3.2 引入机制

AutoConfigurationImportSelector 类为自动配置引入了查询器。

Spring Boot 应用程序中使用了注解@SpringBootApplication，该注解隐含地导入了 AutoConfigurationImportSelector 类，注解依赖链如下：

```
@SpringBootApplication
    →@EnableAutoConfiguration
        →@Import(AutoConfigurationImportSelector.class)
```

### 25.3.3 执行机制

详细执行机制链如下：

```
SpringApplication.run()
  →refreshContext()
    →AnnotationConfigServletWebServerApplicationContext().refresh()
      →PostProcessorRegistrationDelegate.invokeBeanFactoryPostProcessors()
        →ConfigurationClassPostProcessor.postProcessBeanDefinitionRegistry()
          →ConfigurationClassParser$DeferredImportSelectorHandler.process()
            →ConfigurationClassParser$DeferredImportSelectorGrouping.
              getImports()
              →AutoConfigurationImportSelector$AutoConfigurationGroup.
                process()
              →AutoConfigurationImportSelector$AutoConfigurationGroup.
                selectImports()
```

自动装配类的获取由 AutoConfigurationImportSelector 类完成，它在 org.springframework.boot.autoconfigure 包中，AutoConfigurationImportSelector 类实现了 Spring 中的 DeferredImportSelector 接口。

EnableAutoConfigurationImportSelector 是一个 DeferredImportSelector 接口，用来处理 EnableAutoConfiguration 自动配置。@Import＋DeferredImportSelector 接口属于 Spring 动态引入 Bean 的机制。DeferredImportSelector 接口继承 ImportSelector 接口。

引入 ImportSelector 接口的主要作用是收集需要导入的配置类。如果该接口的实现类同时实现 EnvironmentAware、BeanFactoryAware、BeanClassLoaderAware 或者 ResourceLoaderAware，那么在调用其 selectImports()方法之前先调用上述接口中对应的方法。ImportSelector 接口的 selectImports()方法返回的数组(类的全限定名)都会被纳入 Spring 容器中。

如果需要在所有的@Configuration 处理完以后,在导入时可以实现 DeferredImportSelector 接口,通过 AutoConfigurationImportSelector $ AutoConfigurationGroup.selectImports()返回需要导入的组件全限定名数组。

public class AutoConfigurationImportSelector 内部有 3 个静态类,分别是 AutoConfigurationGroup、AutoConfigurationEntry 和 ConfigurationClassFilter。代码框架如下:

```
public class AutoConfigurationImportSelector
implements DeferredImportSelector, BeanClassLoaderAware,
    ResourceLoaderAware, BeanFactoryAware, EnvironmentAware, Ordered {
    private static class ConfigurationClassFilter {
        …
    }
    private static class AutoConfigurationGroup
        implements DeferredImportSelector.Group, BeanClassLoaderAware,
        BeanFactoryAware, ResourceLoaderAware {
        …
    }
    protected static class AutoConfigurationEntry {
        …
    }
}
```

## 25.4 获得所有自动装配类的配置

AutoConfigurationImportSelector 类的 selectImports()方法最终通过 SpringFactoriesLoader 获取 META-INF/spring.factories 配置文件中的 Bean class 数组。

### 25.4.1 自动装配类的配置

自动装配类在 META-INF/spring.factories 文件中配置,元数据在 META-INF 目录下,文件名为 spring-autoconfigure-metadata.properties,如图 25.3 所示。

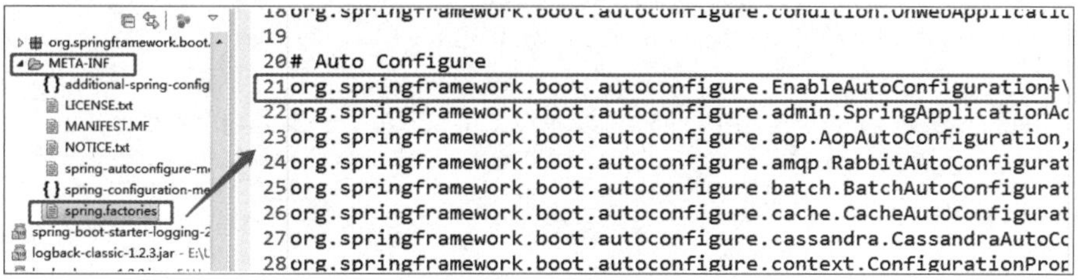

图 25.3 自动装配类文件

下面是 spring-boot-autoconfigure 这个 jar 包中 spring.factories 文件的部分内容,其中有一个 key 为 org.springframework.boot.autoconfigure.EnableAutoConfiguration 的值定义了需要自动配置的 Bean,通过读取这个配置获取一组加了@Configuration 注解的类。

```
#Auto Configure
org.springframework.boot.autoconfigure.EnableAutoConfiguration=\
org.springframework.boot.autoconfigure.admin.\
    SpringApplicationAdminJmxAutoConfiguration,\
org.springframework.boot.autoconfigure.aop.AopAutoConfiguration,\
org.springframework.boot.autoconfigure.amqp.RabbitAutoConfiguration,\
org.springframework.boot.autoconfigure.batch.BatchAutoConfiguration,\
org.springframework.boot.autoconfigure.cache.CacheAutoConfiguration,\
```

图 25.3 就是从 Spring Boot 的 autoconfigure 依赖包中的 META-INF/spring.factories 配置文件中摘录的一段内容,可以很好地说明问题。

### 25.4.2 执行机制

从 AutoConfigurationGroup.process 开始,继续 AutoConfigurationImportSelector 的执行机制,执行机制链如下:

```
AutoConfigurationImportSelector$AutoConfigurationGroup.process()
  →AutoConfigurationImportSelector.getAutoConfigurationEntry()
    →AutoConfigurationImportSelector.getCandidateConfigurations()
      →SpringFactoriesLoader.loadFactoryNames()
        →SpringFactoriesLoader.loadSpringFactories()
```

SpringFactoriesLoader.loadFactoryNames()方法调用 loadSpringFactories()方法,从所有的 jar 包中读取 META-INF/spring.factories 文件信息。

### 25.4.3 自动装配类的获取

自动装配类的获取是通过 SpringFactoriesLoader 实现的,SpringFactoriesLoader 在 org.springframework.core.io.support 包中定义。其部分代码如下:

```
public final class SpringFactoriesLoader {
    /**
     * The location to look for factories
     * <p>Can be present in multiple JAR files
     */
    public static final String FACTORIES_RESOURCE_LOCATION= "META-INF/spring.
        factories"
    ...
}
```

从代码可以看出,类中定义了常量 FACTORIES_RESOURCE_LOCATION =

"META-INF/spring.factories",为自动装配类的配置文件。

@EnableAutoConfiguration 就像一只八爪鱼一样,借助于 Spring 框架原有的工具类 SpringFactoriesLoader 的支持,@EnableAutoConfiguration 自动配置才得以实现,如图 25.4 所示。

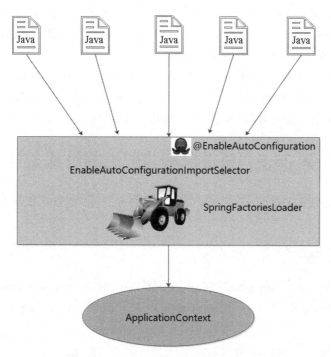

图 25.4 @EnableAutoConfiguration 注解的功能

SpringFactoriesLoader 读取 CLASSPATH 中所有的 jar 包中的所有 META-INF/spring.factories 配置文件,找出其中定义的匹配类型 factoryClass 的工厂类,然后返回这些工厂类的名字列表(注意,是包含包名的全限定名)。

SpringFactoriesLoader 属于 Spring 框架私有的一种扩展方案,其主要功能就是从配置文件 META-INF/spring.factories 中加载配置。

SpringFactoriesLoader 定义如下:

```
public final class SpringFactoriesLoader {
    public static final String FACTORIES_RESOURCE_LOCATION = "META-INF/spring.
        factories";
    ...
    public static <T> List<T> loadFactories(Class<T> factoryType, @Nullable
        ClassLoader classLoader) {
        ...
    }
    public static List<String> loadFactoryNames(Class<?> factoryType,
        @Nullable ClassLoader classLoader) {
```

...
                }
            }

其中：

- loadFactoryNames()方法读取CLASSPATH中所有的jar包中的所有META-INF/spring.factories配置文件，找出其中定义的匹配类型factoryClass的工厂类，然后返回这些工厂类的名字列表。
- loadFactories()方法读取CLASSPATH中所有的jar包中的所有META-INF/spring.factories属性文件，找出其中定义的匹配类型factoryClass的工厂类，然后创建每个工厂类的对象/实例，并返回这些工厂类对象/实例的列表。

## ◆ 25.5 获得自动装配类的过滤条件

配置文件META-INF/spring.factories中的自动装配类无须都导入，而是根据条件导入。

### 25.5.1 过滤条件配置

自动配置类的过滤条件配置在包的META-INF/spring-autoconfigure-metadata.properties文件中，如图25.5所示。spring-autoconfigure-metadata.properties文件内容如图25.6所示。

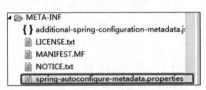

图25.5 过滤条件配置文件

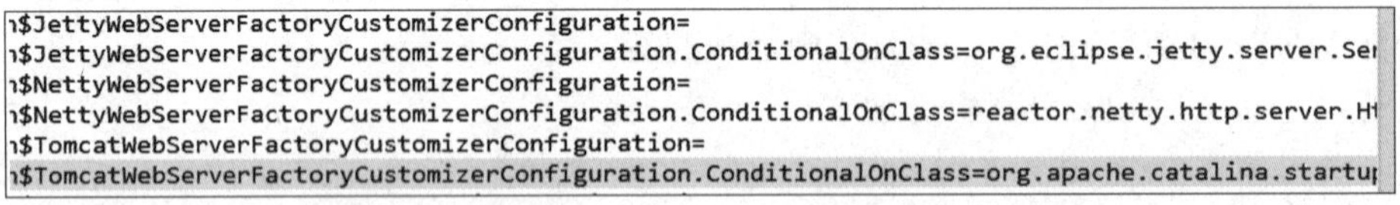

```
n$JettyWebServerFactoryCustomizerConfiguration=
n$JettyWebServerFactoryCustomizerConfiguration.ConditionalOnClass=org.eclipse.jetty.server.Ser
n$NettyWebServerFactoryCustomizerConfiguration=
n$NettyWebServerFactoryCustomizerConfiguration.ConditionalOnClass=reactor.netty.http.server.H1
n$TomcatWebServerFactoryCustomizerConfiguration=
n$TomcatWebServerFactoryCustomizerConfiguration.ConditionalOnClass=org.apache.catalina.startup
```

图25.6 spring-autoconfigure-metadata.properties文件内容

### 25.5.2 执行机制

从AutoConfigurationGroup.process开始，继续AutoConfigurationImportSelector的执行机制，执行机制链如下：

```
AutoConfigurationImportSelector$AutoConfigurationGroup.process()
  →AutoConfigurationImportSelector.getAutoConfigurationEntry()
```

→AutoConfigurationImportSelector.getConfigurationClassFilter()
　→AutoConfigurationImportSelector$ConfigurationClassFilter()
　　→AutoConfigurationMetadataLoader.loadMetadata()

### 25.5.3 过滤条件获取

过滤条件获取是通过 AutoConfigurationMetadataLoader 实现的，它在 org.springframework.boot.autoconfigure 包中定义。其部分代码如下：

```
/**
 * Internal utility used to load {@link AutoConfigurationMetadata}.
 *
 * @author Phillip Webb
 */
final class AutoConfigurationMetadataLoader {
    protected static final String PATH = "META-INF/spring-autoconfigure-
        metadata.properties
    private AutoConfigurationMetadataLoader() {
    }
    ...
}
```

从代码可以看出，在类中定义了常量 PATH，PATH = META-INF/spring-autoconfigure-metadata.properties 为过滤条件配置文件。

# 第26章 有条件装配 Bean

Spring Boot 可以使用有条件装配来灵活地指定什么时候将哪些 Bean 实例化并纳入容器，有条件装配是 Spring Boot 自动配置机制和起步依赖的重要一环，也是理解 Spring Boot 原理的重要基础。

## ◆ 26.1 概 述

### 26.1.1 Bean 的配置方法

想要让一个普通类接受 Spring 容器管理，有以下方法。

（1）配置文件方法。利用 XML 配置文件是最传统的方法。

（2）注解方法。使用@Controller、@Service、@Repository、@Component 注解标注该类，然后再使用@ComponentScan 注解扫描包。

（3）Java 配置类。有@Configuration＋@Bean 和@Configuration＋@Import 两种方法。

（4）自动配置。在 META-INF/spring.factories 文件中配置通过@EnableAutoConfiguration 注解扫描 Bean。

### 26.1.2 Bean 的有条件注册

Spring 还增加了有条件注册。按条件创建 Bean 并将其注册到 Spring 容器是 Spring Boot 实现自动配置的支撑之一。例如，注解 ConditionalOnClass 按照类是否存在创建 Bean，其用途是判断当前 CLASSPATH 下是否存在指定类，若是，则将当前的 Bean 装载到 Spring 容器中。有条件注册主要解决了一下两个问题：

（1）当有多个同名 Bean 时怎么抉择的问题。

（2）某些 Bean 的创建有其他依赖条件的问题。

举例来说，如果在 Maven 中引入了 velocity，那么视图就使用 velocity；如果引入的是 freemarker，则使用 freemarker。

## ◆ 26.2 无条件创建 Bean

为了说明有条件注册 Bean，先从无条件约束注册 Bean 讲起。

## 26.2.1 创建 Spring Boot 项目

这里利用 https://start.spring.io/ 网站创建一个 Spring Boot 项目,项目名为 SpringBootApp,其元数据如图 26.1 所示。

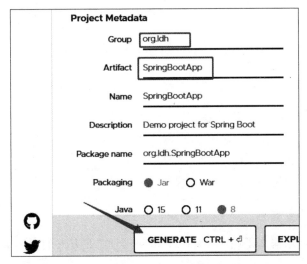

图 26.1 SpringBootApp 项目的元数据

单击 GENERATE 按钮,下载项目压缩包。解压后,按照 24.2 节的方法将其导入 Eclipse 中,并完善项目。

## 26.2.2 创建 Bean

**1. 定义 Bean 配置类**

定义 MyJavaConfig 类,配置 Bean,这里定义两种 Food Bean,一个是"南方人的饭",另一个是"北方人的饭"。南方人喜欢米饭,返回 Food("米饭") Bean;北方人喜欢面食,返回 Food("面食") Bean。详细代码如下:

程序清单:/SpringBootApp/src/main/java/org/ldh/conditionRegister/MyJavaConfig.java

```
@Configuration
public class MyJavaConfig {
    @Bean("北方人的饭")
    public Food food1() {
        return new Food("面食");
    }
    @Bean("南方人的饭")
    public Food food2() {
        return new Food("米饭");
    }
}
```

**2. 定义测试类**

定义测试类 MyApplication，从容器中获取创建的 Food Bean。详细代码如下：

程序清单：/SpringBootApp/src/main/java/org/ldh/
conditionRegister/MyApplication.java

```java
public class MyApplication {
    public static void main(String[] args) {
        //创建 Spring 容器
        ApplicationContext ctx = new AnnotationConfigApplicationContext
            (MyJavaConfig.class);
        Map<String, Food> map = ctx.getBeansOfType(Food.class);
        System.out.println(map);
    }
}
```

**3. 运行测试类**

运行测试类，打印输出了两个 Food Bean，一个是"北方人的饭"，另一个是"南方人的饭"，如图 26.2 所示。

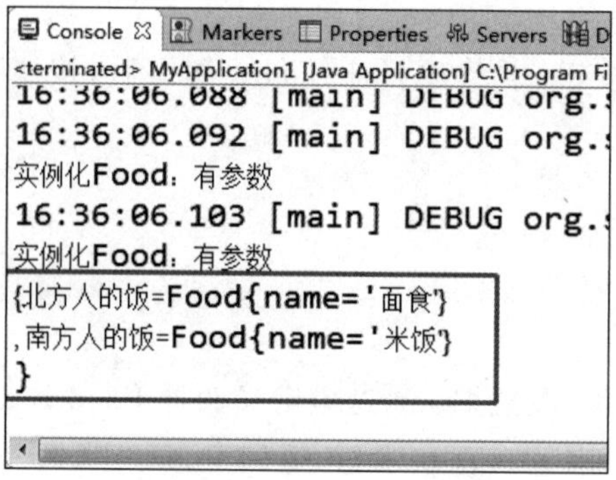

图 26.2　无条件注册 Bean 的输出结果

### 26.2.3　使用 Bean

**1. 定义 Bean 配置类**

定义 MyJavaConfig 类，配置 Bean，这里定义两种 Food Bean，另外定义 Person Bean，将 Food Bean 依赖注入到 Person Bean 中。详细代码如下：

程序清单：/SpringBootApp/src/main/java/org/ldh/
conditionRegister/use/MyJavaConfig.java

```java
public class MyJavaConfig {
    @Bean("北方人的饭")
    public Food food1() {
```

```java
        return new Food("面食");
    }
    @Bean("南方人的饭")
    public Food food2() {
        return new Food("米饭");
    }
    @Bean("person")
    public Person person() {
        return new Person();
    }
}
```

**2. 定义测试类**

定义测试类 MyApplication,从容器中获取创建的 Food Bean 与 Person Bean。详细代码如下:

程序清单:/SpringBootApp/src/main/java/org/ldh/
conditionRegister/use/MyApplication.java

```java
public class MyApplication {
    public static void main(String[] args) {
        //创建 Spring 容器
        ApplicationContext ctx = new AnnotationConfigApplicationContext
            (MyJavaConfig.class);
        Map<String, Food> map = ctx.getBeansOfType(Food.class);
        System.out.println(map);
        Person person=ctx.getBean("person",Person.class);
    }
}
```

**3. 运行测试类**

运行测试类,报告以下错误:

```
No qualifying bean of type 'org.ldh.conditionRegister.Food' available:
    expected single matching bean but found 2: 北方人的饭,南方人的饭。
```

因为有两个 Food 类型的 Bean,Spring 容器不知道注入哪个,因此报错。

## ◆ 26.3 条件注解@Conditional

上述应用中有两个 Food Bean,无法注入到 Person Bean 中。可以依据条件生成 Bean。当环境变量为南方人(south)时,生成并注册"南方人的饭";为北方人(north)时,生成并注册"北方人的饭"。这时就只有一种 Food Bean。

通过@Conditional注解配合Condition接口决定是否创建一个Bean并将其注册到Spring容器中，从而实现有选择地加载Bean。

### 26.3.1 Condition接口与实现

Condition接口代码如下：

```java
@FunctionalInterface
public interface Condition {
    boolean matches(ConditionContext context, AnnotatedTypeMetadata metadata);
}
```

接口只有一个方法matches()，返回真假。传入两个参数ConditionContext context和AnnotatedTypeMetadata metadata，可以从ConditionContext条件上下文对象context获取环境变量、Bean工厂、Bean注册器、资源加载器等对象，感知外部环境，判断外部条件是否成立。

创建北方人条件NorthPersonCondition类，实现Condition接口，判断环境变量person是否是北方人。代码如下：

**程序清单**：/SpringBootApp/src/main/java/org/ldh/conditionRegister/conditional/NorthPersonCondition.java

```java
public class NorthPersonCondition implements Condition {
    @Override
    public boolean matches(ConditionContext context, AnnotatedTypeMetadata metadata) {
        String type = context.getEnvironment().getProperty("person");
        return "north".equalsIgnoreCase(type);
    }
}
```

创建南方人条件SouthPersonCondition类，实现Condition接口，判断环境变量person是否是南方人。代码如下：

**程序清单**：/SpringBootApp/src/main/java/org/ldh/conditionRegister/conditional/SouthPersonCondition.java

```java
public class SouthPersonCondition implements Condition {
    @Override
    public boolean matches(ConditionContext context, AnnotatedTypeMetadata metadata) {
        String type = context.getEnvironment().getProperty("person");
        return "south".equalsIgnoreCase(type);
    }
}
```

### 26.3.2 设置环境变量

如果是Windows环境，只要右击"计算机"，在弹出的快捷菜单中选择"属性"命令，在

"属性"对话框中选择"高级"选项卡,单击"高级系统设置"按钮,在"环境变量"对话框中增加环境变量即可,这里为 person=north,如图 26.3 所示。

图 26.3　增加环境变量 person

### 26.3.3　有条件注册 Bean

**1. 配置有条件注册注解**

编写 Bean 配置类 ConditionalAutoConfig,在方法 food1()上注解北方人条件 @Conditional(NorthPersonCondition.class),在方法 food2()上注解南方人条件 @Conditional(SouthPersonCondition.class),当条件成立时才注册 Bean。详细代码如下：

程序清单：/SpringBootApp/src/main/java/org/ldh/conditionRegister/
　　　　　　conditional/ConditionalAutoConfig.java

```
@Configuration
public class ConditionalAutoConfig {
    @Bean("北方人的饭")
    @Conditional(NorthPersonCondition.class)
    public Food food1() {
        return new Food("面食");
    }
    @Bean("南方人的饭")
    @Conditional(SouthPersonCondition.class)
    public Food food2() {
        return new Food("米饭");
    }
    @Bean("person")
    public Person person() {
        return new Person();
    }
}
```

**2. 编写测试类**

编写测试类 MyApplication，获取 Food Bean 与 Person Bean，详细代码如下：

程序清单：/SpringBootApp/src/main/java/org/ldh/conditionRegister/
conditional/MyApplication.java

```
public class MyApplication {
    public static void main(String[] args) {
        //创建 Spring 容器
        ApplicationContext ctx = new AnnotationConfigApplicationContext
            (ConditionalAutoConfig.class);
        String person = ctx.getEnvironment().getProperty("person");
        System.out.println("当前人为:" + person);
        Map<String, Food> map = ctx.getBeansOfType(Food.class);
        System.out.println(map);
        Person person1=ctx.getBean("person",Person.class);
        person1.eat();
    }
}
```

**3. 运行测试类**

运行测试类，输出结果如图 26.4 所示。可以看出，获取了环境变量 north，只创建了一个 Food bean，并将其正确注入到 Person Bean 中。

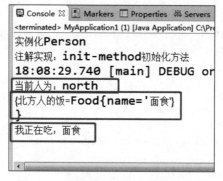

图 26.4　有条件注册 Bean 的输出结果

## 26.4　简化条件注解

### 26.4.1　概述

Spring 条件注解 @Conditional 需要事先实现条件接口 Condition，比较麻烦，Spring Boot 在 @Conditional 注解的基础上进行了细化，无需复杂的条件接口实现类，只需要预定义的@ConditionalOnXxx 简化条件注解。例如,在上例中可以用@ConditionalOnProperty 替代实现条件接口。常用的简化条件注解如表 26.1 所示。

表 26.1 常用的简化条件注解

| 注　解 | 说　明 |
| --- | --- |
| @ConditionalOnSingleCandidate | 当给定类型的 Bean 存在并且指定为 Primary 的给定类型存在时返回 true |
| @ConditionalOnMissingBean | 当给定的类型、类名、注解、别名在 Bean 工厂中不存在时返回 true。各类型间是 or 的关系 |
| @ConditionalOnBean | 与上面相反,要求 Bean 存在 |
| @ConditionalOnMissingClass | 当给定的类名在类路径上不存在时返回 true。各类型间是 and 的关系 |
| @ConditionalOnClass | 与上面相反,要求类存在 |
| @ConditionalOnCloudPlatform | 当配置的 CloudPlatform 为活动状态时返回 true |
| @ConditionalOnExpression | 表达式执行结果为 true |
| @ConditionalOnJava | 运行时的 Java 版本号如果包含给定的版本号则返回 true |
| @ConditionalOnProperty | 配置属性匹配条件时返回 true |
| @ConditionalOnJndi | 给定的 JNDI 的 Location 存在至少一个时返回 true |
| @ConditionalOnNotWebApplication | Web 环境不存在时返回 true |
| @ConditionalOnWebApplication | Web 环境存在时返回 true |
| @ConditionalOnResource | 指定的资源存在时返回 true |

### 26.4.2 属性条件注解

@ConditionalOnProperty 在配置信息匹配条件时生效,实例如下:

@ConditionalOnProperty(prefix = "",name = "person",havingValue = "north")

prefix 为配置文件中的前缀,name 为配置的名字,havingValue 是配置值的对比值,当两个值相同时返回 true,配置类生效。上述注解当环境变量 person 为 north 时生效。

**1. 编写配置类**

编写 Bean 配置类 ConditionalAutoConfig,在方法 food1() 上注解北方人条件 @ConditionalOnProperty(prefix = "",name = "person",havingValue = "north"),在方法 food2() 上注解南方人条件@ConditionalOnProperty(prefix = "",name = "person",havingValue = "south")。当条件成立了,才注册 Bean。详细代码如下:

程序清单:/SpringBootApp/src/main/java/org/ldh/conditionRegister/
　　　　　　onProperty/ConditionalAutoConfig.java

@Configuration

```java
public class ConditionalAutoConfig {
    @Bean("北方人的饭")
    @ConditionalOnProperty(prefix = "",name = "person",havingValue = "north")
    public Food food1() {
        return new Food("面食");
    }
    @Bean("南方人的饭")
    @ConditionalOnProperty(prefix = "",name = "person",havingValue = "south")
    public Food food2() {
        return new Food("米饭");
    }
    @Bean("person")
    public Person person() {
        return new Person();
    }
}
```

**2．编写测试类**

编写测试类 MyApplication，获取 Food Bean 与 Person Bean，详细代码如下：

> 程序清单：/SpringBootApp/src/main/java/org/ldh/conditionRegister/
> onProperty/MyApplication.java

```java
public class MyApplication {
    public static void main(String[] args) {
        //创建 Spring 容器
        ApplicationContext ctx = new AnnotationConfigApplicationContext
            (ConditionalAutoConfig.class);
        String person = ctx.getEnvironment().getProperty("person");
        System.out.println("当前人为:" + person);
        Map<String, Food> map = ctx.getBeansOfType(Food.class);
        System.out.println(map);
        Person person1=ctx.getBean("person",Person.class);
        person1.eat();
    }
}
```

**3．运行测试类**

运行测试类，输出结果如图 26.5 所示。可以看出，获取了环境变量 north，只创建了一个 Food Bean，并正确注入到 Person Bean 中。

这个例子中不用实现条件接口，方便了条件注册实现。

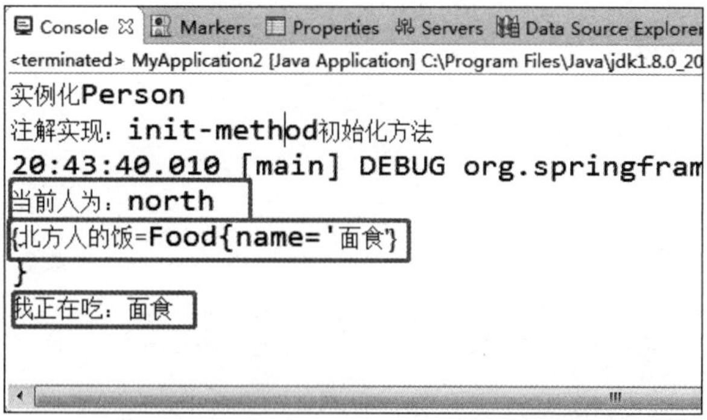

图 26.5 简化条件注册 Bean 的输出结果

## 26.5 将条件注解到类上

上面的条件注解加在配置类的方法中。可以将条件注解在配置类上，以决定一批 Bean 是否被注册。另外，也可以把条件注解加在 Bean 类上，以决定这个 Bean 类是否被注册。

### 26.5.1 类条件注解

类条件注解@ConditionalOnClass 在某个类位于类路径上时才会实例化一个 Bean。例如，@ConditionalOnClass(Food.class)只在 Food 类存在时才实例化 Person 类。创建 Person 类，在该类上加类条件注解@ConditionalOnClass(Food.class)。详细代码如下：

程序清单：/SpringBootApp/src/main/java/org/ldh/conditionRegister/Person.java

```
@Component("person")
@ConditionalOnClass(Food.class)
public class Person {
    @Autowired
    private Food food;
    public Person() {
        System.out.println("实例化 Person");
    }
    public void setFood(Food food) {
        this.food = food;
    }
    public Food getFood() {
        return food;
    }
    public void eatFood(Food food1) {
        System.out.println("我正在吃:"+food1.getName());
```

```
    }
    public void eat() {
        eatFood(food);
    }
}
```

### 26.5.2 示例

编写 Bean 配置类 ConditionalAutoConfig，引入 Person 类。详细代码如下：

程序清单：/SpringBootApp/src/main/java/org/ldh/conditionRegister/
            onClass/ConditionalAutoConfig.java

```
@Configuration
@Import(Person.class)
public class ConditionalAutoConfig {
    @Bean("北方人的饭")
    @ConditionalOnProperty(prefix = "", name = "person", havingValue = "north")
    public Food food1() {
        return new Food("面食");
    }
    @Bean("南方人的饭")
    @ConditionalOnProperty(prefix = "", name = "person", havingValue = "south")
    public Food food2() {
        return new Food("米饭");
    }
}
```

编写测试类 MyApplication，获取 Food Bean 与 Person Bean，代码略。

运行测试类，获取了环境变量 north，只创建了一个 Food Bean，并将其正确注入到 Person Bean 中。

在这个例子中，条件注解加到类上。@ConditionalOnClass 是 Spring Boot 非常常用的条件注解。

## 26.6 条件自动配置

### 26.6.1 条件自动配置简介

在 Spring 及 Spring Boot 中，按条件创建 Bean 的核心是 Condition 接口与 @Conditional 注解。其实在 Spring Boot 中还有一种条件自动配置技术也可以过滤配置，使用这种技术，能够让 Spring Boot 更快地启动。

根据官网的解释，使用这种配置方式可以有效减少 Spring Boot 的启动时间，因为通过这种过滤方式能减少加了 @Configuration 注解的类的数量，从而减少初始化 Bean 时的耗时。

@EnableAutoConfiguration 为自动配置注解,也称为过滤配置注解。它可以根据条件过滤不需要注册的 Bean,留下符合条件的 Bean 进行实例化并注册,实现自动配置。

Spring Boot 使用一个名为 Annotation 的处理器收集一些自动装配的条件,这些条件可以在 META-INF/spring-autoconfigure-metadata.properties 中进行配置。Spring Boot 会对收集到的@Configuration 注解进行过滤,进而剔除不满足条件的配置类。

### 26.6.2 创建自动配置类

创建自动配置类 MyFactoryAutoConfiguration,这个配置类不是由@ComponentScan 扫描到的,而是由自动配置注解@EnableAutoConfiguration 扫描到。代码如下:

**程序清单:/SpringBootApp/src/main/java/org/ldh/AutoConfigure/MyFactoryAutoConfiguration.java**

```
@Configuration
public class MyFactoryAutoConfiguration {
    @Bean("food")
    public Food food() {
        return new Food("烩面");
    }
    @Bean("person")
    public Person person() {
        return new Person();
    }
}
```

### 26.6.3 创建自动配置文件 spring.factories

Spring Boot 约定,需要自动配置的 Bean 在 META-INF/spring.factories 文件中定义。在该文件中以 key = value 格式存放数据,key 为 org.springframework.boot.autoconfigure.EnableAutoConfiguration,value 为要注册的 Bean。

在 resources 目录下创建 META-INF 目录,在该目录下创建 spring.factories 文件,如图 26.6 所示。

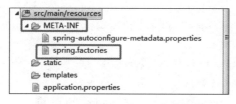

图 26.6　spring.factories 文件位置

这里以自动配置类 MyFactoryAutoConfiguration 为例,spring.factories 文件内容如图 26.7 所示。

```
1 org.springframework.boot.autoconfigure.EnableAutoConfiguration=\
2 org.ldh.AutoConfigure.MyFactoryAutoConfiguration
3
4
```

图 26.7　spring.factories 文件内容

### 26.6.4　自动配置条件文件

spring-autoconfigure-metadata.properties 是自动配置条件文件，其数据格式为

自动配置类的全名.条件=值

例如：

org.ldh.AutoConfigure.MyFactoryAutoConfiguration.ConditionalOnClass= org.ldh.AutoConfigure.IsLoad

在 META-INF 目录下创建 spring-autoconfigure-metadata.properties 文件，如图 26.6 所示。在该文件中配置 Person Bean 注册条件为 ConditionalOnClass＝ org.ldh.AutoConfigure.IsLoad，当 org.ldh.AutoConfigure.IsLoad 类存在时，注册 org.ldh.AutoConfigure.MyFactoryAutoConfiguration Bean，配置内容如图 26.8 所示，IsLoad 为一个空类，仅仅为了测试类条件。

```
1 org.ldh.AutoConfigure.MyFactoryAutoConfiguration.ConditionalOnClass= org.ldh.AutoConfigure.IsLoad
```

图 26.8　spring-autoconfigure-metadata.properties 配置内容

### 26.6.5　条件成立测试

创建 org.ldh.AutoConfigure.app 包，在该包中创建启动类 SpringBootAppApplication。这样做是为了让@EnableAutoConfiguration 扫描注解@SpringBootApplication，获取 Person Bean。代码如下：

程序清单：/SpringBootApp/src/main/java/org/ldh/AutoConfigure/app/SpringBootAppApplication.java

```
@SpringBootApplication
public class SpringBootAppApplication {
    public static void main(String[] args) throws ClassNotFoundException {
        ApplicationContext ctx =SpringApplication.run
            (SpringBootAppApplication.class, args);
        Map<String, Person> map = ctx.getBeansOfType(Person.class);
        System.out.println(map);
    }
}
```

运行结果如图 26.9 所示。从结果可以看出 Food Bean 与 Person Bean 都实例化了。

```
2020-10-25 08:46:31.461  INFO 13376 --- [      main]
2020-10-25 08:46:31.464  INFO 13376 --- [      main]
实例化Food：有参数
实例化Person
2020-10-25 08:46:31.877  INFO 13376 --- [      main]
{person=org.ldh.AutoConfigure.Person@106cc338食品为：烩面}
```

图 26.9　自动配置的输出结果

### 26.6.6　条件不成立测试

把 Person Bean 自动配置类改名为 org.ldh.AutoConfigure.IsLoad1，如图 26.10 所示。

```
spring-autoconfigure-metadata.properties
1 org.ldh.AutoConfigure.MyFactoryAutoConfiguration.ConditionalOnClass=org.ldh.AutoConfigure.IsLoad1
```

图 26.10　修改自动配置类生成条件

也可以删除 org.ldh.AutoConfigure.IsLoad 编译后的 class 文件，在 target/classes/org/ldh/AutoConfigure 目录下删除 IsLoad.class 文件，如图 26.11 所示。

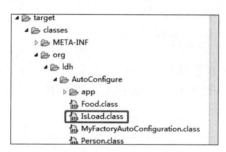

图 26.11　删除 IsLaod.class 文件

再运行测试类 SpringBootAppApplication，结果如图 26.12 所示。输出结果为空，从容器中也得不到 Person Bean，说明自动配置类条件不成立就不创建 Bean。

```
2020-10-25 08:58:55.859  INFO 22160 --- [
2020-10-25 08:58:55.861  INFO 22160 --- [
2020-10-25 08:58:56.236  INFO 22160 --- [
{}
```

图 26.12　自动配置类条件不成立时的输出结果

# 第27章 Spring Boot 属性配置和使用

Spring Boot 采用约定优先于配置的原则,旨在尽快启动和运行。在一般情况下,不需要做太多的配置就能够让 Spring Boot 正常运行。在一些特殊的情况下,需要修改一些配置,或者需要有自己的配置属性。

## ◆ 27.1 默认配置

这里利用 https://start.spring.io/ 网站建立一个 Spring boot 项目,项目名为 SpringBootProperty。创建 org.ldh.AutoConfigure 包,创建 Food 类和 Person 类,创建 Java Configure 类 MyFactoryAutoConfiguration,创建启动类 SpringBootAppApplication,在启动类中获取 Person Bean 并打印出来。

### 27.1.1 在类中设置初始值

Spring Boot 没有默认配置机制,默认配置直接在类中设置初始值。在示例中把食物 Food 类的名称直接赋值为"烩面",代码如图 27.1 所示。

```
public class Food {
    private String name="烩面";
```

图 27.1 在类中设置初始值

### 27.1.2 在自动配置类中设置初始值

自动配置类中设置初始值是常用的方法。如果使用第三方应用,没办法修改源程序,此时可以在自动配置类中设置初始值,如图 27.2 所示。

```
@Configuration
public class MyFactoryAutoConfiguration {

    @Bean("food")
    public Food food() {
        return new Food("烩面");
    }
    @Bean("person")
    public Person person() {
        return new Person();
    }
}
```

图 27.2 在自动配置类中设置初始值

然后运行测试类 SpringBootAppApplication,运行结果如图 27.3 所示,食物名称为"烩面"。

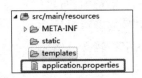

图 27.3　有初始值的输出结果

## 27.2　配置文件

### 27.2.1　配置文件简介

在项目中,通常要根据不同的环境读取不同的配置文件。对于 Spring Boot 来说,默认读取的是 application.properties。配置文件位置在类路径的根目录下。

在 Maven 项目中,在资源 resources 目录中创建配置文件 application.properties,如图 27.4 所示。该配置文件在部署时会发布到类路径的根目录下。

图 27.4　Spring Boot 配置文件 application.properties 的位置

该配置文件内容为 key=value 格式,key 可以用"."表示分类。在配置文件中设置 food.name 为"胡辣汤",如图 27.5 所示。

图 27.5　配置文件 application.properties 的内容

### 27.2.2　yml 格式配置文件

Spring Boot 支持 application.properties 和 application.yml 两种文件格式。Spring Boot 项目中同时存在 application.properties 和 application.yml 文件时,两个文件都有效,但是 application.properties 的优先级比 application.yml 高。

YAML 是一种简洁的非标记语言,文件扩展名为 yml,在 Java 中经常用它描述配置文件 application.yml。YAML 以数据为中心,比 JSON/XML 等更适合描述配置文件。

**1. 基本规则**

YAML 有以下基本规则:

(1) 大小写敏感。
(2) 使用缩进表示层级关系。
(3) 禁止使用制表符缩进，只能使用空格。
(4) 缩进长度没有限制，只要元素对齐就表示这些元素属于一个层级。
(5) 使用#表示注释。
(6) 字符串可以不加引号。

**2. YAML 基本语法**

k：v 表示一个键-值对（冒号后的空格必须有），以缩进控制层级关系。只要是左对齐的数据，都是同一个层级的。例如，修改 Tomcat Web 端口配置：

```
server:
  port: 8081
```

**3. 值的写法**

(1) 字面量，即普通的值（数字、字符串、布尔值）。
① 字符串默认不用加上单引号或者双引号。
② 双引号使字符串中的特殊字符转义。例如：

```
name: "zhangsan \n lisi"
```

输出

```
zhangsan
lisi
```

③ 单引号不会使特殊字符转义，特殊字符只是一个普通的字符串。例如：

```
name: 'zhangsan \n lisi'
```

输出

```
zhangsan \n lisi
```

(2) 对象/Map（属性和值，即键-值对）的示例如下：

```
friends:
  lastName: zhangsan
  age: 20
```

也可以采用行内写法：

```
friends: {lastName: zhangsan,age: 18}
```

(3) 数组（List 和 Set，用-和值表示数组中的一个元素）示例如下：

```
pets:
```

```
    - cat
    - dog
    - pig
```

也可以采用行内写法：

```
pets: [cat,dog,pig]
```

### 27.2.3 多环境配置文件

**1. 问题**

软件开发经常处在多环境下，包括有开发环境、测试环境、预发布环境、生产环境等，而且一般这些环境配置各不相同，手动修改配置麻烦且容易出错。如何管理不同环境的配置参数呢？Spring Boot 可以解决不同环境独立配置参数的问题。

**2. 多环境下的 yml 配置文件**

不同环境的 yml 配置文件名不一样：

- application-dev.yml（开发环境）。
- application-test.yml（测试环境）。
- application-prod.yml（生产环境）。

**3. 切换环境**

为了区分不同的环境，Spring Boot 提供了 profile 机制。例如，当某个开发环境的配置文件为 application-dev.yml 时，设置主配置文件 spring.profiles.actives = dev，程序启动时，会优先取 application-dev.yml 中的值，然后再去取 application.yml 中的值。

例如，指定开发环境 dev，配置如下：

```
spring:
    #环境: dev 为开发环境, test 为测试环境, prod 为生产环境
    profiles:
        active: dev #激活的配置文件
```

在激活 application-dev.yml 时，若其中存在与 application.yml 同名的配置属性，application.yml 的同名配置属性会被覆盖（即激活的配置文件优先级高于总配置文件）。例如，在 application-dev.yml 中有以下配置：

```
server:
    port: 8082
```

启动工程，就会发现程序的端口不再是 8080，而是 8082。

### 27.2.4 配置文件优先级

Spring Boot 允许通过外部配置使同一应用程序的代码可以在不同的环境中使用，简

单地说就是可以通过配置文件注入属性或者修改默认的配置。

Spring Boot 支持多种外部配置方式。主要方式的优先级由高到低如下：

（1）命令行参数。

（2）来自 java：comp/env 的 JNDI 属性。

（3）Java 系统属性（System.getProperties()）。

（4）操作系统环境变量。

（5）RandomValuePropertySource 配置的 random.* 属性值。

（6）jar 包外部的 application-{profile}.properties 或 application.yml（带 spring.profile）配置文件。

（7）Jar 包内部的 application-{profile}.properties 或 application.yml（带 spring.profile）配置文件。

（8）jar 包外部的 application.properties 或 application.yml（不带 spring.profile）配置文件。

（9）jar 包内部的 application.properties 或 application.yml（不带 spring.profile）配置文件。

（10）@Configuration 注解类上的@PropertySource。

（11）通过 SpringApplication.setDefaultProperties 指定的默认属性。

配置文件可以放在 config 目录下。除了上述优先级关系外，config 目录下的配置文件的优先级高于根目录下的配置文件。

## 27.3 注入配置值

通过 Java Config 的方式，可以使用@Value("${key：value}")的方式注入配置值。其中，key 为配置文件中的键；value 为默认值，当配置文件没有相关配置时，用此默认值。在 name 变量上加注解@Value("${food.name：米饭}")，把配置文件中 food.name 的配置注入变量 name，如图 27.6 所示。

```
public class Food {
    @Value("${food.name:米饭}")
    private String name="炝面";
```

图 27.6  注解@Value("${key：value}")注入配置值

然后运行测试类 SpringBootAppApplication，运行结果如图 27.7 所示，食物名称为配置文件中的"胡辣汤"。

```
2020-10-25 09:35:11.474  INFO 7844 --- [           main] o.
2020-10-25 09:35:11.476  INFO 7844 --- [           main] o.
实例化Food：有参数
实例化Person
2020-10-25 09:35:11.897  INFO 7844 --- [           main] o.
{person=org.ldh.AutoConfigure.Person@63f259c3食品为："胡辣汤"}
```

图 27.7  注解@Value("${key：value}")注入配置值的输出结果

当删除配置文件中的 food.name 配置时，name 属性注入为默认的"米饭"，结果如图 27.8 所示。

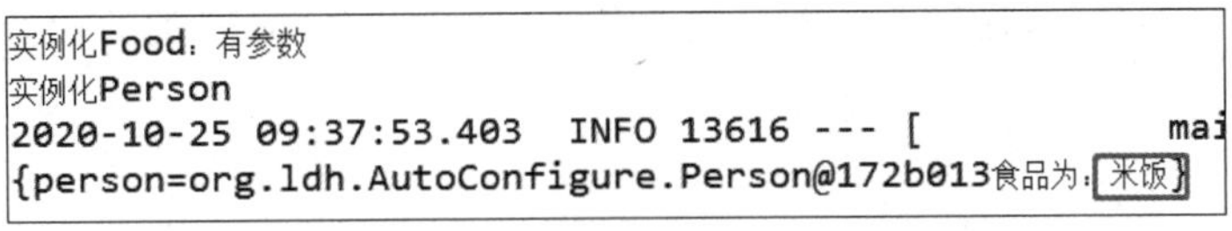

```
实例化Food：有参数
实例化Person
2020-10-25 09:37:53.403  INFO 13616 --- [           mai
{person=org.ldh.AutoConfigure.Person@172b013食品为：米饭}
```

图 27.8　注解@Value("＄{key：value}")注入默认值的输出结果

## 27.4　配置属性注解

用@Value 注入配置属性时，需要在每个属性上都加注解。Spring Boot 提供了一种新的属性注入方式，即配置属性注解@ConfigurationProperties，它可以把一个应用的所有配置都集中到一个属性配置类中，只需要在属性配置类上注解前缀，不需要在每一个属性上加注解。

### 27.4.1　定义属性配置类

为了演示@ConfigurationProperties 的用法，创建一个新包 org.ldh.AutoConfigure1，在包中创建属性配置类 MyProperties，这个示例只有一个属性 name，当然可以添加多个属性。在类上注解@ConfigurationProperties(prefix="food", ignoreUnknownFields = true)，前缀属性为 prefix="food"，表示前缀（food）+"."+类中属性名称（name）对应配置文件中的 key，每个属性前不需要再注解，当属性比较多时简化了注解。代码如下：

程序清单：/[TS[] SpringBootProperty/src/main/java/org/ldh/
　　　　　　　AutoConfigure1/MyProperties.java

```
@Component
@ConfigurationProperties(prefix="food", ignoreUnknownFields = true)
public class MyProperties {
    private String name;
    public String getName() {
        return name;
    }
    public void setName(String name) {
        this.name = name;
    }
}
```

### 27.4.2　配置 Bean 的使用

通过配置类 MyProperties 的注解@ConfigurationProperties 配置参数注入的配置 Bean，在使用配置 Bean 的类中声明配置类变量，并注解自动配置。

在 org.ldh.AutoConfigure1 包中创建 Food 类，声明配置类变量，代码如下：

```
@Autowired
MyProperties prop;
```

在需要配置参数时,通过调用配置类对象获取,这里在 Food 类的初始化方法中获取配置,代码如下:

```
@PostConstruct
public void init_method() {
    name=prop.getName();
    System.out.println("通过@ComponentScan(@SpringBootApplication)+@
        Component 注解链扫描到");
    System.out.println("注解实现:init-method 初始化方法");
    System.out.println("声明属性变量:MyProperties prop");
    System.out.println("获取食物名称 name=prop.getName():"+name);
}
```

Food 类的详细代码如下:

程序清单:/SpringBootProperty/src/main/java/org/ldh/AutoConfigure1/Food.java

```
@Component
public class Food {
    @Autowired
    MyProperties prop;
    private String name="烩面";
    public Food() {
        System.out.println("实例化 Food");
    }
    @PostConstruct
    public void init_method() {
        name=prop.getName();
        System.out.println("通过@ComponentScan(@SpringBootApplication)+
            @Component 注解链扫描到");
        System.out.println("注解实现:init-method 初始化方法");
        System.out.println("声明属性变量:MyProperties prop");
        System.out.println("获取食物名称 name=prop.getName():"+name);
    }
    public Food(String name) {
        System.out.println("实例化 Food:有参数");
        this.name = name;
    }
    public void setName(String name) {
        this.name = name;
    }
    public String getName() {
        return name;
```

```
        }
        @Override
        public String toString() {
            return "Food{" + "name='" + name + "'}\n";
        }
    }
```

## ◆ 27.5 扫描配置 Bean 及 @ConfigurationProperties

已定义的配置类需要被 Spring Boot 扫描到，才能起作用。不仅配置类，其他已定义的 Bean 类也都需要被 Spring Boot 扫描到，因此这里顺便总结 Spring Boot 是如何是扫描 Bean 的。

### 27.5.1 扫描入口

Spring Boot 中的扫描入口有 @ComponentScan 和 @EnableAutoConfiguration 两个。

@ComponentScan 和 @EnableAutoConfiguration 都包含在 @SpringBootApplication 中，是 @SpringBootApplication 中比较重要的两个注解。

@ComponentScan 和 @EnableAutoConfiguration 的相同点是两者都可以将带有 @Component、@Service 等注解的对象加入 IoC 容器中。

@ComponentScan 和 @EnableAutoConfiguration 的不同点如下：

（1）两者虽然都能将带有注解的对象加入 IoC 容器中，但是它们扫描的范围是不一样的。@ComponentScan 扫描的范围默认是它所在的包以及子包中所有带注解的对象，@EnableAutoConfiguration 扫描的范围默认是它所在的类。

（2）它们作用的对象不一样。@EnableAutoConfiguration 除了扫描本类的注解外，还会借助 @Import 的支持，收集和注册依赖包中相关的 Bean 定义，将这些 Bean 加入 IoC 容器中。

在 Spring Boot 中注入的 Bean 由两部分组成：一部分是用户在代码中写的加了 @Controller、@Service、@Repository 等注解的业务 Bean，这部分 Bean 由 @ComponentScan 加入 IoC 容器中；另一部分是 Spring Boot 相关 Bean，这部分 Bean 由 @EnableAutoConfiguration 加入 IoC 容器中。

（3）@EnableAutoConfiguration 可以单独启动 Spring Boot 项目，而 @ComponentScan 是不能的。

### 27.5.2 @ComponentScan＋@Component

在启动类上加组件扫描注解 @ComponentScan，@SpringBootApplication 包含了 @ComponentScan 注解，在属性类上加组件注解 @Component，默认情况下已定义的组件需要放在启动类的包或者子包中才能被扫描到。

(1) 创建 org.ldh.AutoConfigure1 包, 创建 Food 类、Person 类和属性配置类 MyProperties, 并且在类上都加组件注解@Component。修改 Food 类的 init_method() 方法, 以便输出验证信息, 代码如下:

```
@PostConstruct
public void init_method() {
    name=prop.getName();
    System.out.println("通过@ComponentScan(@SpringBootApplication)+@
        Component 注解链扫描到");
    System.out.println("注解实现:init-method 初始化方法");
    System.out.println("声明属性变量:MyProperties prop");
    System.out.println("获取食物名称 name=prop.getName():"+name);
}
```

(2) 在 org.ldh.AutoConfigure1 包中创建启动类 SpringBootAppApplication, 以便包中的 Bean 被扫描到, 代码如下:

程序清单: /SpringBootProperty/src/main/java/org/ldh/AutoConfigure1/
SpringBootAppApplication.java

```
@SpringBootApplication
public class SpringBootAppApplication {
    public static void main(String[] args) throws ClassNotFoundException {
        ApplicationContext ctx=SpringApplication.run
            (SpringBootAppApplication.class, args);
        Person person=ctx.getBean(Person.class);
        person.eat();
    }
}
```

(3) 这样, 包中定义的 MyProperties Bean、Person Bean 和 Food Bean 都被扫描到了。运行启动类, 结果如图 27.9 所示。可以看出, 配置组件被扫描到, 并被注入到 Food Bean 中。

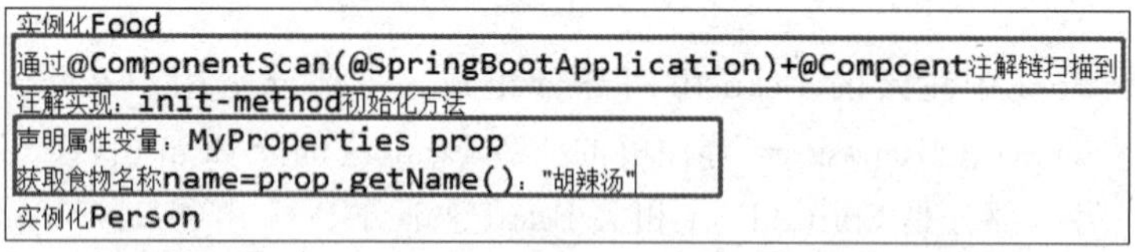

```
实例化Food
通过@ComponentScan(@SpringBootApplication)+@Compoent注解链扫描到
注解实现: init-method初始化方法
声明属性变量: MyProperties prop
获取食物名称name=prop.getName(): "胡辣汤"
实例化Person
```

图 27.9 通过@ComponentScan+@Component 扫描组件的输出结果

### 27.5.3 @Configuration+@Import

查找组件, 可以用扫描的方法, 也可以主动引入。在加了@Configuration 注解的 Java Config 配置类中用@Import 主动引入 Bean 类。

(1) 创建 org.ldh.AutoConfigure2 包, 创建 Food 类、Person 类和属性配置类 MyProperties。修改 Food 类的 init_method() 方法, 以便输出验证信息, 代码如下:

```
@PostConstruct
public void init_method() {
    name=prop.getName();
    System.out.println("通过@Configuration(@SpringBootApplication)+@Import
        引入组件");
    System.out.println("注解实现:init-method初始化方法");
    System.out.println("声明属性变量:MyProperties prop");
    System.out.println("获取食物名称 name=prop.getName():"+name);
}
```

(2)创建 org.ldh.AutoConfigure2.app 包,在此包中创建启动类 SpringBootAppApplication。这样做是为了使 Spring Boot 扫描不到父包中的组件,而通过 @Import 引入组件。在类上加的@SpringBootApplication 注解包含了@Configuration 注解。在类上加注解@Import({MyProperties.class,Person.class,Food.class}),引入 MyProperties Bean、Person Bean 和 Food Bean,详细代码如下:

**程序清单**:/SpringBootProperty/src/main/java/org/ldh/AutoConfigure2/
app/SpringBootAppApplication.java

```
@SpringBootApplication
@Import({MyProperties.class,Person.class,Food.class})
public class SpringBootAppApplication {
    public static void main(String[] args) throws ClassNotFoundException {
        ApplicationContext ctx=SpringApplication.run
            (SpringBootAppApplication.class, args);
        Person person=ctx.getBean(Person.class);
        person.eat();
    }
}
```

(3)这样,MyProperties Bean、Person Bean 和 Food Bean 通过@Import 都被引入容器中。运行启动类,结果如图 27.10 所示。可以看出,配置组件 MyProperties 被扫描到,并被注入 Food Bean 中。

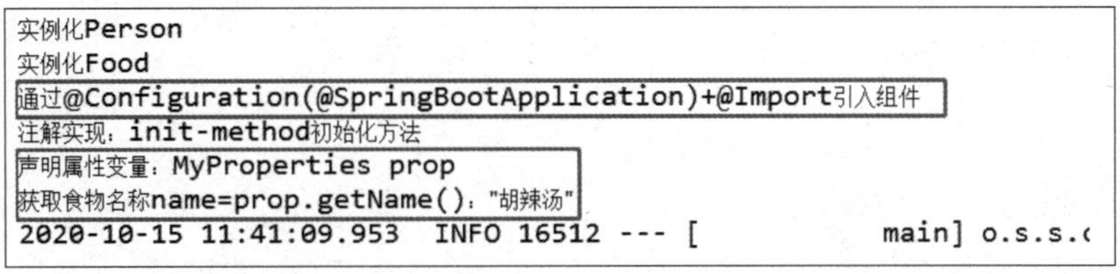

```
实例化Person
实例化Food
通过@Configuration(@SpringBootApplication)+@Import引入组件
注解实现:init-method初始化方法
声明属性变量: MyProperties prop
获取食物名称name=prop.getName(),"胡辣汤"
2020-10-15 11:41:09.953  INFO 16512 --- [           main] o.s.s.
```

图 27.10 通过@Configuration+@Import 扫描组件的输出结果

### 27.5.4 @Configuration+@Bean

可以用@Configuration+@Bean 引入属性配置类 MyProperties Bean 及其他 Bean。

@SpringBootApplication 注解包含@Configuration，因此，可以在主程序类中用@Bean 配置 Bean，并且它可以被 Spring Boot 扫描到。

（1）创建 org.ldh.AutoConfigure3 包，在该包中创建 Food 类、Person 类和属性配置类 MyProperties。修改 Food 类的 init_method()方法，以便输出验证信息，代码如下：

```java
@PostConstruct
public void init_method() {
    name=prop.getName();
    System.out.println("通过@Configuration(@SpringBootApplication)+@Bean 注
        解链引入组件");
    System.out.println("注解实现:init-method 初始化方法");
    System.out.println("声明属性变量:MyProperties prop");
    System.out.println("获取食物名称 name=prop.getName():"+name);
}
```

（2）创建 org.ldh.AutoConfigure3.app 包，在该包中创建启动类 SpringBootAppApplication。这样做是为了使 Spring Boot 扫描不到父包中的组件，而通过@Bean 引入组件。在类上加的@SpringBootApplication 注解包含了@Configuration 注解。在类的方法上加@Bean 注解，引入 MyProperties Bean、Person Bean 和 Food Bean，详细代码如下：

程序清单：/SpringBootProperty/src/main/java/org/ldh/AutoConfigure3/ app/SpringBootAppApplication.java

```java
@SpringBootApplication
public class SpringBootAppApplication {
    public static void main(String[] args) throws ClassNotFoundException {
        ApplicationContext ctx=SpringApplication.run
            (SpringBootAppApplication.class, args);
        Person person=ctx.getBean(Person.class);
        person.eat();
    }
    @Bean("food")
    public Food food() {
        return new Food();
    }
    @Bean("person")
    public Person person() {
        return new Person();
    }
    @Bean("myProperties")
    public MyProperties myProperties() {
        return new MyProperties();
    }
}
```

（3）这样，MyProperties Bean、Person Bean 和 Food Bean 通过 @Bean 注解都被引入容器中。运行启动类，结果如图 27.11 所示。可以看出，配置组件 MyProperties 被扫描到，并被注入 Food Bean 中。

```
2020-10-15 11:36:01.240  INFO 16840 --- [           main] w.s.
实例化Food
通过@Configuration(@SpringBootApplication)+@Bean注解链引入组件
注解实现：init-method初始化方法
声明属性变量：MyProperties prop
获取食物名称name=prop.getName()："胡辣汤"
实例化Person
```

图 27.11　通过 @Configuration＋@Bean 扫描组件的输出结果

### 27.5.5　@Configuration＋@Bean＋@import

27.5.3 节和 27.5.4 节的两个例子都是在主程序类 SpringBootAppApplication 中配置 Bean，一个通过 @Import，另一个通过 @Bean。通过主程序类配置很多 Bean，存在逻辑上移，不利于后期分离模块。

应该为一个模块独立创建 Java Config 类，用 @Configuration＋@Bean 配置本模块需要配置的 Bean，然后只在主程序类中用 @Import 引入此 Java Config 类，从而形成配置链。

（1）创建 org.ldh.AutoConfigure4 包，在包中创建 Food 类、Person 类和属性配置类 MyProperties。再在包中创建 Java Config 类 MyFactoryAutoConfiguration，在 MyFactoryAutoConfiguration 类上加 @Configuration 注解，在方法上通过 @Bean 注解配置 Food 类、Person 类和属性配置类 MyProperties 的 Bean。MyFactoryAutoConfiguration 类代码如下：

**程序清单**：/SpringBootProperty/src/main/java/org/ldh/AutoConfigure4/
　　　　　　　MyFactoryAutoConfiguration.java

```java
@Configuration
public class MyFactoryAutoConfiguration {
    @Bean("food")
    public Food food() {
        return new Food();
    }
    @Bean("person")
    public Person person() {
        return new Person();
    }
    @Bean("myProperties")
    public MyProperties myProperties() {
        return new MyProperties();
    }
}
```

这样做不仅可以简化主程序类的逻辑，而且可以把一个模块的 Bean 集中配置。修改 Food 类的 init_method() 方法，以便输出验证信息，代码如下：

```
@PostConstruct
public void init_method() {
    name=prop.getName();
    System.out.println("通过@Configuration(@SpringBootApplication)+
        @Import");
    System.out.println("  @Configuration+@Bean 注解链引入组件");
    System.out.println("注解实现:init-method 初始化方法");
    System.out.println("声明属性变量:MyProperties prop");
    System.out.println("获取食物名称 name=prop.getName():"+name);
}
```

（2）创建 org.ldh.AutoConfigure4.app 包，在该包中创建启动类 SpringBootApp-Application。在类上加的 @SpringBootApplication 注解包含了 @Configuration 注解。在类上加注解@Import(MyFactoryAutoConfiguration.class)，引入模块的 Java Config 类 MyFactoryAutoConfiguration.class，详细代码如下：

程序清单：/SpringBootProperty/src/main/java/org/ldh/AutoConfigure4/app/SpringBootAppApplication.java

```
@SpringBootApplication
@Import(MyFactoryAutoConfiguration.class)
public class SpringBootAppApplication {
    public static void main(String[] args) throws ClassNotFoundException {
        ApplicationContext ctx=SpringApplication.run
            (SpringBootAppApplication.class, args);
        Person person=ctx.getBean(Person.class);
        person.eat();
    }
}
```

（3）通过注解链，包中定义的 MyProperties Bean、Person Bean 和 Food Bean 都被引入容器中。运行启动类，结果如图 27.12 所示。可以看出，配置组件 MyProperties 被扫描到，并被注入 Food Bean 中。

```
实例化Food
通过@Configuration(@SpringBootApplication)+@Import
    @Configuration+@Bean注解链引入组件
注解实现：init-method初始化方法
声明属性变量：MyProperties prop
获取食物名称name=prop.getName()。"胡辣汤"
实例化Person
```

图 27.12　通过@Configuration＋@Bean＋@Import 扫描组件的输出结果

在@Configuration＋@Bean 模式中，不能用@Bean 引入另一个加了@Configuration 注解的类，因为@Bean 属于末级配置，只能配置一个 Bean。可以在类上用@Import 引入另一个加了@Configuration注解的类,也就是说@Import与@Configuration属于一个级别,可以级联形成注解链。

### 27.5.6　@Configuration＋@EnableConfigurationProperties

针对@ConfigurationProperties注解的属性配置类,也有专门的引入注解@EnableConfigurationProperties,这个注解用在加了@Configuration注解的Java Config类中,属于引入注解。其定义为

```
@Target(ElementType.TYPE)
@Retention(RetentionPolicy.RUNTIME)
@Documented
@Import(EnableConfigurationPropertiesRegistrar.class)
public @interface EnableConfigurationProperties {
    ...
}
```

(1) 创建org.ldh.AutoConfigure5包,在包中创建Food类、Person类和属性配置类MyProperties。再在包中创建Java Config类MyFactoryAutoConfiguration,在该类上加@Configuration注解,在方法上通过@Bean注解配置Food类、Person类。

本节的方法与27.5.5节不同的是对属性配置类的引入,不将@Bean注解加在方法上,而是将@EnableConfigurationProperties注解加在类上,引入属性配置类MyProperties的Bean。MyFactoryAutoConfiguration配置类代码如下:

程序清单:/SpringBootProperty/src/main/java/org/ldh/AutoConfigure5/
　　　　　　MyFactoryAutoConfiguration.java

```
@Configuration
@EnableConfigurationProperties(MyProperties.class)
public class MyFactoryAutoConfiguration {
    @Bean("food")
    public Food food() {
        return new Food();
    }
    @Bean("person")
    public Person person() {
        return new Person();
    }
}
```

修改Food类的init_method()方法,以便输出验证信息,代码如下:

```
@PostConstruct
public void init_method() {
    name=prop.getName();
    System.out.println("通过@Configuration(@SpringBootApplication)+
```

```
            @Import");
        System.out.println("  @Configuration+@Bean+
            @EnableConfigurationProperties注解链引入组件");
        System.out.println("注解实现:init-method初始化方法");
        System.out.println("声明属性变量:MyProperties prop");
        System.out.println("获取食物名称 name=prop.getName():"+name);
    }
```

（2）创建 org.ldh.AutoConfigure5.app 包，在该包中创建启动类 SpringBootApp-Application。其代码与 org.ldh.AutoConfigure4.app 包中的代码相同。

（3）通过注解链，包中定义的 MyProperties Bean、Person Bean 和 Food Bean 都被引入容器中。运行启动类，结果如图 27.13 所示。可以看出，配置组件 MyProperties 被扫描到，并被注入 Food Bean 中。

```
实例化Food
通过@Configuration(@SpringBootApplication)+@Import
    @Configuration+@Bean+@EnableConfigurationProperties注解链引入组件
注解实现:init-method初始化方法
声明属性变量:MyProperties prop
获取食物名称name=prop.getName():"胡辣汤"
实例化Person
```

图 27.13 通过@Configuration＋@EnableConfigurationProperties 扫描组件的输出结果

针对属性配置类用专门的引入注解@EnableConfigurationPropertie，如果用通用的引入注解@Import 也能运行。

### 27.5.7 @EnableAutoConfiguration

@EnableAutoConfiguration 注解可以实现自动配置。@SpringBootApplication 注解包含了@EnableAutoConfiguration 注解。@EnableAutoConfiguration 注解链是通过配置 spring.factories 与 spring-autoconfigure-metadata.properties 实现的。

（1）创建 org.ldh.AutoConfigure6 包，在包中创建 Food 类、Person 类和属性配置类 MyProperties。再在包中创建 Java Config 类 MyFactoryAutoConfiguration，在该类上加@Configuration 注解，在方法上通过 @Bean 注解配置 Food 类、Person 类，将@EnableConfigurationProperties 注解加在类上，引入属性配置类 MyProperties 的 Bean。修改 Food 类的 init_method()方法，以便输出验证信息，代码如下：

```
@PostConstruct
public void init_method() {
    name=prop.getName();
    System.out.println("通过@EnableAutoConfiguration(@SpringBootApplication)
        \n  @Configuration+@Bean+@EnableConfigurationProperties 引入组件");
    System.out.println("注解实现:init-method初始化方法");
    System.out.println("声明属性变量:MyProperties prop");
    System.out.println("获取食物名称 name=prop.getName():"+name);
}
```

为了避免 Bean 名称冲突，修改 MyFactoryAutoConfiguration.java 中 Bean 的名称，因为 AutoConfig 属于全局配置，启动任何一个主程序都会引入 AutoConfig Bean 配置。代码修改如下：

```
@Configuration
@EnableConfigurationProperties(MyProperties.class)
public class MyFactoryAutoConfiguration {
    @Bean("food1")
    public Food food() {
        return new Food();
    }
    @Bean("person1")
    public Person person() {
        return new Person();
    }
}
```

（2）创建 org.ldh.AutoConfigure6.app 包，在包中创建启动类 SpringBootAppApplication。其代码基本上和 27.5.6 节中的代码相同。不同点是：MyFactoryAutoConfiguration 类，不通过在主程序 SpringBootAppApplication 中通过注解 @Import（MyFactoryAutoConfiguration.class）引入，而是通过 AutoConfig 机制实现。

（3）在/META-INF/spring.factories 文件中添加新的自动配置项 MyFactoryAutoConfiguration，从而引入配置链，代码如下：

```
org.springframework.boot.autoconfigure.EnableAutoConfiguration=\
org.ldh.AutoConfigure6.MyFactoryAutoConfiguration
```

（4）在/META-INF/spring-autoconfigure-metadata.properties 文件中添加配置类启动条件：

```
org.ldh.AutoConfigure.Person.ConditionalOnClass= org.ldh.
    AutoConfigure.IsLoad
org.ldh.AutoConfigure6.MyFactoryAutoConfiguration.ConditionalOnClass= org.
    ldh.AutoConfigure.IsLoad
```

（5）通过 AutoConfig 注解链，MyFactoryAutoConfiguration 类、MyProperties 类、Person 类和 Food 类，都被引入容器中。运行启动类，结果如图 27.13 所示。可以看出，配置组件 MyProperties 被扫描到，并被注入 Food Bean 中。

```
实例化Food
通过@EnableAutoConfiguration(@SpringBootApplication)
  @Configuration+@Bean+@EnableConfigurationProperties引入组件
注解实现：init-method初始化方法
声明属性变量：MyProperties prop
获取食物名称name=prop.getName()："胡辣汤"
实例化Person
2020-10-15 10:48:38.161  INFO 14740 --- [           main] o
```

图 27.14　通过@EnableAutoConfiguration 扫描组件的输出结果

# 第 28 章 自定义 Spring Boot Starter

起步依赖与自动配置是 Spring Boot 的核心功能。本章通过示例展示这两项功能。

## ◆ 28.1 Spring Boot 起步依赖概述

### 28.1.1 起步依赖机制

Spring Boot 的一大优势就是起步依赖（Starter），由于 Spring Boot 有很多开箱即用的起步依赖，使得开发变得简单，不需要过多地关注框架的配置。

Spring Boot 中的起步依赖是一种非常重要的机制，能够抛弃以前繁杂的配置，将其统一集成到起步依赖中。应用者只需要在 Maven 中引入起步依赖，Spring Boot 就能自动扫描到要加载的信息并启动相应的默认配置。

起步依赖摆脱了依赖库的处理需要配置各种信息的困扰。

Spring Boot 会自动通过 classpath 路径下的类发现需要的 Bean，并注册到 IoC 容器中。

Spring Boot 提供了针对日常企业应用研发各种场景的 spring-boot-starter 依赖模块。所有这些依赖模块都遵循约定俗成的默认配置，并允许调整这些配置，即遵循"约定优于配置"的理念。

### 28.1.2 为什么要自定义起步依赖

在日常开发中，也会自定义一些起步依赖，特别是在现在的微服务框架中，一个项目分成多个单体项目，而这些单体项目中会引用公司的一些组件，这时定义起步依赖，可以使这些单体项目快速搭建，Spring Boot 为完成自动配置，只需要关注业务开发。

另外，在开发中也可以把常用的库集成到一个起步依赖中，复用时只需要将其在 pom.xml 文件中引用依赖即可，不需要再一个一个引入依赖中。

本章搭建完整的自定义 Spring Boot 起步依赖示例，同时介绍 Spring Boot 起步依赖的原理。本章示例仍然以 Food 类与 Person 类为基础。

## 28.2 创建第三方应用

Spring Boot 集成第三方应用,本身不提供新的应用。在给出示例前先建立一个第三方应用用于集成,这个第三方应用就是一个简单的 Food 类,为其他应用提供食品。

### 28.2.1 建立 Maven 项目

这里利用 https://start.spring.io/ 网站建立一个 Spring Boot 项目,项目名为 food,其实这里并不一定是 Spring Boot 项目,只是利用其建立一个 Maven 程序框架。

单击 Generate 按钮,下载项目压缩包。解压后,按照 24.2 节的方法将其导入 Eclipse 中,在 pom.xml 文件中删除所有依赖,这里只有一个 Food 类,不需要依赖库。删除 <parent> 标签,不需要依赖其他 pom。删除 <build> 标签,采用默认的构建方式。删除 src/test/java 目录下的测试类,这里不演示测试。项目 Maven 坐标如下:

```
<groupId>org.ldh</groupId>
<artifactId>food</artifactId>
<version>0.0.1-SNAPSHOT</version>
<name>food</name>
<description>Demo project for Spring Boot</description>
```

设置插件版本:

```
<properties>
    <java.version>1.8</java.version>
    <maven-jar-plugin.version>3.1.1</maven-jar-plugin.version>
</properties>
```

依赖配置和构建配置均为空:

```
<dependencies>
</dependencies>
<build>
</build>
```

图 28.1 food 项目目录结构

右击项目,在弹出的快捷菜单中选择 Maven→Update Project 命令,完善项目。food 项目目录结构如图 28.1 所示。

### 28.2.2 建立 Food 类

整个项目就一个 Food 类,因为第三方应用可能不依赖 Spring,所以示例中没有任何注解。Food 类代码如下:

程序清单:/food/src/main/java/org/ldh/food/Food.java

```
package org.ldh.food;
```

```java
public class Food {
    private String name="烩面";
    public Food() {
        System.out.println("实例化 Food");
    }
    public Food(String name) {
        System.out.println("实例化 Food:有参数");
        this.name = name;
    }
    public void setName(String name) {
        this.name = name;
    }
    public String getName() {
        return name;
    }
    @Override
    public String toString() {
        return "Food{" + "name='" + name + "'}\n";
    }
}
```

### 28.2.3 编译、打包和安装

右击 pom.xml，在弹出的快捷菜单中选择 Run as→Maven clean 命令清除项目，然后选择 Run as→Maven install 命令对项目进行编译、打包并安装到本地 Maven 仓库。

## 28.3 创建自动配置项目

第三方应用建立以后，用 Spring Boot 集成。集成应用就是实现自动配置并自动生成 Bean。通过自动配置的应用，运行应用时就不需要再配置，可以实现即插即用。这里集成应用是为应用方自动提供 Food Bean。

### 28.3.1 建立 food-springboot-starter-autoconfigure 项目

这里利用 https://start.spring.io/ 网站建立一个 Spring Boot 项目，项目名为 food-springboot-starter-autoconfigure。集成需要 Spring Boot，因此，本项目为 Spring Boot 项目。

单击 Generate 按钮，下载项目压缩包。解压后，按照 24.2 节的方法将其导入 Eclipse 中，删除 src/test/java 目录下的测试类，这里不演示测试。Maven 的坐标如下：

```xml
<groupId>org.ldh</groupId>
<artifactId>food-springboot-starter-autoconfigure</artifactId>
<version>0.0.1-SNAPSHOT</version>
```

```xml
<name>food-springboot-starter-autoconfigure</name>
<description>Demo project for Spring Boot</description>
```

设置插件版本：

```xml
<properties>
    <java.version>1.8</java.version>
    <maven-jar-plugin.version>3.1.1</maven-jar-plugin.version>
</properties>
```

项目目录结构如图 28.2 所示。

图 28.2　food-springboot-starter-autoconfigure 项目目录结构

## 28.3.2　添加 spring-boot-autoconfigure 依赖

删除测试依赖，这里不演示测试。删除 spring-boot-starter 依赖，因为这里不是启动，而是自动配置。因为要实现自动配置，所以增加 spring-boot-autoconfigure 依赖，依赖如下：

```xml
<!-- Compile dependencies -->
<dependency>
    <groupId>org.springframework.boot</groupId>
    <artifactId>spring-boot-autoconfigure</artifactId>
</dependency>
```

## 28.3.3　添加第三方依赖

添加要集成的第三方依赖，这里第三方应用为 food，依赖如下：

```xml
<!-- Optional dependencies -->
<dependency>
    <groupId>org.ldh</groupId>
    <artifactId>food</artifactId>
    <version>0.0.1-SNAPSHOT</version>
    <optional>true</optional>
</dependency>
```

pom.xml 文件配置完后,在项目上右击,在弹出的快捷菜单中选择 Maven→Update Project 命令,完善项目。

这里添加的第三方应用 food 的依赖需要加<optional>true</optional>,这是为了在引入本项目自动配置库时,这个第三方依赖库不被依赖引入,而是由起步依赖模块引入。

可以使用 optional 标志,或将 scope 设置为 provided。在这两种情况下,依赖关系都将在声明它们的模块的 classpath 中,但是这些依赖关系不会在其他项目中传递,即不会形成依赖传递。

### 28.3.4 建立属性配置类

建立属性配置类 FoodProperties.java,在类上加注解 @ConfigurationProperties (prefix="food", ignoreUnknownFields = true),这样 Spring Boot 会把配置文件前缀为 food 的配置信息注入属性配置类,这里只有一个食品名称属性 name。代码如下:

**程序清单**:/food-springboot-starter-autoconfigure/src/main/java/org/ldh/food/autoconfigure/FoodProperties.java

```java
@ConfigurationProperties(prefix="food", ignoreUnknownFields = true)
public class FoodProperties {
    private String name;
    public String getName() {
        return name;
    }
    public void setName(String name) {
        this.name = name;
    }
}
```

### 28.3.5 建立工厂类

建立工厂类 FoodFactoryAutoConfiguration,在工厂类上加 @Configuration 和 @Bean 注解,生成 Food Bean。用注解 @EnableConfigurationProperties(FoodProperties.class)激活属性配置类,获取属性配置 bean,并注入 food()方法。在 food()方法中生成 Food Bean,并根据属性配置 Bean 的食品名称设置 Food Bean 的食品名称。代码如下:

程序清单：/food-springboot-starter-autoconfigure/src/main/java/org/ldh/
　　　　　food/autoconfigure/FoodFactoryAutoConfiguration.java

```
@Configuration
@EnableConfigurationProperties(FoodProperties.class)
public class FoodFactoryAutoConfiguration {
    @Bean("food")
    public Food food(FoodProperties foodProperties) {
        Food food=new Food();
        food.setName(foodProperties.getName());
        return food;
    }
}
```

### 28.3.6 配置自动配置类

配置在 spring.factories 中的 Bean 类会被 Spring Boot 扫描到。

在 src/main/resources 目录下建立 META-INF 目录，在 META-INF 目录下创建 spring.factories 文件与 spring-autoconfigure-metadata.properties 文件。

在/META-INF/spring.factories 文件中的 org.springframework.boot.autoconfigure.EnableAutoConfiguration 项目中添加工厂类 FoodFactoryAutoConfiguration，从而引入配置链。配置如下：

```
org.springframework.boot.autoconfigure.EnableAutoConfiguration=\
org.ldh.food.autoconfigure.FoodFactoryAutoConfiguration
```

### 28.3.7 配置自动配置类启动条件

在/META-INF/spring-autoconfigure-metadata.properties 文件中添加自动配置类启动条件，配置如下

```
org.ldh.food.autoconfigure.FoodFactoryAutoConfiguration.ConditionalOnClass=
    org.ldh.food.Food
```

也就是说，只有第三方应用库 Food 类存在时，才启动自动配置模块。当引入第三方应用库时，Food 类并不会引入，因为 Food 类在第三方应用库中，引用时用了＜optional＞true＜/optional＞选项。

### 28.3.8 编译、打包和安装

右击 pom.xml，在弹出的快捷菜单中选择 Run as→Maven clean 命令清除项目，然后选择 Run as→Maven install 命令对项目进行编译、打包并安装到本地 Maven 仓库。

## 28.4 创建启动项目

### 28.4.1 启动模块概述

启动项目没有代码，没有业务逻辑，其作用就是把启动的依赖库集中，这样应用中就不需要引用很多库，只需要引用一个依赖。

启动模块命名规则如下：

(1) 官方命名空间。

前缀：spring-boot-starter。

模式：spring-boot-starter-模块名。

举例：spring-boot-starter-web、spring-boot-starter-actuator、spring-boot-starter-jdbc。

(2) 自定义命名空间。

后缀：spring-boot-starter。

模式：模块-spring-boot-starter。

举例：mybatis-spring-boot-starter。

### 28.4.2 建立 food-springboot-starter 项目

这里利用 https://start.spring.io/ 网站建立一个 Spring Boot 项目，项目名为 food-springboot-starter。

单击 Generate 按钮，下载项目压缩包。解压后，按照 24.2 节的方法将其导入 Eclipse 中，在 pom.xml 文件中删除所有依赖，这是一个空工程，不需要依赖库。保留<parent>标签。不需要依赖其他 pom。删除<build>标签，采用默认的构建方式。删除 src/test/java 目录下的测试类，这里不演示测试。项目 Maven 坐标如下：

```xml
<groupId>org.ldh</groupId>
<artifactId>food-springboot-starter</artifactId>
<version>0.0.1-SNAPSHOT</version>
<name>food-springboot-starter</name>
<description>Demo project for Spring Boot</description>
```

设置插件版本：

```xml
<properties>
    <java.version>1.8</java.version>
    <maven-jar-plugin.version>3.1.1</maven-jar-plugin.version>
</properties>
```

在项目上右击，在弹出的快捷菜单中选择 Maven→Update Project 命令，完善项目。项目目录结构如图 28.3 所示。

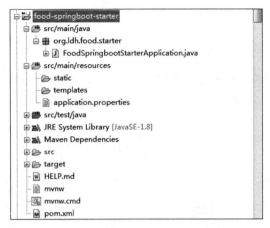

图 28.3　food-springboot-starter 项目目录结构

### 28.4.3　添加 Spring 基本起步依赖

添加 Spring 基本起步依赖：

```xml
<dependency>
    <groupId>org.springframework.boot</groupId>
    <artifactId>spring-boot-starter</artifactId>
</dependency>
```

### 28.4.4　添加自动配置模块依赖

添加自动配置模块 food-springboot-starter-autoconfigure，其依赖如下：

```xml
<dependencies>
    <!--引入自动配置模块 -->
    <dependency>
        <groupId>org.ldh</groupId>
        <artifactId>food-springboot-starter-autoconfigure</artifactId>
        <version>0.0.1-SNAPSHOT</version>
    </dependency>
</dependencies>
```

### 28.4.5　添加第三方应用依赖

加入被集成的第三方应用的依赖，第三方应用为 food，其依赖如下：

```xml
<dependency>
    <groupId>org.ldh</groupId>
    <artifactId>food</artifactId>
    <version>0.0.1-SNAPSHOT</version>
</dependency>
```

第三方应用依赖库在 starter 项目中添加,实现起步依赖。

### 28.4.6 编译、打包和安装

右击 pom.xml,在弹出的快捷菜单中选择 Run as→Maven clean 命令清除项目,然后选择 Run as→Maven install 命令对项目进行编译、打包并安装到本地 Maven 仓库。

## ◆ 28.5 创建应用项目

把创建的起步依赖引入,启动第三方应用。这里演示的应用是自动生成 Food Bean,本项目不需要配置和管理 Food Bean,并且 Food Bean 注入 Person Bean 中。

### 28.5.1 建立 foodApp 项目

利用 https://start.spring.io/网站建立一个 Spring Boot 项目,项目名为 foodApp。单击 Generate 按钮,下载项目压缩包。解压后,按照 24.2 节的方法将其导入 Eclipse 中。删除 src/test/java 目录下的测试类,这里不演示测试。项目 Maven 的坐标如下:

```
<groupId>org.ldh</groupId>
<artifactId>foodApp</artifactId>
<version>0.0.1-SNAPSHOT</version>
<name>foodApp</name>
<description>Demo project for Spring Boot</description>
```

设置插件版本:

```
<properties>
    <java.version>1.8</java.version>
    <maven-jar-plugin.version>3.1.1</maven-jar-plugin.version>
</properties>
```

右击项目,在弹出的快捷菜单中选择 Maven→Update Project 命令,完善项目。项目目录结构如图 28.4 所示。

图 28.4　foodApp 项目目录结构

## 28.5.2 添加起步依赖模块

添加起步依赖模块 food-springboot-starter，其依赖如下：

```xml
<!--引入自动启动模块 -->
<dependency>
    <groupId>org.ldh</groupId>
    <artifactId>food-springboot-starter</artifactId>
    <version>0.0.1-SNAPSHOT</version>
</dependency>
```

## 28.5.3 建立 Person 类

在 org.ldh.foodApp 包中建立 Person 类，在类上加组件注解@Component。Person 类有 Food food 属性，在属性上加注解@Autowired。代码如下：

程序清单：/foodApp/src/main/java/org/ldh/foodApp/Person.java

```java
@Component
public class Person {
    @Autowired
    private Food food;
    public Person() {
        System.out.println("实例化 Person");
    }
    public void setFood(Food food) {
        this.food = food;
    }
    public Food getFood() {
        return food;
    }
    public void eatFood(Food food1) {
        System.out.println("我正在吃:"+food1.getName());
    }
    public void eat() {
        eatFood(food);
    }
}
```

## 28.5.4 配置属性文件

在/foodApp/src/main/resources/application.properties 文件中配置 food.name 为"大米饭"，配置如下：

```
food.name=\u5927\u7C73\u996D
```

### 28.5.5　建立启动类

启动类已经自动创建，这里修改一下，也就是从容器中获取 Person Bean，并调用 eat() 方法，测试 Person Bean 是否被注入 Food Bean 中，代码如下：

程序清单：/foodApp/src/main/java/org/ldh/foodApp/FoodAppApplication.java

```
@SpringBootApplication
public class FoodAppApplication {
    public static void main(String[] args) {
        ApplicationContext ctx=SpringApplication.run(FoodAppApplication.
            class, args);
        Person person=ctx.getBean(Person.class);
        person.eat();
    }
}
```

### 28.5.6　测试运行

运行 FoodAppApplication，结果如图 28.5 所示。可以看出 Person Bean 被注入 Food Bean 中。

本项目没有配置 Food Bean，也没有对 Food Bean 进行管理，只是引入 food-springboot-starter 模块，就自动创建了 Food Bean，这就体现了 Spring Boot 的开箱即用的特性，使得开发变得简单，不需要过多地关注第三方框架的细节。

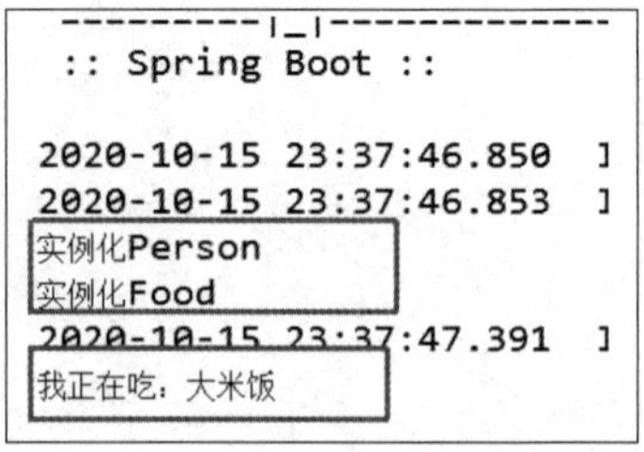

```
----------|_|--------------
:: Spring Boot ::
2020-10-15 23:37:46.850  ]
2020-10-15 23:37:46.853  ]
实例化Person
实例化Food
2020-10-15 23:37:47.391  ]
我正在吃：大米饭
```

图 28.5　测试运行结果

### 28.5.7　依赖启动关系

依赖启动关系如图 28.6 所示。food-springboot-starter 启动了 spring-boot-starter，自动配置 food-springboot-starter-autoconfigure 和第三方依赖库 food。spring-boot-starter 又启动了基本的 Spring Boot 功能。

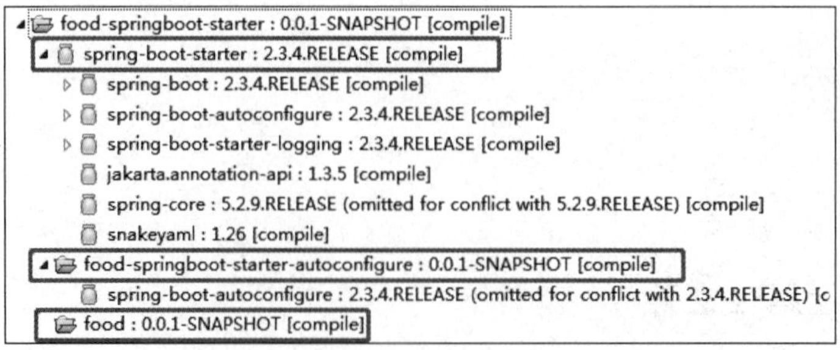

```
▲ 🗁 food-springboot-starter : 0.0.1-SNAPSHOT [compile]
   ▲ 🗁 spring-boot-starter : 2.3.4.RELEASE [compile]
      ▷ 🗁 spring-boot : 2.3.4.RELEASE [compile]
      ▷ 🗁 spring-boot-autoconfigure : 2.3.4.RELEASE [compile]
      ▷ 🗁 spring-boot-starter-logging : 2.3.4.RELEASE [compile]
        🗁 jakarta.annotation-api : 1.3.5 [compile]
        🗁 spring-core : 5.2.9.RELEASE (omitted for conflict with 5.2.9.RELEASE) [compile]
        🗁 snakeyaml : 1.26 [compile]
   ▲ 🗁 food-springboot-starter-autoconfigure : 0.0.1-SNAPSHOT [compile]
        🗁 spring-boot-autoconfigure : 2.3.4.RELEASE (omitted for conflict with 2.3.4.RELEASE) [c
     🗁 food : 0.0.1-SNAPSHOT [compile]
```

图 28.6　依赖启动关系

# 第29章 Spring Boot 集成 SSM

Spring Boot 官方提供了对很多第三方框架的集成，只需添加一个起步依赖就可以。本章先简要介绍 Spring Boot 有哪些应用启动器，然后通过具体示例介绍与 SSM 框架有关的集成。

## 29.1 Spring Boot 应用启动器

Spring Boot 有以下应用启动器：

- spring-boot-starter：这是 Spring Boot 的核心启动器，包含了自动配置、日志和 YAML。
- spring-boot-starter-actuator：帮助监控和管理应用。
- spring-boot-starter-amqp：通过 spring-rabbit 支持 AMQP（Advanced Message Queuing Protocol，高级消息排除协议）。
- spring-boot-starter-aop：支持面向方面的编程，即 AOP（Aspect-Oriented Programming），包括 spring-aop 和 AspectJ。
- spring-boot-starter-artemis：通过 Apache Artemis 支持 JMS API（Java Message Service API，Java 消息服务 API）。
- spring-boot-starter-batch：支持 Spring Batch，包括 HSQLDB 数据库。
- spring-boot-starter-cache：支持 Spring 的 Cache 抽象。
- spring-boot-starter-cloud-connectors：支持 Spring Cloud Connectors，简化了 Cloud Foundry 或 Heroku 等云平台上的连接服务。
- spring-boot-starter-data-elasticsearch：支持搜索和分析引擎 ElasticSearch，包括 spring-data-elasticsearch。
- spring-boot-starter-data-gemfire：支持 GemFire 分布式数据存储，包括 spring-data-gemfire。
- spring-boot-starter-data-jpa：支持 JPA（Java Persistence API，Java 持久性 API），包括 spring-data-jpa、spring-orm、Hibernate。
- spring-boot-starter-data-mongodb：支持 MongoDB 数据，包括 spring-data-mongodb。

- spring-boot-starter-data-rest：通过 spring-data-rest-webmvc 支持通过 REST 功能暴露 Spring Data 数据仓库。
- spring-boot-starter-data-solr：支持 Apache Solr 搜索平台，包括 spring-data-solr。
- spring-boot-starter-freemarker：支持 FreeMarker 模板引擎。
- spring-boot-starter-groovy-templates：支持 Groovy 模板引擎。
- spring-boot-starter-hateoas：通过 spring-hateoas 支持基于 HATEOAS 的 RESTful Web 服务。
- spring-boot-starter-hornetq：通过 HornetQ 支持 JMS。
- spring-boot-starter-integration：支持通用的 spring-integration 模块。
- spring-boot-starter-jdbc：支持 JDBC 数据库。
- spring-boot-starter-jersey：支持 Jersey RESTful Web 服务框架。
- spring-boot-starter-jta-atomikos：通过 Atomikos 支持 JTA 分布式事务处理框架。
- spring-boot-starter-jta-bitronix：通过 Bitronix 支持 JTA 分布式事务处理框架。
- spring-boot-starter-mail：支持 javax.mail 模块。
- spring-boot-starter-mobile：支持 spring-mobile。
- spring-boot-starter-mustache：支持 Mustache 模板引擎。
- spring-boot-starter-redis：支持 Redis 键值存储数据库，包括 spring-redis。
- spring-boot-starter-security：支持 spring-security。
- spring-boot-starter-social-facebook：支持 spring-social-facebook。
- spring-boot-starter-social-linkedin：支持 pring-social-linkedin。
- spring-boot-starter-social-twitter：支持 pring-social-twitter。
- spring-boot-starter-test：支持常规的测试依赖，包括 JUnit、Hamcrest、Mockito 以及 spring-test 模块。
- spring-boot-starter-thymeleaf：支持 Thymeleaf 模板引擎，包括与 Spring 的集成。
- spring-boot-starter-velocity：支持 Velocity 模板引擎。
- spring-boot-starter-web：支持全栈式 Web 开发，包括 Tomcat 和 spring-webmvc。
- spring-boot-starter-websocket：支持 WebSocket 开发。
- spring-boot-starter-ws：支持 Spring Web Services。

Spring Boot 应用启动器面向生产环境的还有两种，具体如下：
- spring-boot-starter-actuator：增加了面向产品上线相关的功能，例如测量和监控。
- spring-boot-starter-remote-shell：增加了对远程 ssh shell 的支持。

Spring Boot 应用启动器还有一些替换技术的启动器，具体如下：
- spring-boot-starter-jetty：引入了 Jetty HTTP 引擎（用于替换 Tomcat）。
- spring-boot-starter-log4j：支持 Log4J 日志框架。
- spring-boot-starter-logging：引入了 Spring Boot 默认的日志框架 Logback。
- spring-boot-starter-tomcat：引入了 Spring Boot 默认的 HTTP 引擎 Tomcat。
- spring-boot-starter-undertow：引入了 Undertow HTTP 引擎（用于替换 Tomcat）。

## 29.2 初始化工程

### 29.2.1 建立 Spring Boot 项目 SpringBootSSM

利用 https://start.spring.io 网站建立一个 Spring Boot 项目,项目名为 SpringBootSSM。项目目录结构如图 29.1 所示。

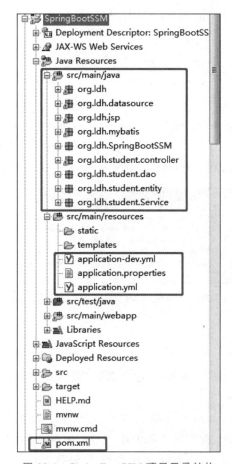

图 29.1 SpringBootSSM 项目目录结构

### 29.2.2 多环境配置

在本示例中创建两个配置文件:
- /SpringBootSSM/src/main/resources/application.yml。
- /SpringBootSSM/src/main/resources/application-dev.yml。

在总配置文件 application.yml 中切换配置环境为 dev,配置如下:

```
spring:
```

```
    profiles:
       active: dev
```

其他配置均在 application-dev.yml 文件中，不再特别说明。

## 29.3 集成 Spring MVC 和 Tomcat

### 29.3.1 引入 spring-boot-starter-web 启动依赖

要在 Tomcat 项目中使用 Spring MVC 功能，只需要引入一个依赖：

```
<dependency>
    <groupId>org.springframework.boot</groupId>
    <artifactId>spring-boot-starter-web</artifactId>
</dependency>
```

spring-boot-starter-web 引入了 spring-boot-starter、spring-boot-start-json、spring-boot-starter-tomcat、spring-web、spring-webmvc 等模块，一个依赖解决了安装 Tomcat、加入依赖库、配置等很多问题。spring-boot-starter-web 引入的依赖库如图 29.2 所示。

图 29.2　spring-boot-starter-web 引入的依赖

### 29.3.2 配置信息

Web 服务器可配置的信息有很多，都有默认配置，在必要时可以修改配置文件。常用配置如下：

（1）修改端口号。Spring Boot 默认端口是 8080。如果要进行更改，只需要修改 applicatoin.properties 文件，在配置文件中加入 server.port＝8081。

（2）修改 context-path。context-path 默认为根路径（/）。在 application.properties 中进行以下配置：

```
server.context-path=/spring-boot
```

即访问地址是 http://ip：port/spring-boot。

在配置文件中加入以下配置，修改 Web 端口：

```
server:
  port: 8081
```

在"port：8081"配置项中，冒号后必须有一个空格，这是 yml 格式的要求。

### 29.3.3 配置信息详解

**1. 服务器配置**

可配置的服务器信息如下：

- server.address：指定服务器绑定的地址。
- server.compression.enabled：指定是否开启压缩，默认值为 false。
- server.compression.excluded-user-agents：指定不压缩的 user-agent，多个 user-agent 之间以逗号分隔，默认值为"text/html,text/xml,text/plain,text/css"。
- server.compression.mime-types：指定要压缩的 MIME 类型，多个 MIME 类型以逗号分隔。
- server.compression.min-response-size：执行压缩的阈值，默认为 2048。
- server.context-parameters.[param name]：设置 Servlet 上下文参数。
- server.context-path：设定应用的上下文路径。
- server.display-name：设定应用的展示名称，默认值为 application。
- server.jsp-servlet.class-name：设定编译 JSP 用的 Servlet，默认值为 org.apache.jasper.servlet.JspServlet。
- server.jsp-servlet.init-parameters.[param name]：设置 JSP Servlet 初始化参数。
- server.jsp-servlet.registered：设定 JSP Servlet 是否注册到内嵌的 Servlet 容器中，默认值为 true。
- server.port：设定 HTTP 监听端口。
- server.servlet-path：设定 dispatcher Servlet 的监听路径，默认值为 /。

**2. Cookie、Session 配置**

- server.session.cookie.comment：指定 Session Cookie 的注释。
- server.session.cookie.domain：指定 Session Cookie 的域。
- server.session.cookie.http-only：指定是否开启 HttpOnly。
- server.session.cookie.max-age：设定 Session Cookie 的最大寿命。
- server.session.cookie.name：设定 Session Cookie 的名称。
- server.session.cookie.path：设定 Session Cookie 的路径。
- server.session.cookie.secure：设定 Session Cookie 的 Secure 标志。
- server.session.persistent：指定重启时是否持久化 Session，默认值为 false。
- server.session.timeoutsession：设定 Session 的超时时间。
- server.session.tracking-modes：设定 Session 的追踪模式，即值为 cookie、url、ssl。

**3. SSL 配置**

- server.ssl.ciphers：指定是否支持 SSL ciphers。

- server.ssl.client-auth：设定客户端身份认证模式是 wanted 还是 needed。
- server.ssl.enabled：指定是否开启 SSL，默认值为 true。
- server.ssl.key-alias：指定设定 key store 中 key 的别名。
- server.ssl.key-password：设定访问 key store 中 key 的密码。
- server.ssl.key-store：设定持有 SSL 证书的 key store 的路径，通常是一个 jks 文件。
- server.ssl.key-store-password：设定访问 key store 的密码。
- server.ssl.key-store-provider：设定 key store 的提供者。
- server.ssl.key-store-type：设定 key store 的类型。
- server.ssl.protocol：设定使用的 SSL 协议，默认值为 TLS。
- server.ssl.trust-store：设定持有 SSL 证书的 trust store。
- server.ssl.trust-store-password：设定访问 trust store 的密码。
- server.ssl.trust-store-provider：设定 trust store 的提供者。
- server.ssl.trust-store-type：指定 trust store 的类型。

### 4. Tomcat

可配置的 Tomcat 信息如下：

- server.tomcat.access-log-enabled：指定是否开启访问日志，默认值为 false。
- server.tomcat.access-log-pattern：访问日志的格式，默认值为 common。
- server.tomcat.accesslog.directory：设定访问日志的目录，默认值为 logs。
- server.tomcat.accesslog.enabled：指定是否开启访问日志，默认值为 false。
- server.tomcat.accesslog.pattern：设定访问日志的格式，默认值为 common。
- server.tomcat.accesslog.prefix：设定访问日志文件的前缀，默认值为 access_log。
- server.tomcat.accesslog.suffix：设定访问日志文件的后缀，默认值为 .log。
- server.tomcat.background-processor-delay：设定后台线程方法的延迟，默认值为 30。
- server.tomcat.basedir：设定 Tomcat 的 base 目录，如果没有指定则使用临时目录。
- server.tomcat.internal-proxies：设定信任的正则表达式，默认值为 "10\.\d{1,3}\.\d{1,3}\.\d{1,3}|192\.168\.\d{1,3}\.\d{1,3}|169\.254\.\d{1,3}\.\d{1,3}| 127\.\d{1,3}\.\d{1,3}\.\d{1,3}|172\.1[6-9]{1}\.\d{1,3}\.\d{1,3}| 172\.2[0-9]{1}\.\d{1,3}\.\d{1,3}|172\.3[0-1]{1}\.\d{1,3}\.\d{1,3}"。
- server.tomcat.max-http-header-size：设定 HTTP 报文头的最小值，默认值为 0。
- server.tomcat.max-threads：设定 Tomcat 的最大工作线程数，默认值为 0。
- server.tomcat.port-header：设定 HTTP 报文头使用的端口号，用来覆盖原来的端口号。
- server.tomcat.protocol-header：设定报文头包含的协议，通常是 X-Forwarded-

Proto。如果 remoteIpHeader 有值,则将本项设置为 RemoteIpValve。
- server.tomcat.protocol-header-https-value:设定使用 SSL 的报文头的值,默认值为 https。
- server.tomcat.remote-ip-header:设定远程 IP 的报文头。如果 remoteIpHeader 有值,则将本项设置为 RemoteIpValve。
- server.tomcat.uri-encoding:设定 URI 的解码字符集。

### 29.3.4 编写控制器类

编写 Hello 类,在类上加@RestController 注解,在 helllo()方法上加请求映射注解@RequestMapping("/hello")。详细代码如下:

程序清单:/SpringBootSSM/src/main/java/org/ldh/Hello.java
```
@RestController
public class Hello {
    @RequestMapping("/hello")
    String hello() {
        return "hello world";
    }
}
```

### 29.3.5 扫描组件

在主程序 SpringBootSsmApplication 类上加@ComponentScan 注解,扫描本项目的组件。注解如下:

```
@ComponentScan(basePackages= {"org.ldh"})
```

### 29.3.6 测试 Web 应用

运行 SpringBootSsmApplication 主程序,在浏览器地址栏中输入 http://localhost:8081/hello 请求,返回 hello world,如图 29.3 所示。

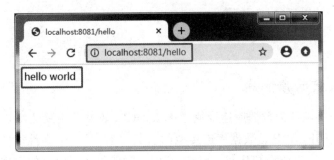

图 29.3 利用 Spring Boot 框架输出 hello world

## 29.4 集成数据源

### 29.4.1 引入 spring-boot-starter-jdbc 起步依赖

如果单独引入数据源，需要添加 spring-boot-starter-jdbc 依赖，配置如下：

```xml
<!-- 添加 JDBC 依赖 -->
<dependency>
    <groupId>org.springframework.boot</groupId>
    <artifactId>spring-boot-starter-jdbc</artifactId>
</dependency>
```

如果有 MyBatis 应用启动器，由于它包含了 JDBC 应用启动器，就不需要再单独引入数据源了。

spring-boot-starter-jdbc 依赖引入了默认的连接池 HikariCP 和 spring-jdbc，如图 29.4 所示。

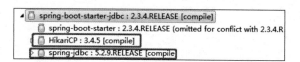

图 29.4 spring-boot-starter-jdbc 依赖引入的数据源

自动配置 autoConfiguration 由 spring-boot-starter → spring-boot-autoconfigure → DataSourceAutoConfiguration 引入。

### 29.4.2 引入数据库驱动依赖

根据使用的数据库加入相应的数据库驱动依赖。如果使用的是 MySQL，就要加入 MySQL 的驱动依赖 mysql-connector-java，配置如下：

```xml
<dependency>
    <groupId>mysql</groupId>
    <artifactId>mysql-connector-java</artifactId>
    <scope>runtime</scope>
</dependency>
```

### 29.4.3 引入数据源依赖

Spring Boot 2 默认的数据库连接池是 HikariCP，如果采用默认配置，就不用再配置数据源依赖了。HikariCP 是数据库连接池的后起之秀，是一个高性能的 JDBC 连接池，基于 BoneCP 做了不少改进和优化。Spring Boot 默认集成了优秀的应用，也省去了用户自己选择。

如果要指定其他连接池，引入相应的依赖即可。这里用阿里巴巴公司的连接池

druid，配置如下：

```xml
<!-- 第三方数据连接池 druid 的依赖 -->
<dependency>
    <groupId>com.alibaba</groupId>
    <artifactId>druid</artifactId>
    <version>1.1.20</version>
</dependency>
```

### 29.4.4 配置属性

在配置文件 application-dev.yml 中配置数据源（数据库）的用户名、密码、URL、驱动类等信息，配置数据源类型为阿里巴巴公司的数据源 com.alibaba.druid.pool.DruidDataSource，具体配置如下：

```yaml
spring:
  datasource:
    username: root
    password: 888
    url: jdbc:mysql://127.0.0.1:3306/test?characterEncoding=utf-8
    driver-class-name: com.mysql.jdbc.Driver
    type: com.alibaba.druid.pool.DruidDataSource
```

### 29.4.5 测试数据源

编写控制类，在类中定义数据源成员变量 source，并在它上面加自动注入注解 @Autowired：

```java
@Autowired
DataSource source;
```

在方法 hello() 中通过数据源获取数据库连接，用 JDBC 的方式从数据库获取一条记录，并返回 Web 请求响应体。详细代码如下：

程序清单：/SpringBootSSM/src/main/java/org/ldh/datasource/HelloDataSource.java

```java
@RestController
public class HelloDataSource {
    @Autowired
    DataSource source;
    @RequestMapping("/helloDataSource")
    String hello() {
        Connection con;
        StringBuffer buf = new StringBuffer("");
        try {
            con = source.getConnection();
```

```
            try {
                Statement stm = con.createStatement();
                ResultSet res = stm.executeQuery("select * from student_inf
                    where id=1");
                while (res.next()) {
                    buf.append("学号:" + res.getString("student_id") + "\n");
                    buf.append("姓名:" + res.getString("name") + "\n");
                    buf.append("性别:" + res.getString("sex") + "\n");
                    buf.append("年龄:" + res.getString("age") + "\n");
                }
            } catch (SQLException e) {
                e.printStackTrace();
            } finally {
                con.close();
            }
        } catch (SQLException e1) {
            //TODO Auto-generated catch block
            e1.printStackTrace();
        }
        return buf.toString();
    }
}
```

运行 SpringBootSsmApplication 主程序,在浏览器地址栏中输入 http://localhost:8081/helloDataSource 请求,返回学生信息,如图 29.5 所示。

图 29.5　测试数据源,返回学生信息

## ◆ 29.5　集成 MyBatis

### 29.5.1　引入 mybatis-spring-boot-starter 起步依赖

MyBatis 的起步依赖是 mybatis-spring-boot-starter。从命名上已经看出,这个起步依赖不是 Spring Boot 集成的依赖,而是 MyBatis 提供的。引入 mybatis-spring-boot-starter,配置如下:

```xml
<dependency>
    <groupId>org.mybatis.spring.boot</groupId>
    <artifactId>mybatis-spring-boot-starter</artifactId>
    <version>2.1.3</version>
</dependency>
```

mybatis-spring-boot-starter 包含了数据源引入 spring-boot-starter-jdbc。MyBatis 自动配置 mybatis-spring-boot-autoconfig 依赖库、MyBatis 本身的依赖库、MyBatis 与 Spring 集成依赖库 mybatis-spring 等，如图 29.6 所示。

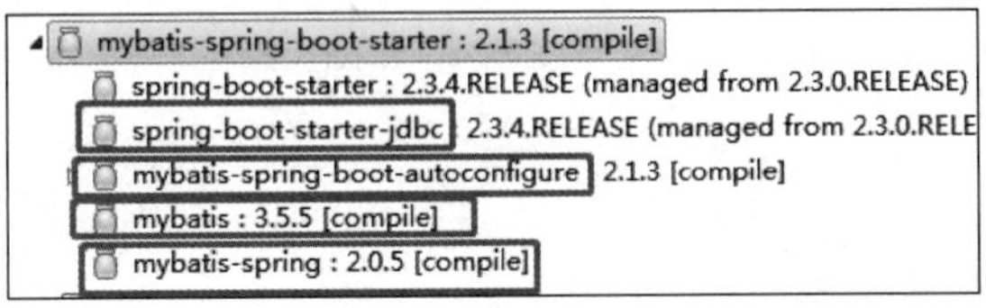

图 29.6　mybatis-spring-boot-starter 引入的依赖库

因为 mybatis-spring-boot-starter 包含了 spring-boot-starter-jdbc，所以可以把 pom.xml 中引入的 spring-boot-starter-jdbc 依赖删除。mybatis-spring-boot-autoconfig 为自动配置包。

MyBatis 的应用启动器不是由 Spring Boot 实现的，而是由 MyBatis 公司实现的。从命名规则也可以看出，由 Spring boot 实现的应用启动器以前缀方法命名（例如 spring-boot-starter-xxx），而第三方实现的应用启动器则以后缀方法命名（例如 xxx-spring-boot-starter）。

### 29.5.2　配置映射文件属性

在配置文件 application-dev.yml 中配置映射文件位置和映射文件对应类的包名等信息，具体配置如下：

```yml
mybatis:
  mapper-locations: classpath*:org/ldh/student/dao/*Mapper.xml
  type-aliases-package: org.ldh.student.dao
```

### 29.5.3　注解扫描 Mapper 接口类

在主类上通过@MapperScan 注解扫描 Mapper 接口类所在的包。@MapperScan 注解不是由 Spring 提供的，也不是由 Spring Boot 提供的，而是由 MyBatis 提供的。具体注解如下：

```java
@SpringBootApplication
@ComponentScan(basePackages={"org.ldh"})
@MapperScan("org.ldh.student.dao")
public class SpringBootSsmApplication {
    public static void main(String[] args) {
```

```
            SpringApplication.run(SpringBootSsmApplication.class, args);
        }
    }
```

如果 Mapper 接口类文件与 Mapper 接口类在一个包下，MyBatis 的 mapper-locations 属性可以不用配置。

### 29.5.4 创建学生类

学生类代码如下：

**程序清单**：/SpringBootSSM/src/main/java/org/ldh/student/entity/Student.java

```
public class Student {
    //id
    private int id;
    //学号
    private String studentID;
    //登录密码
    private String password;
    //姓名
    private String name;
    //性别
    private String sex;
    //年龄
    private int age;
    public String getPassword() {
        return password;
    }
    public void setPassword(String password) {
        this.password = password;
    }
    public int getId() {
        return id;
    }
    public void setId(int id) {
        this.id = id;
    }
    public String getName() {
        return name;
    }
    public void setName(String name) {
        this.name = name;
    }
    public String getSex() {
        return sex;
```

```java
    }
    public void setSex(String sex) {
        this.sex = sex;
    }
    public String getStudentID() {
        return studentID;
    }
    public void setStudentID(String studentID) {
        this.studentID = studentID;
    }
    public int getAge() {
        return age;
    }
    public void setAge(int age) {
        this.age = age;
    }
    @Override
    public String toString() {
        return "Student [id=" + id + ", name=" + name + ", sex=" + sex + ", 
            studentID=" + studentID + ", age=" + age+ "]\n";
    }
}
```

### 29.5.5 创建学生映射文件

学生映射文件代码如下：

**程序清单**：/SpringBootSSM/src/main/java/org/ldh/student/dao/StudentMapper.xml

```xml
<?xml version="1.0" encoding="utf-8" ?>
<!DOCTYPE mapper
    PUBLIC "-//mybatis.org//DTD Mapper 3.0//EN"
    "http://mybatis.org/dtd/mybatis-3-mapper.dtd">
<!--namespace:指定 Mapper 接口类-->
<mapper namespace="org.ldh.student.dao.StudentMapper">
    <resultMap id="StudentResultMap"
        type="org.ldh.student.entity.Student">
        <id property="id" column="id" javaType="int" jdbcType="INTEGER" />
        <result property="name" column="name" javaType="String"
            jdbcType="VARCHAR" />
        <result property="password" column="password" javaType="String"
            jdbcType="VARCHAR" />
        <result property="sex" column="sex" javaType="String"
            jdbcType="VARCHAR" />
        <result property="studentID" column="student_id"
```

```xml
                javaType="String" jdbcType="VARCHAR" />
            <result property="age" column="age" javaType="INT"
                jdbcType="INTEGER" />
        </resultMap>
        <!-- 通过student_id查询一个学生 -->
        <select id="findStudentByStudentId" parameterType="String"
            resultMap="StudentResultMap">
            select * from student_inf
            where student_id = #{student_id}
        </select>
        <!-- 通过id查询一个学生 -->
        <select id="findStudentById" parameterType="Integer"
            resultMap="StudentResultMap">
            select * from student_inf
            where id = #{id}
        </select>
        <!-- 根据学生名模糊查询学生列表 -->
        <select id="findStudentByStudentname" parameterType="String"
            resultType="org.ldh.student.entity.Student">
            <bind name="sname" value="'%'+Studentname+'%'" />
            select * from student_inf where name like #{sname}
        </select>
        <!-- 添加学生 -->
        <insert id="insertStudent"
            parameterType="org.ldh.student.entity.Student">
            <selectKey keyProperty="id" resultType="Integer"
                order="AFTER">
                select LAST_INSERT_ID()
            </selectKey>
            insert into student_inf (student_id,name,password,sex,age)
            values(#{studentID},#{name},#{password},#{sex},#{age})
        </insert>
        <!-- 更新学生信息 -->
        <update id="updateStudent"
            parameterType="org.ldh.student.entity.Student">
            update student_inf
            set
            student_id = #{studentID},
            name =
            #{name},sex = #{sex},password = #{password},age =
            #{age}
            where id =
            #{id}
        </update>
```

```xml
<!-- 删除学生 -->
<delete id="deleteStudentById" parameterType="Integer">
    delete from
    student_inf
    where
    id = #{id}
</delete>
</mapper>
```

### 29.5.6 创建学生映射接口

学生映射接口代码如下:

程序清单:/SpringBootSSM/src/main/java/org/ldh/student/dao/StudentMapper.java

```java
public interface StudentMapper {
    public Student findStudentById(int id);                        //根据 id 值查询学生
    public Student findStudentByStudentId(String studentId);
                                                                   //根据 studentId 值查询学生
    public List<Student> findStudentByStudentname(String name);
                                                                   //根据姓名查询学生
    public int insertStudent(Student student);                     //新增学生
    public int updateStudent(Student student);                     //修改学生信息
    public int deleteStudentById(int id);                          //删除学生
}
```

### 29.5.7 测试 MyBatis

编写控制类,在类中定义 StudentMapper 变量,并在其上加自动注入注解@Autowired:

```java
@Autowired
StudentMapper studentDao;
```

在方法 hello()中通过 StudentMapper DAO 库获取一条记录,并返回 Web 请求响应体。详细代码如下:

程序清单:/SpringBootSSM/src/main/java/org/ldh/datasource/HelloDataSource.java

```java
@RestController
public class HelloMybatis {
    @Autowired
    StudentMapper studentDao;
    @RequestMapping("/helloMybatis")
    String hello() {
        Student student=studentDao.findStudentById(1);
        StringBuffer buf = new StringBuffer("通过 Mybatis 获取数据:\n");
```

```
                buf.append("学号:" + student.getStudentID() + "\n");
                buf.append("姓名:" + student.getName() + "\n");
                buf.append("性别:" + student.getSex() + "\n");
                buf.append("年龄:" + student.getAge() + "\n");
        return buf.toString();
    }
}
```

运行 SpringBootSsmApplication 主程序,在浏览器地址栏中输入 http://localhost:8081/helloMybatis 请求,返回学生信息,如图 29.7 所示。

图 29.7 测试 MyBatis,返回学生信息

## 29.6 支持 JSP

Spring Boot 不建议使用 JSP,默认不支持 JSP,因为 JSP 在使用内嵌 Servlet 容器时会有一些限制。如果使用 JSP,则需要将项目打包成 war 包,jar 包不支持 JSP。

### 29.6.1 外置容器对 JSP 的处理

在 Tomcat 中处理 JSP 的 Servlet 是 org.apache.jasper.servlet.JspServlet,JspServet 也在 TOMCAT_HOME/Conf/web.xml(全局配置文件)中注册,配置如下:

```
<servlet>
    <servlet-name>jsp</servlet-name>
    <servlet-class>org.apache.jasper.servlet.JspServlet</servlet-class>
    <init-param>
        <param-name>fork</param-name>
        <param-value>false</param-value>
    </init-param>
    <init-param>
        <param-name>xpoweredBy</param-name>
        <param-value>false</param-value>
    </init-param>
    <load-on-startup>3</load-on-startup>
</servlet>
```

## 29.6.2 引入依赖

Spring Boot 内嵌的 Tomcat 不包含处理 JSP 的 tomcat-embed-jasper 包,需要单独引入。JSP 本身就是一个 Servlet,运行于服务器端,所以要添加 Servlet 依赖和 Tomcat 支持,引入依赖如下:

```xml
<!-- Servlet 依赖 -->
<dependency>
    <groupId>javax.servlet</groupId>
    <artifactId>javax.servlet-api</artifactId>
</dependency>
<dependency>
    <groupId>javax.servlet</groupId>
    <artifactId>jstl</artifactId>
</dependency>
<!-- Tomcat 支持 -->
<dependency>
    <groupId>org.apache.tomcat.embed</groupId>
    <artifactId>tomcat-embed-jasper</artifactId>
</dependency>
```

## 29.6.3 内置容器对 JSP 的处理

加入处理 JSP 的依赖库后,还需要将其注册为 Servlet,才能截获并处理 JSP,这个工作由 Spring Boot 完成。

在 org.springframework.boot.web.embedded.tomcat.TomcatServletWebServerFactory 类中的 prepareContext() 方法中,判断 Classpath 中是否有 org.apache.jasper.servlet.JspServlet 类,如果有,就注册。关键代码如下:

```java
//Tomcat 启动准备
protected void prepareContext(Host host, ServletContextInitializer[]
    initializers) {
  ...
  File docBase = (documentRoot != null) ? documentRoot : createTempDir("tomcat-
      docbase");
  ...
  //Classpath 中是否有 org.apache.jasper.servlet.JspServlet 类
  //如果有,就注册
  if (shouldRegisterJspServlet()) {
    addJspServlet(context);
    addJasperInitializer(context);
  }
  ...
}
```

## 29.6.4 配置属性

接下来需要按照构建的路径在 application.properties 文件中添加与视图相关的配置：

```
spring.mvc.view.suffix=.jsp
spring.mvc.view.prefix=/WEB-INF/jsp/
```

注意，如果是老版本的 Spring Boot，可能需要将".mvc"去掉，即

```
spring.view.suffix=.jsp
spring.view.prefix=/WEB-INF/jsp/
```

本书采用 yml 格式的配置文件 application-dev.yml，配置如图 29.8 所示。注意，冒号后面一定要有空格，前缀(prefix)一定要以"/"开始，后缀(suffix)一定要以"."开始。

```
spring:
  datasource:
    username: root
    password: 888
    url: jdbc:mysql://127.0.0.1:3306/test?characterEncoding=UTF-8
    driver-class-name: com.mysql.jdbc.Driver
  mvc:
    view:
      prefix: /WEB-INF/jsp/
      suffix: .jsp
```

图 29.8　配置支持 JSP 的属性

## 29.6.5 创建 JSP 文件目录

根据配置 JSP 的属性，将 JSP 文件放置在 src/main/webapp/WEB-INF/jsp/ 目录下，如图 29.9 所示。

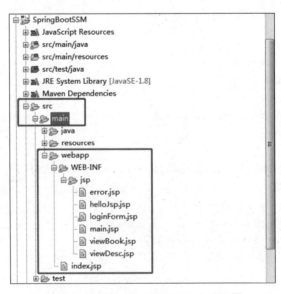

图 29.9　Spring Boot 项目 JSP 文件位置

## 29.6.6 访问 JSP 文件

在 webapp 目录下的 JSP 文件可以直接访问，不经过 Spring MVC 的截获。在 webapp 目录下创建 index.jsp。

运行 SpringBootSsmApplication 主程序，在浏览器地址栏中输入 http://localhost:8081/index.jsp 请求，响应页面如图 29.10 所示。

图 29.10 访问 JSP 文件的响应页面

## 29.6.7 创建控制器

在 /WEB-INF/jsp 目录下的 JSP 文件不能直接访问，而是由 Spring 控制器返回视图。在 /WEB-INF/jsp 目录下创建 helloJsp.jsp，然后创建控制器 HelloJspController，它响应请求 helloJsp 并返回视图(helloJsp.jsp)。详细代码如下：

**程序清单**:/SpringBootSSM/src/main/java/org/ldh/jsp/HelloJspController.java
```
@Controller
public class HelloJspController{
    @RequestMapping("/helloJsp")
    String hello() {
        return "helloJsp";
    }
}
```

运行 SpringBootSsmApplication 主程序，在浏览器地址栏中输入 http://localhost:8081/helloJsp 请求，响应页面如图 29.11 所示。

图 29.11 控制器返回的响应页面

### 29.6.8 JSP页面热部署

在Spring Boot中默认以生产模式运行JSP,在修改内容并保存后不会立即生效。因此,在开发过程中需要调试JSP页面时需要频繁地重新启动服务器,这样极大地影响了效率。

在Spring Boot中可以将默认的生产模式修改为调试模式,随后就可以使修改的内容在保存后立即生效。

只需要在配置文件中加入如下配置,即可修改为调试模式,即开启了JSP页面热部署。

```
#开启JSP页面热部署
server.servlet.jsp.init-parameters.development=true
```

本文采用yml格式的配置文件application-dev.yml,配置如图29.12所示。

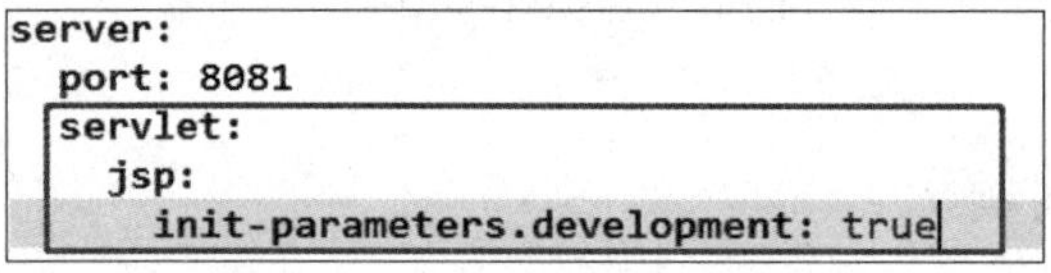

图 29.12 JSP页面热部署配置

直接修改helloJsp.jsp文件,不重新启动系统,在浏览器地址栏中输入http://localhost:8081/helloJsp请求,响应页面如图29.13所示。

图 29.13 修改helloJsp.jsp文件后直接访问的响应页面

## ◆ 29.7 Spring拦截器

### 29.7.1 定义Spring拦截器

编写拦截器实现类,实现接口HandlerInterceptor,重写其中需要的3个比较常用的方法,实现业务逻辑代码。这里在preHandle()方法中判断用户是否已登录。若用户已登录则返回true,放行;否则转到登录页面。详细代码如下:

程序清单：/SpringBootSSM/src/main/java/org/ldh/student/
controller/LoginInterceptor.java

```java
@Component
public class LoginInterceptor extends HandlerInterceptorAdapter {
    @Override
    public boolean preHandle(HttpServletRequest request, HttpServletResponse
        response, Object handler)
            throws Exception {
        //获取 Session
        HttpSession session = request.getSession();
        Student user = (Student) session.getAttribute("USER_SESSION");
        //判断 Session 中是否有用户数据。如果有,则返回 true,继续向下执行
        if (user != null) {
            return true;
        }
        //否则给出提示信息,并转到登录页面
        request.setAttribute("msg", "您还没有登录,请先登录!");
        request.getRequestDispatcher("/WEB-INF/jsp/loginForm.jsp").forward
            (request, response);
        return false;
    }
}
```

### 29.7.2 注册 Spring 拦截器

Spring 拦截器已通过配置 XML 文件实现,但 Spring Boot 主张用 Java Config 方式。这里编写拦截器配置类,继承 WebMvcConfigurer 类,并重写其中的方法 addInterceptors()。注册编写的拦截器,并且在主类上加上注解@Configuration,让 Spring 扫描到,并将其注册为 Spring 拦截器。这里的拦截器排除前面不需要拦截的请求(/hello 等)。代码如下:

程序清单：/SpringBootSSM/src/main/java/org/ldh/student/
controller/MyMvcConfig.java

```java
@Configuration
public class MyMvcConfig implements WebMvcConfigurer {
    //将登录拦截器配置到容器中
    @Override
    public void addInterceptors(InterceptorRegistry registry) {
        registry.addInterceptor(new LoginInterceptor())
            .addPathPatterns("/**")
            .excludePathPatterns("/", "/index.html", "/user/login", "/css/**",
                "/js/**", "/img/**")
            .excludePathPatterns("/hello","/helloJsp","/helloDataSource",
                "/helloMybatis");
    }
}
```

```
//配置视图跳转
@Override
public void addViewControllers(ViewControllerRegistry registry) {
    registry.addViewController("/").setViewName("main");
    registry.addViewController("/index.html").setViewName("main");
    registry.addViewController("/main.html").setViewName("main");
}
}
```

### 29.7.3 测试

当输入 http://localhost:8081/main 请求时，因为没有登录，返回的是登录页面，如图 29.14 所示。

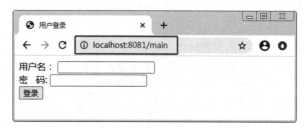

图 29.14 未登录时请求主页面，返回登录页面

登录成功后，再次输入 http://localhost:8081/main 请求时，返回主页面，如图 29.15 所示。

图 29.15 登录后请求主页面，返回主页面

## 29.8 热部署

热部署就是可以在应用正在运行时升级软件而无须重新启动应用。采用 Spring 的热部署功能，在更改代码后无须重新部署项目。

热部署有两种方式，一种是 springloaded，另一种是 devtools。springloaded 只对修改起作用；而 devtools 热部署更彻底，对增加的类也起作用。这里介绍 devtools 的使用。

### 29.8.1 添加依赖

添加热部署依赖 spring-boot-devtools，配置如下：

```xml
<dependency>
    <groupId>org.springframework.boot</groupId>
    <artifactId>spring-boot-devtools</artifactId>
    <optional>true</optional>
    <scope>provided</scope>
</dependency>
```

当其他项目继承本项目时，如果在＜dependency＞标签中加上了＜optional＞true＜/optional＞，表示当前依赖不向下传递。

devtools 使用了两个 ClassLoader：一个 Classloader 加载不会改变的类（第三方 jar 包）；另一个 ClassLoader 加载会更改的类，称为重启 ClassLoader，这样在有代码更改的时，原来的重启 ClassLoader 被丢弃，重新创建一个重启 ClassLoader，由于需要加载的类比较少，所以 devtools 缩短了重启时间。

### 29.8.2 热部署启动测试

devtools 热部署方式的启动很简单，直接运行 Spring Boot 主程序就可以。运行主类 SpringBootSsmApplication，然后修改 org.ldh.Hello 类的 hello()方法，代码如下：

```java
@RestController
public class Hello {
    @RequestMapping("/hello")
    String hello() {
        return "Hello world 你好动态测试";
    }
}
```

在浏览器地址栏中输入 http://localhost:8081/hello 请求，返回修改后的内容，如图 29.16 所示，说明实现了热部署。

图 29.16　devtools 热部署测试

## 29.9　项目打包

### 29.9.1　打包插件

针对 Spring Boot 项目打包，有专用插件 spring-boot-maven-plugin。因为 Spring

Boot 项目打包有其特殊之处,所以这个打包插件是由 Spring Boot 提供的,而不是由 Maven 提供的。pom.xml 中的插件配置如下:

```xml
<plugins>
    <plugin>
        <groupId>org.springframework.boot</groupId>
        <artifactId>spring-boot-maven-plugin</artifactId>
    </plugin>
</plugins>
```

设置打包方式,这里打包为 jar 文件,可以独立运行,设置如下:

```xml
<packaging>jar</packaging>
```

### 29.9.2 打包

将项目打包,然后进行部署、运行。右击 pom.xml,在弹出的快捷菜单中选择 Run as→Maven clean 命令清除项目,然后选择 Run as→Maven install 命令对项目进行编译、打包并将其安装到本地 Maven 仓库。在 target 目录下输出了 jar 包和编译文件,如图 29.17 所示。

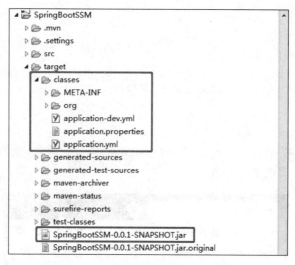

图 29.17  target 目录下的 jar 包和编译文件

### 29.9.3 运行

在命令行方式下,进入 jar 包所在目录:

```
cd E:\JavaWebBookWork\SpringBootSSM\target
```

输入

```
java -jar SpringBootSSM-0.0.1-SNAPSHOT.jar
```

运行 SpringBootSSM-0.0.1-SNAPSHOT.jar 包,如图 29.18 所示,出现了 Spring Boot 启

动 logo。

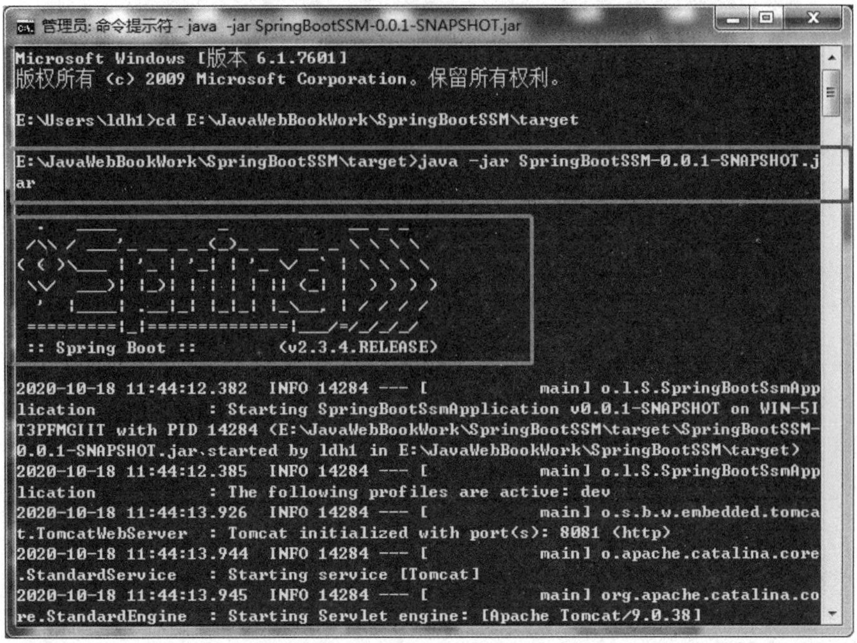

图 29.18　在命令行方式下运行 jar 包

从这里可以看出 Spring Boot 项目省去了传统项目复杂的部署,运行非常简单。在浏览器地址栏中输入 http://localhost:8081/helloDataSource 请求,响应页面如图 29.19 所示。

图 29.19　运行 Spring Boot 项目的响应页面

## 29.10　打包资源文件

### 29.10.1　配置资源文件

在默认情况下,Java 目录下的资源文件( * Mapper.xml)没有被打包进去,所以访问 http://localhost:8081/helloMybatis 时会出错,如图 29.20 所示。

在 pom.xml 文件中加入资源文件配置:

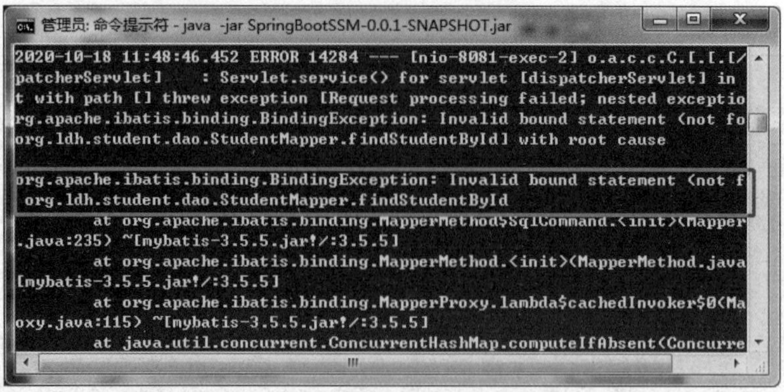

图 29.20 Java 目录下的资源文件未被打包时出错

```
<resources>
    <resource>
        <directory>src/main/java</directory>
        <includes>
            <include>**/*.xml</include>
        </includes>
    </resource>
    <resource>
        <directory>src/main/resources</directory>
    </resource>
</resources>
```

### 29.10.2 打包并运行

配置资源文件后,再次打包并运行,访问 http://localhost:8081/helloMybatis,不再报错,返回结果如图 29.21 所示。

图 29.21 将资源文件打包后的访问结果

## 29.11 JSP 项目打包 war

### 29.11.1 打包为 war 格式

对于有 JSP 文件的项目要打包为 war 格式。

Spring Boot 考虑到了如下的问题,在使用 Spring Boot 时,开发阶段一般都使用内嵌 Tomcat 容器。但部署时却存在两种选择:一种是打成 jar 包,使用 java -jar 的方式运行;另一种是打成 war 包,交给外置容器运行。

前者会导致容器搜索算法出现问题,因为这是 jar 包的运行策略,不会按照 Servlet 3.0 的策略加载。因此,要打包为 war 格式,交给外置容器运行。设置打包方式,这里打包为 war 文件,可以独立运行,设置如下:

```xml
<packaging>war</packaging>
```

### 29.11.2 修改依赖

采用 war 格式打包时,外置容器中已经有 Tomcat 环境,不需要把内置容器打包进去。这里需要修改内置 Tomcat 依赖的属性为<scope>provided</scope>。

<scope>provided</scope>表示作用域为 provided,即只在编译、测试环境下使用,该依赖包在运行时的容器(例如 JDK 或像 Tomcat 这样的容器)中提供,不需要在打包(jar/war)时加进去,否则会和运行时的包冲突。

```xml
<dependency>
    <groupId>org.springframework.boot</groupId>
    <artifactId>spring-boot-starter-tomcat</artifactId>
    <scope>provided</scope>
</dependency>
<dependency>
    <groupId>javax.servlet</groupId>
    <artifactId>javax.servlet-api</artifactId>
    <scope>provided</scope>
</dependency>
<!-- Tomcat 支持 -->
<dependency>
    <groupId>org.apache.tomcat.embed</groupId>
    <artifactId>tomcat-embed-jasper</artifactId>
    <scope>provided</scope>
</dependency>
```

### 29.11.3 注册 webapp 资源目录

JSP 文件属于资源文件,打包时需要配置资源文件。在 pom.xml 中配置 webapp 的资源文件,配置如下:

```xml
<!-- 注册 webapp 资源目录 -->
<resource>
    <directory>src/main/webapp</directory>
    <targetPath>META-INF/resources</targetPath>
    <includes>
```

```
            <include>**/*.*</include>
        </includes>
    </resource>
```

### 29.11.4 打包

右击 pom.xml,在弹出的快捷菜单中选择 Run as→Maven clean 命令清除项目,然后选择 Run as→Maven install 命令对项目进行编译、打包并将其安装到本地 Maven 仓库。在 target 目录下,输出了 java -jar SpringBootSSM-0.0.1-SNAPSHOT.war 包,其目录结构如图 29.22 所示。

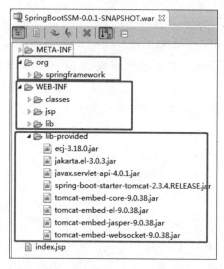

图 29.22 Spring Boot war 包目录结构

从该 war 包的目录结构可以看出,它包含了部署在 Tomcat 下需要的 WEB-INF 目录,因此可以部署在 Tomcat 下运行。另外,WEB-INF 目录下还有 Tomcat 环境 lib-provided 目录,因此 war 包可以像 jar 包一样独立运行。

### 29.11.5 独立运行

Spring Boot 打包的 war 文件可以像 jar 包一样运行,因为打包时把内置的 Tomcat 也一起打包了。

在命令行方式下,进入 jar 包所在目录:

```
cd E:\JavaWebBookWork\SpringBootSSM\target
```

输入

```
java -jar SpringBootSSM-0.0.1-SNAPSHOT.war
```

运行 SpringBootSSM-0.0.1-SNAPSHOT.war 包,如图 29.23 所示,出现了 Spring Boot 启动 logo。

图 29.23　在命令行方式下运行 war 包

在浏览器中输入 http://localhost:8081/helloJsp 请求，响应页面如图 29.24 所示。

图 29.24　独立运行 war 包的响应页面

也可以将 war 包部署到 Tomcat 下，这里不再演示。